U0321511

AutoCAD 工程应用精解丛书

AutoCAD 软件应用认证指导用书
国家职业技能 AutoCAD 认证指导用书

AutoCAD 机械零部件设计经典范例（2014 版）

北京兆迪科技有限公司　编著

机 械 工 业 出 版 社

本书是进一步学习 AutoCAD 机械设计的实例图书，选用的实例都是生产一线中常用的标准件和典型零部件，内容包括轴类零件的设计、盘套类零件的设计、叉架和箱体类零件的设计、齿轮类零件的设计、弹簧类零件的设计、标准件的设计、装配图的创建、三维零部件的设计及其他机械图的设计。

本书是根据北京兆迪科技有限公司给国内外几十家不同行业的著名公司（含国外独资和合资公司）编写的培训教案整理而成的，具有很强的实用性和广泛的适用性。本书附带 1 张多媒体 DVD 学习光盘，制作了 440 个 AutoCAD 应用技巧和具有针对性的实例教学视频并进行了详细的语音讲解，时间长达 25 小时（1506 分钟），光盘中还包含了本书所有的素材文件、已完成的实例文件以及 AutoCAD 2014 软件的配置、模板文件（DVD 光盘教学文件容量共计 3.4GB）。另外，为方便 AutoCAD 低版本用户和读者的学习，光盘中特提供了 AutoCAD 2008、AutoCAD 2010、AutoCAD 2012 和 AutoCAD 2013 版本的配套文件。

本书在内容上针对每一个实例先进行概述，说明该实例的特点、设计构思、操作技巧及重点掌握内容或要用到的操作命令，使读者对实例设计有一个整体概念，学习更有针对性。本书的操作步骤翔实、透彻、图文并茂，引领读者一步一步地完成实例的绘制。这种讲解方法既能使读者更快、更深入地理解 AutoCAD 软件中的一些概念、命令及功能，又能使读者迅速掌握许多机械设计的技巧。在写作方式上，本书紧贴 AutoCAD 的实际操作界面进行讲解，使初学者能够尽快上手。本书可作为机械工程技术人员的 AutoCAD 自学教程和参考书籍，也可作为大中专院校学生和各类培训学校学员的 AutoCAD 课程上机练习教材。

图书在版编目（CIP）数据

AutoCAD 机械零部件设计经典范例：2014 版/北京兆迪科技有限公司编著．—6 版．—北京：机械工业出版社，2013.8

（AutoCAD 工程应用精解丛书）

ISBN 978-7-111-43623-2

Ⅰ．①A…　Ⅱ．①北…　Ⅲ．①机械元件—计算机辅助设计—AutoCAD 软件　Ⅳ．①TH13 -39

中国版本图书馆 CIP 数据核字（2013）第 185330 号

机械工业出版社（北京市百万庄大街 22 号　邮政编码 100037）
策划编辑：管晓伟　责任编辑：管晓伟　丁　锋
责任印制：乔　宇
北京铭成印刷有限公司印刷
2013 年 9 月第 6 版第 1 次印刷
184mm×260mm · 23.25 印张 · 573 千字
0001—3000 册
标准书号：ISBN 978-7-111-43623-2
　　　　　ISBN 978-7-89405-065-6（光盘）
定价：49.90 元（含多媒体 DVD 光盘 1 张）

凡购本书，如有缺页、倒页、脱页，由本社发行部调换

电话服务	网络服务
社服务中心：（010）88361066	教材网：http://www.cmpedu.com
销售一部：（010）68326294	机工官网：http://www.cmpbook.com
销售二部：（010）88379649	机工官博：http://weibo.com/cmp1952

读者购书热线：（010）88379203　　**封面无防伪标均为盗版**

出版说明

制造业是一个国家经济发展的基础，当今世界任何经济实力强大的国家都拥有发达的制造业，美、日、德、英、法等国家之所以被称为发达国家，很大程度上是由于它们拥有世界上最发达的制造业。我国在大力推进国民经济信息化的同时，必须清醒地认识到，制造业是现代经济的支柱，提高制造业科技水平是一项长期而艰巨的任务。发展信息产业，首先要把信息技术应用到制造业中。

众所周知，制造业信息化是企业发展的必要手段，我国已将制造业信息化提到关系国家生存的高度上来。信息化是当今时代现代化的突出标志。以信息化带动工业化，使信息化与工业化融为一体，互相促进，共同发展，是具有中国特色的跨越式发展之路。信息化主导着新时期工业化的方向，使工业朝着高附加值化发展；工业化是信息化的基础，为信息化的发展提供物资、能源、资金、人才以及市场，只有用信息化武装起来的自主和完整的工业体系，才能为信息化提供坚实的物质基础。

制造业信息化集成平台通过并行工程、网络技术、数据库技术等先进技术，将CAD/CAM/CAE/CAPP/PDM/ERP等为制造业服务的软件个体有机地集成起来，采用统一的架构体系和统一的基础数据平台，涵盖目前常用的CAD/CAM/CAE/CAPP/PDM/ERP软件，使软件交互和信息传递顺畅，从而有效提高产品开发、制造各个领域的数据集成管理和共享水平，提高产品开发、生产和销售全过程中的数据整合、流程的组织管理水平以及企业的综合实力，为打造一流的企业提供现代化的技术保证。

机械工业出版社作为全国优秀出版社，在出版制造业信息化技术类图书方面有着独特的优势，一直致力于CAD/CAM/CAE/CAPP/PDM/ERP等领域相关技术的跟踪，出版了大量学习这些领域的软件（如AutoCAD、CATIA、UG、Ansys、Adams等）的优秀图书，同时也积累了许多宝贵的经验。

北京兆迪科技有限公司位于中关村软件园区，专门从事CAD/CAM/CAE技术的开发、咨询及产品设计与制造等服务，并提供专业的AutoCAD、CATIA、UG、Ansys、Adams等软件的培训，该系列丛书是根据北京兆迪科技有限公司给国内外一些著名公司（含国外独资和合资公司）的培训教案整理而成的，具有很强的实用性。中关村软件园是北京市科技、智力、人才和信息资源最密集的区域，园区内有清华大学、北京大学和中国科学院等著名大学和科研机构，同时聚集了一些国内外著名公司，如西门子、联想集团、清华紫光和清华同方等。近年来，北京兆迪科技有限公司充分依托中关村软件园的人才优势，在机械工业出版社的大力支持下，已经推出了或将陆续推出AutoCAD、CATIA、UG、Ansys、Adams等软件的“工程应用精解”系列图书，包括：

- AutoCAD工程应用精解丛书
- CATIA V5R21工程应用精解丛书

- CATIA V5R20 工程应用精解丛书
- CATIA V5 工程应用精解丛书
- UG NX 8.5 工程应用精解丛书
- UG NX 8.0 工程应用精解丛书
- UG NX 7.0 工程应用精解丛书
- UG NX 6.0 工程应用精解丛书
- Creo2.0 工程应用精解丛书
- Pro/ENGINEER 野火版 5.0 工程应用精解丛书
- Pro/ENGINEER 野火版 4.0 工程应用精解丛书
- SolidWorks 工程应用精解丛书
- MasterCAM 工程应用精解丛书
- Cimatron 工程应用精解丛书
- SolidEdge 工程应用精解丛书

“工程应用精解”系列图书具有以下特色：

- **注重实用，讲解详细，条理清晰。**由于作者队伍和顾问均是来自一线的专业工程师和高校教师，所以图书既注重解决实际产品设计、制造中的问题，同时又将软件的使用方法和技巧进行全面、系统、有条不紊、由浅入深的讲解。
- **实例来源于实际，丰富而经典。**对软件中的主要命令和功能，先结合简单的实例进行讲解，然后安排一些较复杂的综合实例帮助读者深入理解、灵活应用。
- **写法独特，易于上手。**图书全部采用软件中真实的菜单、对话框、操控板和按钮等进行讲解，使初学者能够直观、准确地操作软件，从而大大提高学习效率。
- **随书光盘配有视频录像。**每本书的随书光盘中制作了超长时间的视频文件，帮助读者轻松、高效地学习。
- **网站技术支持。**读者购买“工程应用精解”系列图书，可以通过北京兆迪科技有限公司的网站（http://www.zalldy.com）获得技术支持。

我们真诚地希望广大读者通过学习“工程应用精解”系列图书，能够高效掌握有关制造业信息化软件的功能和使用技巧，并将学到的知识运用到实际工作中，也期待您给我们提出宝贵的意见，以便今后为大家提供更优秀的图书作品，共同为我国制造业的发展尽一份力量。

机械工业出版社

北京兆迪科技有限公司

前　言

AutoCAD 是由美国 Autodesk 公司开发的一套通用的计算机辅助设计软件，随着 CAD（计算机辅助设计）技术的迅猛发展，AutoCAD 的功能也在不断完善。到目前为止，AutoCAD 已成为使用最为广泛的计算机绘图软件，被广泛应用于机械、建筑、纺织、轻工、电子、土木工程、冶金、造船、石油化工、航天和气象等领域。随着 AutoCAD 的普及，它在国内许多大中专院校里已成为学习工程类专业必修的课程，也成为工程技术人员必备的能力。

AutoCAD 2014 在功能及运行性能上都达到了崭新的水平，其新增和改进的功能对于各个设计领域都会有很大的帮助。

要熟练使用 AutoCAD 绘制各种机械图形，只靠理论学习和少量的练习是远远不够的。本书结合大量机械绘图实例，系统地介绍了 AutoCAD 在机械设计方面的应用。读者通过学习书中的经典实例，可以迅速掌握各种机械图形的绘制方法和技巧，在短时间内成为 AutoCAD 机械设计的高手。本书是进一步学习 AutoCAD 机械设计的实例图书，其特色如下：

- 实例丰富。与其他的同类书籍相比，包括更多的实例，选用的实例都是常用的标准件和典型零件，对读者的实际产品设计具有很好的指导和借鉴作用。
- 讲解详细。条理清晰，图文并茂，保证自学的读者能独立学习。
- 写法独特。采用 AutoCAD 2014 软件中真实的对话框和按钮等进行讲解，使初学者能够直观、准确地操作软件，从而大大提高学习效率。
- 附加值高。本书附带 1 张多媒体 DVD 学习光盘，制作了 440 个 AutoCAD 应用技巧和具有针对性的实例教学视频并进行了详细的语音讲解，时间长达 25 小时（1506 分钟），DVD 光盘教学文件容量共计 3.4GB，可以帮助读者轻松、高效地学习。

本书是根据北京兆迪科技有限公司给国内外一些著名公司（含国外独资和合资公司）编写的培训案例整理而成的，具有很强的实用性。本书主编和参编人员均来自北京兆迪科技有限公司，该公司专门从事 CAD/CAM/CAE 技术的研究、开发、咨询及产品设计与制造服务，并提供 AutoCAD、CATIA、UG、Ansys、Adams 等软件的专业培训及技术咨询。

本书由詹友刚主编，参加编写的人员还有王焕田、刘静、雷保珍、刘海起、魏俊岭、任慧华、詹路、冯元超、刘江波、周涛、赵枫、邵为龙、侯俊飞、龙宇、施志杰、詹棋、高政、孙润、李倩倩、黄红霞、尹泉、李行、詹超、尹佩文、赵磊、王晓萍、陈淑童、周攀、吴伟、王海波、高策、冯华超、周思思、黄光辉、党辉、冯峰、詹聪、平迪、管璇、王平、李友荣。如有疏漏之处，恳请广大读者予以指正。

电子邮箱：zhanygjames@163.com

编　者

本 书 导 读

为了能更好地学习本书的知识，请您先仔细阅读下面的内容。

读者对象

本书是进一步学习 AutoCAD 机械设计的生产一线实例图书，可作为广大机械工程技术人员的 AutoCAD 自学教程和参考书，也可作为大中专院校学生和各类培训学校学员的 CAD/CAM 课程上课及上机练习教材。

写作环境

本书使用的操作系统为 Windows XP，对于 Windows 2000 Server/ Professional 操作系统，本书的内容和实例也同样适用。

本书采用的写作蓝本是 AutoCAD 2014 版。

光盘使用

为方便读者练习，特将本书所用到的实例文件、模板文件和视频文件等放入随书附赠的光盘中，读者在学习过程中可以打开这些实例文件进行操作和练习。

在光盘的 AutoCAD 2014.2 目录下共有 4 个子目录。

（1）system_file 子目录：包含 AutoCAD 2014 版本的配置、模板文件。

（2）work_file 子目录：包含本书讲解中所用到的文件。

（3）video 子目录：包含本书讲解中所有的视频文件（含语音讲解），学习时，直接双击某个视频文件即可播放。

（4）before 子目录：包含了 AutoCAD 2008、AutoCAD 2010、AutoCAD 2012 和 AutoCAD 2013 版本配套文件，以方便 AutoCAD 低版本用户和读者的学习。

光盘中带有“ok”扩展名的文件或文件夹表示已完成的实例。

建议读者在学习本书前，先将随书光盘中的所有文件复制到计算机硬盘的 D 盘中。

本书约定

- 本书中一些操作（包括鼠标操作）的简略表述意义如下：
  - ☑ 单击：将鼠标光标移至某位置处，然后按一下鼠标的左键。
  - ☑ 双击：将鼠标光标移至某位置处，然后连续快速地按两次鼠标的左键。
  - ☑ 右击：将鼠标光标移至某位置处，然后按一下鼠标的右键。
  - ☑ 单击中键：将鼠标光标移至某位置处，然后按一下鼠标的中键。
  - ☑ 滚动中键：只是滚动鼠标的中键，不能按中键。
  - ☑ 拖动：将鼠标光标移至某位置处，然后按下鼠标的左键不放，同时移动鼠标，将选取的某位置处的对象移动到指定的位置后再松开鼠标的左键。

- ☑ 选择某一点：将鼠标光标移至绘图区某点处，单击以选取该点，或者在命令行输入某一点的坐标。
- ☑ 选择某对象：将鼠标光标移至某对象上，单击以选取该对象。

- 本书中的操作步骤分为 Task、Stage 和 Step 三个级别，说明如下：
  - ☑ 对于一般的软件操作，每个操作步骤以 Step 字符开始。
  - ☑ 每个 Step 操作视其复杂程度，其下面可含有多级子操作，例如 Step1 下可能包含（1）、（2）、（3）等子操作，（1）子操作下可能包含①、②、③等子操作，①子操作下可能包含 a）、b）、c）等子操作。
  - ☑ 如果操作较复杂，需要几个大的操作步骤才能完成，则每个大的操作冠以 Stage1、Stage2、Stage3 等，Stage 级别的操作下再分 Step1、Step2、Step3 等操作。
  - ☑ 对于多个任务的操作，则每个任务冠以 Task1、Task2、Task3 等，每个 Task 操作下则可包含 Stage 和 Step 级别的操作。
- 由于已经建议读者将随书光盘中的所有文件复制到计算机硬盘的 D 盘中，所以在打开光盘文件时，书中所述的路径均以 D：开始。

技术支持

本书是根据北京兆迪科技有限公司给国内外一些著名公司（含国外独资和合资公司）编写的培训教案整理而成的，具有很强的实用性。本书主编和参编人员均来自北京兆迪科技有限公司，该公司专门从事 CAD/CAM/CAE 技术的研究、开发、咨询及产品设计与制造服务，并提供 AutoCAD、CATIA、UG、Ansys、Adams 等软件的专业培训及技术咨询，读者在学习本书的过程中如果遇到问题，可通过访问该公司的网站 http://www.zalldy.com 来获得技术支持。

咨询电话：010-82176248，010-82176249。

目　录

第 1 章　轴类零件的设计

1.1　光　　轴

光轴属于较长的零件，且沿长度方向的形状一致，故允许断开后缩短绘制，但必须按照机件的实际长度标注尺寸。本实例就采用此方法进行绘制，如图 1.1.1 所示，下面介绍其创建过程。

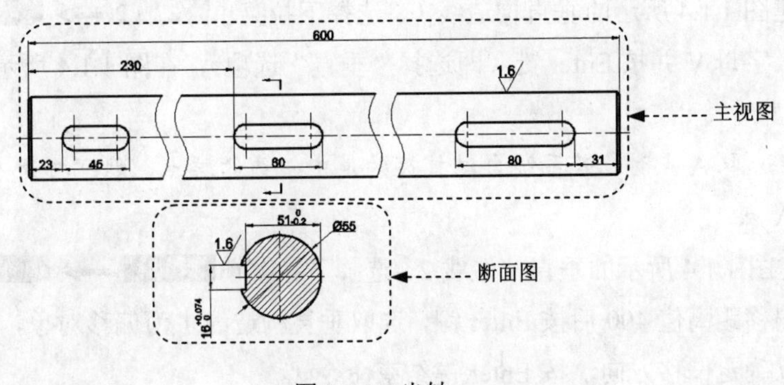

图 1.1.1　光轴

Task1．选用样板文件

使用随书光盘中提供的样板文件。选择下拉菜单 文件(F) → 新建(N)... 命令，在系统弹出的“选择样板”对话框中，找到文件 D:\AutoCAD2014.2\system_file\Part_temp_A2.dwg，然后单击 打开(O) 按钮。

Task2．创建主视图

主视图显示零件的主体结构，它是从零件的前面向后面投影得到的视图，如图 1.1.1 所示。

Step1．绘制图 1.1.2 所示的中心线。

（1）切换图层。将图层切换至“中心线层”。

（2）选择下拉菜单 绘图(D) → 直线(L) 命令，绘制图 1.1.2 所示的水平中心线，长度值为 415。

Step2．绘制图 1.1.3 所示的水平构造线。

（1）切换图层。将图层切换至“轮廓线层”。

（2）在状态栏中将 ┼（显示/隐藏线宽）按钮打开，激活线宽显示模式。

（3）创建图 1.1.3 所示的两条水平构造线。

① 选择下拉菜单 绘图(D) → 构造线(T) 命令。

② 在命令行中输入字母 O（即“偏移”选项）并按 Enter 键，输入偏移距离值 27.5 后按 Enter 键。

③ 选取水平中心线作为偏移对象，并在其上方的空白区域单击，以确定偏移方向。

④ 再次选取水平中心线作为偏移对象，在其下方的空白区域单击，以确定偏移方向。

⑤ 按 Enter 键结束命令。

图 1.1.2　绘制水平中心线

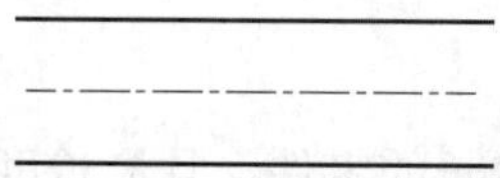

图 1.1.3　绘制两条水平构造线

Step3. 创建图 1.1.4 所示的垂直构造线。

（1）创建图 1.1.4 所示的垂直构造线 1。选择下拉菜单 绘图(D) → 构造线(T) 命令，在命令行中输入字母 V 并按 Enter 键（即选择“垂直”选项），在图 1.1.4 所示的 A 点处单击，按 Enter 键结束命令。

说明：在选取 A 点时，若系统自动捕捉的是中心线的端点，则可打开“最近点”捕捉，以方便选取 A 点。

（2）创建图 1.1.4 所示的垂直构造线 2。选择下拉菜单 修改(M) → 偏移(S) 命令，在命令行中输入偏移距离值 400 后按 Enter 键，选取垂直构造线 1 为偏移对象，在其右侧的空白区域单击，以确定偏移方向，按 Enter 键结束命令。

说明：基于光轴的特点，本实例采用折断画法进行绘制，因此步骤（2）中给出的长度值仅为参考，读者也可根据需要自己设定。

Step4. 修剪图形。选择下拉菜单 修改(M) → 修剪(T) 命令，选取图 1.1.4 所示的四条构造线后按 Enter 键，单击要修剪的部分，按 Enter 键结束命令。结果如图 1.1.5 所示。

说明：在选择修剪对象时，也可以通过“框选”方式选取要修剪的图形。

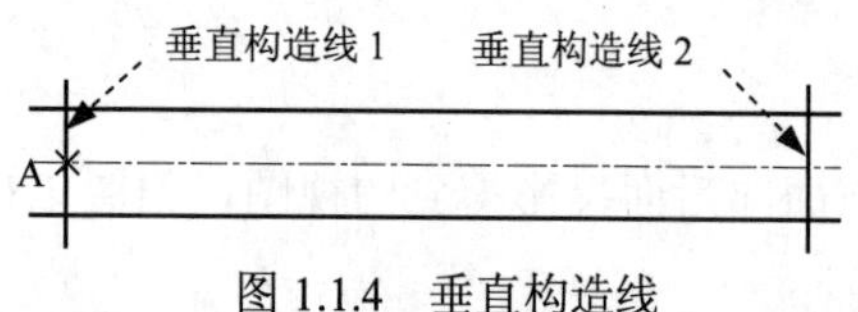

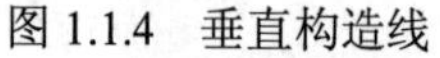

图 1.1.4　垂直构造线

图 1.1.5　修剪图形

Step5. 绘制图 1.1.6 所示的断面线。

（1）切换图层。将图层切换至“剖面线层”。

（2）确认状态栏中的“正交”按钮处于关闭状态。

（3）绘制图 1.1.7 所示的样条曲线。

① 选择下拉菜单 绘图(D) → 样条曲线(S) → 拟合点(F) 命令，选取样条曲线通过的 4 个点后，按 Enter 键结束命令，完成样条曲线 1 的绘制。

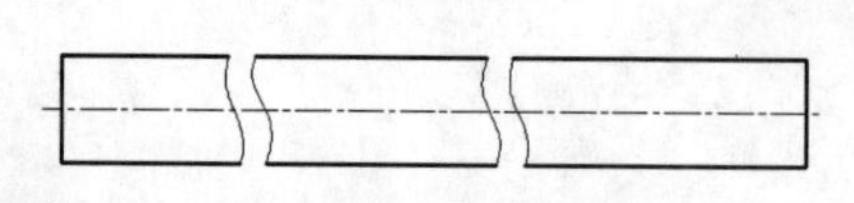

图 1.1.6　断面线

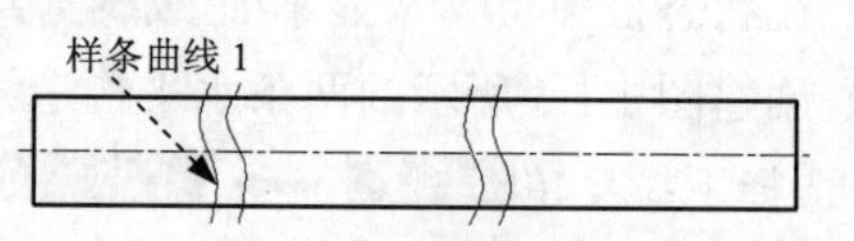

图 1.1.7　绘制样条曲线

说明：绘制样条曲线时，至少要选取4个点，以便控制形状。

② 选择下拉菜单 修改(M) → 复制(Y) 命令，选取样条曲线 1 为要复制的对象，并按Enter键，在图形区中单击一点作为基点，然后水平移动光标至合适位置，单击放置复制的样条曲线。

③ 继续水平移动光标至合适位置并单击，完成其余两条样条曲线的复制，结果如图1.1.7所示。

（4）修剪图形。选择下拉菜单 修改(M) → 修剪(T) 命令，对图1.1.7所示的图形进行修剪，修剪后的结果如图1.1.6所示。

Step6. 创建图1.1.8所示的键槽。

（1）将图层切换至“中心线层”，确认状态栏中的“正交”按钮处于激活状态。

（2）绘制垂直中心线。选择下拉菜单 绘图(D) → 直线(L) 命令，在命令行中输入命令FROM并按Enter键，选取水平中心线与最左端直线的交点为基点，水平移动光标，输入直线起点的相对坐标值（@31，15）并按Enter键，向下移动光标，输入数值30后按两次Enter键。

（3）偏移垂直中心线。选择下拉菜单 修改(M) → 偏移(S) 命令，在命令行中输入数值29并按Enter键，选取步骤（2）所绘制的垂直中心线为偏移对象，在其右侧的空白区域单击，以确定偏移方向，按Enter键结束命令，结果如图1.1.9所示。

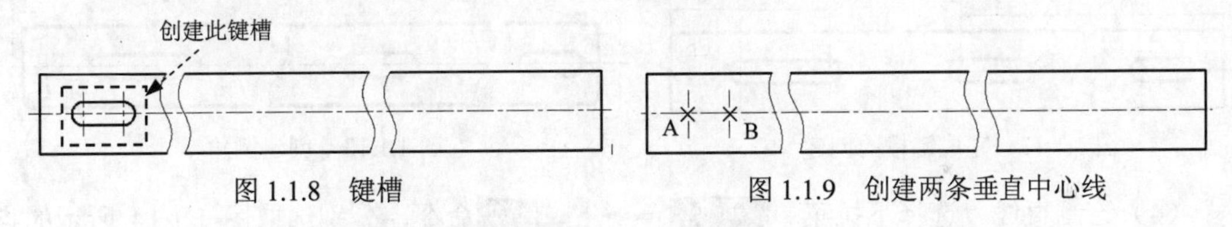

图1.1.8 键槽　　图1.1.9 创建两条垂直中心线

（4）将图层切换至“轮廓线层”。

（5）绘制图1.1.10所示的两个圆。

① 选择下拉菜单 绘图(D) → 圆(C) → 圆心、直径(D) 命令，选取图1.1.9所示的点A为圆心，输入直径值16后按Enter键。

② 按Enter键以重复圆的绘制命令，选取图1.1.9中的点B为圆心，输入半径值8后按Enter键。

说明：此处按Enter键，激活的是 圆心、半径(R) 命令，而不是 圆心、直径(D) 命令，故定义圆的大小时，直接输入的是半径值而不是直径值。

（6）绘制图1.1.11所示的两条水平直线。

① 选择下拉菜单 绘图(D) → 直线(L) 命令，分别选取两圆的上半圆与垂直中心线的交点，按Enter键结束直线的绘制。

② 按Enter键以重复绘制直线命令，分别选取两圆的下半圆与垂直中心线的交点，按Enter键结束命令。

（7）修剪图形。选择下拉菜单 修改(M) → 修剪(T) 命令，对图 1.1.11 所示的图形进行修剪，修剪后的结果如图 1.1.8 所示。

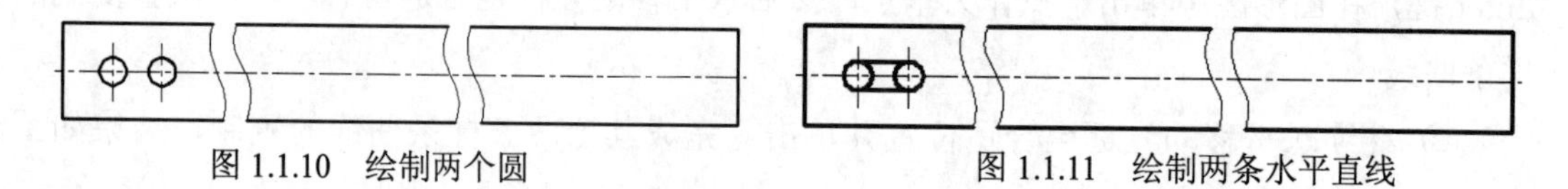

图 1.1.10　绘制两个圆　　　　图 1.1.11　绘制两条水平直线

（8）参照以上步骤分别绘制另外两个键槽，其宽度值均为 16，其他尺寸如图 1.1.12 所示。

说明：由于本实例采用折断画法，故读者也可自己设定中间键槽在图形中的位置尺寸。

Step7. 创建图 1.1.13 所示的倒角。

（1）选择下拉菜单 修改(M) → 倒角(C) 命令；在命令行中输入字母 D 并按 Enter 键，在指定 第一个 倒角距离 <0.0000>:的提示下，输入数值 2 并按 Enter 键；在指定 第二个 倒角距离 <2.0000>:的提示下，输入数值 2 并按 Enter 键（或直接按 Enter 键）；输入字母 T 并按 Enter 键，再次输入字母 T 后按 Enter 键（即选取“修剪模式”），分别选取要进行倒角的边线。

（2）按 Enter 键以重复执行倒角命令，分别选取要进行倒角的两条直线。

（3）重复上述操作，完成图 1.1.13 所示倒角的创建。

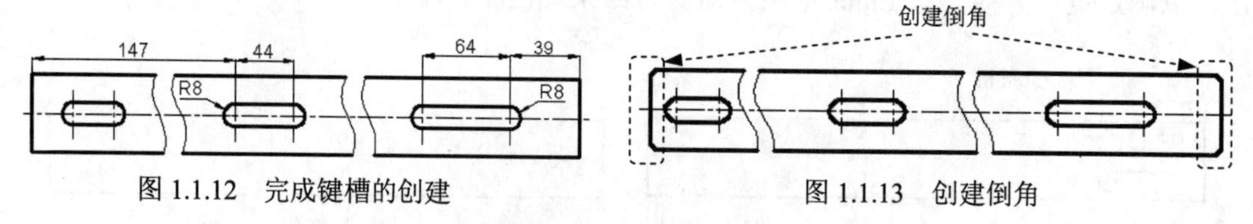

图 1.1.12　完成键槽的创建　　　　图 1.1.13　创建倒角

（4）绘制直线。选择下拉菜单 绘图(D) → 直线(L) 命令，分别选取图 1.1.14 所示的点 A 与点 B，按 Enter 键结束直线的绘制。

（5）参照以上步骤，完成右侧倒角处轮廓线的绘制。

Task3. 创建断面图

断面图是假想用剖切平面将机件在某处切断，只画出切断面形状的投影并画上规定的剖面符号的图形，参见图 1.1.1（不包含剖面线）。

Step1. 绘制图 1.1.15 所示的中心线。

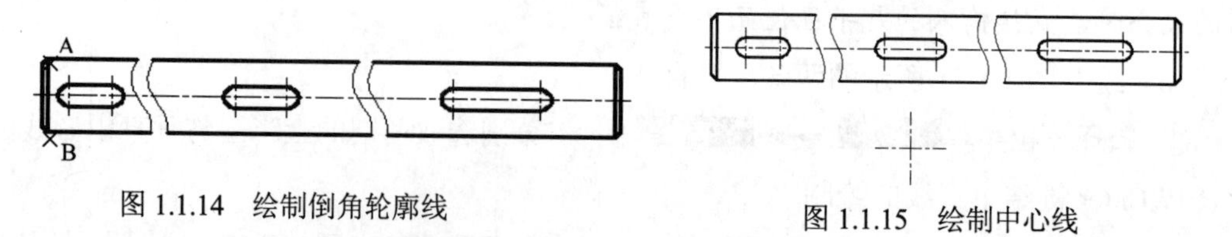

图 1.1.14　绘制倒角轮廓线　　　　图 1.1.15　绘制中心线

（1）将图层切换至“中心线层”。

（2）确认状态栏中的（正交模式）和（对象捕捉）按钮处于激活状态。

（3）绘制水平中心线。选择下拉菜单 绘图(D) → 直线(L) 命令，完成图 1.1.15 所示的水平中心线的绘制，长度值为 60。

（4）绘制垂直中心线。按 Enter 键以重复执行直线命令，在命令行中输入命令 FROM 并按 Enter 键，捕捉并选取步骤（3）所绘制的水平中心线的左端点为基点，输入直线起点的相对坐标值（@30，30）并按 Enter 键，向下移动光标，输入数值 60 后按两次 Enter 键。

Step2. 绘制图 1.1.16 所示的圆。

（1）将图层切换至“轮廓线层”。

（2）选择下拉菜单 绘图(D) → 圆(C) → 圆心、直径(D) 命令，选取 Step1 所绘制的两条中心线的交点为圆心，输入直径值 55 后按 Enter 键。

Step3. 创建图 1.1.17 所示的键槽。

（1）绘制图 1.1.18 所示的垂直构造线。选择下拉菜单 绘图(D) → 构造线(T) 命令，在命令行中输入字母 O（即“偏移”选项）并按 Enter 键，输入偏移距离值 23.5 后按 Enter 键，选取 Step1 所绘制的垂直中心线为偏移参照，在垂直中心线左侧的空白区域单击以确定偏移方向，按 Enter 键结束命令。

（2）参照步骤（1）中的方法，绘制图 1.1.18 所示的两条水平构造线。选择下拉菜单 绘图(D) → 构造线(T) 命令，将水平构造线分别向上和向下偏移，偏移距离值为 8。

（3）选择下拉菜单 修改(M) → 修剪(T) 命令，对图形进行修剪，修剪后的结果如图 1.1.17 所示。

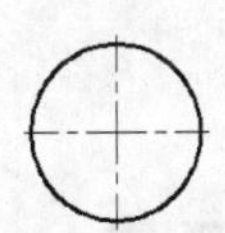

图 1.1.16　绘制圆

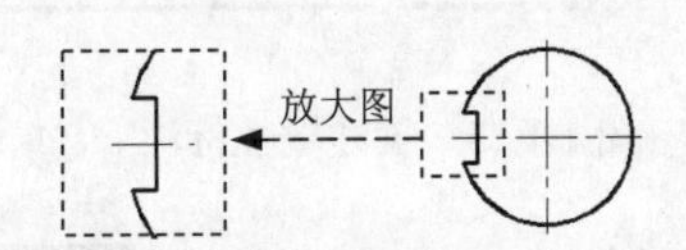

图 1.1.17　创建键槽

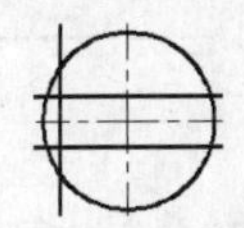

图 1.1.18　绘制构造线

Step4. 对图 1.1.19 所示的图形进行图案填充。

（1）将图层切换至“剖面线层”。

（2）选择下拉菜单 绘图(D) → 图案填充(H)... 命令，在命令行中输入字母 T 并按 Enter 键，系统弹出“图案填充和渐变色”对话框。在对话框中的 类型(Y): 下拉列表中选择 用户定义 选项，在 角度(G): 下拉文本框中选择 45 选项，在 间距(C): 文本框中输入数值 3，然后单击 添加:拾取点 左边的按钮，系统自动切换到绘图区，选取图 1.1.19 所示的封闭区域为要填充的区域，按 Enter 键完成填充。

Task4．对图形进行尺寸标注

图形只能表达零件的形状，零件的真实大小则应该以图样上所标注的尺寸数值为依据，下面介绍图 1.1.1 中尺寸的标注过程及标注方法。

Step1. 将图层切换至“尺寸线层”。

Step2. 创建直径标注。选择下拉菜单 标注(N) → 直径(D) 命令，单击图 1.1.20 所示的圆，在绘图区的空白区域单击，以确定尺寸放置的位置。

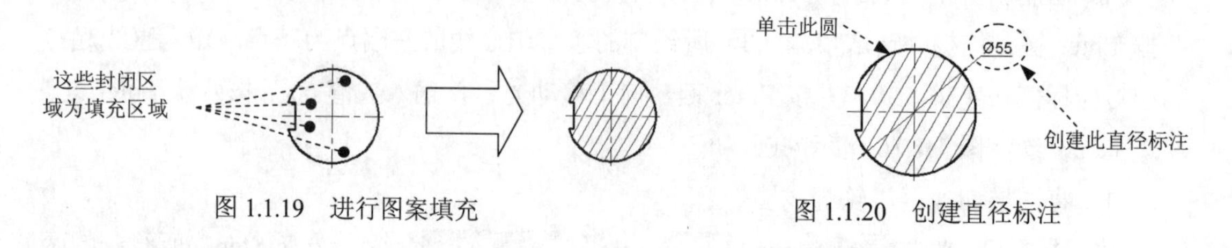

图 1.1.19　进行图案填充　　　　图 1.1.20　创建直径标注

Step3. 创建图 1.1.21 所示的线性标注。

（1）创建线性标注。选择下拉菜单 标注(N) → 线性(L) 命令，分别单击图 1.1.22 中所示的 A、B 两点，在绘图区的空白区域单击，以确定尺寸放置的位置。

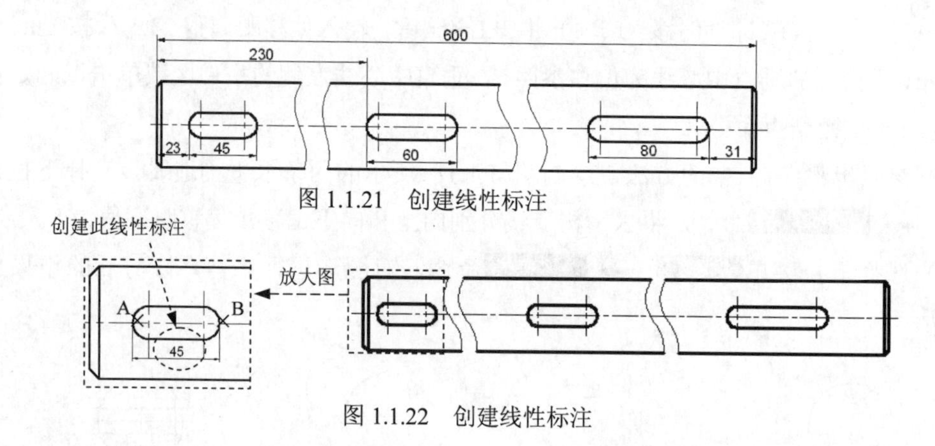

图 1.1.21　创建线性标注

图 1.1.22　创建线性标注

（2）创建越过断面符号的线性标注。选择下拉菜单 标注(N) → 线性(L) 命令，分别单击图 1.1.23 所示的 C、D 两点，在命令行中输入字母 T 并按 Enter 键，输入数值 600 后按 Enter 键；在绘图区的空白区域单击，以确定尺寸放置的位置。

（3）参照以上步骤创建图 1.1.21 中所示的其他的线性标注。

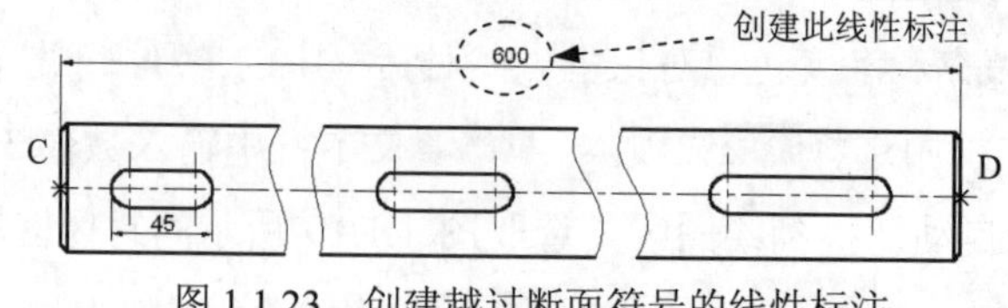

图 1.1.23　创建越过断面符号的线性标注

Step4. 创建图 1.1.24 所示的带公差的线性标注。

（1）选择下拉菜单 标注(N) → 线性(L) 命令，分别捕捉图 1.1.25 所示的 A、B 两点。

（2）在命令行中输入字母 M（即选择了多行文字选项），按 Enter 键。

（3）在绘图区域系统弹出的文本框中输入文本 16+0.074^　0（图 1.1.26）。

注意：“16+0.074^　0”中的“^”后面应加两个空格，这样可以保证上下公差的零位对齐；如果上极限偏差为 0，则输入主尺寸后应加两个空格后再输入上极限偏差值 0。

（4）选中+0.074^　0，单击鼠标右键，在系统弹出的快捷菜单中选择 堆叠 选项，再单击 文字编辑器 面板上的“关闭”按钮，在绘图区的空白区域单击，以确定尺寸放置的位置。

（5）参照以上步骤，创建图 1.1.24 中另一个带公差的线性标注。

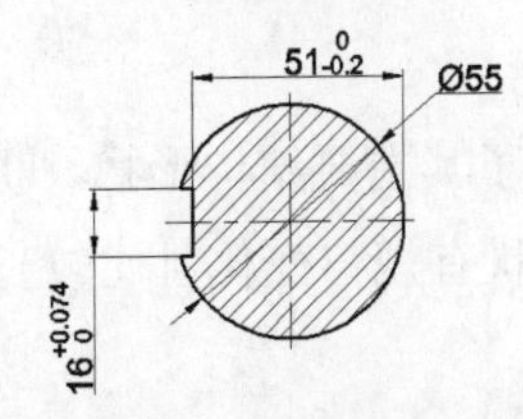

图 1.1.24　带公差的线性标注

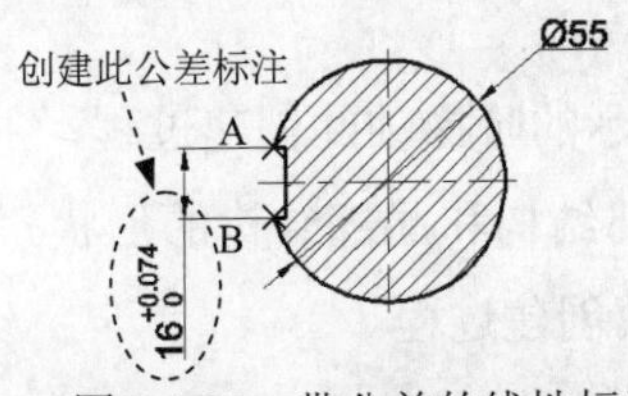

图 1.1.25　带公差的线性标注

16+0.074^　0

图 1.1.26　输入文本

Step5. 创建图 1.1.27 所示的表面粗糙度标注。

（1）创建图 1.1.27 中表面粗糙度数值为 1.6 的表面粗糙度标注。选择下拉菜单 插入(I) → 块(B)... 命令，在“插入”对话框的 名称(N): 下拉列表中选择“表面粗糙度符号”，单击 确定 按钮，在图 1.1.27 所示的直线 1 上合适位置单击，输入表面粗糙度数值 1.6，按 Enter 键结束操作。

（2）参照步骤（1）添加另一个表面粗糙度标注。

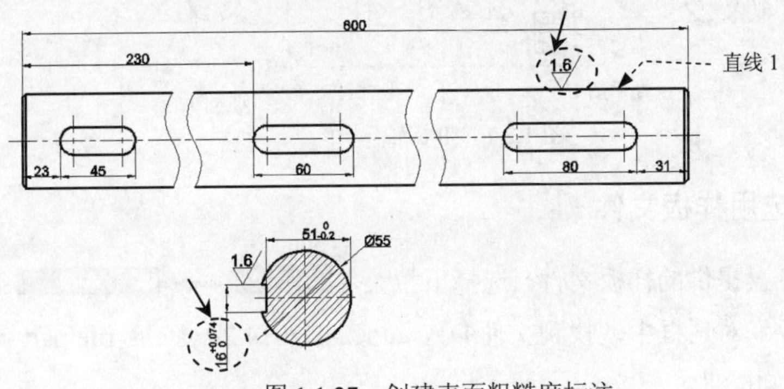

图 1.1.27　创建表面粗糙度标注

Step6. 绘制图 1.1.1 所示的剖切符号。

（1）在命令行输入命令 QLEADER 并按 Enter 键；然后输入字母 S 并按 Enter 键，系统弹出“引线设置”对话框，在 注释 选项卡 注释类型 区域中选中 ⊙ 无(O) 单选项，在 引线和箭头 选项卡 箭头 下拉文本框中选择 实心闭合 选项，在 点数 区域中选中 ☑ 无限制 复选框，将 角度约束 选项组中的 第一段 设置为水平，单击 确定 按钮；绘制剖切符号的箭头部分。

（2）将图层切换至“轮廓线层”，选择下拉菜单 绘图(D) → 直线(L) 命令，绘制剖切符号的直线部分。

（3）选择下拉菜单 修改(M) → 镜像(I) 命令，镜像步骤（1）和步骤（2）绘制的图形到轴线另一侧。

Task5．保存文件

选择 文件(F) → 保存(S) 命令，将图形命名为“光轴. dwg”，单击 保存(S) 按钮。

1.2 阶 梯 轴

本实例将介绍图 1.2.1 所示的阶梯轴的创建过程，主视图表示了其主要结构形状，断面图和局部放大图表示了其内部结构和局部结构的形状。由于其形状有规律变化且比较长，故采用折断画法。下面介绍其创建过程。

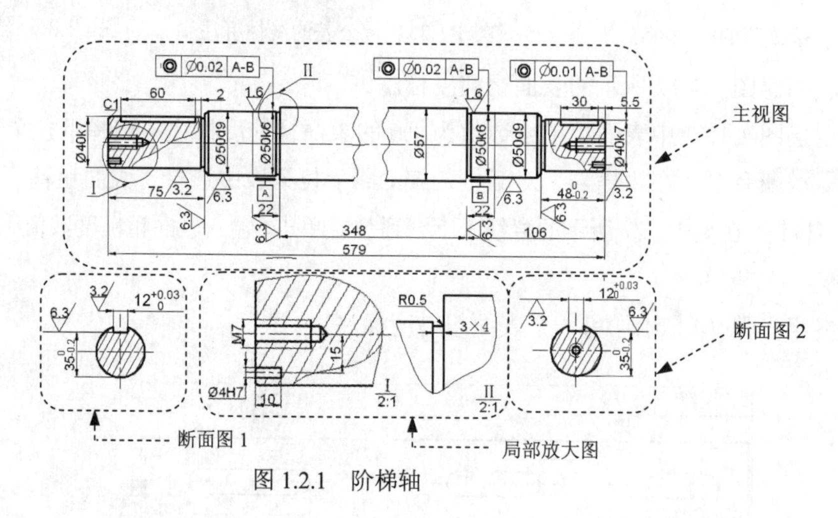

图 1.2.1　阶梯轴

Task1．选用样板文件

使用随书光盘提供的样板文件。选择下拉菜单 文件(F) → 新建(N)... 命令，在系统弹出的“选择样板”对话框中，找到文件 D:\AutoCAD2014.2\system_file\part_temp_A2.dwg，然后单击 打开(O) 按钮。

Task2．创建主视图

下面将介绍创建主视图的方法及步骤，如图 1.2.1 所示。

Step1．绘制图 1.2.2 所示的中心线。将图层切换至“中心线层”图层，确认状态栏中的（正交模式）和（对象捕捉）按钮处于激活状态，选择下拉菜单 绘图(D) → 直线(L) 命令，选取一点作为直线的起点，向右水平移动光标，输入数值 430 后按两次 Enter 键。

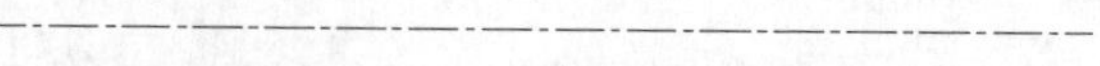

图 1.2.2　绘制中心线

Step2. 创建图 1.2.3 所示的多条直线。

（1）将图层切换至“轮廓线层”，确认状态栏中的 （显示/隐藏线宽）按钮处于激活状态。

（2）绘制多条直线。

① 选择下拉菜单 绘图(D) → 直线(L) 命令，在图 1.2.3 中的点 A 处单击。

② 在命令行中输入直线 1 另一点的相对坐标（@0，20）并按 Enter 键。

③ 继续在命令行中依次输入直线中其他的相对坐标并按 Enter 键，这些相对坐标分别为(@72，0)、(@0，-1)、(@3，0)、(@0，6)、(@47，0)、(@0，-1)、(@3，0)、(@0，4.5)、(@150，0)、(@0，-4.5)、(@3，0)、(@0，1)、(@55，0)、(@0，-6)、(@3，0)、(@0，1)、(@45，0)、(@0，-20)，最后按 Enter 键结束此操作。

说明：也可用 绘图(D) → 多段线(P) 命令进行多条直线的绘制。

Step3. 创建图 1.2.4 所示的垂直直线。

选择下拉菜单 修改(M) → 延伸(D) 命令，选取图 1.2.4 中的水平中心线并按 Enter 键，依次单击待延伸的垂直直线，按 Enter 键结束命令。

说明：如果用 绘图(D) → 多段线(P) 命令完成多条直线的绘制，则此处进行直线的延伸命令之前，应先用 修改(M) → 分解(X) 命令将此多段线进行分解。

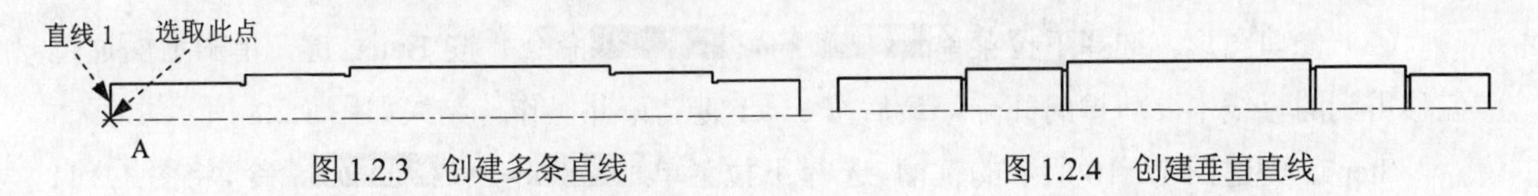

图 1.2.3　创建多条直线　　　　图 1.2.4　创建垂直直线

Step4. 创建图 1.2.5 所示的两条细实线。

（1）偏移直线。选择下拉菜单 修改(M) → 偏移(S) 命令，输入偏移距离值 22，按 Enter 键；选取图 1.2.6 所示的直线 2 为偏移对象，在其右侧任意位置单击以确定偏移方向；选取直线 3，在其左侧任意位置单击，按 Enter 键结束操作。结果如图 1.2.6 所示。

（2）将步骤（1）中偏移的直线转移至“细实线层”。

（3）修剪图形。选择下拉菜单 修改(M) → 修剪(T) 命令并按 Enter 键，单击细实线中要剪掉的部分，按 Enter 键结束此命令，结果如图 1.2.5 所示。

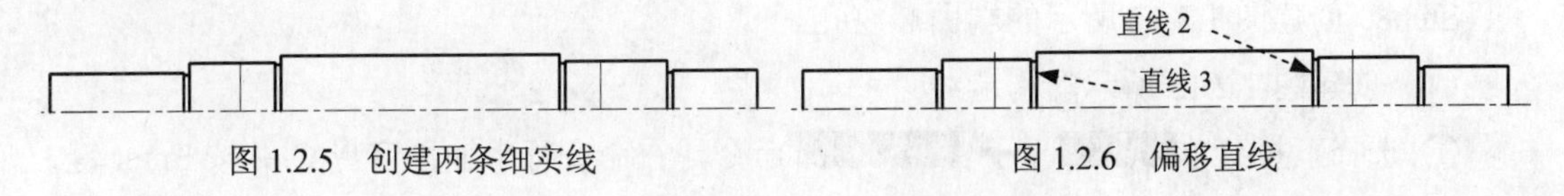

图 1.2.5　创建两条细实线　　　　图 1.2.6　偏移直线

Step5. 镜像图形。选择下拉菜单 修改(M) → 镜像(I) 命令，用窗口选取的方法，选取图 1.2.7a 所示的图形为镜像对象，按 Enter 键结束选取；选取图中水平中心线的一个端点并单击，然后在该中心线上选取另一点；在命令行中输入字母 N 后按 Enter 键。

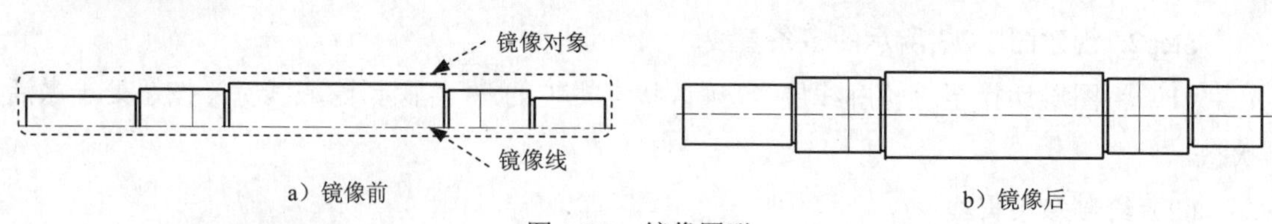

图 1.2.7　镜像图形

Step6. 创建图 1.2.8 所示的键槽。

（1）偏移图 1.2.9 所示的直线。

① 选择下拉菜单 修改(M) → 偏移(S) 命令，输入偏移距离值 10 并按 Enter 键；选取图 1.2.9 所示的直线 4 为偏移对象，在直线 4 右侧单击，以确定偏移方向，按 Enter 键结束此操作。

② 参见步骤①的操作，重复“偏移”命令，输入偏移距离值 70 并按 Enter 键，选取直线 4，在直线 4 右侧单击，以确定偏移方向，按 Enter 键完成图 1.2.9 所示的直线 6 的创建。

③ 参照步骤①的操作，将直线 5 向下进行偏移，偏移距离值为 5。

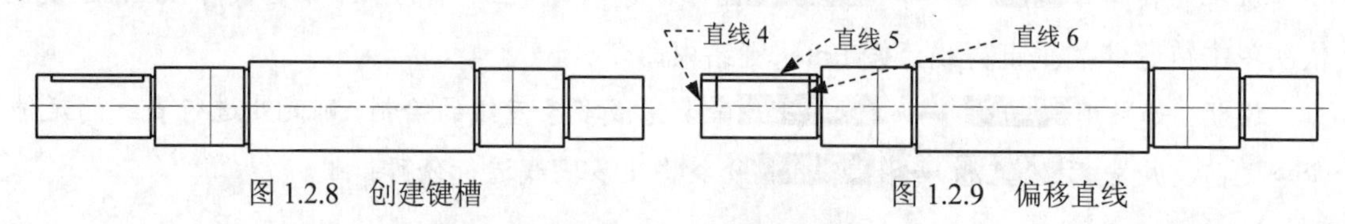

图 1.2.8　创建键槽　　　　图 1.2.9　偏移直线

（2）修剪图形。选择下拉菜单 修改(M) → 修剪(T) 命令并按 Enter 键，单击前面通过偏移得到的直线中要剪掉的部分，最后按 Enter 键结束此操作。结果如图 1.2.8 所示。

Step7. 创建图 1.2.10 所示的键槽。选择下拉菜单 修改(M) → 偏移(S) 命令，将图 1.2.11 所示的直线 8 向左偏移，偏移距离值分别为 5.5 和 35.5；用同样的方法将直线 7 向下进行偏移，偏移距离值为 5；选择下拉菜单 修改(M) → 修剪(T) 命令，对图 1.2.11 进行修剪，结果如图 1.2.10 所示。

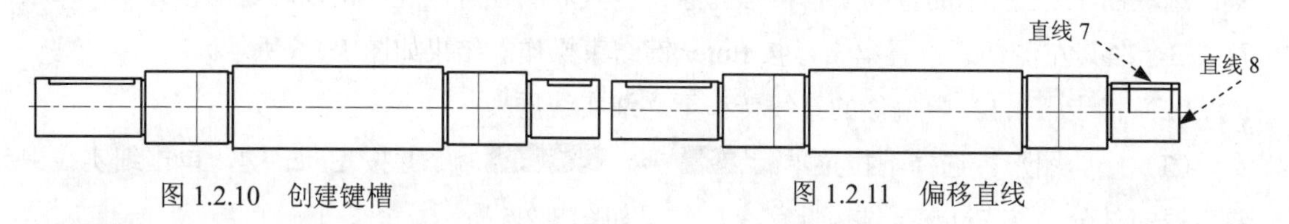

图 1.2.10　创建键槽　　　　图 1.2.11　偏移直线

Step8. 创建图 1.2.12 所示的端面螺纹孔。

（1）创建图 1.2.13 所示的构造线。

① 选择下拉菜单 绘图(D) → 构造线(T) 命令，在命令行中输入字母 O 并按 Enter 键，输入偏移距离值 3 并按 Enter 键，选取水平中心线作为偏移对象，在中心线上方任意位置单击以确定偏移方向，再次选取水平中心线作为偏移对象，在中心线下方任意位置单击，按 Enter 键结束该命令。

② 用相同的方法绘制图 1.2.13 所示的另外两条水平构造线，偏移对象仍为水平中心线，

偏移距离值为 3.5。

③ 参照上述操作步骤，完成图 1.2.13 所示的其他垂直构造线的绘制。以图中最左端的垂直直线 1 为偏移对象，偏移方向均为右，偏移距离值分别为 23 与 25，得到图中左侧的两条垂直构造线；以图中最右端的垂直直线 8 为偏移对象，偏移距离值分别为 23 与 25，偏移方向均为左，得到图中右侧的两条垂直构造线。

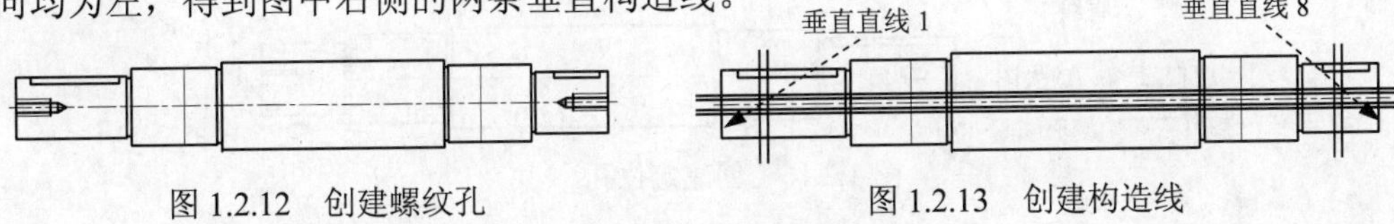

图 1.2.12　创建螺纹孔　　　　图 1.2.13　创建构造线

④ 转换线型。选取步骤②创建的两条水平构造线，将其转移至“细实线层”。

（2）修剪图形。选择下拉菜单 修改(M) → 修剪(T) 命令，对步骤（1）创建的直线进行修剪，结果如图 1.2.14 所示。

说明：若有修剪不掉的线条，可直接选择 修改(M) → 删除(E) 命令或单击 Delete 键，选取要删除的线条并按 Enter 键将其删除。

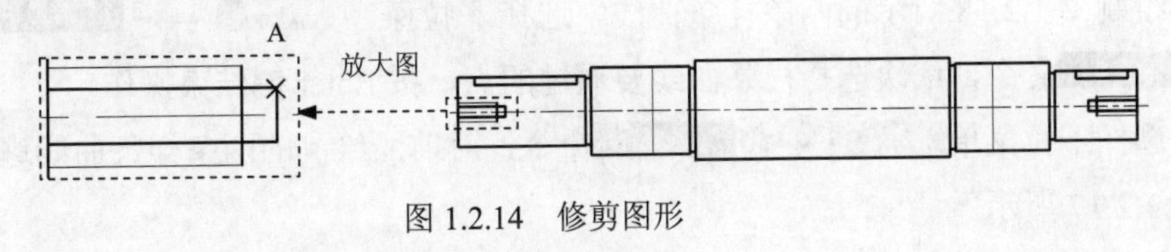

图 1.2.14　修剪图形

（3）绘制图 1.2.15 所示的螺纹孔底部锥面。

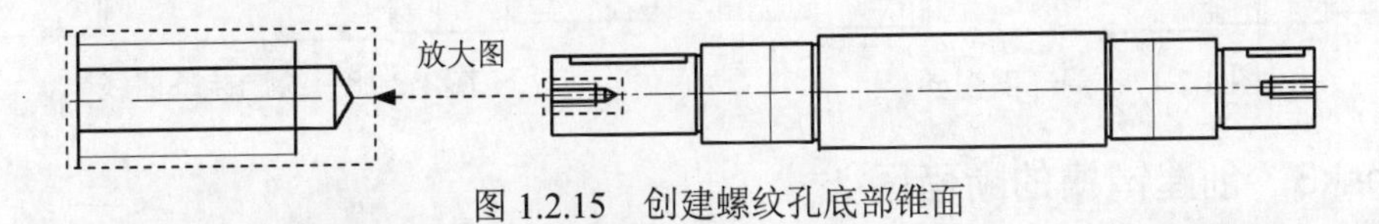

图 1.2.15　创建螺纹孔底部锥面

① 选择下拉菜单 绘图(D) → 直线(L) 命令，选取图 1.2.14 所示的点 A 为起点，输入 (@6< - 60) 后按 Enter 键，按 Enter 键结束直线的绘制。

② 镜像图形。选择下拉菜单 修改(M) → 镜像(I) 命令，选取上一步绘制的直线为镜像对象，按 Enter 键，在水平中心线上选取任意两点，输入字母 N 后按 Enter 键结束此命令。

③ 选择下拉菜单 修改(M) → 修剪(T) 命令对步骤①、②创建的直线进行修剪，结果如图 1.2.15 所示。

④ 用同样的操作步骤，绘制另一端角度为 120° 的螺纹孔底部锥面，结果如图 1.2.12 所示。

Step9. 创建图 1.2.16 所示的端面的定位孔。

（1）偏移水平中心线。选择下拉菜单 修改(M) → 偏移(S) 命令，将水平中心线向下偏移 15。

（2）绘制构造线。选择下拉菜单 绘图(D) → 构造线(T) 命令，通过偏移的方式创建两条水平构造线，其中偏移距离值为 2，直线对象为步骤（1）通过偏移得到的水平中心线，偏移方向分别为上、下；用同样的操作方法，创建两条垂直构造线，偏移距离值均为 10，直线对象分别为图中最左端与最右端的直线 1 和直线 8，偏移方向分别为右与左。

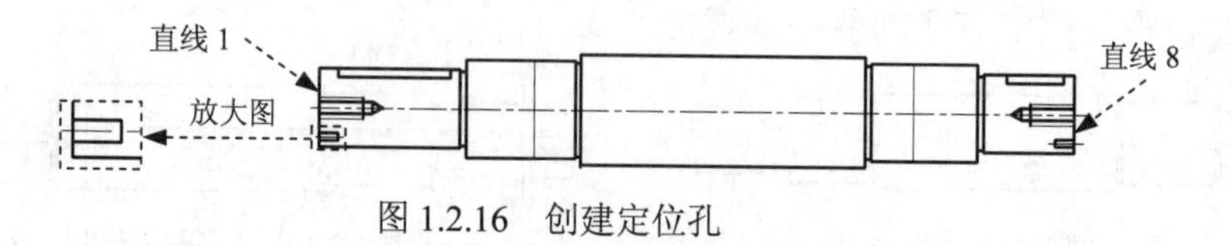

图 1.2.16　创建定位孔

（3）打断中心线。选择下拉菜单 修改(M) → 打断(K) 命令，在步骤（1）通过偏移得到的水平中心线上的合适位置选取两点（两点之间的直线将被删除）。

（4）选择下拉菜单 修改(M) → 修剪(T) 命令，对图形进行修剪，结果如图 1.2.16 所示。

Step10. 创建图 1.2.17 所示的局部剖视图（不含剖面线）。

（1）将图层切换到“剖面线层”，确认状态栏中的 （正交模式）按钮处于关闭状态。

（2）绘制图 1.2.18 所示的两条样条曲线。选择下拉菜单 绘图(D) → 样条曲线(S) → 拟合点(F) 命令，依次选择样条曲线要通过的点，按 Enter 键结束操作。

（3）选择下拉菜单 修改(M) → 修剪(T) 命令，对前面绘制的两条样条曲线进行修剪，结果如图 1.2.17 所示。

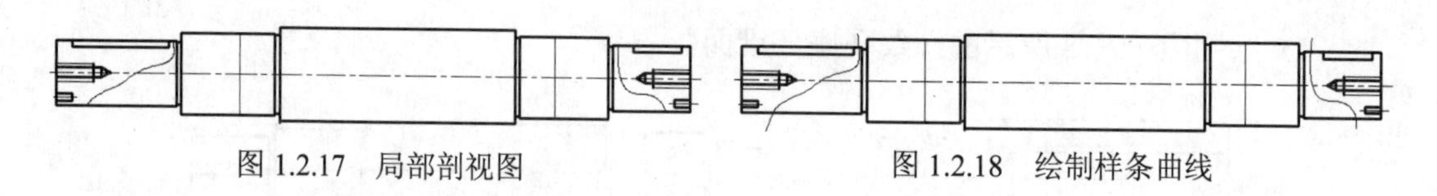
图 1.2.17　局部剖视图　　　　图 1.2.18　绘制样条曲线

Task3. 创建键槽的断面图 1

下面将介绍创建键槽的断面图 1 的方法及步骤，参见图 1.2.1（不包含剖面线）。

Step1. 将图层切换至“中心线层”，确认状态栏中的 （正交模式）按钮处于激活状态。

Step2. 选择下拉菜单 绘图(D) → 直线(L) 命令，绘制图 1.2.19 所示的两条中心线，长度值均为 60。

Step3. 绘制图 1.2.19 所示的圆。

（1）将图层切换到“轮廓线层”。

（2）绘制圆。选择下拉菜单 绘图(D) → 圆(C) → 圆心、半径(R) 命令，选取两中心线的交点为圆心，输入半径值 20 后按 Enter 键。

Step4. 创建图 1.2.20 所示的三条构造线。

（1）选择下拉菜单 绘图(D) → 构造线(T) 命令，以偏移的方式，完成图 1.2.20 所示的两条垂直构造线的创建。以断面图中的垂直中心线为偏移对象，偏移距离值均为 6，偏移方向为左与右。

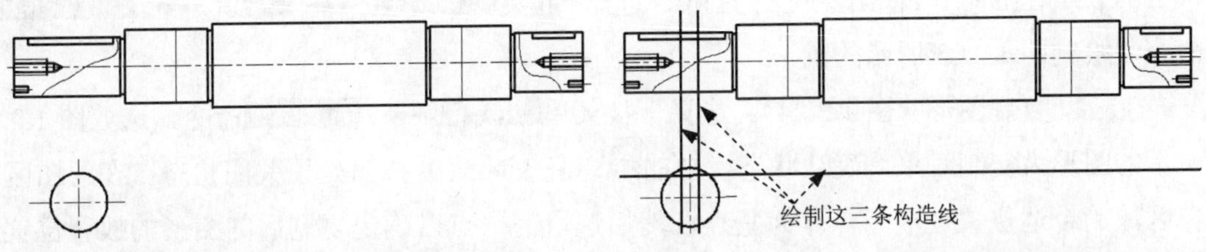

图 1.2.19　绘制中心线和圆　　　　图 1.2.20　创建三条构造线

（2）用同样的方法，以水平中心线为偏移对象，偏移距离值为 15，偏移方向为上，完成图 1.2.20 所示的水平构造线的创建。

Step5. 修剪图形。选择下拉菜单 修改(M) → 修剪(T) 命令，对图 1.2.20 创建的直线和 Step3 中创建的圆进行修剪，结果如图 1.2.21 所示。

Task4. 创建键槽的断面图 2

下面将介绍创建图 1.2.22 中另一键槽的断面图的方法及步骤。

Step1. 复制图形。选择下拉菜单 修改(M) → 复制(Y) 命令，选取图 1.2.22 所示的断面图为复制对象并按 Enter 键，捕捉并选取两中心线的交点作为基点，水平向右移动光标，在命令行中输入数值 328 后按两次 Enter 键。

Step2. 绘制圆。选择下拉菜单 绘图(D) → 圆(C) → 圆心、半径(R) 命令，捕捉并选取通过复制得到的两中心线的交点为圆心，输入半径值 3 后按 Enter 键。

Step3. 按 Enter 键以重复圆的绘制命令，绘制 Step2 创建的圆的同心圆，其半径值为 3.5。

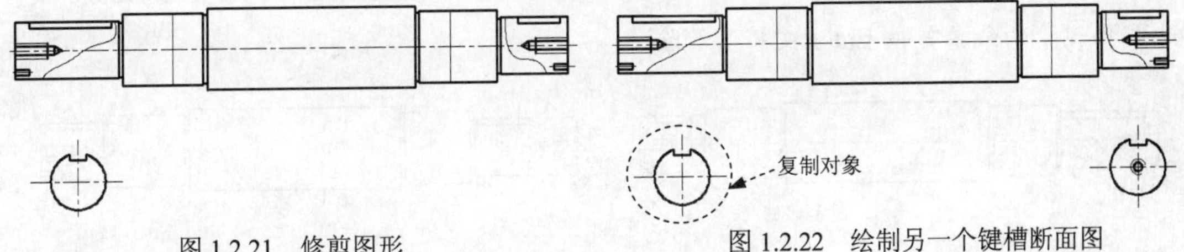

图 1.2.21　修剪图形　　　　图 1.2.22　绘制另一个键槽断面图

Step4. 转换线型。将半径值为 3.5 的圆转移至“细实线层”。

Step5. 打断图形。选择下拉菜单 修改(M) → 打断(K) 命令，将半径值为 3.5 的圆打断成图 1.2.22 所示的圆弧。

Task5. 创建局部放大图

将机件的部分结构用大于原图形所采用的比例画出的图形，称为局部放大图，如图 1.2.1 所示。在创建过程中，主要用到了图形的缩放、复制、修剪和倒角等命令。下面介绍其具体的创建过程。

Step1. 将图层切换到“双点画线层”。

Step2. 在主视图中圈出要放大的部位。选择下拉菜单 绘图(D) → 圆(C) → 圆心、半径(R) 命令，绘制图 1.2.23 所示的圆。

Step3. 复制图形（图 1.2.24）。选择下拉菜单 修改(M) → 复制(Y) 命令，选取图 1.2.24 所示的图形为复制对象，确认状态栏中的（正交模式）按钮处于关闭状态，在绘图区空白区域的合适位置选取一点作为基点，然后选取另一点以确定复制后的图形的放置位置，按 Enter 键结束命令。

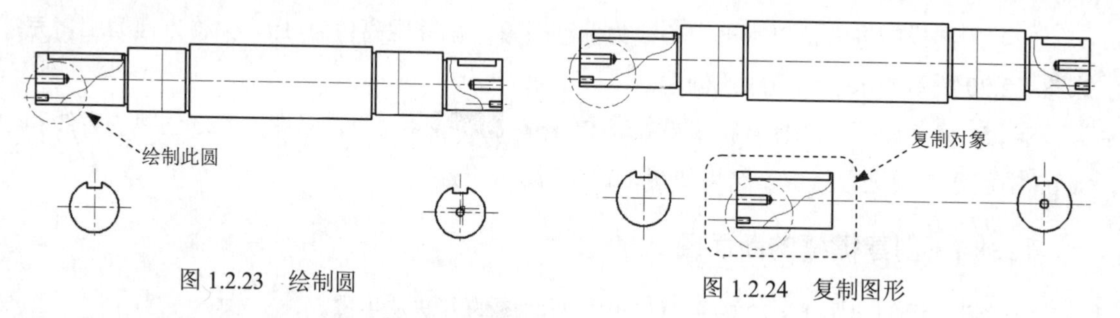

图 1.2.23　绘制圆　　　　图 1.2.24　复制图形

Step4. 绘制图 1.2.25 所示的样条曲线。

（1）将图层切换至“剖面线层”。

（2）选择下拉菜单 绘图(D) → 样条曲线(S) → 拟合点(F) 命令，依次选取样条曲线要通过的点，按 Enter 键结束操作。

Step5. 选择下拉菜单 修改(M) → 修剪(T) 命令，对图形进行修剪，结果如图 1.2.26 所示。

说明：若有修剪不掉的线条，可直接选择 修改(M) → 删除(E) 命令或单击 Delete 键，选取要删除的线条并按 Enter 键将其删除。

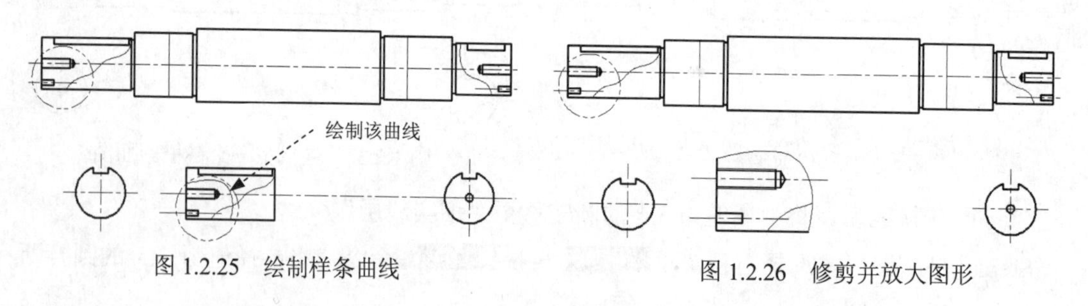

图 1.2.25　绘制样条曲线　　　　图 1.2.26　修剪并放大图形

Step6. 放大图形（图 1.2.26）。选择下拉菜单 修改(M) → 缩放(L) 命令，框选修剪后的图形并按 Enter 键，在绘图区的合适位置选取一点作为基点，在命令行中输入比例因子 2 后按 Enter 键。

Step7. 参照 Step1~Step6，创建图 1.2.27 所示的另一放大图。

Step8. 创建倒角。

(1) 分别在图 1.2.28 所示的点 A～I 处创建倒角。选择下拉菜单 修改(M) → 倒角(C) 命令；在命令行中输入字母 D 并按 Enter 键，输入第一个倒角距离值 1 并按 Enter 键，输入第二个倒角距离值 1 并按 Enter 键，输入字母 T 并按 Enter 键，再次输入字母 T 并按 Enter 键，输入字母 M 并按 Enter 键，分别选取产生倒角的两直线，完成图 1.2.28 所示的点 A～I 处倒角的创建。

说明：图 1.2.28 中点 E 为放大后的点，其倒角也要放大，所以在图 1.2.28 中 E 处的倒角距离应该为 2。

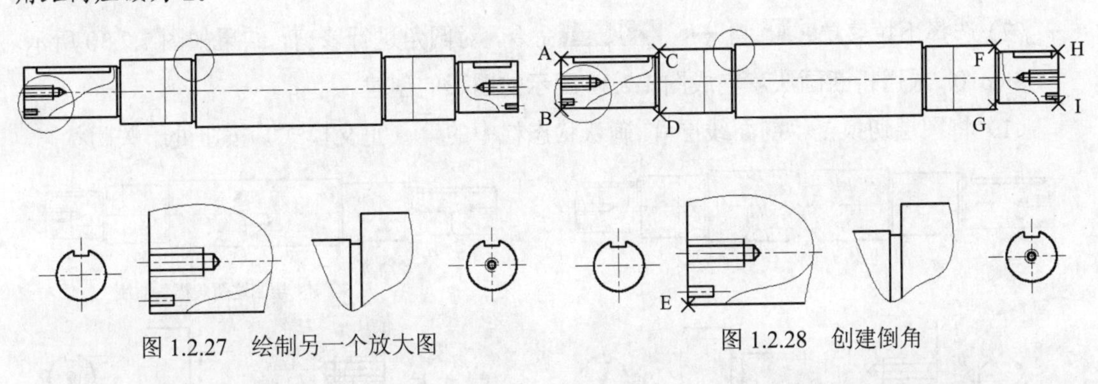

图 1.2.27　绘制另一个放大图　　图 1.2.28　创建倒角

(2) 在倒角处绘制直线。将图层切换至"轮廓线层"，选择下拉菜单 绘图(D) → 直线(L) 命令，绘制图 1.2.29 所示的两条直线。

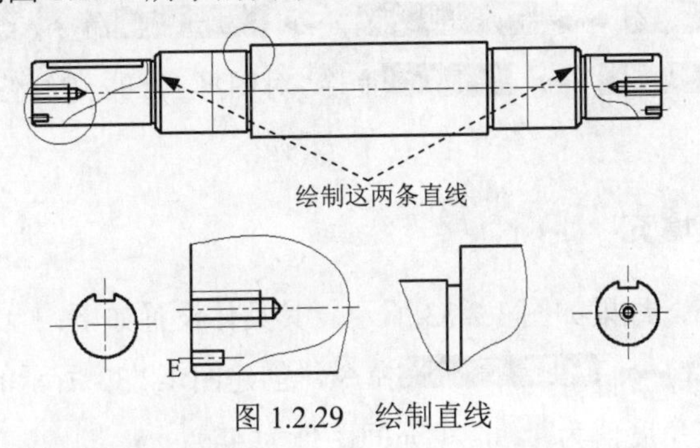

图 1.2.29　绘制直线

Step9. 创建图 1.2.30 所示的圆角。

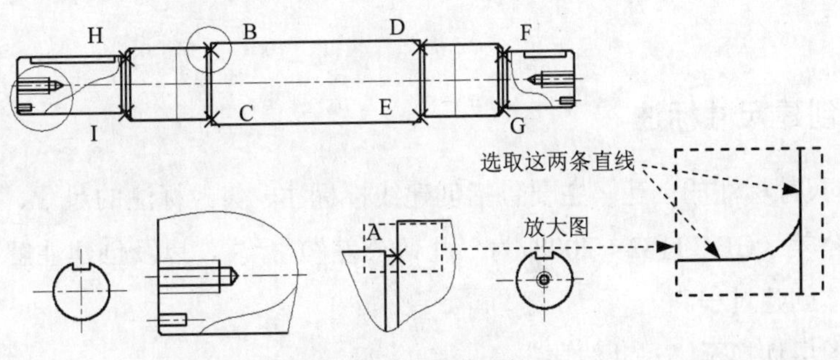

图 1.2.30　创建圆角

(1) 分别在图 1.2.30 所示的点 A～I 处创建圆角。

① 选择下拉菜单 修改(M) → 圆角(F) 命令，在命令行中输入字母 R 并按 Enter 键，输入圆角半径值 0.5 后按 Enter 键，输入字母 T 并按 Enter 键，输入字母 N 并按 Enter 键，选取图 1.2.30 所示的两条直线为要倒圆角的边线。

② 按 Enter 键以重复上步操作命令，分别选取要进行倒圆角的两条直线。

③ 重复上述操作，完成图 1.2.30 所示的点 A～I 处圆角的创建。

说明：放大图中的圆角也要进行相同比例的放大，故其圆角的半径值为 1；创建圆角时，要灵活切换“修剪模式”。

（2）选择下拉菜单 修改(M) → 修剪(T) 命令，对圆角进行修剪，结果如图 1.2.30 所示。

Step10. 采用折断画法，完成图 1.2.31 所示的图形的创建。

（1）将图层切换至“剖面线层”，确认状态栏中的 （正交模式）按钮处于关闭状态。

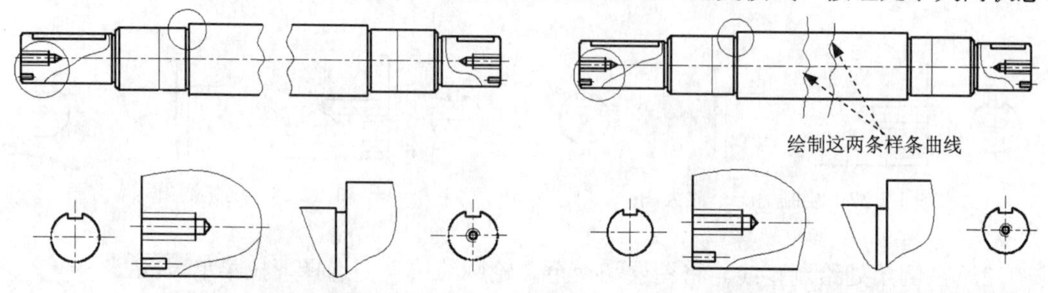

图 1.2.31 用折断画法创建图形　　图 1.2.32 绘制样条曲线

（2）选择下拉菜单 绘图(D) → 样条曲线(S) → 拟合点(F) 命令，绘制图 1.2.32 所示的两条样条曲线；然后选择 修改(M) → 修剪(T) 命令，对图形 1.2.32 进行修剪，结果如图 1.2.31 所示。

Task6．进行图案填充

对图形进行图案填充，结果如图 1.2.33 所示。其具体设置如下：

选择下拉菜单 绘图(D) → 图案填充(H)... 命令，创建图 1.2.33 所示的图案填充。其中，填充类型为 用户定义，填充角度值为 45，填充间距值为 4。

说明：放大图的剖面线间距应该为原图剖面线间距的两倍，因此将放大图的剖面线间距值设置为 8。

Task7．创建尺寸标注

图 1.2.1 中尺寸标注的创建，主要包括创建线性标注、修改标注的尺寸、创建块、插入块、创建形位公差（GB/T1182—2008 为“几何公差”）标注，以及创建注解文字等步骤。下面介绍其具体创建过程。

Step1. 将图层切换至“尺寸线层”。

Step2. 创建图 1.2.34 所示的线性标注。选择下拉菜单 标注(N) → 线性(L) 命令，选取标注对象的两个端点，在绘图区空白区域的合适位置单击，以确定尺寸的放置位置。

Step3. 修改标注的尺寸。

（1）修改为无公差的尺寸值。

① 选取要修改尺寸值的一个尺寸标注（例如尺寸值为 57 的线性标注），选择下拉菜单 修改(M) → 特性(P) 命令，系统弹出“特性”窗口，在 文字 区域中 文字替代 的文本框中输入文本%%C57，按 Enter 键确认，尺寸值 57 就变成了 Ø57（表示直径值为 57）。

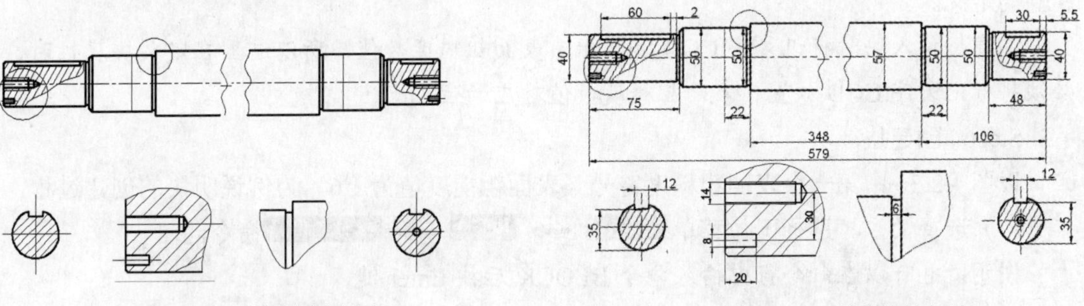

图 1.2.33　创建图案填充　　　　图 1.2.34　创建线性标注

② 用同样的方法完成其余无公差的尺寸值的修改。

（2）修改为有公差的尺寸值。选取要修改尺寸值的尺寸标注（例如尺寸值为 35 的线性标注），选择下拉菜单 修改(M) → 特性(P) 命令，系统弹出“特性”对话框。在 公差 区域中 显示公差 的下拉列表中选择 极限偏差 选项，在 公差下偏差 文本框中输入数值 0.2，在 公差精度 下拉列表中选择 0.0 选项，在 公差文字高度 后的文本框中输入 0.7，关闭“特性”窗口。

（3）用同样的方法完成图 1.2.35 所示的有公差的标注。

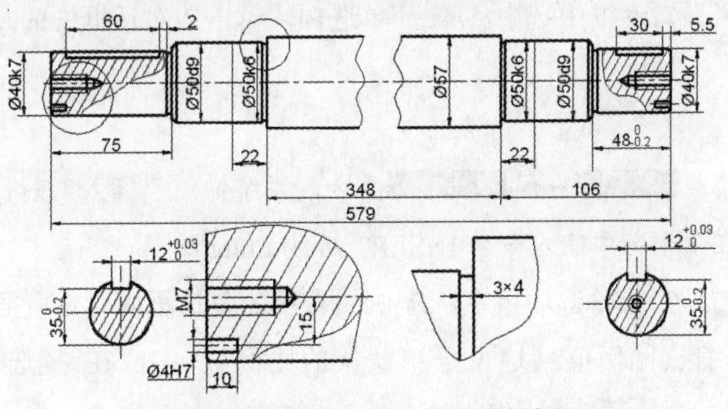

图 1.2.35　创建有公差的线性标注

Step4. 绘制表面粗糙度符号。选择下拉菜单 绘图(D) → 直线(L) 命令与 绘图(D) → 文字(X) → 多行文字(M)... 命令，在绘图区的空白区域中绘制图 1.2.36 所示的表面粗糙度符号，其具体尺寸如图 1.2.37 所示。

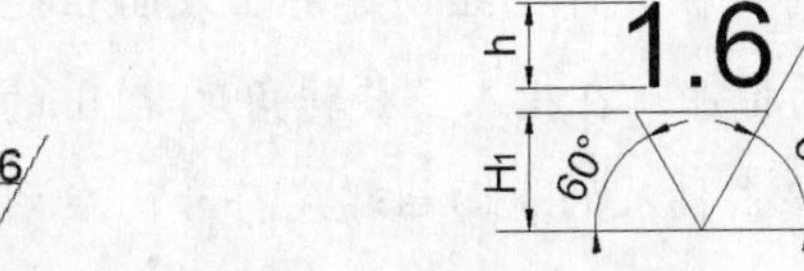

H1＝1.4h
H2＝2.1H1
h＝图上文字的高度，
本实例中 h 取 3.5。

图 1.2.36　绘制表面粗糙度符号　　　　图 1.2.37　表面粗糙度符号的尺寸

Step5. 定义块的属性。选择下拉菜单 绘图(D) → 块(K) ▸ → 定义属性(D)... 命令，系统弹出“属性定义”对话框。在属性选项组中 标记(T): 的文本框中输入属性的标记为 CCD；在 提示(M): 文本框中输入插入块时系统所显示的提示信息“表面粗糙度值”，在 默认(L): 文本框中输入属性的数值为 3.2，在文字设置选项组 对正(J): 下拉列表中选择正中选项，文字样式(S): 下拉列表中选择Standard选项，设置文字高度值为 3.5。单击该对话框中的 确定 按钮，完成块属性的定义。

注意：插入块时标记文字 CCD 将显示为表面粗糙度数值，所以这里在定义块属性时，必须将标记文字 CCD 放置在表面粗糙度数值对应的位置上。

Step6. 创建块。

以图 1.2.36 中第一个表面粗糙度符号（表面粗糙度值为 1.6）为例说明块的创建过程。

（1）选择命令。选择下拉菜单 绘图(D) → 块(K) ▸ → 创建(M)... 命令。

说明：也可以在命令行中输入命令 BLOCK 后按 Enter 键。

（2）命名块。在系统弹出的“块定义”对话框中 名称(N): 下的文本框中输入块的名称（如 1.6）。

注意：输入块的名称后不要按 Enter 键。

（3）指定块的基点。在“块定义”对话框中的基点选项组中单击拾取点(K)左侧的按钮，选取表面粗糙度符号下端的交点为插入基点。

（4）选择组成块的对象。在对象选项组中单击选择对象(T)左侧的按钮，选取三条直线和文字 CCD 为块对象。

（5）在“块定义”对话框中选中 ⊙ 删除(D) 单选项，单击该对话框中的 确定 按钮，完成块的创建。

Step7. 插入块。

（1）选择下拉菜单 插入(I) → 块(B)... 命令，系统弹出“插入”对话框。

说明：也可以在命令行中输入命令 INSERT 后按 Enter 键。

（2）设置插入点。在 比例 选项组中，选中 ☑ 统一比例(U) 复选框以确定所插入的块在这三个方向上具有统一的缩放比例值（这里采用默认的比例值 1），在旋转选项组中取消选中 □ 在屏幕上指定(C) 复选框，在 角度(A): 文本框中输入插入块后的旋转角度值。

（3）单击 确定 按钮，系统自动切换到绘图区，选取一点以确定表面粗糙度符号的放置位置，在系统提示下输入表面粗糙度值并按 Enter 键，结果如图 1.2.38 所示。

说明：上面介绍了创建块与插入块的操作步骤，这样做的目的是为了创建表面粗糙度标注。为了方便起见，本书提供的样板文件已经创建好了表面粗糙度符号块，读者也可直接通过插入块来进行表面粗糙度的标注。在插入了旋转角度非 0 的表面粗糙度符号后为了保证数值旋转方向符合标准，可双击插入的表面粗糙度符号，在系统弹出的“增强属性编辑器”对话框中重新设置表面粗糙度符号的属性。

Step8. 创建图 1.2.39 所示的形位公差标注。

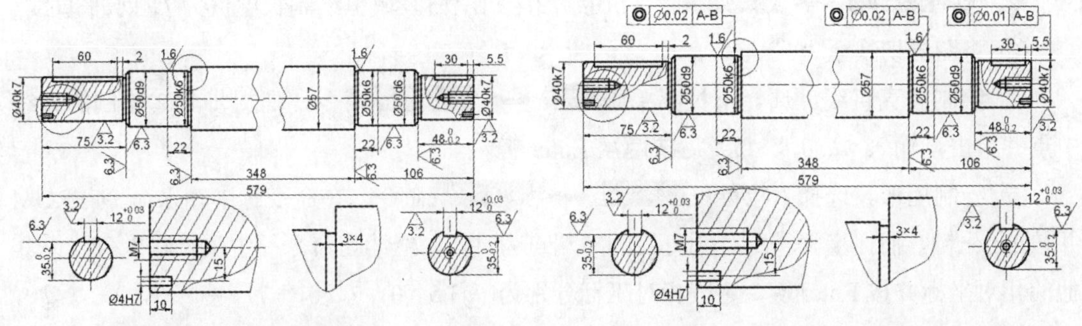

图 1.2.38　表面粗糙度标注　　　　图 1.2.39　创建形位公差标注

（1）创建图 1.2.40 所示的形位公差标注的引线。

① 在命令行中输入命令 QLEADER 后按 Enter 键，输入字母 S 后按 Enter 键，系统弹出“引线设置”对话框。

② 选中 公差(T) 单选项，按 Enter 键，参考图 1.2.40 所示引线位置选取三点，以确定引线的形状与放置位置，系统弹出“形位公差”对话框。

（2）设置公差。

① 单击“符号”选项组中的第一个黑方块，系统弹出“特征符号”对话框（图 1.2.41），单击◎（同轴度）按钮。

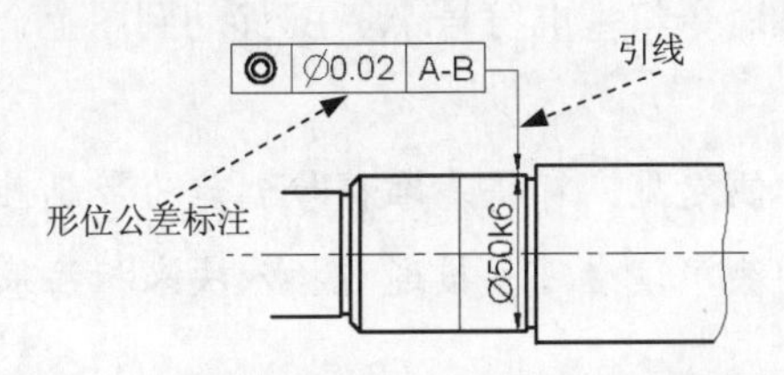

图 1.2.40　创建引线和形位公差标注

图 1.2.41 “特征符号”对话框

② 单击 公差 1 选项组中的黑方块，出现直径符号Ø，在其后的文本框中输入公差值 0.02。

③ 设置基准。如图 1.2.42 所示，在 基准 1 下面的文本框中输入文本 A－B。

④ 单击对话框中的 确定 按钮，结果如图 1.2.40 所示。

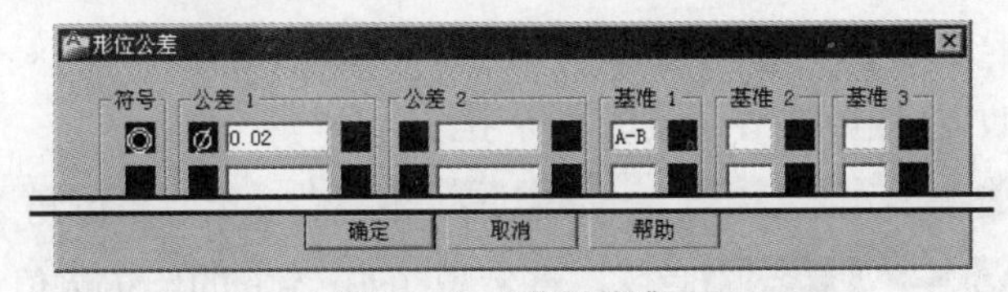

图 1.2.42　设置基准

Step9. 参照以上步骤，创建图 1.2.39 中的其他形位公差。

Step10. 创建图 1.2.43 所示的基准标注。

（1）绘制图 1.2.44 所示的基准符号。

① 将图层切换至“轮廓线层”，确认状态栏中的□（对象捕捉）按钮处于打开状态。

② 选择 绘图(D) → 直线(L) 命令，在绘图区的空白区域中绘制长度值为7的水平直线。

③ 将图层切换至“0”层。

④ 绘制竖直直线。选择下拉菜单 绘图(D) → 直线(L) 命令，捕捉步骤②绘制的直线中点并单击，输入（@0，-5）后按两次 Enter 键。

⑤ 绘制矩形。选择下拉菜单 绘图(D) → 直线(L) 命令，在命令行中输入命令 FROM 并按 Enter 键，捕捉步骤④所绘制直线的下端点为基点，继续在命令行中依次输入直线中其他的相对坐标并按 Enter 键，这些相对坐标分别为(@3.5，0)、(@0，-7)、(@-7，0)、(@0，7)、(@7，0)，最后按 Enter 键结束此操作。

（2）创建文字。选择下拉菜单 绘图(D) → 文字(X) ▸ → 单行文字(S) 命令，将文字对正方式设置为“中间”，在绘图区空白区域选取合适一点作为文字的起点，输入文字高度值 3.5 并按 Enter 键，输入文字旋转角度 0 并按 Enter 键，输入字母 A 后按 Enter 键两次结束。完成后将文字样式设置为“Standard”。

（3）移动文字。选择下拉菜单 修改(M) → 移动(V) 命令，选取步骤（2）所创建的文字 A 并按 Enter 键，选取 A 上的一点作为基点，移动光标，在步骤（1）绘制的矩形的正中心位置单击，结果如图 1.2.44 所示。

（4）用同样的方法创建基准符号 B。

（5）移动基准符号。选择 修改(M) → 移动(V) 命令将基准符号 A、B 移动到图上合适的位置，结果如图 1.2.43 所示。

说明：上面介绍了创建基准的操作过程，为方便起见，可将基准符号创建为带属性的块，本书提供的样板文件已经创建好了带有属性的块，读者可直接通过插入块来标注基准符号。

Step11. 创建图 1.2.43 所示倒角标注。

（1）绘制引线。

① 在命令行中输入命令 QLEADER 后按 Enter 键，输入字母 S 后按 Enter 键，系统弹出“引线设置”对话框。

② 在 注释 选项卡中选中 ⊙ 无(O) 单选项，在 引线和箭头 选项卡 点数 下的文本框中输入数值 3，单击 确定 按钮，在图中选取 3 点以放置引线。

（2）选择 绘图(D) → 文字(X) ▸ → 多行文字(M)... 命令绘制出倒角数值。

（3）选择 修改(M) → 移动(V) 命令，将步骤（2）绘制的倒角数值移动到步骤（1）创建的引线上。

Step12. 创建图 1.2.43 所示的比例说明文字。

（1）参照 Step10（1）中绘制引线的方法在图中绘制局部放大图的引线。

（2）选择下拉菜单 绘图(D) → 文字(X) ▸ → 多行文字(M)... 命令，在放大图右下侧的空白区域选取两点以指定输入文字的范围，输入文本 I /2:1 后将其全部选中，单击鼠标右键，在系统弹出的快捷菜单中选择 堆叠 选项，并将字高设置为 7，单击 文字编辑器 面板上的“关闭”按钮。

（3）用同样的方法完成其他比例说明文字的创建，结果如图 1.2.43 所示。

Step13. 创建图 1.2.43 所示的半径标注。选择下拉菜单 标注(N) → 半径(R) 命令，选取要标注的圆弧，在图中合适的位置单击。

注意：放大图中所标注的尺寸，应该以零件的实际尺寸为准。

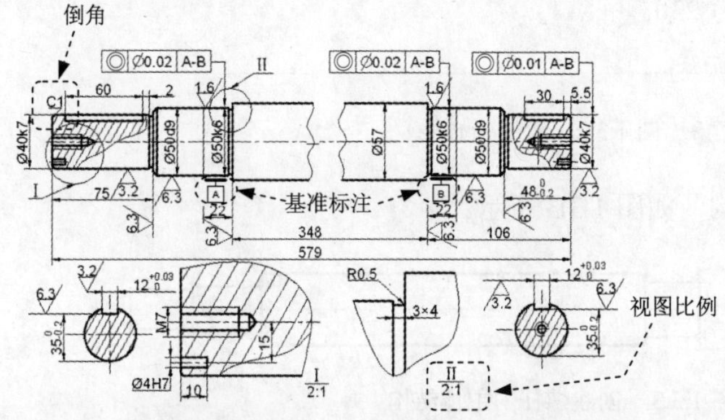

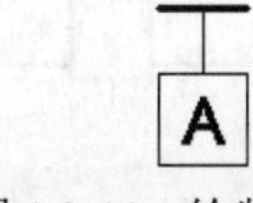

图 1.2.43　创建基准、倒角、比例说明文字及半径的标注　　　图 1.2.44　绘制基准符号

Task8．保存文件

选择下拉菜单 文件(F) → 保存(S) 命令，将图形命名为“阶梯轴.dwg”，单击 保存(S) 按钮。

1.3　螺　　杆

本实例将介绍螺杆的创建过程（图 1.3.1），主要用到了镜像、分解、延伸、倒角、图案填充、插入块、文字注释及尺寸标注等命令。下面介绍其创建过程。

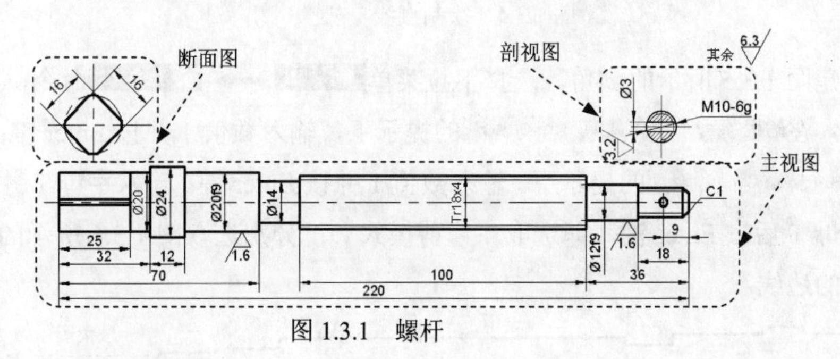

图 1.3.1　螺杆

Task1．选用样板文件

使用随书光盘中提供的样板文件。选择下拉菜单 文件(F) → 新建(N)... 命令，在系统

弹出的“选择样板”对话框中，找到文件 D:\AutoCAD2014.2\system_file\Part_temp_A3.dwg，然后单击 打开(O) 按钮。

Task2. 创建螺杆主视图

下面介绍图 1.3.1 中主视图的创建方法与步骤。

Step1. 绘制图 1.3.2 所示的中心线。将图层切换到“中心线层”，确认状态栏中的（正交模式）和（对象捕捉）按钮处于打开状态，用 绘图(D) → 直线(L) 命令，绘制图 1.3.2 所示的水平中心线，其长度值为 230。

图 1.3.2　绘制中心线

Step2. 创建螺杆的主体结构，如图 1.3.3 所示。

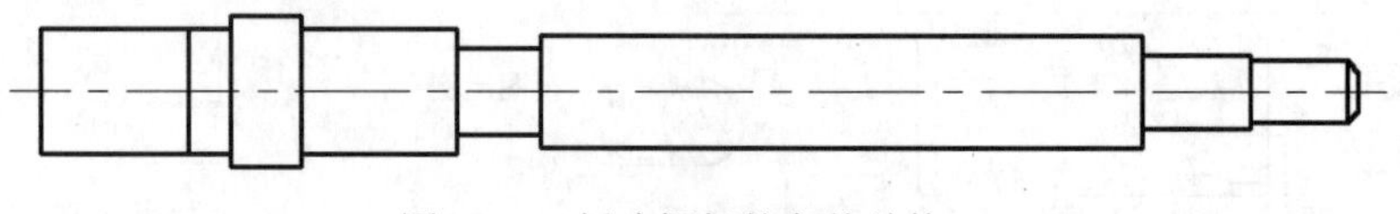

图 1.3.3　创建螺杆的主体结构

（1）将图层切换到“轮廓线层”，确认状态栏中的（显示/隐藏线宽）按钮处于激活状态。

（2）绘制图 1.3.4 所示的直线。选择下拉菜单 绘图(D) → 直线(L) 命令，在命令行中输入命令 FROM 并按 Enter 键；选取水平中心线的左端点为基点，输入坐标（@5，0），并按 Enter 键；将光标向上移动，输入数值 10 后按 Enter 键；重复移动光标并输入图 1.3.4 所示的直线长度值，完成直线的绘制。

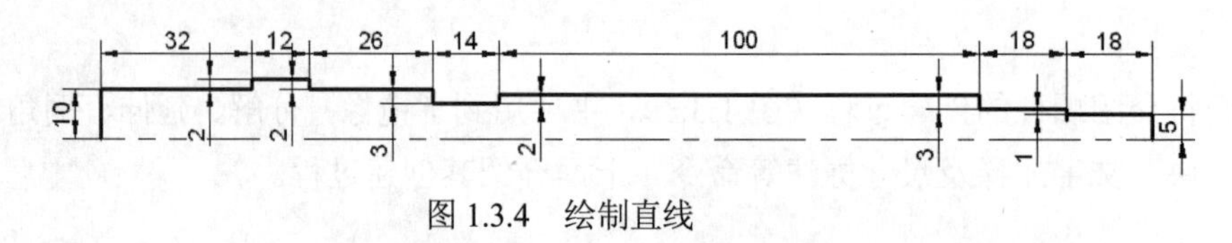

图 1.3.4　绘制直线

（3）创建图 1.3.5 所示的倒角。选择下拉菜单 修改(M) → 倒角(C) 命令，在命令行中输入字母 D，在 指定第一个倒角距离 <0.0000>: 的提示下，输入数值 1 并按 Enter 键；在 指定第二个倒角距离 <1.0000>: 的提示下，输入数值 1 并按 Enter 键；输入字母 T 并按 Enter 键，再次输入字母 T 后按 Enter 键（即选取“修剪模式”）；分别选取图 1.3.6 所示的两条直线为要进行倒角的边线。

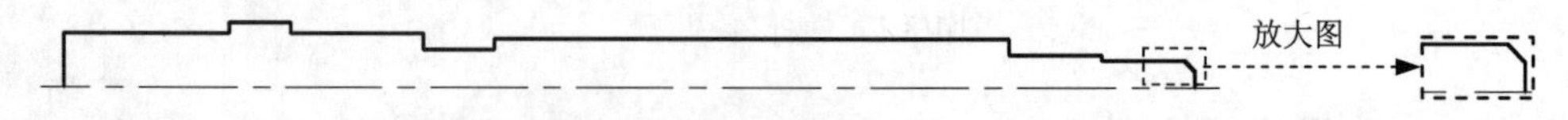

图 1.3.5　创建倒角

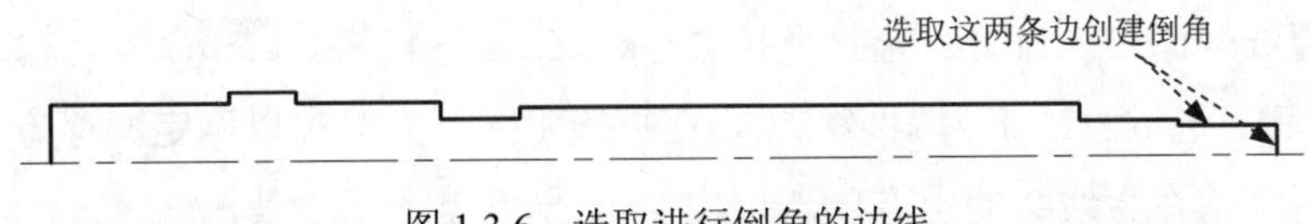

图 1.3.6　选取进行倒角的边线

（4）延伸图 1.3.7 所示的直线。选择下拉菜单 修改(M) → 延伸(D) 命令，选取水平中心线为延伸的边界并按 Enter 键，分别单击需要延伸的直线，按 Enter 键结束操作。

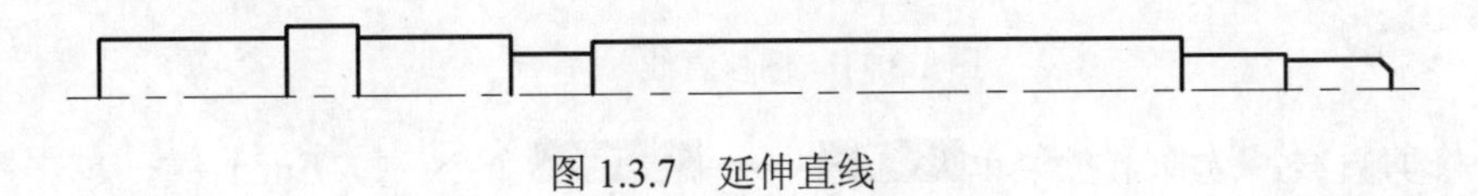

图 1.3.7　延伸直线

（5）绘制图 1.3.8 所示的直线。

① 绘制直线 1。选择下拉菜单 绘图(D) → 直线(L) 命令，在命令行中输入命令 FROM 并按 Enter 键，指定图 1.3.8 所示的点 A 为直线的基点向右移动光标，输入坐标（@25，0）并按 Enter 键，向下移动光标，在命令行中输入数值 10 后按两次 Enter 键（或选择下拉菜单 修改(M) → 偏移(S) 命令进行直线 1 的绘制）。

② 按 Enter 键重复直线命令，绘制图 1.3.8 所示的直线 2。

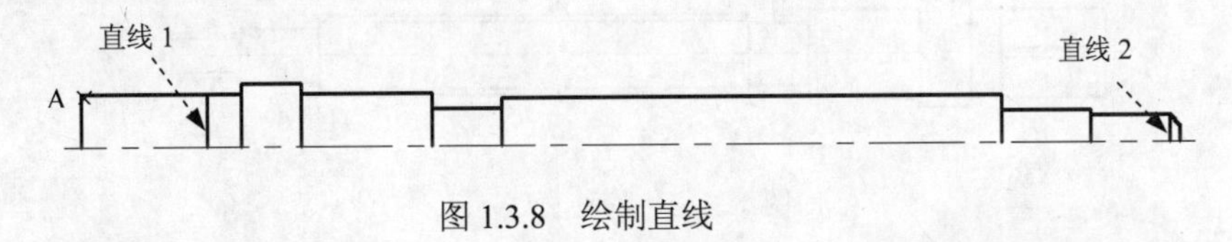

图 1.3.8　绘制直线

（6）镜像图形（图 1.3.9）。选择下拉菜单 修改(M) → 镜像(I) 命令，选取图 1.3.9a 所示的图形为镜像对象，按 Enter 键结束选择；选取水平中心线上一点为镜像线的第一点，然后在该中心线上选择另一点作为镜像线的第二点；在命令行中输入字母 N 后按 Enter 键，结果如图 1.3.9b 所示。

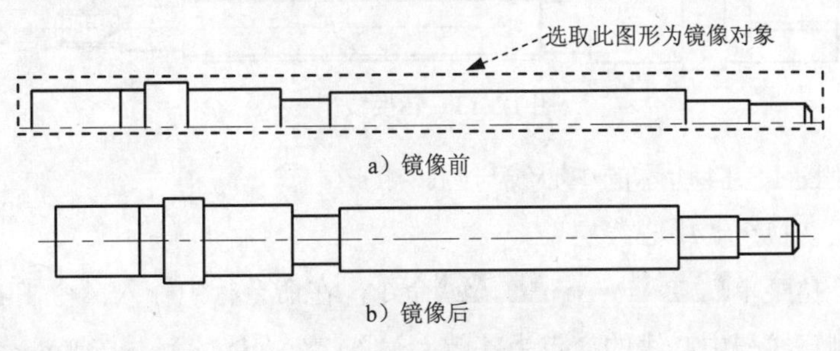

a）镜像前

b）镜像后

图 1.3.9　镜像图形

Step3. 创建图 1.3.10 所示的螺杆的细节结构。

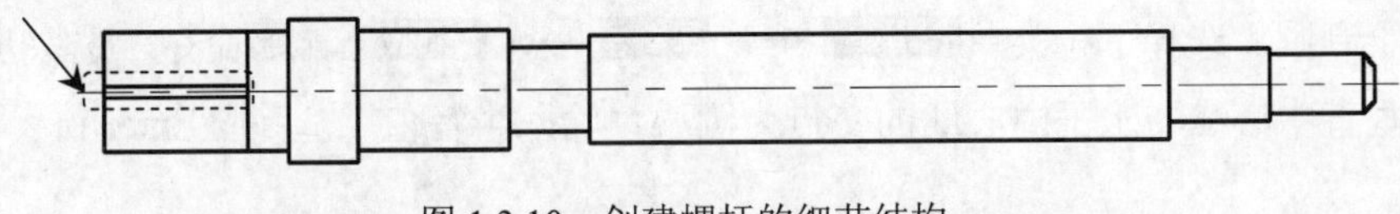

图 1.3.10　创建螺杆的细节结构

（1）偏移直线（图 1.3.11）。选择下拉菜单 修改(M) → 偏移(S) 命令，输入偏移距离值 9 后按 Enter 键；选取直线 1 为偏移对象，在直线 1 的下方单击以确定偏移方向；再选取直线 2 为偏移对象，在直线 2 的上方单击，按 Enter 键结束操作。

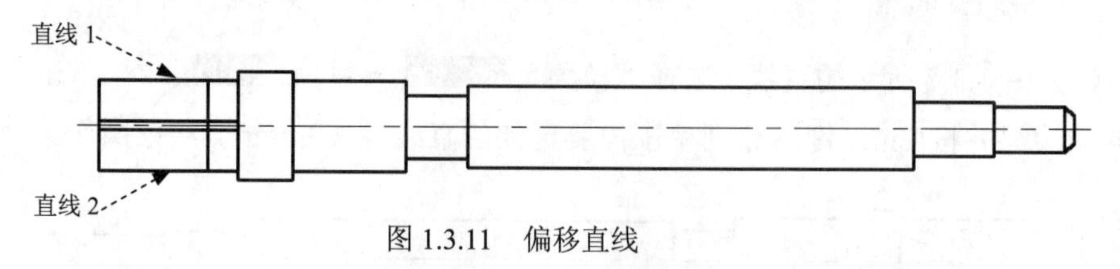

图 1.3.11　偏移直线

（2）修剪直线。选择下拉菜单 修改(M) → 修剪(T) 命令，按 Enter 键，单击图上要剪去的部分，按 Enter 键结束操作，结果如图 1.3.10 所示。

（3）偏移直线（图 1.3.12）。选择下拉菜单 修改(M) → 偏移(S) 命令，在命令行中输入偏移距离值 1.25 后按 Enter 键，选取直线 3 为偏移对象，在直线 3 的下方单击以确定偏移方向，再选取直线 4 为偏移对象，并在其上方单击，按 Enter 键结束命令；按 Enter 键以重复“偏移”命令，参照上述操作，将直线 5 与直线 6 分别向下、向上偏移 0.812。

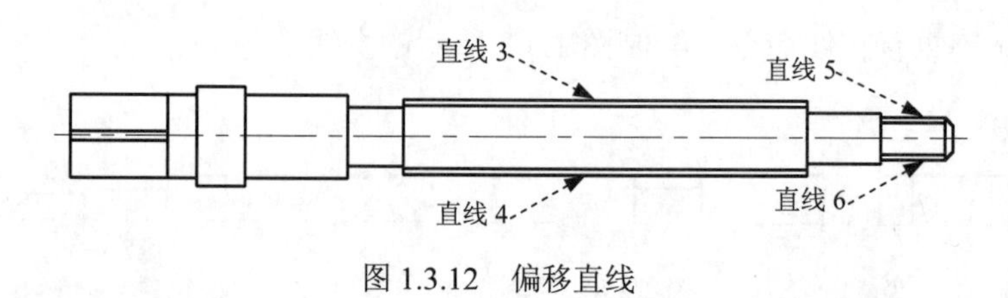

图 1.3.12　偏移直线

Step4. 转换线型。选取图 1.3.13 所示的四条直线，然后在“图层”工具栏中，选择“细实线层”。

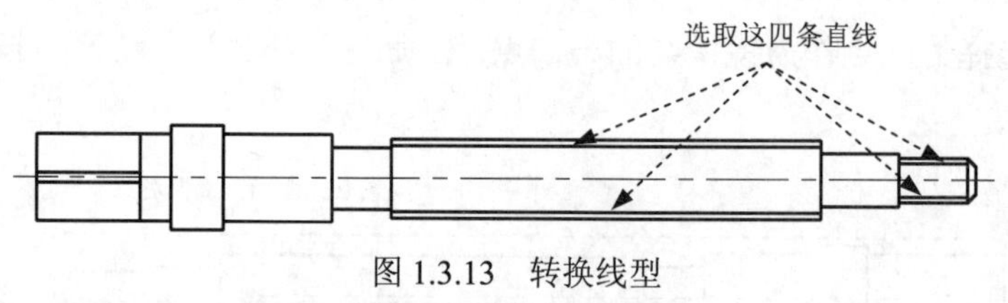

图 1.3.13　转换线型

Step5. 绘制图 1.3.14 所示的中心线与圆。

（1）将图层切换至“中心线层”。

（2）选择下拉菜单 绘图(D) → 直线(L) 命令，在命令行中输入命令 FROM 后按 Enter 键，选取最右侧直线与中心线的交点为基点，输入（@－9，3）并按 Enter 键，输入（@0，－6），按两次 Enter 键完成长度值为 6 的垂直中心线的绘制。

（3）将图层切换至“轮廓线层”。

（4）绘制圆。选择下拉菜单 绘图(D) → 圆(C) → 圆心、半径(R) 命令，选取步骤（2）所绘制的垂直中心线与水平中心线的交点为圆心，输入半径值 1.5 后按 Enter 键。

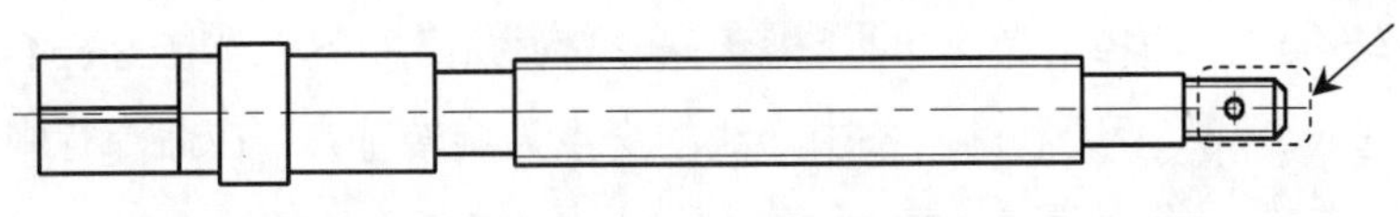

图 1.3.14　绘制中心线与圆

Task3．创建断面图

下面介绍图 1.3.1 所示的断面图的创建方法。

Step1. 绘制图 1.3.15 所示的水平中心线与垂直中心线。将图层切换至“中心线层”，用 绘图(D) → 直线(L) 命令在图形左上方位置绘制长度值为 30 的水平中心线，按 Enter 键以重复“直线”命令，在水平中心线的中点处绘制长度值为 30 的垂直中心线。

Step2. 绘制图 1.3.15 所示的圆。将图层切换至“双点画线层”，选择 绘图(D) → 圆(C) → 圆心、半径(R) 命令，以 Step1 所绘制的两条中心线的交点为圆心，半径值为 10，完成图 1.3.15 所示的圆的绘制。

Step3. 绘制垂直直线。将图层切换至“轮廓线层”，选择 绘图(D) → 直线(L) 命令，分别以圆与垂直中心线的两个交点为端点绘制直线，结果如图 1.3.15 所示。

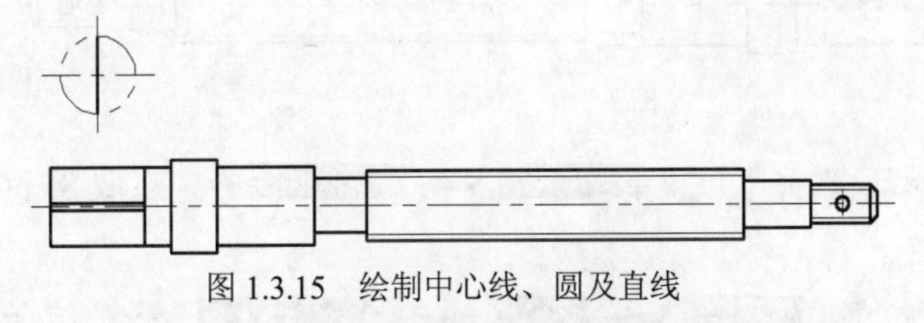

图 1.3.15　绘制中心线、圆及直线

Step4. 旋转直线。选择下拉菜单 修改(M) → 旋转(R) 命令，选取 Step3 所绘制的直线为旋转对象并按 Enter 键，选取此直线中点为基点，并在命令行中输入旋转角度值 45 后按 Enter 键，结果如图 1.3.16 所示。

Step5. 偏移直线。选择下拉菜单 修改(M) → 偏移(S) 命令，在命令行中输入偏移距离值 8 后按 Enter 键，选取 Step4 旋转后的直线为偏移对象，分别在其右上方和左下方单击，按 Enter 键结束命令，结果如图 1.3.17 所示。

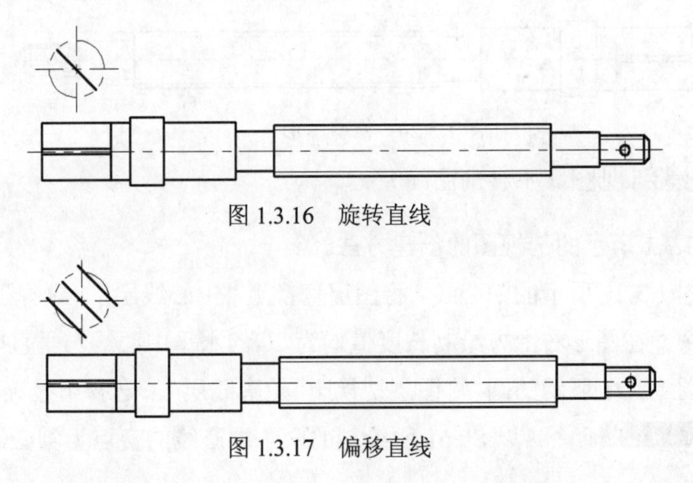

图 1.3.16　旋转直线

图 1.3.17　偏移直线

Step6. 旋转直线。选择下拉菜单 修改(M) → 旋转(R) 命令，选取 Step4 旋转后的直线为旋转对象，选取 Step1 所绘制的两条中心线的交点为旋转基点，在命令行中输入旋转角度值 90 并按 Enter 键，结果如图 1.3.18 所示。

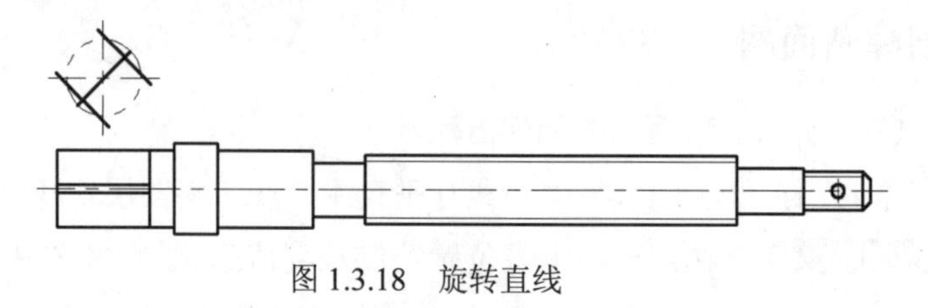

图 1.3.18　旋转直线

Step7. 偏移直线。参照上述操作，将 Step6 所旋转的直线分别向左上方与右下方进行偏移，偏移距离值均为 8，结果如图 1.3.19 所示。

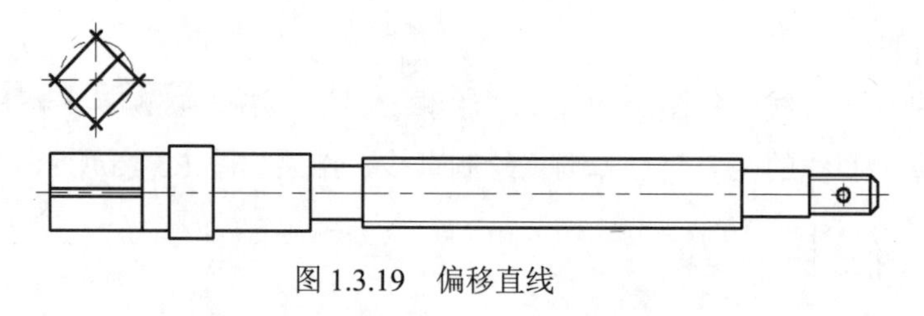

图 1.3.19　偏移直线

Step8. 删除直线。选择下拉菜单 修改(M) → 删除(E) 命令，选取 Step6 旋转后的直线，按 Enter 键结束命令。

Step9. 选择下拉菜单 绘图(D) → 圆(C) → 圆心、半径(R) 命令，结合“对象捕捉”命令，选取 Step1 所绘制的两条中心线的交点为圆心，在命令行中输入半径值 10 后按 Enter 键。

Step10. 修剪图形。选择下拉菜单 修改(M) → 修剪(T) 命令，按 Enter 键，单击要修剪的直线与圆弧，按 Enter 键结束操作，结果如图 1.3. 20 所示。

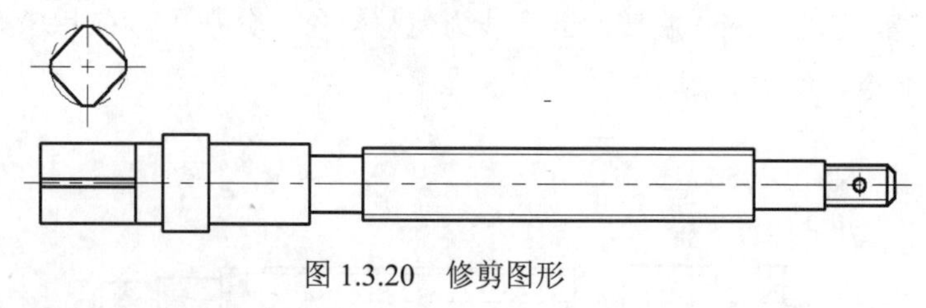

图 1.3.20　修剪图形

Task4. 创建剖视图（不含剖面线）

下面介绍图 1.3.1 所示的剖视图的创建方法。

Step1. 绘制图 1.3.21 所示的中心线。将图层切换至“中心线层”，选择下拉菜单 绘图(D) → 直线(L) 命令，在图形右上方绘制长度值均为 20 的水平中心线与垂直中心线。

Step2. 绘制图 1.3.21 所示的圆。将图层切换至“轮廓线层”，选择下拉菜单 绘图(D) → 圆(C) → 圆心、半径(R) 命令，以 Step1 所绘制的两条中心线的交点为圆心，绘制半径值为

5 的圆。

Step3. 创建图 1.3.22 所示的直线。

（1）选择下拉菜单 绘图(D) → 直线(L) 命令，以水平中心线与圆的交点为起点，绘制长为 10 的水平直线。

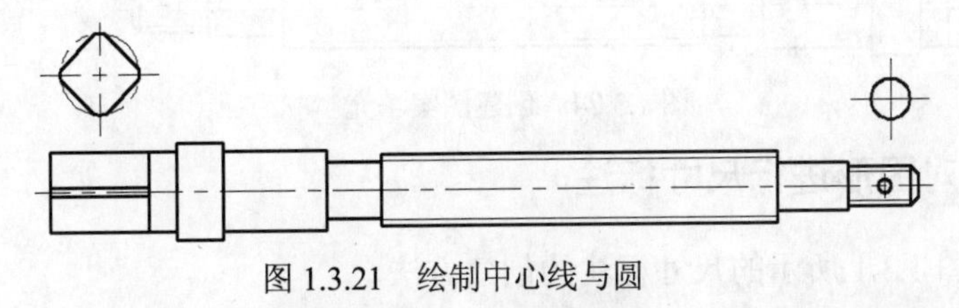

图 1.3.21 绘制中心线与圆

（2）偏移直线。选择下拉菜单 修改(M) → 偏移(S) 命令，在命令行中输入偏移距离值 1.5 后按 Enter 键，选取步骤（1）所绘制的直线为偏移对象，分别在其上、下方单击，按 Enter 键结束命令。

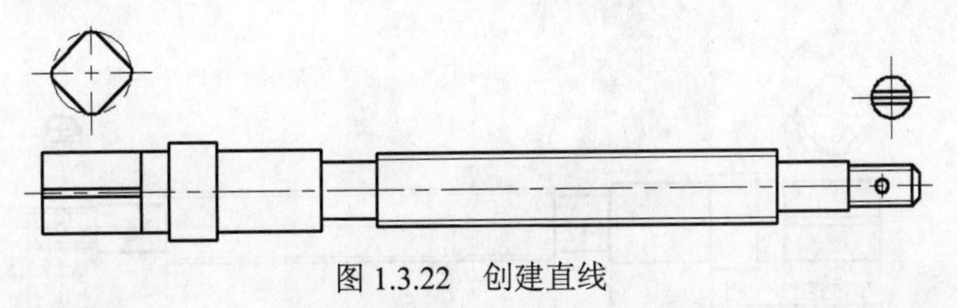

图 1.3.22 创建直线

Step4. 绘制图 1.3.23 所示的圆。将图层切换至“细实线层”，选择下拉菜单 绘图(D) → 圆(C) → 圆心、直径(D) 命令，选取 Step1 所绘制的两条中心线的交点为圆心，在命令行中输入数值 8.376 后按 Enter 键。

Step5. 修改图形。选择下拉菜单 修改(M) → 删除(E) 命令，选取 Step3（1）所绘制的直线，按 Enter 键结束命令。选择下拉菜单 修改(M) → 修剪(T) 命令，按 Enter 键，单击要修剪的线条，按 Enter 键结束操作，结果如图 1.3.23 所示。

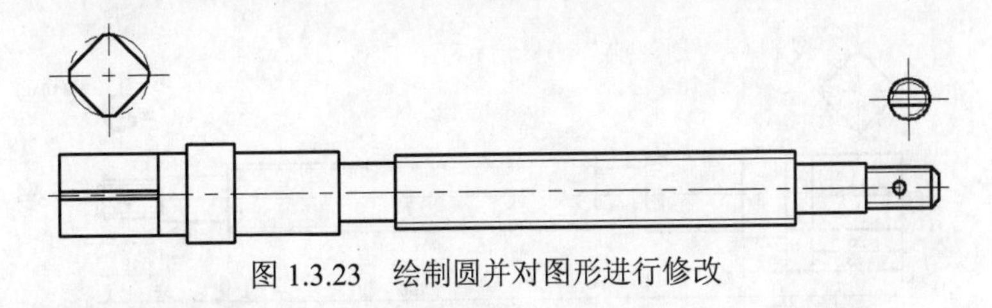

图 1.3.23 绘制圆并对图形进行修改

Task5. 创建图案填充

下面以图 1.3.24 为例，介绍创建图案填充的方法及步骤。

Step1. 将图层切换至“剖面线层”。

Step2. 选择 绘图(D) → 图案填充(H)... 命令，创建图 1.3.24 所示的图案填充。其中，填充类型为 用户定义，填充角度值为 45，填充间距值为 1。在绘图区拾取要填充的区域，按 Enter

键完成图案填充的创建，结果如图 1.3.24 所示。

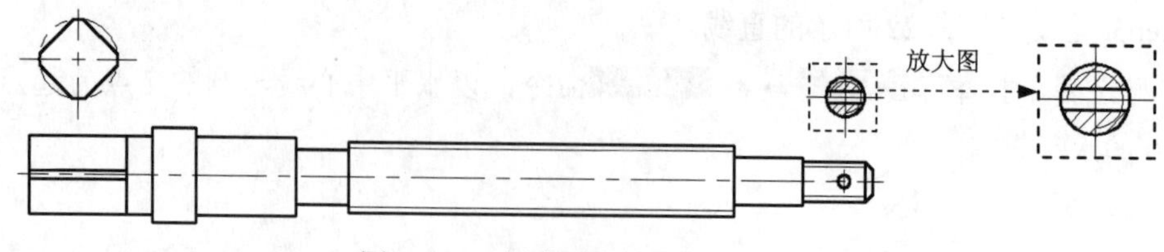

图 1.3.24 创建图案填充

Task6. 对图形进行尺寸标注

下面介绍图 1.3.1 所示的尺寸标注的创建方法。

Step1. 将图层切换至“尺寸线层”。

Step2. 创建图 1.3.25 所示的线性标注。选择下拉菜单 标注(N) → 对齐(G) 命令，分别选取直线的两个端点，在绘图区的空白区域单击，以确定尺寸的放置位置。

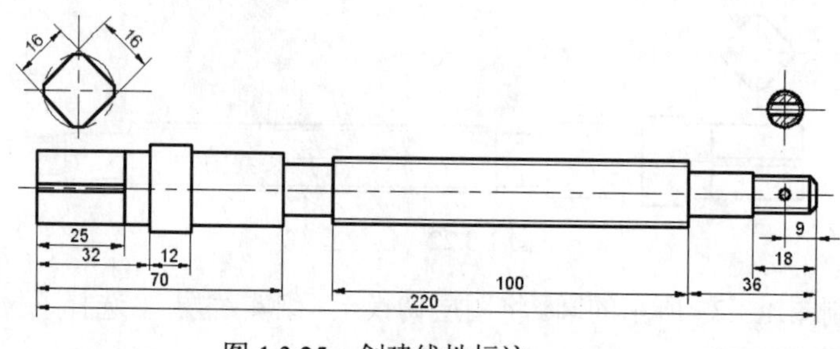

图 1.3.25 创建线性标注

Step3. 创建图 1.3.26 所示的直径的标注。

（1）选择下拉菜单 标注(N) → 直径(D) 命令，单击图中所示的圆，在命令行中输入字母 T 并按 Enter 键，在命令行中输入文本 M10 - 6g 并按 Enter 键，在绘图区空白区域单击，以确定尺寸放置的位置。

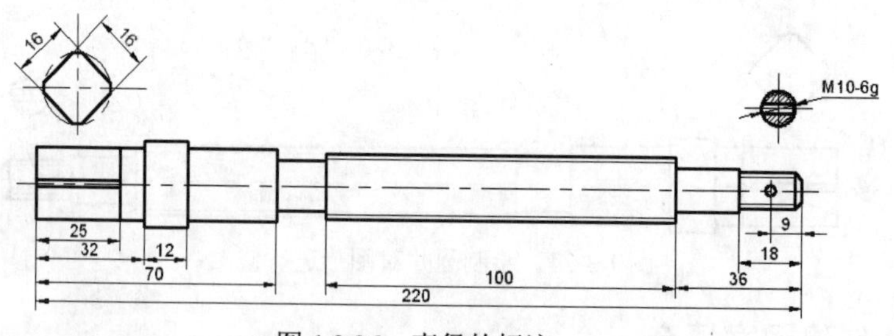

图 1.3.26 直径的标注

（2）创建图 1.3.27 所示的直径的标注。选择下拉菜单 标注(N) → 线性(L) 命令，分别捕捉直线的起点与终点，输入字母 T 并按 Enter 键，输入文本%%C20 后按 Enter 键，在绘图区的空白区域单击，以确定尺寸的放置位置。

（3）参照以上操作，创建其他直径的标注，结果如图 1.3.28 所示。

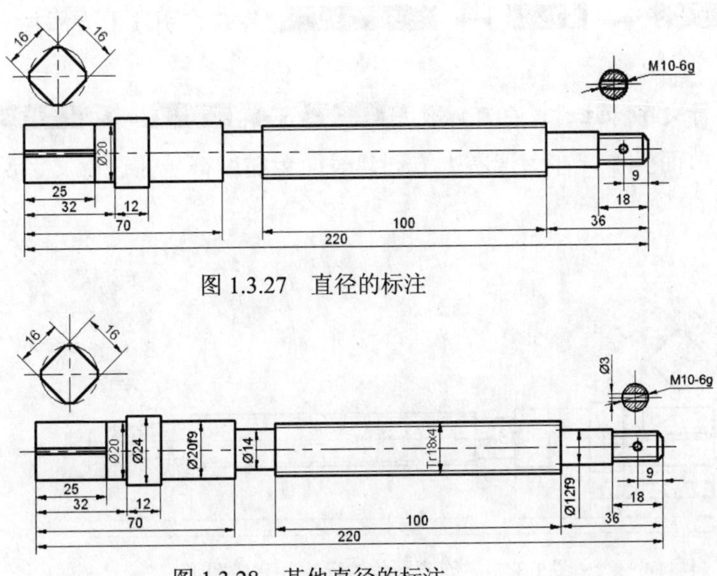

图 1.3.27　直径的标注

图 1.3.28　其他直径的标注

Step4. 创建图 1.3.29 所示的表面粗糙度标注。

（1）创建图 1.3.29 所示的表面粗糙度标注。选择下拉菜单 插入(I) → 块(B)... 命令，在“插入”对话框的 名称(N): 下拉列表中选择“表面粗糙度符号”，在 角度(A): 文本框中输入旋转角度值 90，单击 确定 按钮，选取图 1.3.29 所示的点 A 为插入点，输入表面粗糙度值 3.2 并按 Enter 键。

（2）参照步骤（1）的操作，创建图 1.3.29 中其他的表面粗糙度的标注。

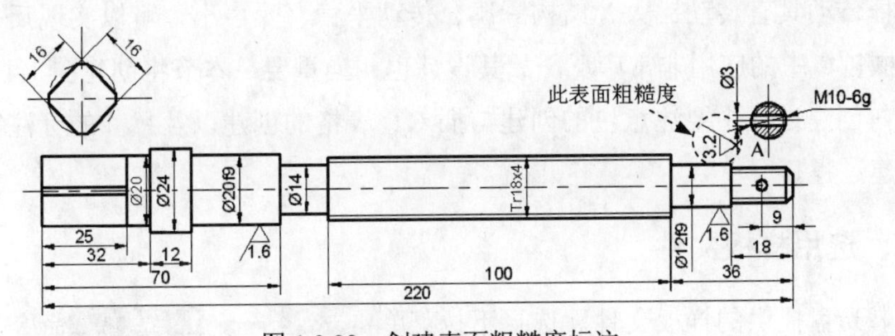

图 1.3.29　创建表面粗糙度标注

Step5. 创建图 1.3.30 所示的倒角的标注。

（1）设置引线样式。在命令行输入命令 QLEADER 后按 Enter 键，在命令行的提示下输入字母 S 按 Enter 键；在系统弹出的“引线设置”对话框中选择 注释 选项卡，在 注释类型 选项组中选中 ⊙ 无(O) 单选项；选择 引线和箭头 选项卡，在 引线 选项组中选中 ⊙ 直线(S) 单选项，在 箭头 下拉列表中选择 □无 选项；将 点数 选项组中的 最大值 设置为 3，在 角度约束 选项组中 第一段: 的下拉列表中选取 45° 选项，在 第二段: 的下拉列表中选取 水平 选项，单击 确定 按钮。

（2）选取图中倒角的端点为起点，在图形空白处再选取两点，以确定引线的位置。

（3）选择 绘图(D) → 文字(X) → 多行文字(M)... 命令，在引线上方添加文本 C1，如图 1.3.30 所示。

说明：在进行文字标注时，也可以使用 绘图(D) → 文字(X) → 多行文字(M)... 命令。

Step6. 参照前面操作，在图形右上方创建表面粗糙度符号并进行文字说明，结果如图 1.3.30 所示。

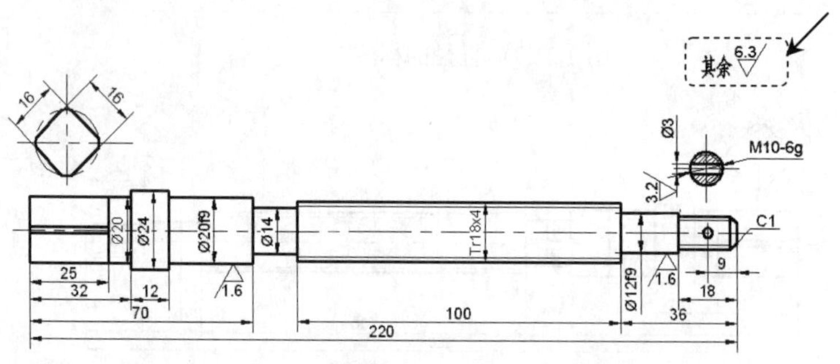

图 1.3.30　创建倒角的标注并完成图形

Task7. 保存文件

选择下拉菜单 文件(F) → 保存(S) 命令，将图形命名为“螺杆.dwg”，单击 保存(S) 按钮。

1.4　蜗　　杆

蜗轮蜗杆传动具有传动比大、结构紧凑、传动平稳、噪声小，可以实现反行程自锁等优点，在机械领域中的应用非常广泛，故其设计也相当重要。本节将创建图 1.4.1 所示的蜗杆零件图，在创建过程中要注意块的创建与插入、表格的创建以及尺寸的标注等操作。下面介绍其创建过程。

Task1. 选用样板文件

使用随书光盘提供的样板文件。选择下拉菜单 文件(F) → 新建(N)... 命令，在系统弹出的“选择样板”对话框中，找到文件 D:\AutoCAD2014.2\system_file\Part_temp_A2.dwg，然后单击 打开(O) 按钮。

Task2. 创建主视图

下面将介绍图 1.4.1 中主视图的创建方法及步骤。

Step1. 绘制图 1.4.2 所示的中心线。将图层切换至“中心线层”，确认状态栏中的（正交模式）按钮处于激活状态；选择下拉菜单 绘图(D) → 直线(L) 命令，在图框内选取一点，在命令行中输入（@350，0）后按两次 Enter 键。

Step2. 创建图 1.4.3 所示的外轮廓线。

（1）将图层切换到“轮廓线层”。确认状态栏中的 （显示/隐藏线宽）按钮处于激活状态。

（2）绘制图 1.4.4 所示的直线 1。选择下拉菜单 绘图(D) → 直线(L) 命令，在中心线上靠近左端位置选取一点，在命令行中输入（@0，30）后按两次 Enter 键。

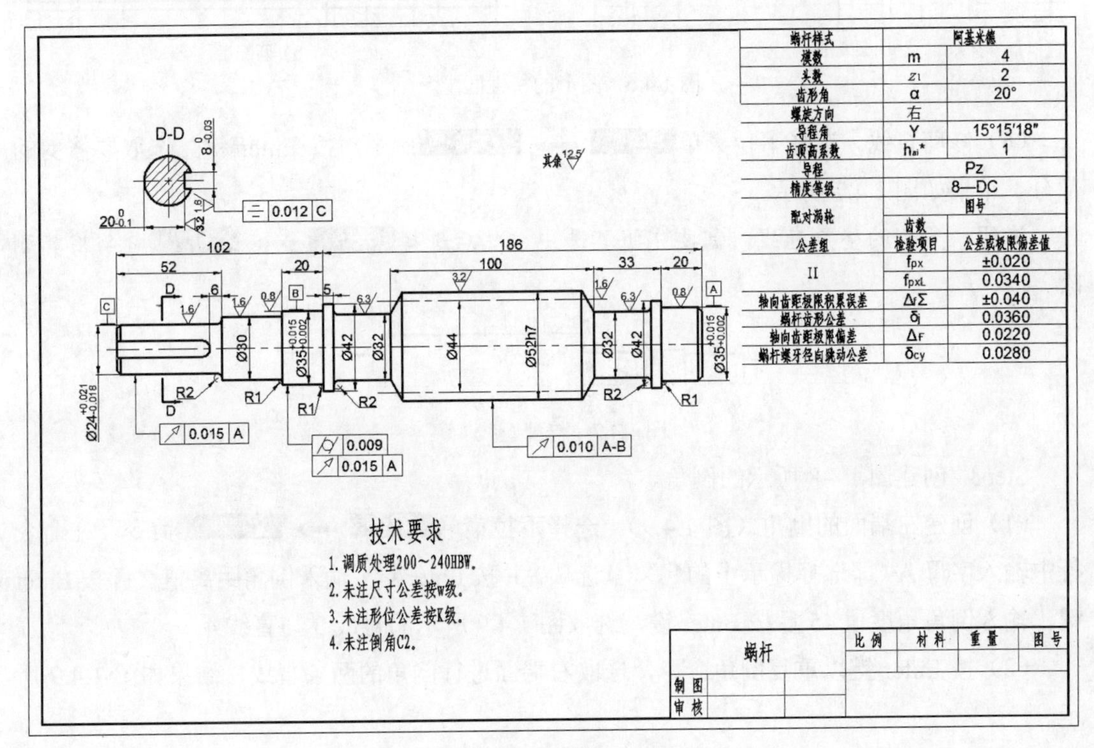

图 1.4.1　蜗杆

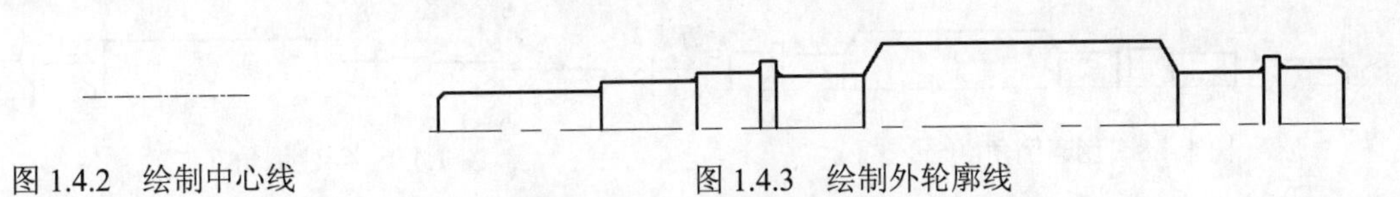

图 1.4.2　绘制中心线　　　　图 1.4.3　绘制外轮廓线

（3）偏移直线。选择下拉菜单 修改(M) → 偏移(S) 命令，选取图 1.4.4 所示的直线 1 为偏移对象，根据图 1.4.4 所示的尺寸，完成图中所有直线的偏移。

（4）偏移水平中心线。选择 修改(M) → 偏移(S) 命令，将水平中心线向上偏移，其偏移距离值分别为 12、15、16、17.5、21 和 26，结果如图 1.4.5 所示。

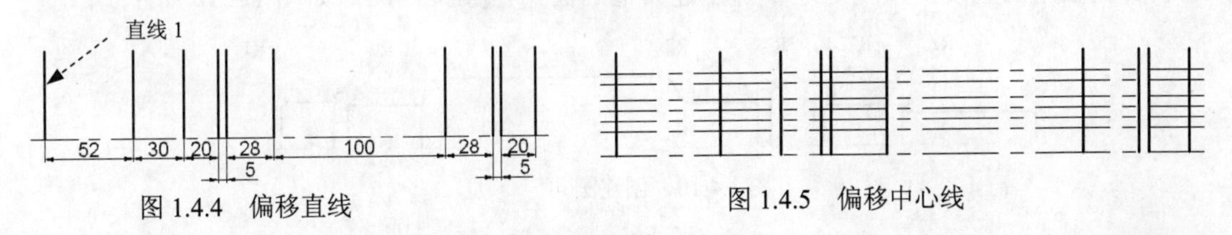

图 1.4.4　偏移直线　　　　图 1.4.5　偏移中心线

（5）图形的特性匹配（图 1.4.6）。选择下拉菜单 修改(M) → 特性匹配(M) 命令，选取图 1.4.6a 所示的直线 2 为源对象，选取通过偏移得到的水平中心线为目标对象，按 Enter 键结束命令。

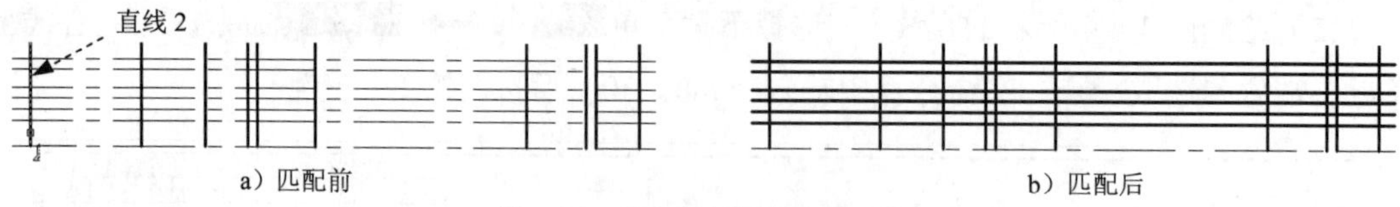

图 1.4.6　图形的特性匹配

（6）修剪直线。选择下拉菜单 修改(M) → 修剪(T) 命令，按 Enter 键，选取要修剪的部分，结果如图 1.4.7 所示。

说明：多余的整条直线，需要先将其选中，然后选择 修改(M) → 删除(E) 命令将其删除。

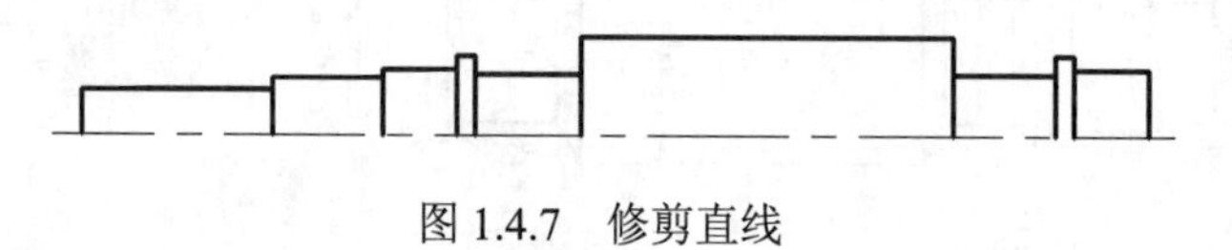

图 1.4.7　修剪直线

Step3. 创建图 1.4.8 所示的倒角。

（1）创建左端面的倒角（图 1.4.9）。选择下拉菜单 修改(M) → 倒角(C) 命令，在命令行中输入字母 A（即选择提示中的 角度(A) 选项）并按 Enter 键，输入倒角距离值 2 并按 Enter 键，输入倒角角度值 45 后按 Enter 键，选取图 1.4.9 所示的直线 3 与直线 4。

（2）按 Enter 键以重复倒角命令，选取右端面进行倒角的两条直线，结果如图 1.4.9 所示。

（3）用同样的方法创建图 1.4.8 中的其他倒角，倒角距离值为 10，角度值为 30。

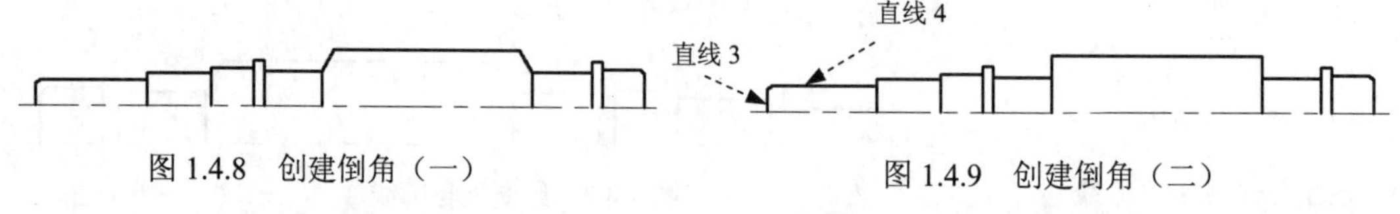

图 1.4.8　创建倒角（一）　　图 1.4.9　创建倒角（二）

Step4. 在台阶面创建圆角。

（1）创建图 1.4.10 所示的圆角。选择下拉菜单 修改(M) → 圆角(F) 命令，在命令行中输入字母 T（即选择提示中的 修剪(T) 选项）后按 Enter 键，输入字母 N 后按 Enter 键；再输入字母 R（即选择提示中的 半径(R) 选项）后按 Enter 键，输入圆角半径值 2 后按 Enter 键；选取要倒圆角的直线；重复上述步骤创建其他的圆角，其具体尺寸如图 1.4.10 所示。

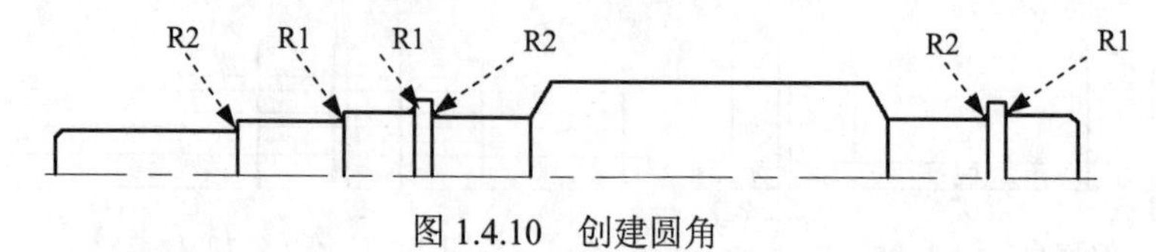

图 1.4.10　创建圆角

（2）选择 修改(M) → 修剪(T) 命令，修剪圆角处的直线，结果如图 1.4.11 所示。

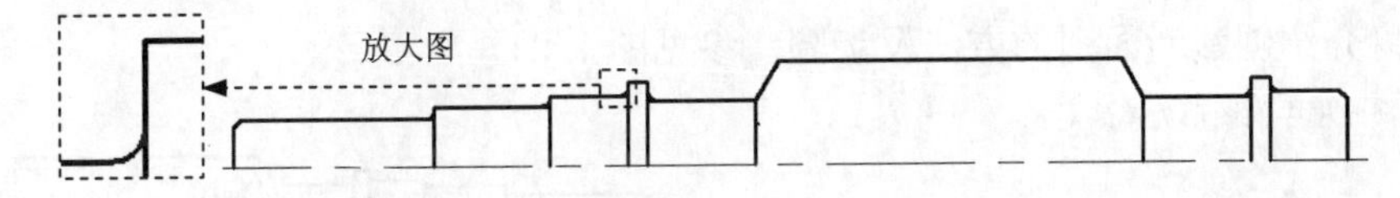

图 1.4.11　修剪圆角处的直线

Step5. 创建图 1.4.12 所示的键槽轮廓线。

（1）偏移水平中心线。选择下拉菜单 修改(M) → 偏移(S) 命令，选取水平中心线为偏移对象，偏移距离值为 4，向上偏移；重复“偏移”命令，将左端面的垂直直线向右偏移，偏移距离值为 46，结果如图 1.4.13 所示。

（2）对象的特性匹配。选择下拉菜单 修改(M) → 特性匹配(M) 命令，选取任意轮廓线为源对象，选取步骤（1）通过偏移得到的水平中心线为目标对象，按 Enter 键结束该命令。

（3）创建键槽中的圆角（图 1.4.14）。选择下拉菜单 修改(M) → 圆角(F) 命令，在命令行中输入字母 T 并按 Enter 键，再次输入字母 T 并按 Enter 键，输入字母 R 并按 Enter 键，输入半径值 4 后按 Enter 键，选取要倒圆角的两条直线。

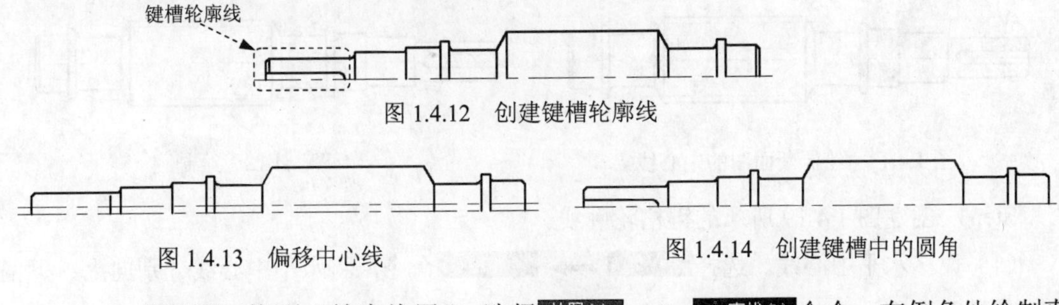

图 1.4.12　创建键槽轮廓线

图 1.4.13　偏移中心线　　图 1.4.14　创建键槽中的圆角

Step6. 将图层切换到“轮廓线层”，选择 绘图(D) → 直线(L) 命令，在倒角处绘制直线并修剪，结果如图 1.4.15 所示。

Step7. 偏移图 1.4.15 所示的水平中心线。选择 修改(M) → 偏移(S) 命令，将水平中心线向上偏移，偏移距离值为 22。

Step8. 打断中心线。选择下拉菜单 修改(M) → 打断(K) 命令，分别选取图 1.4.15 所示的点 A 与 Step7 偏移的中心线的左端点。按 Enter 键重复打断命令，完成中心线右侧的打断，结果如图 1.4.16a 所示。

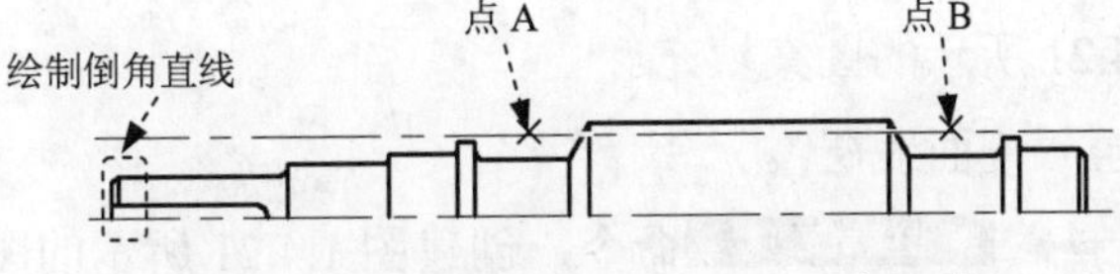

图 1.4.15　绘制直线并偏移水平中心线

Step9. 镜像图形。选择下拉菜单 修改(M) → 镜像(I) 命令，用窗交选取的方法选取图 1.4.16a 所示的图形为镜像对象；选取水平中心线上的任意两点，输入字母 N 后按 Enter 键，结果如图 1.4.16b 所示。

Task3. 创建断面图

下面将介绍创建断面图的方法及步骤，参见图 1.4.1。

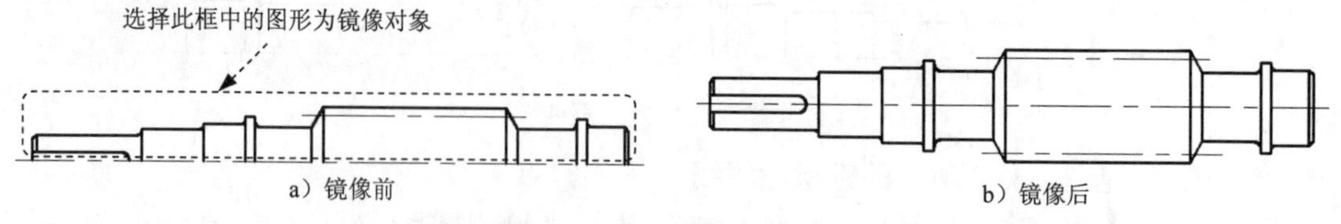

图 1.4.16　镜像图形

Step1. 绘制断面图的中心线。将图层切换到“中心线层”，选择 绘图(D) → 直线(L) 命令，绘制图 1.4.17 所示的两条中心线。

Step2. 绘制图 1.4.18 所示的圆。将当前图层切换到“轮廓线层”，选择下拉菜单 绘图(D) → 圆(C) → 圆心、半径(R) 命令，以两中心线的交点为圆心，绘制半径值为 12 的圆。

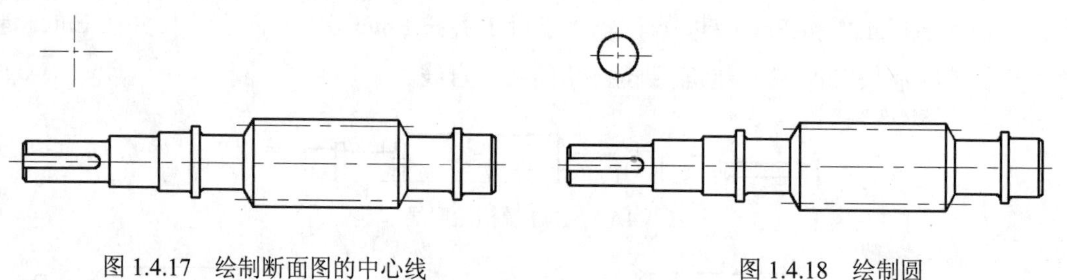

图 1.4.17　绘制断面图的中心线　　图 1.4.18　绘制圆

Step3. 创建图 1.4.19 所示的键槽轮廓线。

（1）偏移水平中心线。选择 修改(M) → 偏移(S) 命令，将水平中心线分别向上、下偏移，偏移距离值为 4，结果如图 1.4.20 所示。

（2）偏移垂直中心线。选择 修改(M) → 偏移(S) 命令，将垂直中心线向右偏移，偏移距离值为 8，结果如图 1.4.20 所示。

（3）对直线进行特性匹配。选择下拉菜单 修改(M) → 特性匹配(M) 命令，选取任意轮廓线为源对象，再选择通过偏移得到的三条中心线为目标对象，按 Enter 键结束该命令。

（4）修剪键槽。选择下拉菜单 修改(M) → 修剪(T) 命令，按 Enter 键，选取要剪掉的部分，结果如图 1.4.19 所示。

Step4. 创建图 1.4.21 所示的图案填充。

（1）将图层切换至“剖面线层”。

（2）选择 绘图(D) → 图案填充(H)... 命令，创建图 1.4.21 所示的图案填充。其中，填充类型为“用户定义”，填充角度值为 45，填充间距值为 3。

Task4. 对图形进行尺寸标注

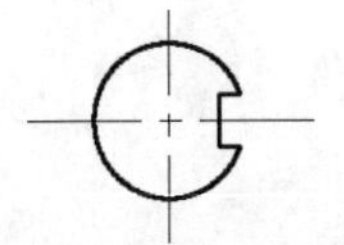

图 1.4.19　创建键槽轮廓线

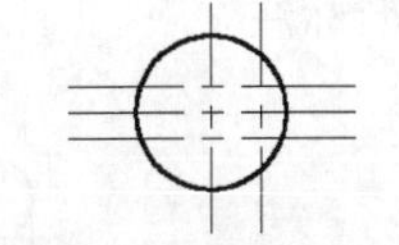

图 1.4.20　偏移中心线

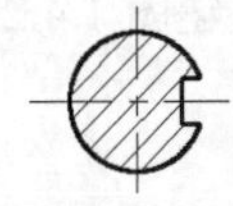

图 1.4.21　创建图案填充

下面将介绍创建尺寸标注的方法及步骤，参见图 1.4.1。

Step1. 设置标注样式。选择下拉菜单 格式(O) → 标注样式(D)... 命令，单击“标注样式管理器”对话框中的 修改(M)... 按钮，将“修改标注样式”对话框的 文字 选项卡中的 文字高度(T): 的值设定为 5，将 符号和箭头 选项卡中的 箭头大小(I) 的值设定为 4。

Step2. 将图层切换至“尺寸线层”。

Step3. 选择 标注(N) → 线性(L) 命令，创建图 1.4.22 所示的线性标注。

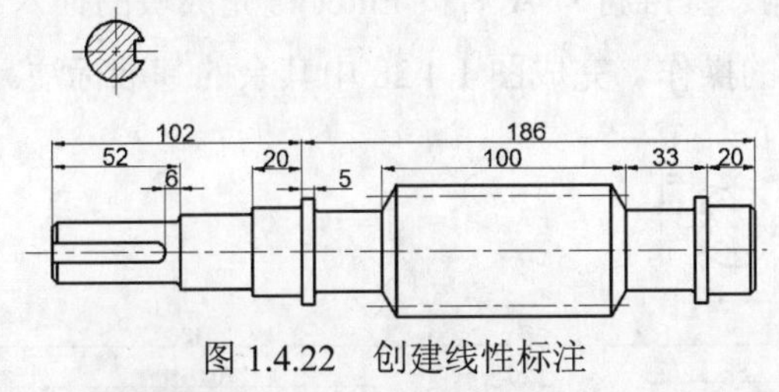

图 1.4.22　创建线性标注

Step4. 选择 标注(N) → 线性(L) 命令，创建图 1.4.23 所示的轴径的标注。

说明：标注轴径使用特殊符号表示法，“%%C”表示“Ø”，例如“%%C30”表示“Ø30”。

Step5. 创建图 1.4.24 所示的尺寸公差标注。选择下拉菜单 标注(N) → 线性(L) 命令，分别捕捉并选取上端面端点和对应的下端面端点，在命令行中输入字母 M 并按 Enter 键，系统弹出 文字编辑器 面板。在系统弹出的文字输入窗口中删除原有文字，输入文本 %%C35+0.015^+0.002，并选取所输入的全部文字，设置其高度值为 5 并按 Enter 键，再选取公差文字，单击鼠标右键，在系统弹出的快捷菜单中选择 堆叠 选项，再单击 文字编辑器 面板上的“关闭”按钮，在绘图区的空白区域单击，以确定尺寸放置的位置。

注意：如果上极限偏差为 0，输入主尺寸 35 后须空一格，然后再输入上极限偏差 0。

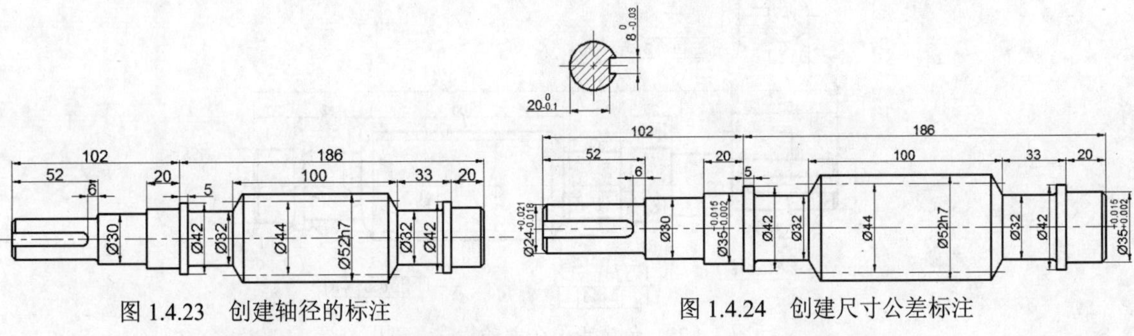

图 1.4.23　创建轴径的标注

图 1.4.24　创建尺寸公差标注

Step6. 选择 标注(N) → 半径(R) 命令，创建图 1.4.25 所示的圆角标注。

Step7. 创建图 1.4.26 所示的基准标注。

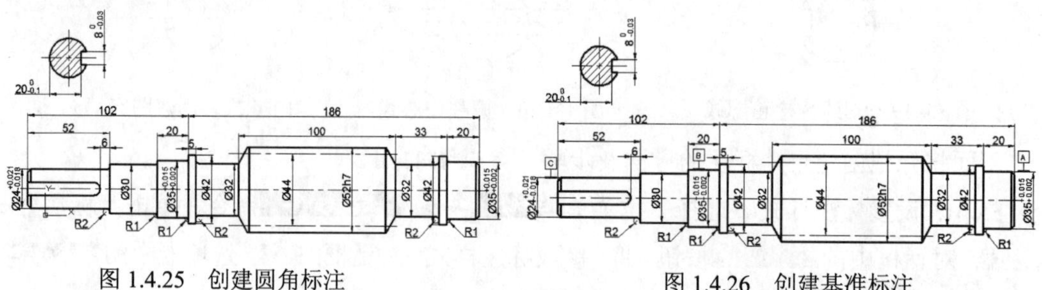

图 1.4.25　创建圆角标注　　　　图 1.4.26　创建基准标注

（1）创建图 1.4.27 所示的第一个基准标注。选择下拉菜单 插入(I) → 块(B)... 命令，系统弹出“插入”对话框；在 名称(N): 下拉列表中选取“基准符号”，单击 确定 按钮；在需要标注的位置单击，输入基准符号 A 后按 Enter 键完成块的插入。

（2）参照步骤（1）的操作，完成图 1.4.28 中其余的基准标注。

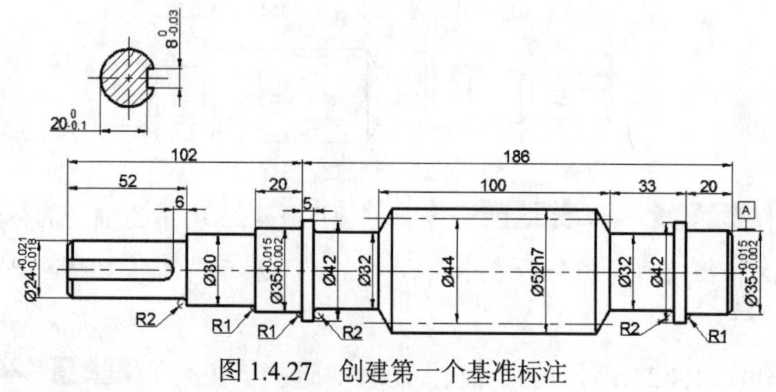

图 1.4.27　创建第一个基准标注

Step8. 创建图 1.4.28 所示的形位公差的标注及剖面符号。

（1）设置引线样式。在命令行中输入命令 QLEADER 后按 Enter 键，在命令行的提示下输入字母 S 后按 Enter 键，系统弹出“引线设置”对话框，在 注释 选项卡中的 注释类型 选项组中选中 ⊙ 公差(T) 单选项，单击 确定 按钮。

（2）根据命令行的提示，在绘图区选取三个点，系统自动弹出“形位公差”对话框。

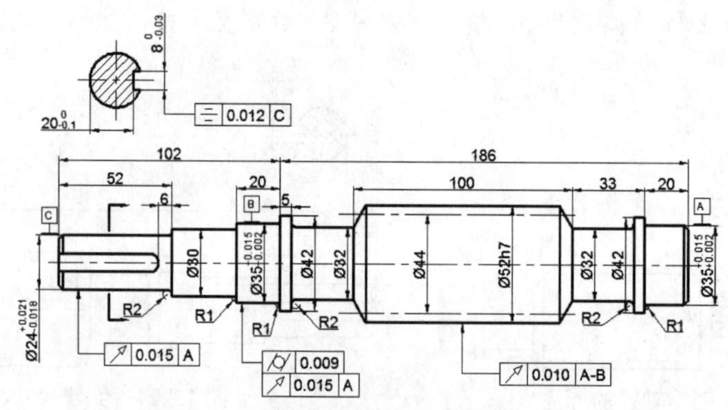

图 1.4.28　创建形位公差的标注及剖面符号

（3）单击符号选项下面的第一个■，系统弹出图 1.4.29 所示的“特征符号”对话框，在该对话框中单击形位公差符号↗。在公差 1选项下面的第一个文本框中输入形位公差值 0.015。在基准 1选项下面的第一个文本框中输入基准符号 A，单击确定按钮，完成图 1.4.28 中第一个形位公差的标注。

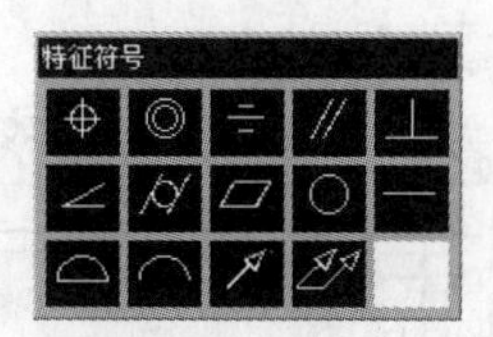

图 1.4.29 “特征符号”对话框

（4）参照前面的操作步骤，完成其他形位公差的标注，结果如图 1.4.28 所示。

（5）创建图 1.4.28 所示的剖面符号并将其转移至“轮廓线层”。

Step9. 创建图 1.4.30 所示的表面粗糙度标注。

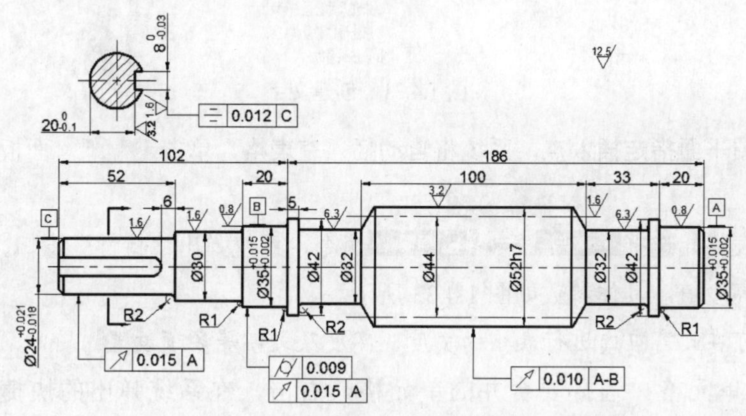

图 1.4.30　创建表面粗糙度标注

（1）将图层切换至“尺寸线层”。插入块。选择下拉菜单插入(I) → 块(B)... 命令，选择名称(N):下拉列表中的“表面粗糙度符号”为插入对象；在“插入”对话框中的角度(A):文本框中输入旋转角度值，在需要标注的位置单击以确定块的放置位置，在命令行中输入粗糙度值，并按 Enter 键。

（2）参照步骤（1）完成其他的表面粗糙度标注，结果如图 1.4.30 所示。

Step10. 创建文字。将图层切换至“文字层”。选择绘图(D) → 文字(X) → 多行文字(M)... 命令，创建图 1.4.31 所示的文字。

Task5. 创建参数表

下面介绍创建表格的方法及步骤，参见图 1.4.1。

Step1. 创建图 1.4.32 所示的表格。

（1）选择下拉菜单绘图(D) → 表格... 命令，系统弹出“插入表格”对话框，设置列数和行数值分别为 3 和 16，列宽值为 20，行高值为 1，在第一行单元样式:下拉列表中选择数据选项，在第二行单元样式:下拉列表中选择数据选项，单击 确定 按钮。

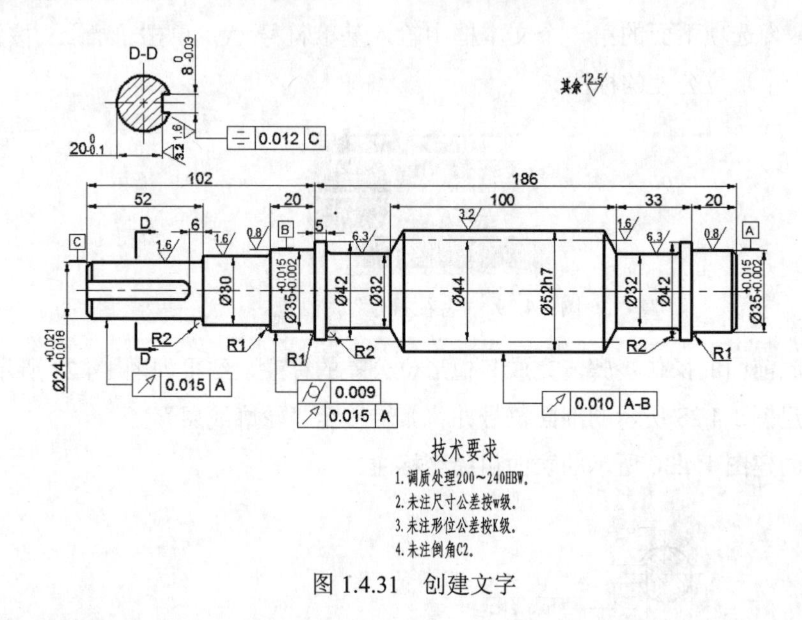

图 1.4.31　创建文字

（2）在绘图平面指定插入点，系统将自动插入空表格，单击 文字编辑器 面板上的“关闭”按钮。

（3）选中表格，选择 修改(M) → 特性(P) 命令，系统弹出“特性”窗口，选中单元格并修改宽度和高度值，具体参数如图 1.4.33 所示。

说明：也可在此窗口内进行表格的宽度、高度及文字等多项设置。

（4）合并单元格。选择要合并的单元格，右击，在系统弹出的快捷菜单中选择 合并 → 全部 命令，完成单元格的合并，结果如图 1.4.34 所示。

（5）双击单元格，在单元格中输入相应的文字或数据，结果如图 1.4.32 所示。

说明：在表格内输入相应的数据后需要对数据的样式做修改，图 1.4.32 中汉字采用“汉字文本样式”，其他数据样式采用“standard”样式。

蜗杆样式	阿基米德	
模数	m	4
头数	z_1	2
齿形角	α	20°
螺旋方向	右	
导程角	γ	15°15′18″
齿顶高系数	h_a^*	1
导程	Pz	
精度等级	8—DC	
配对涡轮	图号	
	齿数	
公差组	检验项目	公差或极限偏差值
II	f_{px}	±0.020
	f_{pxL}	0.0340
轴向齿距极限积累误差	$\Delta_{f\Sigma}$	±0.040
蜗杆齿形公差	δ_j	0.0360
轴向齿距极限偏差	Δ_F	0.0220
蜗杆螺牙径向跳动公差	δ_{cy}	0.0280

图 1.4.32　在表格中添加文字

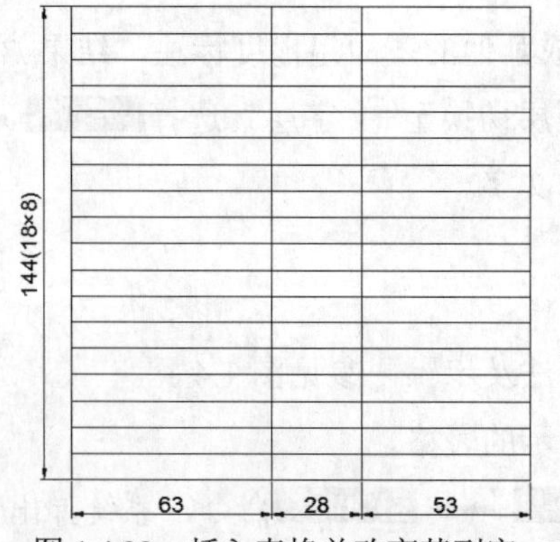

图 1.4.33　插入表格并改变其列宽

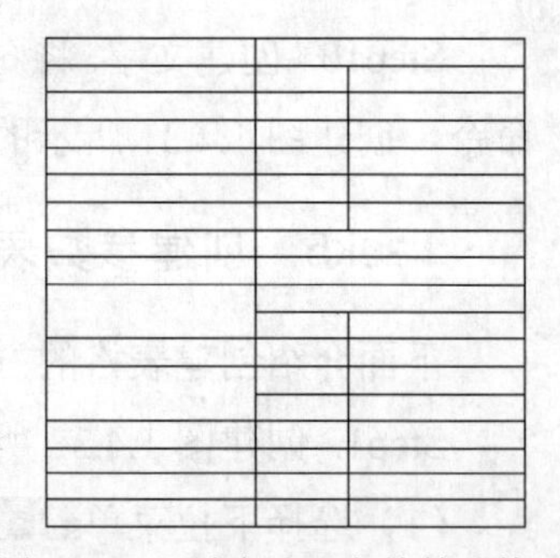

图 1.4.34　删除以及合并单元格

Step2. 移动插入的表格。选择下拉菜单 修改(M) → 移动(V) 命令，选取插入的表格为移动对象并按 Enter 键，选取其右上端点为移动的基点，移动光标捕捉图框的右上端点并单击，按 Enter 键完成命令。

Task6．保存文件

选择 文件(F) → 保存(S) 命令，将图形命名为“蜗杆.dwg”，单击 保存(S) 按钮。

1.5　圆柱齿轮轴

本实例将介绍圆柱齿轮轴（图 1.5.1）的创建过程，读者要学习多线的设置及绘制方法。下面介绍其创建过程。

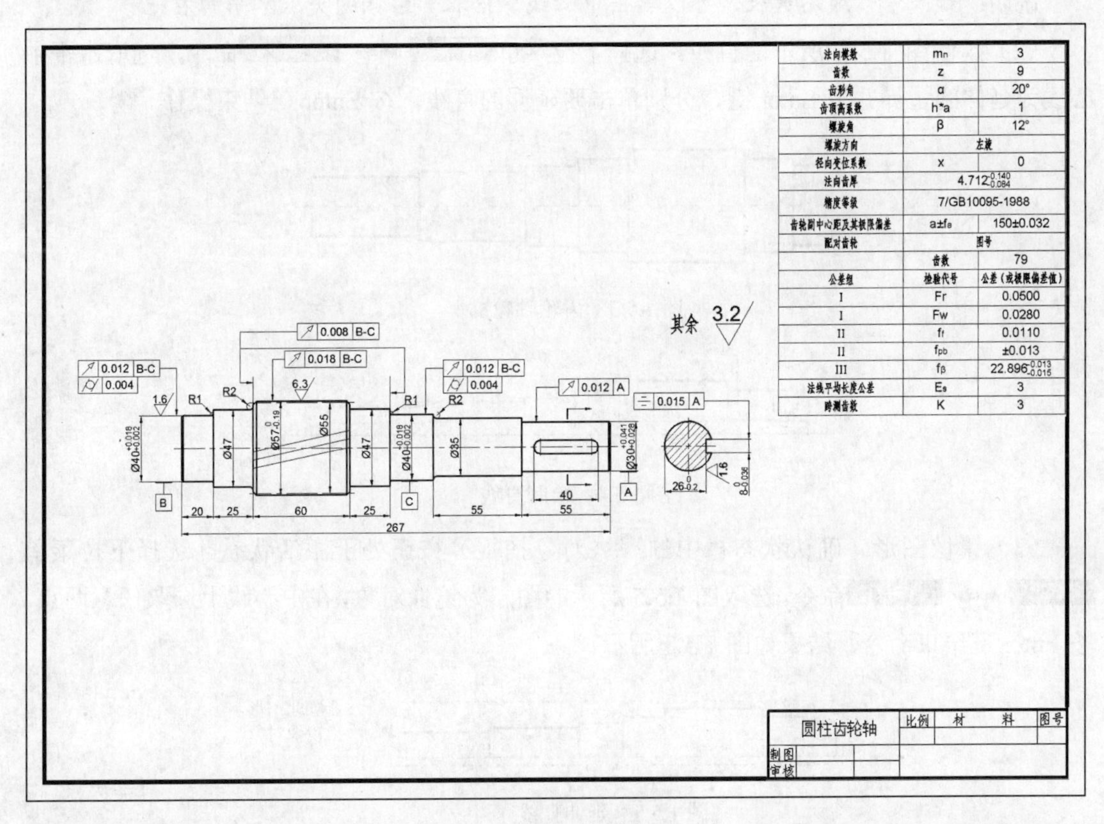

图 1.5.1　圆柱齿轮轴

Task1．选用样板文件

使用随书光盘中提供的样板文件。选择下拉菜单 文件(F) → 新建(N)... 命令，在系统弹出的“选择样板”对话框中，找到文件 D:\AutoCAD2014.2\system_file\Part_temp_A2.dwg，然后单击 打开(O) 按钮。

Task2. 创建主视图

下面将介绍创建主视图的方法及步骤，参见图 1.5.1。

Step1. 绘制图 1.5.2 所示的水平中心线。将图层切换至“中心线层”，确认状态栏中的+（显示/隐藏线宽）和∟（正交模式）按钮处于激活状态；选择下拉菜单 绘图(D) → 直线(L) 命令，绘制图 1.5.2 所示的水平中心线，其长度值为 290。

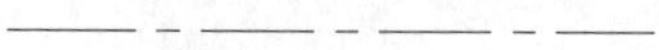

图 1.5.2 绘制水平中心线

Step2. 创建图 1.5.3 所示的齿轮轴轮廓。

（1）将图层切换至“轮廓线层”，选择下拉菜单 绘图(D) → 直线(L) 命令，在中心线上选取一点作为直线的起点，完成图 1.5.4 所示直线的绘制。

说明：如果中心线不够长，可以单击中心线，拾取其右侧的夹点水平向右拖移。

（2）延伸图 1.5.5 所示的直线。选择下拉菜单 修改(M) → 延伸(D) 命令，选取水平中心线为延伸的边界并按 Enter 键，分别单击要延伸的直线，按 Enter 键结束操作。

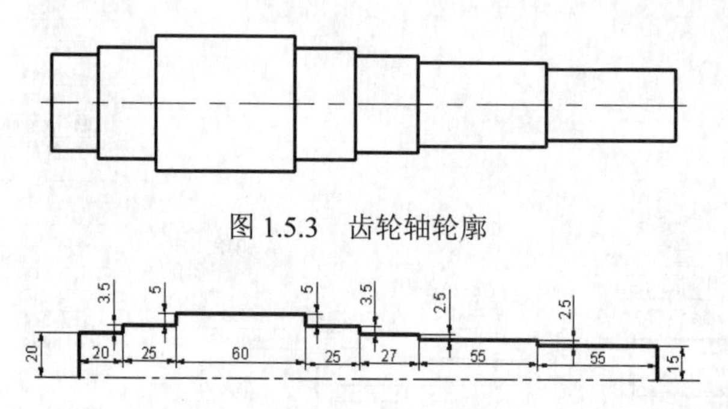

图 1.5.3 齿轮轴轮廓

图 1.5.4 绘制直线

（3）镜像图形。确认状态栏中的□（对象捕捉）按钮处于激活状态，选择下拉菜单 修改(M) → 镜像(I) 命令。选取图 1.5.5 所示的图形为镜像对象，在中心线上选取任意两点，按 Enter 键结束命令，结果如图 1.5.3 所示。

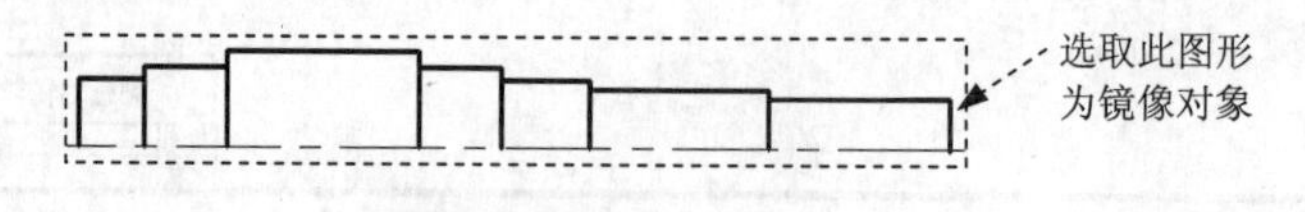

图 1.5.5 延伸直线

Step3. 创建图 1.5.6 所示的键槽。

（1）绘制图 1.5.7 所示的两条垂直中心线。将图层切换到“中心线层”，选择下拉菜单 绘图(D) → 直线(L) 命令，输入命令 FROM 并按 Enter 键，选取水平中心线与最右端垂直直线的交点为基点，向左移动光标，输入坐标（@-11.5,0）后按 Enter 键，向上移动光标，输入长度值 7.5，按两次 Enter 键结束操作；选择下拉菜单 修改(M) → 拉长(G) 命令，输入命令 DE 并按 Enter 键，输入长度增量 7.5 后按 Enter 键，在绘制的垂直中心线的下端点处单击将其拉长，按 Enter 键结束操作；选择下拉菜单 修改(M) → 偏移(S) 命令，输入偏移距离值 32 并按 Enter 键，选取垂直中心线为偏移对象，在垂直中心线的左侧单击，按 Enter 键结束命令。

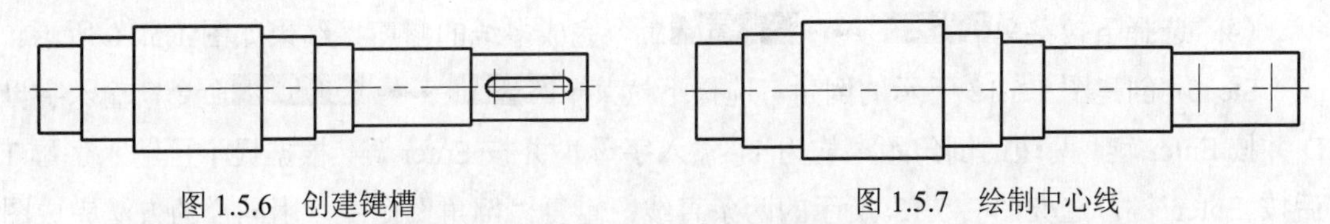

图 1.5.6　创建键槽　　　　图 1.5.7　绘制中心线

（2）将图层切换至“轮廓线层”，创建图 1.5.8 所示的圆。

① 绘制第一个圆。选择下拉菜单 绘图(D) → 圆(C) → 圆心、半径(R) 命令，选取水平中心线与垂直中心线的交点为圆心，输入半径值 4 后按 Enter 键。

② 绘制第二个圆。按 Enter 键以重复圆的绘制命令，选取水平中心线与另一条垂直中心线的交点为圆心，输入半径值 4 后按 Enter 键。

（3）选择下拉菜单 绘图(D) → 直线(L) 命令，在状态栏中确认 （对象捕捉）按钮处于激活状态，完成图 1.5.9 所示的两条直线的绘制。

（4）修剪图形。选择下拉菜单 修改(M) → 修剪(T) 命令，按 Enter 键，单击图中要剪去的圆弧，按 Enter 键结束操作，修剪结果如图 1.5.6 所示。

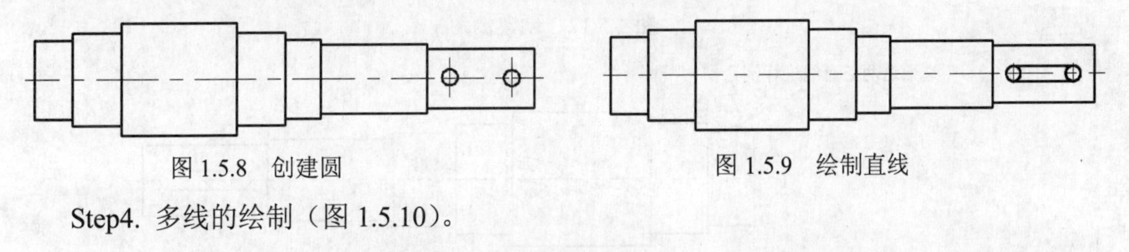

图 1.5.8　创建圆　　　　图 1.5.9　绘制直线

Step4. 多线的绘制（图 1.5.10）。

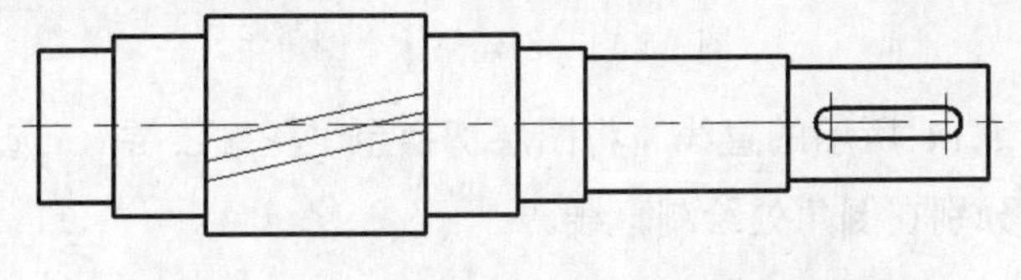

图 1.5.10　绘制多线与修剪

（1）设置多线样式。选择下拉菜单 格式(O) → 多线样式(M)... 命令，在系统弹出的“多线样式”对话框中单击 新建(N)... 按钮，在系统弹出的“创建新的多线样式”对话框中 新样式名(N): 文本框中输入数值 1，单击 继续 按钮，系统弹出“新建多线样式：1”对话框。在 图元(E) 选项组中，单击 添加(A) 按钮，然后单击 确定 按钮，在“多线样式”对话框中单击 置为当前(U) 按钮后，单击 确定 按钮。

（2）将图层切换至“细实线层”，在状态栏中单击 （正交模式）按钮，使其处于关闭状态。

（3）绘制多线（图 1.5.11）。选择下拉菜单 绘图(D) → 多线(U) 命令，输入字母 S 并按 Enter 键，输入数值 10 后按 Enter 键，输入命令 FROM 并按 Enter 键，在图中单击图 1.5.11 所示的端点，输入相对坐标值（@18，20）后按 Enter 键，再输入相对坐标值（@70<12）后，按两次 Enter 键。

（4）选择下拉菜单 修改(M) → 修剪(T) 命令完成多线的修剪，结果如图 1.5.10 所示。

Step5. 创建图 1.5.12 所示的倒角。选择下拉菜单 修改(M) → 倒角(C) 命令，输入字母 D 并按 Enter 键，两边的倒角距离均为 1，输入字母 T 并按 Enter 键，根据提示再输入字母 T 后按 Enter 键，选取图 1.5.13 所示的两条直线；重复“倒角”命令，用同样的方法完成图 1.5.12 所示的齿轮处倒角的创建，其倒角距离值均为 2。

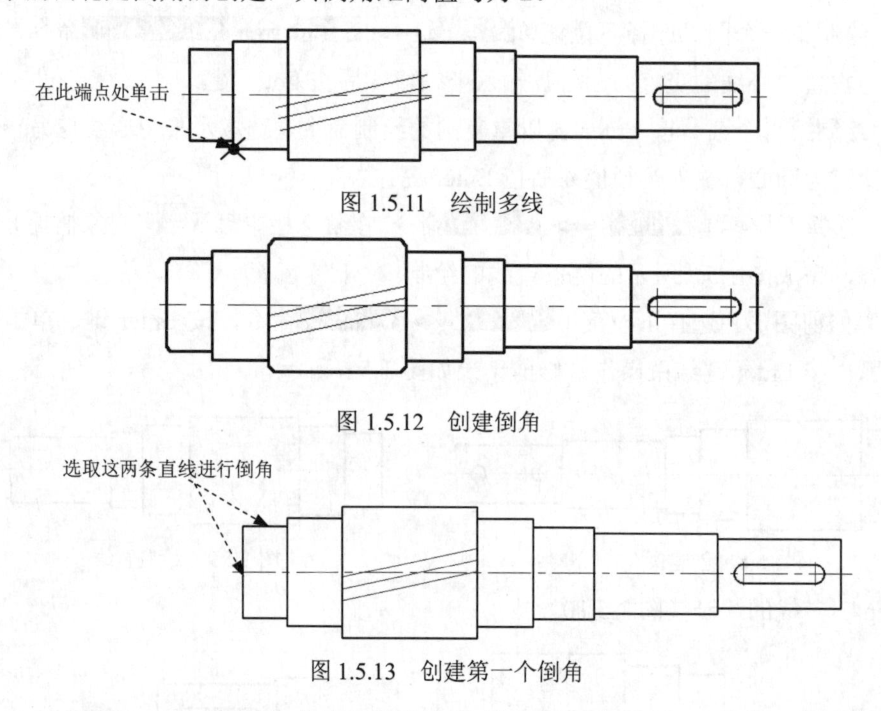

图 1.5.11 绘制多线

图 1.5.12 创建倒角

图 1.5.13 创建第一个倒角

Step6. 绘制图 1.5.14 所示的直线。将图层切换至“轮廓线层”，选择下拉菜单 绘图(D) → 直线(L) 命令，分别在倒角处绘制直线。

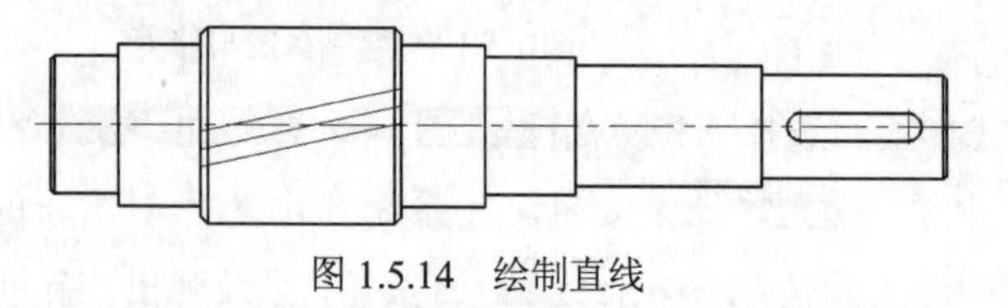

图 1.5.14 绘制直线

Step7. 选择下拉菜单 修改(M) → 圆角(F) 命令，创建图 1.5.15 所示的圆角（说明：选择“不修剪”选项进行圆角）。

Step8. 选择下拉菜单 修改(M) → 修剪(T) 命令，修剪倒角处多余的线。

说明：在图 1.5.15 中，沿中心线对称部分（中心线下方）的圆角与齿轮处的圆角半径值没有全部标出，读者应根据齿轮轴的结构将圆角补全。

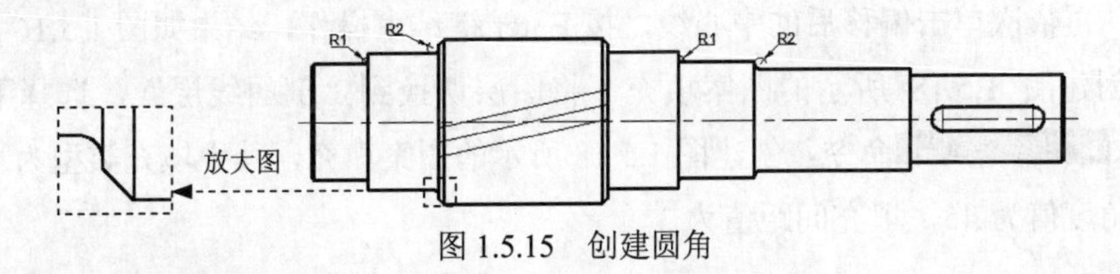

图 1.5.15　创建圆角

Task3．创建剖视图

下面将介绍创建剖视图的方法及步骤，参见图 1.5.1。

Step1．创建图 1.5.16 所示的图形。

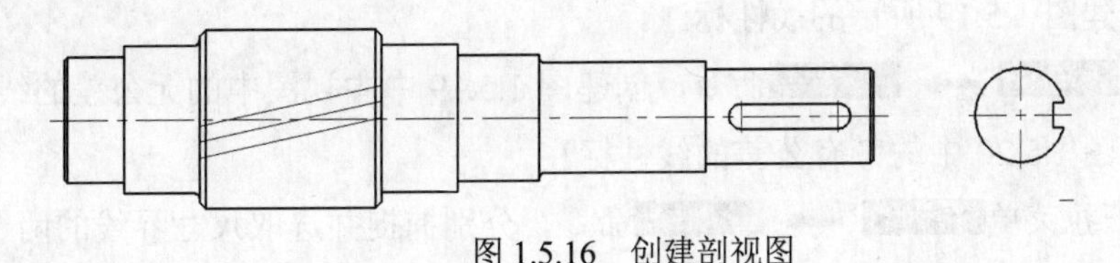

图 1.5.16　创建剖视图

（1）将图层切换至“中心线层”。

（2）绘制图 1.5.17 所示的中心线。

① 绘制水平中心线。选择下拉菜单 绘图(D) → 直线(L) 命令，捕捉水平中心线的右端点（此时不要单击），水平向右移动光标，选取一点后再向右移动光标，在命令行中输入数值 34 后按 Enter 键，再按 Enter 键结束操作。

② 绘制垂直中心线。按 Enter 键以重复直线的绘制命令，捕捉步骤①绘制的水平中心线的中点，向上移动光标，输入数值 17 后按 Enter 键，向下移动光标，输入数值 34 后按两次 Enter 键。

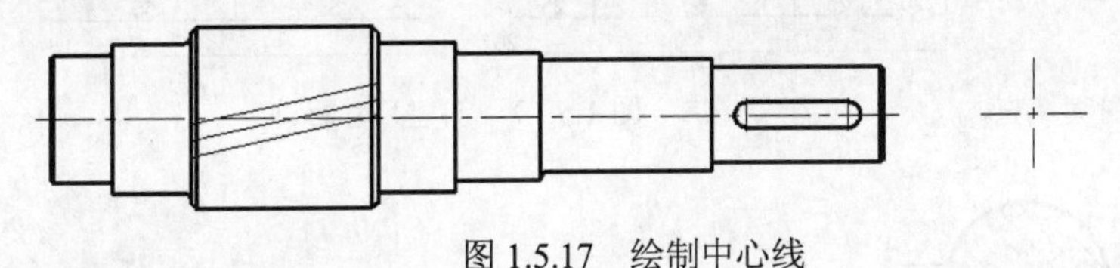

图 1.5.17　绘制中心线

（3）将图层切换到“轮廓线层”。

（4）选择下拉菜单 绘图(D) → 圆(C) → 圆心、半径(R) 命令，以步骤（2）所绘制的两条中心线的交点为圆心，绘制半径值为 15 的圆。

（5）偏移直线。

① 偏移中心线。选择下拉菜单 修改(M) → 偏移(S) 命令，将水平中心线分别向上、下偏移，偏移距离值均为 4，按 Enter 键结束操作。

② 用同样的方法将垂直中心线向右进行偏移，偏移距离值为 11。

（6）选择下拉菜单 修改(M) → 修剪(T) 命令，对图形进行修剪。

（7）特性匹配。选择下拉菜单 修改(M) → 特性匹配(M) 命令，单击轮廓线后，鼠标变成格式刷样式，再依次单击偏移后的中心线，按 Enter 键结束操作，结果如图 1.5.16 所示。

Step2. 创建图 1.5.18 所示的图案填充。将图层切换到“剖面线层”，选择下拉菜单 绘图(D) → 图案填充(H)... 命令，创建图 1.5.18 所示的图案填充，其中填充类型为“用户定义”，填充角度值为 45，填充间距值为 3。

Task4. 创建尺寸标注

下面将介绍创建尺寸标注的方法及步骤。

Step1. 将图层切换到“尺寸线层”。

Step2. 创建图 1.5.19 所示的线性标注。

（1）选择 标注(N) → 线性(L) 命令，创建图 1.5.19 中主视图中的无公差的线性标注。

（2）创建图 1.5.20 中的带有公差的线性标注。

① 选择下拉菜单 标注(N) → 线性(L) 命令，分别捕捉并选取尺寸界线的两个原点，如图 1.5.21 所示。

② 在命令行中输入字母 M 并按 Enter 键，在弹出的文字输入窗口中，输入文字字符 26 0^−0.2。

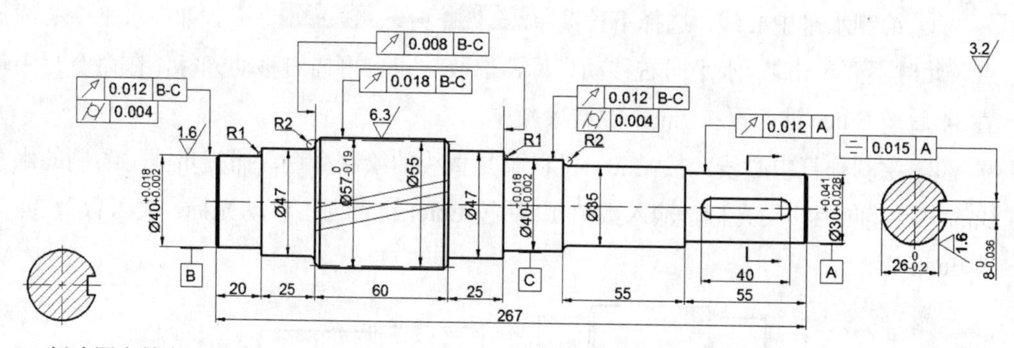

图 1.5.18　创建图案填充　　　图 1.5.19　创建尺寸标注

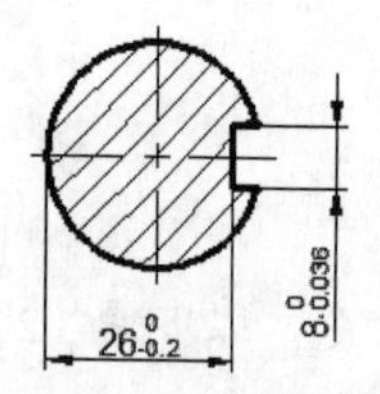

图 1.5.20　创建线性标注

图 1.5.21　选取尺寸界线的两个原点

③ 选取公差文字 0^−0.2，单击鼠标右键，在系统弹出的快捷菜单中选择 堆叠 选项，再单击 文字编辑器 面板上的“关闭”按钮。

注意：如果上极限偏差是 0，则输入主尺寸 26 后，须空一格然后再输入上极限偏差 0。

④ 单击“文字格式”工具栏中的 确定 按钮。

⑤ 用同样的方法完成图 1.5.20 所示的带有公差的线性标注。

（3）绘制图 1.5.22 所示的两条水平中心线。选择下拉菜单 修改(M) → 偏移(S) 命令，将水平中心线分别向上、下偏移，偏移距离值均为 27.5，按 Enter 键结束操作，利用 BREAK 命令将所绘制的中心线打断。

（4）创建图 1.5.22 所示轴径的标注。

① 创建直径值为 40 的标注。

a）选择下拉菜单 标注(N) → 线性(L) 命令，捕捉并单击要标注的两个端点。

注意： 选取要进行标注的两个端点后不要单击。

b）输入字母 M 后按 Enter 键，在 文字编辑器 面板中单击 @ 符号 按钮，在系统弹出的下拉菜单中选择 直径 %%c 选项，在数字 40 后输入文本+0.018^+0.002。

c）选取输入的“+0.018^+0.002”，单击鼠标右键，在系统弹出的快捷菜单中选择 堆叠 选项，再单击 文字编辑器 面板上的“关闭”按钮。

d）在图形上选取一点以确定尺寸线的位置。

② 参照步骤①的操作方法，完成图 1.5.22 所示的其他轴径的标注。

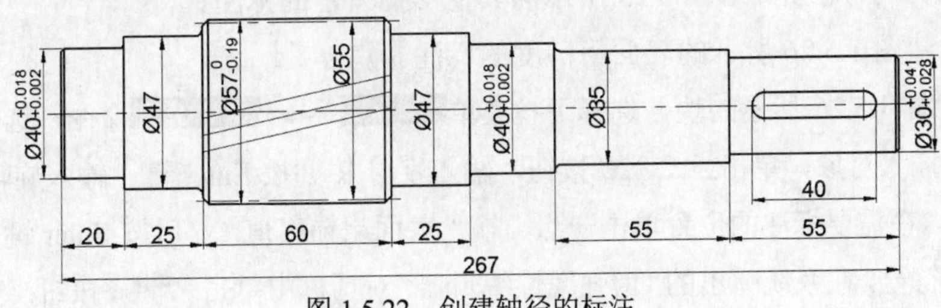

图 1.5.22　创建轴径的标注

Step3. 创建图 1.5.23 所示的基准符号的标注。

（1）插入块。选择下拉菜单 插入(I) → 块(B)... 命令，系统弹出“插入”对话框，在 名称(N): 的下拉列表中选择“基准符号”，在“插入”对话框中输入旋转角度值 180，单击 确定 按钮；在需要标注的位置单击一点，输入基准符号字母 A 后按 Enter 键，双击插入的基准符号，在系统弹出的“增强属性编辑器”对话框中单击 文字选项 按钮，选中 ☑ 反向(K) 和 ☑ 倒置(D) 复选框，单击 确定 按钮，完成基准符号的插入，如图 1.5.24 所示。

（2）参照上述的操作方法，完成图 1.5.23 所示的其他基准符号的创建。

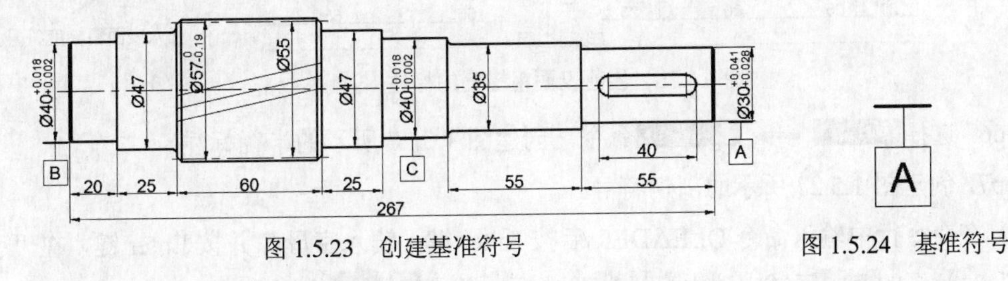

图 1.5.23　创建基准符号　　图 1.5.24　基准符号

Step4. 创建形位公差的标注（图 1.5.25）。

（1）在命令行输入命令 QLEADER 后按 Enter 键，输入字母 S 并按 Enter 键，系统弹出“引线设置”对话框，在注释选项卡中选中公差(T)单选项，单击确定按钮。

（2）在图中选取三点以确定引线的位置，系统将自动弹出“形位公差”对话框，在符号选项区域单击小黑框，系统弹出“特征符号”对话框，在该对话框中选择⌯；在公差 1选项区域的文本框中，输入形位公差值 0.015；在基准 1选项区域的文本框中，输入基准符号 A，单击确定按钮。

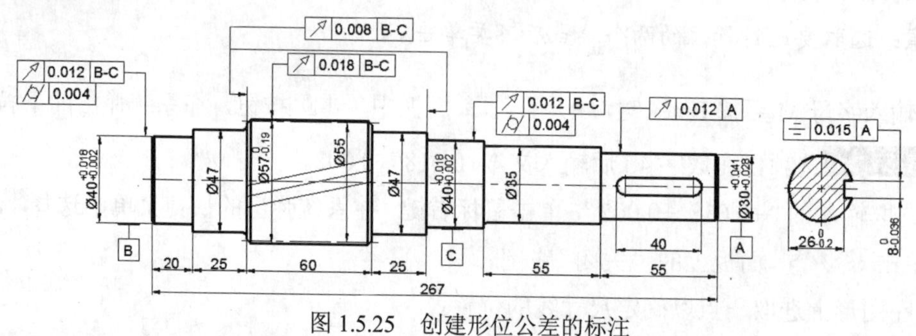

图 1.5.25　创建形位公差的标注

（3）用同样的方法完成图 1.5.25 所示的其他形位公差的标注。

Step5. 创建图 1.5.26 所示的表面粗糙度的标注。

（1）插入图 1.5.26 所示的块。选择下拉菜单插入(I) ➡ 块(B)...命令，选择“表面粗糙度符号”为插入对象，单击确定按钮，输入字母 R 并按 Enter 键；输入旋转角度值-90 后按 Enter 键；在需要标注的位置单击一点，输入表面粗糙度值 1.6 后按 Enter 键，双击插入的表面粗糙度符号，在系统弹出的“增强属性编辑器”对话框中单击文字选项按钮，选中反向(K)和倒置(D)复选框，单击确定按钮，完成表面粗糙度符号的插入，如图 1.5.26 所示。

（2）参照步骤（1）完成其他的表面粗糙度标注，结果如图 1.5.26 所示。

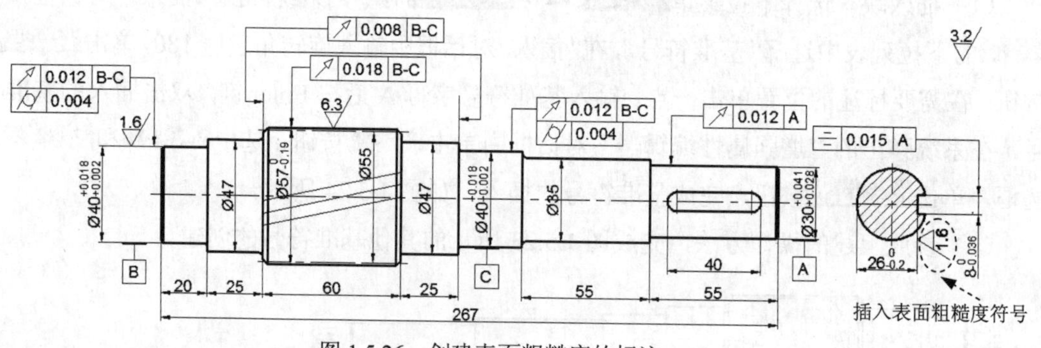

图 1.5.26　创建表面粗糙度的标注

Step6. 选择标注(N) ➡ 半径(R)命令，创建图 1.5.27 所示的半径标注。

Step7. 创建图 1.5.27 所示的剖切符号。

（1）在命令行中输入命令 QLEADER 后按 Enter 键，输入字母 S 并按 Enter 键，在“引线设置”对话框的注释区域中选中无(O)单选项，单击确定按钮。

（2）在图中的合适位置绘制引线，将图层切换到“轮廓线层”，绘制图 1.5.27 所示的引线的垂直部分。

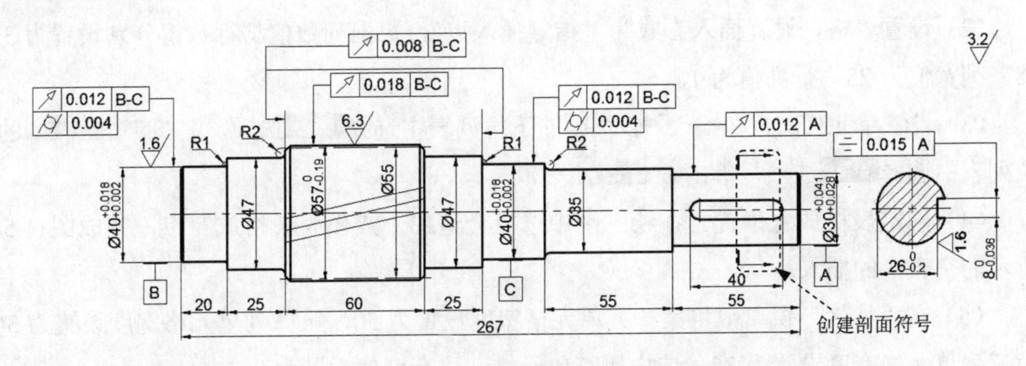

图 1.5.27　创建半径标注与剖切符号

Task5．创建文字

Step1．将图层切换至“文字层”。

Step2．选择 绘图(D) → 文字(X) → 多行文字(M)... 命令，创建图 1.5.28 所示的文字。

说明：或者在命令行中输入命令 MTEXT 或 MT 并按 Enter 键。

Step3．用同样方法完成图 1.5.29 所示文字的创建。

技术要求

1. 调质处理，硬度为220～250HBW。
2. 未注倒角C1。
3. 未注尺寸公差按GB/T18204。

图 1.5.28　创建文字（一）

其余

图 1.5.29　创建文字（二）

Task6．创建表格

下面将介绍创建表格的方法及步骤，参见图 1.5.30。

Step1．设置表格样式。

（1）选择下拉菜单 格式(O) → 表格样式(B)... 命令，系统弹出“表格样式”对话框。

（2）在系统弹出的“表格样式”对话框中单击 新建(N)... 按钮，系统弹出“创建新的表格样式”对话框，在该对话框的 新样式名(N): 文本框中输入数值 1，然后单击 继续 按钮，此时系统弹出“新建表格样式：1”对话框，在此对话框中进行如下设置：

① 在 单元样式 的下拉列表中选择“数据”选项。

② 在 文字 选项卡中，将字体设置为“汉字文本样式”，字体高度值设置为 3.5。

③ 在 常规 选项卡中，将水平边距值设置为 0.18，将垂直边距值设置为 0.18。

④ 单击“新建表格样式”对话框中的 确定 按钮。

⑤ 单击“表格样式”对话框中的 置为当前(U) 按钮后，单击 关闭 按钮。

Step2. 插入表格。

（1）选择下拉菜单 绘图(D) → 表格... 命令，系统弹出“插入表格”对话框。

（2）设置表格。设置插入方式为“指定插入点”，数据列数值与行数值分别设置为 3 与 18，列宽值为 25，行高值为 1。

（3）设置单元样式。在 第一行单元样式: 的下拉列表中选择 数据 选项，在 第二行单元样式: 的下拉列表中选择 数据 选项，单击 确定 按钮。

（4）确定表格放置位置。在绘图区中选择合适的一点作为表格放置点，完成图 1.5.31 所示的空表格的插入。

（5）在“特性”窗口中将第一列单元格宽度设置为 50，第二列单元格宽度设置为 30，第三列单元格宽度设置为 35，选中所有单元格，将高度值设置为 8。

说明：

- 表格的创建过程需要进行单元格的合并，其操作方法是：选中要合并的一个单元格，按住 Shift 键同时选中另一个单元格，松开 Shift 键并单击鼠标右键，选择 合并 → 全部 命令（或单击 按钮，选择 全部 选项）。

（6）双击单元格，重新打开文字编辑器，在各单元格中输入相应文字或数据，结果如图 1.5.30 所示。

说明：在表格内输入相应的数据后需要对数据的样式做修改，图 1.5.30 中汉字采用“汉字文本样式”，其他数据样式采用“standard”样式。

Step3. 移动插入的表格。选择下拉菜单 修改(M) → 移动(V) 命令，选取插入的表格为移动对象并按 Enter 键，选取其右上端点为移动的基点，移动光标捕捉图框的右上端点并单击，按 Enter 键完成命令。

Step4. 在标题栏中创建文字。选择下拉菜单 绘图(D) → 文字(X) ▸ → 多行文字(M)... 命令，在标题栏中输入文字。

法向模数	m_n	3
齿数	z	9
齿形角	α	20°
齿顶高系数	h*a	1
螺旋角	β	12°
螺旋方向	左旋	
径向变位系数	x	0
法向齿厚	$4.712^{0.140}_{-0.084}$	
精度等级	7/GB10095-1988	
齿轮副中心距及其极限偏差	$a±f_a$	150±0.032
配对齿轮	图号	
	齿数	79
公差组	检验代号	公差（或极限偏差值）
I	Fr	0.0500
I	Fw	0.0280
II	f_f	0.0110
II	f_{pb}	±0.013
III	$f_β$	$22.896^{-0.013}_{-0.015}$
法线平均长度公差	E_s	3
跨测齿数	K	3

图 1.5.30 输入文字

	A	B	C
1			
2			
3			
4			
5			
6			
7			
8			
9			
10			
11			
12			
13			
14			
15			
16			
17			
18			
19			
20			

图 1.5.31 创建表格

Task7．保存文件

选择下拉菜单 文件(F) → 保存(S) 命令，将图形命名为“圆柱齿轮轴.dwg”，单击 保存(S) 按钮。

1.6 锥齿轮轴

下面介绍锥齿轮轴（图 1.6.1）的创建过程。

Task1．选用样板文件

使用随书光盘中提供的样板文件。选择下拉菜单 文件(F) → 新建(N)... 命令，在系统弹出的“选择样板”对话框中，找到文件 D:\AutoCAD2014.2\system_file\Part_temp_A1.dwg，然后单击 打开(O) 按钮。

Task2．创建锥齿轮轴的主视图

下面介绍锥齿轮轴主视图的创建方法及步骤，如图 1.6.1 所示。

Step1．绘制图 1.6.2 所示的水平中心线。将图层切换至“中心线层”，选择下拉菜单 绘图(D) → 直线(L) 命令，绘制图 1.6.2 所示的水平中心线，其长度值为 490。

Step2．创建图 1.6.3 所示的直线。

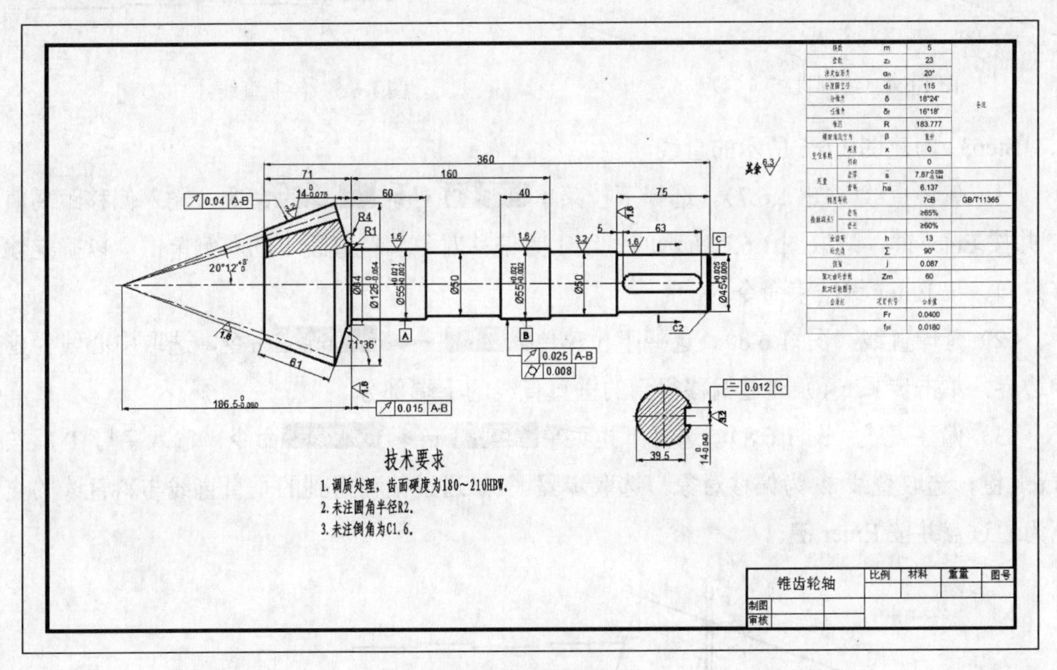

图 1.6.1　锥齿轮轴

图 1.6.2　绘制水平中心线

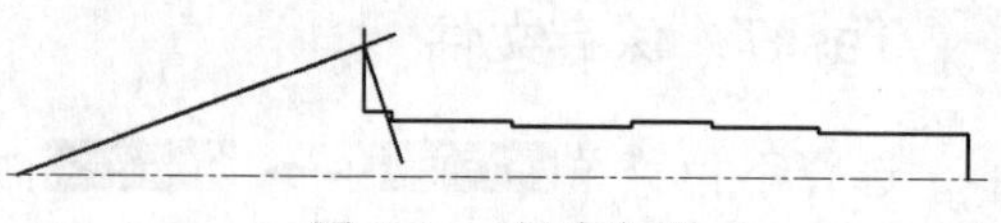

图 1.6.3　创建直线

（1）将图层切换到“轮廓线层”。

（2）绘制图 1.6.4 所示的直线。选择下拉菜单 绘图(D) → 直线(L) 命令，用 FROM 命令，选取水平中心线的左端点为基点，输入坐标（@5，0）并按 Enter 键，输入（@ 200<20.3）后按两次 Enter 键。

（3）确认状态栏中的（显示/隐藏线宽）和（正交模式）按钮处于激活状态。

（4）绘制图 1.6.5 所示的直线。选择下拉菜单 绘图(D) → 直线(L) 命令，在命令行中输入命令 FROM 并按 Enter 键，选取倾斜直线与中心线的交点为直线的基点；输入坐标（@475.5，0）后按 Enter 键；向上移动光标，输入数值 22.5 后按 Enter 键；向左移动光标，输入距离值 75 后按 Enter 键；参照以上操作，完成其他直线的绘制。

（5）绘制图 1.6.3 所示的另一条倾斜直线。

① 在状态栏中确认（正交模式）按钮处于关闭状态。

② 绘制直线。选择下拉菜单 绘图(D) → 直线(L) 命令，选取斜直线与垂直直线的交点为起点，在命令行中输入（@60< - 71.6）后按两次 Enter 键。

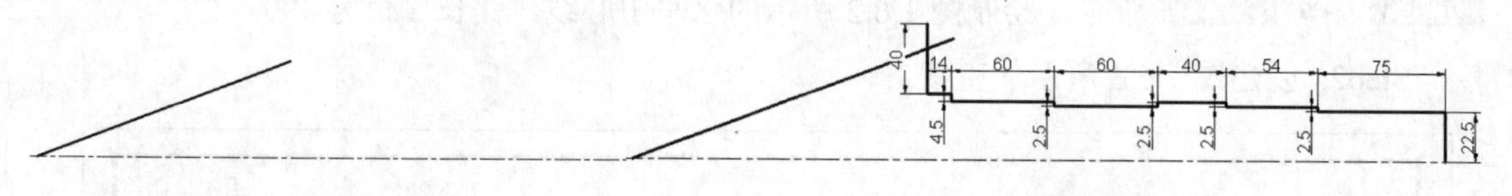

图 1.6.4　绘制直线（一）　　图 1.6.5　绘制直线（二）

Step3. 创建图 1.6.6 所示的直线。

（1）偏移直线（图 1.6.7）。选择下拉菜单 修改(M) → 偏移(S) 命令，输入偏移距离值 57 并按 Enter 键，选取图 1.6.7 所示的直线 1 为偏移对象，在直线 1 的左侧单击，以确定偏移方向，按 Enter 键结束命令。

（2）延伸直线（图 1.6.8）。选择下拉菜单 修改(M) → 延伸(D) 命令，选取中心线为延伸边界，单击步骤（1）通过偏移得到的垂直直线的下端部分。

（3）偏移直线（图 1.6.8）。选择下拉菜单 修改(M) → 偏移(S) 命令，输入字母 T 后按 Enter 键，选取直线 2 为偏移对象，选取步骤（1）通过偏移得到的垂直直线与斜直线的交点为通过点并按 Enter 键。

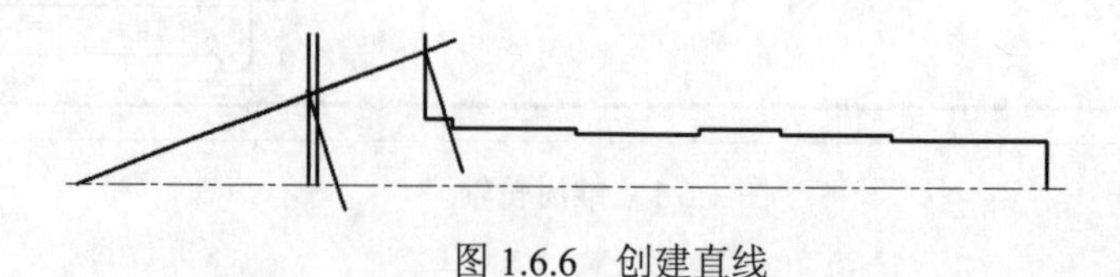

图 1.6.6　创建直线

（4）选择下拉菜单 修改(M) → 偏移(S) 命令，将直线 3 向右偏移（图 1.6.8），偏移距离值为 4。结果如图 1.6.6 所示。

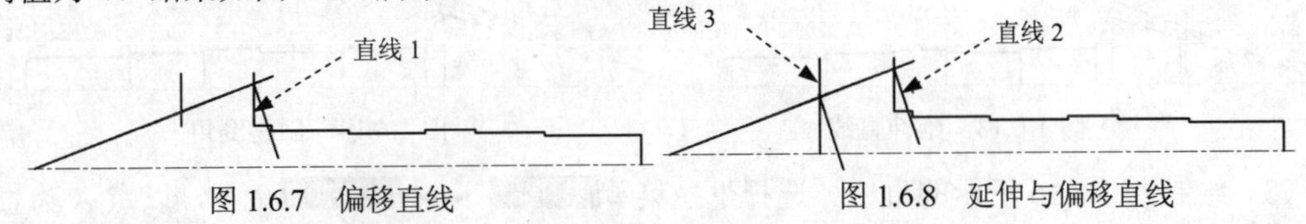

图 1.6.7　偏移直线　　图 1.6.8　延伸与偏移直线

Step4. 创建图 1.6.9 所示的图形。

（1）选择下拉菜单 修改(M) → 修剪(T) 命令，对图形进行修剪，结果如图 1.6.10 所示。

（2）选择下拉菜单 修改(M) → 延伸(D) 命令，选取水平中心线为延伸的边界，单击图 1.6.10 所示直线 4 的下端部分，按 Enter 键结束操作。

（3）创建图 1.6.9 所示的直线。

① 旋转直线。选择下拉菜单 修改(M) → 旋转(R) 命令，选取直线 5 为旋转对象，按 Enter 键，以直线 5 与中心线的交点为基点，输入字母 C 后按 Enter 键，旋转角度值为-2，得到图 1.6.9 中的直线 6。

② 按 Enter 键以重复“旋转”命令，将直线 5 顺时针旋转 4°，得到图 1.6.9 中的直线 7。

（4）选择下拉菜单 修改(M) → 修剪(T) 命令，对图形进行修剪，结果如图 1.6.9 所示。

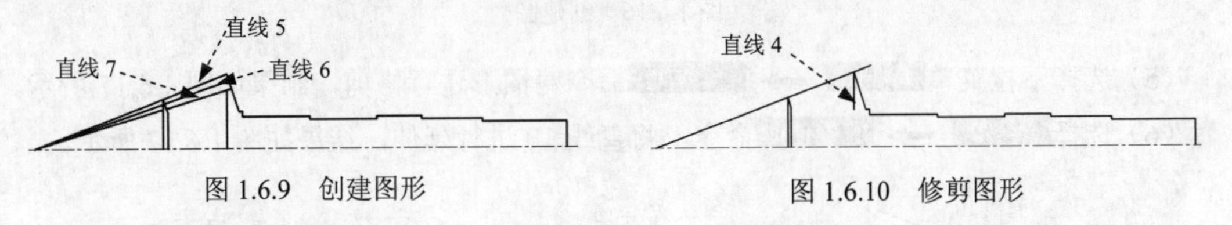

图 1.6.9　创建图形　　图 1.6.10　修剪图形

Step5. 转换线型（图 1.6.11）。

（1）打断斜直线。选择下拉菜单 修改(M) → 打断于点 命令，选取图 1.6.9 所示的直线 5 为打断对象，捕捉并单击垂直直线与直线 5 的交点为打断点，完成斜直线的打断。用同样的方法完成直线 7 的打断。

（2）转换线型。分别选取直线 5、直线 7 打断点左侧的直线，使其显示夹点，然后在“图层”工具栏中选择“细实线层”，按 Esc 键结束命令。

（3）用同样的方法将直线 6 转换成中心线，如图 1.6.11 所示。

Step6. 创建图 1.6.12 所示的图形。

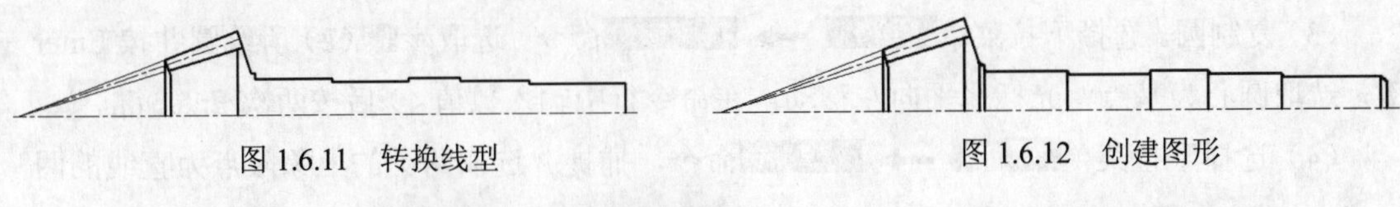
图 1.6.11　转换线型　　图 1.6.12　创建图形

（1）选择下拉菜单 修改(M) → 延伸(D) 命令延伸直线，结果如图 1.6.13 所示。

（2）选择下拉菜单 修改(M) → 倒角(C) 命令，创建图 1.6.14 所示的倒角，其中倒角的距离值均为 2。

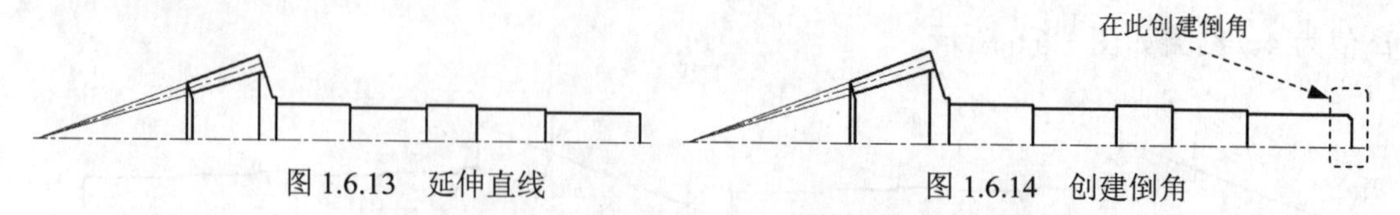

图 1.6.13　延伸直线　　　　图 1.6.14　创建倒角

（3）绘制图 1.6.15 所示的直线。选择下拉菜单 绘图(D) → 直线(L) 命令，以点 A 为直线的起点，绘制直线 8；以点 B 为起点，绘制直线 9。

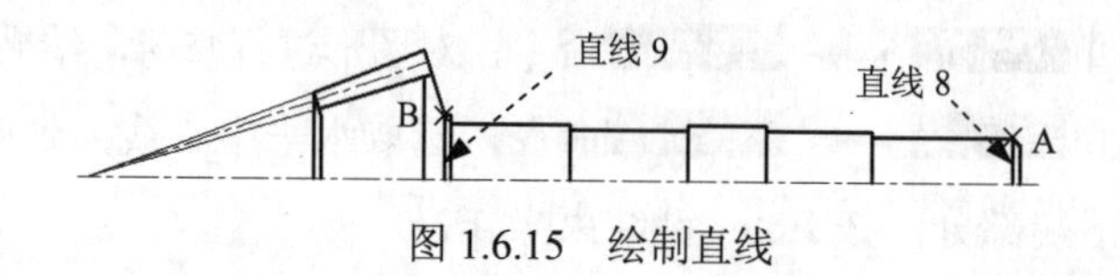

图 1.6.15　绘制直线

（4）创建图 1.6.16 所示的圆角。选择下拉菜单 修改(M) → 圆角(F) 命令，在命令行中输入字母 T 并按 Enter 键，输入字母 N 后按 Enter 键，输入字母 R 并按 Enter 键，输入圆角半径值后按 Enter 键，选取要进行倒圆角的直线。

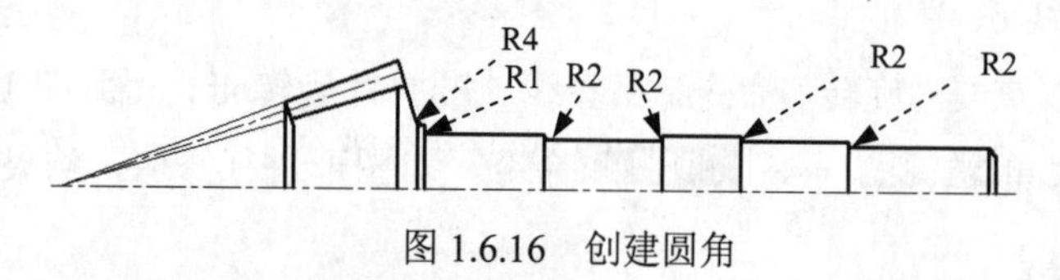

图 1.6.16　创建圆角

（5）选择下拉菜单 修改(M) → 修剪(T) 命令对图形进行修剪，结果如图 1.6.17 所示。

（6）选择 修改(M) → 延伸(D) 命令，将直线 10 进行延伸，结果如图 1.6.17 所示。

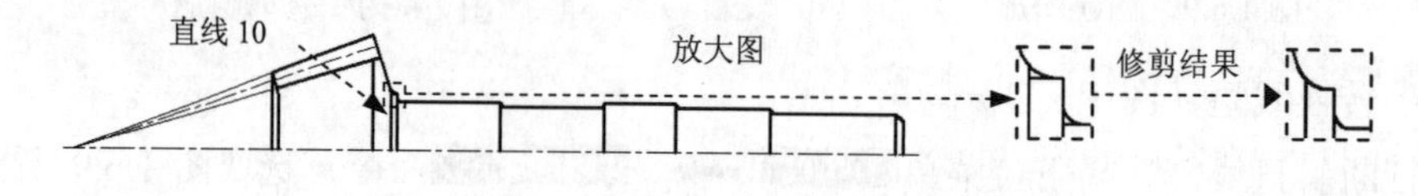

图 1.6.17　修剪图形与延伸直线

Step7. 创建图 1.6.18 所示的键槽轮廓线。

（1）绘制圆。选择下拉菜单 绘图(D) → 圆(C) → 圆心、半径(R) 命令，选取水平中心线与右端面线的交点为圆心，在命令行中输入半径值 7 后按 Enter 键。

（2）移动圆。选择下拉菜单 修改(M) → 移动(V) 命令，选取步骤（1）所绘制的圆为移动对象，选取圆心为基点，将光标向左移动，在命令行中输入移动距离值 14 后按 Enter 键。

（3）复制圆。选择下拉菜单 修改(M) → 复制(Y) 命令，选取步骤（2）所绘圆并按 Enter 键，选取圆心为基点将光标水平向左移动，在命令行中输入数值 49 后按两次 Enter 键。

（4）选择下拉菜单 绘图(D) → 直线(L) 命令，捕捉并选取两圆的上象限点为直线的两端点，按 Enter 键结束操作。

（5）选择下拉菜单 修改(M) → 修剪(T) 命令，完成图形的修剪，结果如图 1.6.19 所示。

Step8. 镜像图形。选择下拉菜单 修改(M) → 镜像(I) 命令，以图 1.6.19 所示的图形为镜像对象，以水平中心线为镜像线，并保留源对象，结果如图 1.6.18 所示。

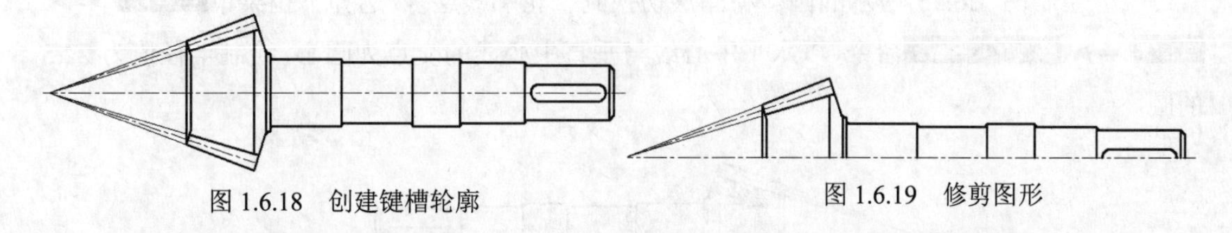

图 1.6.18　创建键槽轮廓　　　　图 1.6.19　修剪图形

Task3．创建局部剖视图

下面介绍创建局部剖视图的方法及步骤，如图 1.6.20 所示。

Step1．绘制样条曲线。将图层切换到“剖面线层”，确认状态栏中的（正交模式）按钮处于关闭状态。选择 绘图(D) → 样条曲线(S) → 拟合点(F) 命令，绘制图 1.6.21 所示的样条曲线。

Step2．修剪图形（图 1.6.22）。

（1）选择下拉菜单 修改(M) → 修剪(T) 命令，去除直线与样条曲线中多余的部分。

（2）选择下拉菜单 修改(M) → 删除(E) 命令，将多余的线条删除。

（3）选择下拉菜单 修改(M) → 延伸(D) 命令，将直线 11 进行延伸。

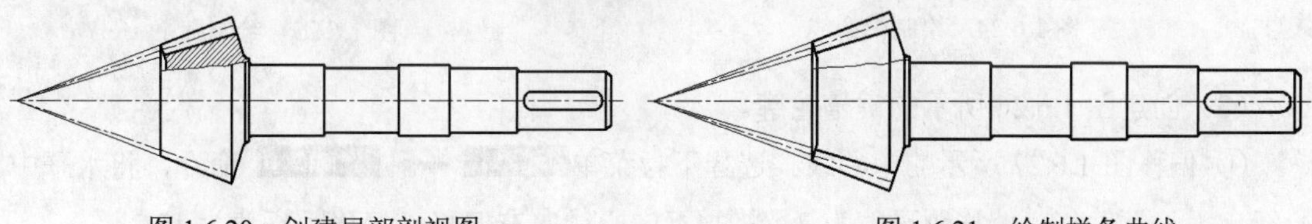

图 1.6.20　创建局部剖视图　　　　图 1.6.21　绘制样条曲线

Step3．创建图 1.6.20 所示的图案填充。创建图 1.6.20 所示的图案填充，其中，填充类型为“用户定义”，填充角度值为 45，填充间距值为 3。

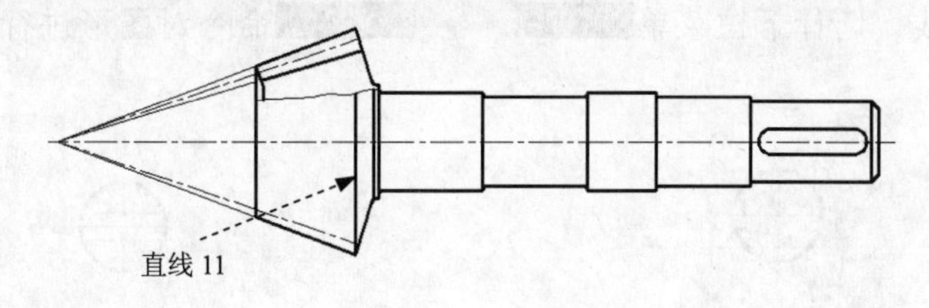

图 1.6.22　修剪图形

Task4．创建键槽断面图

下面介绍创建键槽断面图的方法及步骤，如图 1.6.23 所示。

Step1．创建图形。

（1）绘制图 1.6.24 所示的中心线。将图层切换到“中心线层”，确认状态栏中的（正交模式）按钮显亮，选择下拉菜单 绘图(D) → 直线(L) 命令，绘制出的水平中心线与垂直中心线长度值均为 50。

（2）绘制图 1.6.25 所示的圆。将图层切换到“轮廓线层”，选择下拉菜单 绘图(D) → 圆(C) → 圆心、半径(R) 命令，以水平中心线与垂直中心线的交点为圆心，绘制半径值为 22.5 的圆。

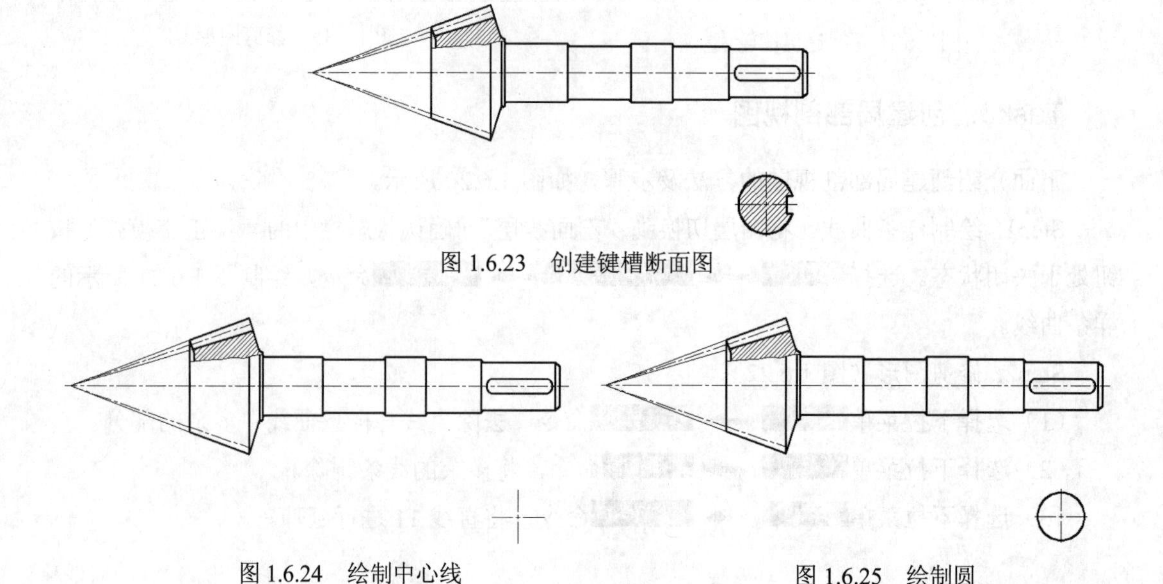

图 1.6.23 创建键槽断面图

图 1.6.24 绘制中心线　　图 1.6.25 绘制圆

（3）创建图 1.6.26 所示的键槽轮廓。

① 偏移图 1.6.27 所示的中心线。选择下拉菜单 修改(M) → 偏移(S) 命令，将水平中心线向上、下偏移，偏移距离值为 7，将垂直中心线向右偏移，偏移距离值为 17。

② 图形的特性匹配。选择下拉菜单 修改(M) → 特性匹配(M) 命令，选取任意轮廓线为源对象，再选择通过偏移得到的三条中心线为目标对象，按 Enter 键结束该命令。

③ 修剪直线。选择下拉菜单 修改(M) → 修剪(T) 命令对图形进行修剪，结果如图 1.6.26 所示。

图 1.6.26 创建键槽轮廓

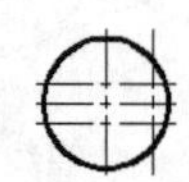

图 1.6.27 偏移中心线

Step2. 创建图案填充。将图层切换到“剖面线层”，选择下拉菜单 绘图(D) → 图案填充(H)... 命令，创建图 1.6.23 所示的图案填充，定义填充类型为“用户定义”，填充角度值为 45，填充间距值为 3。

Task5. 对图形进行尺寸标注

下面介绍创建尺寸标注的方法及步骤，如图 1.6.28 所示。

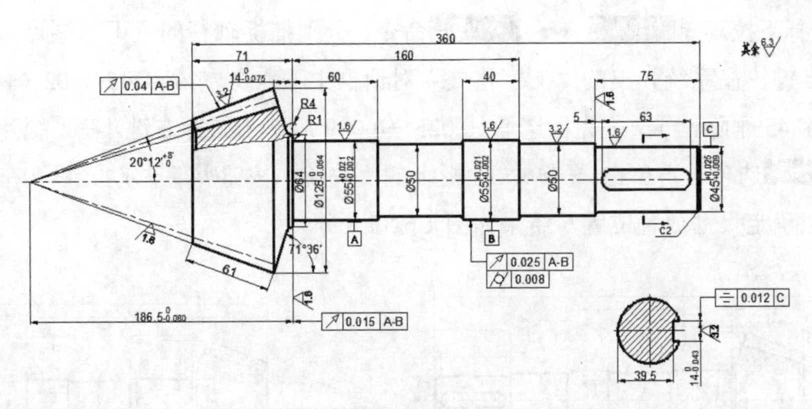

图 1.6.28　创建尺寸标注

Step1. 将图层切换到“尺寸线层”。

Step2. 选择 标注(N) → 线性(L) 命令，创建图 1.6.29 所示的线性标注。

Step3. 选择 标注(N) → 对齐(G) 命令，创建图 1.6.30 所示的对齐标注。

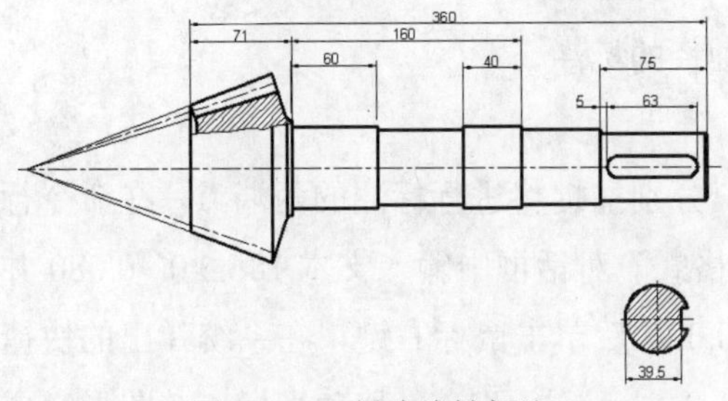

图 1.6.29　创建线性标注

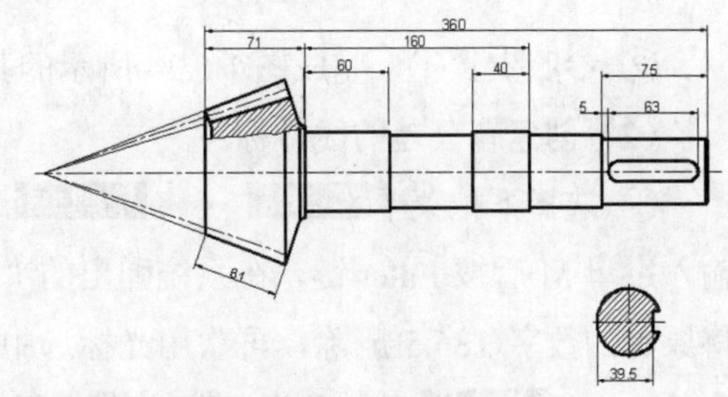

图 1.6.30　创建对齐标注

Step4. 创建无公差的尺寸标注（图 1.6.31）。

（1）选择下拉菜单 标注(N) → 线性(L) 命令，分别捕捉轴径的上下两端点，在命令行输入字母 T 后按 Enter 键，在系统弹出的“文字格式”对话框中输入文本%%C50 后按 Enter 键，在绘图区的空白区域单击一点以确定尺寸的放置位置，结果如图 1.6.32 所示。

（2）参照步骤（1），完成图 1.6.31 中其余无公差值的轴径标注。

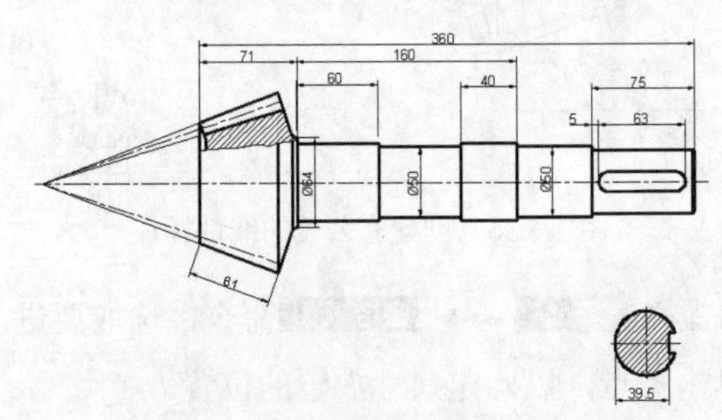

图 1.6.31　创建无公差值的尺寸标注

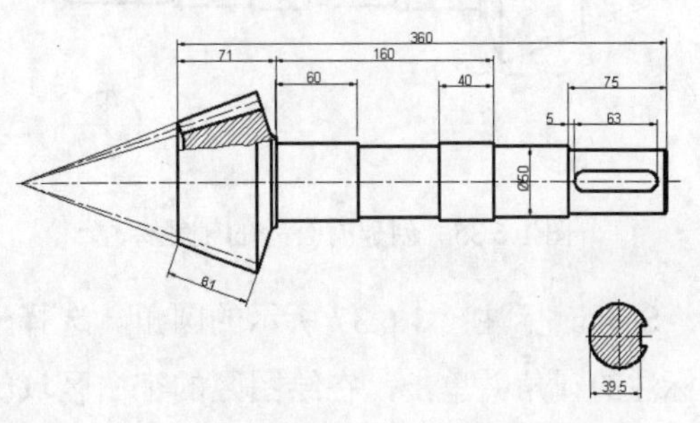

图 1.6.32　创建无公差值的轴径标注

Step5. 创建有公差的尺寸标注（图 1.6.33）。

（1）创建有公差的轴径标注（图 1.6.34）。

① 选择下拉菜单 标注(N) → 线性(L) 命令，分别捕捉轴径的上下两端点，输入字母 M 后按 Enter 键，在系统弹出的“文字格式”对话框中输入文本%%C45+0.025^+0.009，并将原有的数字 45 删除，再次用光标选取+0.025^+0.009 后单击鼠标右键，在系统弹出的快捷菜单中选择 堆叠 选项，再单击 文字编辑器 面板上的“关闭”按钮，移动光标，在图形空白处选取一点以确定尺寸放置位置，结果如图 1.6.35 所示。

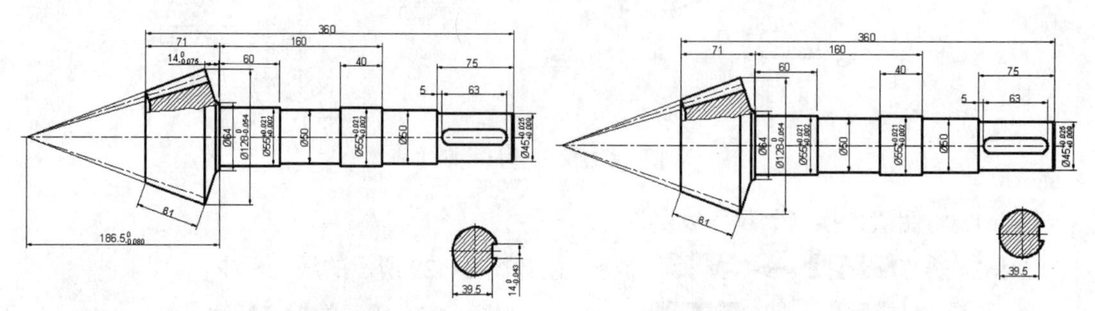

图 1.6.33　创建有公差的尺寸标注　　　　图 1.6.34　创建有公差的轴径标注

② 参照步骤①，完成图 1.6.34 所示的其他轴径的标注。

（2）创建有公差的线性标注。

① 选择下拉菜单 标注(N) → 线性(L) 命令，分别捕捉将进行标注的两端点，在命令行输入字母 M 后按 Enter 键，在系统弹出的“文字格式”对话框中输入文本 186.5 0^-0.080 并将原有的数字 186.5 删除，再次用光标选中 0^-0.080 后单击鼠标右键，在系统弹出的快捷菜单中选择 堆叠 选项，再单击 文字编辑器 面板上的“关闭”按钮，移动光标，在图形空白处选取一点，以确定尺寸放置位置，结果如图 1.6.36 所示。

② 参照步骤①完成图 1.6.33 中其他有公差值的线性标注。

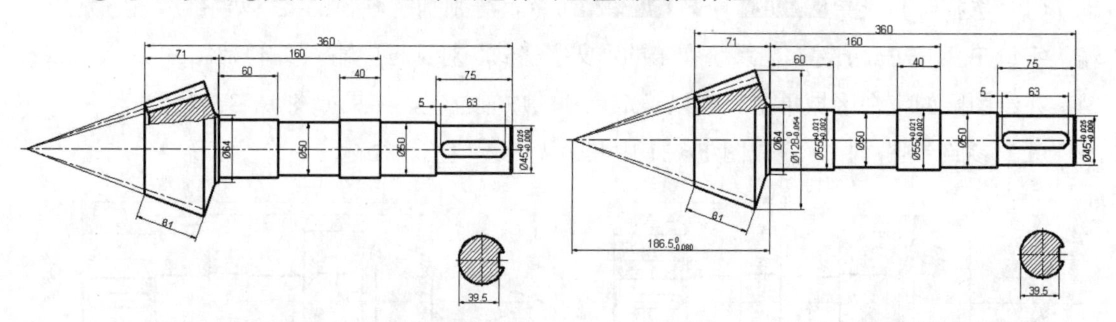

图 1.6.35　创建有公差的轴径标注　　　　图 1.6.36　创建有公差的线性标注

Step6. 标注图 1.6.37 所示的圆角。选择下拉菜单 标注(N) → 半径(R) 命令，选取要进行标注的圆角并单击，在绘图区的空白区域中单击一点，以确定尺寸放置的位置。

Step7. 创建图 1.6.38 所示的基准符号。

（1）选择下拉菜单 插入(I) → 块(B)... 命令，系统弹出“插入”对话框，在 名称(N): 的下拉列表中选取“基准符号”，单击 确定 按钮，在命令行中输入字母 R 并按 Enter 键，输入旋转角度值 180 后按 Enter 键；在需要标注的位置单击一点，输入字母 A 后按 Enter 键，双击插入的基准符号，在系统弹出的“增强属性编辑器”对话框中单击文字选项按钮，选中☑反向(K)和☑倒置(I)复选框，单击确定按钮，完成第一个基准符号的插入。

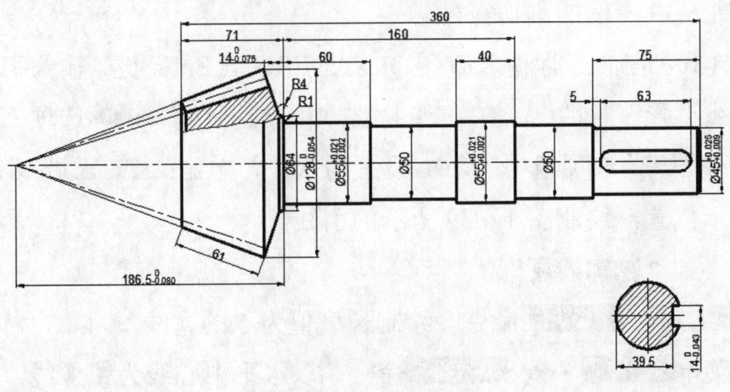

图 1.6.37　标注圆角

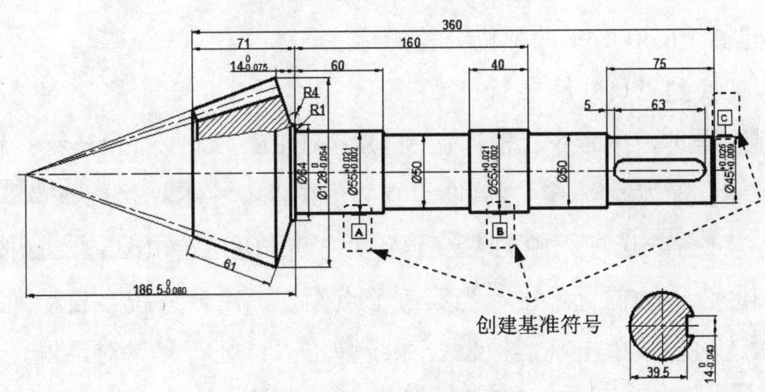

图 1.6.38　创建基准符号

（2）参照（1）的操作，完成基准 B 和基准 C 的创建。

Step8. 创建图 1.6.39 所示倒角的标注。

（1）单击状态栏中的（正交模式）按钮，使其处于关闭状态。

（2）设置引线样式。在命令行中输入命令 QLEADER 后，按 Enter 键；输入字母 S 后按 Enter 键，将注释类型设置为⊙无(O)，将引线设置为⊙直线(S)，将箭头设置为无，将点数中的最大值设置为 3，将角度约束选项组中的第一段设置为任意角度，单击确定按钮。

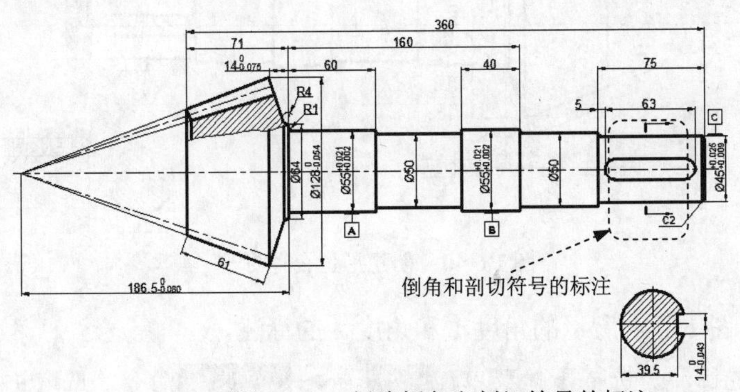

图 1.6.39　创建倒角和剖切符号的标注

（3）选取图 1.6.39 中倒角的端点为起点，在图形空白处再选取两点，以确定引线的位置。

（4）用 绘图(D) → 文字(X) → 多行文字(M)... 命令，在引线上方注写 C2，结果如图 1.6.39 所示。

Step9. 创建图 1.6.39 所示的剖切符号。

（1）设置引线样式。在命令行输入命令 QLEADER，按 Enter 键，输入字母 S 后按 Enter 键，系统弹出“引线设置”对话框，在 箭头 下拉文本框中选择 实心闭合 选项，将 点数 选项组中的 最大值 设置为 2，将 角度约束 选项组中的 第一段 设置为水平，单击 确定 按钮。

（2）在图中所示位置，绘制图 1.6.39 所示的引线。

（3）将图层切换到“轮廓线层”。

（4）选择 绘图(D) → 直线(L) 命令，绘制长度值为 5 的直线。

（5）选择下拉菜单 修改(M) → 镜像(I) 命令，以水平中心线为镜像线，选取步骤（2）、（3）和（4）所绘制的箭头与直线进行镜像，结果如图 1.6.39 所示。

Step10. 创建图 1.6.40 所示的形位公差的标注。

（1）将图层切换到“尺寸线层”。

（2）设置引线样式。在命令行输入命令 QLEADER 后，按 Enter 键；输入字母 S 后按 Enter 键，将 注释类型 设置为 公差(T)，将 引线 设置为 直线(S)，将 箭头 设置为 实心闭合，将 点数 中的 最大值 设置为 3，将 角度约束 选项组中的 第一段 设置为任意角度，单击 确定 按钮。

（3）在绘图区合适的位置单击，当第三个点确定以后，系统会自动弹出“形位公差”对话框。在 符号 选项区域单击小黑框■，系统弹出“特征符号”对话框，在该对话框中选择形位公差符号↗。系统自动切换至公差文本框。在此文本框中输入形位公差值 0.04。在 基准 1 选项区域前面的文本框中输入基准符号 A-B。单击 确定 按钮，完成公差的标注，结果如图 1.6.40 所示。

（4）参照步骤（3）完成其他形位公差的标注，结果如图 1.6.40 所示。

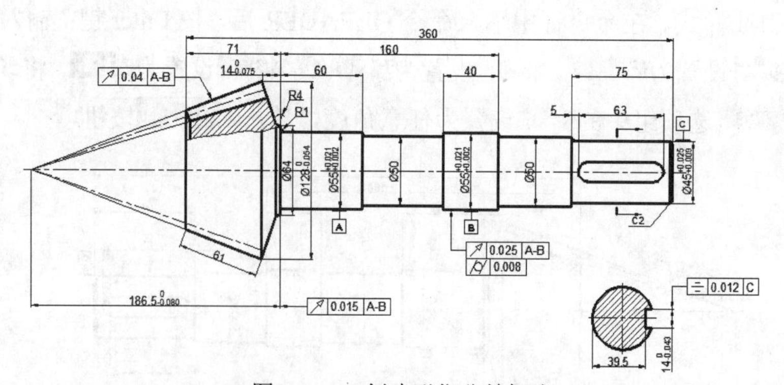

图 1.6.40　创建形位公差标注

Step11. 创建图 1.6.41 所示的角度 1 和角度 2 的标注。

（1）角度 1 的标注。选择下拉菜单 标注(N) → 角度(A) 命令，选取进行角度标注的两边，在命令行输入字母 M 后按 Enter 键，在系统弹出的“文字格式”对话框中输入文本 20 %%D12'+8'^ 0 并将原有的数字 20° 删除，用光标选中+8'^ 0 后单击鼠标右键，在系统弹出的快捷菜单中选择 堆叠 选项，再单击 文字编辑器 面板上的“关闭”按钮，移动光标，在图形空白处选取一点以确定尺寸标注位置，结果如图 1.6.41 所示。

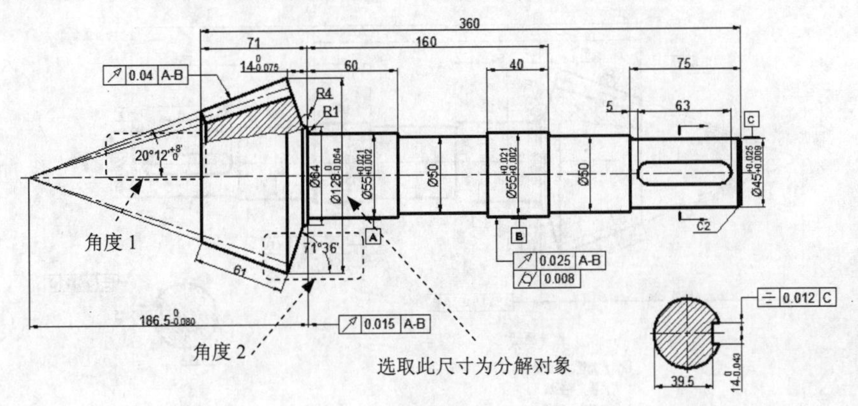

图 1.6.41　创建角度标注

（2）角度 2 的标注。

① 选择下拉菜单 修改(M) → 分解(X) 命令，选取图 1.6.41 所示的尺寸为分解对象，按 Enter 键结束操作。

② 参照步骤（1）完成角度 2 的标注。

Step12. 完成图 1.6.42 所示的表面粗糙度的标注。

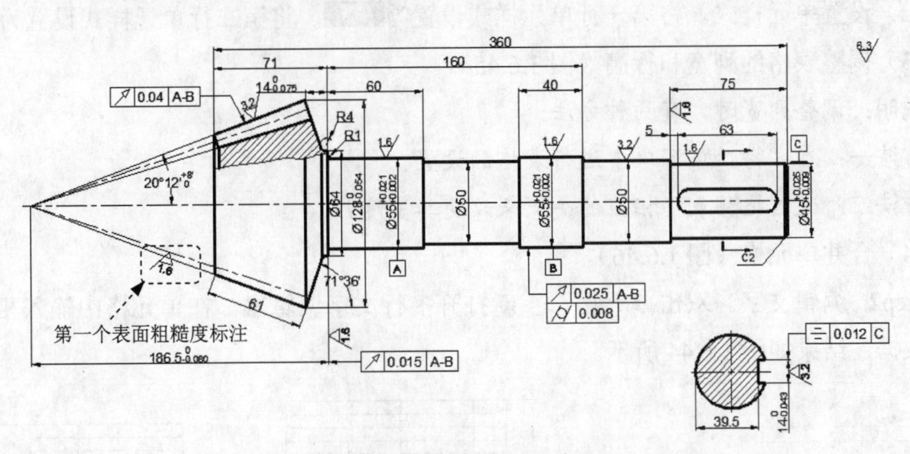

图 1.6.42　创建表面粗糙度标注

（1）选择下拉菜单 插入(I) → 块(B)... 命令，选择 名称(N): 下拉列表中的“表面粗糙度符号”为插入对象，在 旋转 选项组 角度(A): 文本框中输入旋转角度值-198.4，单击 确定 按钮。在图 1.6.42 所示位置单击一点，输入表面粗糙度值 1.6 后按 Enter 键结束块的插入；双击插入的表面粗糙度符号，在系统弹出的“增强属性编辑器”对话框中单击 文字选项 按钮，选中 ☑ 反向(K) 和 ☑ 倒置(D) 复选框，单击 确定 按钮，完成第一个表面粗糙度符号的插入。

（2）参照步骤（1），完成图 1.6.42 所示的其他表面粗糙度的标注。

Task6. 创建文字说明

选择下拉菜单 绘图(D) → 文字(X)▸ → 多行文字(M)... 命令，创建图 1.6.43 所示的文字。

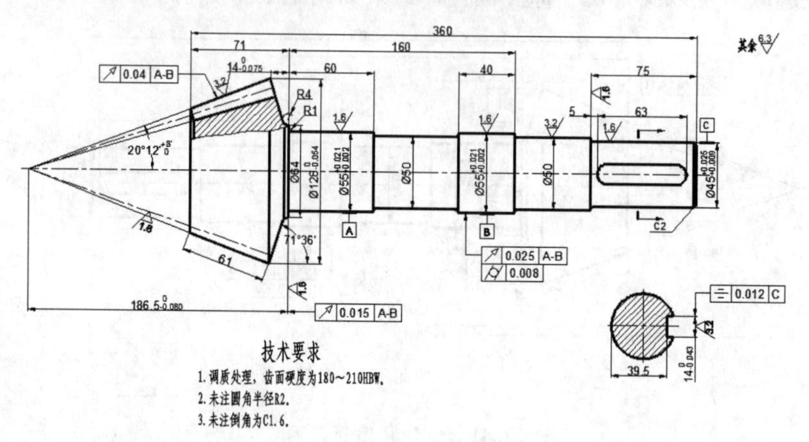

图 1.6.43　创建文字

Task7. 创建参数表

下面介绍创建参数表的方法及步骤，如图 1.6.44 所示。

Step1. 创建表格。

（1）创建表格。其数据列数和行数分别为 5 和 21，列宽为 20，行高为 1。

（2）设置单元样式。将第一行单元样式设置为 数据 ，将第二行单元样式设置为 数据 。

（3）调整表格的列宽和行高（图 1.6.45）。

说明：调整列宽时，有两种方法：

方法一：在“特性”窗口中进行表格的设置。

方法二：通过拖移表格相应的夹点来改变其宽度。

（4）合并单元格（图 1.6.46）。

Step2. 编辑文字。双击单元格，重新打开多行文字编辑器，在单元格中输入相应的文字或数据，结果如图 1.6.44 所示。

模数		m	5	备注
齿数		z_2	23	
法向齿形角		α_n	20°	
分度圆直径		d_2	115	
分锥角		δ	18°24′	
根锥角		δ_f	16°18′	
锥距		R	183.777	
螺旋角及方向		β	直齿	
变位系数	高度	x	0	
	切向		0	
测量	齿厚	$\bar{s}$	$7.87_{-0.144}^{-0.059}$	
	齿高	$\bar{h}a$	6.137	
精度等级			7cB	GB/T11365
接触斑点%	齿高		≥65%	
	齿长		≥60%	
全齿高		h	13	
轴交角		Σ	90°	
侧隙		j	0.087	
配对齿轮齿数		Zm	60	
配对齿轮图号				
公差组		项目代号	公差值	
		Fr	0.0400	
		f_{pt}	0.0180	

图 1.6.44　参数表

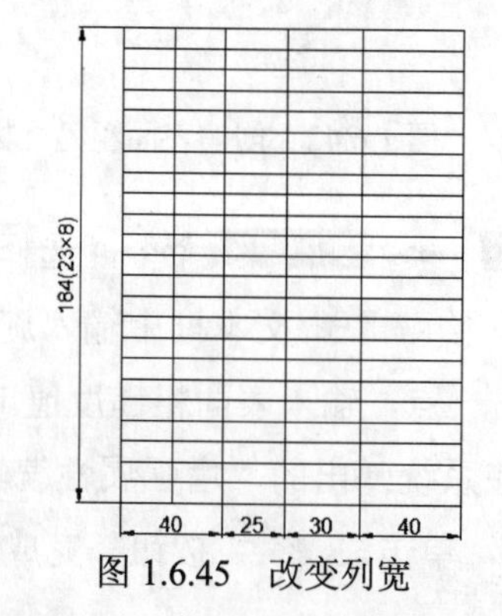

图 1.6.45　改变列宽

图 1.6.46　合并单元格

Task8．保存文件

选择下拉菜单 文件(F) → 保存(S) 命令，命名为“锥齿轮轴.dwg”，单击 保存(S) 按钮。

1.7　锥　　轴

在机械设计中，有时需要一个三维视图才能将零件表达清楚。在本例中，将创建 5 个图形作为一个锥零件的 5 个视图（即主视图、左视图、右视图、剖视图和一个局部放大图），其中主视图、左视图和右视图要符合长对正、高平齐、宽相等的视图原则，如图 1.7.1 所示。下面介绍创建锥轴的一般操作步骤。

Task1．选用样板文件并进行设计前的辅助性工作

使用随书光盘上提供的样板文件。选择下拉菜单 文件(F) → 新建(N)... 命令，在系统弹出的“选择样板”对话框中，找到文件 D:\AutoCAD2014.1\system_file\Part_temp_A2.dwg，然后单击 打开(O) 按钮。

Task2．创建右视图

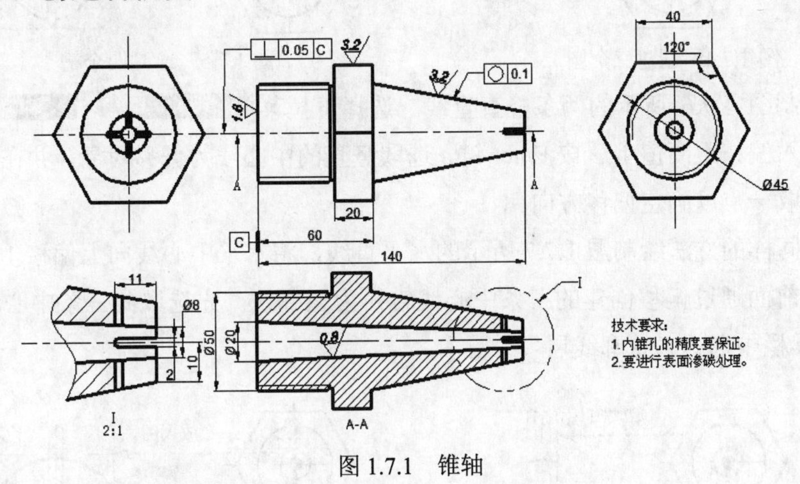

图 1.7.1　锥轴

Step1. 绘制图 1.7.2 所示的中心线。

（1）切换图层。在“图层”面板中，选择“中心线层”图层。

（2）确认状态栏中的（正交模式）与（对象捕捉）按钮处于显亮状态。

（3）选择下拉菜单 绘图(D) → 直线(L) 命令，绘制图 1.7.2 所示的中心线，长度值均为 100。

Step2. 绘制图 1.7.3 所示的正六边形。

图 1.7.2　绘制中心线　　　　图 1.7.3　绘制正六边形

（1）切换图层。在“图层”面板中，选择“轮廓线层”图层。

（2）在状态栏中将+按钮显亮，打开线宽显示模式。

（3）创建图 1.7.3 所示的正六边形。选择下拉菜单 绘图(D) → 多边形(Y) 命令，在命令行中输入边的数目 6 后按 Enter 键，选取两中心线的“交点”为正六边形的中心，然后在命令行中输入字母 I（内接于圆）后按 Enter 键，最后在命令行中输入内接圆的半径值 40 后按 Enter 键。

Step3. 选择下拉菜单 绘图(D) → 圆(C) → 圆心、半径(R) 命令完成图 1.7.4 所示的圆的绘制，半径值分别为 25、10 和 4。捕捉两条中心线的“交点”作为三个圆的圆心。

Step4. 绘制图 1.7.5 所示的四个槽。

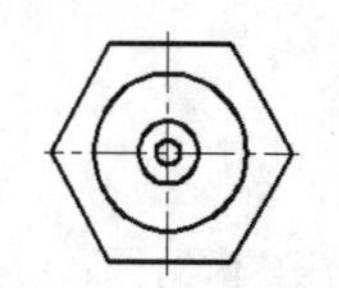

图 1.7.4　创建三个圆

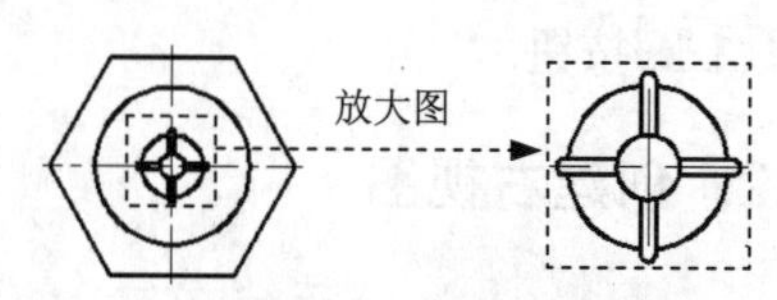

图 1.7.5　绘制四个槽

（1）绘制图 1.7.6 所示的两条竖直直线。选择下拉菜单 修改(M) → 偏移(S) 命令，在命令行中输入偏移距离值 1 后按 Enter 键，选取竖直的中心线为偏移对象，并在该中心线的左右方各选取一点以确定偏移方向。

（2）用同样的方法绘制图 1.7.7 所示的水平直线，将水平中心线向上偏移 10.5。

（3）将前面通过偏移创建的三条中心线转换为轮廓线。先选取此三条中心线，然后在“图层”工具栏中选择“轮廓线层”。

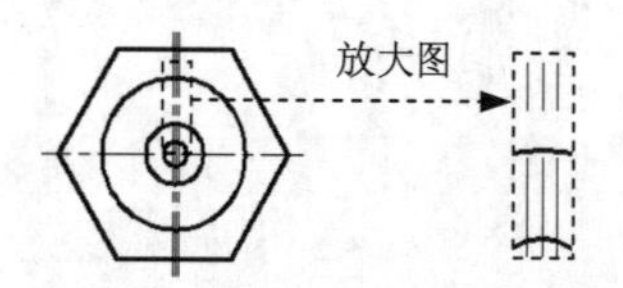

图 1.7.6　绘制两条竖直直线

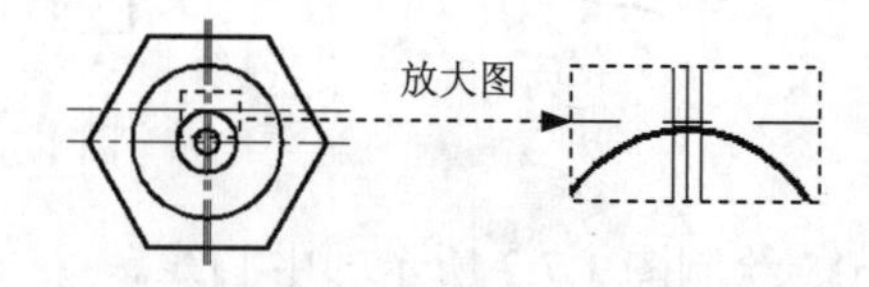

图 1.7.7　绘制水平直线

（4）绘制图 1.7.8 所示的圆，直径值为 2。捕捉偏移后的水平线和正六边形的竖直中心线的“交点”作为圆的圆心，选择下拉菜单 绘图(D) → 圆(C) → 圆心、直径(D) 命令完成圆的绘制。

（5）修剪图形。选择下拉菜单 修改(M) → 修剪(T) 命令，对图 1.7.9a 进行修剪，修剪后的结果如图 1.7.9b 所示。

注意：*如果删除的是一整条直线，而不是直线的一部分，要先选中此直线再按 Delete 键将其删除。*

（6）绘制图 1.7.10b 所示的四个圆槽。

① 选择下拉菜单 修改(M) → 阵列 → 环形阵列 命令，选取图 1.7.10a 中的槽和圆心分别作为阵列对象和阵列中心点，设置项目总数为 4，填充角度为 360，阵列后如图 1.7.10a 所示。

② 选择下拉菜单 修改(M) → 修剪(T) 命令，对图 1.7.10a 进行修剪，修剪后的结果如图 1.7.10b 所示。

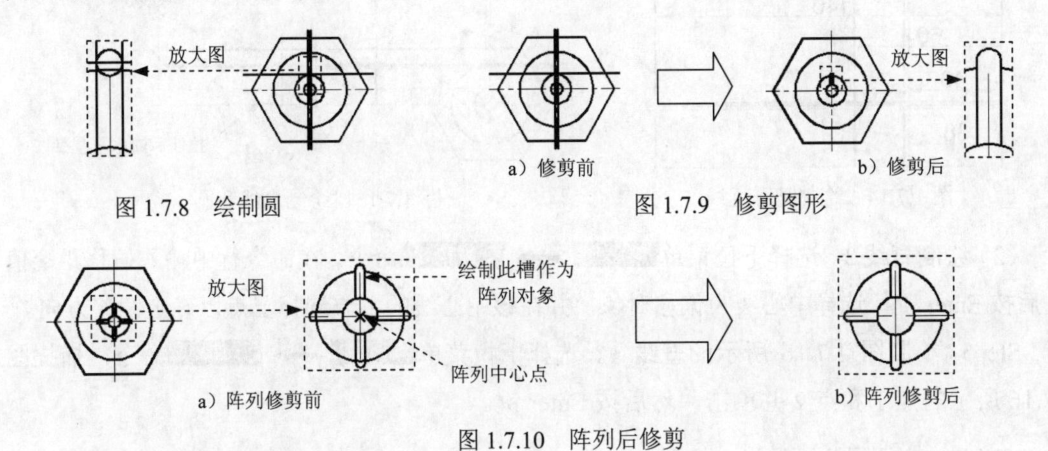

图 1.7.8　绘制圆

a）修剪前　b）修剪后

图 1.7.9　修剪图形

a）阵列修剪前　b）阵列修剪后

图 1.7.10　阵列后修剪

Task3. 创建主视图

Step1. 拉伸水平中心线。单击图 1.7.3 所示的水平中心线使其显示夹点，然后选取其右端夹点，水平拖移至适当的位置作为主视图的水平基准线（图 1.7.15）。

注意：*在拉伸之前要先确认 按钮处于按下状态。*

Step2. 绘制图 1.7.11 所示的三条水平直线。

（1）绘制图 1.7.12 所示的直线（一）。选择下拉菜单 修改(M) → 偏移(S) 命令，在命令行中输入数值 24 后按 Enter 键，选取水平中心线为偏移对象，并在该中心线的上方选取一点以确定偏移方向。

（2）用同样的方法创建图 1.7.13 所示的直线（二）。

（3）将前面通过偏移创建的中心线上方的两条中心线转换为轮廓线，最下面的一条中心线转换为细实线。

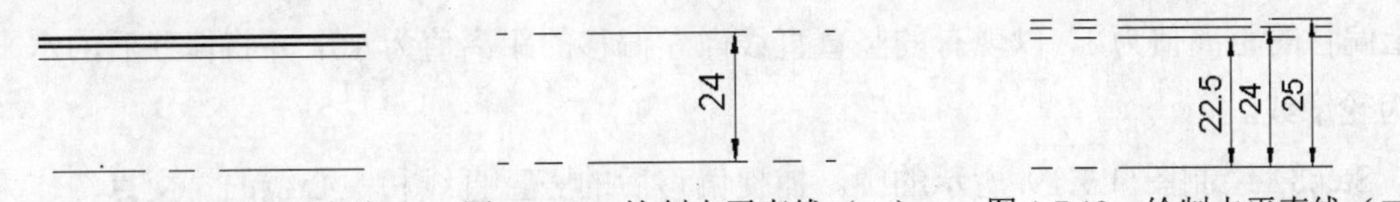

图 1.7.11　绘制三条水平直线

图 1.7.12　绘制水平直线（一）

图 1.7.13　绘制水平直线（二）

Step3. 绘制图 1.7.14 所示的五条竖直直线。

（1）绘制直线 1。使用 绘图(D) → 直线(L) 命令在右视图的右侧某一合适的位置，绘制图 1.7.15 所示的竖直直线 1。

（2）以直线 1 为对象，用偏移的方法创建图 1.7.14 所示的其他四条竖直直线，偏移距离值依次为 38，40，60，140。

Step4. 绘制图 1.7.15 所示的两条水平直线 2、3。

（1）绘制直线 2。选择下拉菜单 绘图(D) → 直线(L) 命令，捕捉图 1.7.15 所示的点 1，移动鼠标向右到适当的位置单击，然后按 Enter 键。

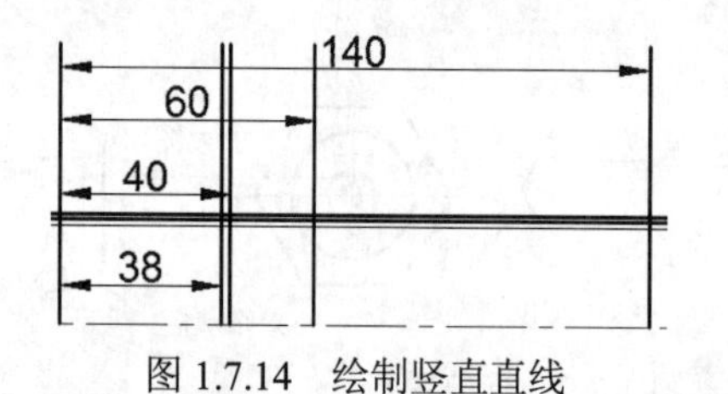

图 1.7.14　绘制竖直直线

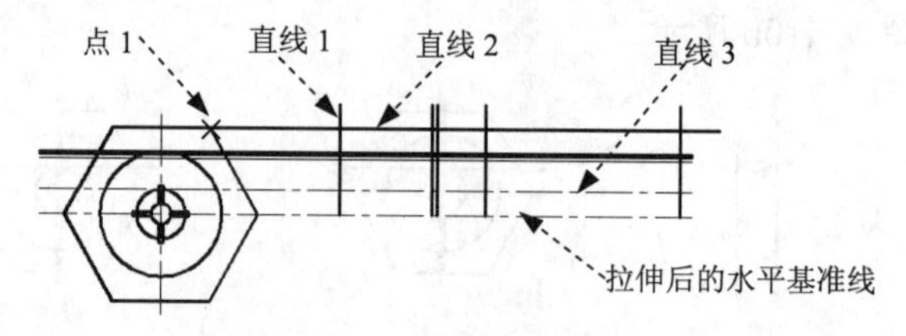

图 1.7.15　绘制直线和圆

（2）绘制直线 3。选择下拉菜单 修改(M) → 偏移(S) 命令。在命令行中输入偏移距离值 10 后按 Enter 键，选择中心线为偏移对象，并在该中心线的上方选择一点以确定偏移方向。

Step5. 绘制图 1.7.16 所示的直线 1。选择下拉菜单 绘图(D) → 直线(L) 命令，捕捉图 1.7.16 所示的点 1 和点 2 并单击，然后按 Enter 键。

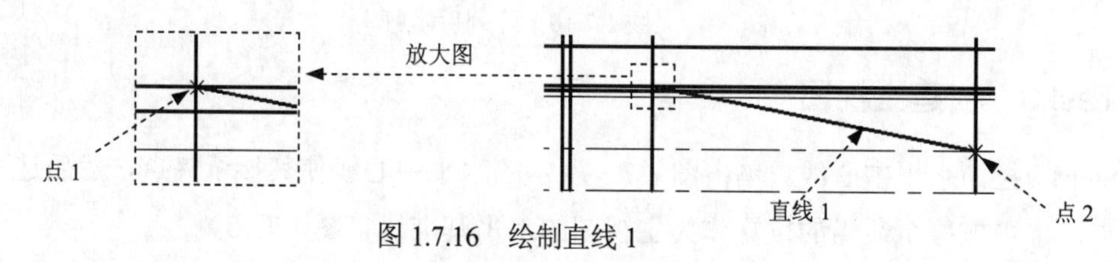

图 1.7.16　绘制直线 1

Step6. 修剪图形。选择下拉菜单 修改(M) → 修剪(T) 命令，对图 1.7.17a 进行修剪，修剪后的结果如图 1.7.17b 所示。

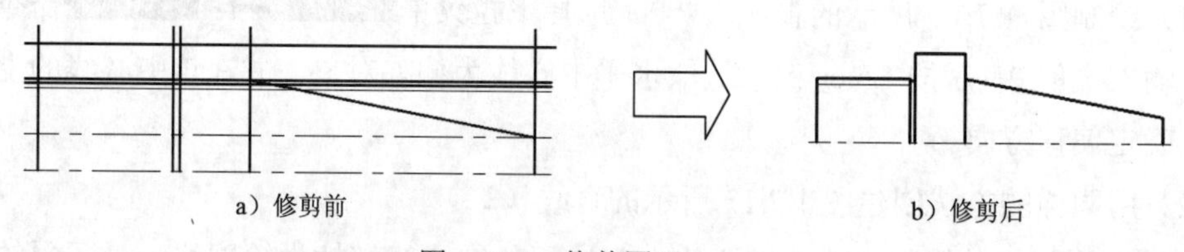

a）修剪前　　b）修剪后

图 1.7.17　修剪图形

Step7. 绘制图 1.7.18 所示的水平和竖直直线。用偏移的方法绘制，以现有的水平中心线向上偏移的距离值为 1，以现有的竖直直线向左偏移的距离值为 10，并将偏移后的水平线转化为轮廓线。

Step8. 绘制图 1.7.19 所示的圆。捕捉偏移后的竖直直线和中心线的“交点”作为圆的圆心，用 绘图(D) → 圆(C) → 圆心、直径(D) 命令，输入直径值为 2，完成圆的绘制。

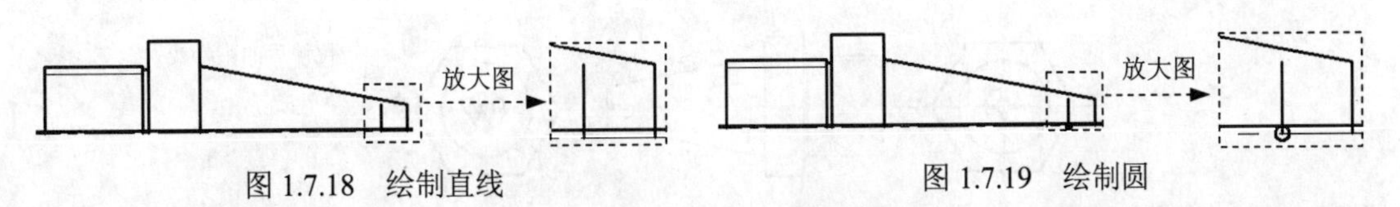

图 1.7.18　绘制直线　　　　图 1.7.19　绘制圆

Step9. 修剪图形。选择下拉菜单 修改(M) → 修剪(T) 命令，对图 1.7.20a 进行修剪，修剪后的结果如图 1.7.20b 所示。

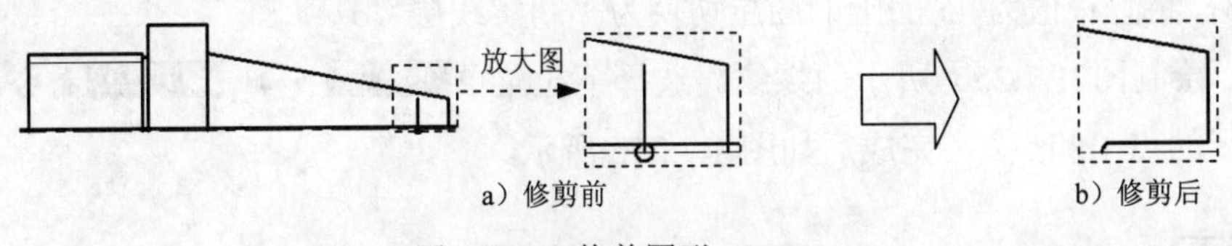

a）修剪前　　b）修剪后

图 1.7.20　修剪图形

Step10. 创建倒角。选择下拉菜单 修改(M) → 倒角(C) 命令，在命令行中输入字母 M，按 Enter 键后再输入字母 D 并按 Enter 键，输入第一倒角距离值 1 后按 Enter 键，输入第二倒角距离值 1 后按 Enter 键，分别选取两条边，完成后的图形如图 1.7.21 所示。

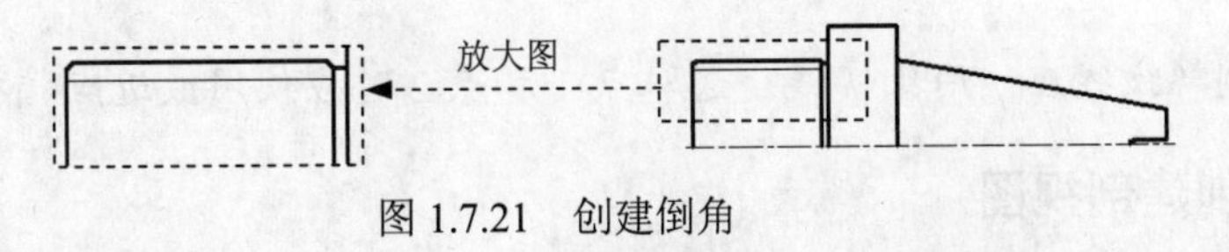

图 1.7.21　创建倒角

Step11. 对图形进行镜像。选择下拉菜单 修改(M) → 镜像(I) 命令，选取图 1.7.22a 所示的对象和镜像中心线进行操作，并绘制图 1.7.22b 所示的直线，完成后的图形如图 1.7.22b 所示。

Task4. 创建左视图

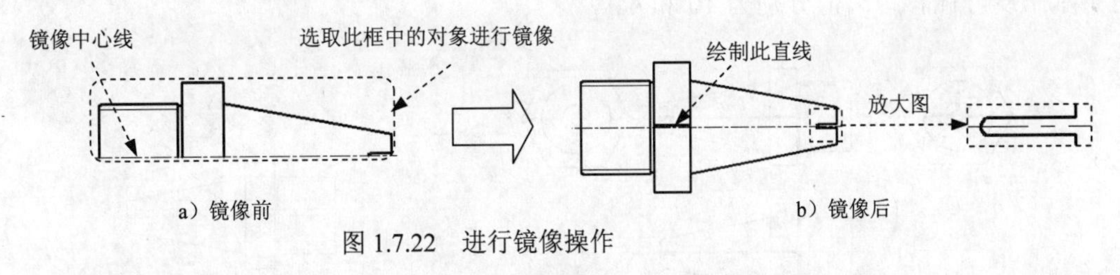

a）镜像前　　b）镜像后

图 1.7.22　进行镜像操作

Step1. 拉伸水平中心线。单击主视图中的中心线使其显示夹点，然后选取其右端夹点，水平拖移至适当的位置作为左视图的水平基准线（图 1.7.23）。

注意： 在拉伸之前要先确认 (正交) 按钮处于显亮状态。

Step2. 进行图形的复制。选择下拉菜单 修改(M) → 复制(Y) 命令，对右视图进行复制操作，完成后的图形如图 1.7.23 所示。

注意： 在进行复制操作之前，要先确认 (正交) 按钮处于显亮状态，以确保右视图与左视图在同一水平中心线上。

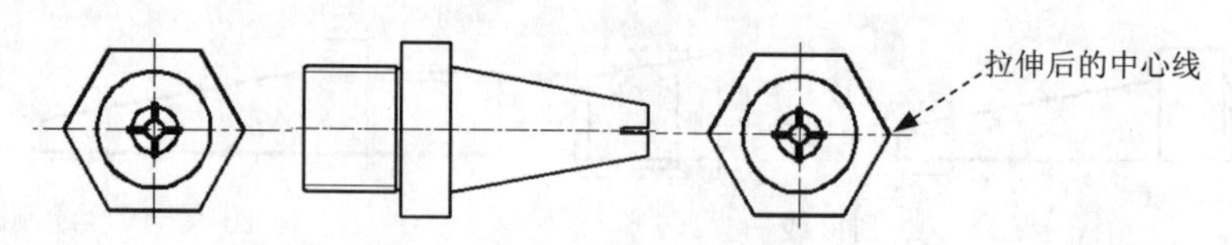

图 1.7.23　复制图形

Step3. 修改复制后的图形。删除多余的线，绘制图 1.7.24b 所示的两个圆，直径值分别为 20 和 45，将直径值为 45 的圆的图层切换为“细实线层”。

Step4. 绘制图 1.7.25b 所示的螺纹。选择下拉菜单 修改(M) → 打断(K) 命令，选取图 1.7.25a 所示的点 1 和点 2，完成后如图 1.7.25b 所示。

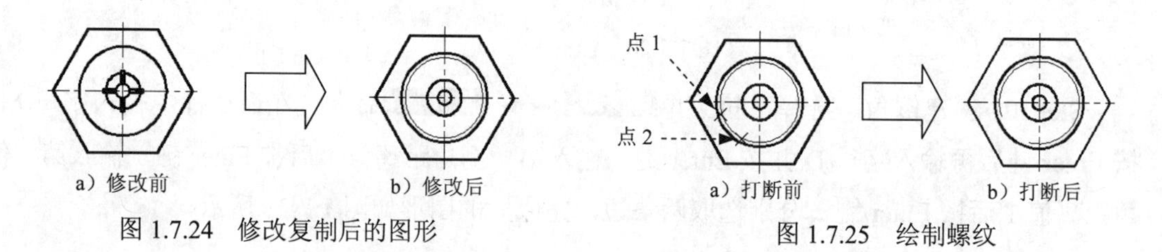

图 1.7.24　修改复制后的图形　　图 1.7.25　绘制螺纹

注意：绘制螺纹线应该用细实线。选取点 1 和点 2 时应使用最近点捕捉。

Task5. 创建剖视图

Step1. 进行图形的复制。先使用打断命令将主视图、左视图和右视图上水平的中心线打断，再选择下拉菜单 修改(M) → 复制(Y) 命令，对主视图进行复制操作，完成后的图形如图 1.7.26 所示。

Step2. 绘制图 1.7.27 所示的两条水平线。用偏移的方法（以中心线为偏移对象）绘制两条水平线，偏移距离值分别为 10 和 4。

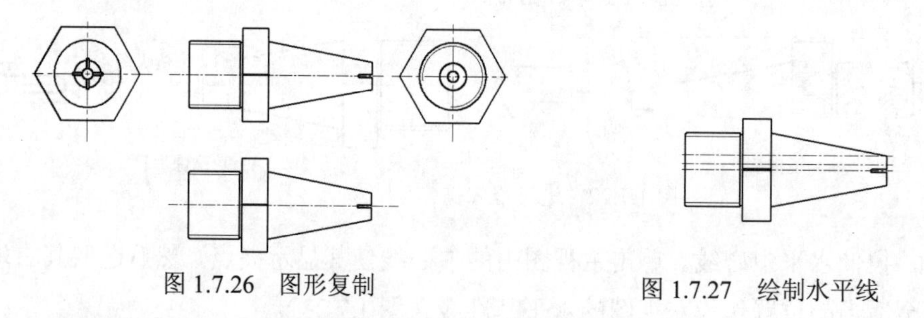

图 1.7.26　图形复制　　图 1.7.27　绘制水平线

Step3. 绘制图 1.7.28 所示的直线。

（1）绘制直线。选择下拉菜单 绘图(D) → 直线(L) 命令，捕捉图 1.7.28 所示的点 1 和点 2 并单击，然后按 Enter 键。

（2）删除 Step2 中通过偏移创建的水平线。

Step4. 绘制图 1.7.30c 所示的两条竖直直线及多余的轮廓线。

（1）绘制图 1.7.29 所示的竖直直线。用偏移的方法绘制此直线，偏移距离值为 10。

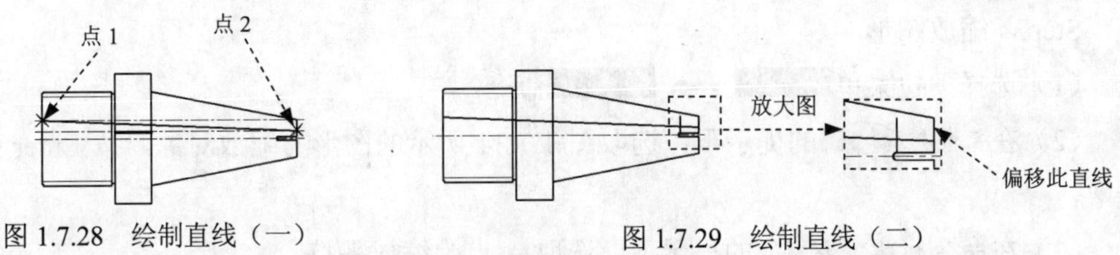

图 1.7.28　绘制直线（一）　　图 1.7.29　绘制直线（二）

（2）用同样的方法绘制图 1.7.30a 所示的两条竖直直线，选取步骤（1）中绘制的直线为偏移对象，在其左右各选取一点以确定偏移方向，偏移距离值为 1。

（3）偏移后的两竖直线用 修改(M) → 延伸(D) 命令进行修改，完成后如图 1.7.30b 所示。

（4）使用修剪命令剪掉多余的线后，用 Delete 键删除不能修剪的线以及中间的一条竖直直线，如图 1.7.30c 所示。

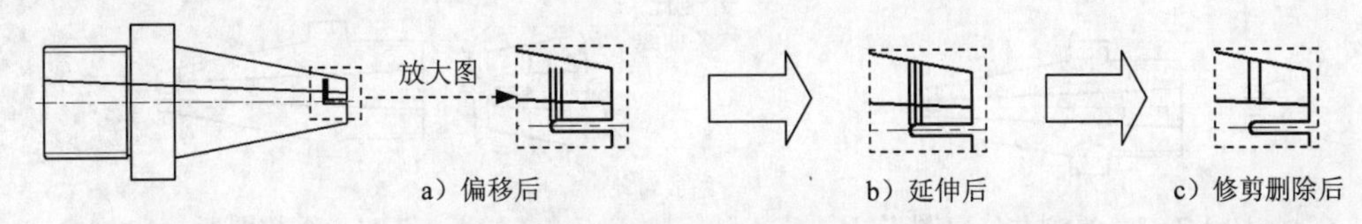

图 1.7.30　绘制竖直直线

Step5. 用 修改(M) → 镜像(I) 命令完成图 1.7.31b 所示的镜像操作。

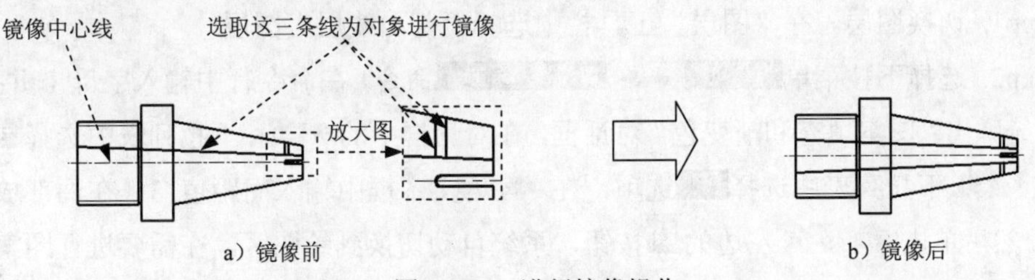

图 1.7.31　进行镜像操作

Step6. 修剪图形，完成后的图形如图 1.7.32b 所示。

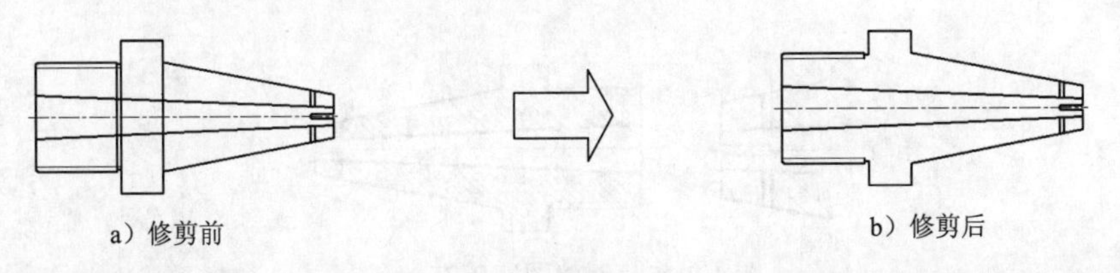

图 1.7.32　修剪图形

Task6. 创建局部放大图

Step1. 进行图形的复制。选择下拉菜单 修改(M) → 复制(Y) 命令，对剖视图进行复制操作。

Step2. 修剪图形。将图层切换为“细实线层”，绘制图 1.7.33 所示的样条曲线，修剪 Step1

复制的图形，完成后的图形如图 1.7.33 所示。

Step3. 缩放图形。

（1）选择下拉菜单 修改(M) → 缩放(L) 命令。

（2）在 选择对象: 的提示下，选取图 1.7.34 所示的图形为缩放对象，按 Enter 键结束选取。

（3）在命令行 指定基点: 的提示下，选取 A 点为缩放基点。

（4）在命令行 指定比例因子或 [复制(C)/参照(R)]: 的提示下，指定比例因子为 2。完成后的图形如图 1.7.34 所示。

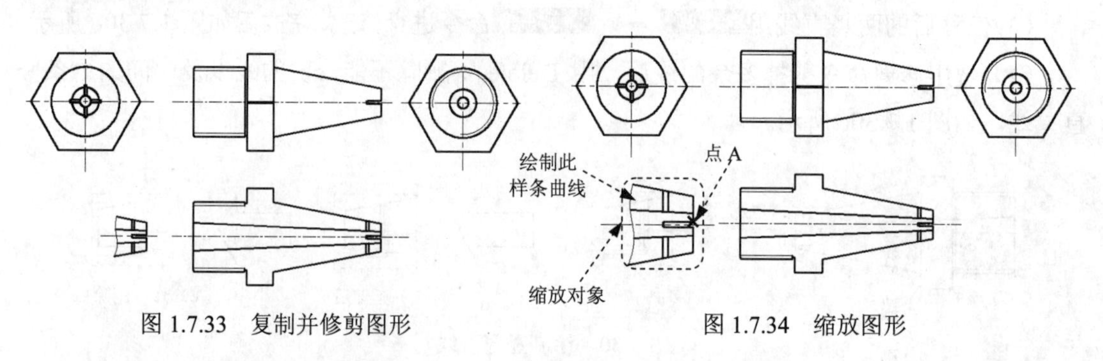

图 1.7.33 复制并修剪图形　　图 1.7.34 缩放图形

Task7．创建图案填充

Step1. 切换图层。在“图层”工具栏中选择“剖面线层”图层。

Step2. 选择下拉菜单 绘图(D) → 图案填充(H)... 命令，在命令行中输入字母 T 并按 Enter 键，系统弹出“图案填充和渐变色”对话框，在对话框中的 类型(Y): 下拉列表中选择 用户定义 选项，在 角度(G): 下拉列表中选择 45 选项，在 间距(C): 文本框中输入间距值 3（在局部放大图中为 6），然后单击 添加:拾取点 左边的按钮，系统自动切换到绘图区，在需要进行图案填充的封闭区域中的任意位置分别单击，此时系统用加亮的虚线显示这些要填充的区域，按 Enter 键结束选择。完成后的图形如图 1.7.35 所示。

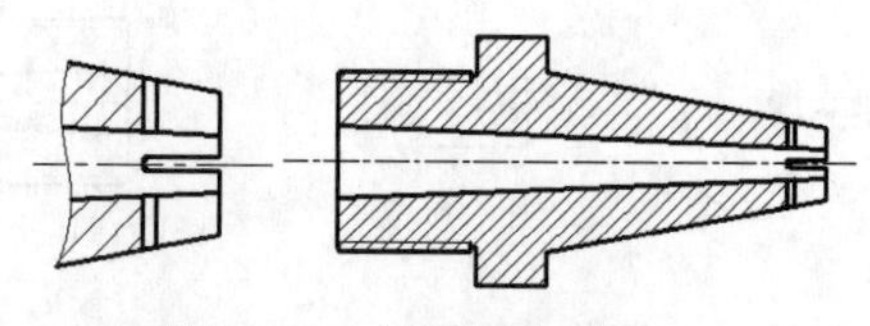

图 1.7.35 创建图案填充

Task8．对图形进行尺寸标注

Step1. 设置标注样式。选择下拉菜单 格式(O) → 标注样式(D)... 命令，单击“标注样式管理器”对话框中的 修改(M)... 按钮，将“修改标注样式”对话框的 文字 选项卡中的 文字高度(T): 的值设定为 5。

Step2. 切换图层。在“图层”工具栏中，选择“尺寸线层”图层。

Step3. 创建直径标注。

（1）创建图 1.7.36 所示的直径标注。先使用线性标注创建尺寸标注，再双击此标注尺寸 50，然后在系统弹出的文本框中输入%%C50，在空白位置单击后，标注文字就会变成Ø50。

（2）用同样的方式标注剖视图中的 Ø20、局部放大图中的 Ø8。

Step4. 用 标注(N) → 线性(L) 命令创建线性标注，完成后的图形如图 1.7.36 所示。

Step5. 用 标注(N) → 角度(A) 命令创建角度标注，完成后的图形如图 1.7.36 所示。

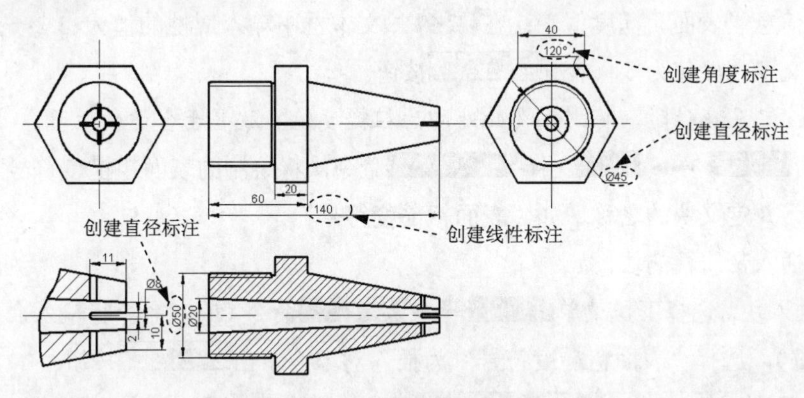

图 1.7.36　创建直径标注、线性标注与角度标注

Step6. 将图层切换至“双点画线层”后，用 绘图(D) → 圆(C) → 圆心、直径(D) 命令在图形中的放大部分绘制圆。

Step7. 将图层切换至“尺寸线层”后，用 标注(N) → 多重引线(E) 命令（或在命令行输入命令 QLEADER 后按 Enter 键），创建图 1.7.37 所示的引线标注。

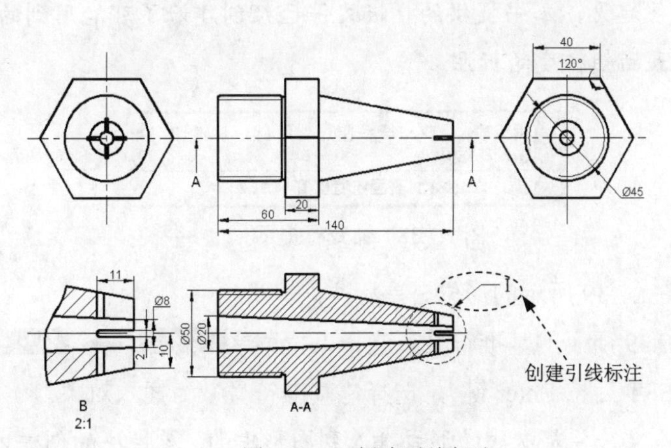

图 1.7.37　创建引线标注

Step8. 创建多行文字。

（1）设置文字样式。选择下拉菜单 格式(O) → 文字样式(S)... 命令，选择“文字样式”

对话框中的Standard选项，单击置为当前(C)按钮。

（2）将图层切换至“文字层”后，用绘图(D) → 文字(X) → 多行文字(M)... 命令，将文字的高度设置为 5，完成多行文字的创建（图 1.7.1）。

Step9. 创建表面粗糙度标注。

（1）创建带有属性的块。

① 绘制表面粗糙度符号。

② 定义块的属性。选择下拉菜单绘图(D) → 块(K) → 定义属性(D)...命令，在属性选项组中的标记(T):文本框中输入属性的标记为 CCD；在提示(M):文本框中输入插入块时系统显示的提示信息“表面粗糙度值”；在默认(L):文本框中输入属性的值为 3.2；在文字设置选项组中设置文字高度值为 5，单击确定按钮。

注意：定义属性时，将文字（此处即为粗糙度值）放置于合适的位置。

③ 用绘图(D) → 块(K) → 创建(M)...命令，将绘制的表面粗糙度符号及创建的属性创建为块，并定义块的名称，如“表面粗糙度符号”。

（2）插入带属性的块。

① 插入块。选择下拉菜单插入(I) → 块(B)...命令（或在命令行输入命令 INSERT 后按 Enter 键），选择“表面粗糙度符号”为插入对象，单击确定按钮。

② 在系统指定插入点或 [基点(B)/比例(S)/旋转(R)]:的提示下，输入字母 R（即选择“旋转”选项）后按 Enter 键，输入旋转角度值（如 0）后按 Enter 键。

③ 在图形上需要进行表面粗糙度标注的地方单击，以确定块的插入位置。

④ 在图 1.7.38 所示的命令行提示下，输入需要的表面粗糙度值后按 Enter 键，完成表面粗糙度的标注。

说明：为了方便起见，本书提供的样板文件已经创建好了可能用到的块，读者可直接通过插入块来进行表面粗糙度的标注。

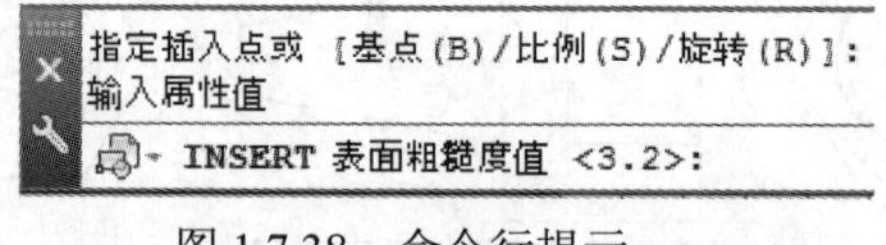

图 1.7.38　命令行提示

Step10. 创建图 1.7.39 所示的形位公差标注。

（1）创建图 1.7.39 所示的基准符号。选择下拉菜单插入(I) → 块(B)...命令（或在命令行输入命令 INSERT 后按 Enter 键），选择“基准符号”为插入对象。

说明：在这里基准符号是以块的形式插入到图形中的。属性块的创建方法与 Step9 中的步骤（1）相似。

（2）在命令行输入命令 QLEADER 后按 Enter 键，再输入字母 S 后按 Enter 键，在“引线设置”对话框中选中公差(T)单选项，单击确定按钮，创建形位公差标注。

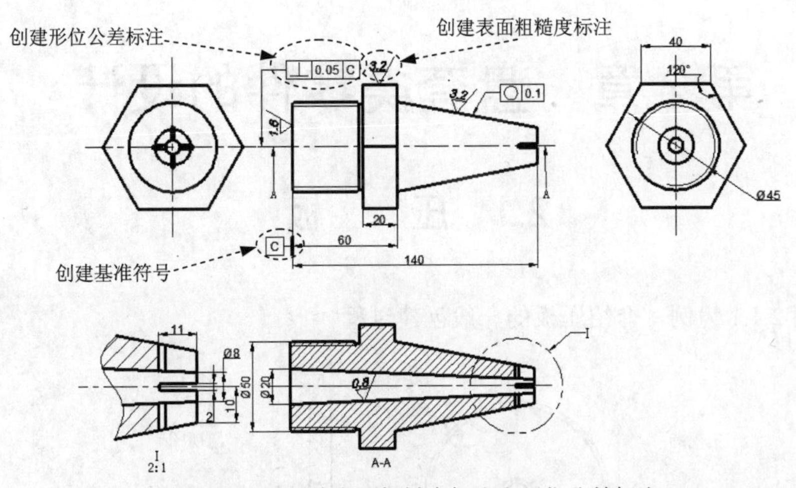

图 1.7.39　创建表面粗糙度标注和形位公差标注

第 2 章　盘套类零件的设计

2.1　压　　板

下面以图 2.1.1 为例，介绍压板的一般创建过程。

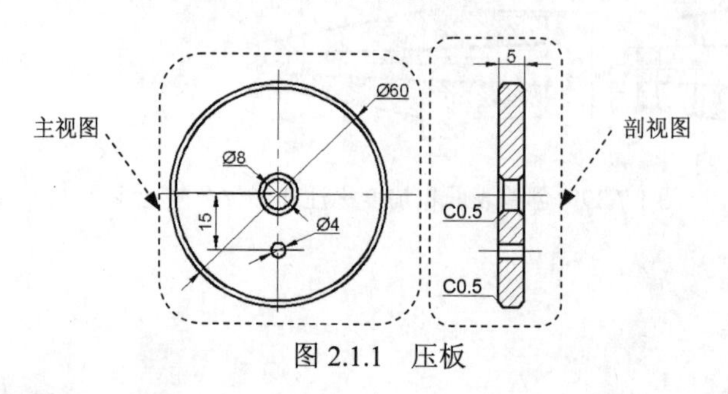

图 2.1.1　压板

Task1．选用样板文件

使用随书光盘中提供的样板文件。选择下拉菜单 文件(F) → 新建(N)... 命令，在系统弹出的“选择样板”对话框中，找到文件 D:\AutoCAD2014.2\system_file\Part_temp_A4.dwg，然后单击 打开(O) 按钮。

Task2．创建主视图

下面介绍图 2.1.1 所示的主视图的创建过程。

Step1. 绘制图 2.1.2 所示的两条中心线。将图层切换至“中心线层”，在状态栏中确认（正交模式）和（对象捕捉）按钮处于打开状态；选择下拉菜单 绘图(D) → 直线(L) 命令，绘制图 2.1.2 所示的两条中心线，长度值均为 100。

Step2. 创建圆。

（1）将图层切换到“轮廓线层”，在状态栏中单击（显示/隐藏线宽）按钮，使其处于打开状态。

（2）创建图 2.1.3 所示的第一个圆。选择下拉菜单 绘图(D) → 圆(C) → 圆心、直径(D) 命令，捕捉水平中心线和垂直中心线的交点并单击，输入直径值 8 后按 Enter 键。

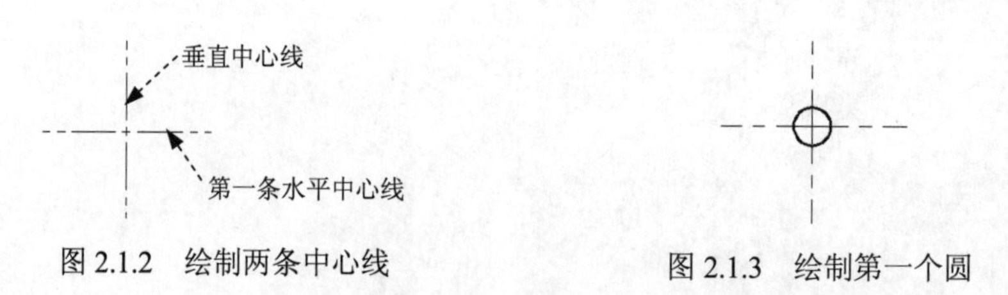

图 2.1.2　绘制两条中心线　　　　图 2.1.3　绘制第一个圆

（3）绘制图 2.1.4 所示的第二个圆。

① 用偏移的方法创建第二条水平中心线。选择下拉菜单 修改(M) → 偏移(S) 命令，在命令行中输入偏移距离值 15 后按 Enter 键，选取第一条水平中心线为偏移对象，并在该水平中心线的下方单击以确定偏移方向，按 Enter 键结束操作。

② 选择下拉菜单 绘图(D) → 圆(C) → 圆心、直径(D) 命令，以第二条水平中心线和垂直中心线的交点为圆心，绘制直径值为 4 的圆。

（4）绘制图 2.1.5 所示的第三个圆。按 Enter 键以重复绘制“圆”命令，捕捉第一个圆的圆心点并单击，输入字母 D 后按 Enter 键，输入直径值 60 后按 Enter 键。

（5）绘制第一个圆的两个同心圆，分别输入直径值 9 和 59，完成后的图形如图 2.1.6 所示。

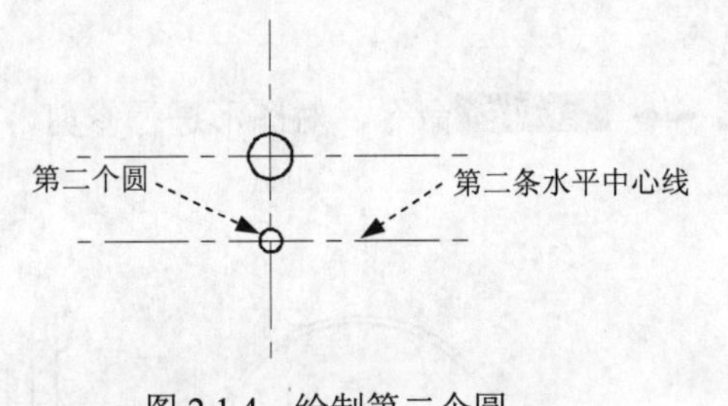

图 2.1.4　绘制第二个圆

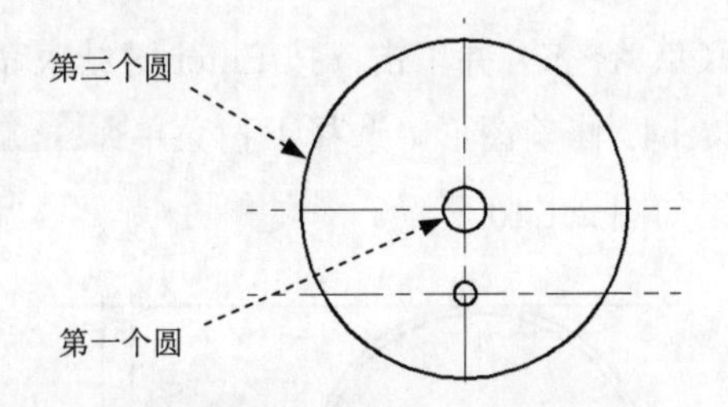

图 2.1.5　绘制第三个圆

Task3. 创建剖视图

下面介绍图 2.1.1 所示的压板剖视图的创建过程。

Step1. 创建图 2.1.7 所示的垂直构造线。

（1）创建图 2.1.7 中的第一条垂直构造线。选择 绘图(D) → 构造线(T) 命令，在命令行中输入字母 V 后按 Enter 键，在主视图右侧的空白区域选择一点，按 Enter 键结束命令。

（2）创建图 2.1.7 中的第二条垂直构造线。按 Enter 键以重复构造线的绘制命令，在命令行中输入字母 O 后按 Enter 键，将第一条垂直构造线向右偏移，偏移距离值为 5。

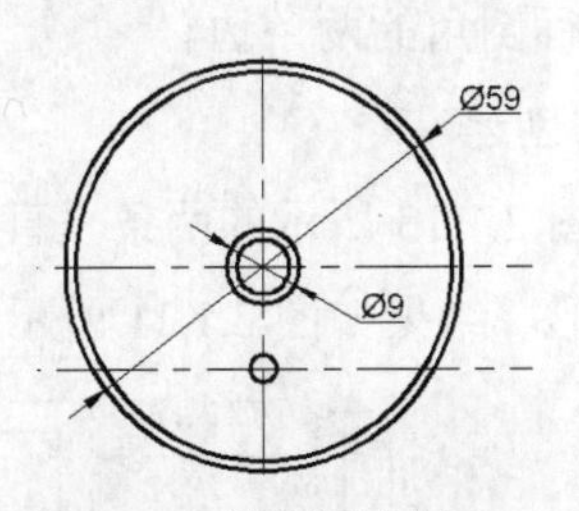

图 2.1.6　绘制同心圆

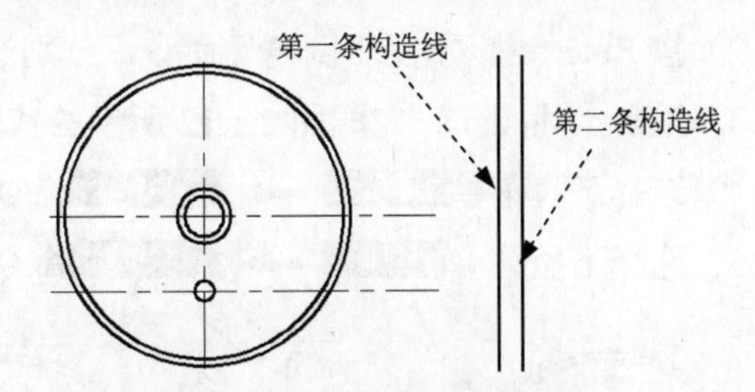

图 2.1.7　创建垂直构造线

Step2. 拉伸水平中心线。

（1）单击主视图中的水平中心线使其显示夹点，然后选取图 2.1.8a 所示的右端夹点，向右拖移至适当的位置并单击，按 Esc 键结束命令。

（2）用同样的方法拉伸另一条水平中心线，结果如图 2.1.8b 所示。

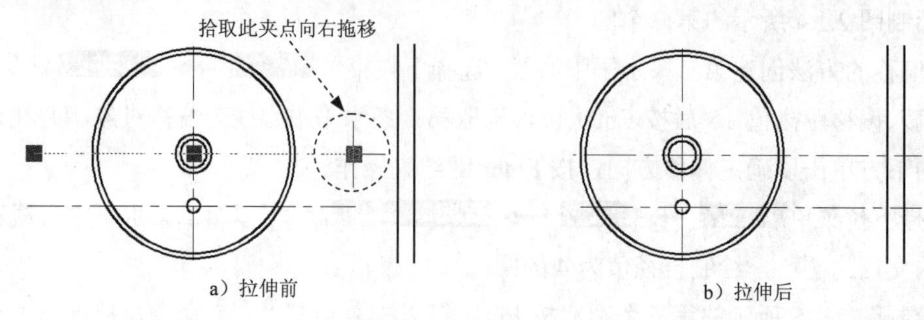

图 2.1.8　拉伸水平中心线

Step3. 绘制图 2.1.9 所示的六条水平构造线。选择下拉菜单 绘图(D) → 构造线(T) 命令，在命令行中输入字母 H 后按 Enter 键，依次捕捉图 21.9 所示的垂直中心线与三个圆的六个交点（点 A～F）并单击，按 Enter 键结束命令。

Step4. 修剪图形。选择下拉菜单 修改(M) → 修剪(T) 命令，对图形进行修剪，修剪后的结果如图 2.1.10 所示。

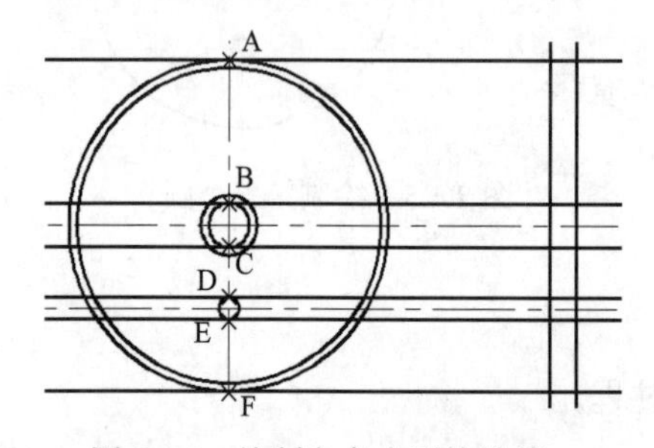

图 2.1.9　绘制六条水平构造线

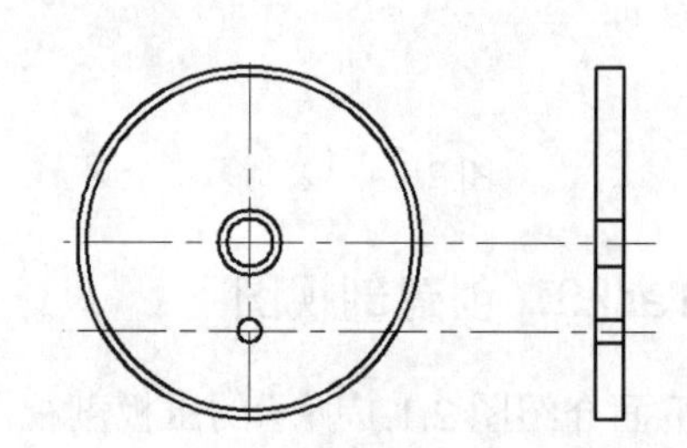

图 2.1.10　修剪图形

Step5. 创建图 2.1.11 所示的倒角。

（1）选择下拉菜单 修改(M) → 倒角(C) 命令，在命令行中输入字母 T 并按 Enter 键，输入字母 N 后按 Enter 键；输入字母 D 并按 Enter 键，倒角距离值均为 0.5；选取要进行倒角的两条边。

（2）按 Enter 键以重复“倒角”命令，分别选取要进行倒角的两条边。

（3）重复上述操作，完成图 2.1.12 所示的八个倒角的创建。

（4）选择下拉菜单 绘图(D) → 直线(L) 命令，绘制图 2.1.13 所示的两条垂直直线。

（5）选择下拉菜单 修改(M) → 修剪(T) 命令修剪图形，结果如图 2.1.11 所示。

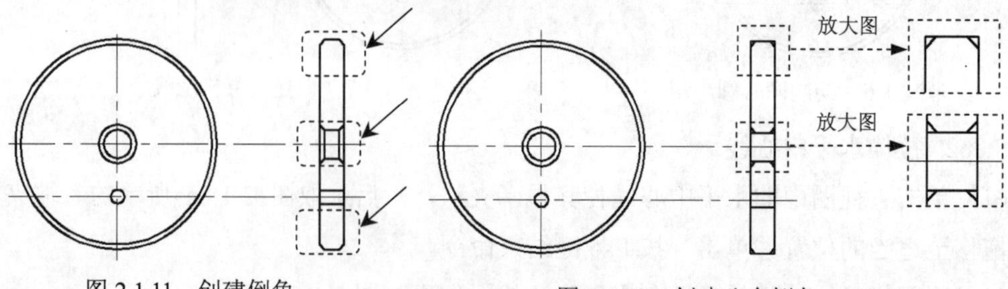

图 2.1.11　创建倒角

图 2.1.12　创建八个倒角

Step6. 将图层切换至“剖面线层”，选择下拉菜单 绘图(D) → 图案填充(H)... 命令，在命令行中输入字母 T 并按 Enter 键，系统弹出“图案填充和渐变色”对话框。在该对话框中 类型(Y): 的下拉列表中选择 用户定义 选项，在 角度(G): 下拉列表中选择 45 选项，在 间距(C): 文本框中输入间距值 2；然后单击 添加:拾取点 前的按钮，选取要进行图案填充的封闭区域，按下 Enter 键结束填充，填充结果如图 2.1.14 所示。

Step7. 选择下拉菜单 修改(M) → 打断(K) 命令，将主视图和剖视图之间的中心线打断，并将中心线拖移至适当的位置，结果如图 2.1.15 所示。

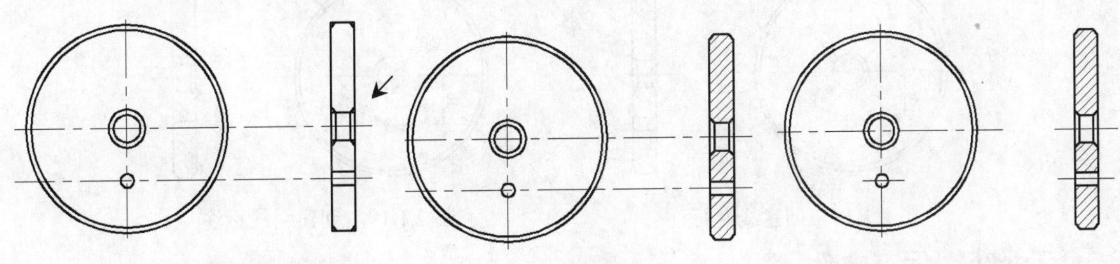

图 2.1.13　绘制两条垂直直线　　图 2.1.14　创建图案填充　　图 2.1.15　打断中心线

Task4．创建尺寸标注

下面介绍图 2.1.16 所示的图形尺寸的标注过程。

Step1. 将图层切换至“尺寸线层”。

Step2. 创建图 2.1.17 所示的直径标注。选择下拉菜单 标注(N) → 直径(D) 命令，单击要标注的圆，在绘图区单击一点以确定尺寸标注放置的位置。

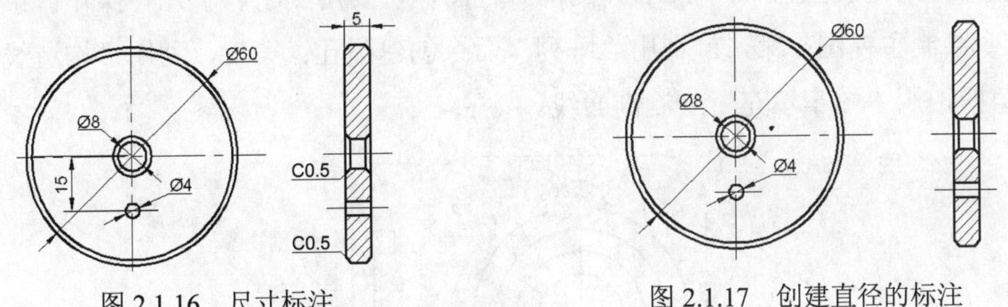

图 2.1.16　尺寸标注　　图 2.1.17　创建直径的标注

Step3. 选择下拉菜单 标注(N) → 线性(L) 命令，创建图 2.1.18 所示的线性标注。

Step4. 创建倒角的标注。

（1）设置引线样式。在命令行输入命令 QLEADER 并按 Enter 键，在命令行的提示下输入字母 S 后按 Enter 键；在系统弹出的“引线设置”对话框中单击 注释 选项卡，在 注释类型 选项组中选中 无(O) 单选项，在 引线和箭头 选项卡 箭头 下拉列表中选择 无 选项，单击“引线设置”对话框中的 确定 按钮。

（2）选取图 2.1.19 所示的点 M，在命令行中输入（@2<225）并按 Enter 键，水平向左移动光标，输入数值 13 后按 Enter 键结束命令。

（3）创建文字。选择下拉菜单 绘图(D) → 文字(X) → 单行文字(S) 命令，在引线上方选取一点以确定文字的起点，输入单行文字的高度值 3.5 并按 Enter 键，输入旋转角度值 0 并按 Enter 键，输入文本 C0.5 后按两次 Enter 键，选中创建的单行文字，将文字样式设置为“Standard”。

（4）移动文字。选择下拉菜单 修改(M) → 移动(V) 命令，选取步骤（3）创建的文字并按 Enter 键，选取一点为移动基点，将其移动至合适的位置并单击，结果如图 2.1.16 所示。

（5）用同样的方法创建另一倒角的标注，结果如图 2.1.1 所示。

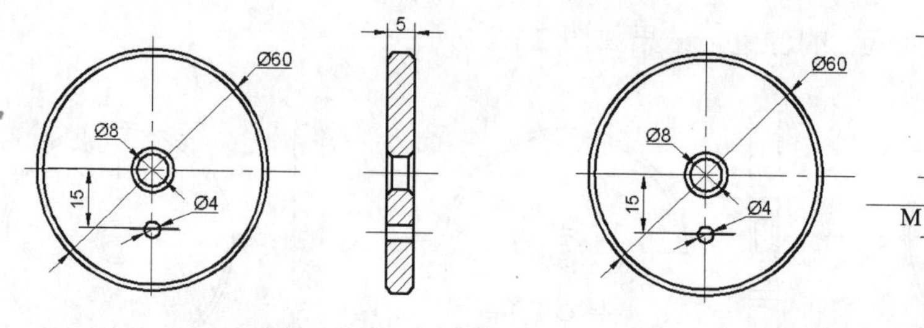

图 2.1.18　创建线性标注　　　　图 2.1.19　创建引线标注

Task5．保存文件

选择 文件(F) → 保存(S) 命令，将图形命名为“压板.dwg”，单击 保存(S) 按钮。

2.2　法　兰　盘

本实例将绘制法兰盘（图 2.2.1）的两个视图，主要用到了以下几种操作：第一，利用“圆”命令绘制主视图；第二，利用“阵列”命令创建圆孔；第三，利用“构造线”作为辅助线；第四，用“图案填充”绘制剖面线。

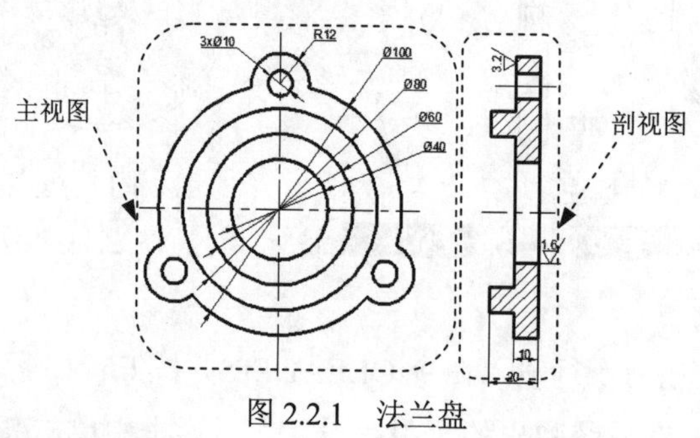

图 2.2.1　法兰盘

Task1．选用样板文件

使用随书光盘中提供的样板文件。选择下拉菜单 文件(F) → 新建(N)... 命令，在系统弹出的“选择样板”对话框中，找到文件 D:\AutoCAD2014.2\system_file\Part_temp_A4.dwg，然后单击 打开(O) 按钮。

Task2．绘制基准线

将图层切换至“中心线层”，确认状态栏中的（正交模式）和（对象捕捉）按钮处于打开状态；选择下拉菜单 绘图(D) → 直线(L) 命令，绘制图 2.2.2 所示的三条中心线，其中两条水平中心线位于同一水平直线上。

Task3．创建主视图

下面介绍图 2.2.1 所示主视图的创建过程。

Step1．绘制图 2.2.3 所示的同心圆。将图层切换到“轮廓线层”，选择下拉菜单 绘图(D) → 圆(C) → 圆心、直径(D) 命令，捕捉左侧水平中心线和垂直中心线的“交点”并单击，在命令行中输入直径值 40 后按 Enter 键；按 Enter 键以重复圆的操作，绘制半径值分别为 30、40 和 50 的同心圆，结果如图 2.2.3 所示。

注意：按 Enter 键后系统会自动重复上一个命令，但此时系统默认所输入的值为半径值。

图 2.2.2　绘制中心线　　　　图 2.2.3　绘制同心圆

Step2．创建图 2.2.4 所示的圆。

（1）以图 2.2.3 所示的垂直中心线与最外层的圆的上交点为圆心，绘制直径值分别为 10 和 24 的同心圆，结果如图 2.2.5 所示。

（2）阵列圆。选择下拉菜单 修改(M) → 阵列 → 环形阵列 命令，取上一步所绘的两同心圆为阵列对象并按 Enter 键确认，以两条中心线的交点为阵列中心点，将项目总数设置为 3，输入填充角度值 360，完成阵列特征的创建，结果如图 2.2.4 所示。

Step3．修剪图形。选择下拉菜单 修改(M) → 修剪(T) 命令，对图 2.2.4 所示的图形进行修剪，修剪结果如图 2.2.6 所示。

Task4．创建剖视图

下面介绍图 2.2.1 所示的法兰盘剖视图的创建过程。

Step1．创建图 2.2.7 所示的辅助线。

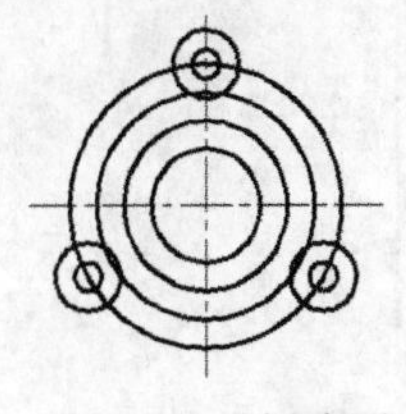

图 2.2.4　创建圆

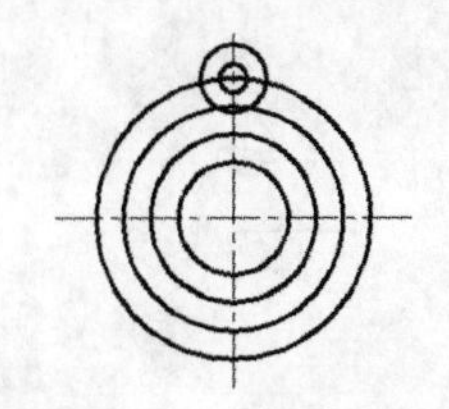

图 2.2.5　绘制两同心圆

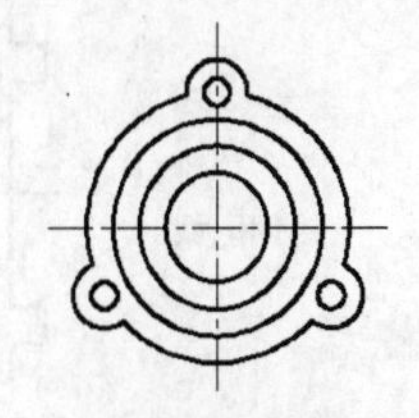

图 2.2.6　修剪图形

（1）绘制水平构造线。选择下拉菜单 绘图(D) → 构造线(T) 命令，在命令行中输入字母 H 后按 Enter 键，依次单击各圆与垂直中心线的交点，按 Enter 键结束命令，结果如图 2.2.7 所示。

（2）绘制垂直构造线。按 Enter 键以重复构造线命令，在命令行中输入字母 V 后按 Enter 键，在右侧水平中心线上单击一点，按 Enter 键结束命令，结果如图 2.2.7 所示。

图 2.2.7　创建辅助线

Step2. 用偏移的方法创建另外两条辅助线。选择下拉菜单 修改(M) → 偏移(S) 命令，将图 2.2.7 所示的垂直构造线分别向左偏移，偏移距离值分别为 10、20，结果如图 2.2.8 所示。

Step3. 修剪图形。选择下拉菜单 修改(M) → 修剪(T) 命令，对图 2.2.8 所示的图形进行修剪，结果如图 2.2.9 所示。

说明：多余的整条直线选择下拉菜单 修改(M) → 删除(E) 命令将其删除。

Step4. 偏移中心线。选择下拉菜单 修改(M) → 偏移(S) 命令，选取右侧的水平中心线，并将其向右上方偏移，偏移距离值为 50，结果如图 2.2.9 所示。

图 2.2.8　偏移构造线

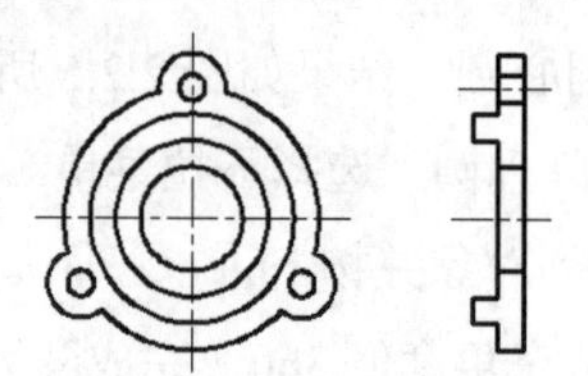

图 2.2.9　修剪图形并偏移中心线

Step5. 创建图 2.2.10b 所示的图案填充。

（1）将图层切换至“剖面线层”。

（2）选择下拉菜单 绘图(D) → 图案填充(H)... 命令，创建图 2.2.10 所示的图案填充。其中，填充类型为 用户定义，填充角度值为 45，填充间距值为 3。

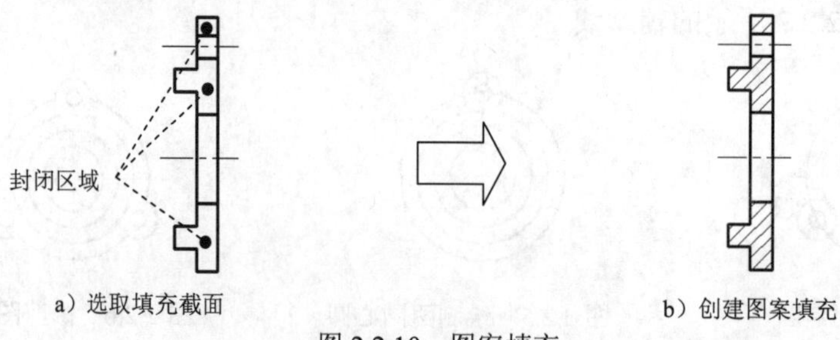

图 2.2.10　图案填充

Task5．对图形进行尺寸标注

下面介绍图 2.2.1 所示的图形的标注过程。

Step1．将图层切换至“尺寸线层”。

Step2．创建图 2.2.11 所示的直径标注。选择下拉菜单 标注(N) → 直径(D) 命令，单击图 2.2.12 所示的圆，在绘图区空白区域单击一点以确定尺寸放置的位置，按 Enter 键以重复直径标注命令，完成其他圆的直径标注。

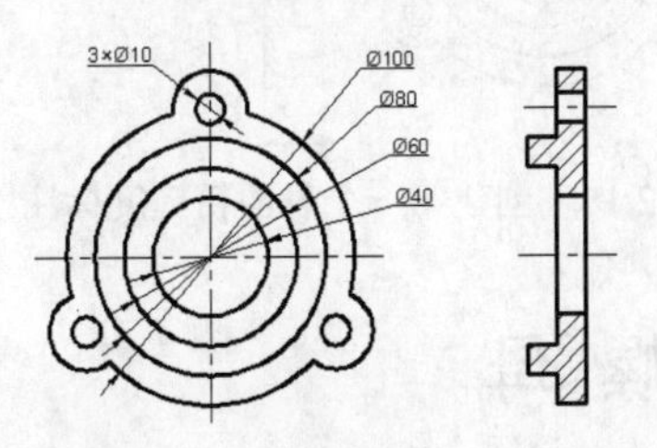

图 2.2.11　创建直径标注（一）

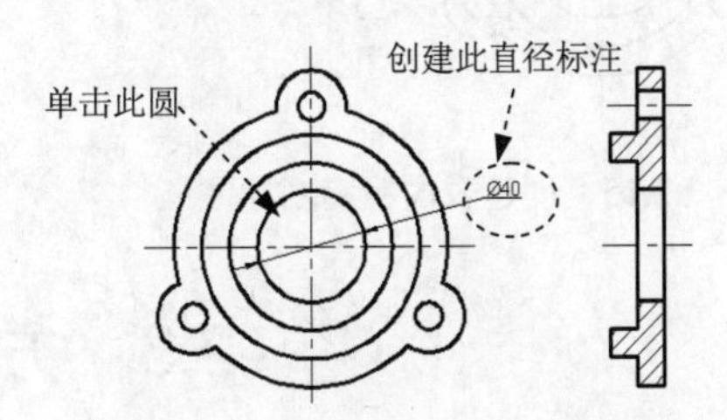

图 2.2.12　创建直径标注（二）

Step3．创建图 2.2.13 所示的线性标注。

（1）选择下拉菜单 标注(N) → 线性(L) 命令，捕捉端点 1 为第一条尺寸界线原点，捕捉端点 2 为第二条尺寸界线原点，在绘图区的空白区域单击以确定尺寸放置的位置。

（2）参照步骤（1）的操作，创建第二个线性标注，如图 2.2.13 所示。

Step4．创建图 2.2.14 所示的半径标注。选择下拉菜单 标注(N) → 半径(R) 命令，选取要进行标注的圆弧，在绘图区的空白区域单击以确定尺寸放置的位置。

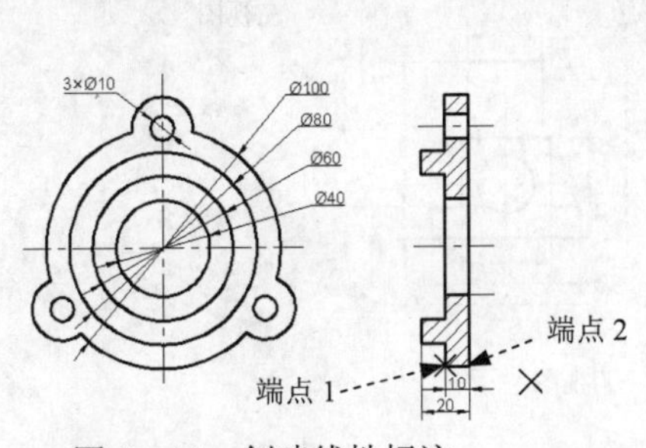

图 2.2.13　创建线性标注

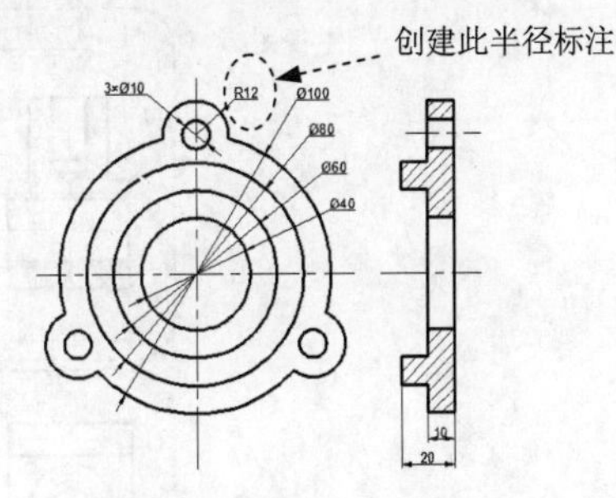

图 2.2.14　创建半径标注

Step5．创建图 2.2.15 所示的表面粗糙度的标注。

（1）选择下拉菜单 插入(I) → 块(B)... 命令，系统弹出“插入”对话框，选择 名称(N): 下拉列表中的“表面粗糙度符号”为插入对象，单击 确定 按钮；在命令行中输入字母 R 并按 Enter 键，输入旋转角度值 90 后按 Enter 键；在图 2.2.16 所示的位置单击，输入表面粗糙度值 3.2 后按 Enter 键，完成块的插入。

（2）参照步骤（1），创建其他表面粗糙度的标注，结果如图 2.2.15 所示。

Task6．保存文件

选择下拉菜单 文件(F) → 保存(S) 命令，将图形命名为“法兰盘.dwg”，单击 保存(S) 按钮。

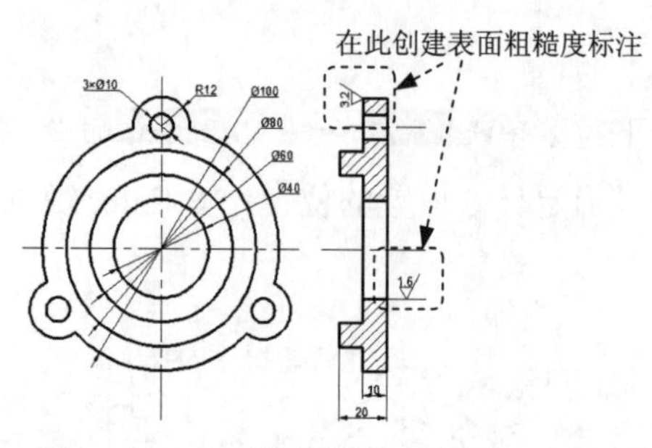

图 2.2.15　创建表面粗糙度标注

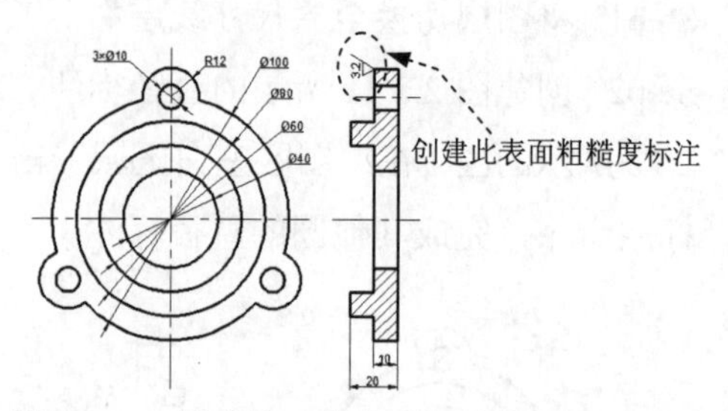

图 2.2.16　创建第一个表面粗糙度标注

2.3　方块螺母

本实例将介绍方块螺母的创建过程（图 2.3.1）。

Task1．选用样板文件

使用随书光盘中提供的样板文件。选择下拉菜单 文件(F) → 新建(N)... 命令，在系统弹出的“选择样板”对话框中，找到文件 D:\AutoCAD2014.2\system_file\Part_temp_A4.dwg，然后单击 打开(O) 按钮。

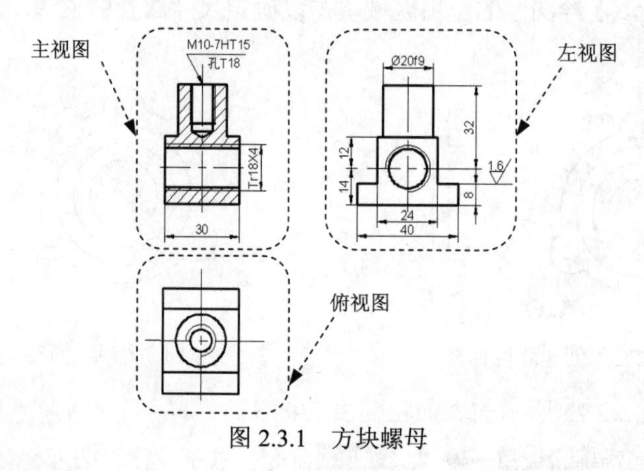

图 2.3.1　方块螺母

Task2．创建主视图

下面介绍图 2.3.1 所示的主视图的创建过程。

Step1．绘制图 2.3.2 所示的中心线。将图层切换到“中心线层”，在状态栏中单击（正交模式）和（对象捕捉）按钮，使其处于打开状态。选择下拉菜单 绘图(D) → 直线(L) 命令，绘制图 2.3.2 所示的中心线，长度值均为 70。

图 2.3.2　绘制中心线

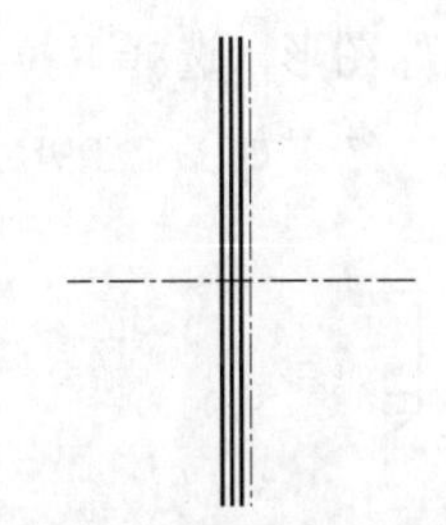
图 2.3.3　创建三条垂直直线

Step2. 创建图 2.3.3 所示的三条垂直直线。

（1）在状态栏中单击 +（显示/隐藏线宽）按钮，使其处于打开状态。

（2）创建图 2.3.4 所示的垂直直线。选择下拉菜单 修改(M) → 偏移(S) 命令，在命令行中输入偏移距离值 15 后按 Enter 键，选取垂直中心线为偏移对象，并在该中心线的左侧单击以确定偏移方向，按 Enter 键结束操作。

（3）用同样的方法创建图 2.3.5 所示的垂直中心线，偏移对象与步骤（2）中的相同，偏移距离值分别为 10 与 4.188。

（4）转换线型。将偏移后的三条垂直中心线转移至“轮廓线层”，结果如图 2.3.3 所示。

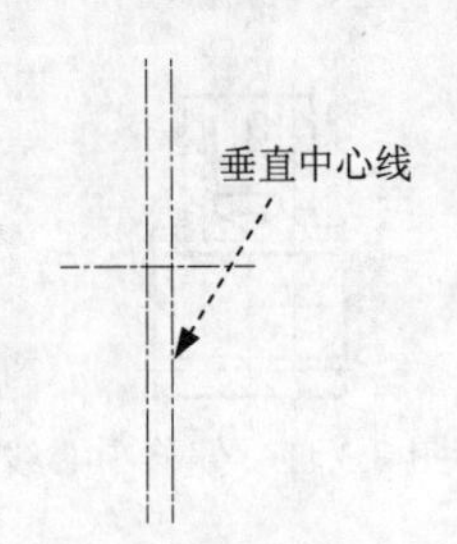

图 2.3.4　创建垂直直线

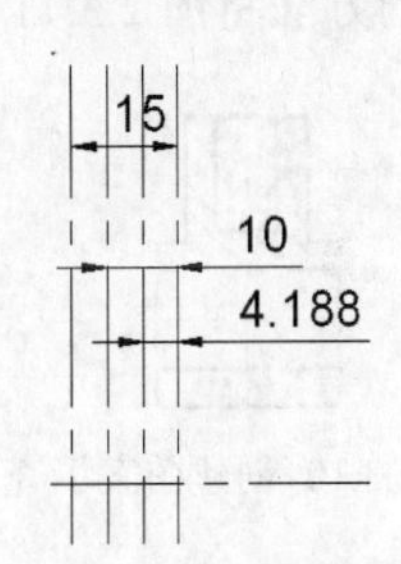

图 2.3.5　创建垂直中心线

Step3. 用相同的方法创建图 2.3.6 所示的七条水平直线，偏移距离如图 2.3.6 所示。

Step4. 绘制直线。选择下拉菜单 绘图(D) → 直线(L) 命令，捕捉图 2.3.7 所示的点 A 并单击，在命令行中输入（@8<330）并按两次 Enter 键；将绘制的直线转换到“轮廓线层”，结果如图 2.3.7 所示。

Step5. 修剪图形。选择下拉菜单 修改(M) → 修剪(T) 命令，对图 2.3.7 进行修剪，结果如图 2.3.8 所示。

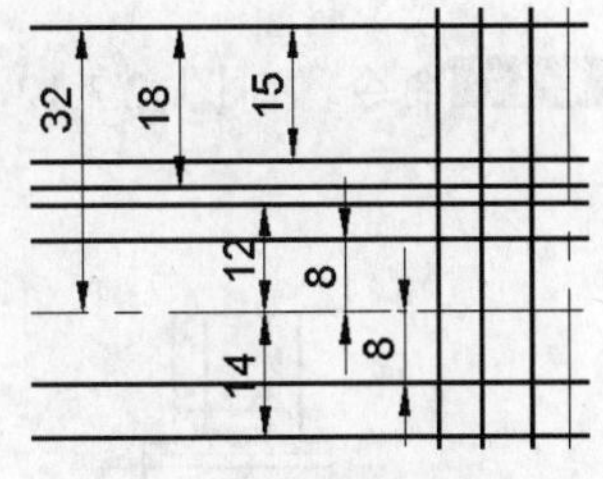

图 2.3.6　创建七条水平直线

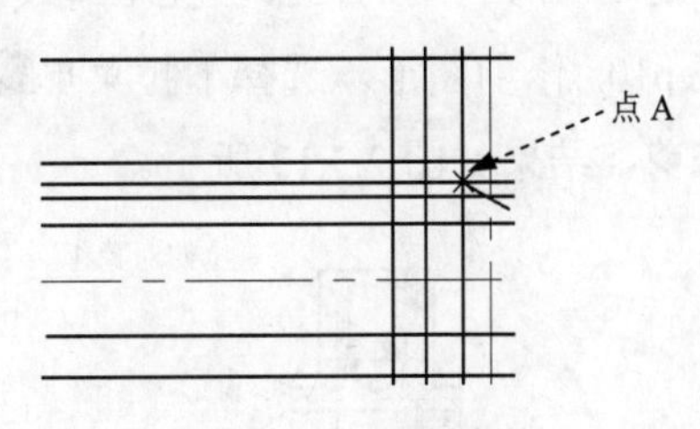

图 2.3.7　绘制直线

Step6. 镜像图形。选择下拉菜单 修改(M) → 镜像(I) 命令，然后按照图 2.3.9a 所示的说明进行操作，结果如图 2.3.9b 所示。

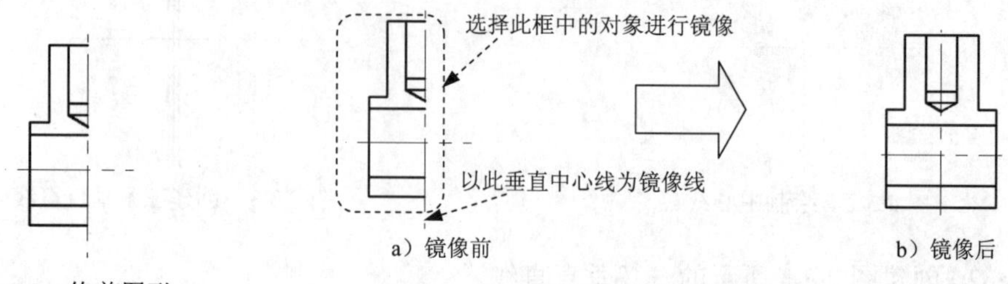

图 2.3.8　修剪图形　　图 2.3.9　进行镜像操作

Step7. 创建图案填充。将图层切换到“剖面线层”，选择下拉菜单 绘图(D) → 图案填充(H)... 命令，创建图 2.3.10 所示的图案填充，其中填充类型为 用户定义，填充角度值为 45，填充间距值为 3。

Step8. 创建图 2.3.11 所示的直线。

（1）偏移直线。选择下拉菜单 修改(M) → 偏移(S) 命令，将图 2.3.11 所示的中心线 1 分别向上、下偏移，偏移距离值均为 9。

（2）用相同的方法将图 2.3.11 所示的中心线 2 分别向左、右偏移，偏移距离值均为 5。

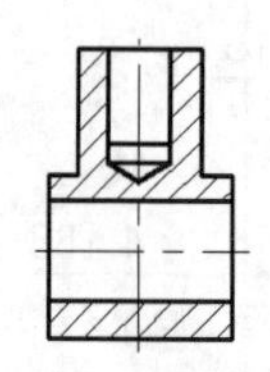

图 2.3.10 创建图案填充

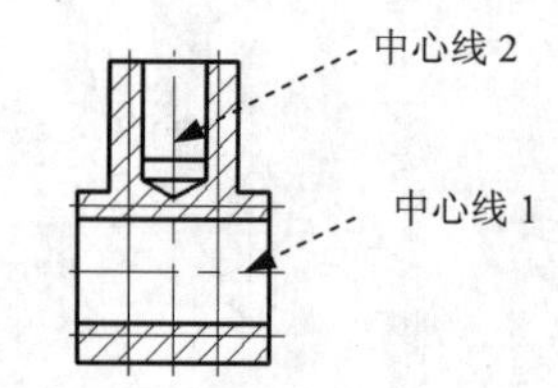

图 2.3.11　偏移中心线

（3）将步骤（1）、（2）中通过偏移创建的四条中心线转移至“细实线层”。

Step9. 拉伸直线（图 2.3.12）。

（1）单击图 2.3.12 所示的拉伸对象 1 使其显示夹点，然后选取其左端夹点，水平向左拖移至适当的位置并单击。

（2）单击图 2.3.12 中所示的拉伸对象 2 使其显示夹点，然后选取其右端夹点，水平向右拖移至适当的位置并单击。

说明：还可以选择下拉菜单 修改(M) → 延伸(D) 命令，将拉伸对象 1 与拉伸对象 2 延伸至通过偏移得到的两条垂直中心线。

Step10. 修剪图形。选择下拉菜单 修改(M) → 修剪(T) 命令，对图 2.3.12 所示的图形进行修剪，结果如图 2.3.13 所示。

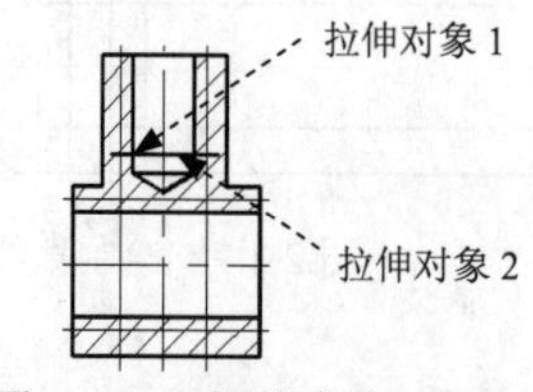

图 2.3.12　拉伸直线

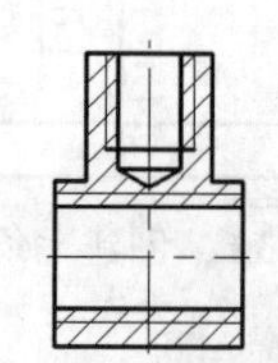

图 2.3.13　修剪图形

Task3．创建左视图

下面介绍图 2.3.1 所示的左视图的创建过程。

Step1. 单击主视图中的水平中心线使其显示夹点，然后选取其右端夹点，水平拖移至适当的位置作为创建左视图的水平中心线，如图 2.3.14 所示。

注意：在拉伸之前要先确认状态栏中的（正交模式）按钮处于打开状态。

Step2. 将图层切换至“中心线层”，绘制图 2.3.14 所示的垂直中心线，其长度值为 80。

Step3. 选择下拉菜单 修改(M) → 偏移(S) 命令，创建图 2.3.15 所示的三条垂直中心线和四条水平中心线。

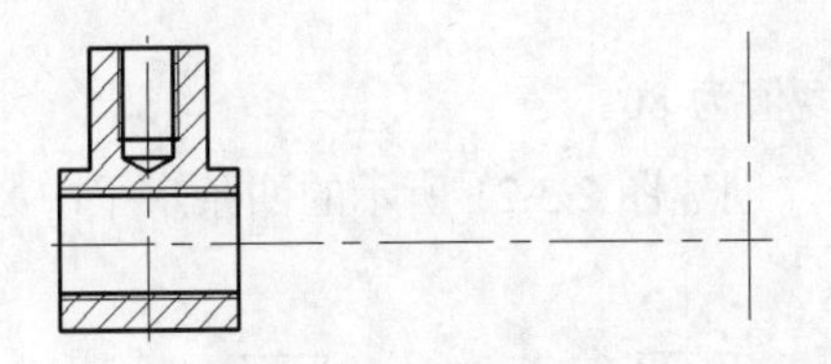
图 2.3.14　拖移中心线

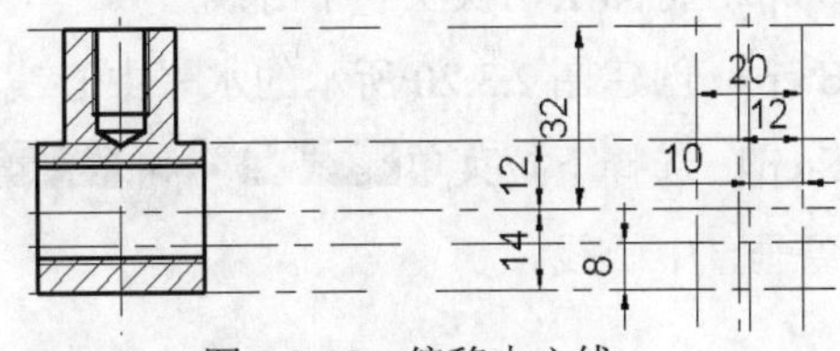

图 2.3.15　偏移中心线

说明：新创建的三条垂直中心线都是以已创建的垂直中心线为参照向左侧方向偏移。

Step4. 将 Step3 创建的七条中心线转换为轮廓线。

Step5. 选择下拉菜单 修改(M) → 修剪(T) 命令和 修改(M) → 删除(E) 命令，对转换后的轮廓线进行修剪，结果如图 2.3.16 所示。

Step6. 选择下拉菜单 修改(M) → 镜像(I) 命令，对图形进行镜像，结果如图 2.3.17 所示。

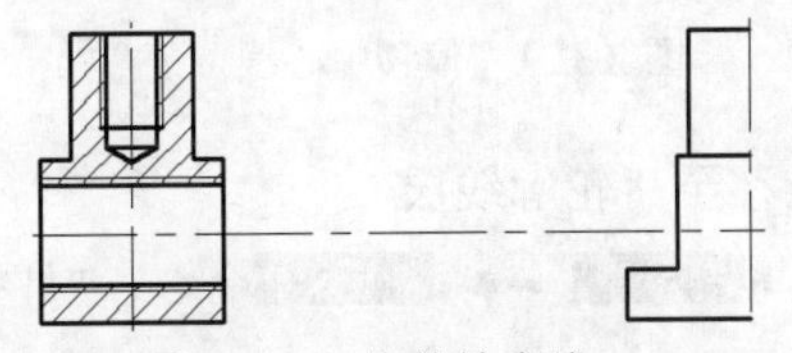
图 2.3.16　修剪轮廓线

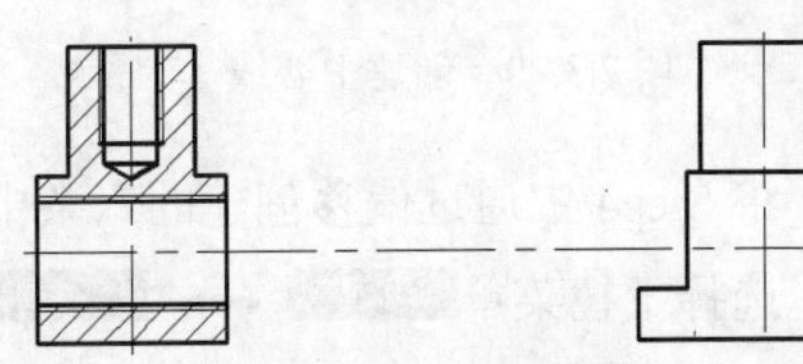
图 2.3.17　镜像图形

Step7. 创建图 2.3.18 所示的两个圆。

（1）将图层切换到“轮廓线层”。

（2）绘制圆 1。选择下拉菜单 绘图(D) → 圆(C) → 圆心、直径(D) 命令，选取两条中心线的“交点”作为圆心，输入直径值 16 后按 Enter 键。

（3）绘制圆 2。用相同的方法绘制直径值为 18 的同心圆。

Step8. 将图 2.3.18 所示的圆 2 转换为细实线。

Step9. 修剪圆。选择下拉菜单 修改(M) → 修剪(T) 命令，对圆 2 进行修剪，结果如图 2.3.19 所示。

Task4．创建俯视图

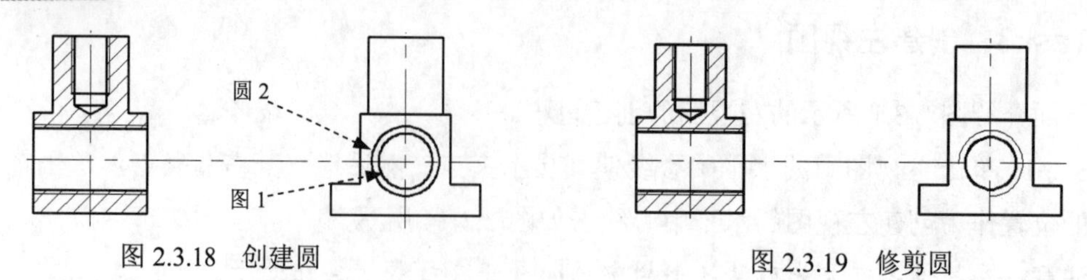

图 2.3.18　创建圆　　　　图 2.3.19　修剪圆

下面介绍图 2.3.1 所示的俯视图的创建过程。

Step1. 创建垂直中心线。单击主视图中的垂直中心线使其显示夹点，然后选取其下端夹点，垂直向下拖移至适当的位置作为创建俯视图的垂直中心线，如图 2.3.20 所示。

Step2. 将图层切换至“中心线层”。

Step3. 创建图 2.3.20 所示的水平中心线，其长度值为 80。

Step4. 选择下拉菜单 修改(M) → 偏移(S) 命令，创建图 2.3.21 所示的四条水平中心线和两条垂直中心线。

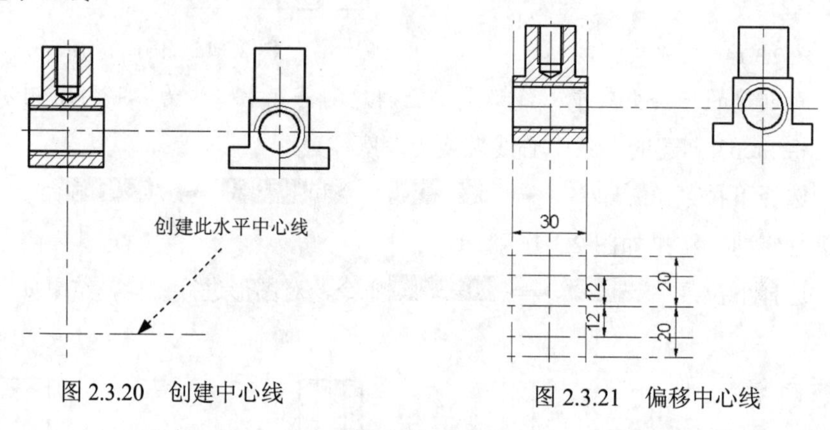

图 2.3.20　创建中心线　　　　图 2.3.21　偏移中心线

Step5. 将 Step4 中通过偏移创建的六条中心线转移至“轮廓线层”。

Step6. 选择下拉菜单 修改(M) → 修剪(T) 命令与 修改(M) → 删除(E) 命令，对图形进行修改，结果如图 2.3.22 所示。

Step7. 绘制圆。将图层切换到“轮廓线层”， 选择下拉菜单 绘图(D) → 圆(C) → 圆心、直径(D) 命令，以两条中心线的交点作为圆心，绘制出图 2.3.23 所示的三个圆。

Step8. 将直径值为 10 的圆所在的图层转移至“细实线层”。

Step9. 修剪圆。选择下拉菜单 修改(M) → 修剪(T) 命令对圆进行修剪，结果如图 2.3.24 所示。

Step10. 打断图 2.3.25 所示的中心线。选择下拉菜单 修改(M) → 打断(K) 命令，在主视图与左视图的水平中心线上单击点 A 与点 B，在主视图与俯视图的垂直中心线上单击点 C 与点 D。

Step11. 将图中的其他中心线拖移至适当的位置，结果如图 2.3.25 所示。

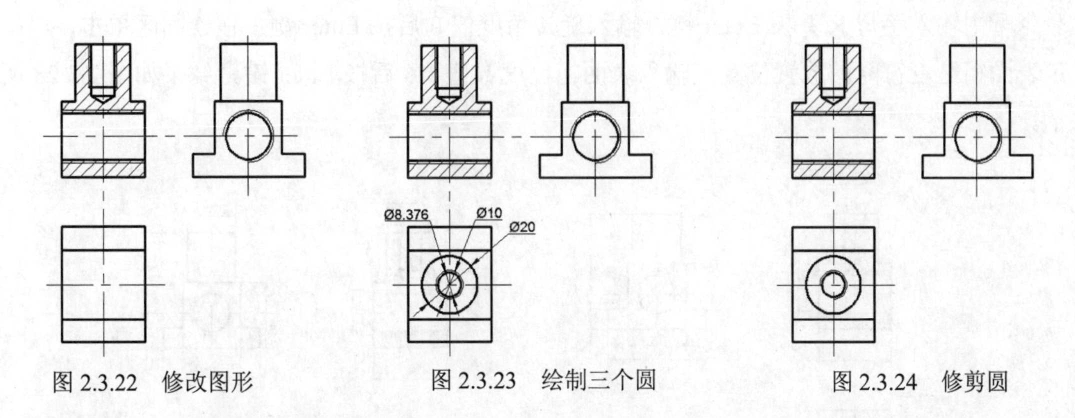

图 2.3.22　修改图形　　　图 2.3.23　绘制三个圆　　　图 2.3.24　修剪圆

Task5．对图形进行尺寸标注

下面介绍图 2.3.1 所示的图形尺寸的标注过程。

Step1. 将图层切换到“尺寸线层”。

Step2. 选择下拉菜单 标注(N) → 线性(L) 命令，完成图 2.3.26 所示的所有线性标注。

Step3. 创建图 2.3.26 所示的直径标注。

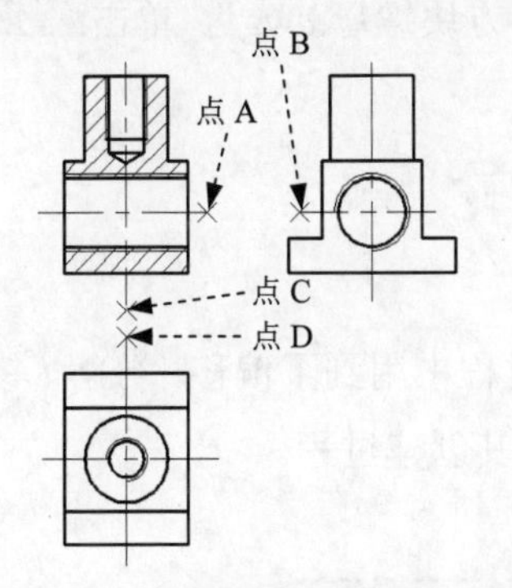

图 2.3.25　打断并拖移中心线

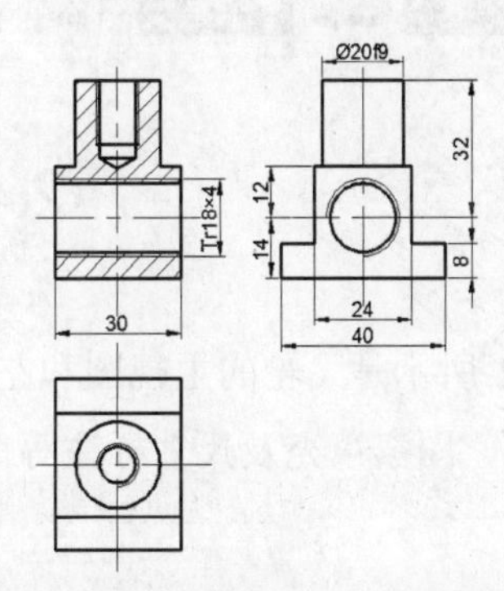

图 2.3.26　创建线性标注与直径标注

（1）选择下拉菜单 标注(N) → 线性(L) 命令，创建图 2.3.26 所示的线性标注。

（2）双击标注的尺寸 20，然后在系统弹出的“特性”选项板窗口中的“文字替代”文本框中输入文本%%C20f9，“特性”选项板窗口后的标注文字就会变成 Ø20f9。

（3）用同样的方式标注主视图中的“Tr18×4”。

Step4. 创建图 2.3.27 所示孔径的标注。

（1）在命令行输入命令 QLEADER，创建图 2.3.27 所示的引线。

（2）选择下拉菜单 绘图(D) → 文字(X) → 多行文字(M)... 命令，添加孔径尺寸值。

Step5. 创建图 2.3.28 所示的表面粗糙度标注。

（1）选择下拉菜单 绘图(D) → 直线(L) 命令，绘制图 2.3.28 所示的水平直线 A。

（2）插入表面粗糙度符号。选择下拉菜单 插入(I) → 块(B)... 命令，系统弹出“插入”对话框，选择 名称(N): 下拉列表中的“表面粗糙度符号”为插入对象，单击 确定 按钮；在命令行中输入字母 R 并按 Enter 键，输入旋转角度值 0 后按 Enter 键；在绘图区单击，以确定表面粗糙度符号的放置位置，输入表面粗糙度数值 1.6 后按 Enter 键，结果如图 2.3.28 所示。

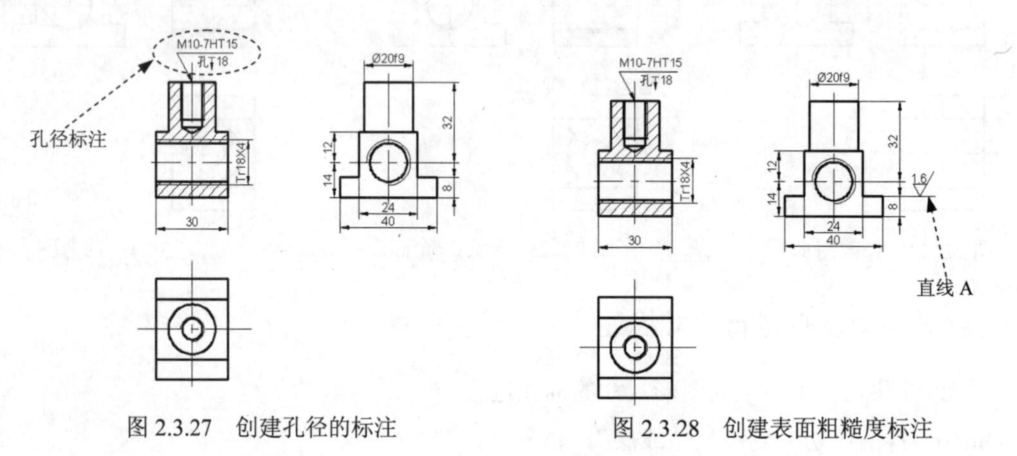

图 2.3.27　创建孔径的标注　　　　图 2.3.28　创建表面粗糙度标注

Task6．保存文件

选择 文件(F) → 保存(S) 命令，将图形命名为“方块螺母.dwg”，单击 保存(S) 按钮。

2.4　飞　　轮

图 2.4.1 所示是飞轮的主视图和左视图，在创建过程中用到了偏移、分解、镜像、旋转、圆角、倒角、图案填充及尺寸标注等命令。下面介绍其创建过程。

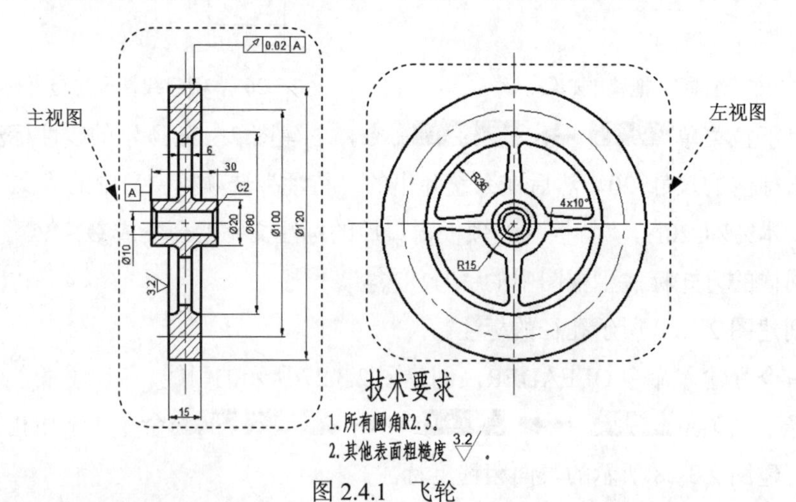

图 2.4.1　飞轮

Task1．选用样板文件

使用随书光盘中提供的样板文件。选择下拉菜单 文件(F) → 新建(N)... 命令，在系统

弹出的“选择样板”对话框中，找到文件 D:\AutoCAD2014.2\system_file\Part_temp_A3.dwg，然后单击打开(O)按钮。

Task2. 创建左视图

下面介绍图 2.4.1 所示左视图的创建过程。

Step1. 绘制中心线。在状态栏中单击（正交模式）按钮，使其处于打开状态；将图层切换到“中心线层”，选择下拉菜单绘图(D) → 直线(L)命令，绘制图 2.4.2 所示的水平中心线和垂直中心线，长度值均为 150。

Step2. 创建图 2.4.3 所示的五个圆。

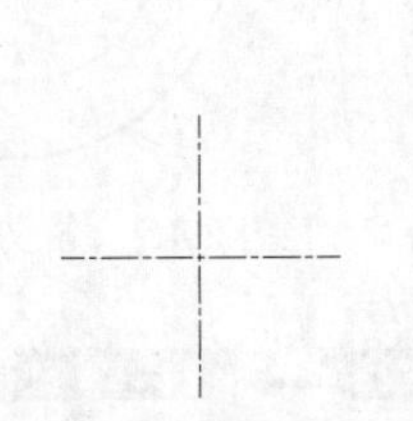

图 2.4.2　绘制中心线

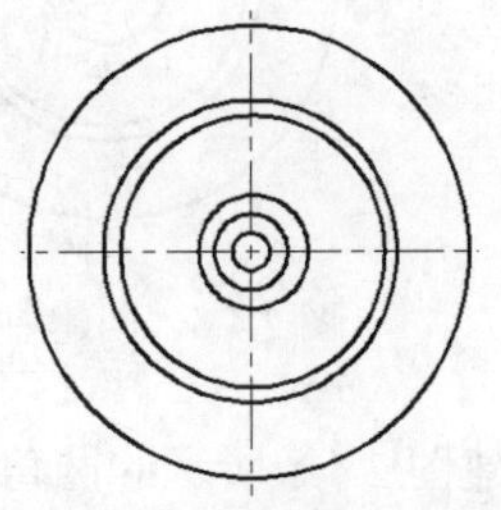

图 2.4.3　创建五个同心圆

（1）将图层切换到“轮廓线层”。

（2）绘制图 2.4.4 所示的第一个圆。选择下拉菜单绘图(D) → 圆(C) → 圆心、直径(D)命令，捕捉水平中心线和垂直中心线的交点并单击，输入直径值 10 后按 Enter 键。

（3）用相同的方法绘制图 2.4.3 所示的第一个圆的五个同心圆，直径值分别为 20、30、72、80 和 120。

Step3. 创建图 2.4.5 所示的倾斜直线。

（1）创建图 2.4.6 所示的第二条水平中心线和第二条垂直中心线。选择下拉菜单修改(M) → 偏移(S)命令，将图 2.4.6 所示的第一条水平中心线向上偏移，偏移距离值为 5；将图 2.4.6 所示的第一条垂直中心线向右偏移，偏移距离值为 5，按 Enter 键结束命令。

（2）旋转中心线。选择下拉菜单修改(M) → 旋转(R)命令，选取所偏移的水平中心线为旋转对象并按 Enter 键，选取圆心为基点，在命令行中输入数值 - 5，按 Enter 键结束命令；按 Enter 键以重复“旋转”命令，选取所偏移的垂直中心线作为旋转对象，选取圆心为基点，输入数值 5 后按 Enter 键，结果如图 2.4.5 所示。

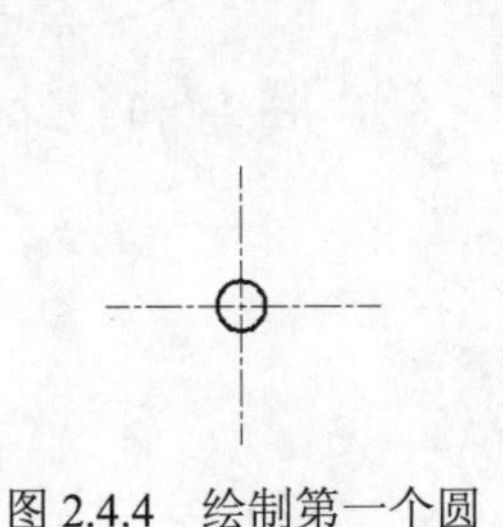

图 2.4.4　绘制第一个圆

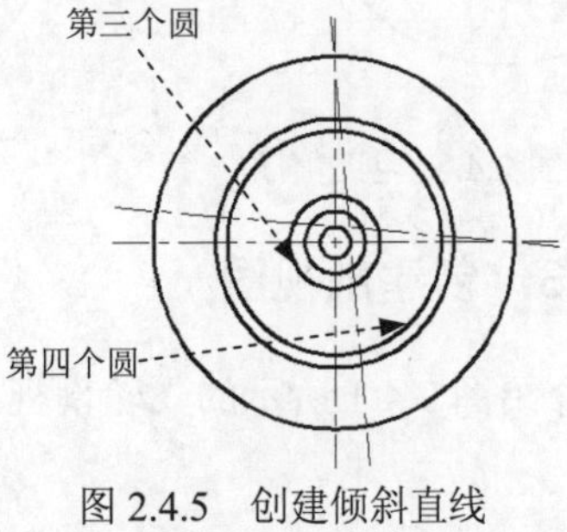

第三个圆

第四个圆

图 2.4.5　创建倾斜直线

Step4. 修剪直线和圆弧。选择下拉菜单 修改(M) → 修剪(T) 命令，选取图 2.4.5 所示的第三、第四个圆和两条倾斜直线，按 Enter 键，分别单击要修剪的线条，结果如图 2.4.7 所示。

Step5. 对直线进行特性匹配。选择下拉菜单 修改(M) → 特性匹配(M) 命令，选取任一圆为源对象，再选取修剪后的倾斜直线为目标对象，按 Enter 键结束操作。

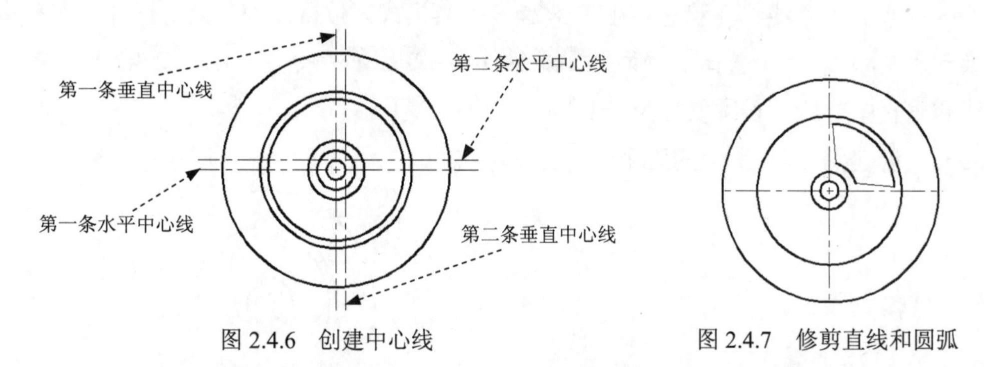

图 2.4.6 创建中心线　　　　图 2.4.7 修剪直线和圆弧

Step6. 创建图 2.4.8 所示的圆角。选择下拉菜单 修改(M) → 圆角(F) 命令，在命令行中输入字母 R 并按 Enter 键，输入圆角半径值 2.5 后按 Enter 键；输入字母 T 并按 Enter 键，再输入字母 T 后按 Enter 键，选取相交的直线和圆弧后，圆角自动生成；按 Enter 键以重复圆角命令，选取要倒圆角的直线，结果如图 2.4.8 所示。

Step7. 阵列图形。选择下拉菜单 修改(M) → 阵列 → 环形阵列 命令，选取修剪后的直线和圆弧为要阵列的对象，选取圆心为阵列的中心点，阵列项目数为 4，填充角度为 360，结果如图 2.4.9 所示。

Step8. 绘制图 2.4.10 所示的两个圆。选择下拉菜单 绘图(D) → 圆(C) → 圆心、直径(D) 命令，以水平中心线和垂直中心线的交点为圆心，绘制直径值为 14 的圆；将图层切换到"中心线层"，用相同的方法绘制直径值为 100 的圆。

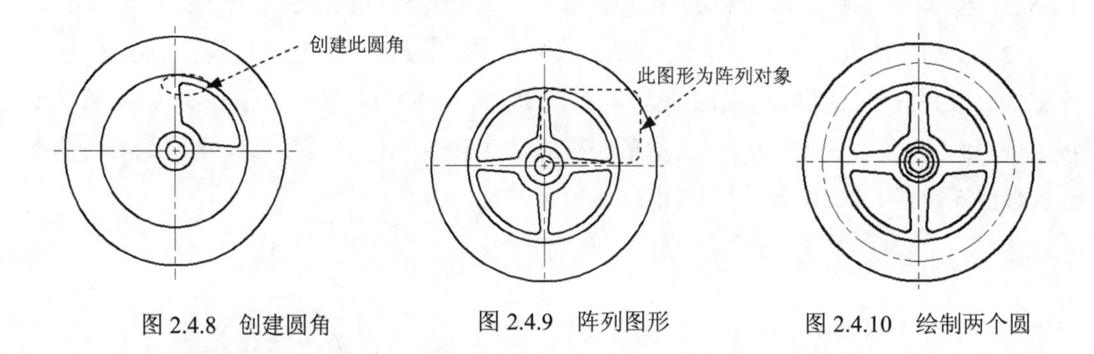

图 2.4.8 创建圆角　　　　图 2.4.9 阵列图形　　　　图 2.4.10 绘制两个圆

Task3. 创建剖视图

下面介绍图 2.4.1 所示的飞轮剖视图的创建过程。

Step1. 绘制图 2.4.11 所示的中心线。选择下拉菜单 修改(M) → 偏移(S) 命令将垂直中心线向左偏移，偏移距离值为 150；选择 绘图(D) → 直线(L) 命令，绘制水平中心线，长度值为 40。

Step2. 选择下拉菜单 修改(M) → 偏移(S) 命令，将 Step1 绘制的垂直中心线分别向左、右进行偏移，偏移距离值分别为 3、7.5 和 15，结果如图 2.4.12 所示。

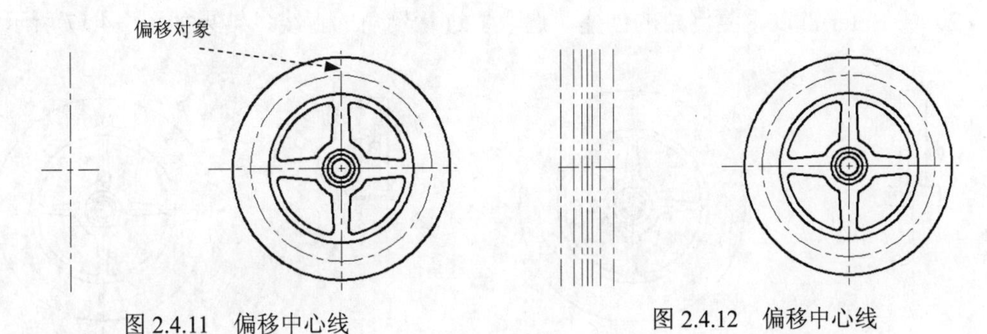

图 2.4.11　偏移中心线　　　　图 2.4.12　偏移中心线

Step3. 将图层切换到"轮廓线层"。

Step4. 绘制图 2.4.13 所示的水平构造线。选择 绘图(D) → 构造线(T) 命令，在命令行中输入字母 H 后按 Enter 键，依次捕捉图 2.4.13 所示的交点并单击，按 Enter 键结束命令。

说明：点 A 为垂直中心线与 Ø 72 的圆的交点，点 B 为垂直中心线与 Ø 30 的圆的交点。

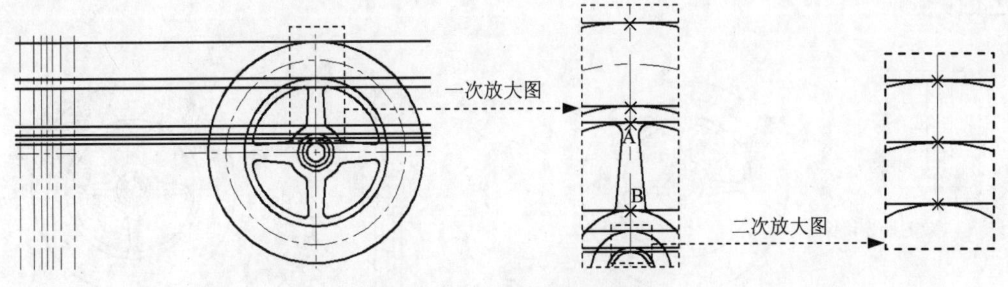

图 2.4.13　绘制水平构造线

Step5. 选择 修改(M) → 修剪(T) 命令，对图形进行修剪，结果如图 2.4.14 所示。

Step6. 对垂直线进行特性匹配。选择下拉菜单 修改(M) → 特性匹配(M) 命令，单击图中任意一轮廓线为源对象，分别选取修剪后的垂直中心线为目标对象，按 Enter 键结束操作，结果如图 2.4.15 所示。

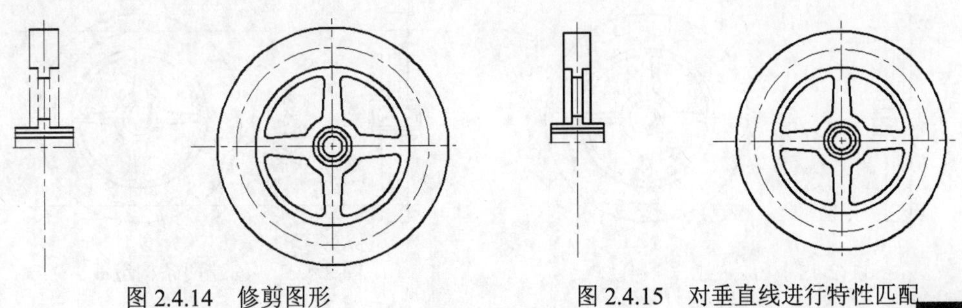

图 2.4.14　修剪图形　　　　图 2.4.15　对垂直线进行特性匹配

Step7. 选择 修改(M) → 圆角(F) 命令，创建图 2.4.16 所示的圆角，其半径值均为 2.5。

Step8. 创建图 2.4.17 所示的倒角。

（1）选择下拉菜单 修改(M) → 倒角(C) 命令，在命令行输入字母 D 并按 Enter 键，输入数值 2 后按两次 Enter 键，输入字母 T 并按 Enter 键，再次输入字母 T 后按 Enter 键，选取图中所要进行倒角的直线 1 和直线 2，结果如图 2.4.17 所示。

（2）按 Enter 键以重复倒角的创建，选取要进行倒角的直线，结果如图 2.4.17 所示。

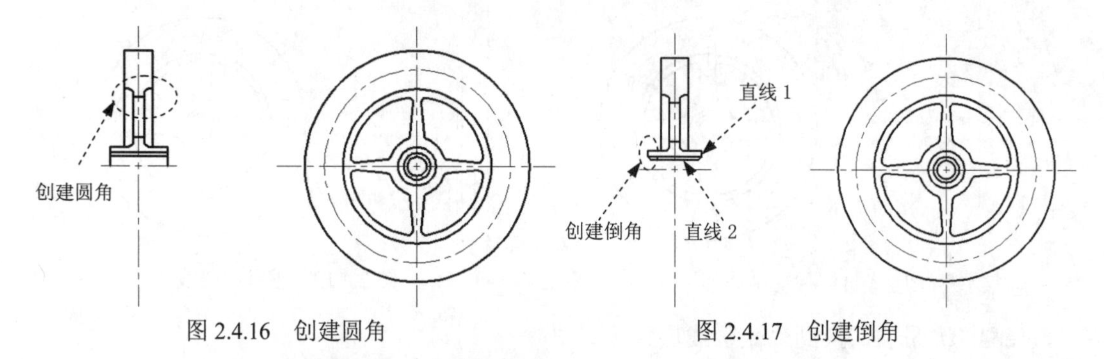

图 2.4.16　创建圆角　　　图 2.4.17　创建倒角

Step9. 选择下拉菜单 绘图(D) → 直线(L) 命令，在倒角处绘制图 2.4.18 所示的直线。

Step10. 镜像图形。选择下拉菜单 修改(M) → 镜像(I) 命令，选取图 2.4.18 所示的图形为镜像对象并按 Enter 键，选取水平中心线为镜像线，输入字母 N 后按 Enter 键，结果如图 2.4.19 所示。

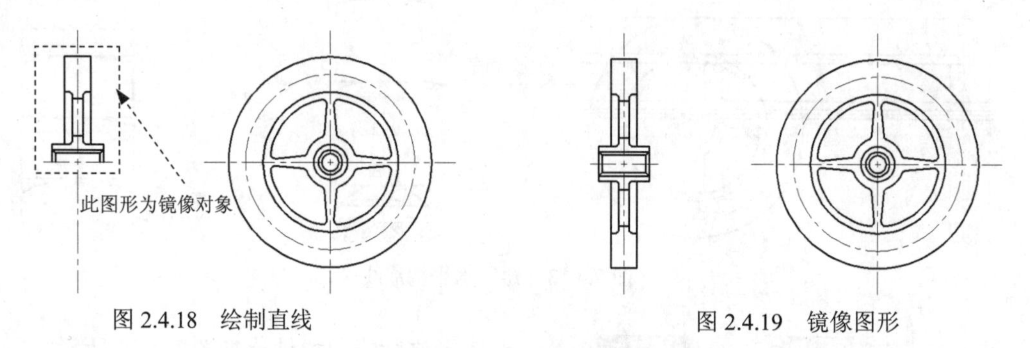

图 2.4.18　绘制直线　　　图 2.4.19　镜像图形

Step11. 绘制图 2.4.20 所示的水平中心线。将图层切换到“中心线层”，选择下拉菜单 绘图(D) → 构造线(T) 命令，绘制图 2.4.21 所示的两条水平构造线；选择下拉菜单 修改(M) → 修剪(T) 命令，对两条水平构造线进行修剪，结果如图 2.4.20 所示。

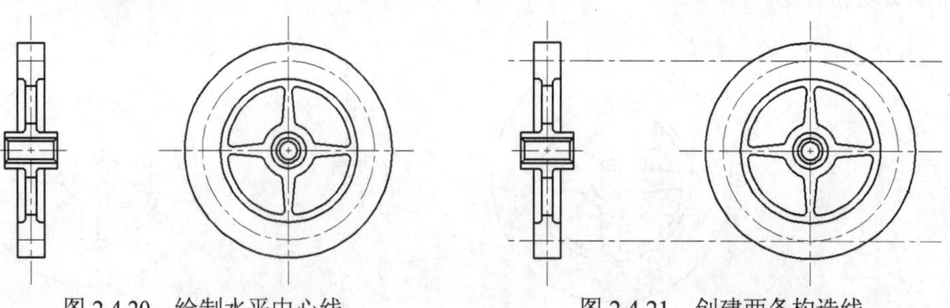

图 2.4.20　绘制水平中心线　　　图 2.4.21　创建两条构造线

Step12. 拉长水平中心线并删除多余线条。选择下拉菜单 修改(M) → 拉长(G) 命令，输入命令 DE 并按 Enter 键，输入数值 5 后按 Enter 键，分别单击水平构造线的两端，按 Enter 键结束命令，删除多余的线条，结果如图 2.4.22 所示。

Step13. 创建图案填充。将图层切换到"剖面线层"，选择下拉菜单 绘图(D) → 图案填充(H)... 命令，创建图 2.4.23 所示的图案填充，其中填充类型为 用户定义，填充角度为 45，填充间距值为 3。

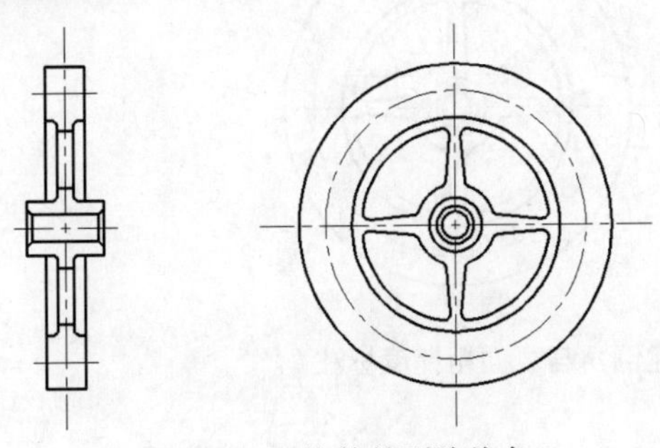

图 2.4.22　修剪并删除线条

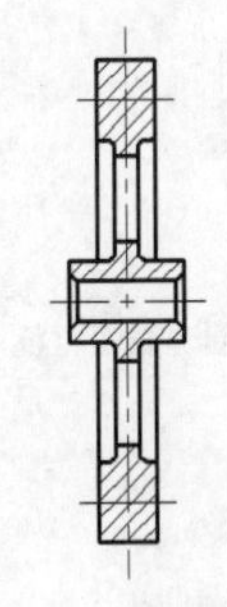

图 2.4.23　创建图案填充

Task4．对图形进行尺寸标注

下面介绍图 2.4.1 所示的图形尺寸的标注过程。

Step1. 将图层切换到"尺寸线层"。

Step2. 创建图 2.4.24 所示直径的标注。

（1）创建线性标注。选择下拉菜单 标注(N) → 线性(L) 命令，选取剖视图中最上和最下边线上的点，在合适的位置选取一点以确定尺寸放置的位置。

（2）创建直径符号。双击标注的尺寸 120，在"特性"窗口中的 文字替代 文本框中输入文本%%C120，按 Enter 键后，标注尺寸就会变成 Ø120。

（3）用同样的方法标注剖视图中的 Ø10、Ø20、Ø80 和 Ø100。

Step3. 选择下拉菜单 标注(N) → 线性(L) 命令，创建图 2.4.24 所示的线性标注。

Step4. 选择下拉菜单 标注(N) → 角度(A) 命令，创建图 2.4.24 所示的角度标注。

Step5. 选择下拉菜单 标注(N) → 半径(R) 命令，创建图 2.4.24 所示的半径标注。

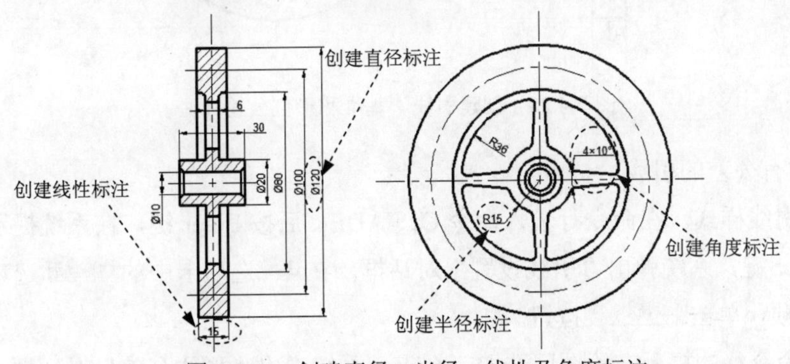

图 2.4.24　创建直径、半径、线性及角度标注

Step6. 创建倒角的标注（图 2.4.25）。利用 QLEADER 命令创建引线，选择下拉菜单 绘图(D) → 文字(X) → 单行文字(S) 命令，在引线上方创建倒角数值 C2。

Step7. 创建图 2.4.25 所示的表面粗糙度标注。选择下拉菜单 插入(I) → 块(B)... 命令，插入“表面粗糙度符号”，其中旋转角度值为 90，表面粗糙度值为 3.2。

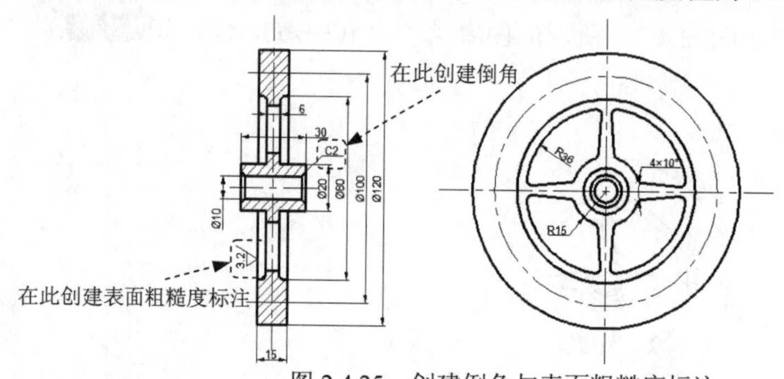

图 2.4.25　创建倒角与表面粗糙度标注

Step8. 创建图 2.4.26 所示的形位公差标注。

（1）创建基准符号。选择下拉菜单 插入(I) → 块(B)... 命令，系统弹出“插入”对话框，选择 名称(N): 下拉列表中的“基准符号”为插入对象，单击 确定 按钮；输入字母 R 按 Enter 键，再输入旋转角度值 90 按 Enter 键，在图 2.4.26 所示的适合位置单击，再输入基准符号 A，按 Enter 键完成基准符号的创建；双击插入的基准符号，在系统弹出的“增强属性编辑器”对话框 文字选项 选项卡的 旋转(R): 文本框中输入文本旋转角度值 0，单击 确定 按钮，完成第一个基准符号的插入。

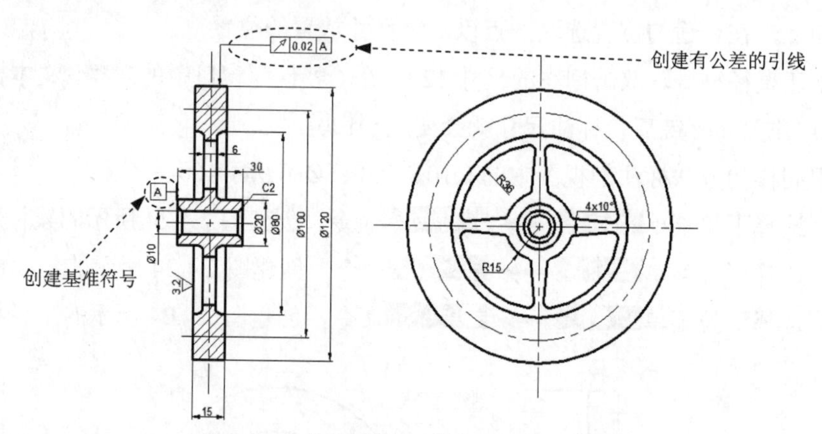

图 2.4.26　创建引线、基准和形位公差标注

（2）创建有公差的引线。

① 设置引线样式。在命令行输入命令 QLEADER 后按 Enter 键，在系统提示下输入字母 S 后按 Enter 键，系统弹出“引线设置”对话框，在 注释 选项卡中的 注释类型 选项组中选中 公差(T) 单选项，单击 确定 按钮。

② 根据命令行的提示在绘图区选取三个点，系统弹出“形位公差”对话框。

③ 单击符号选项下面的第一个■，系统弹出“特征符号”对话框，在该对话框中单击形位公差符号，在公差 1选项下面的第一个文本框中输入形位公差值 0.02，在基准 1选项下面的第一个文本框中输入基准符号 A，单击确定按钮，完成图 2.4.26 所示的有公差的引线的创建。

Step9. 选择下拉菜单绘图(D) → 文字(X) → 多行文字(M)...命令，创建图 2.4.27 所示的文字。

技术要求

1.所有圆角R2.5.

2.其他表面粗糙度 3.2 。

图 2.4.27　创建多行文字

Task5．保存文件

选择下拉菜单文件(F) → 保存(S)命令，将图形命名为“飞轮.dwg”，单击保存(S)按钮。

2.5 铣　刀　盘

图 2.5.1 所示是铣刀盘的两个视图，下面介绍其创建过程。

Task1．选用样板文件

使用随书光盘中提供的样板文件。选择下拉菜单文件(F) → 新建(N)...命令，在系统弹出的“选择样板”对话框中，找到文件 D:\AutoCAD2014.2\system_file\Part_temp_A3.dwg，然后单击打开(O)按钮。

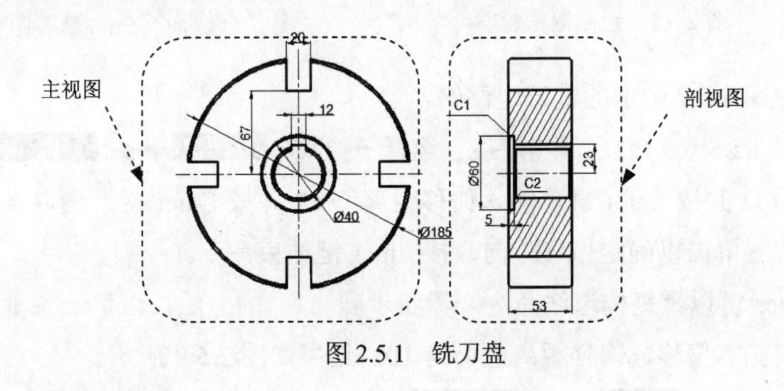

图 2.5.1　铣刀盘

Task2．创建主视图

下面介绍图 2.5.1 所示的主视图的创建过程。

Step1. 绘制图 2.5.2 所示的两条中心线。将图层切换到“中心线层”，确认状态栏中的

（正交模式）、（显示/隐藏线宽）和（对象捕捉）按钮处于打开状态；选择下拉菜单 绘图(D) → 直线(L) 命令，绘制图 2.5.2 所示的两条中心线，长度值均为 200。

Step2. 绘制图 2.5.3 所示的圆。将图层切换到“轮廓线层”，选择下拉菜单 绘图(D) → 圆(C) → 圆心、直径(D) 命令，以两条中心线的交点为圆心，绘制直径值分别为 185、60 与 40 的三个同心圆。

Step3. 绘制键槽。

（1）用偏移的方法创建图 2.5.4 所示的两条中心线。选择下拉菜单 修改(M) → 偏移(S) 命令，将图 2.5.2 所示的第一条垂直中心线分别向左、右侧偏移，偏移距离值均为 6。

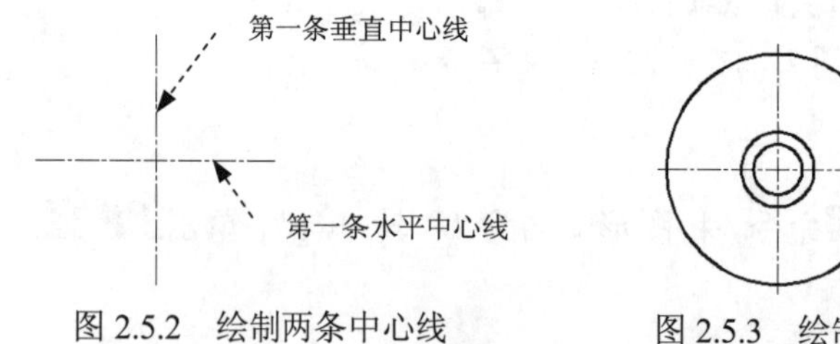

图 2.5.2　绘制两条中心线　　图 2.5.3　绘制圆

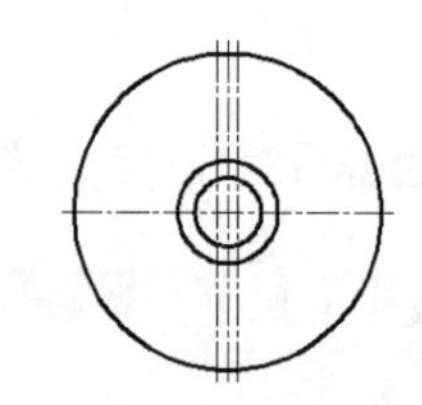

图 2.5.4　偏移中心线

（2）绘制键槽轮廓。选择 绘图(D) → 直线(L) 命令，以图 2.5.5 中的 A 点为起点绘制长度值为 4 的垂直直线 AB，然后绘制长度值为 12 的水平直线 BC，最后连接图中 C、D 两点。

（3）修剪图形。选择 修改(M) → 修剪(T) 命令，对图形进行修剪，结果如图 2.5.6 所示。

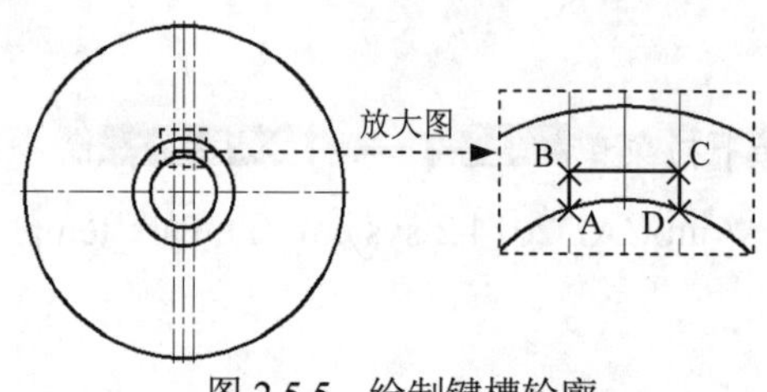

图 2.5.5　绘制键槽轮廓

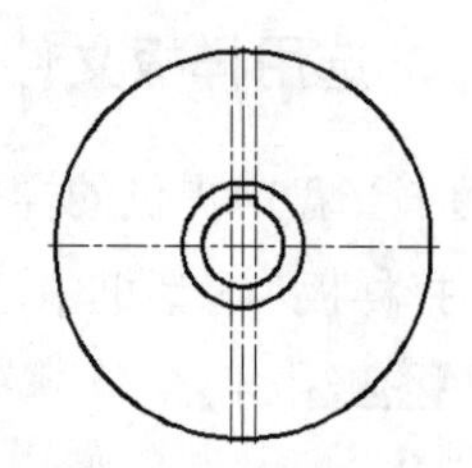

图 2.5.6　修剪图形

Step4. 创建图 2.5.7 所示的铣刀定位槽。

（1）绘制图 2.5.8 所示的水平构造线。选择下拉菜单 绘图(D) → 构造线(T) 命令，在命令行中输入字母 O 并按 Enter 键，输入偏移距离值 67 并按 Enter 键，选取水平中心线后，在其上方任意位置单击以确定偏移方向，按 Enter 键结束命令。

（2）按 Enter 键以重复构造线命令。参照步骤（1）的方法，以第一条垂直中心线为直线对象，分别向左右偏移，偏移距离值均为 10，结果如图 2.5.9 所示。

（3）选择下拉菜单 修改(M) → 修剪(T) 命令，对图形进行修剪，结果如图 2.5.7 所示。

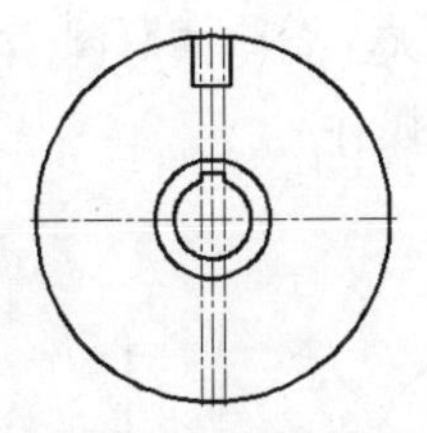

图 2.5.7　创建定位槽

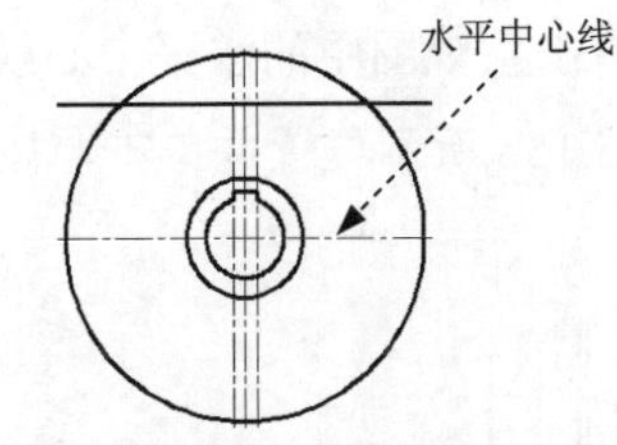

图 2.5.8　绘制水平构造线

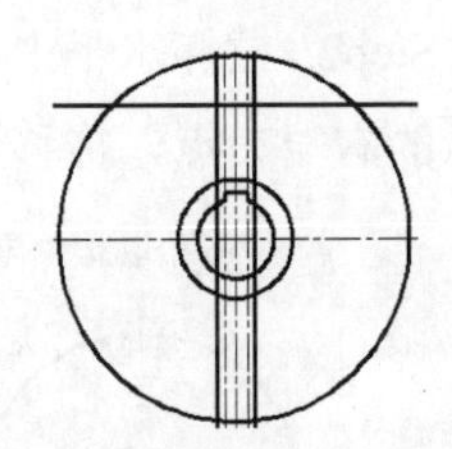

图 2.5.9　创建垂直构造线

（4）阵列图形。选择下拉菜单 修改(M) → 阵列 → 环形阵列 命令，选取图 2.5.10 所示的三条直线作为阵列对象；选取圆心作为阵列中心点，设置项目总数为 4，填充角度为 360，结果如图 2.5.11 所示。

（5）选择下拉菜单 修改(M) → 修剪(T) 命令，对图形进行修剪，结果如图 2.5.12 所示。

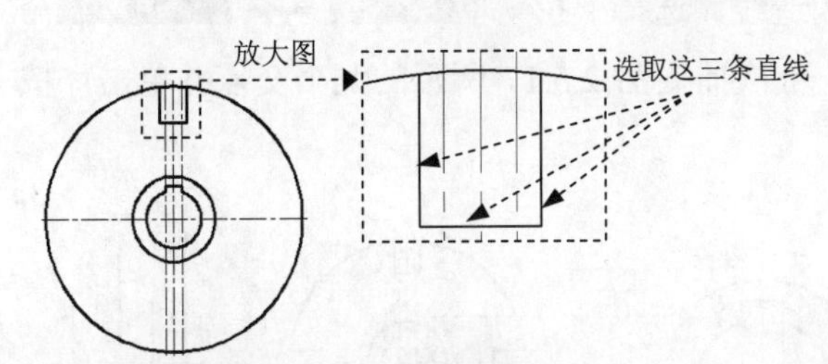

图 2.5.10　选取阵列对象

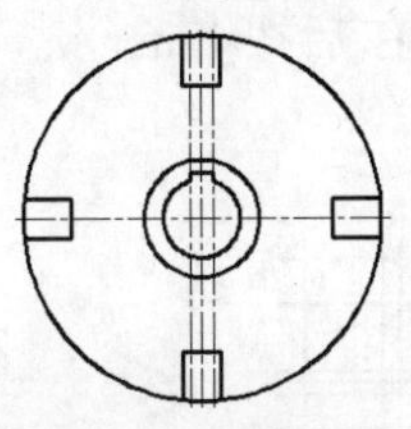

图 2.5.11　阵列图形

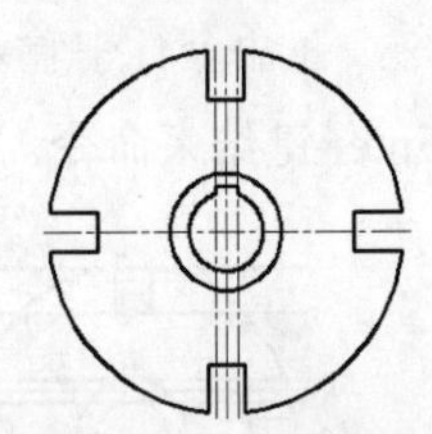

图 2.5.12　修剪图形

Task3．创建剖视图

下面介绍图 2.5.1 所示的铣刀盘剖视图的创建过程。

Step1．创建垂直中心线。

（1）绘制图 2.5.13 所示的垂直中心线。选择下拉菜单 修改(M) → 偏移(S) 命令，将第一条垂直中心线向右偏移，偏移距离值为 200。

（2）创建图 2.5.14 所示的三条垂直构造线。

① 选择下拉菜单 绘图(D) → 构造线(T) 命令，在命令行中输入字母 O 并按 Enter 键，输入偏移距离值 26.5 并按 Enter 键，选取图 2.5.13 所示的剖视图的垂直中心线为直线对象，在剖视图的垂直中心线右侧的任意位置单击，以确定偏移方向，再次选取剖视图的垂直中心线，在其左侧的任意位置单击，按 Enter 键结束操作。

② 按 Enter 键以重复绘制构造线命令，参照上述操作，将剖视图的垂直中心线向左偏移，偏移距离值为 21.5。

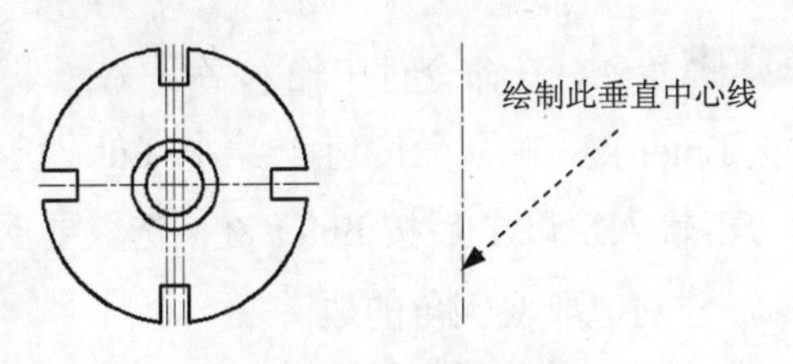

图 2.5.13　绘制剖视图的垂直中心线

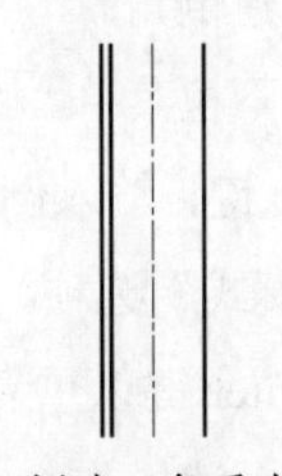

图 2.5.14　创建三条垂直构造线

Step2. 拉伸水平中心线。单击主视图中的水平中心线使其显示夹点，然后选取图 2.5.15a 所示的右端夹点，拖移至图 2.5.15b 所示位置并单击，按 Esc 键结束操作。

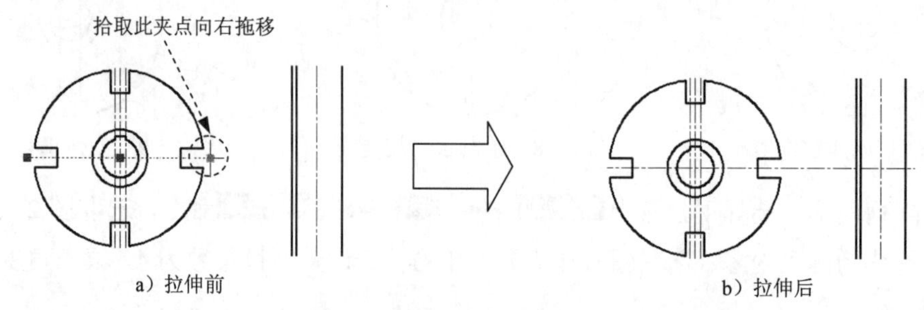

图 2.5.15　拉伸水平中心线

Step3. 创建图 2.5.16 所示的九条水平构造线。选择下拉菜单 绘图(D) → 构造线(T) 命令，在命令行中输入字母 H 后按 Enter 键，依次捕捉图 2.5.17 所示的九个交点并单击，按 Enter 键结束命令。

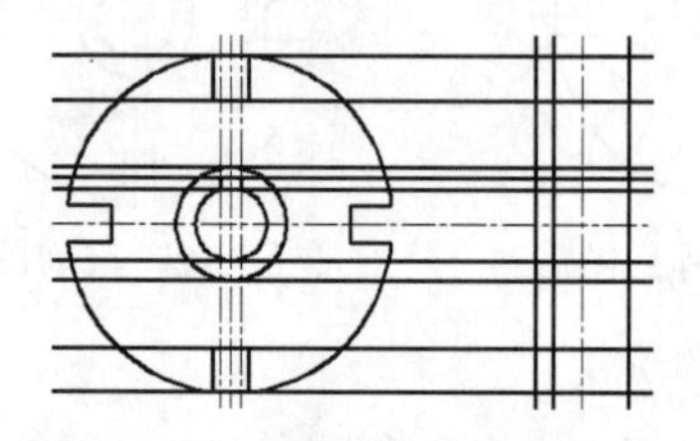

图 2.5.16　创建九条水平构造线

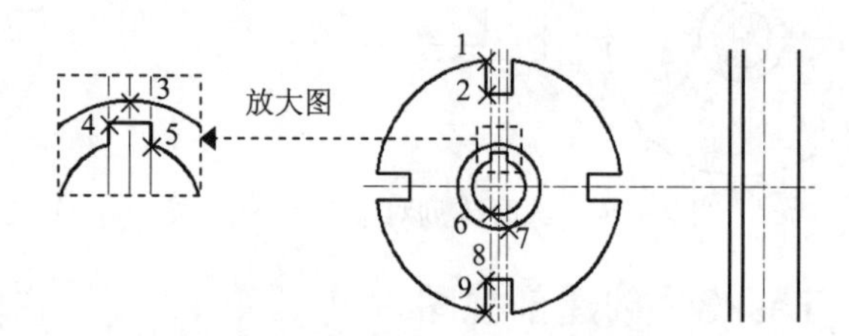

图 2.5.17　选取水平构造线通过的点

Step4. 选择 修改(M) → 修剪(T) 命令，对图形进行修剪，结果如图 2.5.18 所示。

Step5. 选择 修改(M) → 删除(E) 命令，将图中多余的线段删除，结果如图 2.5.19 所示。

Step6. 打断中心线。选择下拉菜单 修改(M) → 打断(K) 命令，在图 2.5.20 所示的水平中心线上选取点 A 和点 B。

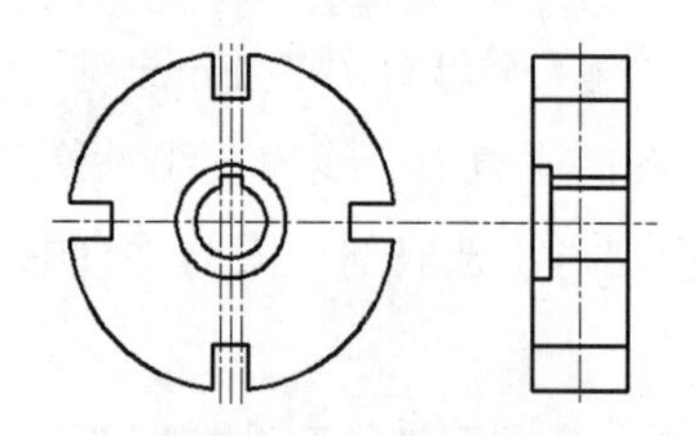

图 2.5.18　修剪图形

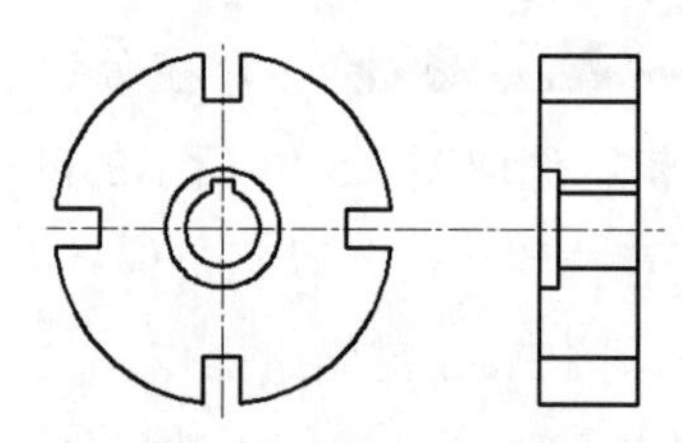

图 2.5.19　删除多余线段

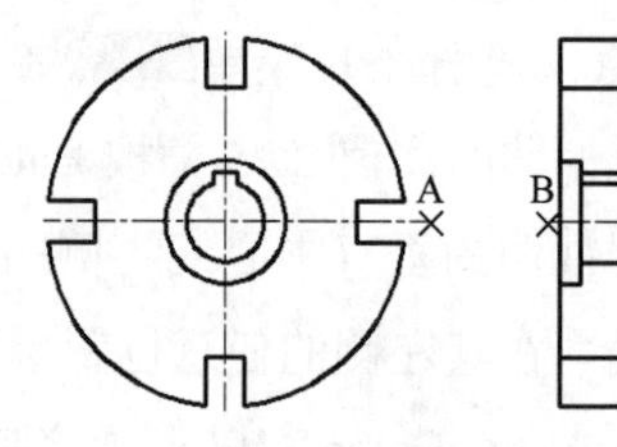

图 2.5.20　打断中心线

Step7. 创建倒角。

（1）选择下拉菜单 修改(M) → 倒角(C) 命令，在命令行中输入字母 A（即“角度”选项）并按 Enter 键，输入倒角距离值 2 并按 Enter 键，输入角度值 45 并按 Enter 键，输入字母 T（即“修剪模式”选项）并按 Enter 键，再输入字母 T 后按 Enter 键，选取要倒角的边线。

（2）按 Enter 键以重复“倒角”命令，分别选取要倒角的边。

（3）重复上述操作，完成图 2.5.21 所示的四个倒角的创建。

（4）按 Enter 键重复“倒角”命令，将修剪类型设置为“不修剪”，完成图 2.5.22 所示的倒角的创建。

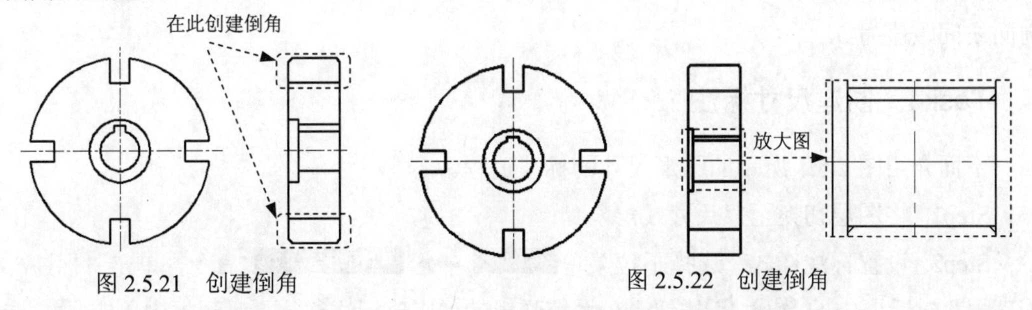

图 2.5.21　创建倒角　　　　图 2.5.22　创建倒角

（5）按 Enter 键以重复“倒角”命令，将两个倒角距离值设置为 1，完成图 2.5.23 所示倒角的创建。

（6）选择下拉菜单 绘图(D) → 直线(L) 命令，在前面创建的倒角处绘制图 2.5.24 所示的三条直线。

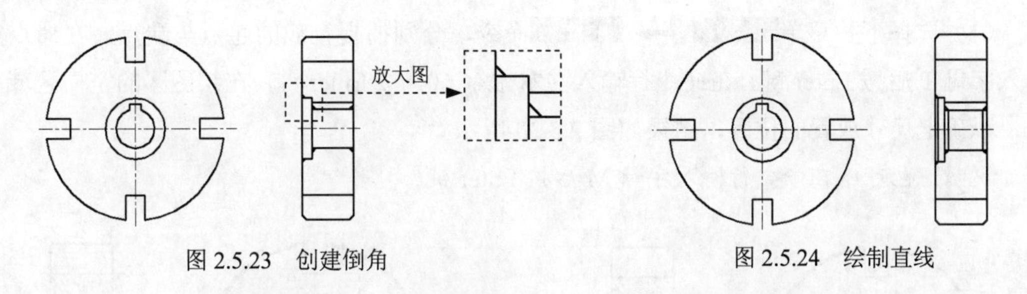

图 2.5.23　创建倒角　　　　图 2.5.24　绘制直线

（7）选择下拉菜单 修改(M) → 修剪(T) 命令，对图形进行修剪，结果如图 2.5.25 所示。

Step8. 创建图 2.5.26 所示的圆。以主视图中水平中心线与垂直中心线的交点为圆心绘制三个同心圆，直径值分别为 44、62 和 181。选择下拉菜单 修改(M) → 修剪(T) 命令，对刚刚绘制的圆进行修剪，结果如图 2.5.27 所示。

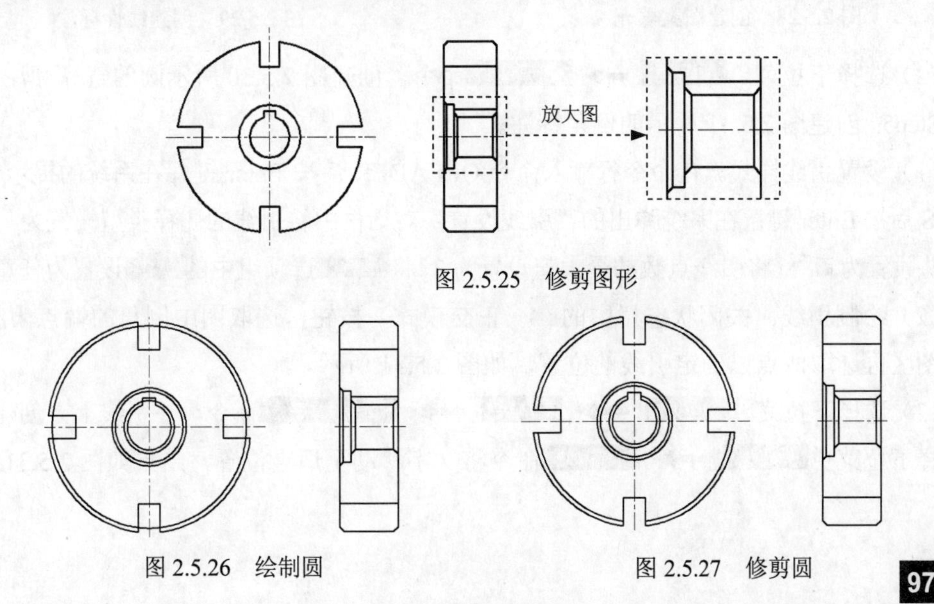

图 2.5.25　修剪图形

图 2.5.26　绘制圆　　　　图 2.5.27　修剪圆

Step9. 创建图案填充。将图层切换至“剖面线层”，选择下拉菜单 绘图(D) → 图案填充(H)... 命令，创建图 2.5.28 所示的图案填充，填充类型为 用户定义，填充角度值为 60，剖面线间距值为 5。

Task4. 创建尺寸标注

下面介绍图 2.5.1 所示的图形尺寸的标注过程。

Step1. 将图层切换至“尺寸线层”。

Step2. 设置标注样式。选择下拉菜单 格式(O) → 标注样式(D)... 命令，单击“标注样式管理器”对话框中的 修改(M)... 按钮，在系统弹出的“修改标注样式”对话框中单击 文字 选项卡，在 文字高度(T): 文本框中输入高度值 7；单击 符号和箭头 选项卡，在 箭头大小(I): 文本框中输入数值 5；单击该对话框中的 确定 按钮，单击“标注样式管理器”对话框中的 关闭 按钮。

Step3. 选择下拉菜单 标注(N) → 线性(L) 命令，创建图 2.5.29 所示的线性标注。

Step4. 创建直径的标注。

（1）选择下拉菜单 标注(N) → 线性(L) 命令，分别捕捉直线的起点与端点，在命令行输入字母 T 后按 Enter 键，在命令行输入文本%%C60，按 Enter 键，在绘图区的空白区域单击，以确定尺寸放置的位置，结果如图 2.5.30 所示。

说明：也可以在命令行输入字母 M 后按 Enter 键。

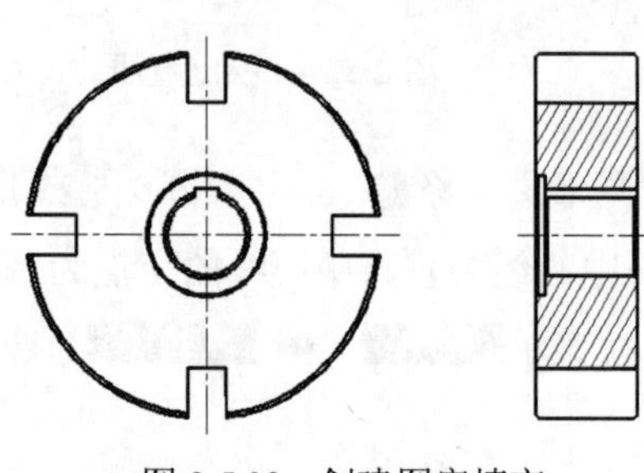

图 2.5.28　创建图案填充

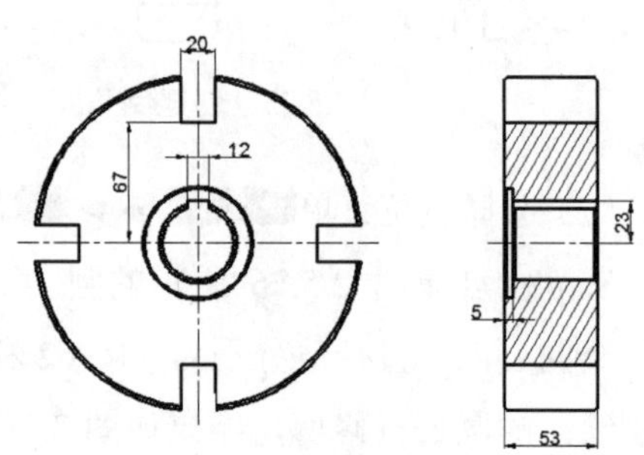

图 2.5.29　创建线性标注

（2）选择下拉菜单 标注(N) → 直径(D) 命令，创建图 2.5.30 所示圆的直径标注。

Step5. 创建图 2.5.31 所示的倒角标注。

（1）设置引线样式。在命令行输入命令 QLEADER 后按 Enter 键，在系统的提示下输入字母 S 后按 Enter 键；在系统弹出的“引线设置”对话框中将引线的注释类型设置为 无(O)，将箭头设置为 无，将引线点数的最大值设置为 3，将 角度约束 选项组中的 第一段 设置为任意角度。

（2）绘制引线。关闭状态栏中的 （正交模式）按钮，选取图中倒角的端点为起点，在绘图区再选取两点以确定引线的位置，如图 2.5.31 所示。

（3）选择下拉菜单 绘图(D) → 文字(X) → 单行文字(S) 命令，在引线上方创建文字，并选择下拉菜单 修改(M) → 移动(V) 命令将文字移动至适当位置，结果如图 2.5.31 所示。

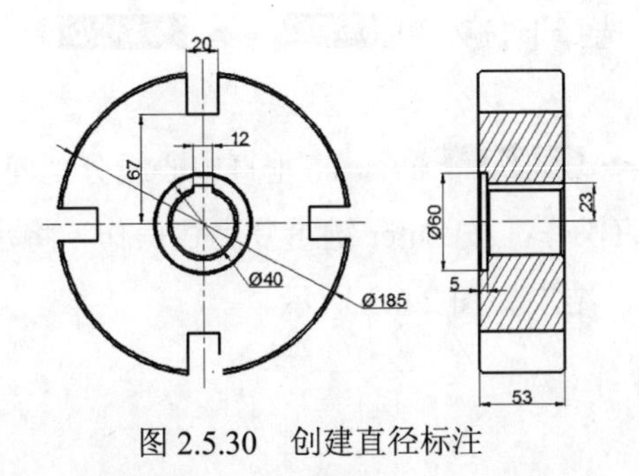

图 2.5.30　创建直径标注

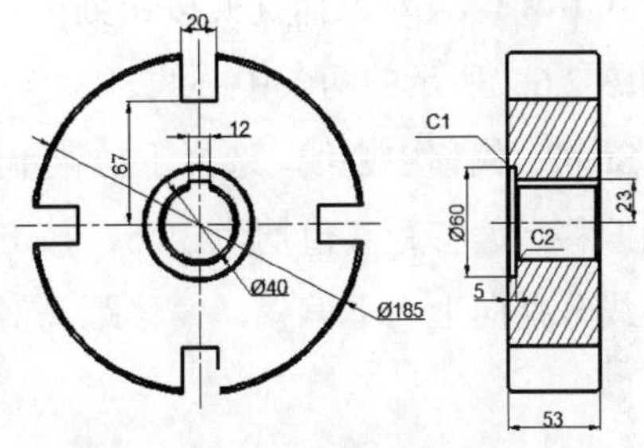

图 2.5.31　创建倒角标注

Task5．保存文件

选择下拉菜单 文件(F) → 保存(S) 命令，将图形命名为“铣刀盘.dwg”，单击 保存(S) 按钮。

2.6　阀　盖

阀盖的绘制过程比较复杂，要充分利用多视图投影的对应关系，通过绘制辅助线，依次绘制左视图、主视图。主视图中的轮廓线可利用直线命令，结合几何参数一次性绘制完毕。最后对图形进行尺寸标注，结果如图 2.6.1 所示。下面介绍其创建过程。

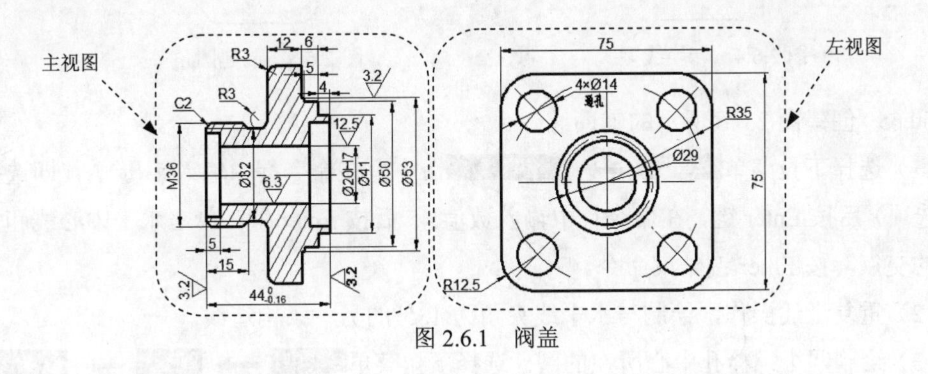

图 2.6.1　阀盖

Task1．选用样板文件

使用随书光盘中提供的样板文件。选择下拉菜单 文件(F) → 新建(N)... 命令，在系统弹出的“选择样板”对话框中，找到文件 D:\AutoCAD2014.2\system_file\Part_temp_A3.dwg，然后单击 打开(O) 按钮。

Task2．创建左视图

下面介绍图 2.6.1 所示左视图的创建过程。

Step1．绘制图 2.6.2 所示的中心线。将图层切换到“中心线层”，确认状态栏中的 （正交模式）和□（对象捕捉）按钮处于打开状态；选择下拉菜单 绘图(D) → 直线(L) 命令，绘制图 2.6.2 所示的两条中心线。

Step2. 偏移中心线。选择下拉菜单 修改(M) → 偏移(S) 命令，将垂直中心线分别向左、右侧偏移，偏移距离值均为 37.5，按 Enter 键结束操作；按 Enter 键重复上述操作，将水平中心线分别向上、下偏移，偏移距离值均为 37.5，结果如图 2.6.3 所示。

图 2.6.2　绘制中心线　　　图 2.6.3　偏移中心线

Step3. 转换线型。选取 Step2 中偏移得到的四条直线，将其转移至“轮廓线层”，结果如图 2.6.4 所示。

Step4. 创建图 2.6.5 所示的圆角。选择下拉菜单 修改(M) → 圆角(F) 命令，在命令行中输入字母 R 后按 Enter 键，输入圆角半径值 12.5 并按 Enter 键；在命令行中输入字母 T 并按 Enter 键，再输入字母 M 后按 Enter 键，分别选取要倒圆角的直线。

图 2.6.4　转换线型　　　图 2.6.5　创建圆角

Step5. 创建图 2.6.6 所示的辅助线。

（1）选择下拉菜单 绘图(D) → 构造线(T) 命令，在命令行中输入字母 A（即选择“角度”选项）后按 Enter 键，在命令行中输入数值 45 后按 Enter 键，单击水平中心线和垂直中心线的交点，按 Enter 键结束命令。

（2）重复上述操作，绘制与水平线夹角为 135°的另一条构造线。

（3）绘制四个螺栓孔中心所在的圆。选择下拉菜单 绘图(D) → 圆(C) ▸ → 圆心、半径(R) 命令，捕捉水平中心线和垂直中心线的交点并单击，输入半径值 35 后按 Enter 键。

Step6. 创建图 2.6.7 所示的四个圆。

（1）将图层切换至“轮廓线层”。

（2）绘制圆。选择下拉菜单 绘图(D) → 圆(C) ▸ → 圆心、直径(D) 命令，以 Step5 绘制的辅助线和辅助圆的交点为圆心，绘制直径值为 14 的圆，结果如图 2.6.8 所示。

（3）阵列圆。选择下拉菜单 修改(M) → 阵列 → 环形阵列 命令，选取步骤（2）中绘制的圆为阵列对象，以中心线的交点为阵列中心点，设置项目数为 4，填充角度值为 360，得到图 2.6.7 所示的阵列圆。

说明：也可以选择下拉菜单 修改(M) → 复制(Y) 命令创建图 2.6.7 所示的四个圆。

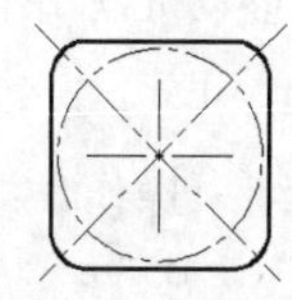

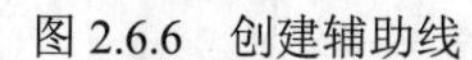
图 2.6.6　创建辅助线

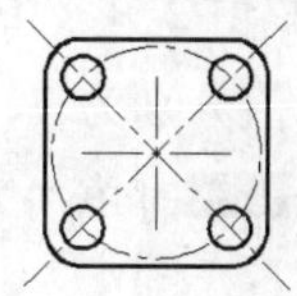

图 2.6.7　创建四个圆

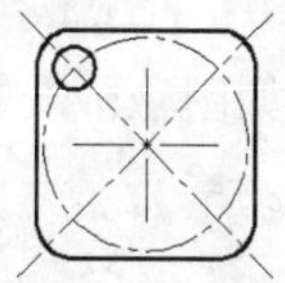

图 2.6.8　绘制圆

Step7. 创建图 2.6.9 所示的同心圆。

（1）选择下拉菜单 绘图(D) → 圆(C) → 圆心、直径(D) 命令，以水平中心线和垂直中心线的交点为圆心，绘制直径值为 20 的圆，如图 2.6.10 所示。

（2）重复上述操作，绘制直径值分别为 29、32 和 36 的同心圆，完成后将直径值为 32 的圆转移至“细实线层”，结果如图 2.6.9 所示。

Step8. 选择下拉菜单 修改(M) → 打断(K) 命令，对图中的辅助线进行打断操作，选择下拉菜单 修改(M) → 修剪(T) 命令对辅助线进行修剪，结果如图 2.6.11 所示。

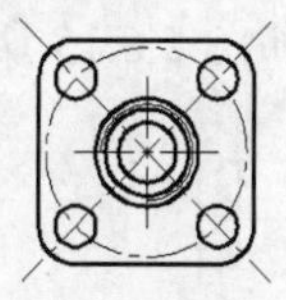

图 2.6.9　创建同心圆

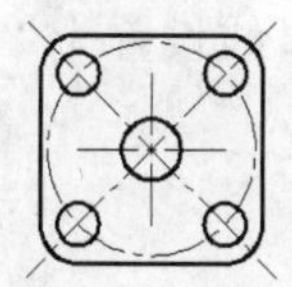

图 2.6.10　绘制第一个圆

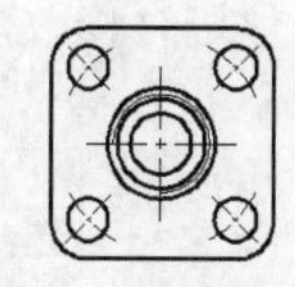

图 2.6.11　修剪辅助线

Task3. 创建主视图

下面介绍图 2.6.1 所示的主视图的创建过程。

Step1. 绘制中心线。将图层切换至“中心线层”，选择下拉菜单 绘图(D) → 直线(L) 命令绘制主视图中的水平中心线。

注意：主视图中的水平中心线要与左视图的水平中心线在同一条直线上。

Step2. 绘制图 2.6.12 所示的构造线。将图层切换至“细实线层”，选择下拉菜单 绘图(D) → 构造线(T) 命令，过各同心圆的下半圆的最下侧的水平轮廓线与垂直中心线的交点绘制四条水平轮廓线，按 Enter 键结束命令。

Step3. 创建图 2.6.13 所示的直线。

（1）将图层切换至“轮廓线层”，确认状态栏中的（正交模式）和（对象捕捉）按钮处于打开状态。

（2）设置对象捕捉。将光标移至状态栏中的（对象捕捉）按钮上并右击，从系统弹出的快捷菜单中选择 设置(S)... 命令，在“草图设置”对话框 对象捕捉 选项卡中单击 全部选择 按钮，单击 确定 按钮后完成设置。

（3）选择下拉菜单 绘图(D) → 直线(L) 命令，在左侧水平中心线上选取一点 A 作为直线的起点，将光标向下移动至 B 点（当屏幕上显示垂足时单击），向右移动光标，输入数值 15 并按 Enter 键，向上移动光标，输入数值 2 并按 Enter 键，重复移动光标并输入相应的数值，移动方向如图 2.6.13 所示，其尺寸值分别为 7、21.5、12、11、1、1.5、5、4.5 和 4，将光标向上移动至 D 点（当屏幕上显示垂足时单击），按 Enter 键结束操作。

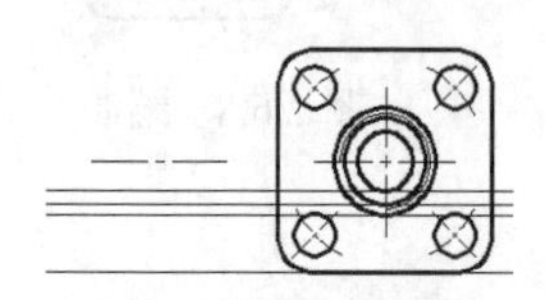
图 2.6.12　绘制构造线

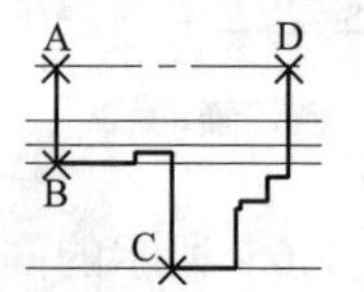

图 2.6.13　创建直线

Step4. 偏移直线。选择下拉菜单修改(M) → 偏移(S)命令，在命令行中输入偏移距离值 5 后按 Enter 键，选取图 2.6.13 所示的直线 AB 为偏移对象，并在该直线的右侧单击以确定偏移方向，按 Enter 键结束操作；按 Enter 键以重复偏移操作，将以 D 为端点的最右侧的垂直线向左偏移，偏移距离值为 7，结果如图 2.6.14 所示。

Step5. 修改图形。选择修改(M) → 修剪(T)与修改(M) → 删除(E)命令，对图 2.6.14 所示的图形进行修改，并将修改后的直线设置为“轮廓线层”，结果如图 2.6.15 所示。

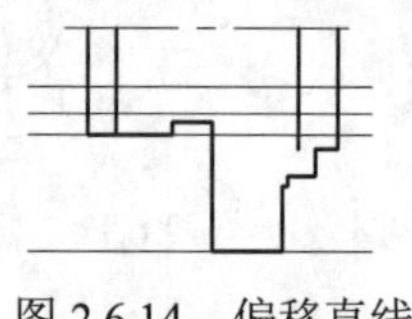
图 2.6.14　偏移直线

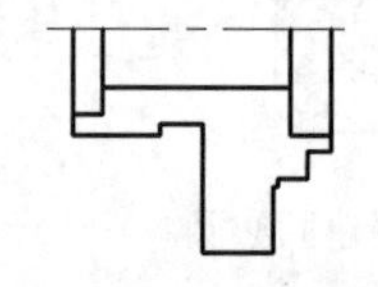
图 2.6.15　修改图形

Step6. 创建倒角与圆角。

（1）创建图 2.6.16 所示的两个倒角。选择下拉菜单修改(M) → 倒角(C)命令，在命令行中输入字母 D 后按 Enter 键，输入第一个倒角的距离值 2 后按 Enter 键，输入第二个倒角的距离值 2 后按 Enter 键，选取要倒角的两条直线；按 Enter 键以重复“倒角”命令，选取另外两条要倒角的直线。

（2）创建图 2.6.17 所示的两个圆角。选择下拉菜单修改(M) → 圆角(F)命令，在命令行中输入字母 R 后按 Enter 键，输入圆角半径值 3 后按 Enter 键，选取要创建圆角的直线；按 Enter 键以重复“圆角”命令，选取另外两条要创建圆角的直线。

Step7. 绘制螺纹牙底线。将图层切换至“细实线层”，选择下拉菜单绘图(D) → 直线(L)命令完成图 2.6.18 所示的直线的绘制。

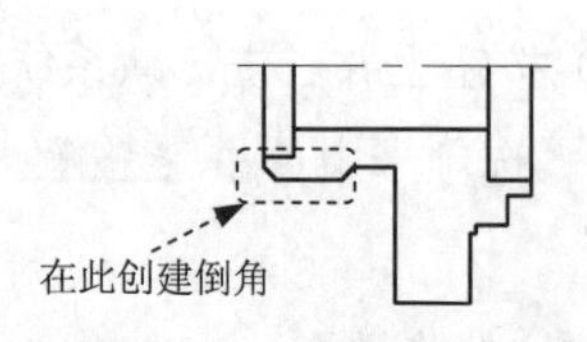

图 2.6.16　创建两个倒角

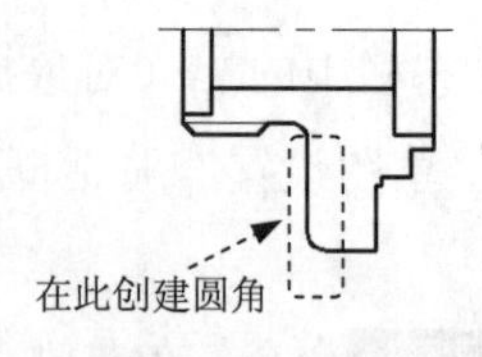

图 2.6.17　创建两个圆角

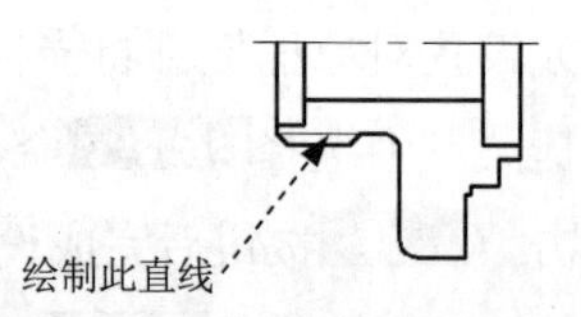

图 2.6.18　绘制螺纹牙底线

Step8. 对图形进行镜像操作。选择下拉菜单 修改(M) → 镜像(I) 命令，选取图 2.6.18 所示的图形为镜像对象，按 Enter 键结束选取；在水平中心线上选取任意两点，输入字母 N 后按 Enter 键结束操作，结果如图 2.6.19 所示。

Step9. 创建图 2.6.20 所示的图案填充。将图层切换至“剖面线层”，选择下拉菜单 绘图(D) → 图案填充(H)... 命令，创建图 2.6.20 所示的图案填充。其中，填充类型为 用户定义，填充角度值为 60，剖面线间距值为 3。

注意：进行图案填充时，封闭区域应包括螺纹牙底线与轮廓线之间的部分。

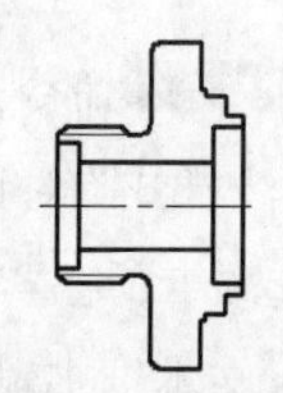

图 2.6.19 镜像图形

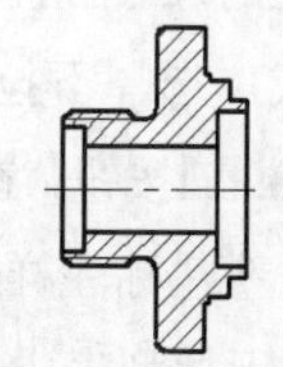

图 2.6.20 创建图案填充

Task4. 创建尺寸标注

下面介绍图 2.6.1 所示的图形尺寸的标注过程。

Step1. 将图层切换至“尺寸线层”。

Step2. 创建无公差的尺寸标注。

（1）选择下拉菜单 标注(N) → 线性(L) 命令，创建图 2.6.21 所示的线性标注。

说明：创建带有直径符号的无公差的线性标注的方法为：选择命令后捕捉两尺寸界线原点，在命令行 [多行文字(M)/文字(T)/角度(A)/水平(H)/垂直(V)/旋转(R)]: 的提示下输入字母 T 并按 Enter 键，输入要标注的文字(如“%%C41”在图形中显示为“Ø41”)后按 Enter 键，在绘图区的空白区域中选取一点以确定尺寸放置的位置。

（2）选择下拉菜单 标注(N) → 半径(R) 命令，创建图 2.6.22 所示的半径标注。

（3）选择下拉菜单 标注(N) → 直径(D) 命令，完成图 2.6.22 所示的直径标注。

（4）创建图 2.6.23 所示的倒角及圆角标注。

① 关闭“正交”捕捉，在命令行输入命令 QLEADER 后按 Enter 键，选取倒角处的端点作为引线的起点，在绘图区空白区域中选取一点作为引线的转折点，在水平方向上选取另一点以确定尺寸放置的位置，按 Enter 键；输入文本文字 C2 后，按两次 Enter 键结束命令。

② 选择下拉菜单 标注(N) → 半径(R) 命令标注圆角。

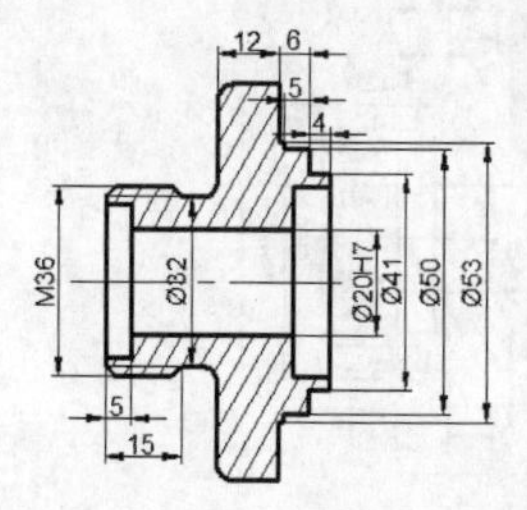

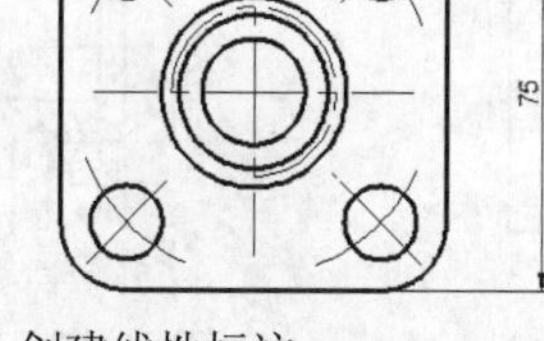

图 2.6.21 创建线性标注

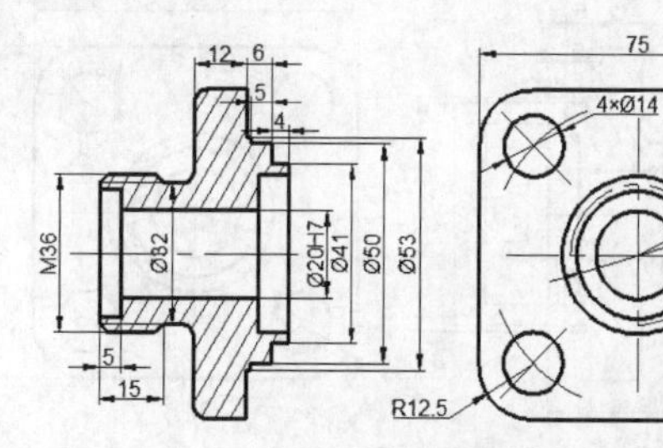

图 2.6.22 创建半径与直径标注

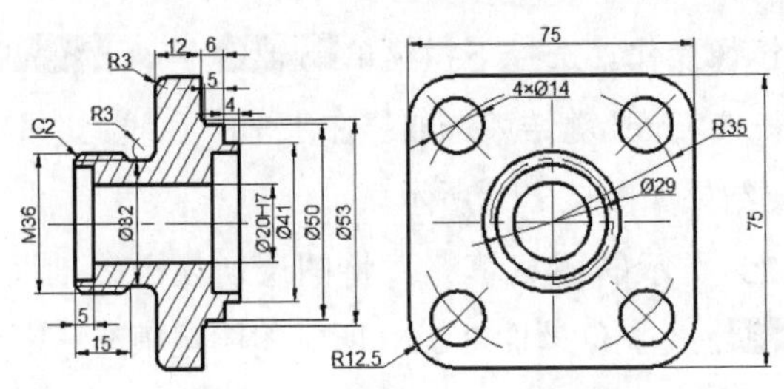

图 2.6.23　倒角及圆角标注

Step3. 创建带公差的尺寸标注。

（1）新建标注样式。选择下拉菜单 格式(O) → 标注样式(D)... 命令，单击“标注样式管理器”对话框中的 新建(N)... 按钮，在系统弹出的“创建新标注样式”对话框中单击 继续 按钮；在系统弹出的“新建标注样式”对话框中单击 公差 选项卡；在 方式(M): 下拉列表中选择 极限偏差 选项，在 精度(P): 下拉列表中选择 0.00 选项，在 上偏差(V): 文本框中输入数值 0，在 下偏差(W): 文本框中输入数值 0.16，在 高度比例(H): 文本框中输入数值 0.7；在 垂直位置(S): 下拉列表中选择 中 选项，在 消零 选项组中选中 ☑ 后续(T) 复选框，单击该对话框中的 确定 按钮，单击 置为当前(U) 按钮后单击 关闭 按钮。

（2）选择下拉菜单 标注(N) → 线性(L) 命令，选取两尺寸界线原点，在绘图区单击一点以确定尺寸的放置位置，结果如图 2.6.24 所示。

Step4. 创建图 2.6.25 所示的表面粗糙度标注。选择下拉菜单 插入(I) → 块(B)... 命令，系统弹出“插入”对话框，选择 名称(N): 下拉列表中的“表面粗糙度符号”为插入对象，单击 确定 按钮，在命令行中输入字母 R 并按 Enter 键，然后输入旋转的角度值 90 后按 Enter 键，在绘图区单击以确定表面粗糙度符号的放置位置；输入表面粗糙度值后按 Enter 键，完成块的插入。参照上述方法，完成图 2.6.25 中其他的表面粗糙度标注。

Step5. 创建图 2.6.1 所示的文字标注。

（1）将图层切换至“文字层”。

（2）创建文字。选择下拉菜单 绘图(D) → 文字(X) ▸ → 单行文字(S) 命令，在绘图区选取一点，在命令行中输入数值 3.5 并按 Enter 键，输入数值 0 并按 Enter 键，输入“通孔”后按两次 Enter 键。

（3）选择下拉菜单 修改(M) → 移动(V) 命令将文字移动至适当的位置。

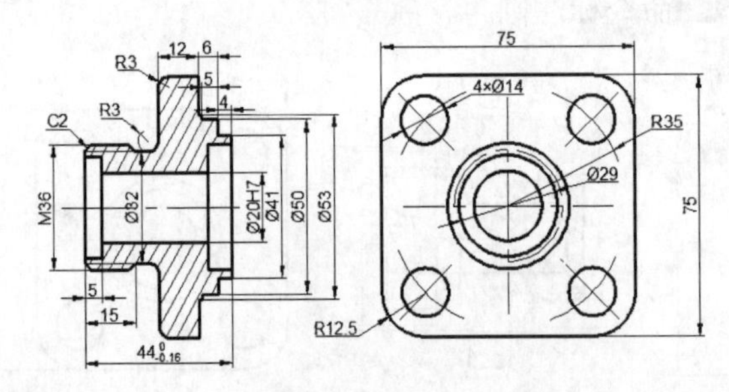

图 2.6.24　带公差的尺寸标注

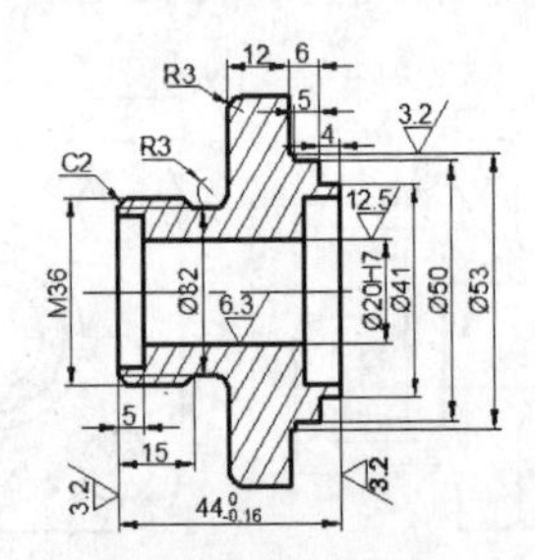

图 2.6.25　表面粗糙度标注

Task5．保存文件

选择下拉菜单 文件(F) → 保存(S) 命令，将图形命名为“阀盖. dwg”，单击 保存(S) 按钮。

2.7　隔　　套

在机械设计中，有时需要一个三维视图才能将零件表达清楚。在本例中，将创建四个图形作为一个盘零件的四个视图（即主视图、左视图、俯视图和一个局部放大图）。其中主视图、左视图和俯视图要符合长对正、高平齐、宽相等的视图原则，如图 2.7.1 所示。下面介绍其设计过程。

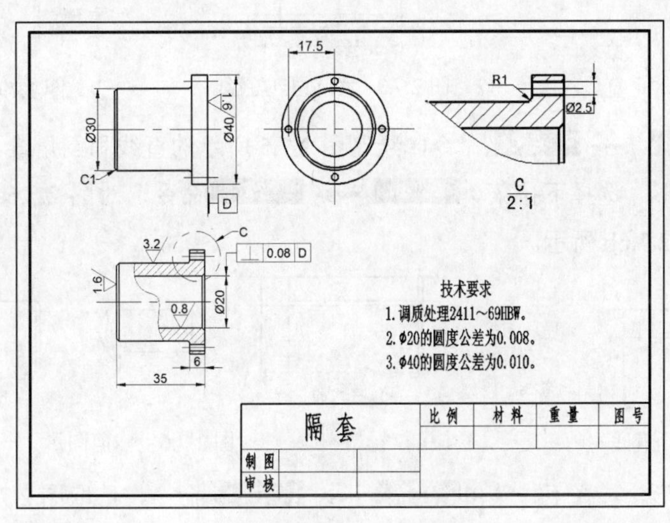

图 2.7.1　隔套

Task1．选用样板文件

使用随书光盘上提供的样板文件。选择下拉菜单 文件(F) → 新建(N)... 命令，在系统弹出的“选择样板”对话框中，找到文件 D:\AutoCAD2014.2\system_file\Part_temp_A3.dwg，然后单击 打开(O) 按钮。

Task2．创建主视图

Step1．绘制中心线。

（1）切换图层。将图层切换至“中心线层”。

（2）选择下拉菜单 绘图(D) → 直线(L) 命令，绘制长度值为 50 的水平中心线。

Step2．绘制图 2.7.2 所示的三条水平直线。

（1）创建图 2.7.2 所示的直线。选择下拉菜单 修改(M) → 偏移(S) 命令，将水平中心线向上偏移，偏移距离值为 14。

（2）用相同的方法，以水平中心线为偏移对象，向上偏移，偏移距离值分别为 15、20。

（3）转换线型。将步骤（1）、（2）偏移得到的三条中心线转换为轮廓线，结果如图 2.7.2 所示。

Step3. 绘制直线。

（1）将图层切换至“轮廓线层”。

（2）选择下拉菜单 绘图(D) → 直线(L) 命令，绘制图 2.7.3 所示的直线。

Step4. 创建圆角。选择下拉菜单 修改(M) → 圆角(F) 命令，设置圆角半径值为 1，结果如图 2.7.4 所示。

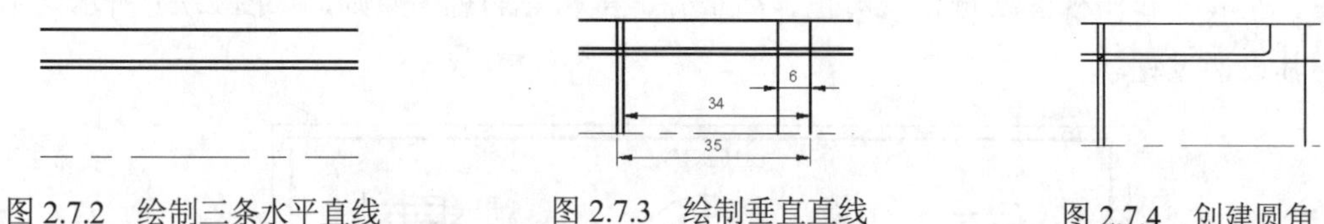

图 2.7.2　绘制三条水平直线　　图 2.7.3　绘制垂直直线　　图 2.7.4　创建圆角

Step5. 用 绘图(D) → 直线(L) 命令，绘制图 2.7.5 所示的直线和倒角线。

Step6. 修剪图形。选择下拉菜单 修改(M) → 修剪(T) 命令，对图 2.7.6a 所示的图形进行修剪，结果如图 2.7.6b 所示。

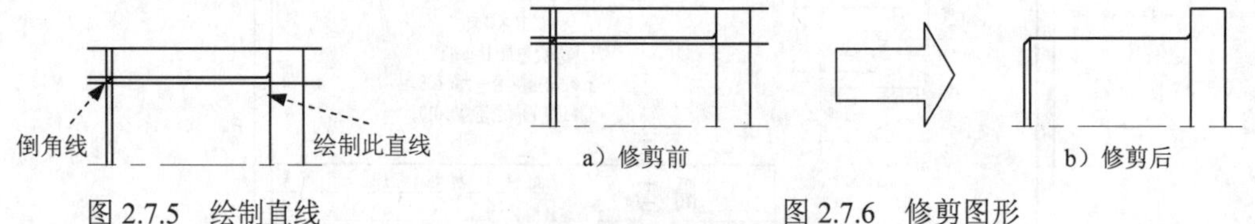

图 2.7.5　绘制直线　　图 2.7.6　修剪图形

Step7. 镜像图形。选择下拉菜单 修改(M) → 镜像(I) 命令，选取图 2.7.7a 所示的图形为镜像对象，选取水平中心线为镜像线，结果如图 2.7.7 b 所示。

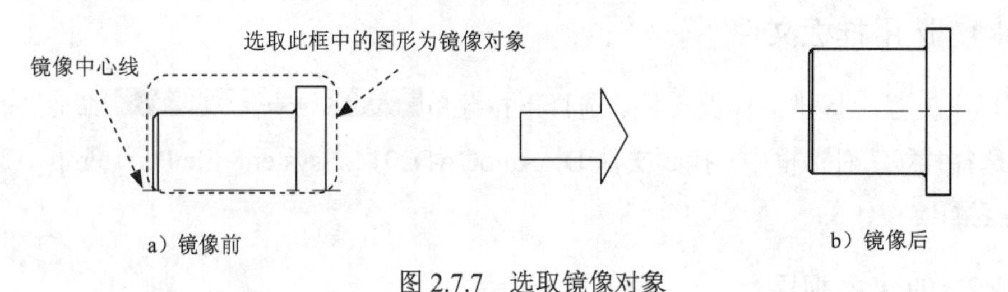

图 2.7.7　选取镜像对象

Task3. 创建左视图

Step1. 创建中心线。

（1）拉伸水平中心线。单击主视图中的中心线使其显示夹点，然后选择其右端夹点，水平拖移至适当的位置作为创建左视图的水平基准线。

注意：在拉伸之前要先确认 （正交模式）按钮处于显亮状态。

（2）绘制垂直中心线。在合适位置绘制长度值为 55 的垂直直线并将其切换到“中心线层”。

Step2. 绘制图 2.7.8 所示的四个圆。选取两条中心线的“交点”作为圆的圆心，用 绘图(D) → 圆(C) → 圆心、直径(D) 命令绘制圆，结果如图 2.7.8 所示。

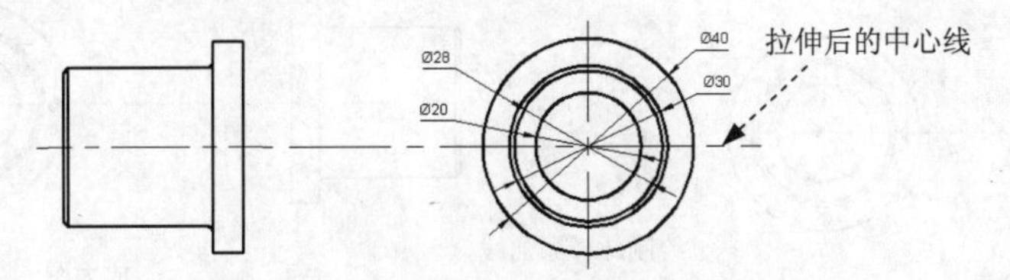

图 2.7.8　绘制圆和中心线

Step3. 绘制图 2.7.9 所示的四个圆。

（1）用偏移的方法将第一条垂直中心线向左偏移 17.5，创建第二条垂直中心线。

（2）用 绘图(D) → 圆(C) → 圆心、直径(D) 命令，绘制图 2.7.9 所示的圆，其直径值为 2.5。

（3）选择下拉菜单 修改(M) → 阵列(A)... 命令，选取图 2.7.9 所示的圆和点分别作为阵列对象和阵列中心点，设置项目总数为 4，填充角度为 360。

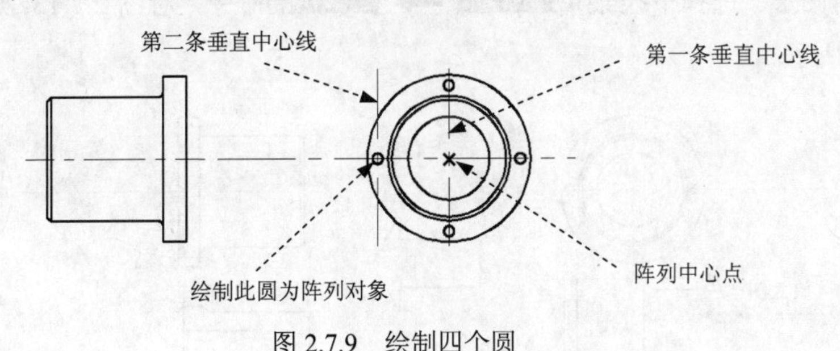

图 2.7.9　绘制四个圆

Step4. 绘制中心线 1 和中心线 2。用偏移的方法创建两条中心线，设定偏移距离值为 17.5，然后通过编辑夹点，将中心线拖移至图 2.7.10 所示的位置，结果如图 2.7.10 所示。

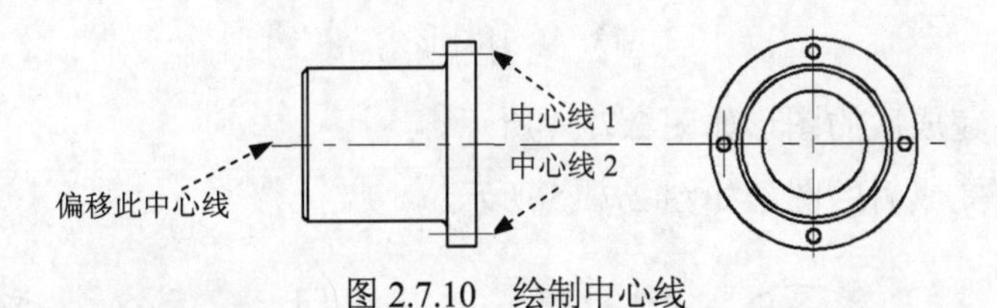

图 2.7.10　绘制中心线

Task4. 创建俯视图

Step1. 复制图形。选择下拉菜单 修改(M) → 复制(Y) 命令，对主视图进行复制操作，结果如图 2.7.11 所示。

注意： 在进行复制操作之前要先确认 （正交模式）按钮处于显亮状态，以保证“长对正”的原则。

Step2. 绘制样条曲线。将图层切换至“剖面线层”，选择下拉菜单 绘图(D) → 样条曲线(S) → 拟合点(F) 命令，绘制图 2.7.12 所示的样条曲线。

Step3. 绘制四条直线。将图层切换至“轮廓线层”，用 绘图(D) → 直线(L) 命令，绘制图 2.7.12 所示的四条直线。

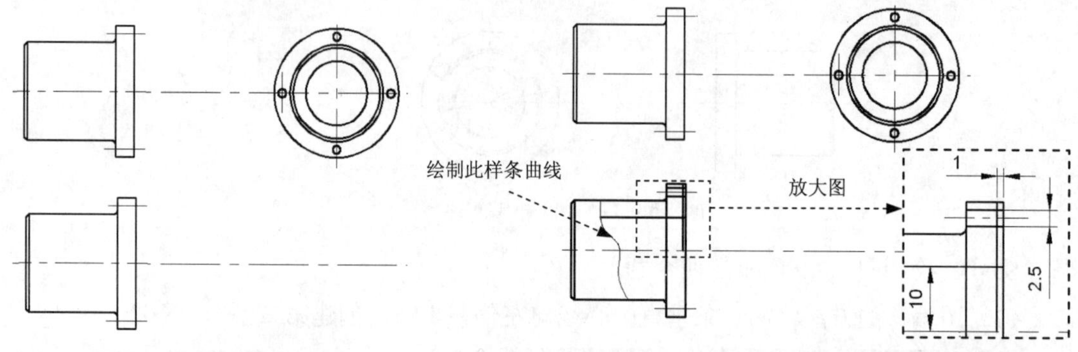

图 2.7.11　复制图形　　　图 2.7.12　绘制样条曲线与直线

Step4. 创建倒角。选择下拉菜单 修改(M) → 倒角(C) 命令，设定倒角距离值为 1，设定修剪模式为“不修剪”，结果如图 2.7.13a 所示。

Step5. 修剪图形。选择下拉菜单 修改(M) → 修剪(T) 命令，对图 2.7.13a 进行修剪，结果如图 2.7.13b 所示。

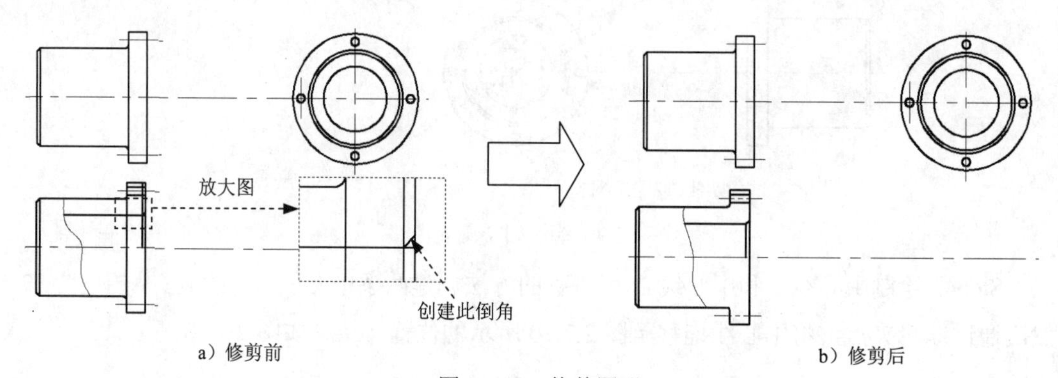

图 2.7.13　修剪图形

Step6. 镜像图形，完成后的图形如图 2.7.14 所示。

Step7. 修剪图形，完成后的图形如图 2.7.15 所示。

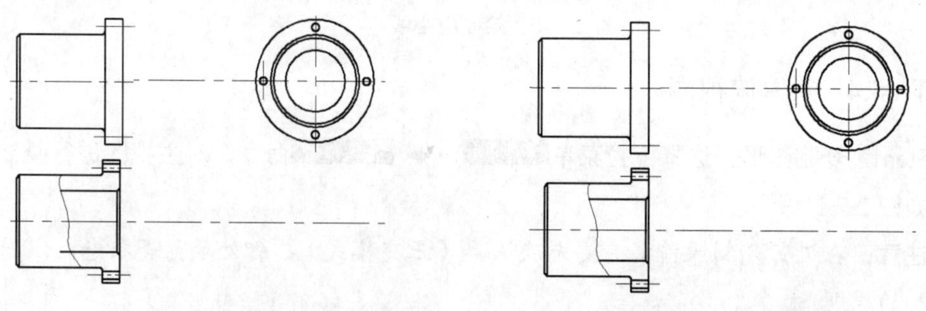

图 2.7.14　镜像图形　　　图 2.7.15　修剪图形

Task5. 创建局部放大图

Step1. 复制图形。选择 修改(M) → 复制(Y) 命令，对俯视图进行复制操作。

Step2. 绘制样条曲线。

（1）将图层切换至“剖面线层”，在状态栏中单击（正交模式）和（对象捕捉）按钮，使其处于关闭状态。

（2）选择下拉菜单 绘图(D) → 样条曲线(S) → 拟合点(F) 命令，依次选取样条曲线要通过的点，按 Enter 键结束操作。

Step3. 修剪图形。修剪 Step1 复制的图形并对复制后的线条进行修剪，完成后的图形如图 2.7.16 所示。

Step4. 缩放图形。

（1）选择命令。在状态栏中单击（对象捕捉）按钮，使其处于显亮状态。选择下拉菜单 修改(M) → 缩放(L) 命令。

（2）在 选择对象: 的提示下，选取图 2.7.17 所示的图形为缩放对象，按 Enter 键。

（3）在命令行中 指定基点: 的提示下，选取点 A 为缩放基点。

（4）在命令行 指定比例因子或 [复制(C)/参照(R)] <1.0000>: 的提示下，指定比例因子为 2，完成后的图形如图 2.7.17 所示。

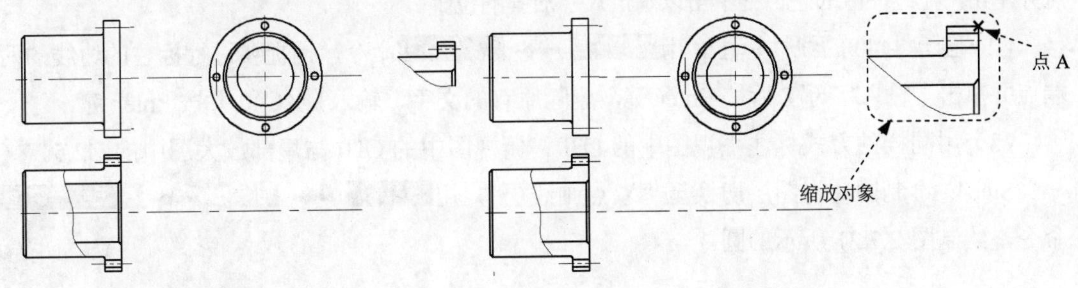

图 2.7.16　复制并修剪图形　　图 2.7.17　缩放图形

Task6. 创建图案填充

选择 绘图(D) → 图案填充(H)... 命令，创建图 2.7.18 所示的图案填充。其中，填充类型为 用户定义，填充角度值为 45，填充间距值为 2。

说明：放大图的剖面线间距应该为原图剖面线间距的两倍。

Task7. 修剪中心线

Step1. 将图中的中心线拉伸至适当的位置，拉伸后如图 2.7.18 所示。

Step2. 在主视图与左视图的水平中心线上绘制图 2.7.19 所示的点 A 和点 B，然后将线段 AB 删除。

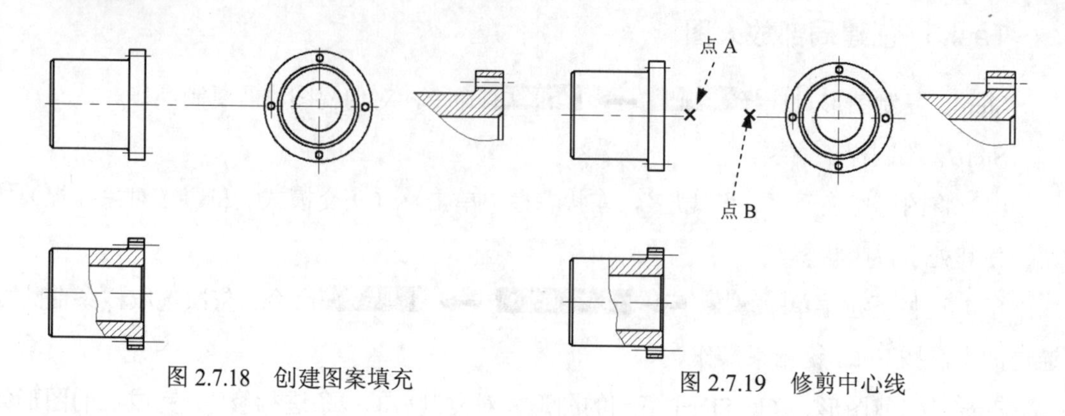

图 2.7.18　创建图案填充　　　　图 2.7.19　修剪中心线

Task8. 对图形进行尺寸标注

Step1. 设置标注样式。选择下拉菜单 格式(O) → 标注样式(D)... 命令，单击“标注样式管理器”对话框中的 修改(M)... 按钮，将“修改标注样式”对话框的 文字 选项卡中的 文字高度(T): 的值设定为 3.5，设置文字对齐方式为 ⊙与尺寸线对齐，在 主单位 选项卡中的 精度(P): 下拉列表中选择 0.0 选项，在 消零 选项组中选中 ☑后续(T) 复选框，单击 确定 按钮后单击 关闭(C) 按钮。

Step2. 切换图层。在“图层”工具栏中，选择“尺寸线层”。

Step3. 创建图 2.7.20 所示的线性标注。

（1）创建一般的线性标注。用 标注(N) → 线性(L) 命令，捕捉要进行标注的边线的两端点并单击，在绘图区的空白处单击以确定尺寸放置的位置。

（2）创建 Ø40 的线性标注。用 标注(N) → 线性(L) 命令，捕捉要进行标注的边线的两端点并单击，输入字母 T 后按 Enter 键，删除原有的文字，输入%%C40 并按 Enter 键。

（3）用同样的方式标注主视图中的 Ø30、俯视图中的 Ø20 与局部放大图中的 Ø2.5。

Step4. 绘制圆。将图层切换至“双点画线层”，用 绘图(D) → 圆(C) → 圆心、半径(R) 命令，绘制图 2.7.21 所示的圆。

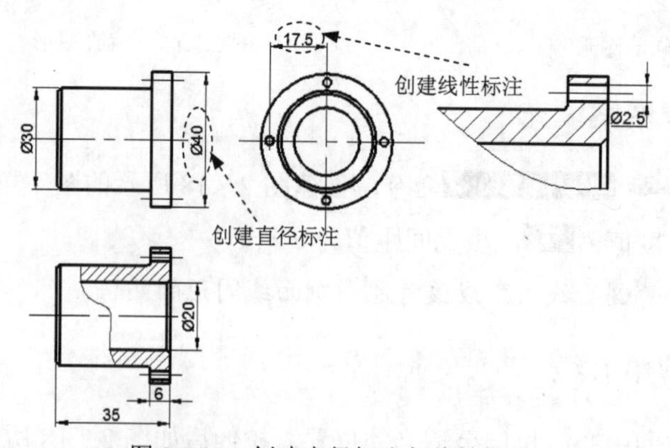

图 2.7.20　创建直径标注与线性标注

Step5. 将图层切换至“尺寸线层”，在命令行输入命令 QLEADER 后按 Enter 键，在命令行中输入字母 S 后按 Enter 键，系统弹出“引线设置”对话框；将引线和箭头选项卡中的点数复选框中的最大值设置为 3；在注释选项卡中的注释类型选项组中选中⊙多行文字(M)单选项，单击确定按钮，创建引线标注，完成后的图形如图 2.7.21 所示。

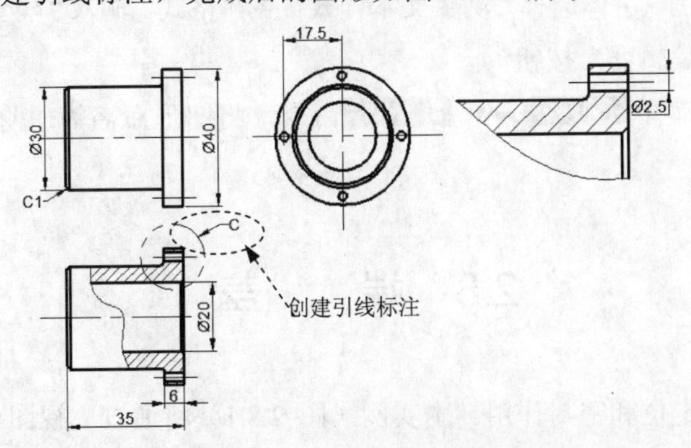

图 2.7.21　创建引线标注

Step6. 创建图 2.7.22 所示的表面粗糙度标注。用插入(I) → 块(B)...命令，在系统弹出的“插入”对话框中，选择“表面粗糙度符号”；在旋转区域角度(A):文本框中指定放置角度，单击确定按钮；选取一点以确定表面粗糙度符号的放置位置并单击，输入所要标注的表面粗糙度值，按 Enter 键，结果如图 2.7.22 所示。

Step7. 创建图 2.7.22 所示的形位公差标注。

（1）创建基准面 D。

说明：如果图中有多个基准面，最好通过块来创建基准符号。

（2）选择标注(N) → 公差(T)...命令创建形位公差标注并为其添加引线。

Step8. 选择标注(N) → 半径(R)命令完成半径的标注，结果如图 2.7.22 所示。

Step9. 切换图层。将图层切换至“文字层”。

Step10.创建多行文字。选择绘图(D) → 文字(X) → 多行文字(M)...命令完成多行文字的创建（图 2.7.22）。

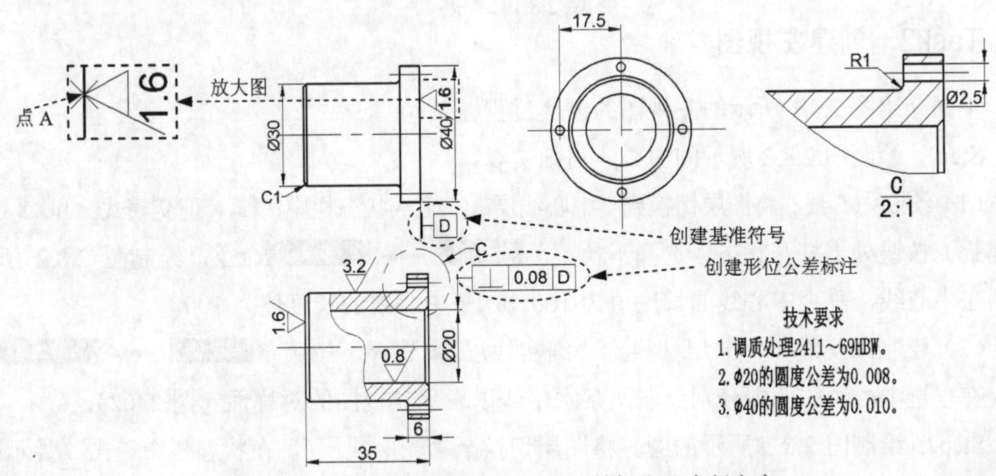

图 2.7.22　创建表面粗糙度、形位公差标注及多行文字

Task9. 填写标题栏并保存文件

Step1. 选择 绘图(D) → 文字(X)▸ → 多行文字(M)... 命令，在标题栏指定区域选取两点以指定输入文字的范围，字体选择“汉字文本样式”字体格式，输入“隔套”，单击 文字编辑器 面板上的“关闭文字编辑器”按钮。

Step2. 选择下拉菜单 文件(F) → 保存(S) 命令，将图形命名为“阶梯轴.dwg”，单击 保存(S) 按钮。

2.8 端　　盖

端盖主要起轴向定位和密封作用。本实例（图 2.8.1）将通过主视图、左视图和局部放大图来清楚地表示端盖的结构形状和尺寸，下面介绍其创建过程。

Task1. 选用样板文件

使用随书光盘中提供的样板文件。选择下拉菜单 文件(F) → 新建(N)... 命令，在系统弹出的“选择样板”对话框中，找到文件 D:\AutoCAD2014.2\system_file\Part_temp_A3.dwg，然后单击 打开(O) 按钮。

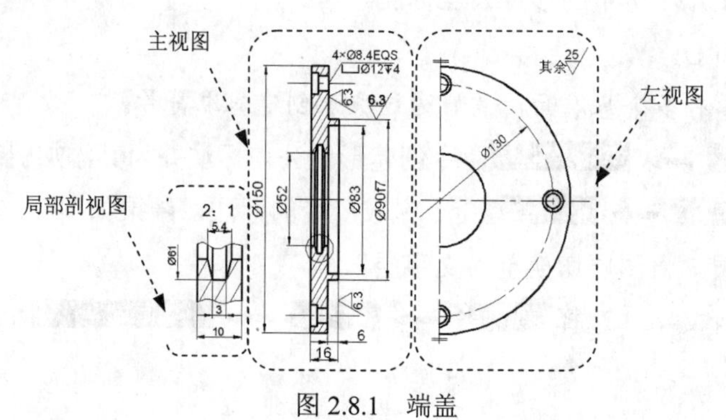

图 2.8.1　端盖

Task2. 创建左视图

下面介绍图 2.8.1 所示的左视图的创建过程。

Step1. 绘制图 2.8.2 所示的中心线与细实线。

（1）绘制中心线。将图层切换到“中心线层”，确认状态栏中的（正交模式）和（对象捕捉）按钮处于打开状态。选择下拉菜单 绘图(D) → 直线(L) 命令，绘制图 2.8.2 所示的两条中心线，垂直中心线的长度值为 160，水平中心线的长度值为 100。

（2）绘制细实线。将图层切换到“细实线层”，选择下拉菜单 绘图(D) → 直线(L) 命令，在垂直中心线的两端分别绘制两条水平线以表示左视图的对称性（图 2.8.2）。

Step2. 绘制图 2.8.3 所示的圆。将图层切换至“轮廓线层”，在状态栏中单击“显示/隐藏线宽”按钮＋，打开线宽显示模式；选择下拉菜单 绘图(D) → 圆(C) → 圆心、直径(D) 命令，捕捉两条中心线的“交点”并单击，输入直径值 150 后按 Enter 键；按 Enter 键以重复绘制圆的命令，创建直径值为 52 的圆。

注意：在此处按 Enter 键可以重复圆的绘制命令，但是在命令行中直接输入的不是圆的直径，而是圆的半径。

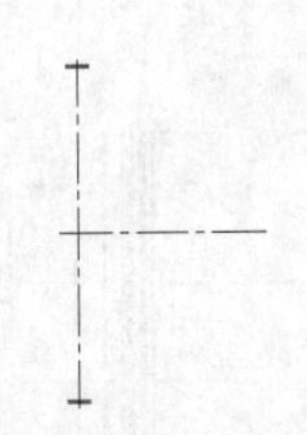

图 2.8.2　绘制中心线

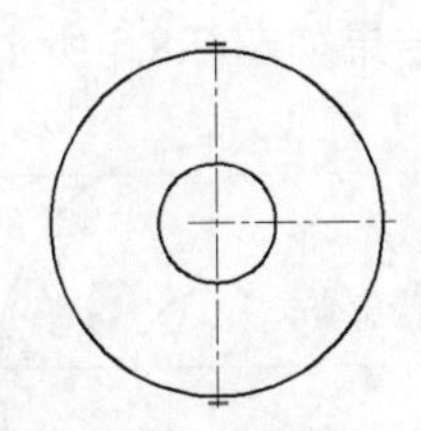

图 2.8.3　绘制同心圆

Step3. 绘制图 2.8.4 所示的辅助圆。将图层切换至“中心线层”，选择下拉菜单 绘图(D) → 圆(C) → 圆心、直径(D) 命令，以两条中心线的交点为圆心，绘制直径值为 130 的圆。

Step4. 绘制图 2.8.5 所示的六个圆。将图层切换至“轮廓线层”，选择下拉菜单 绘图(D) → 圆(C) → 圆心、直径(D) 命令，以中心线与辅助圆的交点为圆心，绘制直径值分别为 12 与 8.4 的圆。

Step5. 修剪图形。选择下拉菜单 修改(M) → 修剪(T) 命令，对图形进行修剪，结果如图 2.8.6 所示。

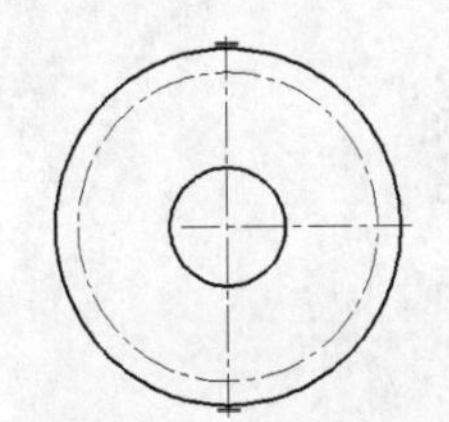

图 2.8.4　绘制辅助圆

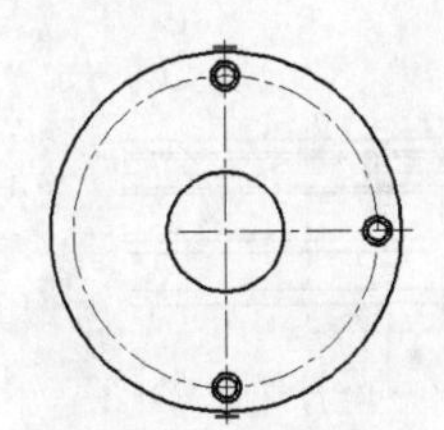

图 2.8.5　绘制六个圆

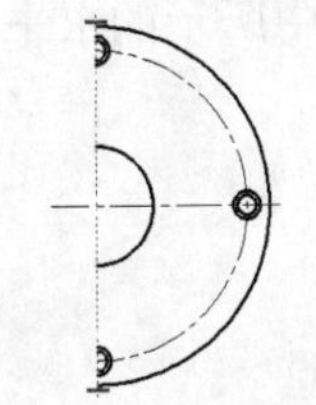

图 2.8.6　对图形进行修剪

Task3. 创建主视图

下面介绍图 2.8.1 所示的主视图的创建过程。

Step1. 创建图 2.8.7 所示的中心线。

（1）用拉伸的方法创建第一条水平中心线。通过编辑夹点来拉伸水平中心线，使其作为创建主视图的水平基准线，结果如图 2.8.7 所示。

（2）用偏移的方法创建第二条水平中心线。选择下拉菜单 修改(M) → 偏移(S) 命令，将第一条水平中心线向上偏移，偏移距离值为 65。

Step2. 创建图 2.8.8 所示的垂直构造线。

（1）绘制图 2.8.8 所示的第一条垂直构造线。选择 绘图(D) → 构造线(T) 命令，在命令行中输入字母 V 后按 Enter 键，在左视图左侧的空白区域选择一点，按 Enter 键结束命令。

（2）创建图 2.8.8 所示的第二条垂直构造线。按 Enter 键以重复绘制构造线的命令，在命令行中输入字母 O 后按 Enter 键，输入偏移距离值 6 后按 Enter 键，将第一条垂直构造线向左偏移，按 Enter 键结束命令。

（3）重复上述操作，将第一条垂直构造线向左偏移，偏移距离值分别为 8.3、9.5、12.5、13.7 和 16，结果如图 2.8.8 所示。

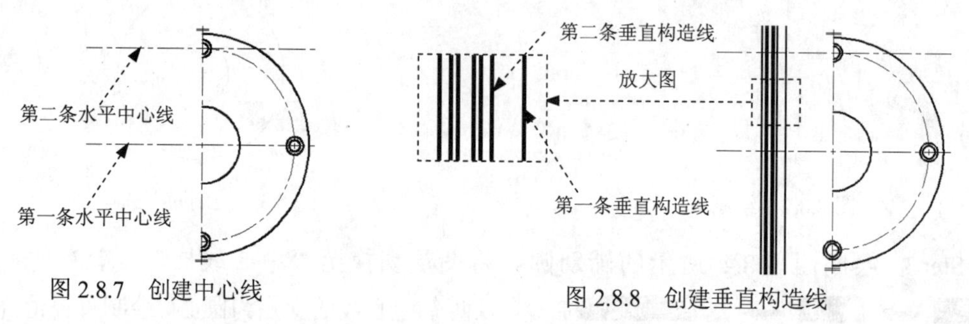

图 2.8.7　创建中心线　　　图 2.8.8　创建垂直构造线

Step3. 创建图 2.8.9 所示的九条水平构造线。

（1）选择下拉菜单 绘图(D) → 构造线(T) 命令，输入字母 H 后按 Enter 键，依次捕捉图中 A～F 六个交点并单击，按 Enter 键结束命令。

（2）按 Enter 键以重复绘制构造线命令，输入字母 O 并按 Enter 键，将图 2.8.9 所示的水平中心线向上偏移，偏移距离值为 30.5，按 Enter 键结束命令。

（3）用同样的方法分别创建偏移距离值为 41.5 和 45 的水平构造线，选取的直线对象为图 2.8.9 中所示的水平中心线。

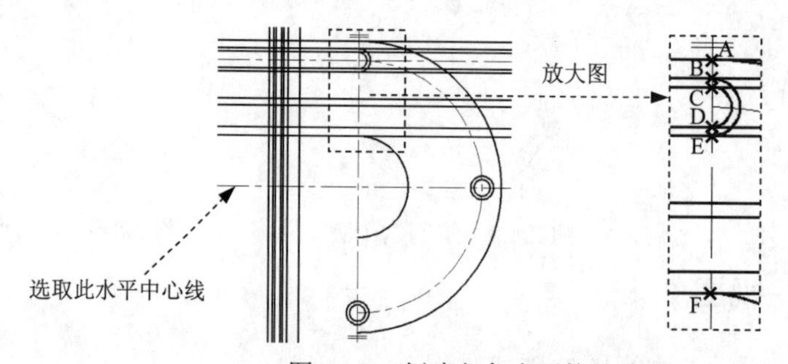

图 2.8.9　创建九条水平构造线

Step4. 修剪图形。选择下拉菜单 修改(M) → 修剪(T) 命令，对主视图（图 2.8.10a）进行修剪，结果如图 2.8.10b 所示。

Step5. 选择下拉菜单 绘图(D) → 直线(L) 命令，绘制图 2.8.11 所示的直线 1 和直线 2。

Step6. 镜像图形。选择下拉菜单 修改(M) → 镜像(I) 命令，用窗口选取的方法，选取图 2.8.11 所示的图形为镜像对象，按 Enter 键结束选择；在水平中心线上选取任意两点作为镜像点，在命令行中输入字母 N 后按 Enter 键，结果如图 2.8.12 所示。

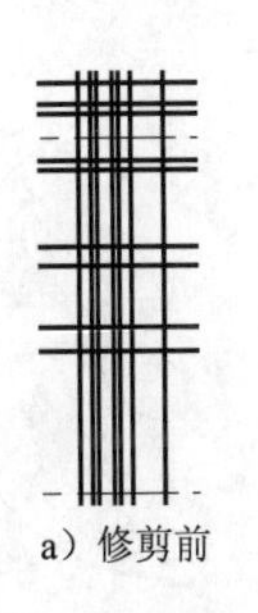
a）修剪前

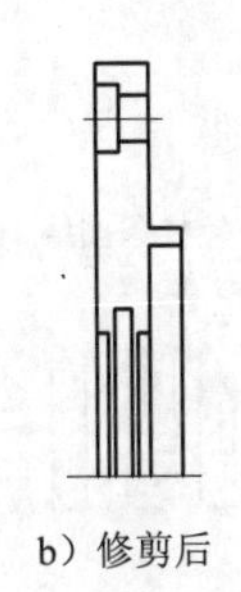
b）修剪后

图 2.8.10　修剪图形

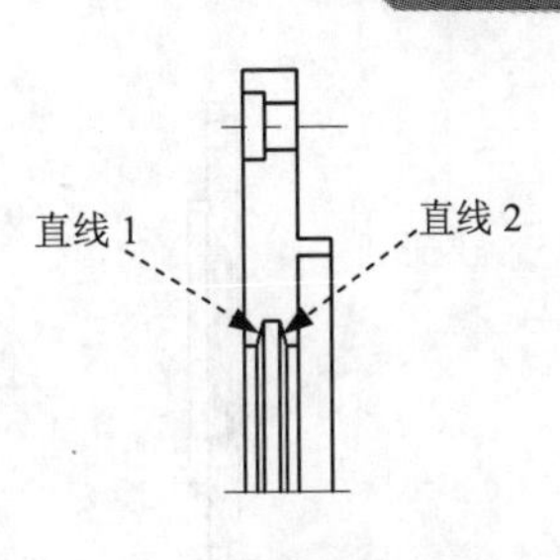

图 2.8.11　绘制直线

Step7. 对图形进行图案填充。将图层切换至“剖面线层”，选择下拉菜单 绘图(D) → 图案填充(H)... 命令，创建图 2.8.13 所示的图案填充。其中，填充类型为 用户定义，填充角度值为 60，剖面线间距值为 3。

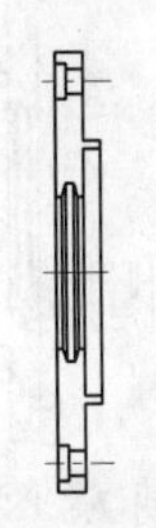
图 2.8.12　镜像图形

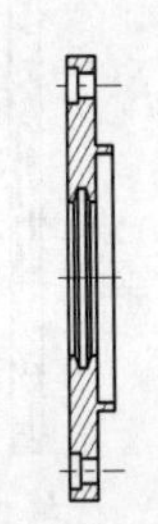
图 2.8.13　对图形进行图案填充

Step8. 选择下拉菜单 修改(M) → 打断(K) 命令，将水平中心线打断。

Task4. 创建局部放大图

下面介绍图 2.8.1 所示的局部放大图的创建方法。

Step1. 标出放大部位。将图层切换至“双点画线层”，选择下拉菜单 绘图(D) → 圆(C) → 圆心、半径(R) 命令，在主视图中绘制圆以标出要进行放大的部位，如图 2.8.14 所示。

Step2. 进行图形的复制操作。选择下拉菜单 修改(M) → 复制(Y) 命令，选取主视图并按 Enter 键（即选取主视图为复制对象），选取任一点作为复制的基点，在绘图区域中选取另一点以确定复制图形放置的位置，按 Enter 键结束操作。

Step3. 绘制样条曲线。将图层切换至“剖面线层”，选择下拉菜单 绘图(D) → 样条曲线(S) → 拟合点(F) 命令，绘制图 2.8.15 所示的样条曲线 1 与样条曲线 2。

Step4. 修改图形。选择下拉菜单 修改(M) → 修剪(T) 命令与 修改(M) → 删除(E) 命令对图形进行修改，结果如图 2.8.16 所示。

Step5. 缩放图形。选择下拉菜单 修改(M) → 缩放(L) 命令；在 选择对象: 的提示下，选取图 2.8.16 放大图中所示的图形为缩放对象，按 Enter 键结束选取；在命令行中 指定基点: 的提示下，选取图 2.8.16 所示的 A 点为缩放基点；在命令行输入数值 2，完成图形的缩放，结果如图 2.8.17 所示。

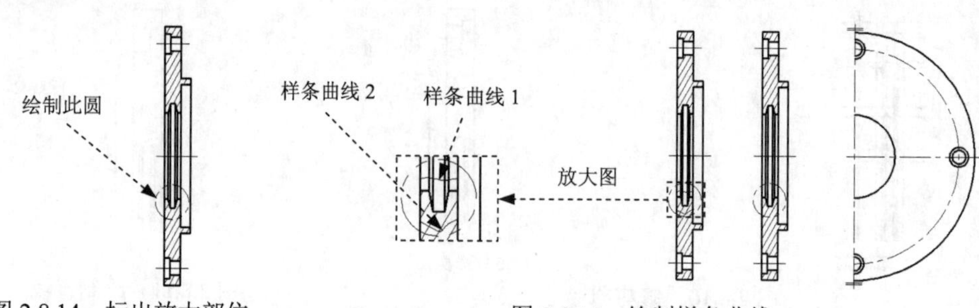

图 2.8.14 标出放大部位

图 2.8.15 绘制样条曲线

Step6. 对图形进行图案填充。选择下拉菜单 绘图(D) → 图案填充(H)... 命令，创建图 2.8.18 所示的图案填充。其中，填充类型为 用户定义，填充角度值为 60，剖面线间距值为 6。

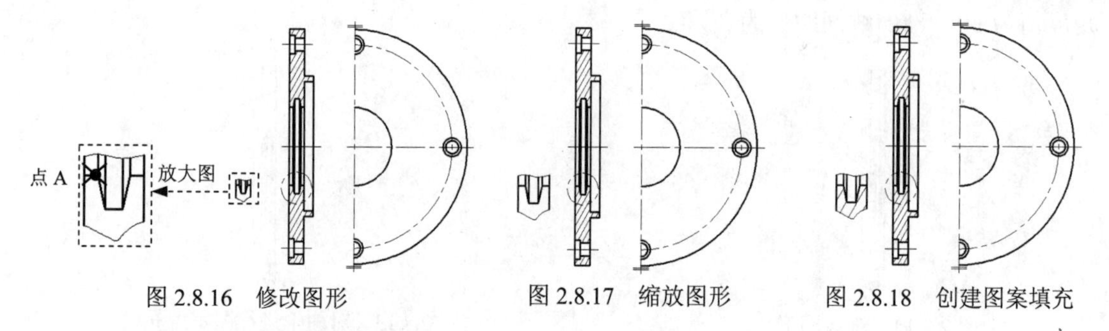

图 2.8.16 修改图形

图 2.8.17 缩放图形

图 2.8.18 创建图案填充

Task5. 对图形进行尺寸标注

下面介绍图 2.8.1 所示图形的标注。

Step1. 将图层切换至“尺寸线层”。

Step2. 选择下拉菜单 标注(N) → 线性(L) 命令，创建图 2.8.19 所示的线性标注。

Step3. 创建直径的标注。

（1）选择下拉菜单 标注(N) → 线性(L) 命令，分别捕捉直线的起点与端点，在命令行输入字母 T 后按 Enter 键，在命令行输入文本%%C 和相应的直径值后按 Enter 键，在绘图区的空白区域单击一点，以确定尺寸放置的位置，结果如图 2.8.20 所示。

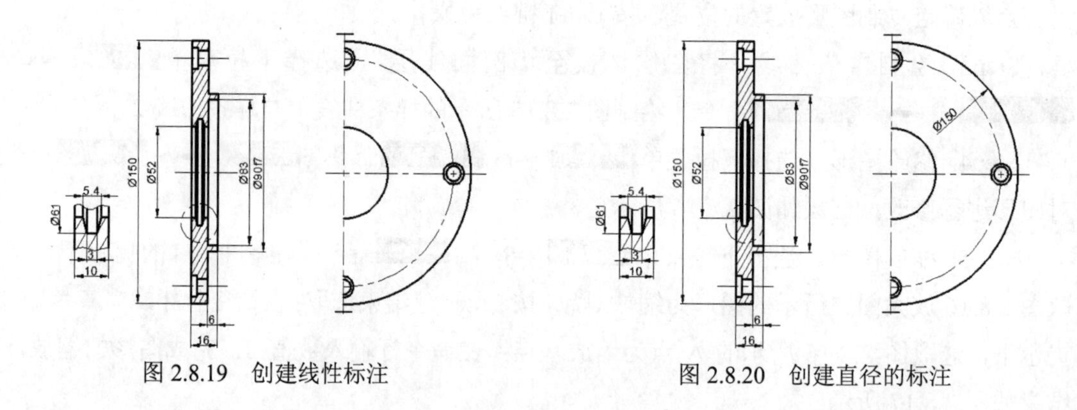

图 2.8.19 创建线性标注

图 2.8.20 创建直径的标注

说明：标注“Ø61”时，有两种方法：

方法一：选择下拉菜单 绘图(D) → 直线(L) 命令绘制尺寸界线，用 QLEADER 命令创建尺寸线，选择下拉菜单 绘图(D) → 文字(X) ▸ → 多行文字(M)... 命令创建尺寸值。

方法二：新建标注样式，将“线”选项卡 隐藏: 选项组中的 ☑ 尺寸线 2(D) 复选框选中，将 符号和箭头 选项卡的 箭头 选项组中的 第二个(D): 设置为“无”，然后单击 确定 按钮，单击 置为当前(U) 后再单击 关闭 按钮。

（2）选择下拉菜单 标注(N) → 直径(D) 命令，标注图 2.8.20 所示的圆。

Step4. 创建图 2.8.21 所示的表面粗糙度标注。

（1）选择下拉菜单 插入(I) → 块(B)... 命令，系统弹出“插入”对话框，选择 名称(N): 下拉列表中的“表面粗糙度符号”为插入对象，单击 确定 按钮，系统返回到绘图区，移动光标在合适的位置单击，输入表面粗糙度数值 6.3，按 Enter 键结束操作，结果如图 2.8.21 所示。

（2）参照步骤（1）的操作，创建其他的表面粗糙度标注。

Step5. 创建图 2.8.22 所示的沉孔的标注。

（1）设置引线样式。在命令行输入命令 QLEADER 后按 Enter 键，在系统 指定第一个引线点或 [设置(S)] <设置> 的提示下按 Enter 键，在系统弹出的“引线设置”对话框 注释 选项卡中选中 ⊙ 无(O) 单选项；在 引线和箭头 选项卡中选中 ⊙ 直线(S) 单选项，在 箭头 下拉列表中选择 □无 选项，将 点数 选项组中的 最大值 设置为 3，单击 确定 按钮。

（2）选取图 2.8.22 所示的螺钉孔的中心线与轮廓线的交点为起点，在图形空白处再选取两点，以确定引线的位置。

（3）选择下拉菜单 绘图(D) → 文字(X) ▸ → 多行文字(M)... 命令，在引线上方输入文本 4×%%C8.4EQS，在引线下方输入文本⌴%%C12⩡4，单击 确定 按钮结束操作，如图 2.8.22 所示。

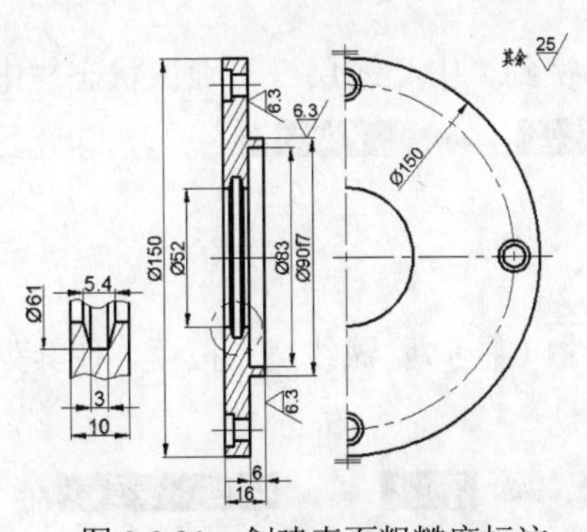

图 2.8.21　创建表面粗糙度标注

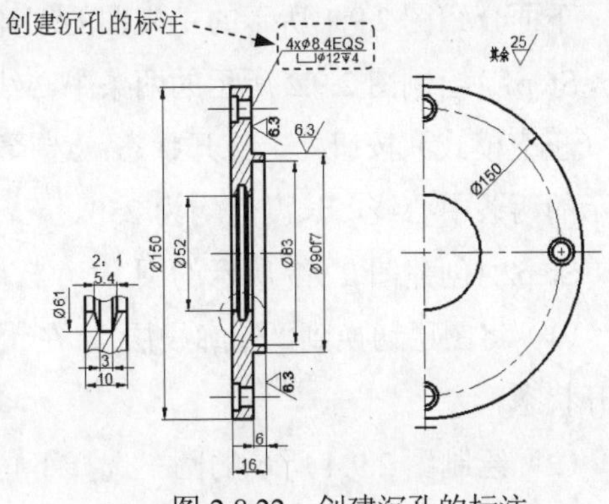

图 2.8.22　创建沉孔的标注

Step6. 选择下拉菜单 绘图(D) → 文字(X) ▸ → 多行文字(M)... 命令完成文字的创建，结果如图 2.8.1 所示。

Task6. 保存文件

选择 文件(F) → 保存(S) 命令，将图形命名为“端盖.dwg”，单击 保存(S) 按钮。

2.9 带 轮

本实例将创建带轮的两个视图（图 2.9.1），在这两个视图的绘制过程中，读者应该学会填充的使用和倾斜直线的绘制方法，下面介绍其设计过程。

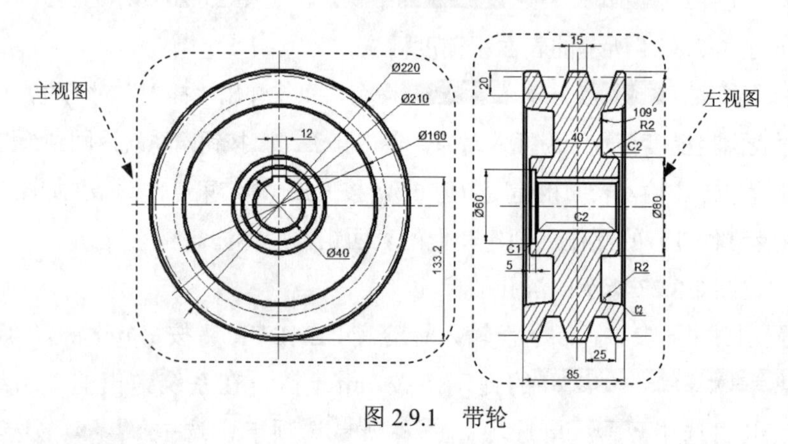

图 2.9.1 带轮

Task1．选用样板文件

使用随书光盘中提供的样板文件。选择下拉菜单 文件(F) → 新建(N)... 命令，在系统弹出的“选择样板”对话框中，找到文件 D:\AutoCAD2014.2\system_file\Part_temp_A2.dwg，然后单击 打开(O) 按钮。

Task2．创建主视图

下面介绍图 2.9.1 所示的主视图的创建方法。

Step1. 绘制图 2.9.2 所示的两条中心线。将图层切换到“中心线层”，确认状态栏中的 （正交模式）按钮处于打开状态；选择下拉菜单 绘图(D) → 直线(L) 命令，绘制图 2.9.2 所示的两条中心线，长度值均为 250。

Step2. 创建图 2.9.3 所示的圆。

（1）将图层切换到“轮廓线层”，在状态栏中单击 （显示/隐藏线宽）按钮，使其处于打开状态。

（2）绘制图 2.9.4 所示的圆。选择下拉菜单 绘图(D) → 圆(C) → 圆心、直径(D) 命令，捕捉水平中心线和垂直中心线的“交点”并单击，输入直径值 40 后按 Enter 键。

（3）按 Enter 键以重复圆的绘制命令，绘制图 2.9.5 所示的其他七个圆，与第一个圆同心，直径值由小到大依次为 60、80、155、160、180、210 和 220。

（4）切换圆所在的图层。将直径值为 180 的圆转移至“虚线层”，将直径为 210 的圆转移至“中心线层”，结果如图 2.9.6 所示。

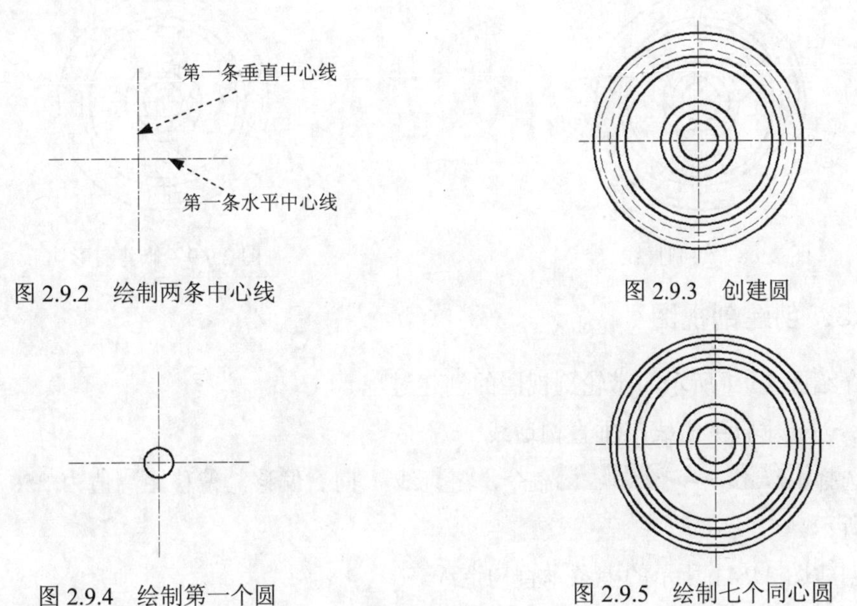

图 2.9.2　绘制两条中心线

图 2.9.3　创建圆

图 2.9.4　绘制第一个圆

图 2.9.5　绘制七个同心圆

Step3. 创建图 2.9.6 所示的键槽。

（1）用偏移的方法创建第二条水平中心线。选择下拉菜单 修改(M) → 偏移(S) 命令，在命令行中输入偏移距离值 23.2 后按 Enter 键，选取水平中心线为偏移对象，并在该水平中心线的上方单击以确定偏移方向，按 Enter 键结束命令。

（2）按 Enter 键以重复“偏移”命令，将垂直中心线分别向左右两边偏移，偏移距离值均为 6，结果如图 2.9.7 所示。

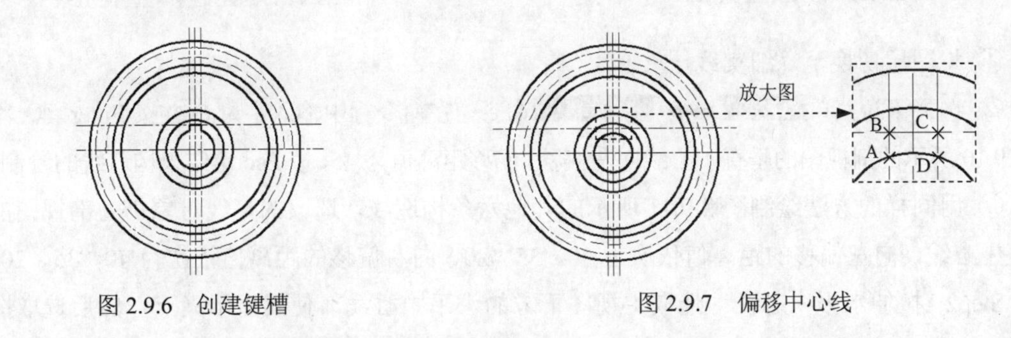

图 2.9.6　创建键槽

图 2.9.7　偏移中心线

（3）选择下拉菜单 绘图(D) → 直线(L) 命令，依次连接图 2.9.7 中的 A、B、C、D 四个点，结果如图 2.9.8 所示。

（4）选择下拉菜单 修改(M) → 修剪(T) 命令，对图中直径最小的圆进行修剪，结果如图 2.9.9 所示。

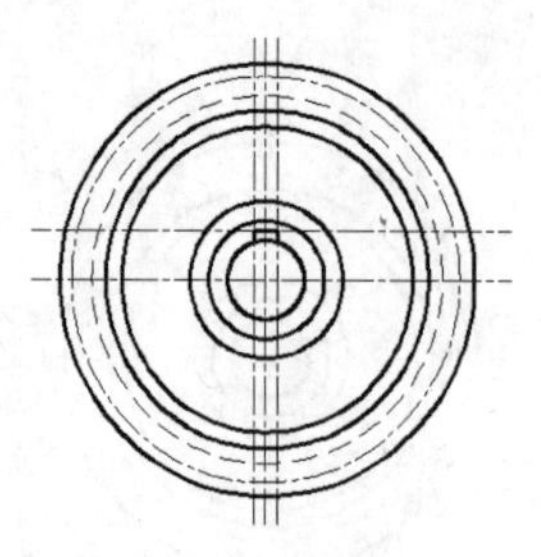

图 2.9.8　绘制直线

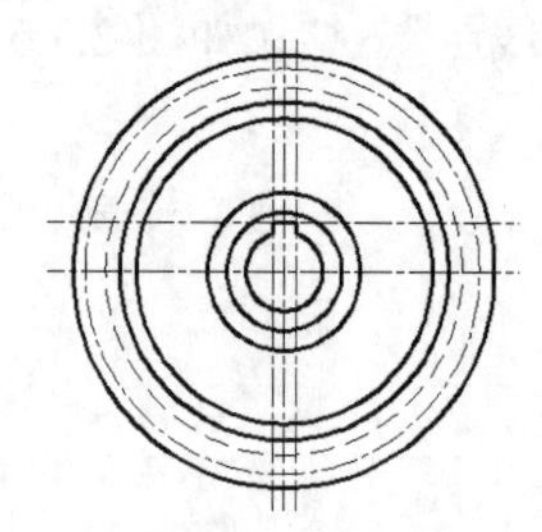

图 2.9.9　修剪图形

Task3. 创建剖视图

下面介绍图 2.9.1 所示的带轮剖视图的创建过程。

Step1. 创建垂直中心线与垂直构造线。

（1）选择 修改(M) → 偏移(S) 命令，将直线 1 向右偏移，偏移距离值为 250，结果如图 2.9.10 所示。

（2）创建图 2.9.11 所示的七条垂直构造线。

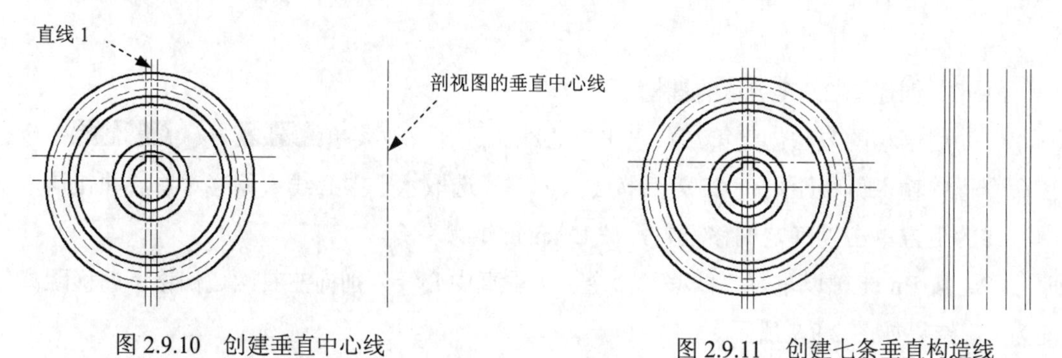

图 2.9.10　创建垂直中心线

图 2.9.11　创建七条垂直构造线

① 将图层切换至“细实线层”。

② 选择下拉菜单 绘图(D) → 构造线(T) 命令，在命令行中输入字母 O 并按 Enter 键。将图 2.9.10 所示的剖视图的垂直中心线向左偏移，偏移距离值为 45，按 Esc 键结束构造线的绘制。

③ 用同样的方法绘制图 2.9.11 所示的其他六条构造线，选取的直线对象仍为剖视图的垂直中心线，向左偏移的距离值依次为 40、35、20，向右偏移的距离值依次为 40、35、20。

Step2. 拉伸水平中心线。选取主视图下方的水平中心线，使其显示夹点，然后选取图 2.9.12a 所示的右端夹点，拖移至适当的位置；用同样的方法拉伸另一条水平中心线，完成后的图形如图 2.9.12b 所示。

Step3. 创建图 2.9.13 所示的 14 条水平构造线。选择下拉菜单 绘图(D) → 构造线(T) 命令；在命令行中输入字母 H 后按 Enter 键，依次捕捉图 2.9.13 所示的 14 个交点（A～N）并单击，按 Enter 键结束命令。

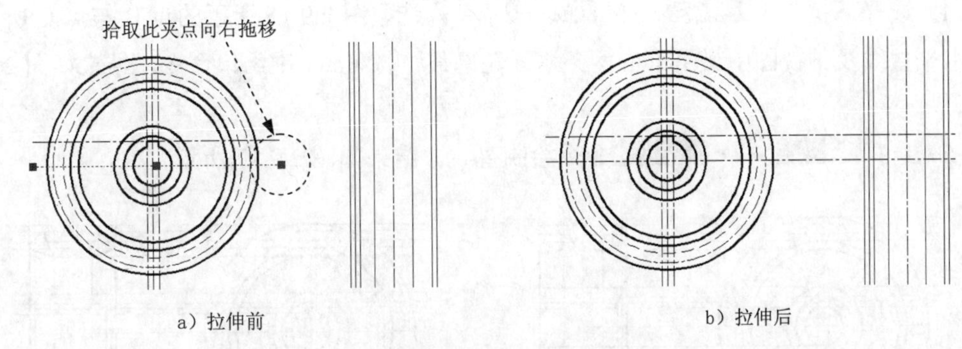

图 2.9.12 拉伸水平中心线

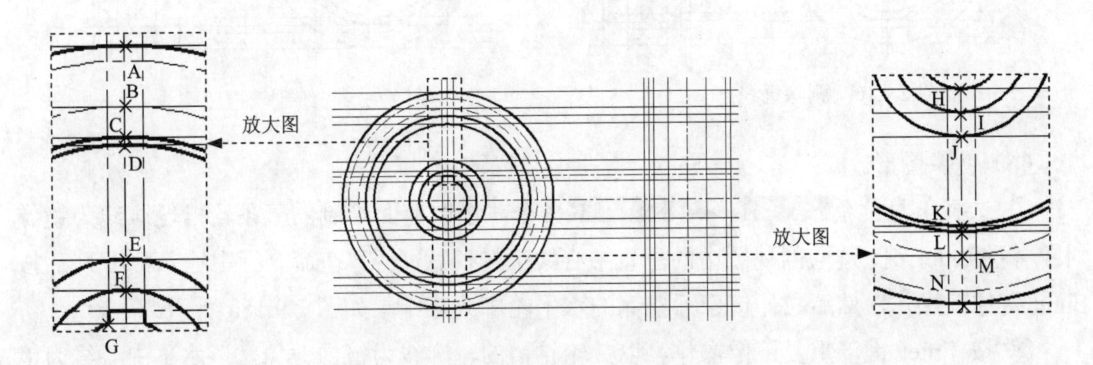

图 2.9.13 创建 14 条水平构造线

Step4. 创建剖面的主体轮廓。将图层切换至"轮廓线层"，选择下拉菜单 修改(M) → 偏移(S) 命令，将直线 1 分别向上、向下偏移，偏移距离值均为 105，如图 2.9.14 所示；选择下拉菜单 绘图(D) → 直线(L) 命令，绘制图 2.9.14 所示的剖面轮廓线。

Step5. 创建图 2.9.15 所示的带轮轮槽剖面的细部轮廓。

（1）选择下拉菜单 绘图(D) → 直线(L) 命令，以图 2.9.15 中的点 A 为起点，绘制长度值为 7.5 的水平线段，得到点 B。

（2）确认状态栏中的 （正交模式）按钮处于关闭状态，在命令行中输入<109 后按 Enter 键，移动光标至点 C 处单击，按 Enter 键结束命令。

（3）选择下拉菜单 修改(M) → 镜像(I) 命令，选取直线 BC 为镜像对象并按 Enter 键，选取图 2.9.15 所示的镜像线上的任意两点，在命令行中输入字母 N 后按 Enter 键结束命令。

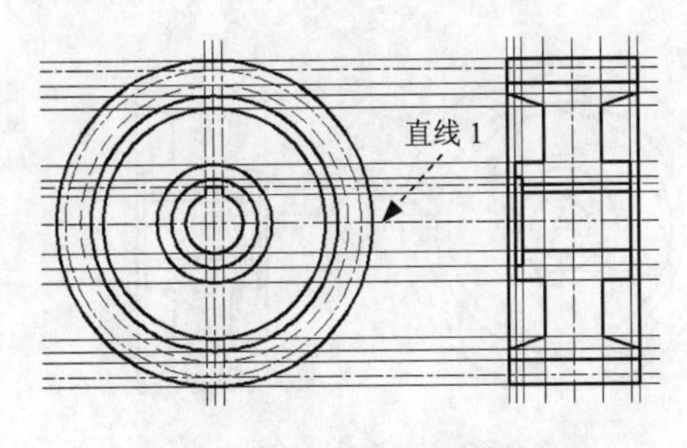

图 2.9.14 创建剖面轮廓

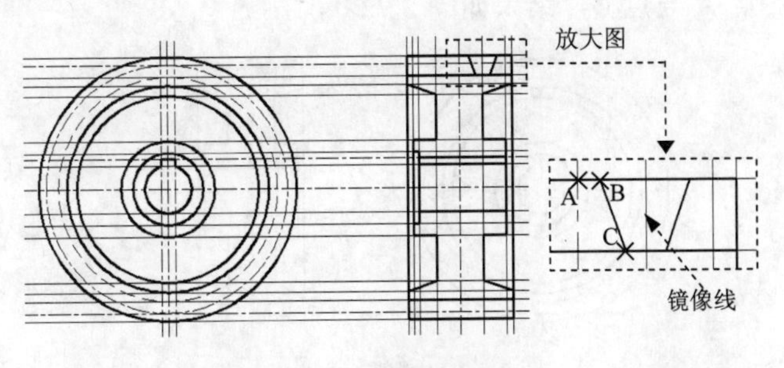

图 2.9.15 创建细部轮廓

（4）选择下拉菜单 修改(M) → 删除(E) 命令，选取图 2.9.15 所示的点 B 与点 C 所在的两条水平直线及剖视图中最下部的两条水平轮廓线，按 Enter 键结束命令，结果如图 2.9.16 所示。

（5）选择 绘图(D) → 直线(L) 命令绘制直线，结果如图 2.9.17 所示。

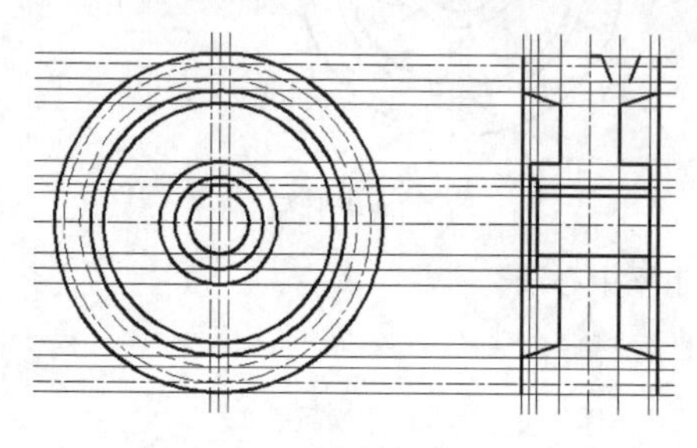

图 2.9.16　删除直线

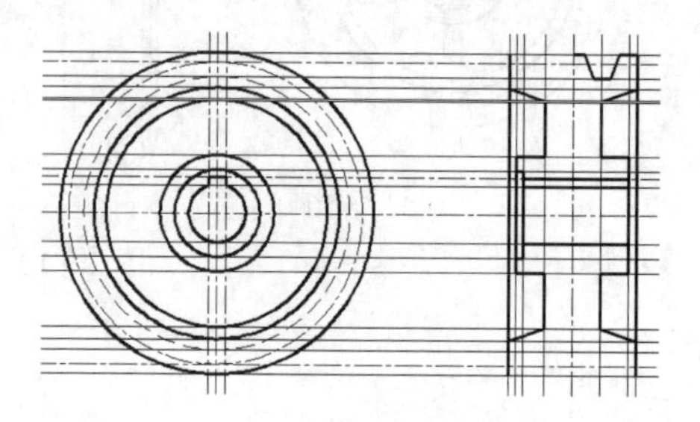

图 2.9.17　绘制轮槽轮廓线

（6）镜像图形。

① 选择下拉菜单 修改(M) → 镜像(I) 命令，选取前面绘制的五条轮槽轮廓线为镜像对象并按 Enter 键，选取剖视图中的垂直中心线上的任意两点，在命令行中输入字母 N 后按 Enter 键结束操作，然后拉伸镜像后左侧的水平轮廓线，结果如图 2.9.18a 所示。

② 按 Enter 键以重复镜像操作，以带轮轮槽的轮廓线为镜像对象，以水平中心线为镜像线，完成后的图形如图 2.9.18b 所示。

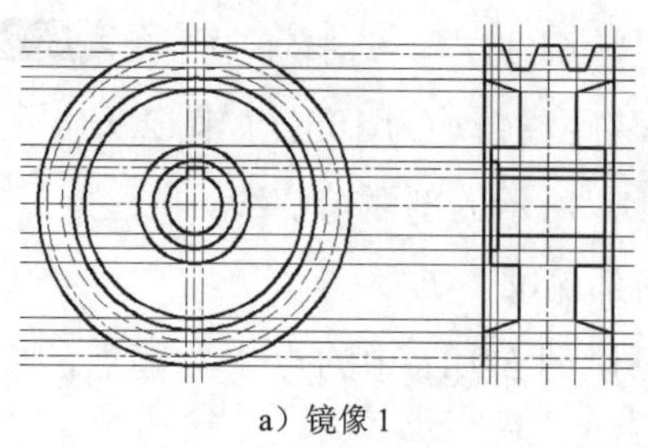

a）镜像 1

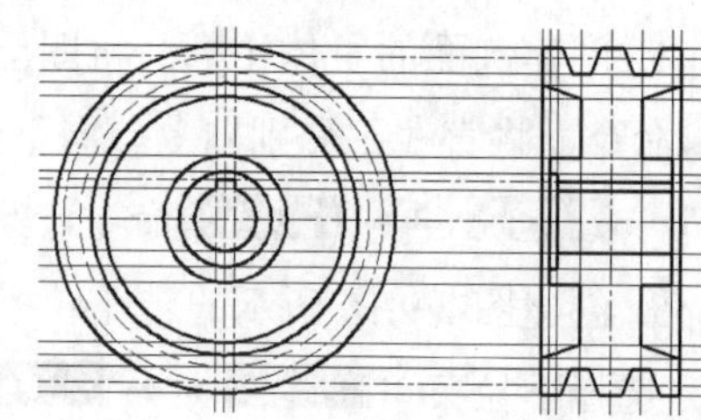

b）镜像 2

图 2.9.18　镜像图形

（7）选择下拉菜单 修改(M) → 删除(E) 命令，删除图 2.9.18b 中的构造线及主视图中通过偏移得到的中心线，结果如图 2.9.19 所示。

（8）打断水平中心线。选择下拉菜单 修改(M) → 打断(K) 命令，选取图 2.9.19 所示的点 A 与点 B，结果如图 2.9.20 所示。

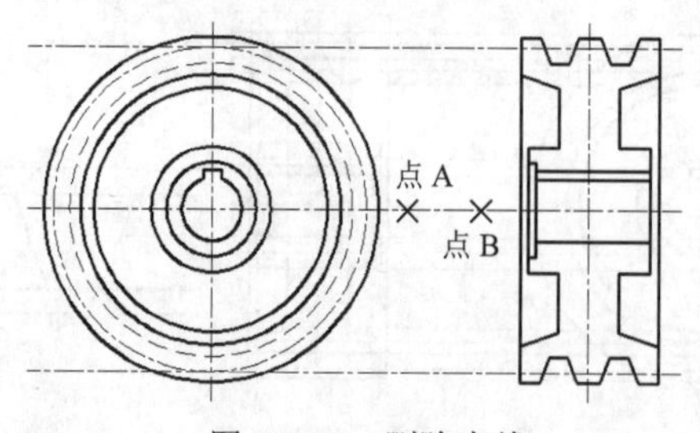

图 2.9.19　删除直线

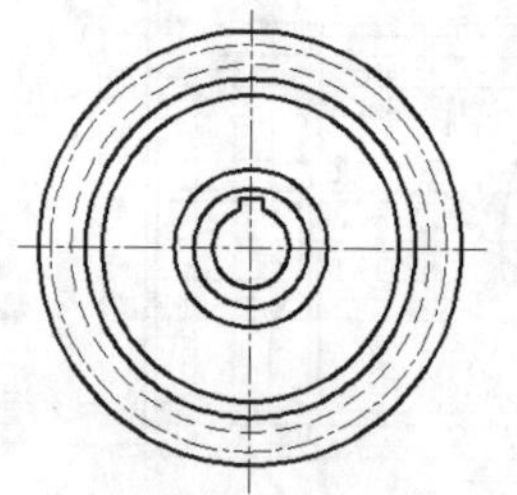

图 2.9.20　打断中心线

（9）参照步骤（8）将分度圆中心线打断，结果如图 2.9.20 所示。

Step6. 创建图 2.9.21 所示的倒角。

（1）选择下拉菜单 修改(M) → 倒角(C) 命令，在命令行里输入字母 D（即距离）并按 Enter 键，输入第一倒角的距离值 1 并按 Enter 键，输入第二倒角的距离值 1 并按 Enter 键，输入字母 T 并按 Enter 键，输入字母 N（即修剪模式为“不修剪”）后按 Enter 键，分别选取要进行倒角的两条边。

（2）按 Enter 键以重复创建倒角命令，选取进行倒角的两条边，结果如图 2.9.22 所示。

（3）按 Enter 键以重复“倒角”命令，在命令行中输入字母 A 并按 Enter 键，输入数值 2 并按 Enter 键，输入数值 45 并按 Enter 键，输入字母 T 并按 Enter 键，输入字母 N 后按 Enter 键，先选取要进行倒角的垂直直线与倾斜直线，如图 2.9.23 所示。

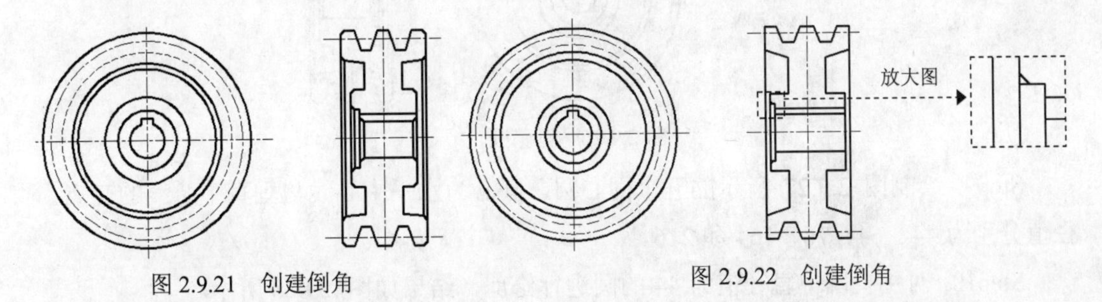

图 2.9.21　创建倒角　　　图 2.9.22　创建倒角

（4）按 Enter 键以重复“倒角”命令，完成图 2.9.23 所示的其他倒角的创建。

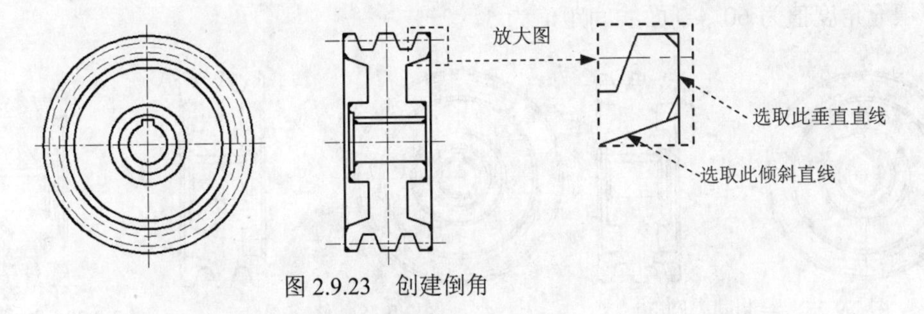

图 2.9.23　创建倒角

（5）选择下拉菜单 修改(M) → 修剪(T) 命令修剪图形，结果如图 2.9.24 所示。

（6）在相应的倒角处绘制垂直直线，结果如图 2.9.21 所示。

Step7. 创建图 2.9.25 所示的圆角。

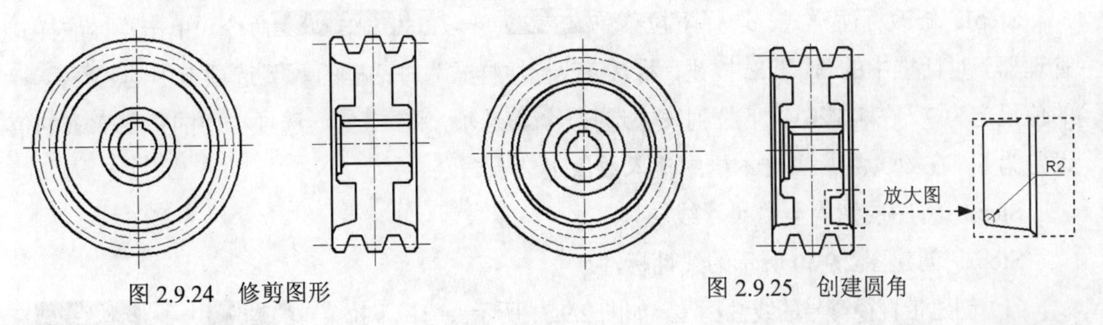

图 2.9.24　修剪图形　　　图 2.9.25　创建圆角

（1）选择下拉菜单 修改(M) → 圆角(F) 命令，在命令行中输入字母 R 并按 Enter 键，输入数值 2 并按 Enter 键，输入字母 T 并按 Enter 键，再输入字母 T 后按 Enter 键，选取要创建圆角的两条直线。

（2）按 Enter 键以重复“圆角”命令，选取要创建圆角的两条直线，完成其他圆角的创建。结果如图 2.9.25 所示。

Step8. 在主视图中，由于圆角的影响，图 2.9.26 所示的圆将无法再看到，所以在主视图中将圆（直径值为 155）删除。

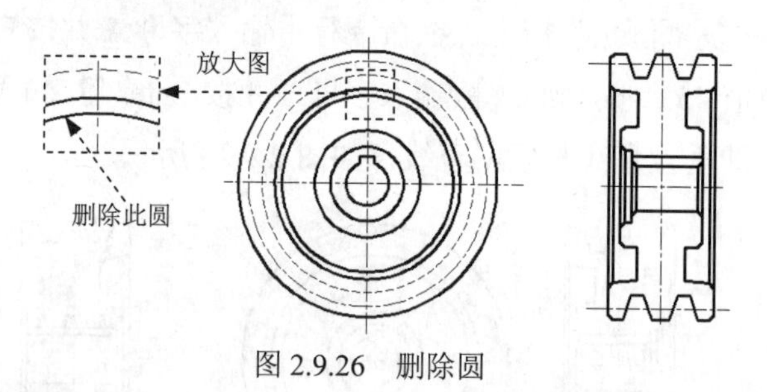

图 2.9.26 删除圆

Step9. 绘制图 2.9.27 所示的五个同心圆，圆心为水平中心线与垂直中心线的交点，直径值分别为 44、64、76、164 和 216。

Step10. 对主视图中直径值为 44 的圆进行修剪，结果如图 2.9.28 所示。

Step11. 创建图案填充。将图层切换至“剖面线层”，对图形进行图案填充（图 2.9.29），其中填充角度值为 60，剖面线间距值为 5。

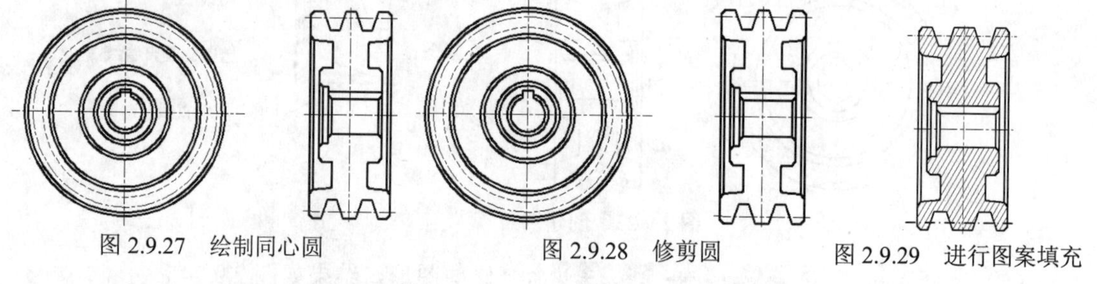
图 2.9.27 绘制同心圆　　图 2.9.28 修剪圆　　图 2.9.29 进行图案填充

Task4. 创建尺寸标注

下面介绍图 2.9.1 所示的图形尺寸的标注过程。

Step1. 修改标注样式。选择下拉菜单 格式(O) → 标注样式(D)... 命令，单击“标注样式管理器”对话框中的 修改(M)... 按钮，将“修改标注样式”对话框的 文字 选项卡中的 文字高度(T): 的值设定为 7，在 填充颜色(L): 下拉列表中选择 □背景 选项，将 符号和箭头 选项卡中的 箭头大小(I): 的值设定为 6，在 从尺寸线偏移(O): 文本框中输入数值 1.5。

Step2. 将图层切换至“尺寸线层”。

Step3. 创建图 2.9.30 所示的线性标注。

（1）创建带直径符号的线性标注，如图 2.9.31 所示。选择下拉菜单 标注(N) → 线性(L) 命令，捕捉图中边线1上的任意一点并单击，捕捉边线2上的任意一点并单击，在命令行中输入字母T并按Enter键，在命令行中输入文本%%C80后按Enter键，在绘图区的空白区域单击，以确定尺寸放置的位置。

（2）参见步骤（1）的操作，创建图2.9.30所示的其他的标注。

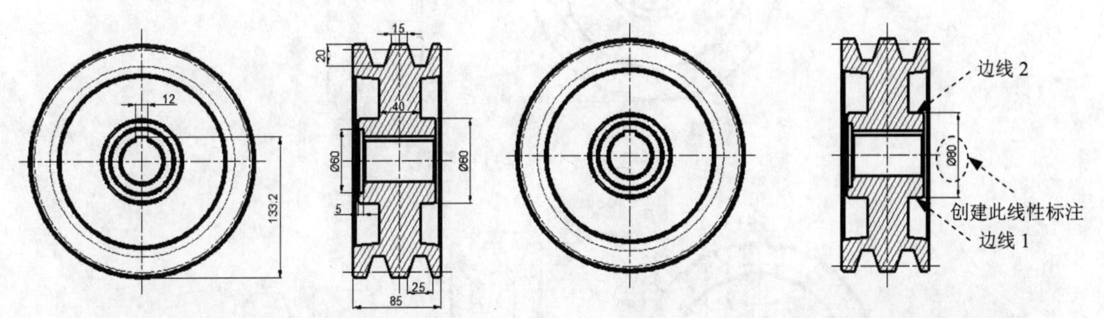

图2.9.30　创建线性标注　　　　图2.9.31　创建带直径符号的线性标注

（3）打断标注文字附近的剖面线。

说明：如果将标注样式中的填充颜色设置为“背景”，就不需要进行剖面线的打断操作。

① 分解剖面线。选择下拉菜单 修改(M) → 分解(X) 命令，在剖面线上选取任意一点，按Enter键结束命令。

② 将标注尺寸值40附近的剖面线打断。选择下拉菜单 修改(M) → 打断(K) 命令，在剖面线上选取两点，即可将两点间的线段删除，如图2.9.32所示。

注意：选取的两点必须位于同一条剖面线上，否则无法实现打断操作。

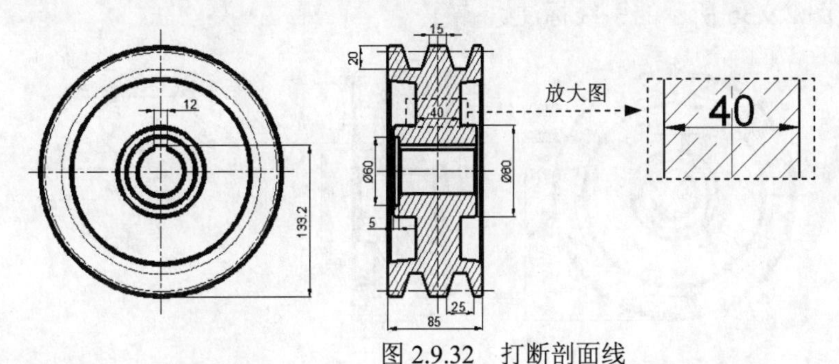

图2.9.32　打断剖面线

Step4. 创建图2.9.33所示的直径标注。

（1）创建图2.9.33所示的第一个直径标注。选择下拉菜单 标注(N) → 直径(D) 命令，单击图2.9.33中最外侧圆，在绘图区空白区域单击一点，以确定尺寸放置的位置。

（2）按Enter键以重复直径标注命令，完成其他圆的直径标注，如图2.9.33所示。

Step5. 创建图2.9.34所示的角度标注。选择下拉菜单 标注(N) → 角度(A) 命令，单击图中所示边线1后，再单击边线2，在绘图区的空白区域单击一点，以确定尺寸放置的位置。

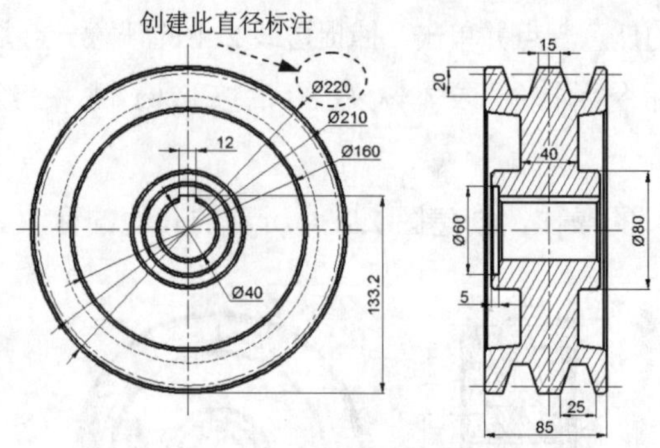

图 2.9.33　创建直径标注

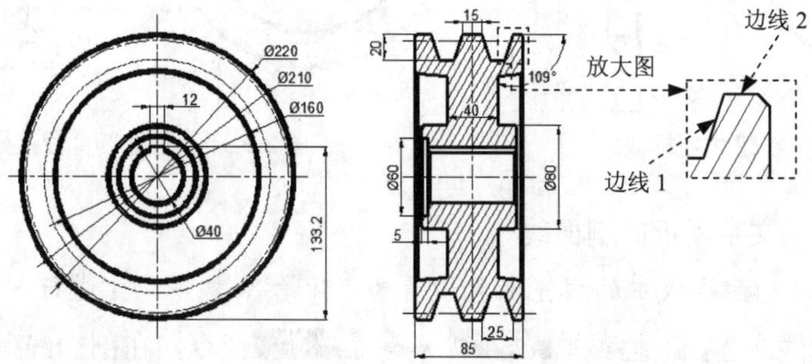

图 2.9.34　创建角度标注

Step6. 创建图 2.9.35 所示的圆角的标注。选择下拉菜单 标注(N) → 半径(R) 命令，选取要进行标注的圆弧，在绘图区的空白区域单击以确定尺寸放置的位置。

Step7. 创建倒角的标注。

（1）创建图 2.9.36 所示的引线标注。

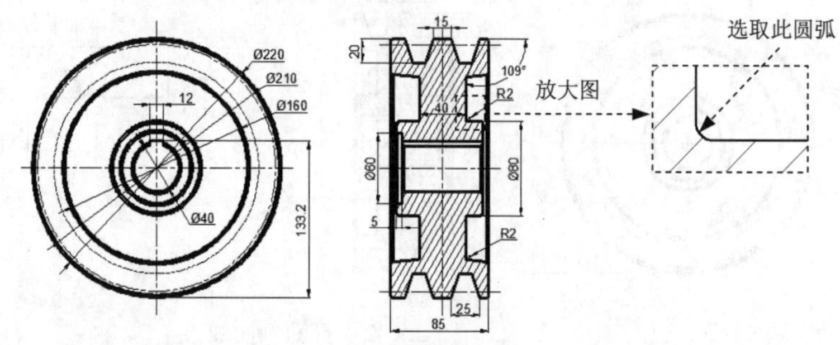

图 2.9.35　创建圆角标注

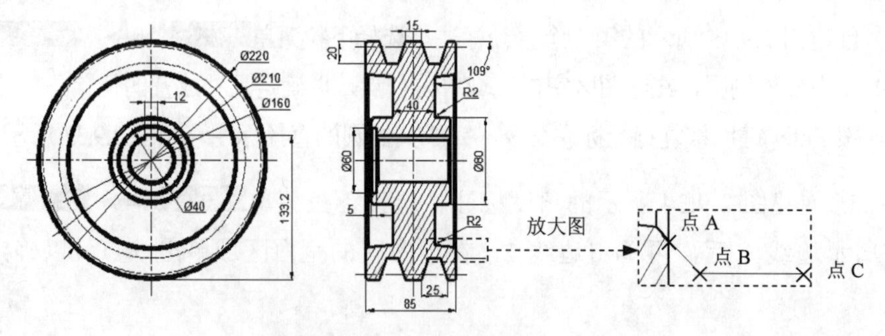

图 2.9.36　创建引线标注

① 设置引线样式。在命令行输入命令 QLEADER 后，按 Enter 键；输入字母 S 后按 Enter 键，将注释类型设置为⊙无(O)，将引线设置为⊙直线(S)，将箭头设置为□无，单击确定按钮。

② 选取图 2.9.36 所示的点 A，在命令行中输入<135 并按 Enter 键，在绘图区的空白区域中选取两点（点 B 与点 C）作为引线的折点与端点。

（2）创建文字标注。

① 创建文字。选择下拉菜单绘图(D) ➡ 文字(X)▸ ➡ 单行文字(S)命令，在绘图区的空白区域中选取一点，在命令行中输入数值 7 并按 Enter 键，输入数值 0 并按 Enter 键，输入文本 C2 后按两次 Enter 键结束命令。

② 移动文字。选择下拉菜单修改(M) ➡ 移动(V)命令，选取步骤①中创建的文字后按 Enter 键，选取移动基点，将其移动至合适的位置并单击，如图 2.9.37 所示。

（3）参照步骤（1）与（2）的操作，完成其他倒角的标注，如图 2.9.38 所示。

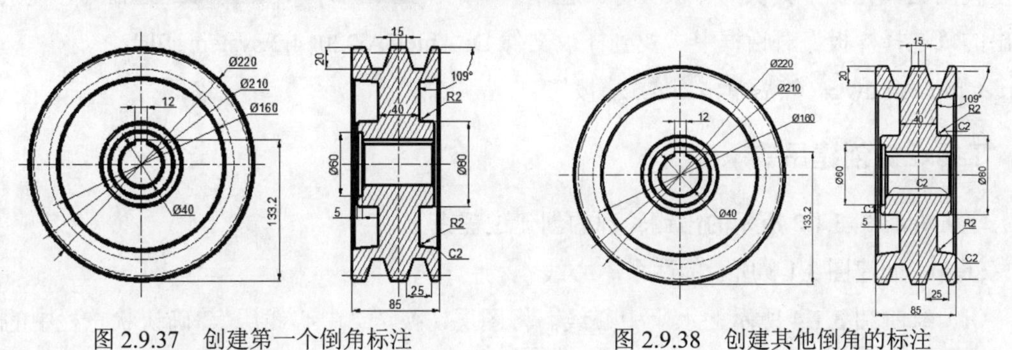

图 2.9.37　创建第一个倒角标注　　　　图 2.9.38　创建其他倒角的标注

Task5. 保存文件

选择下拉菜单文件(F) ➡ 保存(S)命令，将图形命名为“带轮.dwg”并保存。

第 3 章　叉架、箱体类零件的设计

3.1　吊　　钩

本实例将介绍图 3.1.1 所示的吊钩的绘制过程，其轮廓线为圆弧与圆弧以及圆弧与直线相切所得，读者在练习过程中要注意此类图形绘制的方法。下面介绍其创建过程。

Task1．选用样板文件

使用随书光盘中提供的样板文件。选择下拉菜单 文件(F) → 新建(N)... 命令，在系统弹出的“选择样板”对话框中，找到样板文件 D:\AutoCAD2014.2\system_file\Part_temp_A4.dwg，然后单击 打开(O) 按钮。

Task2．创建吊钩

下面介绍图 3.1.2 所示的吊钩轮廓的创建过程。

Step1．创建图 3.1.3 所示的两条中心线。

（1）绘制图 3.1.4 所示的水平中心线。将图层切换至“中心线层”，确认状态栏中的（正交模式）、（显示/隐藏线宽）按钮和（对象捕捉）按钮处于打开状态。选择下拉菜单 绘图(D) → 直线(L) 命令，选取点 A 作为中心线的起点，在命令行输入下一点的相对坐标值(@150，0)，按两次 Enter 键结束命令。

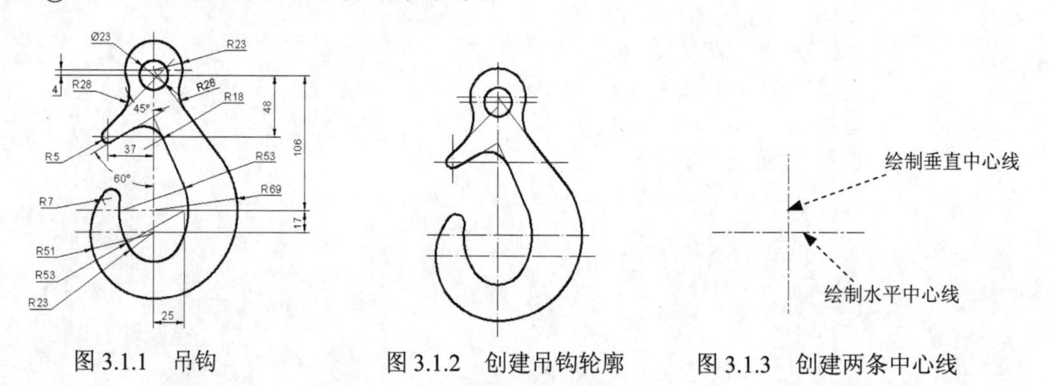

图 3.1.1　吊钩　　图 3.1.2　创建吊钩轮廓　　图 3.1.3　创建两条中心线

（2）创建垂直中心线。按 Enter 键重复绘制直线命令，在命令行输入命令 FROM 后按 Enter 键，选取绘制的水平中心线的中点为基点，在命令行输入下一点的相对坐标值（@0，135）后按 Enter 键，输入下一点的相对坐标值（@0，－213）后按两次 Enter 键结束命令，结果如图 3.1.3 所示。

Step2．创建图 3.1.5 所示的偏移中心线。

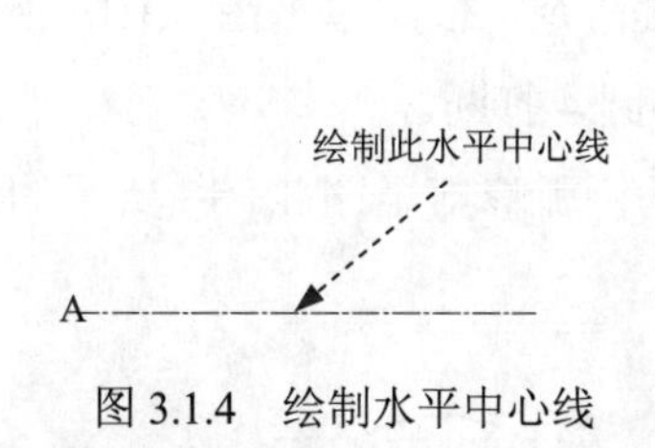

图 3.1.4　绘制水平中心线

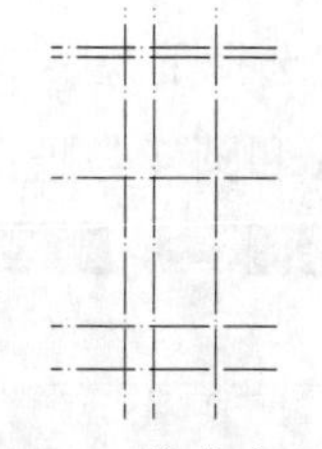
图 3.1.5　偏移中心线

（1）偏移水平中心线。选择下拉菜单 修改(M) → 偏移(S) 命令，选取图 3.1.6 所示的直线 1 为要偏移的对象，向下偏移 17，向上偏移 106 和 110，将图 3.1.7 所示的直线 2 向下偏移 48。

（2）偏移垂直中心线。参照步骤（1）的操作，将图 3.1.8 所示的直线 3 向左进行两次偏移，偏移距离值分别为 25 与 37。

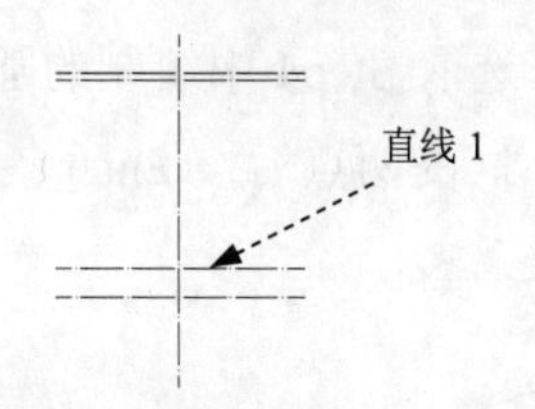

图 3.1.6　偏移直线（一）

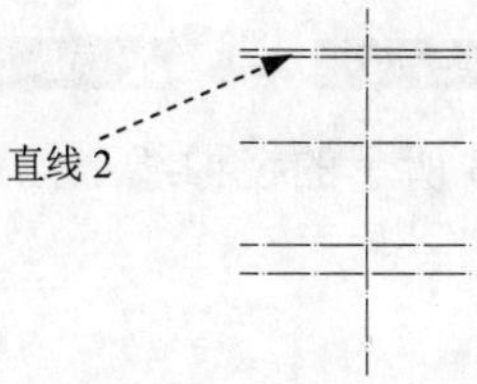

图 3.1.7　偏移直线（二）

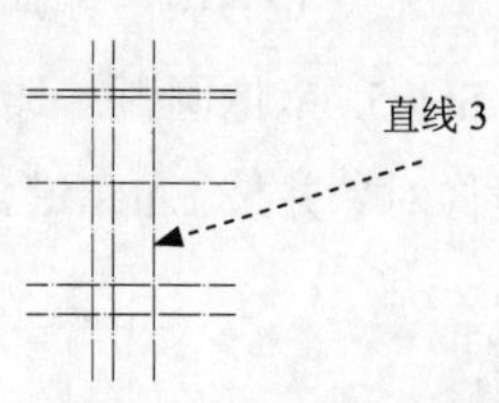

图 3.1.8　偏移垂直直线

Step3. 创建图 3.1.9 所示的三个圆。

（1）将图层切换至“轮廓线层”，选择下拉菜单 绘图(D) → 圆(C) → 圆心、半径(R) 命令，选取图 3.1.10 所示的交点 1 为圆心，输入半径值 23 后按 Enter 键。

（2）创建图 3.1.11 所示的圆。按 Enter 键以重复绘制圆命令，以图 3.1.11 所示的交点 2 为圆心，绘制半径值为 69 的圆。

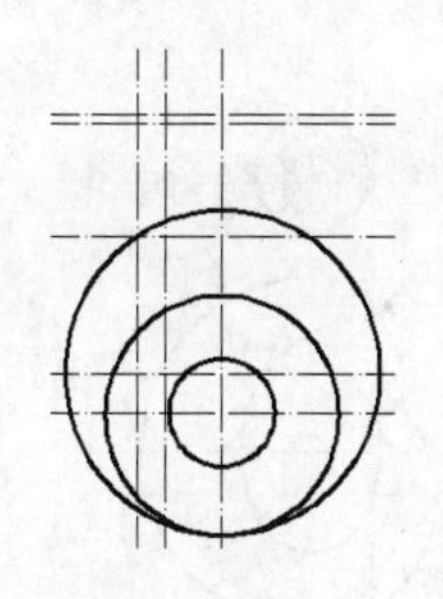
图 3.1.9　创建三个圆

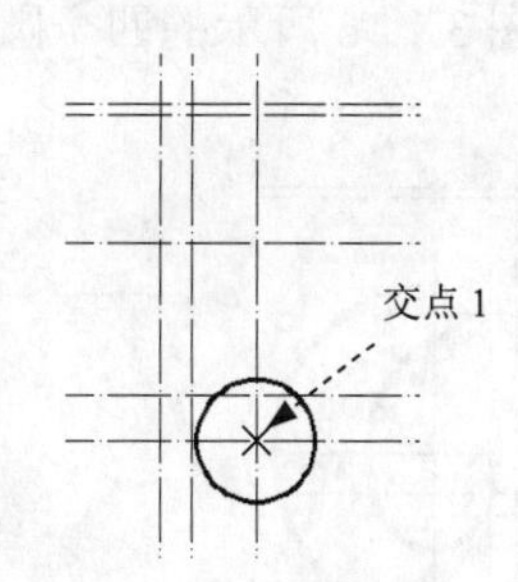

图 3.1.10　绘制圆

（3）创建图 3.1.12 所示的圆。重复圆的绘制，在命令行中输入命令 2P 并按 Enter 键，选取圆 2 的象限点为直径的第一个端点，输入下一点的相对坐标值（@0，102）后按 Enter 键。

Step4. 创建图 3.1.13 所示的两条圆弧。

（1）绘制图 3.1.14 所示的圆 4。选择下拉菜单 绘图(D) → 圆(C) → 圆心、半径(R) 命令，选取图 3.1.14 所示的交点为圆弧的圆心，再将光标移动到圆 2 的左下侧任意处选取一切点。

（2）打断圆。选择下拉菜单 修改(M) → 打断(K) 命令，依次单击图 3.1.14 所示的圆 4 左上侧任意一点 A 和圆 4 与竖直中心线的交点 B，将圆 4 打断。

（3）选择 修改(M) → 修剪(T) 命令，对打断后的圆弧修剪至图 3.1.13 所示的圆弧 1。

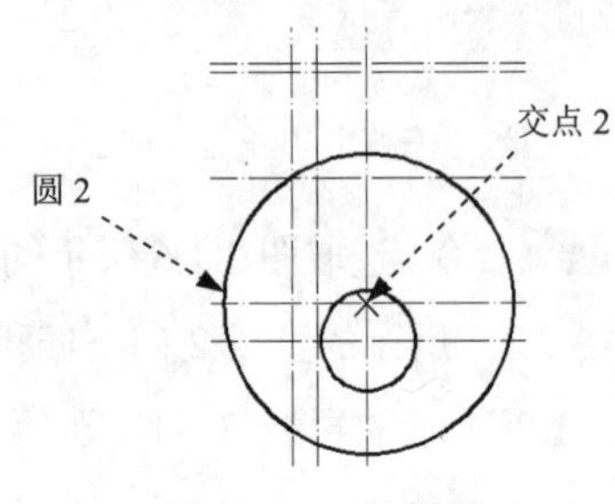

图 3.1.11　绘制圆（一）

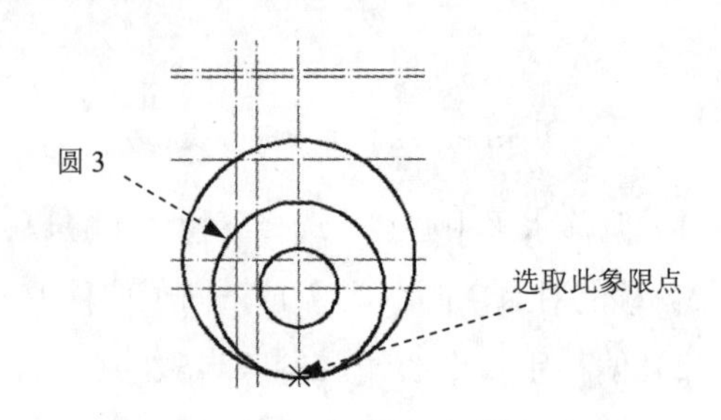

图 3.1.12　绘制圆（二）

Step5. 镜像圆弧。选择下拉菜单 修改(M) → 镜像(I) 命令，选取 Step4 中绘制的圆弧为镜像对象并按 Enter 键，在图 3.1.13 所示的镜像线上任意选取不同的两点后按 Enter 键。

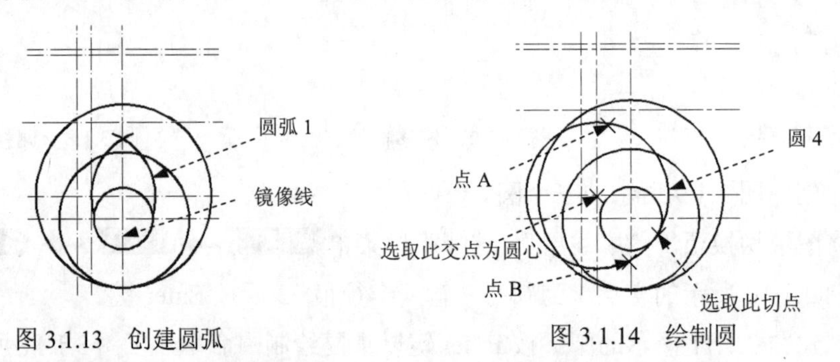

图 3.1.13　创建圆弧　　图 3.1.14　绘制圆

Step6. 选择 修改(M) → 修剪(T) 命令，对图形进行修剪，结果如图 3.1.15 所示。

Step7. 创建图 3.1.16 所示的四个圆。

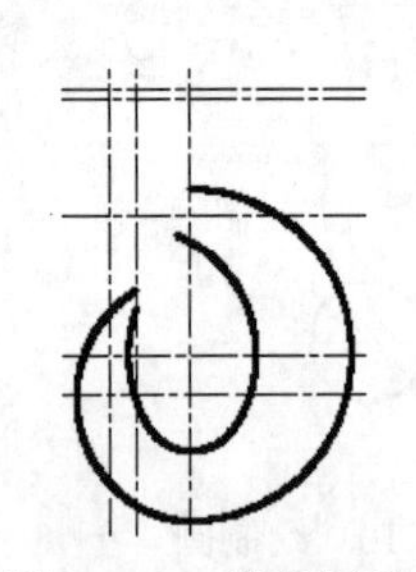
图 3.1.15　修剪图形

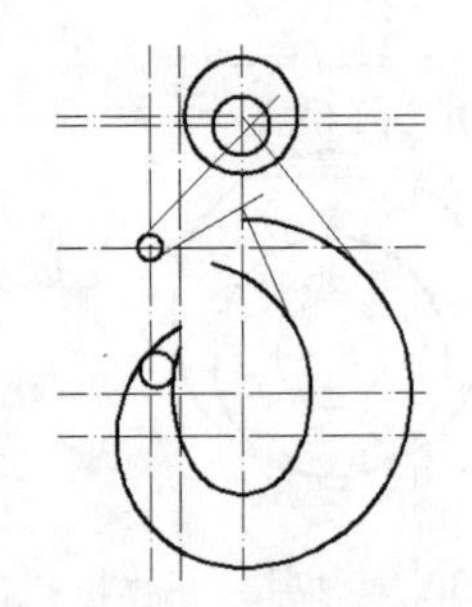
图 3.1.16　创建圆和辅助线

（1）选择下拉菜单 绘图(D) → 圆(C) ▸ → 相切、相切、半径(T) 命令，分别在图 3.1.17 所示的圆弧 A 和圆弧 B 上单击，然后输入半径值 7 并按 Enter 键。

（2）创建图 3.1.18 所示的圆 4。选择下拉菜单 绘图(D) → 圆(C) ▸ → 圆心、半径(R) 命令，选取图 3.1.18 所示的交点 A 为圆心，在命令行中输入半径值 23 后按 Enter 键。

（3）创建图 3.1.19 所示的圆 5。选取图 3.1.19 所示的交点 B 为圆心，在命令行中输入字母 D 并按 Enter 键，输入直径值 23 后按 Enter 键。

（4）绘制图3.1.20所示的圆6。按Enter键以重复圆的绘制命令，选取图3.1.20所示的交点C为圆心，在命令行中输入半径值5后，按Enter键结束命令。

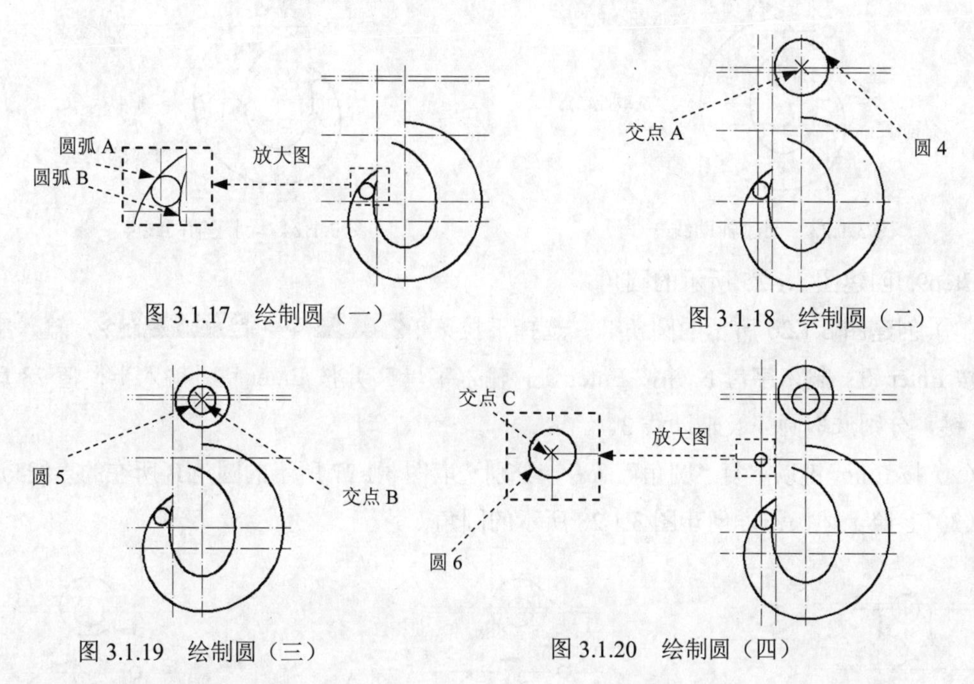

图3.1.17　绘制圆（一）

图3.1.18　绘制圆（二）

图3.1.19　绘制圆（三）

图3.1.20　绘制圆（四）

Step8. 创建辅助线。

（1）将图层切换至“细实线层”。

（2）创建图3.1.21所示的辅助线1。选择下拉菜单 绘图(D) → 直线(L) 命令，捕捉并选取图3.1.21所示的切点1为直线的起点，在命令行中输入下一点的相对坐标值（@80<45）后按两次Enter键。

（3）创建图3.1.22所示的辅助线2。按Enter键重复直线命令，捕捉并选取圆6上的切点2为直线的起点，输入下一点的相对坐标值（@50<30）后按两次Enter键。

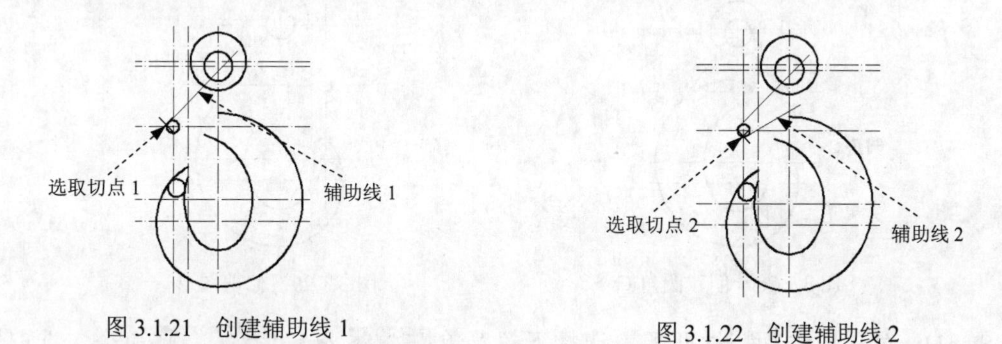

图3.1.21　创建辅助线1

图3.1.22　创建辅助线2

（4）创建图3.1.23所示的辅助线3。按Enter键重复直线命令，选取图3.1.23所示的交点为直线的起点，捕捉并选取圆弧上的切点为第二点后，按Enter键结束命令。

（5）参照前面的操作，完成图3.1.24所示的辅助线4的创建。

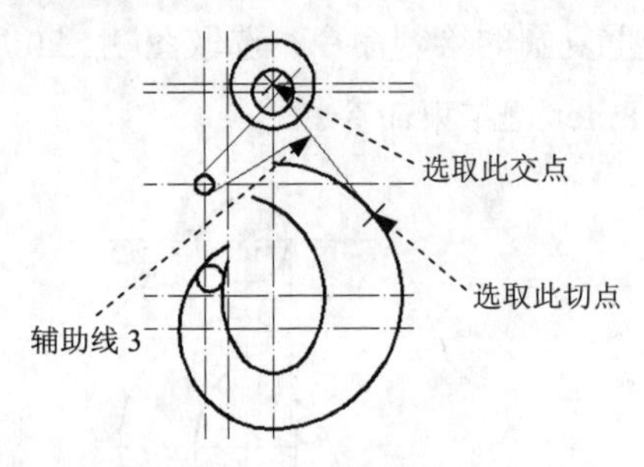

图 3.1.23　创建辅助线 3

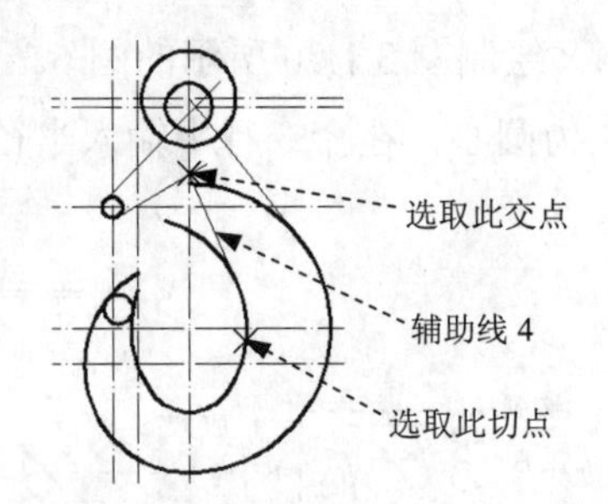

图 3.1.24　创建辅助线 4

Step9. 创建图 3.1.25 所示的圆角。

（1）创建图 3.1.26 所示的圆角 A。选择下拉菜单 修改(M) → 圆角(F) 命令，输入字母 T 并按 Enter 键，输入字母 N 并按 Enter 键，输入字母 R 并按 Enter 键，输入半径值 28 后按 Enter 键，分别选取圆 4 及辅助线 3。

（2）按 Enter 键以重复“圆角”命令，分别选取图 3.1.27 所示的圆角 B 所在的直线与圆。

（3）参照上述操作，创建图 3.1.28 所示的圆角 C。

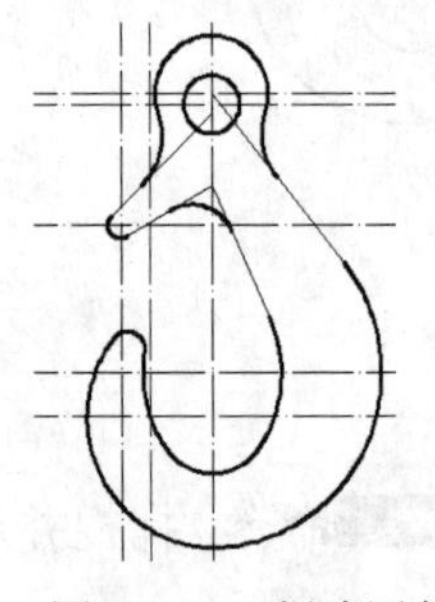

图 3.1.25　创建圆角

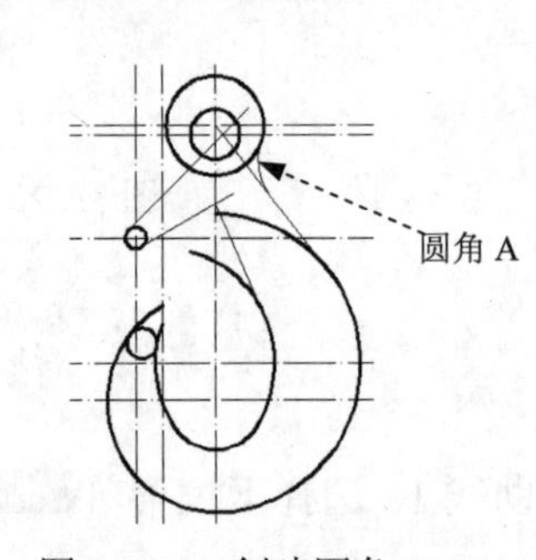

图 3.1.26　创建圆角 A

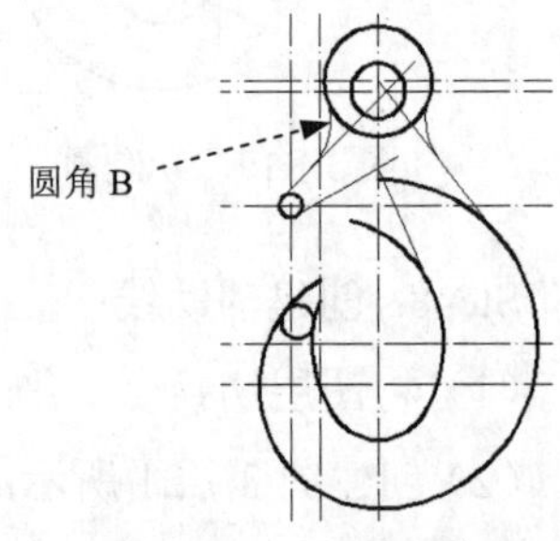

图 3.1.27　创建圆角 B

Step10. 修剪图形。选择下拉菜单 修改(M) → 修剪(T) 命令对图 3.1.28 进行修剪，结果如图 3.1.29 所示。

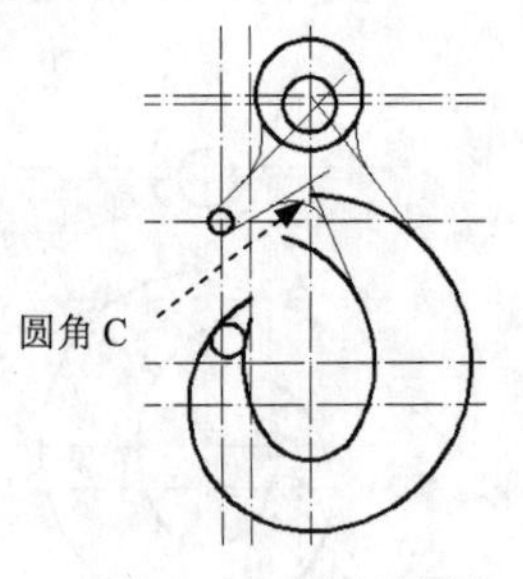

图 3.1.28　创建圆角 C

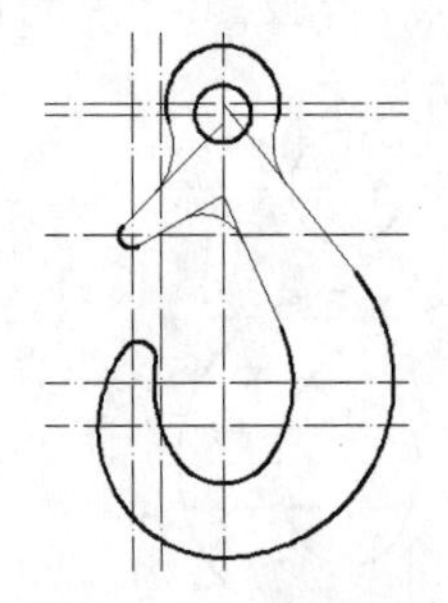

图 3.1.29　修剪图形

Step11. 对图形进行特性匹配。选择下拉菜单 修改(M) → 特性匹配(M) 命令，选取图 3.1.30 所示的线条为源对象，选取所需要匹配的圆角处的圆弧为目标对象，按 Enter 键结束命令，结果如图 3.1.30 所示。

Step12. 绘制图 3.1.31 所示的直线。

（1）将图层切换至“轮廓线层”，选择下拉菜单 绘图(D) → 直线(L) 命令，捕捉并选取图 3.1.32 所示的点 A 与点 B，按 Enter 键结束命令，完成图 3.1.32 所示的直线 1 的绘制。

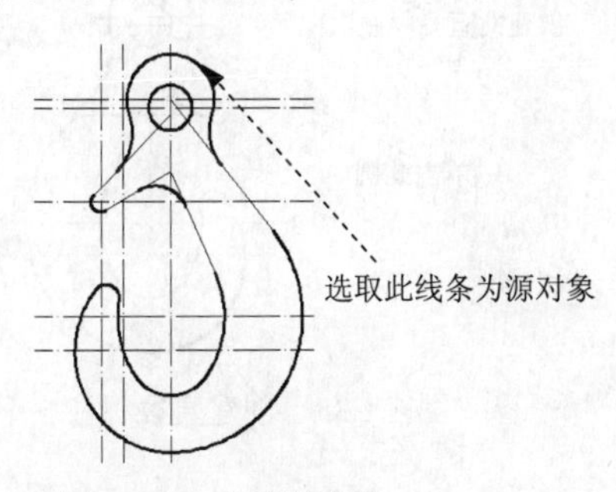

图 3.1.30　匹配图形

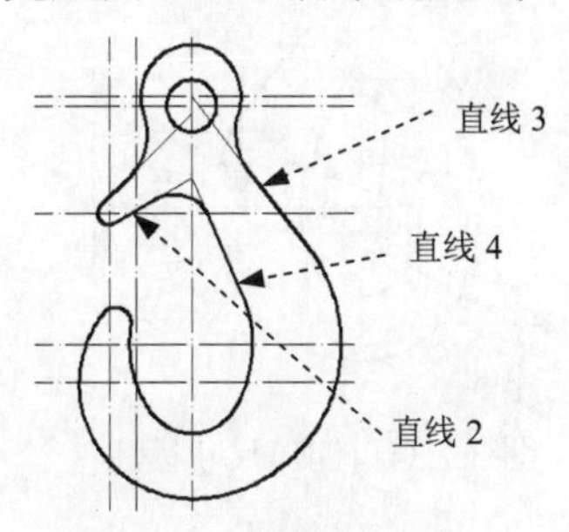

图 3.1.31　绘制直线（一）

（2）参照步骤（1）绘制图 3.1.31 所示的直线 2、直线 3 与直线 4。

Step13. 选择 修改(M) → 修剪(T) 命令对图 3.1.31 进行修剪，结果如图 3.1.33 所示。

注意： 当修剪后长度不合适时，可通过编辑对象的夹点对中心线的长度进行编辑。

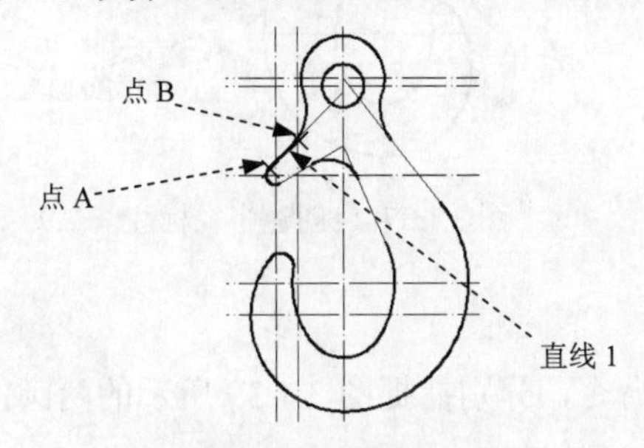

图 3.1.32　绘制直线（二）

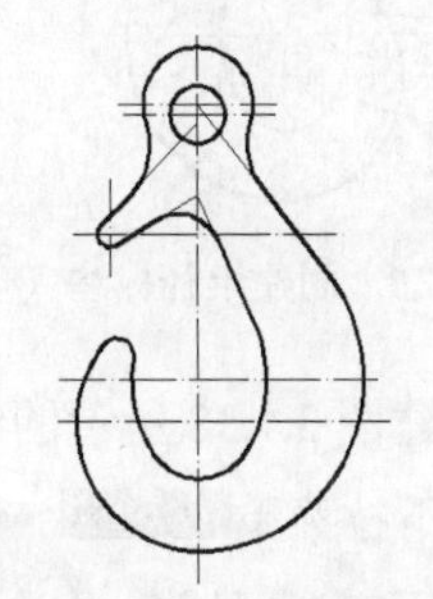

图 3.1.33　修剪图形

Task3．对图形进行尺寸标注

下面介绍图 3.1.34 所示的图形尺寸标注的创建过程。

Step1. 设置标注样式。选择下拉菜单 格式(O) → 标注样式(D)... 命令，单击“标注样式管理器”对话框中的 修改(M)... 按钮，在“修改标注样式”对话框的 调整 选项卡中的 标注特征比例 选项组中选中 ⊙ 使用全局比例(S): 单选项后，在其后面的文本框中输入数值 1.4；将 主单位 选项卡中的 精度(P): 的值设定为 0，单击 确定 按钮后单击 关闭 按钮。

Step2. 将图层切换至“尺寸线层”。

Step3. 创建图 3.1.35 所示的直径标注。选择下拉菜单 标注(N) → 直径(D) 命令，单击图 3.1.35 所示的圆，在合适的位置选取一点以确定尺寸放置的位置。

Step4. 创建图 3.1.36 所示的半径标注。

（1）选择下拉菜单 标注(N) → 半径(R) 命令，单击图 3.1.37 所示的圆弧，移动光标在合适的位置选取一点，以确定尺寸放置的位置。

（2）参照步骤（1）的操作，创建其他的半径标注，结果如图 3.1.36 所示。

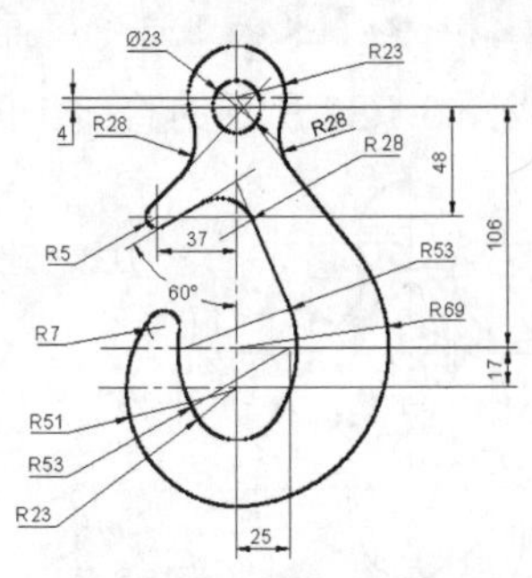

图 3.1.34　创建尺寸标注

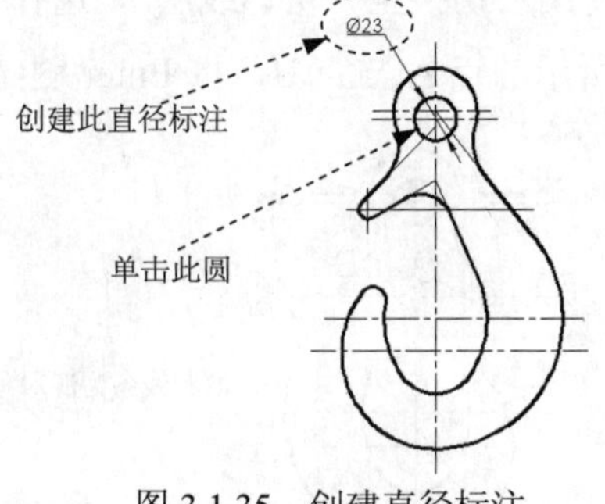

图 3.1.35　创建直径标注

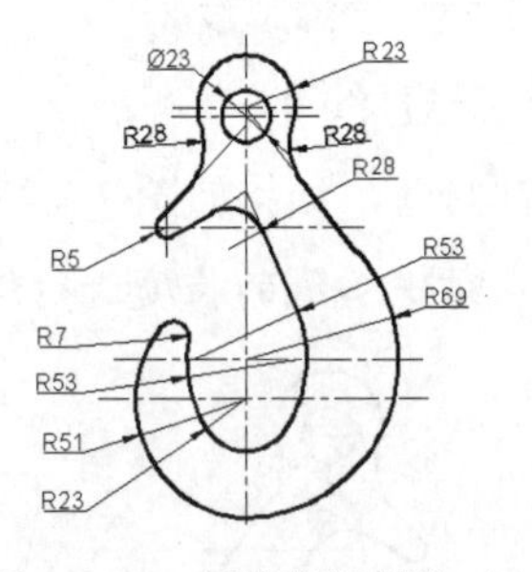

图 3.1.36　创建半径标注（一）

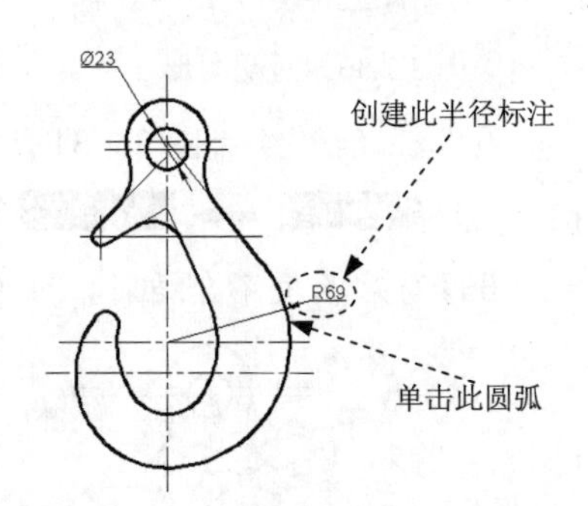

图 3.1.37　创建半径标注（二）

Step5. 创建图 3.1.38 所示的线性标注。

（1）选择下拉菜单 标注(N) → 线性(L) 命令，分别捕捉图 3.1.39 所示的两圆的圆心并单击，在绘图区空白区域单击一点以确定尺寸线的位置。

（2）参照步骤（1）的操作，创建图 3.1.38 中其他的线性标注。

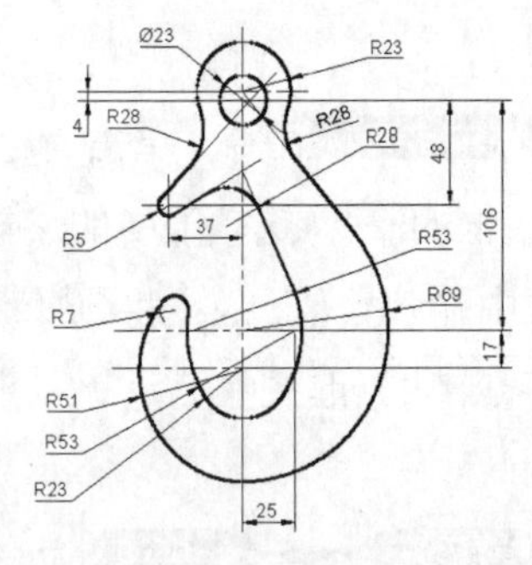

图 3.1.38　创建线性标注（一）

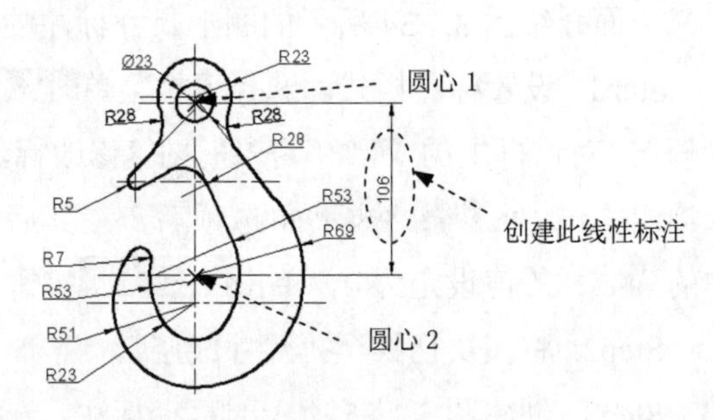

图 3.1.39　创建线性标注（二）

Step6. 创建图 3.1.40 所示的角度标注。

（1）选择下拉菜单 标注(N) → 角度(A) 命令，分别选取图 3.1.41 所示的辅助线与垂直中心线，在绘图区空白区域单击一点，以确定尺寸放置的位置。

（2）参照步骤（1）的操作，创建图 3.1.40 中其他的角度标注。

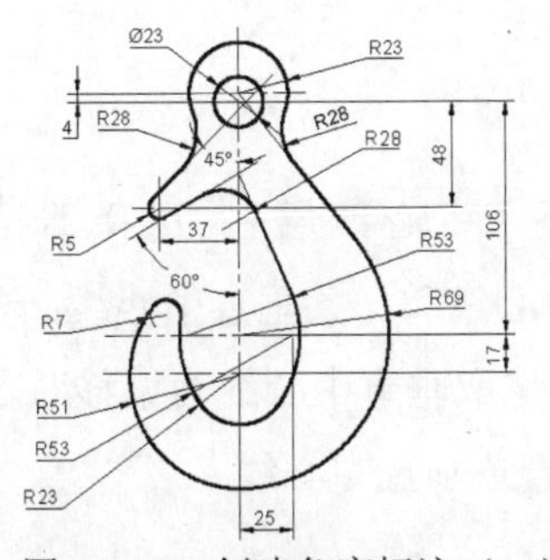

图 3.1.40　创建角度标注（一）

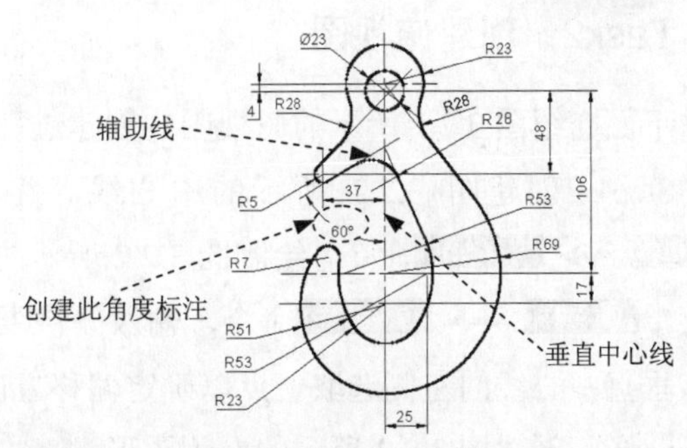

图 3.1.41　创建角度标注（二）

Task4．保存文件

选择下拉菜单 文件(F) → 保存(S) 命令，将此图形命名为“吊钩.dwg”，单击 保存(S) 按钮。

3.2　摇　　臂

当机件的内部结构用一个剖视平面剖切不能完全表达，且这个机件在整体上又具有回转轴时，可采用两个相交于该回转轴的剖切平面剖开，并把倾斜平面剖开的结构旋转到与选定的基本投影面平行，然后再进行投影，这样既反映了倾斜结构的实形，又便于画图。下面介绍摇臂旋转剖视图（图 3.2.1）的创建过程。

Task1．选用样板文件

使用随书光盘中提供的样板文件。选择下拉菜单 文件(F) → 新建(N)... 命令，在系统弹出的“选择样板”对话框中，找到样板文件 D:\AutoCAD2014.2\system_file\Part_temp_A3.dwg，然后单击 打开(O) 按钮。

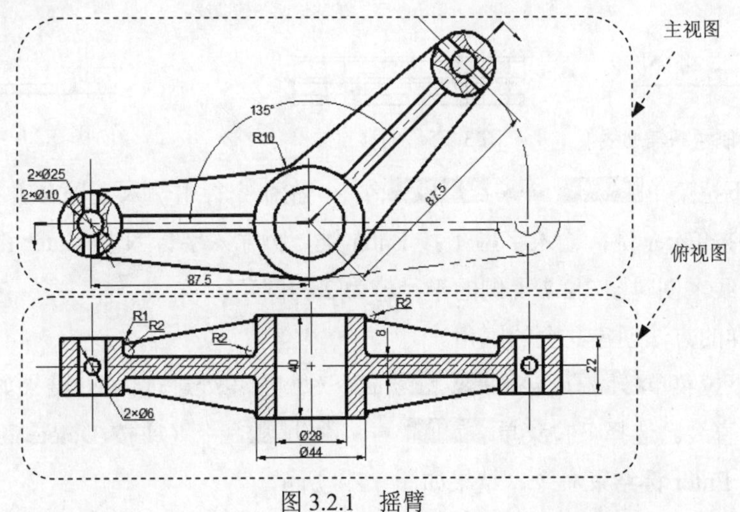

图 3.2.1　摇臂

Task2. 创建俯视图

下面介绍图 3.2.1 所示的俯视图的创建过程。

Step1. 创建图 3.2.2 所示的中心线。将图层切换至“中心线层”，选择下拉菜单 绘图(D) → 直线(L) 命令，绘制图 3.2.2 所示的一条水平中心线和一条垂直中心线；选择下拉菜单 修改(M) → 偏移(S) 命令，输入偏移距离值 87.5，选取垂直中心线为偏移对象，并在该垂直中心线的左侧选取一点以确定偏移方向，得到另一条垂直中心线。

Step2. 创建图 3.2.3 所示的左侧图形。

（1）将图层切换至“轮廓线层”。

（2）绘制图 3.2.4 所示的两条辅助线。选择下拉菜单 绘图(D) → 直线(L) 命令，绘制图 3.2.4 所示的两条辅助线，水平直线长度值为 100，垂直直线长度值为 20。

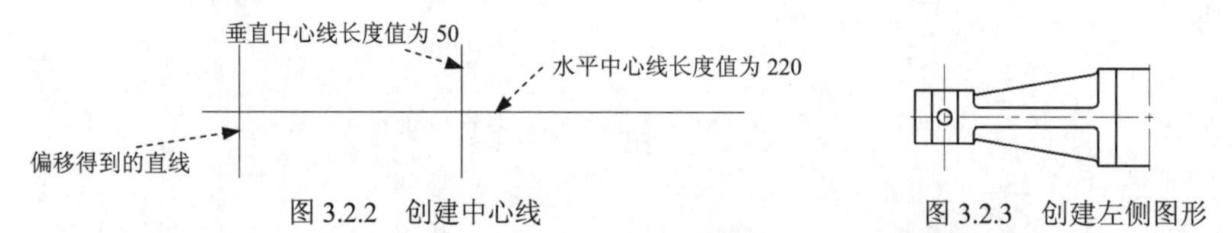

图 3.2.2　创建中心线　　图 3.2.3　创建左侧图形

（3）偏移图 3.2.5 所示的直线。选择下拉菜单 修改(M) → 偏移(S) 命令，将图 3.2.4 所示的水平辅助线向上偏移，偏移距离值分别为 4、9、11、18 和 20；用同样的方法将垂直辅助线向左依次偏移 14、22、75、82、93 和 100，结果如图 3.2.5 所示。

（4）修剪图形。选择下拉菜单 修改(M) → 修剪(T) 命令，按 Enter 键，对图 3.2.5 所示的图形进行修剪，结果如图 3.2.6 所示。

说明：如果要删除的是整条直线，则选择 修改(M) → 删除(E) 命令或按 Delete 键。

（5）选择下拉菜单 绘图(D) → 直线(L) 命令，绘制图 3.2.7 所示的直线。

（6）创建图 3.2.7 所示的圆角。

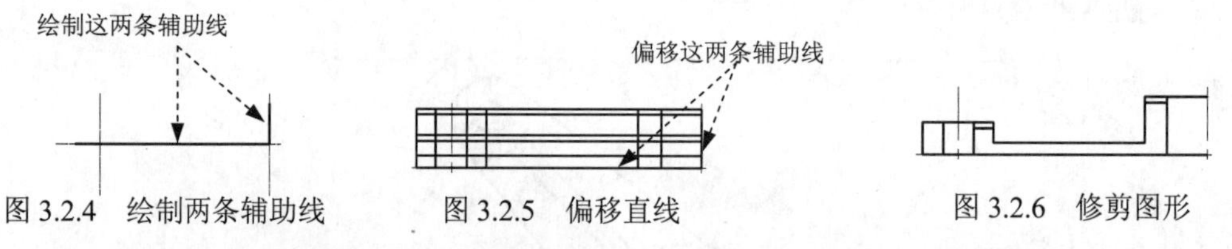

图 3.2.4　绘制两条辅助线　　图 3.2.5　偏移直线　　图 3.2.6　修剪图形

① 选择下拉菜单 修改(M) → 圆角(F) 命令，在命令行中输入字母 R 并按 Enter 键，输入半径值 2 并按 Enter 键；输入字母 T 按 Enter 键，再输入字母 N 按 Enter 键；选取需要倒圆角的两条直线，创建图 3.2.7 上侧的半径值为 2 的圆角。

② 用同样的方法创建其余的圆角。

③ 选择下拉菜单 修改(M) → 修剪(T) 命令对倒圆角处进行修剪，结果如图 3.2.7 所示。

（7）删除直线。选择下拉菜单 修改(M) → 删除(E) 命令（或按 Delete 键），选取要删除的直线，按 Enter 键结束命令，结果如图 3.2.8 所示。

（8）镜像图形。选择下拉菜单 修改(M) → 镜像(I) 命令，用窗口选取的方法，选取图 3.2.8 中除水平中心线以外的所有线条为镜像对象，按 Enter 键结束选择；在水平中心线上选取任意两点，在命令行中输入字母 N 后按 Enter 键，结果如图 3.2.9 所示。

（9）绘制图 3.2.10 所示的圆。选择下拉菜单 绘图(D) → 圆(C) → 圆心、直径(D) 命令，捕捉水平中心线和左边的垂直中心线的交点并单击，输入直径值 6 并按 Enter 键。

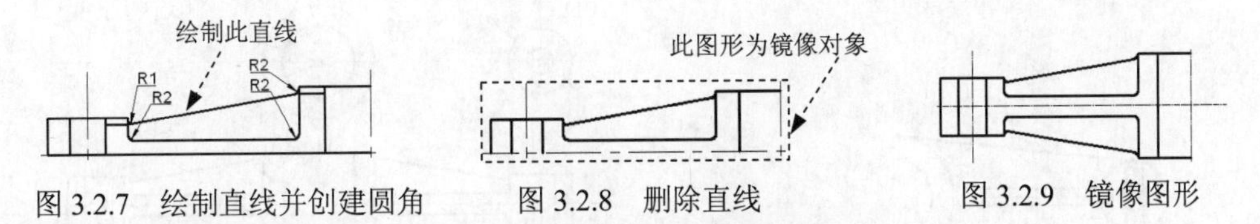

图 3.2.7　绘制直线并创建圆角　　图 3.2.8　删除直线　　图 3.2.9　镜像图形

Step3. 镜像图形。选择下拉菜单 修改(M) → 镜像(I) 命令，将图 3.2.10 所示垂直中心线左侧的图形进行镜像操作，其中镜像线为垂直中心线。结果如图 3.2.11 所示。

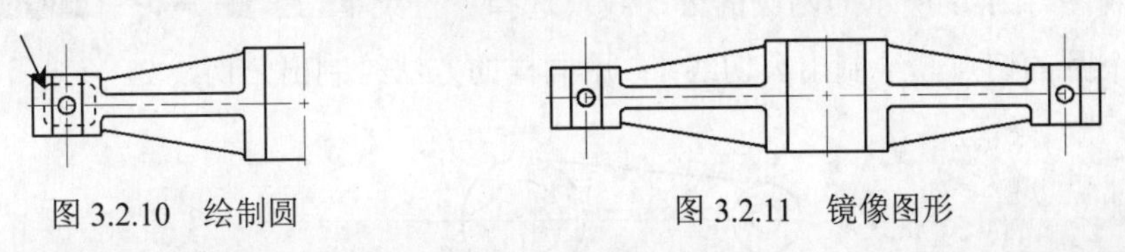

图 3.2.10　绘制圆　　图 3.2.11　镜像图形

Step4. 创建图案填充。将图层切换到“剖面线层”。选择下拉菜单 绘图(D) → 图案填充(H)... 命令，创建图 3.2.12 所示的图案填充。其中，填充类型为 用户定义，填充角度值为 45，填充间距值为 2。

Task3. 创建主视图

下面介绍图 3.2.1 所示的主视图的创建过程。

Step1. 创建图 3.2.13 所示的中心线及构造线。

（1）绘制中心线。将图层切换至“中心线层”，选择下拉菜单 绘图(D) → 直线(L) 命令，结合“对象捕捉”命令，在俯视图的上方绘制一条水平中心线和一条垂直中心线，长度值分别为 220 和 50。

（2）偏移中心线。选择下拉菜单 修改(M) → 偏移(S) 命令，将步骤（1）所绘制的垂直中心线向左偏移，偏移距离值为 87.5，结果如图 3.2.13 所示。

（3）绘制构造线。选择下拉菜单 绘图(D) → 构造线(T) 命令，在命令行中输入字母 V 并按 Enter 键，选取左侧圆与水平中心线的两个交点，按 Enter 键结束命令，结果如图 3.2.13 所示。

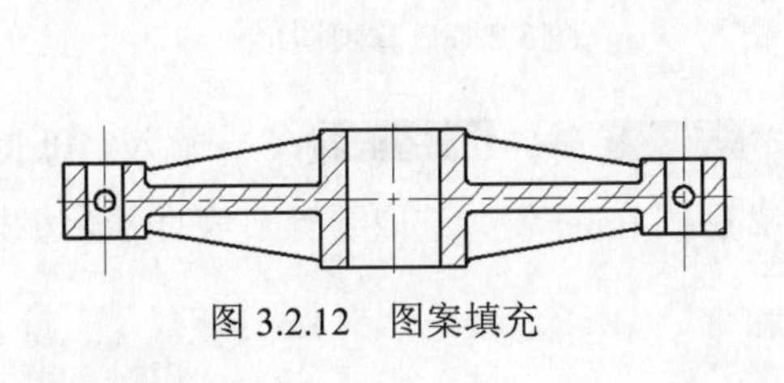

图 3.2.12　图案填充

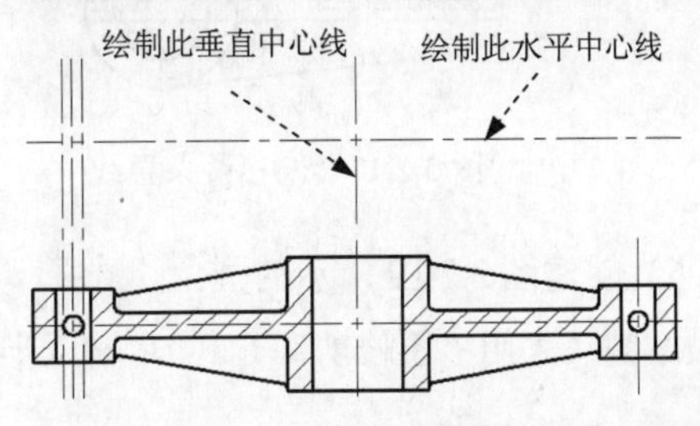

图 3.2.13　创建中心线和构造线

Step2. 创建图 3.2.14 所示的左半部分图形。

（1）将图层切换至“轮廓线层”。

（2）绘制图 3.2.15 所示的四个圆。选择下拉菜单 绘图(D) → 圆(C) → 圆心、直径(D) 命令，捕捉水平中心线和垂直中心线的交点为圆心，输入直径值 44 后按 Enter 键；用同样的方法完成图 3.2.15 所示的其他圆的绘制。

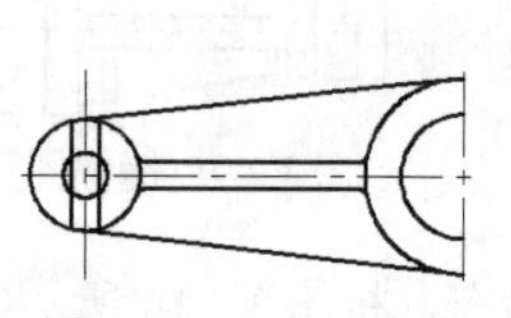

图 3.2.14　左半部分图形

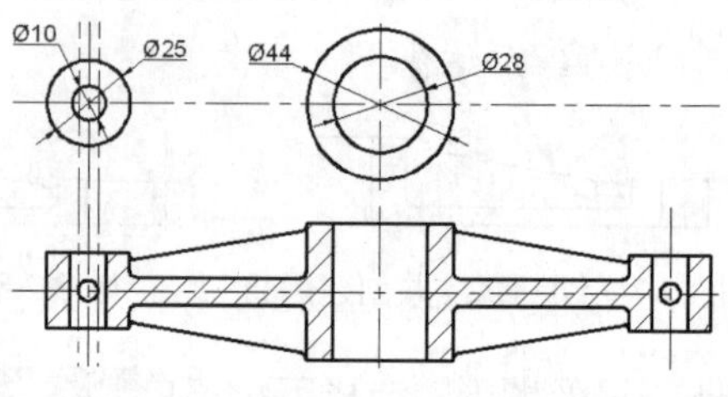

图 3.2.15　绘制四个圆

（3）绘制图 3.2.16 所示的两圆的公切线。选择下拉菜单 绘图(D) → 直线(L) 命令，捕捉并选取两个圆的切点，绘制出公切线 1；用同样的方法绘制出公切线 2。

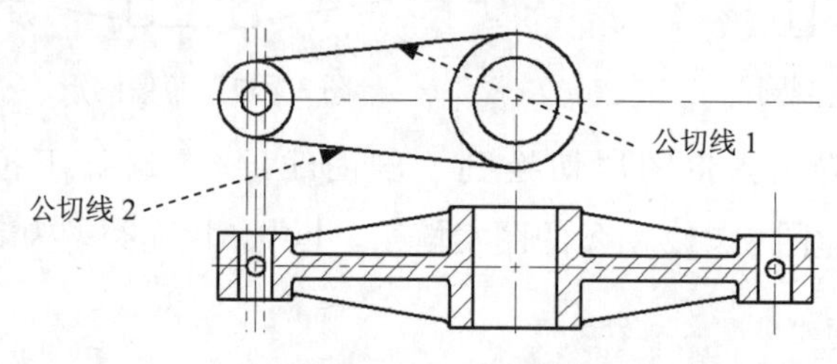

图 3.2.16　绘制两圆的公切线

（4）创建图 3.2.17 所示的两条直线。

① 偏移中心线。选择下拉菜单 修改(M) → 偏移(S) 命令，将水平中心线分别向上、下方偏移，偏移距离值均为 3。

② 转换线型。选取步骤①中通过偏移得到的两条直线，然后在“图层”下拉列表中选择“轮廓线层”。

（5）修剪图形。选择下拉菜单 修改(M) → 修剪(T) 命令，对图 3.2.17 中两条直线进行修剪，结果如图 3.2.18 所示。

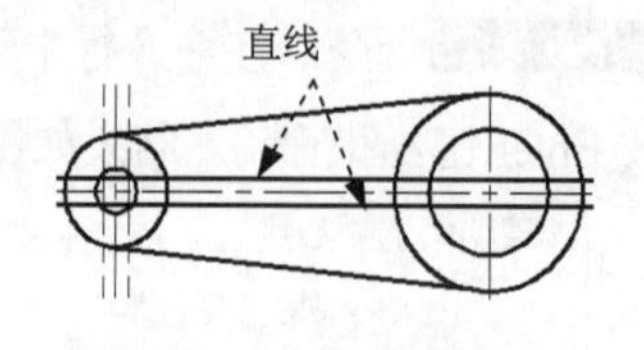

图 3.2.17　偏移两条直线

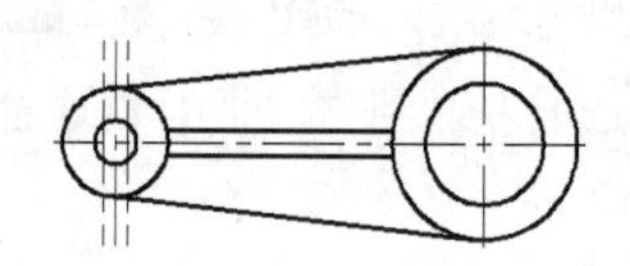

图 3.2.18　修剪图形

（6）创建图 3.2.19 所示的圆角。选择下拉菜单 修改(M) → 圆角(F) 命令，输入字母 R 并按 Enter 键（采用“不修剪”方式），输入半径值 2 后按 Enter 键，选取要倒圆角的两条边线；

参照上述操作，完成图 3.2.19 所示的四个圆角（其对称部分半径值为 2 的圆角尺寸未标出）。

（7）创建图 3.2.20 所示的通孔。选择下拉菜单 绘图(D) → 直线(L) 命令，分别选取构造线与直径值为 25 的圆的交点，选择下拉菜单 修改(M) → 修剪(T) 命令，对图形进行修剪并将两条垂直的构造线删除。

（8）创建图 3.2.21 所示的局部剖视图。

① 将图层切换至"剖面线层"。确认状态栏中的 （正交模式）和 （对象捕捉）按钮处于关闭状态。

② 选择下拉菜单 绘图(D) → 样条曲线(S) → 拟合点(F)、修改(M) → 镜像(I) 和 修改(M) → 修剪(T) 命令，绘制图 3.2.21 所示的曲线。

③ 选择下拉菜单 绘图(D) → 图案填充(H)... 命令，创建图 3.2.21 所示的图案填充。其中，填充类型为 用户定义，填充角度值为 45，填充间距值为 2。

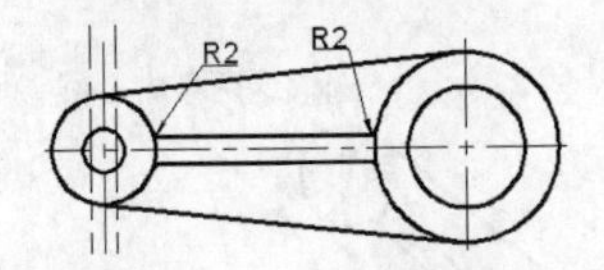

图 3.2.19　创建圆角

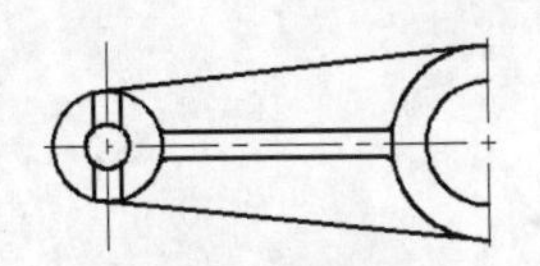

图 3.2.20　创建通孔

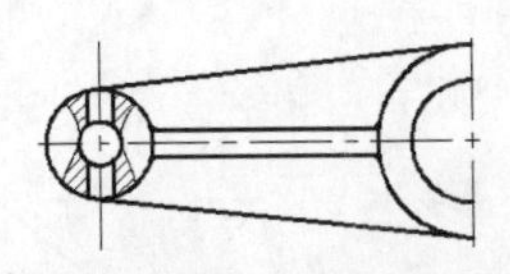

图 3.2.21　创建局部剖视图

Step3. 创建图 3.2.22 所示的右半部分图形。

（1）镜像图形。选择下拉菜单 修改(M) → 镜像(I) 命令，选取图 3.2.21 右侧垂直中心线左侧的图形为镜像对象，按 Enter 键结束选取；选取右侧垂直中心线上的任意两点；在命令行中输入字母 N 后按 Enter 键，结果如图 3.2.23 所示。

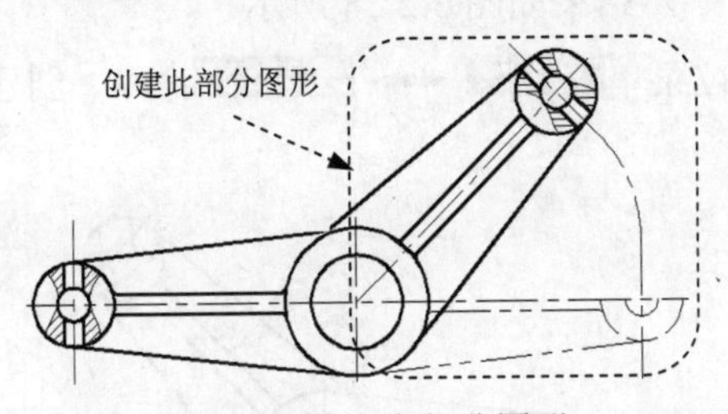

图 3.2.22　创建右半部分图形

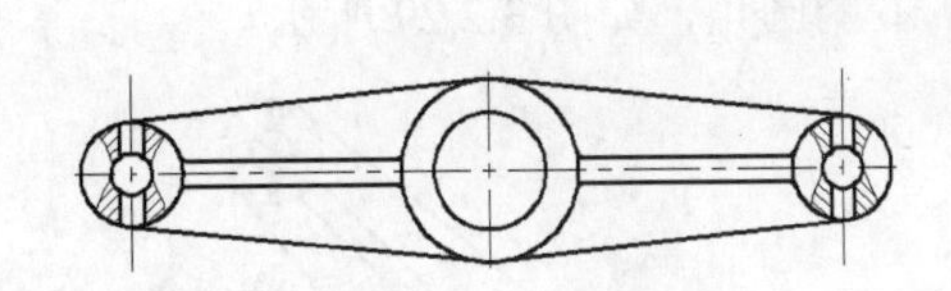

图 3.2.23　镜像图形

（2）旋转复制图形。选择下拉菜单 修改(M) → 旋转(R) 命令，选取图 3.2.23 中镜像后的右侧图形和水平中心线为旋转对象，按 Enter 键结束选择，捕捉中间的垂直中心线与水平中心线的交点作为基点，在命令行中输入字母 C 并按 Enter 键，然后在命令行中输入旋转角度值 45，按 Enter 键结束操作，结果如图 3.2.24 所示。

（3）绘制剖视图的投影部分。

① 修改图形。选择下拉菜单 修改(M) → 修剪(T) 命令对图 3.2.24 进行修剪，并选择下拉菜单 修改(M) → 删除(E) 命令删除多余的线条，结果如图 3.2.25 所示。

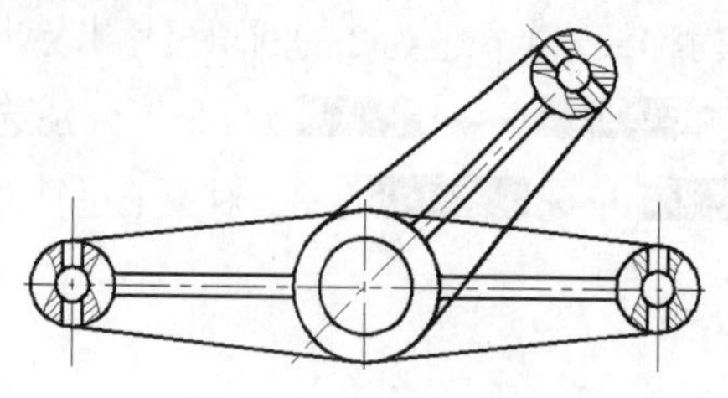

图 3.2.24 旋转复制图形

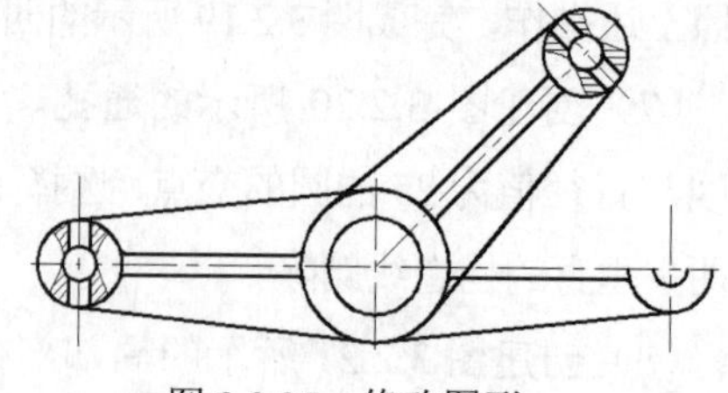

图 3.2.25 修改图形

② 创建图 3.2.26 所示的圆弧。

a）将图层切换到“中心线层”。

b）绘制圆。选择下拉菜单 绘图(D) → 圆(C) → 相切、相切、半径(T) 命令，分别选取图 3.2.27 所示的两条中心线为切线，输入半径值 44 后按 Enter 键。

c）修剪圆。选择下拉菜单 修改(M) → 修剪(T) 命令，修剪步骤 b）绘制的圆，结果如图 3.2.26 所示。

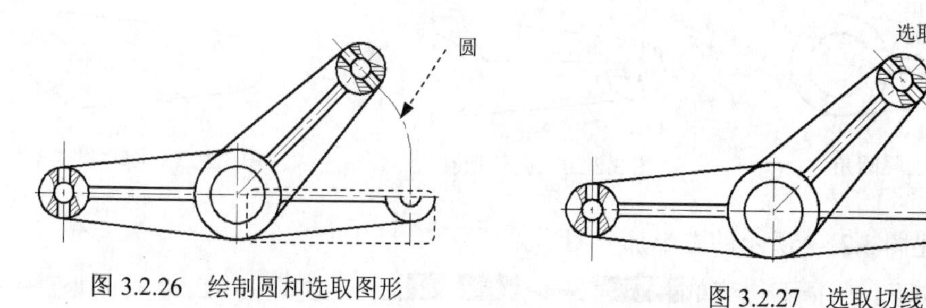

图 3.2.26 绘制圆和选取图形　　图 3.2.27 选取切线

③ 转换线型。用窗口选取的方法，选取图 3.2.26 所示虚线框内的对象，在“图层”下拉列表中选择“双点画线层”，按 Esc 键退出命令，结果如图 3.2.28 所示。

Step4. 将图层切换到“轮廓线层”。选择下拉菜单 修改(M) → 圆角(F) 命令，创建半径值为 10 的圆角，如图 3.2.29 所示。

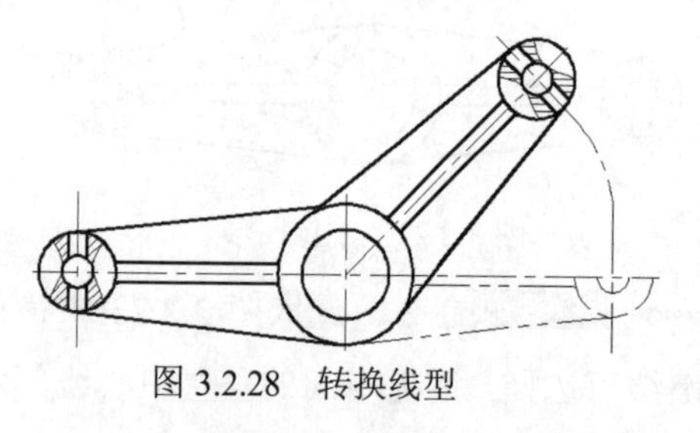

图 3.2.28 转换线型

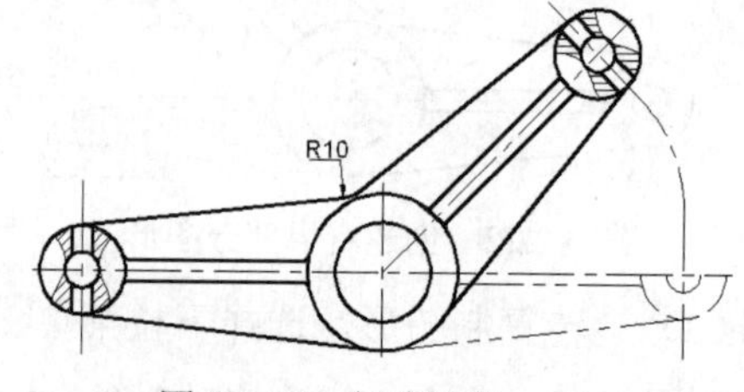

图 3.2.29 创建圆角

Step5. 创建图 3.2.30 所示的剖切符号。

（1）创建箭头。将图层切换到“尺寸线层”，用 QLEADER 命令绘制剖切符号，在主视图上用剖切符号表示剖切位置和投影方向。

（2）创建直线。将图层切换到“轮廓线层”，选择 绘图(D) → 直线(L) 命令绘制四条长为 6 的直线；选择 修改(M) → 旋转(R) 命令旋转剖切符号，结果如图 3.2.30 所示。

Step6. 修改填充图案。将图层切换到“剖面线层”，将旋转后的填充图案删除，重新填充，填充类型为用户定义，填充角度值为 45，填充间距值为 2，结果如图 3.2.30 所示。

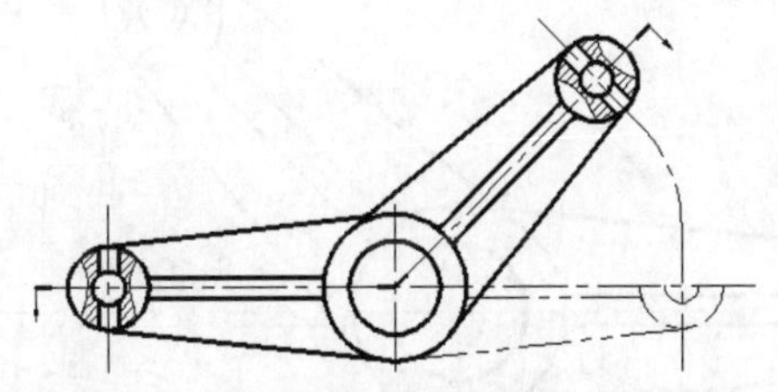

图 3.2.30　创建剖切符号并修改填充图案

Task4．创建尺寸标注

下面介绍创建图 3.2.1 所示的尺寸标注的步骤。

Step1．创建图 3.2.31 所示的线性标注。

（1）将图层切换到“尺寸线层”。

（2）选择下拉菜单 标注(N) → 线性(L) 命令，选取要进行标注的尺寸界线的两个端点，在绘图区的合适位置单击。

（3）选择下拉菜单 标注(N) → 线性(L) 命令，在绘图区选择要标注的两条直线的端点，在命令行中输入字母 T 后按 Enter 键，然后在命令行中输入文本％％C28，用同样的方法完成图 3.2.31 所示的 Ø44 的标注。

Step2．创建图 3.2.31 所示的半径标注。选择下拉菜单 标注(N) → 半径(R) 命令，单击图中的圆弧，在绘图区的合适位置单击，以确定尺寸的放置位置。

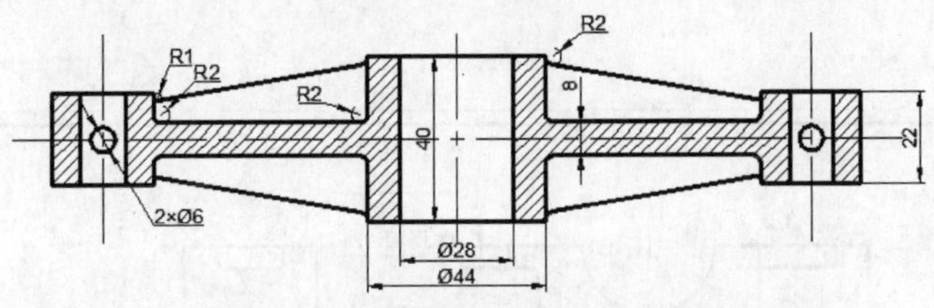

图 3.2.31　创建线性标注与半径标注

Step3．创建图 3.2.32 所示的直径标注。选择下拉菜单 标注(N) → 直径(D) 命令，选取要标注的圆，在命令行中输入字母 T 后按 Enter 键，输入文本 2×％％C25 后按 Enter 键；用同样的方法标注尺寸 2×Ø10 与 2×Ø6。

Step4．创建图 3.2.32 所示的角度标注。选择下拉菜单 标注(N) → 角度(A) 命令，选取构成角度的两条中心线，然后在绘图区单击。

Step5．创建图 3.2.32 所示的对齐标注。选择下拉菜单 标注(N) → 对齐(G) 命令，选取要进行对齐标注的尺寸界线端点，然后在绘图区合适的位置单击。

Task5．保存文件

选择 文件(F) → 保存(S) 命令，将图形命名为“摇臂.dwg”，单击 保存(S) 按钮。

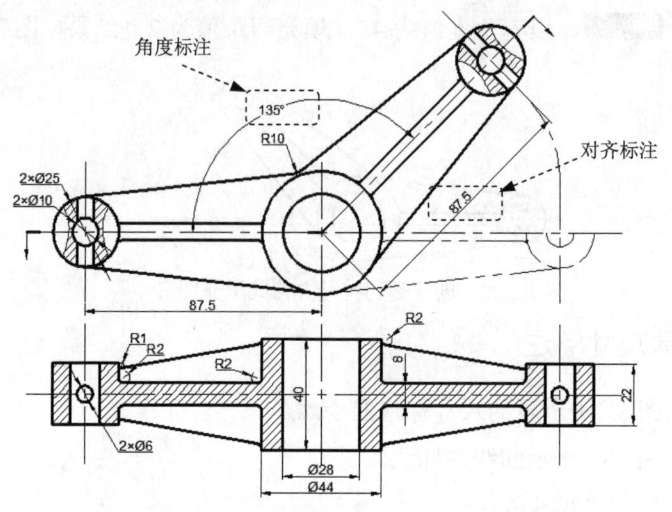

图 3.2.32　创建直径、角度、对齐标注

3.3　基　　架

轴承的功用是支撑轴与轴上的零件，保持轴的旋转精度，减少轴与支撑之间的摩擦和磨损。而基架又是支撑轴承工作的主要零部件，是实现轴承正常运转的重要单元之一，故其设计也是相当重要的。在本实例中，将通过创建基架的三个视图（图 3.3.1）来讲述基架绘制的一般过程。

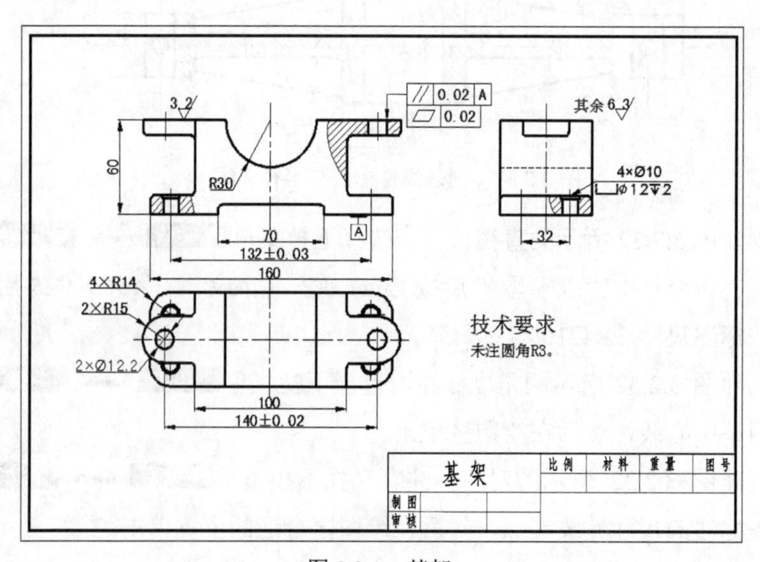

图 3.3.1　基架

Task1. 选用样板文件

使用随书光盘上提供的样板文件。选择下拉菜单 文件(F) → 新建(N)... 命令，在系统弹出的“选择样板”对话框中，找到文件 D:\AutoCAD2014.3\system_file\Part_temp_A3.dwg，然后单击 打开(O) 按钮。

Task2. 创建主视图

Step1. 绘制中心线。

（1）切换图层。将图层切换至“中心线层”。

（2）确认状态栏中的 （正交模式）和 （对象捕捉）按钮处于按下状态。

（3）绘制中心线。用 绘图(D) → 直线(L) 命令，绘制长度值为 80 的垂直中心线。

Step2. 偏移图 3.3.2 所示的中心线。选择下拉菜单 修改(M) → 偏移(S) 命令，将垂直中心线向左偏移，偏移距离值为 66；用同样的方法，将垂直中心线向左偏移 70。

Step3. 绘制直线。将图层切换至“轮廓线层”，确认 （显示/隐藏线宽）按钮处于显亮状态，使用 绘图(D) → 直线(L) 命令，绘制图 3.3.2 所示的直线。

Step4. 创建圆角。选择下拉菜单 修改(M) → 圆角(F) 命令，在命令行输入字母 R，按 Enter 键，输入数值 3 并按 Enter 键，再输入字母 M，按 Enter 键，依次选取要创建圆角的直线，结果如图 3.3.3 所示。

Step5. 打断图 3.3.4 所示的中心线。选择下拉菜单 修改(M) → 打断(K) 命令，在 A、B、C、D 四点将中心线打断（也可以使用拖动夹点的方法得到图 3.3.4 所示的中心线）。

Step6. 镜像图形。选择下拉菜单 修改(M) → 镜像(I) 命令，选取图 3.3.5 所示的图形为镜像对象，选取图 3.3.5 所示的镜像线并按 Enter 键结束命令。

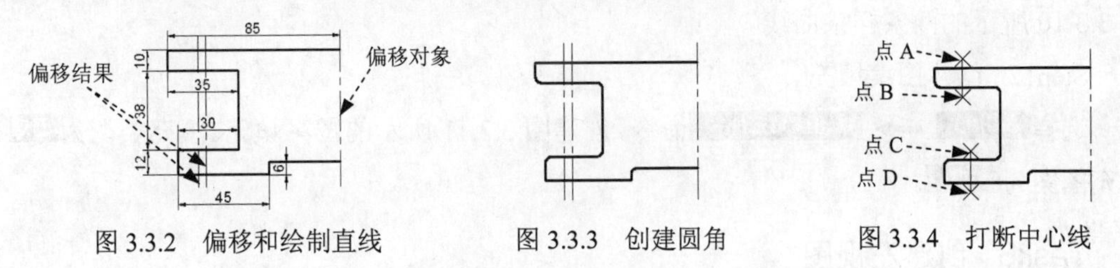

图 3.3.2 偏移和绘制直线　　图 3.3.3 创建圆角　　图 3.3.4 打断中心线

Step7. 绘制圆并修剪图形，结果如图 3.3.6 所示。

（1）绘制圆。选择下拉菜单 绘图(D) → 圆(C) → 圆心、直径(D) 命令，捕捉水平直线和垂直中心线的“交点”并单击，输入直径值 60 后按 Enter 键。

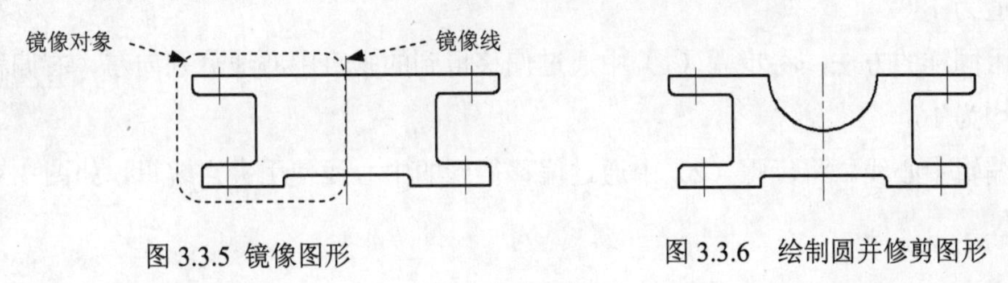

图 3.3.5 镜像图形　　图 3.3.6 绘制圆并修剪图形

（2）修剪图形。选择下拉菜单 修改(M) → 修剪(T) 命令，按 Enter 键，分别选取要修剪的直线和圆弧，最后按 Enter 键结束命令。

Step8. 延伸直线。选择下拉菜单 修改(M) → 延伸(D) 命令，选取图 3.3.7 所示的边线为延伸边界，按 Enter 键；选取图 3.3.7 所示的要延伸的对象，结果如图 3.3.7 所示。

Step9. 偏移中心线及直线。使用 修改(M) → 偏移(S) 命令偏移中心线及直线，偏移距离值如图 3.3.8 所示。

Step10. 转换线型并修剪图形。

（1）转换线型。将 Step9 通过偏移得到的六条直线转换为轮廓线。

（2）修剪图形。用 修改(M) → 修剪(T) 命令，对图 3.3.8 所示的图形进行修剪，结果如图 3.3.9 所示。

说明： 完成此命令后，删除多余线段。

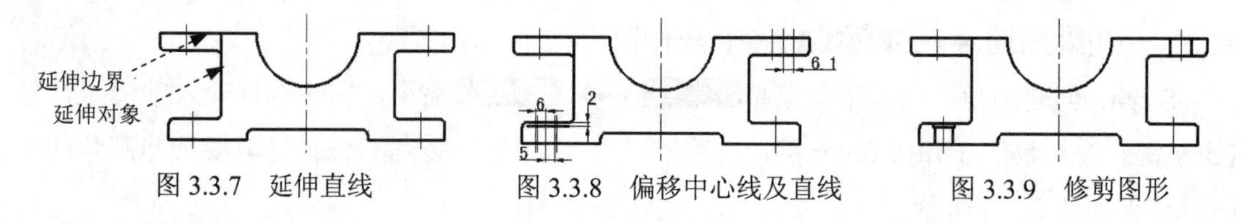

图 3.3.7 延伸直线　　图 3.3.8 偏移中心线及直线　　图 3.3.9 修剪图形

Step11. 绘制样条曲线。

（1）将图层切换至“剖面线层”。

（2）确认状态栏中的（正交模式）按钮处于关闭状态。

（3）绘制样条曲线。选择下拉菜单 绘图(D) → 样条曲线(S) → 拟合点(F) 命令，绘制图 3.3.10 所示的两条样条曲线。

Step12. 创建图案填充。

选择 绘图(D) → 图案填充(H)... 命令，创建图 3.3.11 所示的图案填充。填充类型为 预定义，填充图案为 ANSI31。

Task3. 创建左视图

Step1. 偏移并打断图 3.3.12 所示的中心线。

（1）偏移中心线。用 修改(M) → 偏移(S) 命令，将主视图中的垂直中心线向右偏移，偏移距离值为 180。

（2）用同样的方法，将步骤（1）中通过偏移得到的垂直中心线分别向左、右偏移，偏移距离值均为 16。

（3）编辑中心线。将步骤（2）中通过偏移得到的中心线使用夹点编辑，如图 3.3.12 所示。

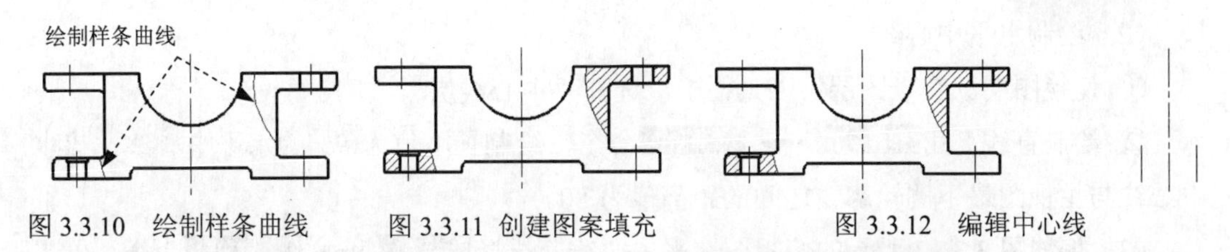

图 3.3.10　绘制样条曲线　　图 3.3.11 创建图案填充　　图 3.3.12　编辑中心线

Step2. 绘制直线。将图层切换至“轮廓线层”，用 绘图(D) → 直线(L) 命令绘制图 3.3.13 所示的直线。

Step3. 创建圆角。选择下拉菜单 修改(M) → 圆角(F) 命令，在命令行中输入字母 R，按 Enter 键；输入数值 3，按 Enter 键；输入字母 T 并按 Enter 键；输入字母 N 后按 Enter 键；输入字母 M 后按 Enter 键；依次选取要创建圆角的直线。

Step4. 修剪图形。用 修改(M) → 修剪(T) 命令修剪图形，结果如图 3.3.14 所示。

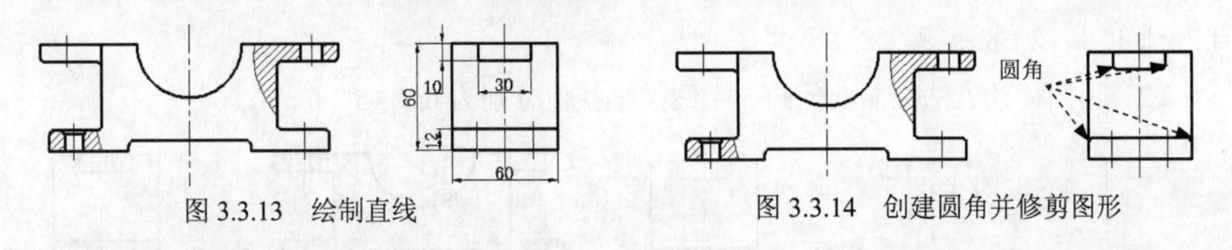

图 3.3.13　绘制直线　　图 3.3.14　创建圆角并修剪图形

Step5. 创建虚线并转换线型。

（1）偏移直线。用 修改(M) → 偏移(S) 命令，以左视图最上面的轮廓线为偏移对象，向下偏移，偏移距离值为 30。

（2）转换线型。将步骤（1）通过偏移得到的直线转换为虚线。

Step6. 创建沉孔。参照 Task2 中的 Step9、Step10，创建图 3.3.15 所示的沉孔。

Step7. 绘制样条曲线并创建图案填充。

（1）切换图层。将图层切换至“剖面线层”。

（2）用 绘图(D) → 样条曲线(S) → 拟合点(F) 命令，绘制图 3.3.16 所示的样条曲线。

（3）添加图案填充。参照 Task2 中的 Step12，创建图 3.3.16 所示的图案填充。

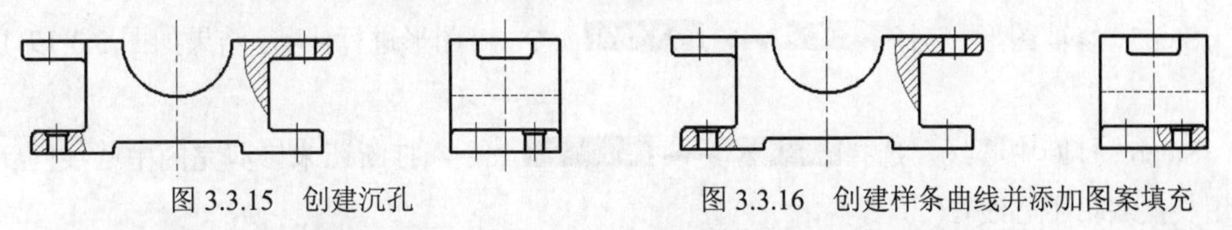

图 3.3.15　创建沉孔　　图 3.3.16　创建样条曲线并添加图案填充

Task4. 创建俯视图

Step1. 创建中心线。

（1）拉伸图 3.3.17 所示的垂直中心线。

① 单击主视图的垂直中心线使其显示夹点，选取下端夹点，垂直向下拖移至合适位置。

② 用同样的方法，拉伸主视图左侧的另外两条垂直中心线。

（2）绘制水平中心线。

① 切换图层。在“图层”工具栏中，选择“中心线层”。

② 绘制直线。用 绘图(D) → 直线(L) 命令，绘制长度值为 95 的水平中心线。该水平中心线与主视图最下侧轮廓线之间的距离值为 80。

（3）偏移图 3.3.17 所示的俯视图水平中心线。选择 修改(M) → 偏移(S) 命令，以步骤（2）中通过绘制得到的水平中心线为偏移对象，偏移方向为上、下，偏移距离值均为 16。

Step2. 绘制轮廓线。

（1）切换图层。将图层切换至“轮廓线层”。

（2）用 绘图(D) → 直线(L) 命令，绘制图 3.3.17 所示的直线。

Step3. 绘制图 3.3.18 所示的圆。

（1）选择下拉菜单 绘图(D) → 圆(C) → 圆心、半径(R) 命令，选取点 A 为圆心，输入半径值 15 后按 Enter 键。

（2）用同样的方法绘制其他的 5 个圆，半径值分别为 6.1、5、6、5、6。

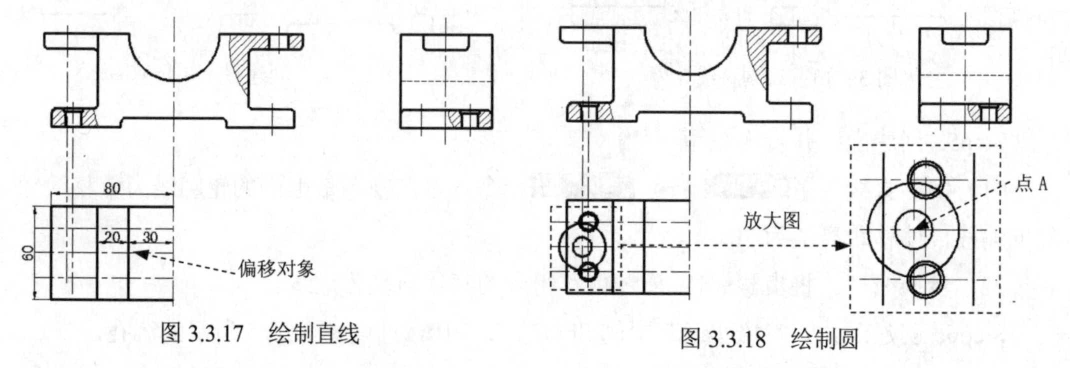

图 3.3.17　绘制直线　　图 3.3.18　绘制圆

Step4. 偏移直线并转换线型。

（1）偏移水平中心线。选择 修改(M) → 偏移(S) 命令，以图 3.3.19 所示的水平中心线为偏移对象，向上、下两侧偏移，偏移距离值均为 15。

（2）转换线型。将步骤（1）通过偏移得到的两条中心线转换为轮廓线。

Step5. 修剪图形。选择 修改(M) → 修剪(T) 命令，对图形进行修剪，结果如图 3.3.19 所示。

Step6. 打断中心线。选择 修改(M) → 打断(K) 命令，打断还未修剪完的中心线(也可使用夹点编辑中心线)。

Step7. 创建图 3.3.20 所示的圆角。

（1）创建半径值为 14 的两个圆角。选择下拉菜单 修改(M) → 圆角(F) 命令；在命令行中输入字母 R，按 Enter 键；输入半径值 14 并按 Enter 键；再输入字母 M，按 Enter 键；输入字母 T 后按 Enter 键；输入字母 T 后按 Enter 键；依次选取要倒圆角的两条直线，按 Enter 键结束操作。

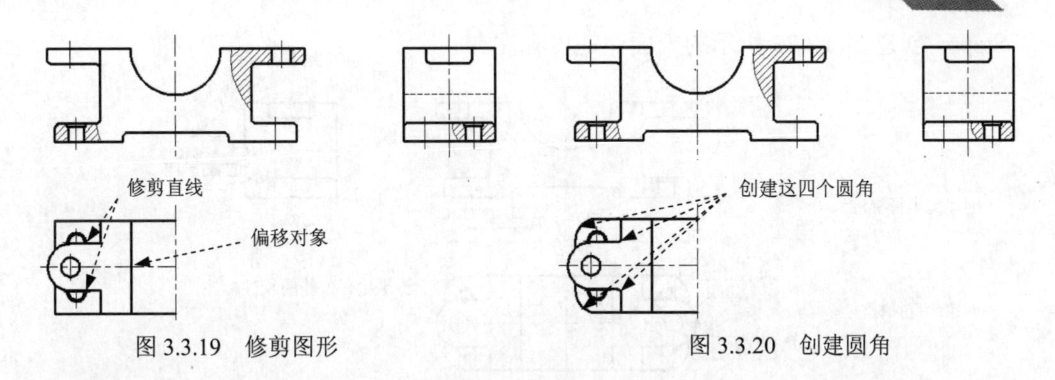

图 3.3.19 修剪图形 图 3.3.20 创建圆角

（2）用同样的方法创建半径值为 3 的两个圆角。

Step8. 镜像图形（图 3.3.21）。用 修改(M) → 镜像(I) 命令镜像图形。

Task5. 对图形进行尺寸标注

Step1. 将图层切换至“尺寸线层”。

Step2. 创建图 3.3.22 所示的线性标注。

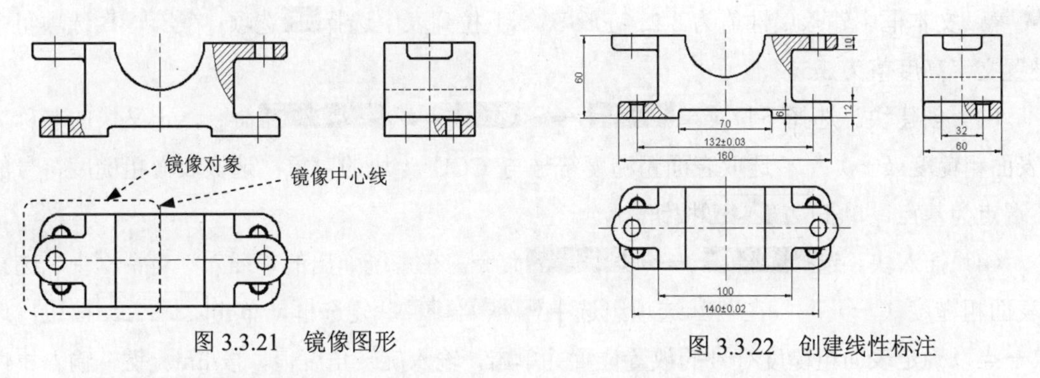

图 3.3.21 镜像图形 图 3.3.22 创建线性标注

（1）创建无公差的线性标注。

① 选择下拉菜单 标注(N) → 线性(L) 命令，捕捉要进行标注的边线的两端点并单击，在绘图区的空白处单击一点以确定尺寸放置的位置。

② 参照步骤①，创建其他无公差的线性标注。

（2）创建有公差的线性标注。下面以标注“132±0.03”为例来进行说明。

① 选择下拉菜单 标注(N) → 线性(L) 命令，捕捉并选取要进行标注的边线的两端点；在命令行中输入字母 M 并按 Enter 键；输入 132%%P0.03 并按 Enter 键；移动光标在绘图区的空白处单击以确定尺寸放置的位置。

② 用同样的方法创建其他有公差的线性标注（如 140±0.02）。

Step3. 创建半径标注。用 标注(N) → 半径(R) 命令，创建图 3.3.23 所示的半径标注。

Step4. 创建直径标注。用 标注(N) → 直径(D) 命令，创建图 3.3.23 所示的直径标注。

Step5. 创建引线标注。用 QLEADER 命令，创建图 3.3.23 所示的引线标注。

Step6. 创建图 3.3.23 所示的表面粗糙度标注。

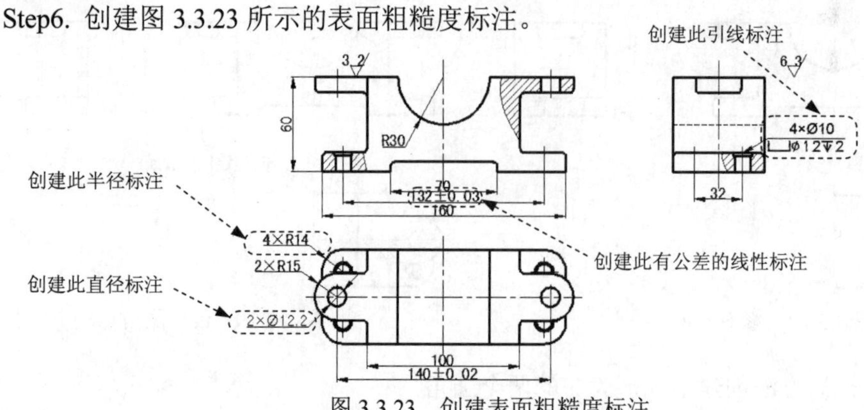

图 3.3.23　创建表面粗糙度标注

（1）在绘图区绘制粗糙度符号。

（2）定义块属性。绘制表面粗糙度符号，然后选择 绘图(D) → 块(K) → 定义属性(D)... 命令；在系统弹出的“属性定义”对话框中，在 属性 选项组的 标记(T): 文本框中输入属性的标记为 CCD；在 提示(M): 文本框中输入插入块时，系统显示提示信息“表面粗糙度值”；在 默认(L): 文本框中输入属性值为 3.2；在 对正(J): 下拉列表中选择 正中 选项；在 文字设置 选项组中设置文字高度值为 3.5。

（3）创建块。选择下拉菜单 绘图(D) → 块(K) → 创建(M)... 命令，定义块的名称为“表面粗糙度（一）”；选取表面粗糙度符号与 CCD 为块的对象；选取表面粗糙度符号的下端点为基点，单击 确定 按钮。

（4）插入块。选择 插入(I) → 块(B)... 命令，在系统弹出的“插入”对话框中，选择“表面粗糙度（一）”；在 旋转 选项组选中 ☑ 在屏幕上指定(S) 复选框，单击 确定 按钮；选取一点以确定表面粗糙度符号的放置位置并单击，输入旋转角度值，按 Enter 键，输入属性值（即表面粗糙度值），按 Enter 键。

说明：为了方便起见，本书提供的样板文件已经创建好了可能用到的块，读者可直接通过插入块来进行表面粗糙度的标注，以及后面的基准标注。

Step7. 参照 Step6，创建图 3.3.24 所示的基准标注。

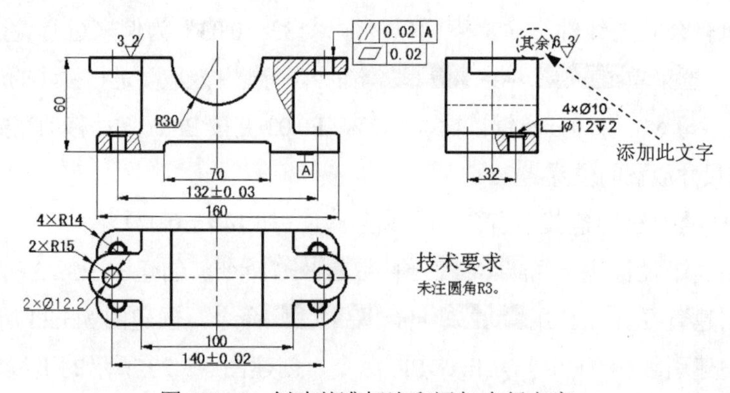

图 3.3.24　创建基准标注和添加多行文字

Step8. 创建形位公差标注。

（1）设置公差的引线标注。输入命令 QLEADER 后按 Enter 键，输入字母 S 并按 Enter 键，在系统弹出的“引线设置”对话框的 注释 中选中 ⊙ 公差(T) 单选项，单击 确定 按钮。

（2）创建图 3.3.24 所示的形位公差标注。

Step9. 创建多行文字。

（1）切换图层。在“图层”工具栏中，选择“文字层”。

（2）创建多行文字。用 绘图(D) → 文字(X)▸ → 多行文字(M)... 命令，创建图 3.3.24 所示的多行文字。

（3）创建其他的多行文字。

Task6. 填写标题栏并保存文件

Step1. 切换图层。在“图层”工具栏中，选择“文字层”图层。

Step2. 添加文字。选择下拉菜单 绘图(D) → 文字(X)▸ → 多行文字(M)... 命令，在标题栏指定区域选取两点以指定输入文字的范围，字体格式为 汉字文本样式，输入“基架”。

Step3. 选择 文件(F) → 保存(S) 命令，将图形命名为“基架.dwg”，单击 保存(S) 按钮。

3.4　支　　架

支架主要起支撑、连接作用，其细部结构比较多。本实例就以绘制一个简单支架为例来介绍支架类零件图（图 3.4.1）的一般绘制过程。在绘制过程中应注意：主视图画成全剖，左视图画成局部剖，俯视图画成半剖；先画左视图，再画其他两个视图；三个视图要符合长对正、高平齐、宽相等的视图原则。下面介绍其绘制过程。

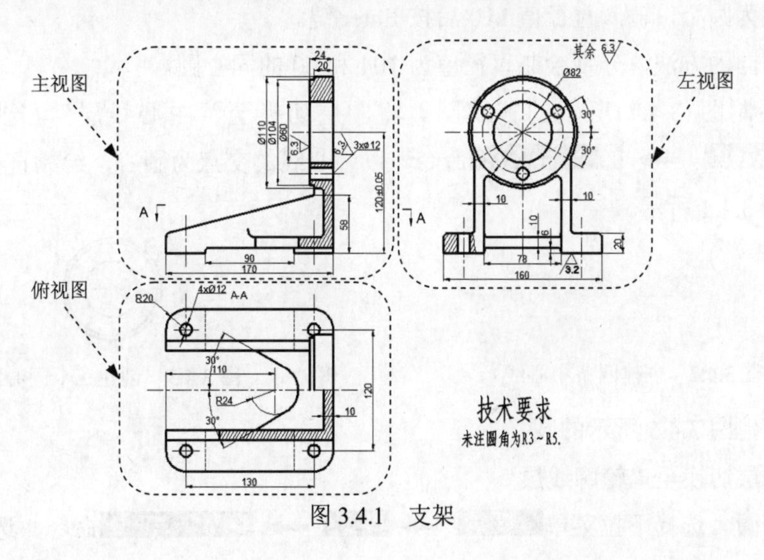

图 3.4.1　支架

Task1．选用样板文件

使用随书光盘中提供的样板文件。选择下拉菜单 文件(F) → 新建(N)... 命令，在系统弹出的“选择样板”对话框中，找到文件 D:\AutoCAD2014.2\system_file\Part_temp_A1.dwg，然后单击 打开(O) 按钮。

Task2．创建左视图

下面介绍图 3.4.1 所示的左视图的创建过程。

Step1. 创建图 3.4.2 所示的四条中心线。

（1）将图层切换至“中心线层”。

（2）绘制水平和垂直中心线。选择下拉菜单 绘图(D) → 直线(L) 命令，确认状态栏中的（正交模式）和（对象捕捉）按钮处于打开状态，绘制水平中心线和垂直中心线。

（3）绘制倾斜中心线。按 Enter 键以重复“直线”命令，输入命令 FROM 然后按下 Enter 键，捕捉水平中心线和垂直中心线的交点作为基点，在命令行中输入坐标（@60<30）后按 Enter 键，在命令行中输入坐标（@-120<30）后按两次 Enter 键；选择下拉菜单 修改(M) → 镜像(I) 命令，创建另一条倾斜中心线。

说明：也可以选择下拉菜单 修改(M) → 旋转(R) 命令来绘制倾斜中心线。

注意：在绘制倾斜中心线之前，要先单击（正交模式）按钮，使其处于关闭状态，同时确认（对象捕捉）按钮处于打开状态。

Step2. 创建图 3.4.3 所示的三个同心圆。

（1）将图层切换至“轮廓线层”，在状态栏中单击（显示/隐藏线宽）按钮，使其处于打开状态。

（2）选择下拉菜单 绘图(D) → 圆(C) ▸ → 圆心、直径(D) 命令，捕捉水平中心线与垂直中心线的交点为圆心，输入直径值 110 后按 Enter 键。

（3）用相同的方法，分别绘制直径值为 104 和 60 的同心圆。

Step3. 绘制图 3.4.4 所示的辅助圆。将图层切换至“中心线层”，选择下拉菜单 绘图(D) → 圆(C) ▸ → 圆心、直径(D) 命令，以中心线的交点为圆心，绘制直径值为 82 的圆，结果如图 3.4.4 所示。

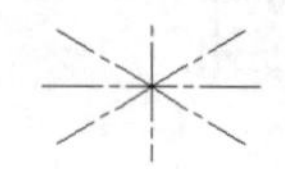

图 3.4.2　创建四条中心线

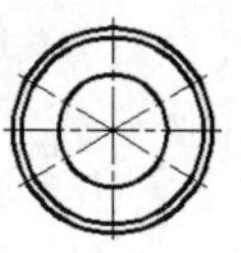

图 3.4.3　创建三个同心圆

Step4. 创建图 3.4.5 所示的圆。

（1）将图层切换至“轮廓线层”。

（2）绘制圆。选择下拉菜单 绘图(D) → 圆(C) ▸ → 圆心、直径(D) 命令，选取垂直中心线与辅助圆的下侧交点为圆心，输入数值 12 后按 Enter 键。

（3）阵列圆。选择下拉菜单 修改(M) → 阵列 → 环形阵列 命令，选取上一步绘制的圆为阵列对象并按 Enter 键；选取中心线的交点为阵列中心点；在命令行中输入项目数 3 按 Enter 键；在命令行中输入填充角度 360，结果如图 3.4.5 所示。

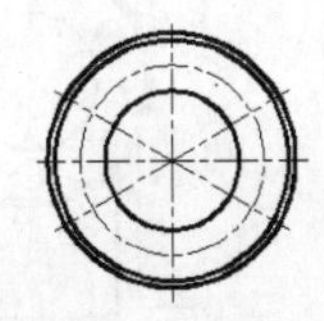

图 3.4.4 绘制辅助圆

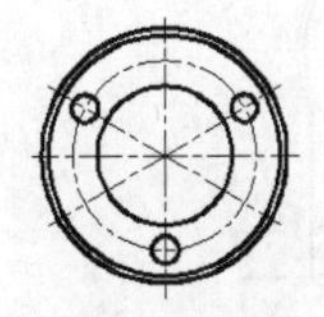

图 3.4.5 创建圆

Step5. 创建图 3.4.6 所示的三条垂直构造线。

（1）创建构造线 1。选择下拉菜单 绘图(D) → 构造线(T) 命令，在命令行中输入字母 O 并按 Enter 键，将垂直中心线向右偏移，偏移距离值为 80，按 Enter 键结束命令。

（2）用同样的方法创建其他两条垂直构造线。偏移距离值分别为 49 和 39，直线对象为垂直中心线，结果如图 3.4.6 所示。

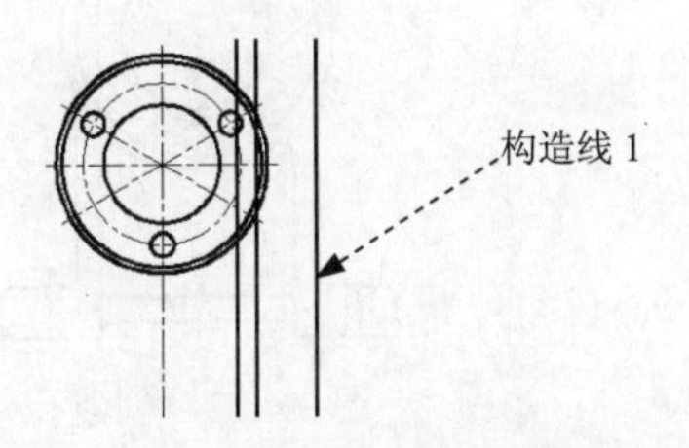

图 3.4.6 创建三条垂直构造线

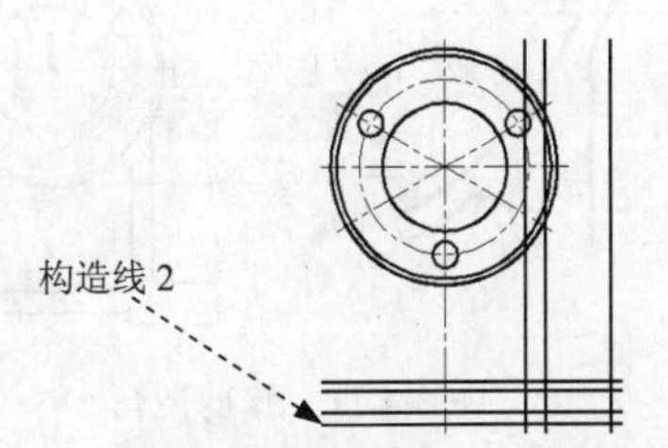

图 3.4.7 创建四条水平构造线

Step6. 创建图 3.4.7 所示的四条水平构造线。

（1）创建构造线 2。选择下拉菜单 绘图(D) → 构造线(T) 命令，在命令行中输入字母 O 并按 Enter 键，输入偏移距离值 120 后按 Enter 键，选取水平中心线作为直线对象，在该中心线下边的空白区域单击一点，以确定偏移方向。

（2）用同样的方法创建向下偏移距离值分别为 114、104 和 100 的水平构造线，直线对象仍为水平中心线，结果如图 3.4.7 所示。

Step7. 修剪图形。选择下拉菜单 修改(M) → 修剪(T) 命令，按 Enter 键，选取图中要剪掉的线条，按 Enter 键结束命令，结果如图 3.4.8 所示。

说明：多余的整条直线选择 修改(M) → 删除(E) 命令（或单击 Delete 键）删除。

Step8. 创建圆角。选择下拉菜单 修改(M) → 圆角(F) 命令，在命令行中输入字母 R 后按 Enter 键，圆角半径值为 4，单击要倒圆角的两直线，圆角自动生成；用相同的方法创建其他圆角，结果如图 3.4.9 所示。

注意：在绘制圆角过程中，有时需要选用“修剪模式”，有时则要选用“不修剪模式”，读者要在练习过程中灵活操作。

Step9. 镜像图形。选择下拉菜单 修改(M) → 镜像(I) 命令，在命令行 选择对象: 的提示下选取要进行镜像的对象并按 Enter 键，在垂直中心线上任意选取两点后按 Enter 键，在命令行中输入字母 N，按 Enter 键结束该命令，结果如图 3.4.10 所示。

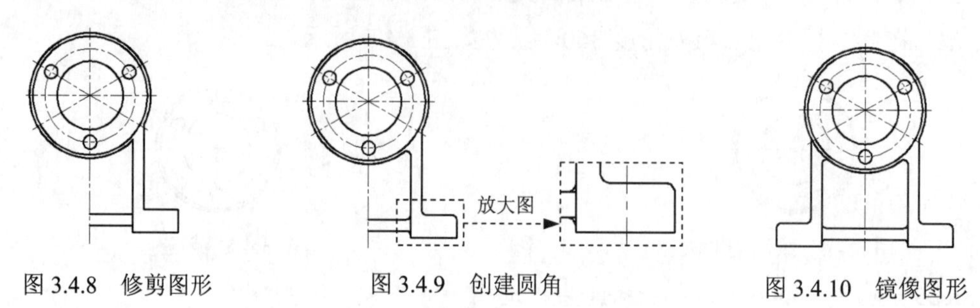

图 3.4.8　修剪图形　　图 3.4.9　创建圆角　　图 3.4.10　镜像图形

Step10. 修剪图形。选择下拉菜单 修改(M) → 修剪(T) 命令对图形进行修剪，结果如图 3.4.11 所示。

Step11. 创建图 3.4.12 所示的孔。

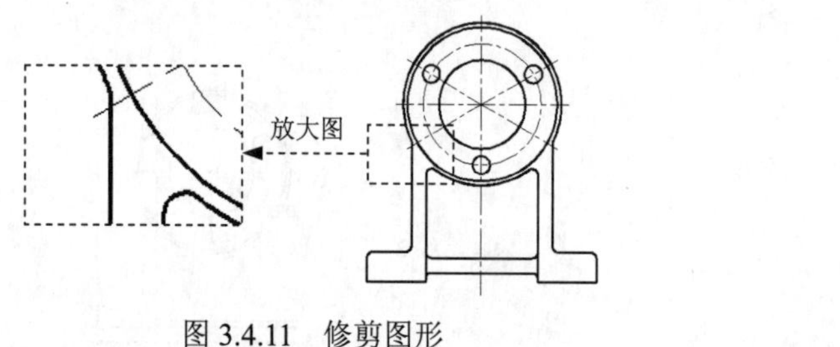

图 3.4.11　修剪图形

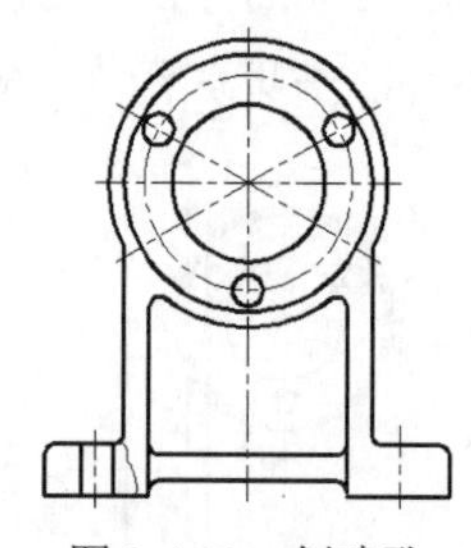

图 3.4.12　创建孔

（1）创建图 3.4.13 所示的中心线 1。

① 选择下拉菜单 修改(M) → 偏移(S) 命令，在命令行中输入偏移距离值 60 后按 Enter 键，然后选取垂直中心线作为偏移参照，并在该中心线的左侧单击以确定偏移方向，按 Enter 键结束命令。

② 选择下拉菜单 修改(M) → 打断(K) 命令将步骤①创建的中心线 1 打断，结果如图 3.4.13 所示。

说明：选取打断后多余的线条，选择 修改(M) → 删除(E) 命令（或单击 Delete 键）将其删除。

（2）创建图 3.4.12 所示的两条直线。

① 偏移中心线。选择下拉菜单 绘图(D) → 偏移(S) 命令，将步骤（1）创建的中心线 1 分别向左和向右偏移，偏移距离值为 6。

② 转换线型。选取步骤①偏移所得到的两条中心线，将其转移至“轮廓线层”。

③ 修剪直线。选择下拉菜单 修改(M) → 修剪(T) 命令，对步骤②创建的两条轮廓线进行修剪，结果如图 3.4.12 所示。

（3）绘制断面线。将图层切换到“剖面线层”，选择下拉菜单 绘图(D) → 样条曲线(S)

→ 拟合点(F) 命令，根据命令行的提示绘制图 3.4.12 所示的样条曲线。

说明：绘制后，将多余的部分选择 修改(M) → 修剪(T) 命令修剪掉。

（4）镜像中心线。选择下拉菜单 修改(M) → 镜像(I) 命令，选取步骤（1）创建的中心线 1 为镜像对象并按 Enter 键，在垂直中心线上任意选取两点后按 Enter 键，按 Enter 键，采用系统默认的保留源对象，结果如图 3.4.12 所示。

Step12. 选择下拉菜单 绘图(D) → 图案填充(H)... 命令，创建图 3.4.14 所示的图案填充。其中，填充类型为 用户定义，填充角度值为 60，填充间距值为 3。

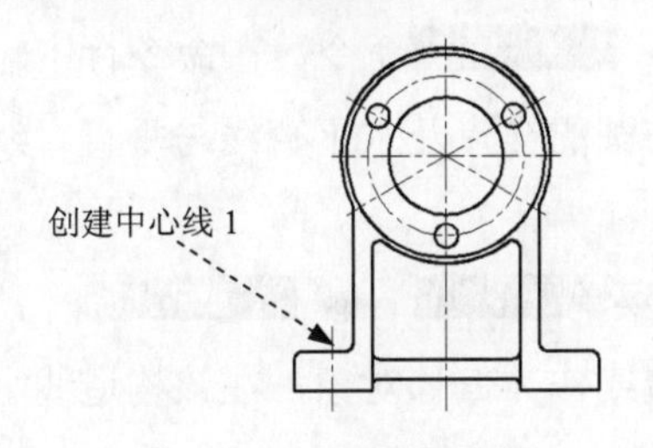

图 3.4.13　创建中心线 1

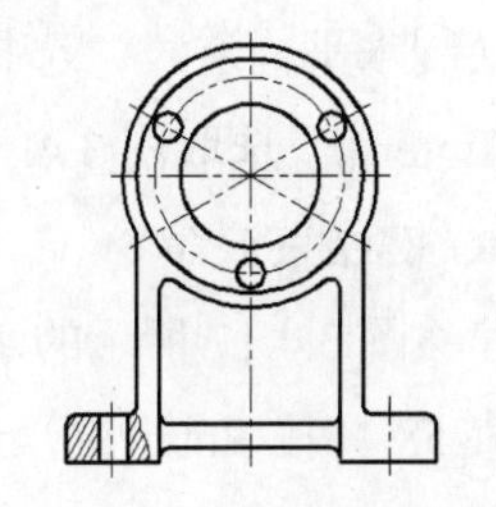

图 3.4.14　创建图案填充

Task3．创建主视图

下面介绍图 3.4.15 所示的主视图的创建过程。

Step1. 创建图 3.4.16 所示的中心线。

（1）拉伸水平中心线，单击左视图中的水平中心线使其显示夹点，然后选取其左端夹点，水平拖移至适当的位置作为主视图创建的水平基准线。

（2）选择下拉菜单 修改(M) → 偏移(S) 命令，将水平中心线 1 向下偏移，偏移距离值为 41，结果如图 3.4.16 所示。

（3）单击中心线 2 使其显示夹点，然后选取其左、右端夹点，水平拖移至合适的位置，结果如图 3.4.16 所示。

注意：在拉伸之前要先确认状态栏中的 （正交模式）按钮处于打开状态。

Step2. 创建图 3.4.16 所示的垂直构造线。

（1）将图层切换到“轮廓线层”。

（2）创建第一条垂直构造线。选择下拉菜单 绘图(D) → 构造线(T) 命令，在命令行中输入字母 V 后按 Enter 键，在主视图右边区域选取一点，且与左视图保持一个合适的距离，按 Enter 键结束命令，完成主视图中第一条垂直构造线的创建。

（3）创建第二条垂直构造线。选择下拉菜单 修改(M) → 偏移(S) 命令，选取第一条垂直构造线，输入偏移距离值 10 后按 Enter 键，构造线为偏移对象，在第一条垂直构造线左侧任意位置单击以确定偏移方向，按 Enter 键结束命令。

（4）用相同的方法将第一条垂直构造线向左偏移，偏移距离值分别为 20、24、40、130 和 170，结果如图 3.4.16 所示。

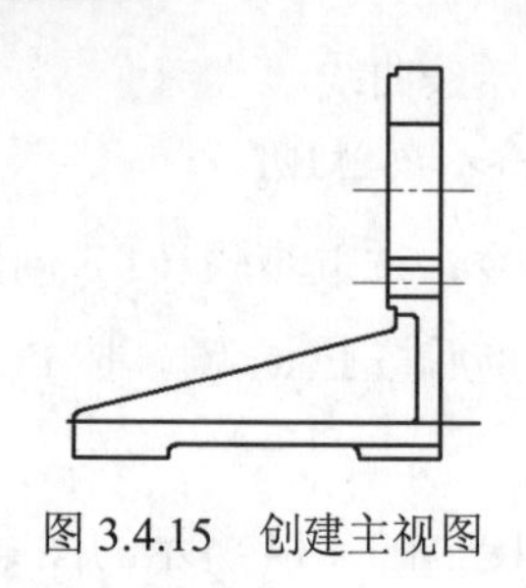

图 3.4.15　创建主视图

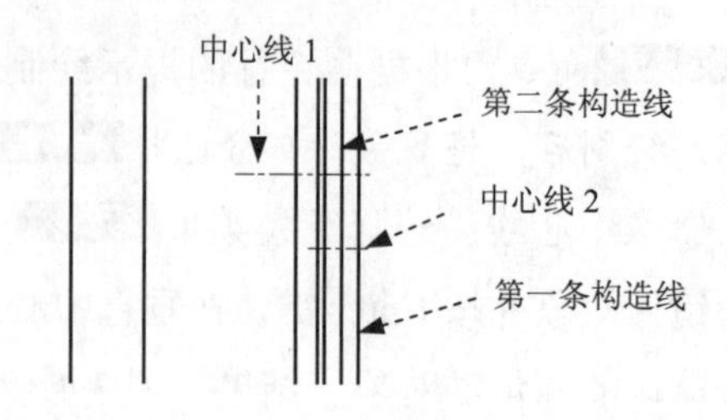

图 3.4.16　创建中心线和垂直构造线

Step3. 创建图 3.4.17 所示的水平构造线。

（1）绘制水平构造线。选择下拉菜单 绘图(D) → 构造线(T) 命令，在命令行中输入字母 H 后按 Enter 键，选取图 3.4.17 所示的垂直中心线与圆的交点及水平直线与垂直直线的交点，按 Enter 键结束该命令。

（2）偏移图 3.4.17 所示的水平构造线。选择下拉菜单 修改(M) → 偏移(S) 命令，输入偏移距离值 58 并按 Enter 键，选取最下面的那条构造线作为偏移对象，在该构造线上方任意位置单击，以确定偏移方向。

Step4. 选择下拉菜单 绘图(D) → 直线(L) 命令，绘制图 3.4.18 所示的直线 1。

图 3.4.17　创建水平构造线　　图 3.4.18　绘制直线 1

Step5. 选择 修改(M) → 修剪(T) 命令，对图形进行修剪，结果如图 3.4.19 所示。

Step6. 创建圆角。选择下拉菜单 修改(M) → 圆角(F) 命令，在命令行中输入字母 R 后按 Enter 键，输入圆角半径值 4，然后选取要倒圆角的直线。按 Enter 键重复圆角命令，完成其他五处倒圆角的绘制；选择下拉菜单 修改(M) → 修剪(T) 命令，对图形进行修剪，结果如图 3.4.20 所示。

说明： 至此，主视图的基本轮廓已经创建完毕，其他部分必须在俯视图创建完成后才能绘制。

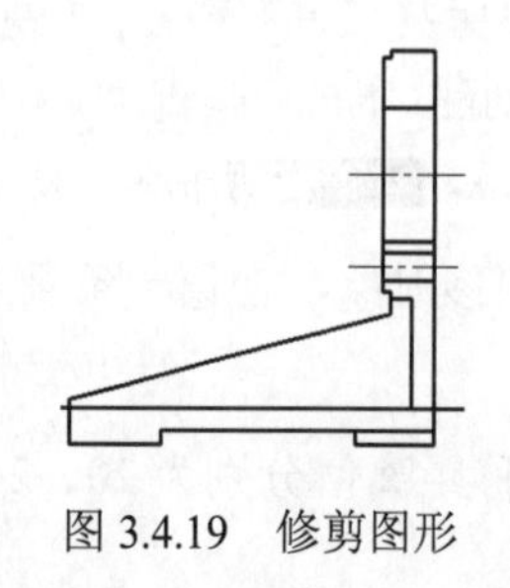

图 3.4.19　修剪图形

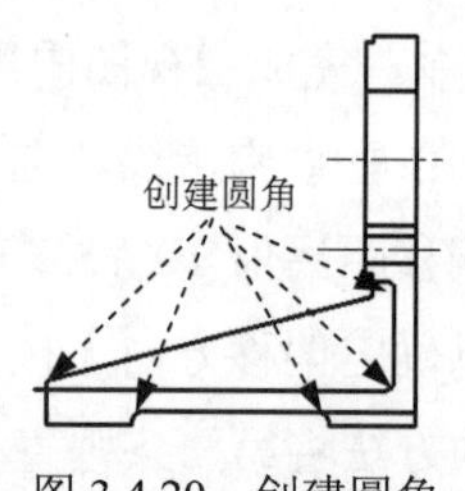

图 3.4.20　创建圆角

Task4．创建俯视图

下面介绍图 3.4.1 所示的俯视图的创建过程。

Step1．创建图 3.4.21 所示的中心线 3。

（1）将图层切换到“中心线层”。

（2）选择下拉菜单 绘图(D) → 构造线(T) 命令，在命令行中输入字母 O 后按 Enter 键，输入偏移距离值 255 后按 Enter 键，然后选取主视图中的水平中心线作为直线对象，在该水平线的下边单击一点以确定偏移方向，按 Enter 键结束命令，完成中心线 3 的绘制，结果如图 3.4.21 所示。

Step2．创建图 3.4.21 所示的垂直构造线。

（1）将图层切换到“轮廓线层”。

（2）选择下拉菜单 绘图(D) → 构造线(T) 命令，在命令行中输入字母 V 后按 Enter 键，依次选取图 3.4.21 所示的主视图中水平线段上的端点，按 Enter 键结束命令。

（3）转换线型。选中要转换的两条构造线，将图层切换到“虚线层”，结果如图 3.4.21 所示。

Step3．创建图 3.4.22 所示的水平构造线。

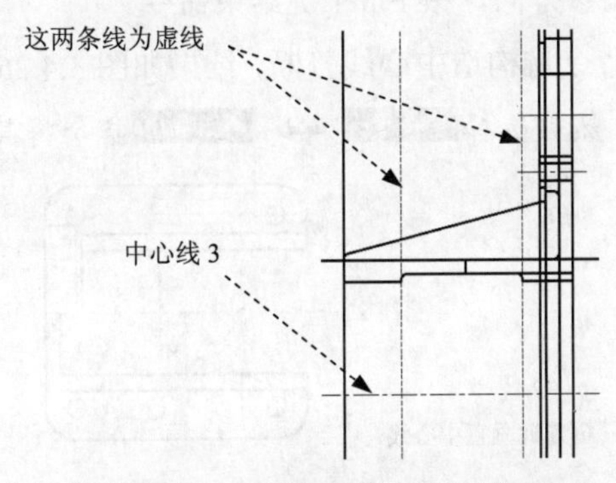

图 3.4.21　创建中心线和垂直构造线

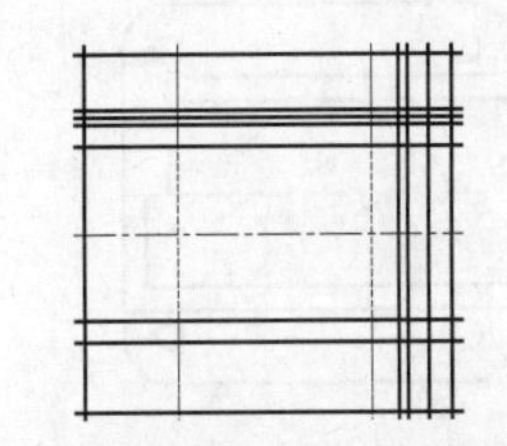

图 3.4.22　创建水平构造线

（1）选择下拉菜单 绘图(D) → 构造线(T) 命令，在命令行中输入字母 O 并按 Enter 键，输入偏移距离值 80 后按 Enter 键，选取中心线 3 作为偏移对象，并在该中心线的上侧单击以确定偏移方向；再次选取中心线 3 作为偏移参照，并在该中心线的下侧单击，以确定偏移方向，按 Enter 键结束命令。

（2）用相同的方法创建相对于中心线 3 向上偏移距离值分别为 55 和 52 的水平构造线及相对于中心线 3 向上、下两侧偏移距离值分别为 49 和 39 的水平构造线。

Step4．修剪图形。选择下拉菜单 修改(M) → 修剪(T) 命令，对图 3.4.22 所示的图形进行修剪，结果如图 3.4.23 所示。

Step5．创建图 3.4.24 所示的圆角。选择下拉菜单 修改(M) → 圆角(F) 命令，在命令行中输入字母 R 后按 Enter 键，输入圆角半径值 20，输入字母 T 后按 Enter 键，再输入字母 T

后按 Enter 键，最后在命令行中输入字母 M 后按 Enter 键，选取要倒圆角的直线，完成圆角的创建，结果如图 3.4.24 所示。

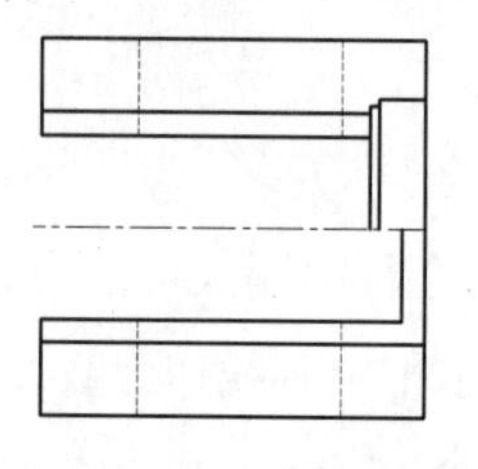

图 3.4.23 修剪图形

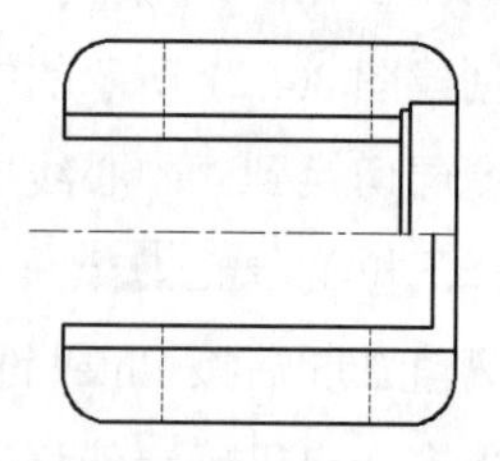

图 3.4.24 创建圆角

Step6. 绘制图 3.4.25 所示的四个圆。选择下拉菜单 绘图(D) → 圆(C) → 圆心、半径(R) 命令，绘制半径值为 6 的圆，此圆与 Step5 所创建的圆角同圆心。

Step7. 创建图 3.4.26 所示的中心线。

（1）将图层切换到“中心线层”。

（2）选择下拉菜单 绘图(D) → 直线(L) 命令，绘制定位四个圆的中心线。

（3）创建垂直中心线。选择下拉菜单 绘图(D) → 构造线(T) 命令，在命令行中输入字母 O 后按 Enter 键，输入偏移距离值 110 后按 Enter 键，然后选取图 3.4.26 所示的直线 2 作为直线对象，在直线 2 右侧单击一点以确定偏移方向，按 Enter 键结束命令。

（4）选择下拉菜单 修改(M) → 打断(K) 命令将构造中心线打断，结果如图 3.4.26 所示。

说明：打断后，多余的线条可直接选取，然后选择 修改(M) → 删除(E) 命令将其删除。

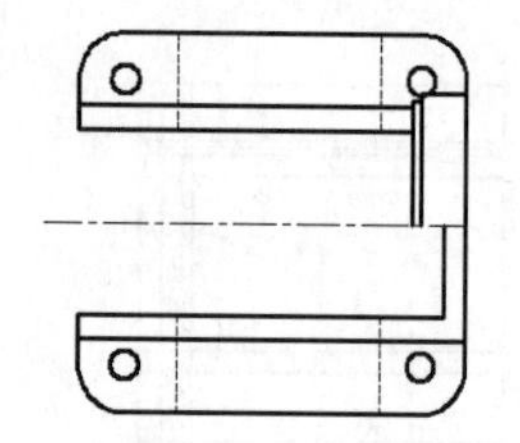

图 3.4.25 绘制四个圆

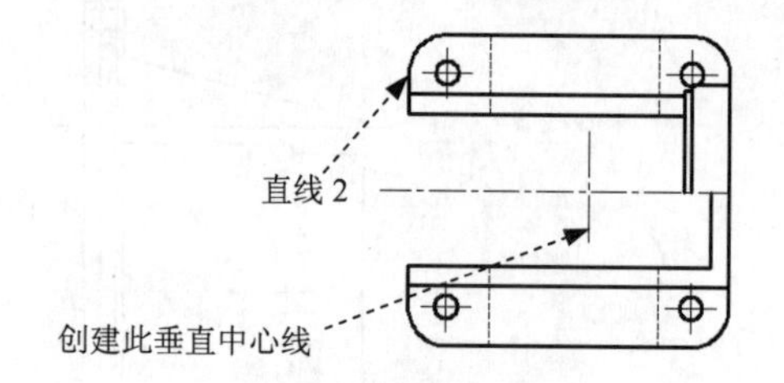

图 3.4.26 创建中心线

Step8. 绘制图 3.4.27 所示的圆。将图层切换到“轮廓线层”，选择 绘图(D) → 圆(C) → 圆心、直径(D) 命令，以图 3.4.27 所示的点 A 为圆心，绘制直径值为 48 的圆。

Step9. 绘制图 3.4.28 所示的直线。选择下拉菜单 绘图(D) → 直线(L) 命令绘制两条直线，这两条线均与水平线成 30° 夹角，且与 Step8 所绘制的圆相切。

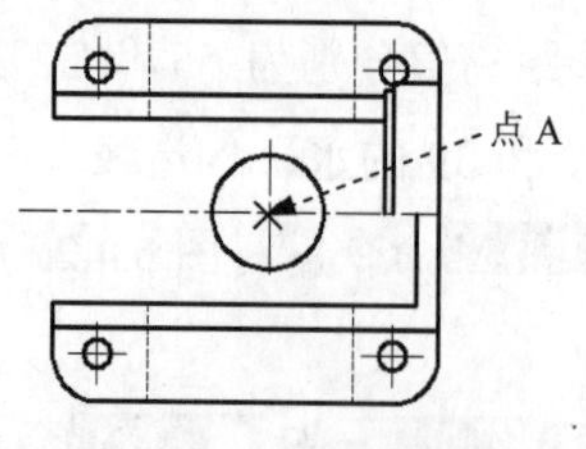

图 3.4.27 绘制圆

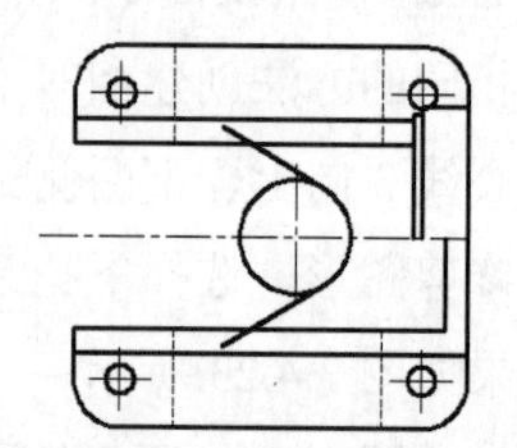

图 3.4.28 绘制直线

Step10. 选择修改(M) → 修剪(T)命令，对图 3.4.28 进行修剪，结果如图 3.4.29 所示。

Step11. 选择下拉菜单绘图(D) → 直线(L)命令，绘制图 3.4.30 所示的直线 3。

Step12. 创建图案填充。将图层切换到“剖面线层”，选择下拉菜单绘图(D) → 图案填充(H)...命令，创建图 3.4.30 所示的图案填充。其中，填充类型为用户定义，填充角度值为 60，填充间距值为 3。

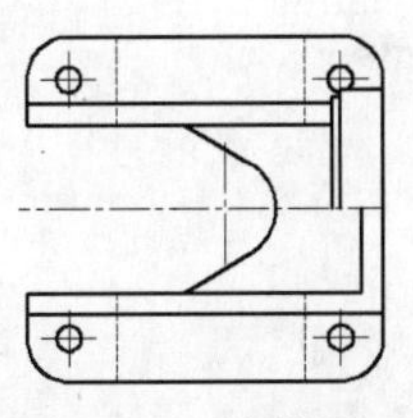

图 3.4.29　修剪图形

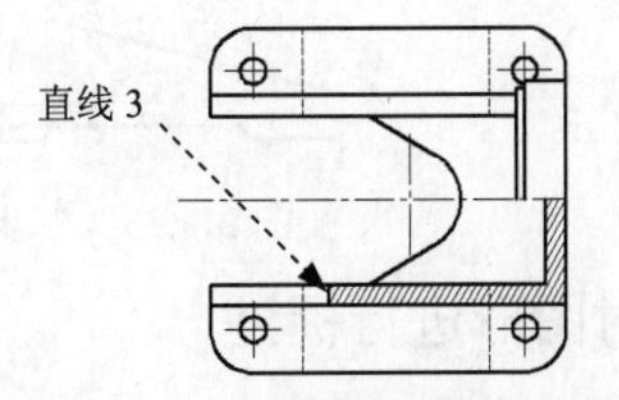

图 3.4.30　创建直线并添加图案填充

Task5. 将主视图补充完整

图 3.4.1 所示的是完整的主视图，由于其部分尺寸要根据俯视图来确定，故创建完俯视图后继续完成主视图，下面介绍其创建过程。

Step1. 绘制图 3.4.31 所示的垂直构造线。将图层切换到“轮廓线层”，选择下拉菜单绘图(D) → 构造线(T)命令，在命令行中输入字母 V 后按 Enter 键，依次选取俯视图中的 B 和 C 两点，按 Enter 键结束命令。

Step2. 创建图 3.4.32 所示的中心线。

（1）确认状态栏中的（正交模式）按钮处于打开状态。单击俯视图中定位圆孔的垂直中心线，使其显示夹点，选取其上端夹点，垂直向上拖移至合适的位置单击。

（2）选择修改(M) → 打断(K)命令，将步骤（1）通过拉伸创建的中心线打断。

（3）选择下拉菜单修改(M) → 修剪(T)命令，结果如图 3.4.32 所示。

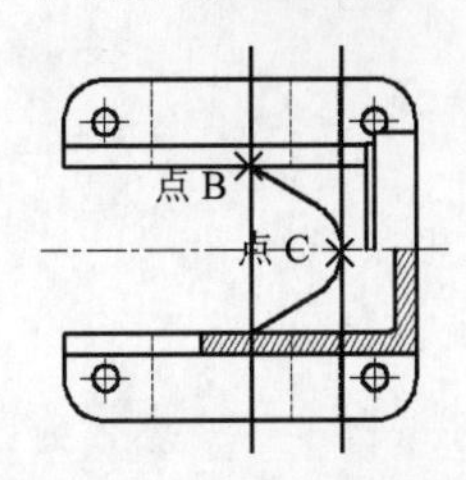

图 3.4.31　绘制垂直构造线

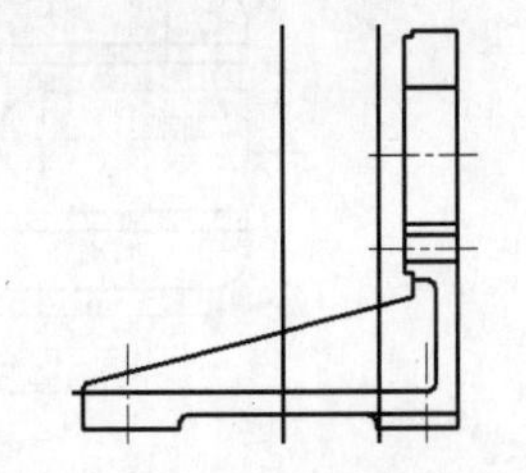

图 3.4.32　创建中心线

Step3. 选择下拉菜单修改(M) → 修剪(T)命令，对图 3.4.32 所示的图形进行修剪，结果如图 3.4.33 所示。

Step4. 绘制图 3.4.33 所示的过渡线。选择下拉菜单绘图(D) → 圆弧(A) → 起点、端点、方向(D)命令，捕捉并选取点 A，再选取点 B，在直线 1 左侧延长线上任意选取第三点。

Step5. 将图层切换至“剖面线层”。

Step6. 选择下拉菜单 绘图(D) → 图案填充(H)... 命令，对图形进行填充，填充结果如图 3.4.1 所示，其具体设置与前面的图案填充相同。

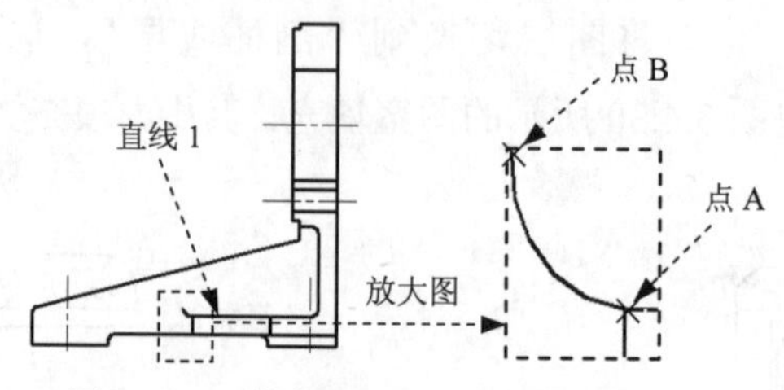

图 3.4.33 修剪图形并绘制过渡线

Task6. 对图形进行标注

下面介绍图 3.4.1 所示的图形尺寸的标注过程。

Step1. 将图层切换到“尺寸线层”。

Step2. 创建图 3.4.34 所示的线性标注。选择下拉菜单 标注(N) → 线性(L) 命令创建线性标注，然后选取尺寸 120 并右击，在系统弹出的快捷菜单中选择 特性(S) 命令，系统弹出“特性”选项板窗口，在“特性”选项板窗口中的“显示公差”选项中选择“对称”，在“公差精度”文本框中输入数值 0.00，在“公差下偏差”文本框中输入数值 0.05；用同样的方法，创建其他的线性标注。

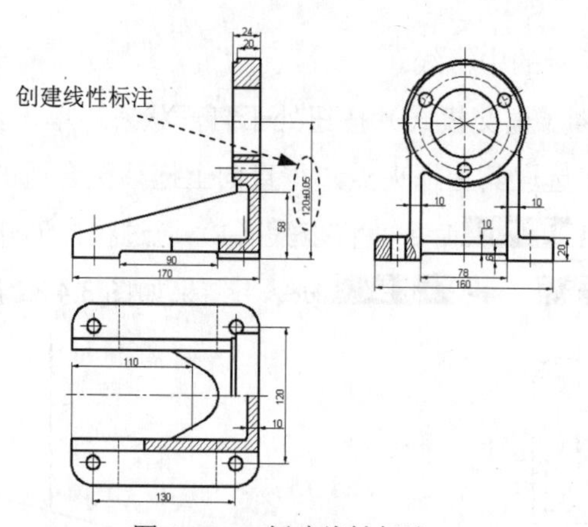

图 3.4.34 创建线性标注

Step3. 创建图 3.4.35 所示的直径标注。

（1）选择下拉菜单 标注(N) → 直径(D) 命令，单击图 3.4.35 所示左视图中的圆，在绘图区空白区域单击一点完成尺寸 Ø 82 的创建。单击俯视图中的圆，在绘图区空白区域单击一点，以确定尺寸放置的位置，选取此标注尺寸 Ø 12 并右击，在系统弹出的快捷菜单中选择 特性(S) 命令，系统弹出“特性”选项板窗口，然后在“特性”选项板窗口中的“文字替代”文本框中输入文本 4×%%C12，关闭“特性”选项板窗口后，标注文字就会变成 4×Ø 12。

（2）选择下拉菜单 标注(N) → 线性(L) 命令创建尺寸值为 110 的线性标注，选取此标注尺寸并右击，在系统弹出的快捷菜单中选择 特性(S) 命令，系统弹出 “特性”选项板窗口，然后在“特性”选项板窗口中的“文字替代”文本框中输入文本%%C110，关闭“特性”选项板窗口后，标注文字就会变成 Ø 110；用同样的方式标注主视图中的 Ø 104 和 Ø 60。

Step4. 半径标注。选择下拉菜单 标注(N) → 半径(R) 命令，选取图 3.4.35 所示俯视图中的圆角，在绘图区选择合适的位置后单击，以确定尺寸放置的位置。

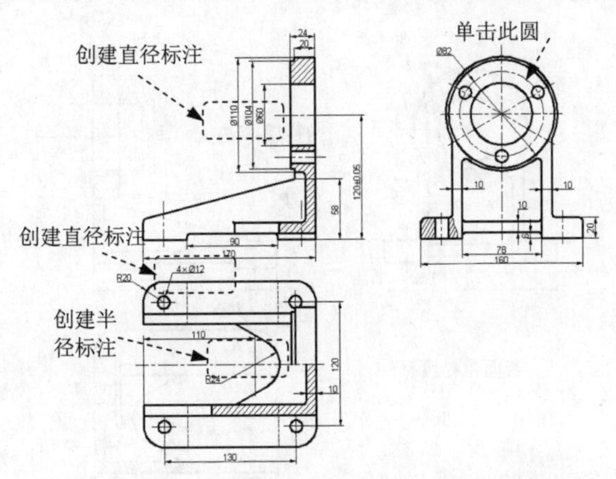

图 3.4.35　创建直径和半径标注

Step5. 创建图 3.4.36 所示的角度标注。选择下拉菜单 标注(N) → 角度(A) 命令，分别在构成角度的两直线上选取一点，然后在绘图区空白处单击，以确定放置位置。完成后的图形如图 3.4.36 所示。

Step6. 选择下拉菜单 绘图(D) → 直线(L) 命令绘制引线，如图 3.4.36 所示。

Step7. 选择下拉菜单 绘图(D) → 文字(X) → 多行文字(M)... 命令，输入文本 3×%%C12，结果如图 3.4.36 所示。

Step8. 创建图 3.4.36 所示的表面粗糙度标注。选择下拉菜单 插入(I) → 块(B)... 命令；系统弹出“插入”对话框，在 名称(N): 的下拉列表中选择“表面粗糙度符号”，单击 确定 按钮；在命令行中输入字母 R 并按 Enter 键，输入旋转角度值 180 后按 Enter 键；在绘图区单击以确定块的插入点；输入表面粗糙度值 3.2 后按 Enter 键。用同样的方法插入其他的块，结果如图 3.4.36 所示。

Step9. 创建图 3.4.37 所示的剖视图标注。

（1）创建箭头。用 QLEADER 命令绘制剖切符号，在主视图上用剖切符号表示剖切位置和投影方向。

（2）创建直线。选择 绘图(D) → 直线(L) 命令绘制两条长为 6 的直线并将其转移至“轮廓线层”。

（3）选择下拉菜单 绘图(D) → 文字(X) → 单行文字(S) 命令，在俯视图的上方创建出半剖视图的名称“A–A”。

（4）选取此“A-A”使其显示夹点，然后单击夹点，将其拖移至合适的位置。

（5）选择下拉菜单 绘图(D) → 文字(X) → 单行文字(S) 命令，绘制名称“A”。

（6）单击名称“A”使其显示夹点，选取夹点并将其拖移至合适的位置。

（7）用同样的方法绘制另一侧的剖切符号标注。

Step10. 创建图 3.4.37 所示的多行文字。选择下拉菜单 绘图(D) → 文字(X) → 多行文字(M)... 命令完成多行文字的创建。

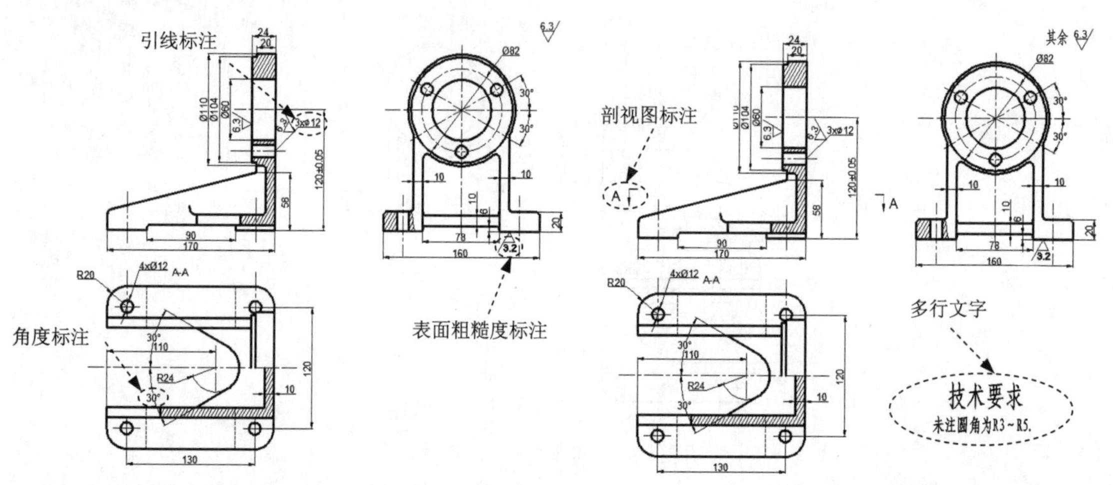

图 3.4.36　创建角度标注、引线标注和表面粗糙度标注　　图 3.4.37　创建剖视图标注和多行文字

Task7. 保存文件

选择 文件(F) → 保存(S) 命令，将图形命名为“支架. dwg”，单击 保存(S) 按钮。

3.5　底　　座

本实例将创建底座的两个视图，该底座的结构类似于支架，可分为支撑、连接、安装三大部分，它的结构简单，前后对称，故用半剖的主视图、局部剖的左视图和一个局部放大图就可将其结构表达清楚。绘制完成的结果如图 3.5.1 所示。下面介绍其绘制过程。

Task1. 选用样板文件

使用随书光盘中提供的样板文件。选择下拉菜单 文件(F) → 新建(N)... 命令，在系统弹出的“选择样板”对话框中，找到文件 D:\AutoCAD2014.2\system_file\Part_temp_A1.dwg，然后单击 打开(O) 按钮。

Task2. 创建左视图

下面介绍图 3.5.1 中左视图的创建过程。

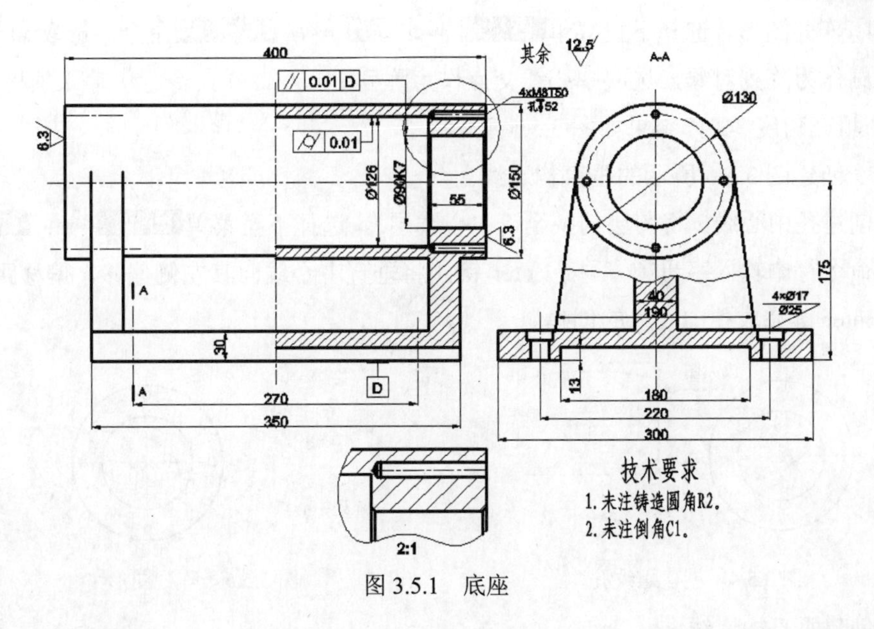

图 3.5.1　底座

Step1. 绘制图 3.5.2 所示的中心线。将图层切换至“中心线层”，选择下拉菜单 绘图(D) → 直线(L) 命令，在状态栏中确认 (正交模式) 按钮处于打开状态，绘制图 3.5.2 所示的中心线，垂直中心线长度值为 275，水平中心线长度值为 170。

Step2. 创建图 3.5.3 所示的三个同心圆。

(1) 将图层切换至“轮廓线层”，在状态栏中确认 (显示/隐藏线宽) 按钮处于打开状态。

(2) 绘制图 3.5.3 所示的圆 1 和圆 2。选择下拉菜单 绘图(D) → 圆(C) → 圆心、直径(D) 命令，捕捉 Step1 创建的中心线的交点并单击，输入直径值 150 后按 Enter 键，完成圆 1 的绘制。重复以上操作，绘制圆 1 的同心圆（圆 2），直径值为 90。

(3) 绘制图 3.5.3 所示的辅助圆。将图层切换至“中心线层”，选择下拉菜单 绘图(D) → 圆(C) → 圆心、直径(D) 命令，以中心线的“交点”为圆心，创建直径值为 130 的圆。

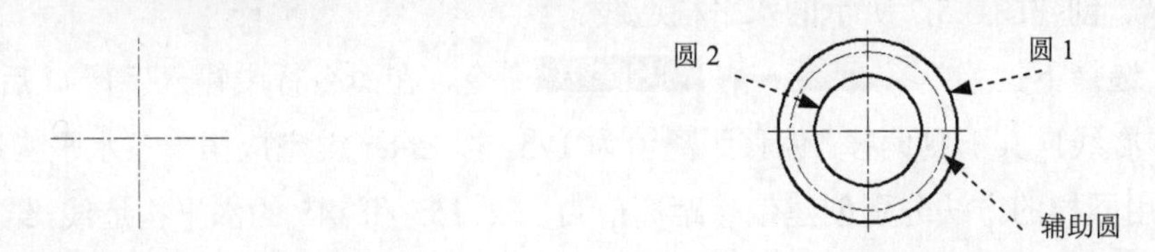

图 3.5.2　绘制中心线　　　　图 3.5.3　创建三个同心圆

Step3. 创建图 3.5.4 所示的螺纹孔。

(1) 绘制内螺纹。将图层切换到“细实线层”，选择下拉菜单 绘图(D) → 圆(C) → 圆心、直径(D) 命令，捕捉中心线与辅助圆的一个交点并单击，输入直径值 8 后按 Enter 键。

(2) 绘制外螺纹。将图层切换至“轮廓线层”，用同样的方法绘制步骤（1）所绘圆的同心圆，直径值为 7。

(3) 选择 修改(M) → 修剪(T) 命令，将细实线圆修剪掉 1/4，结果如图 3.5.4 所示。

Step4. 阵列图形。选择下拉菜单 修改(M) → 阵列 → 环形阵列 命令，选取 Step3 所绘制的两个圆作为阵列对象，选取中心线交点作为阵列中心点，在命令行中输入项目数 4 按 Enter 键，填充角度 360，结果如图 3.5.5 所示。

Step5. 创建图 3.5.6 所示的垂直构造线。

（1）创建孔中心线。将图层切换至“中心线层”，选择下拉菜单 绘图(D) → 构造线(T) 命令，在命令行中输入字母 O 后按 Enter 键，将垂直中心线向其左侧偏移，偏移距离值为 110，按 Enter 键完成孔中心线的创建。

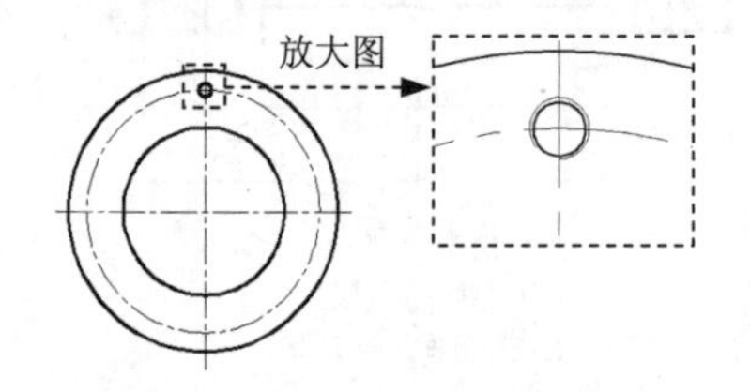

图 3.5.4　创建螺纹孔

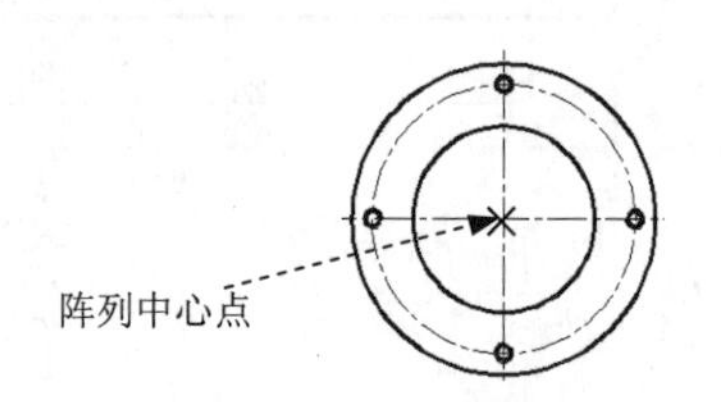

图 3.5.5　阵列图形

（2）创建垂直构造线。

① 将图层切换到“轮廓线层”。

② 选择下拉菜单 绘图(D) → 构造线(T) 命令，在命令行中输入字母 O 后按 Enter 键，将图 3.5.6 所示的垂直中心线向其左侧偏移，偏移距离值为 150，按 Enter 键结束该命令。

③ 用同样的方法创建偏移距离值分别为 95、90 和 20 的垂直构造线，偏移对象仍为垂直中心线。

（3）创建孔轮廓构造线。选择下拉菜单 绘图(D) → 构造线(T) 命令，将步骤（1）所创建的“孔中心线”向其左侧偏移得到两条垂直构造线，其偏移距离值分别为 12.75 和 8.5。

说明：在连续重复使用同一个命令绘制图形时，可在下拉菜单中选择命令，也可直接按 Enter 键重复上一个命令。

Step6. 创建图 3.5.7 所示的水平构造线。

（1）选择下拉菜单 绘图(D) → 构造线(T) 命令，在命令行中输入字母 O 后按 Enter 键，将水平中心线向其下侧偏移。偏移距离值为 175，按 Enter 键完成第一条水平构造线的创建。

（2）用同样的方法分别创建偏移距离值为 162、155 和 145 的水平构造线，结果如图 3.5.7 所示。

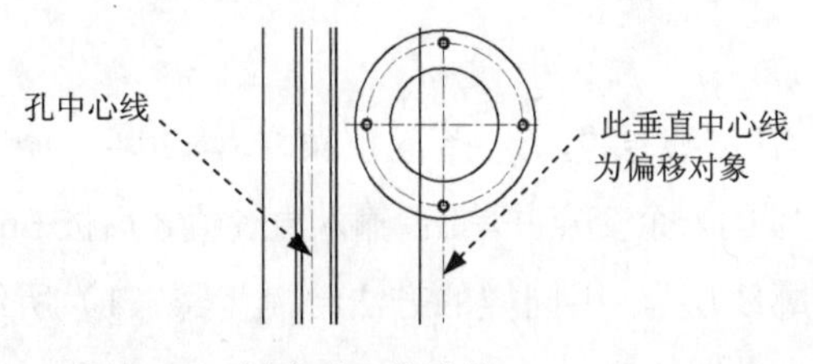

图 3.5.6　创建垂直构造线

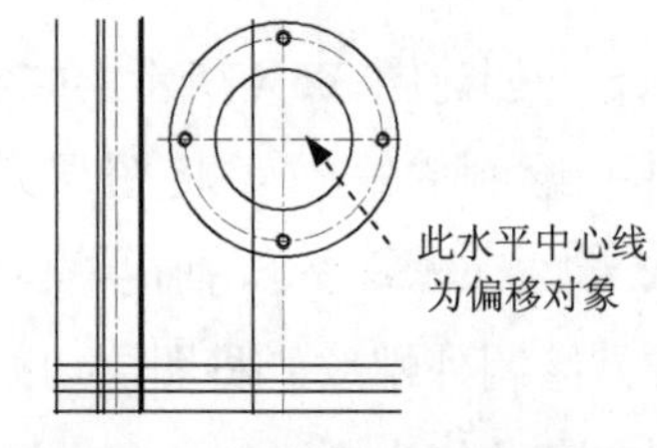

图 3.5.7　创建水平构造线

Step7. 修剪图形。选择下拉菜单 修改(M) → 修剪(T) 命令和 修改(M) → 删除(E) 命令，对图 3.5.7 所示的图形进行修剪，结果如图 3.5.8 所示。

说明：在对图形进行修剪时，如果所绘制的第一条垂直中心线较短，将无法生成图 3.5.8 所示的效果，此时务必将第一条垂直中心线拉长。

Step8. 绘制图 3.5.9 所示的直线。

（1）选择下拉菜单 绘图(D) → 直线(L) 命令，选取图 3.5.8 所示的点 A 作为直线的起点，捕捉并单击图 3.5.9 所示的圆的切点作为直线的终点，按 Enter 键完成直线 1 的绘制。

（2）选择下拉菜单 修改(M) → 打断(K) 命令，将过长的垂直中心线在合适位置打断。

（3）删除辅助的垂直构造线和打断中心线后多余的线条，结果如图 3.5.9 所示。

说明：对于打断后的多余线条，选择 修改(M) → 删除(E) 命令（或单击 Delete 键）将其删除。

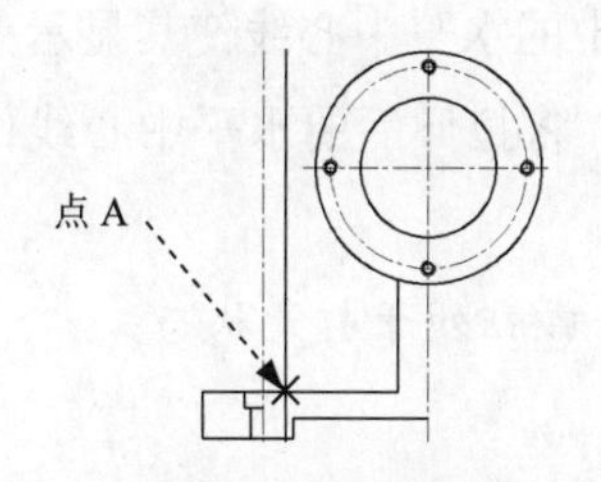

图 3.5.8 修剪图形

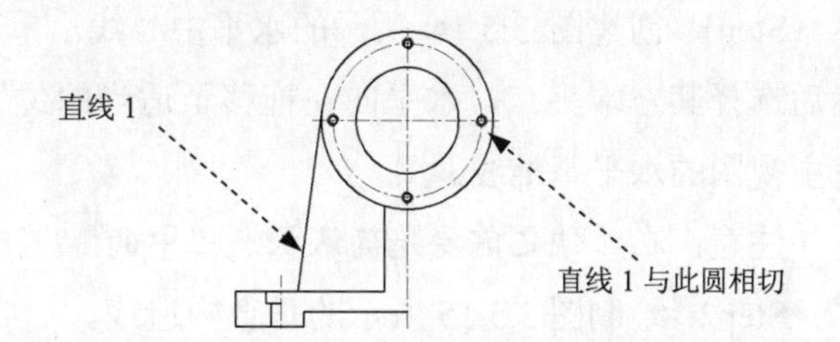

图 3.5.9 绘制直线并删除多余线条

Step9. 对图形倒圆角。

（1）选择下拉菜单 修改(M) → 圆角(F) 命令，在命令行中输入字母 R 后按 Enter 键，输入圆角的半径值 2，选取所要倒圆角的直线，结果如图 3.5.10 所示。

（2）选择下拉菜单 修改(M) → 修剪(T) 命令对创建圆角后多余的线进行修剪。

Step10. 镜像图形。选择下拉菜单 修改(M) → 镜像(I) 命令对图形进行镜像，先镜像沉头孔的轮廓线，再镜像左半个底座，完成后的结果如图 3.5.11 所示。

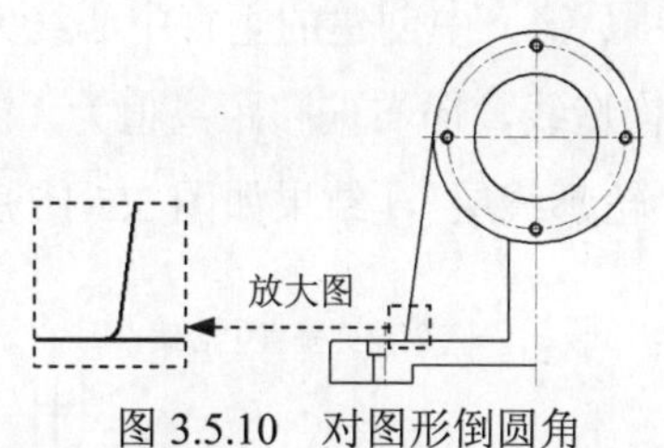

图 3.5.10 对图形倒圆角

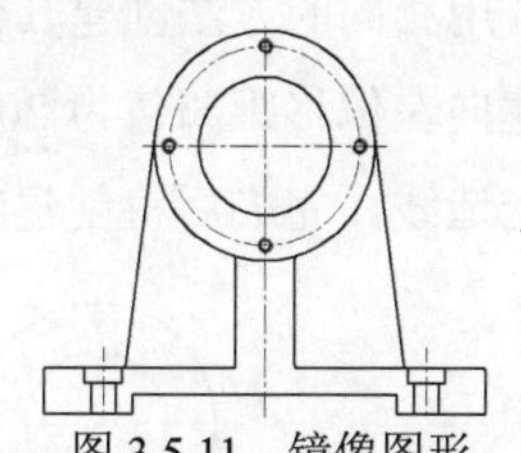

图 3.5.11 镜像图形

Step11. 创建图 3.5.12 所示的断面线。将图层切换到“剖面线层”，选择下拉菜单 绘图(D) → 样条曲线(S) → 拟合点(F) 命令绘制样条曲线，选择下拉菜单 修改(M) → 修剪(T) 命令对图形进行修剪，结果如图 3.5.12 所示。

Step12. 选择下拉菜单 绘图(D) → 图案填充(H)... 命令，创建图 3.5.13 所示的图案填充。其中，填充类型为 用户定义，填充角度值为 45，填充间距值为 6。

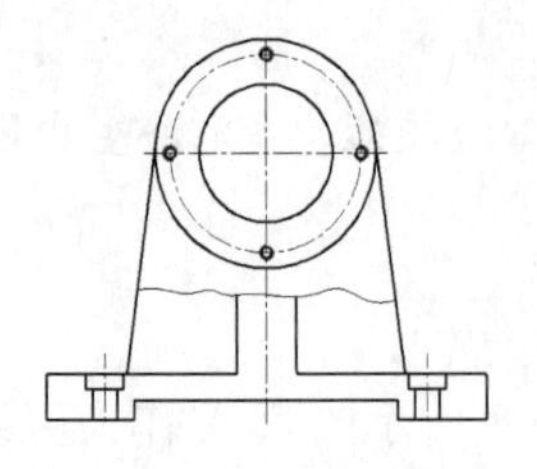
图 3.5.12 绘制断面线

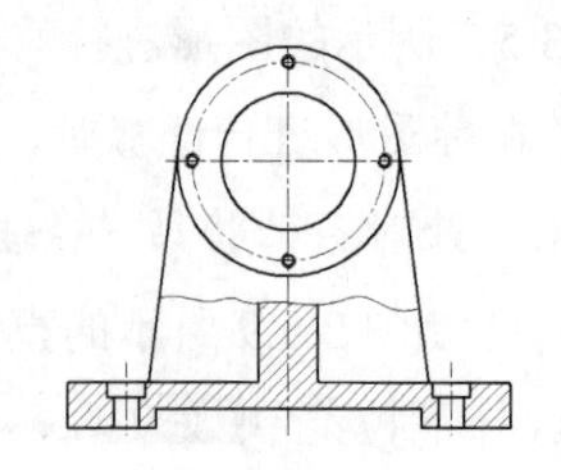
图 3.5.13 对图形进行图案填充

Task3. 创建主视图

下面介绍图 3.5.1 中主视图的创建过程。

Step1. 创建图 3.5.14 所示的水平中心线。单击左视图中的水平中心线使其显示夹点，然后选择其左端夹点，水平向左拖移至适当的位置并单击，将拉伸后的水平中心线作为创建主视图的水平基准线。

注意：在拉伸之前要先确认状态栏中的（正交模式）按钮处于打开状态。

Step2. 绘制图 3.5.15 所示的垂直构造线。

（1）将图层切换到“轮廓线层”。

（2）选择下拉菜单 绘图(D) → 构造线(T) 命令，在命令行中输入字母 V 后按 Enter 键，在左视图左侧区域选取一点，并保持与左视图有合适的距离，按 Enter 键完成主视图中最右边的一条垂直构造线的创建。

（3）将图层切换到“中心线层”。

（4）选择下拉菜单 绘图(D) → 构造线(T) 命令，将步骤（2）所创建的垂直构造线向其左侧偏移，偏移距离值为 200。

（5）用相同的方法创建其他的垂直构造线。以步骤（4）中创建的垂直中心线为偏移对象，创建向左偏移距离值为 200、145 和 175 的垂直构造线，向右偏移距离值为 145 和 175 的垂直构造线，完成后将创建的五条中心线转移至“轮廓线层”，结果如图 3.5.15 所示。

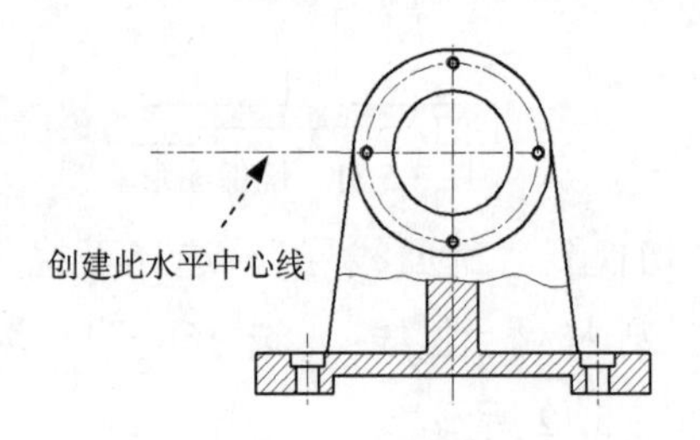

图 3.5.14 创建水平中心线

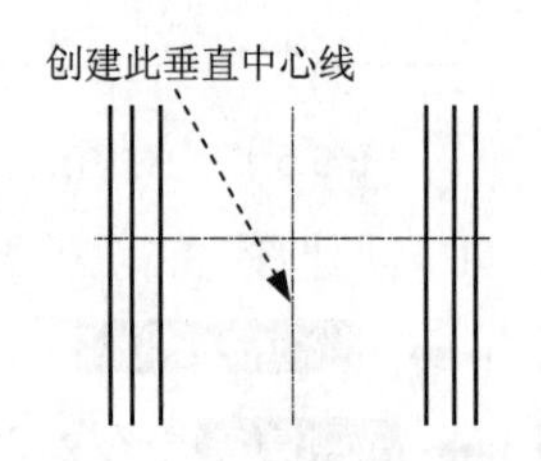

图 3.5.15 绘制垂直构造线

Step3. 创建图 3.5.16 所示的水平构造线。

（1）确认当前图层为“中心线层”，选择下拉菜单 绘图(D) → 构造线(T) 命令，输入字母 H 后按 Enter 键，分别选取左视图中螺纹孔的中心，按 Enter 键结束命令。

（2）绘制水平构造线。将图层转换到“轮廓线层”，选择下拉菜单 绘图(D) → 构造线(T) 命令，输入字母 H 后按 Enter 键，依次选取左视图中垂直中心线与圆轮廓线的交点（不包括螺纹孔与垂直中心线的交点），轮廓线端点 A、C 和 D 以及图 3.5.16 所示的切点 B，按 Enter 键结束命令。

（3）重复绘制构造线的命令，以左视图的水平中心线为直线对象，分别在其上下两侧绘制水平构造线，距离值为 63，结果如图 3.5.16 所示。

Step4. 选择下拉菜单 修改(M) → 修剪(T) 命令，对图 3.5.16 所示的图形进行修剪，结果如图 3.5.17 所示。

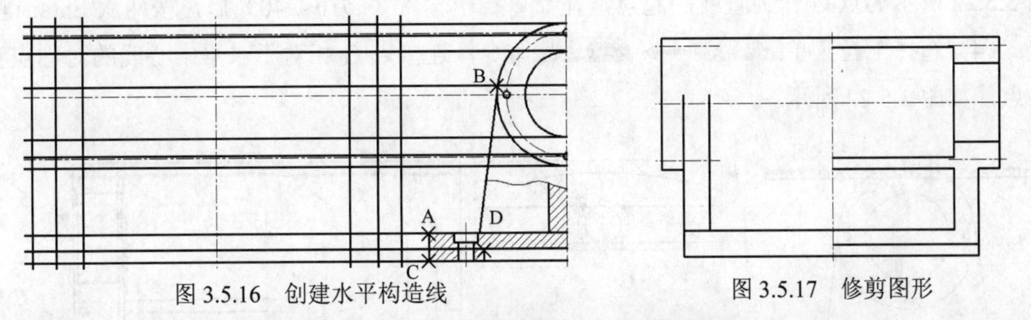

图 3.5.16 创建水平构造线　　图 3.5.17 修剪图形

注意：对于修剪不掉的线条，可选择 修改(M) → 删除(E) 命令将其删除，修剪完成后需对中心线使用夹点进行适当的拉长。

Step5. 创建图 3.5.18 所示的倒角。选择下拉菜单 修改(M) → 倒角(C) 命令，输入字母 T 按 Enter 键，再输入字母 N 按 Enter 键，输入字母 D 按 Enter 键，输入倒角距离值 2 按两次 Enter 键；输入字母 M 按 Enter 键，选取要进行倒角的直线，进行倒角；选择下拉菜单 修改(M) → 修剪(T) 命令，对前面创建的倒角进行修剪；选择下拉菜单 绘图(D) → 直线(L) 命令，绘制图 3.5.18 所示的直线 1 与直线 2。

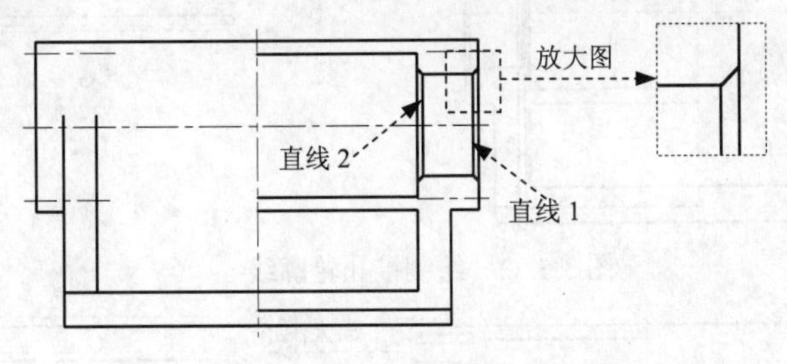

图 3.5.18 创建倒角

Step6. 创建图 3.5.19 所示的螺钉孔。

（1）创建图 3.5.20 所示的水平构造线。选择下拉菜单 绘图(D) → 构造线(T) 命令，分别创建通过 C、D、E、F 四点的水平构造线，将穿过点 C 和点 F 的构造线改为细实线。

（2）选择下拉菜单 绘图(D) → 构造线(T) 命令，分别创建相对于直线 3 向左进行偏移且偏移距离值分别为 50 和 52 的垂直构造线，结果如图 3.5.21 所示。

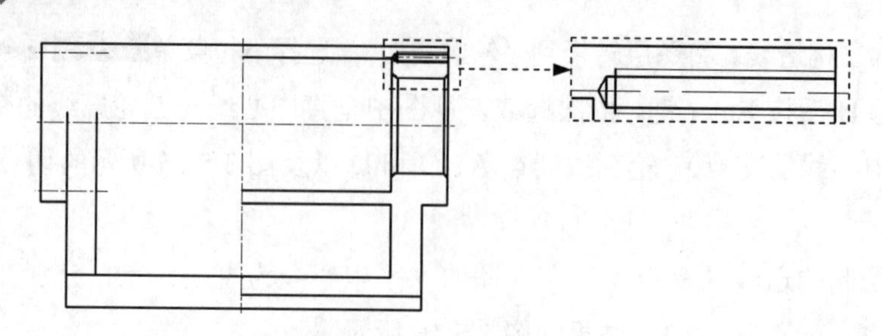

图 3.5.19　创建螺钉孔

（3）绘制图 3.5.22 所示的锥孔轮廓线。选择下拉菜单 绘图(D) → 直线(L) 命令，选取图 3.5.22 所示的点 G 作为直线的起点，在命令行中输入（@10<240）后，按两次 Enter 键。

（4）选择下拉菜单 绘图(D) → 直线(L) 命令，连接点 G 相对于水平中心线的对称点和 H 点，如图 3.5.22 所示。

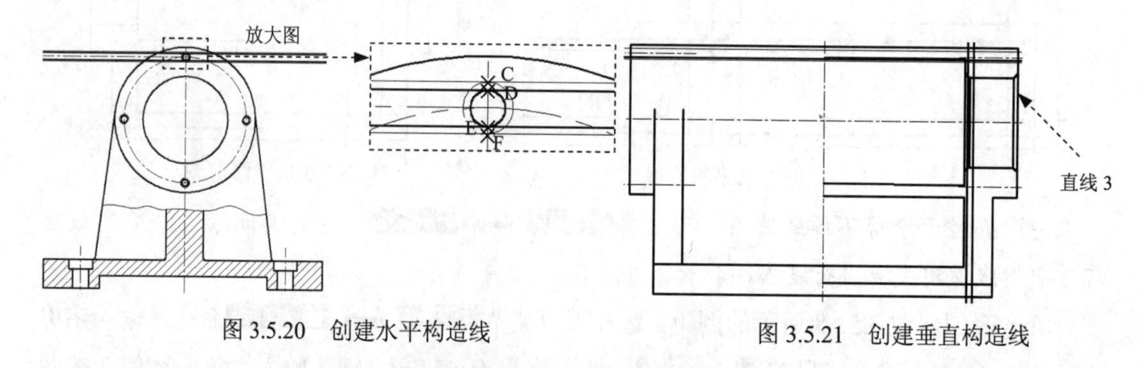

图 3.5.20　创建水平构造线　　　图 3.5.21　创建垂直构造线

（5）修剪图形。选择下拉菜单 修改(M) → 修剪(T) 命令，对图 3.5.22 进行修剪，结果如图 3.5.23 所示。

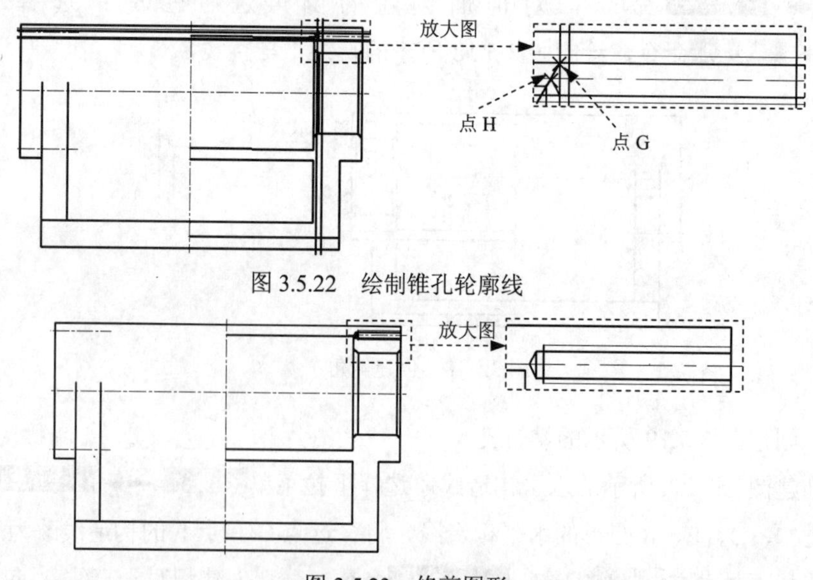

图 3.5.22　绘制锥孔轮廓线

图 3.5.23　修剪图形

Step7. 镜像图形。选择下拉菜单 修改(M) → 镜像(I) 命令，选取修剪后的锥孔为镜像对象并按 Enter 键，在水平中心线上选取任意两点并按 Enter 键，输入字母 N 后按 Enter 键，结果如图 3.5.24 所示。

Step8. 创建图案填充。将图层切换至“剖面线层”，选择下拉菜单 绘图(D) → 图案填充(H)... 命令，创建图 3.5.25 所示的图案填充，其中，填充类型为 用户定义，填充角度值为 45，填充间距值为 6。

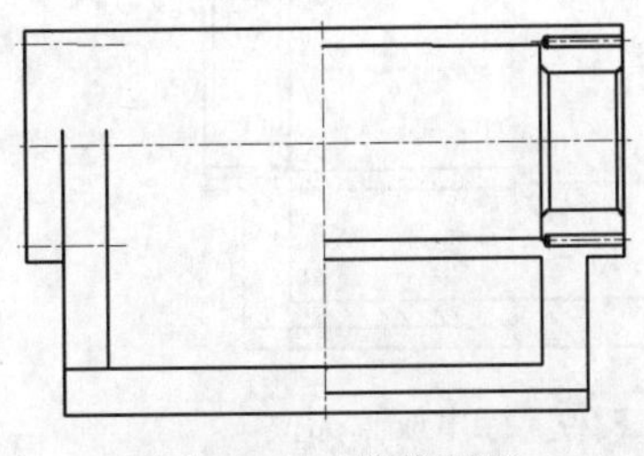
图 3.5.24　镜像图形

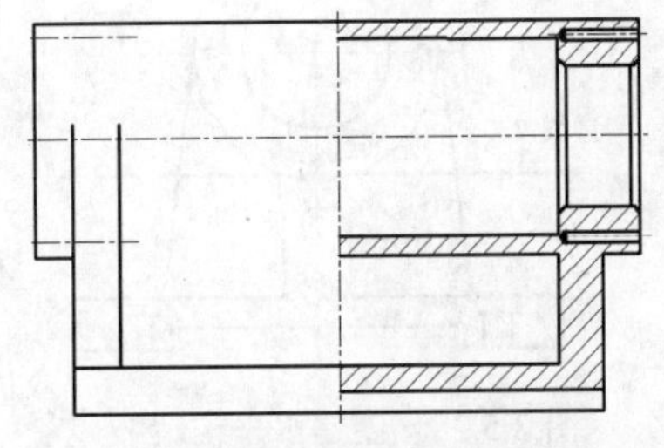
图 3.5.25　添加图案填充

Step9. 创建图 3.5.26 所示孔的中心线。

（1）选择下拉菜单 修改(M) → 偏移(S) 命令，选取主视图的垂直中心线为偏移对象，将其向左边偏移，偏移距离值为 135，用同样的方法创建右边孔的中心线。

（2）选择下拉菜单 修改(M) → 打断(K) 命令，将步骤（1）创建的孔的中心线在合适的位置打断，完成后的结果如图 3.5.26 所示。

Step10. 创建图 3.5.27 所示的轮廓交线。

（1）创建图 3.5.28 所示的水平构造线。

① 将图层切换到“轮廓线层”。

② 绘制水平构造线。选择下拉菜单 绘图(D) → 构造线(T) 命令，在命令行中输入字母 H 后按 Enter 键，结合对象捕捉命令，将光标沿着直线 2 向上移动，捕捉图 3.5.28 所示的直线 2 和圆 1 的交点并单击，按 Enter 键结束命令。

（2）修剪图形。选择下拉菜单 修改(M) → 修剪(T) 命令，对步骤（1）绘制的构造线进行修剪，结果如图 3.5.27 所示。

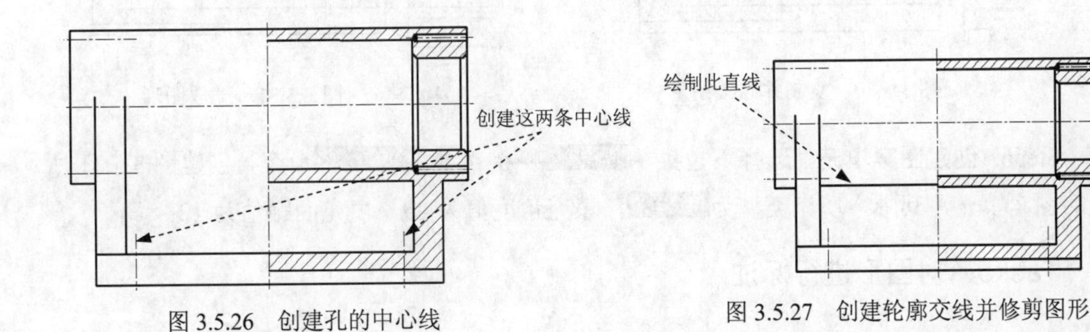

图 3.5.26　创建孔的中心线

图 3.5.27　创建轮廓交线并修剪图形

Task4. 创建局部放大图

下面介绍图 3.5.29 所示的局部放大图的创建过程。

Step1. 标出放大部位。将图层切换至“细实线层”，选择下拉菜单 绘图(D) → 圆(C) → 圆心、半径(R) 命令，在主视图中需要进行放大的部位绘制圆，结果如图 3.5.29 所示。

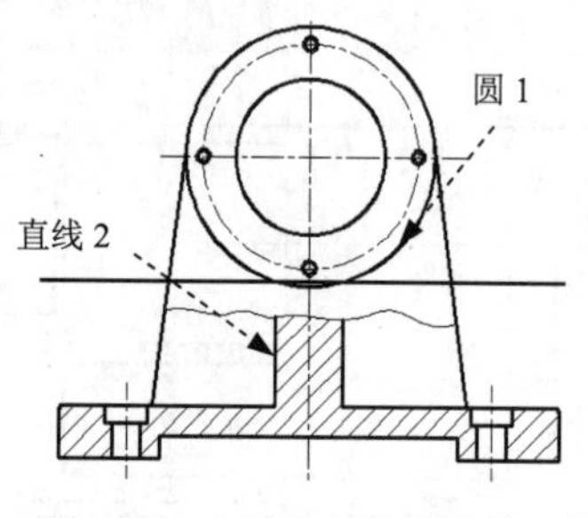

图 3.5.28 创建水平构造线

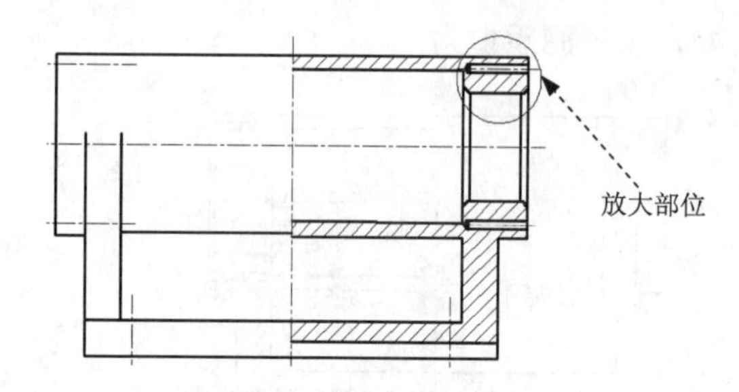

图 3.5.29 标出放大部位

Step2. 选择下拉菜单 修改(M) → 复制(Y) 命令，对主视图进行复制操作。

Step3. 将图层切换至“剖面线层”，选择下拉菜单 绘图(D) → 样条曲线(S) → 拟合点(F) 命令，绘制图 3.5.30 所示的样条曲线。

Step4. 选择下拉菜单 修改(M) → 修剪(T) 命令，修剪 Step2 复制的图形，结果如图 3.5.30 所示。

Step5. 缩放图形。选择下拉菜单 修改(M) → 缩放(L) 命令，在 选择对象: 的提示下，选取缩放对象，按 Enter 键；在命令行 指定基点: 的提示下，选取 I 点为缩放基点；在命令行 指定比例因子或 [复制(C)/参照(R)] <1.0000>: 的提示下，指定比例因子为 2，结果如图 3.5.31 所示。

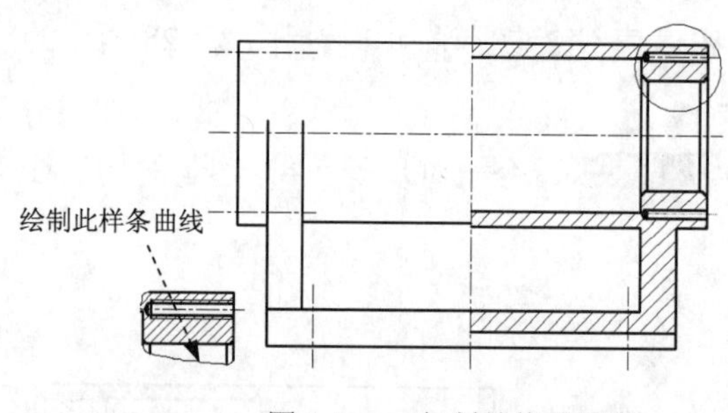

图 3.5.30 复制并修改图形

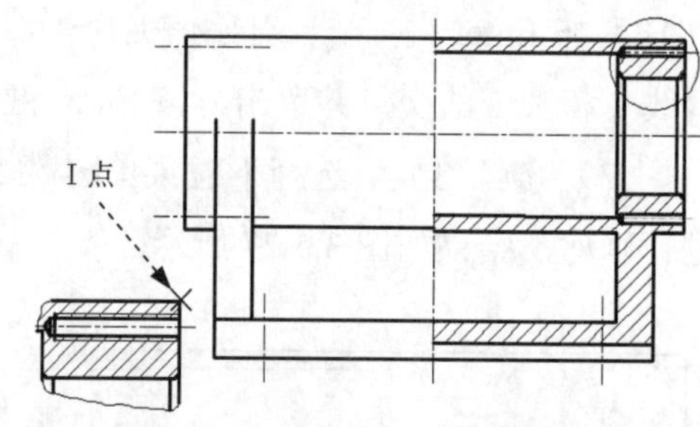

图 3.5.31 缩放图形

Step6. 创建图案填充。选择下拉菜单 绘图(D) → 图案填充(H)... 命令，创建图 3.5.31 所示的图案填充，其中，填充类型为 用户定义，填充角度值为 45，填充间距值为 12。

Task5. 对图形进行标注

下面介绍图 3.5.1 所示图形尺寸标注的创建过程。

Step1. 修改标注样式。选择下拉菜单 格式(O) → 标注样式(D)... 命令。单击“标注样式管理器"对话框中的修改(M)...按钮，单击"修改标注样式"对话框的符号和箭头选项卡，在箭头大小(I):文本框中输入数值 7，单击"修改标注样式"对话框的文字选项卡，在文字高度(T):文本框中输入高度值 10；然后单击该对话框中的确定按钮，单击"标注样式管理器"对话框中的关闭按钮。

Step2. 将图层切换到"尺寸线层"。

Step3. 创建图 3.5.32 所示的直径标注。

（1）创建图 3.5.32 所示的直径标注。选择下拉菜单标注(N) → 线性(L)，输入字母 T 并按 Enter 键，然后输入文本%%C90k7，按 Enter 键后标注文字就会变成 Ø90k7，在绘图区的合适位置单击，以确定尺寸放置的位置；用同样的方法标注主视图中的 Ø126 和 Ø150。

（2）选择下拉菜单标注(N) → 直径(D)命令，创建图 3.5.32 所示左视图中的 Ø130。

Step4. 创建线性标注。选择下拉菜单标注(N) → 线性(L)命令创建线性标注，结果如图 3.5.32 所示。

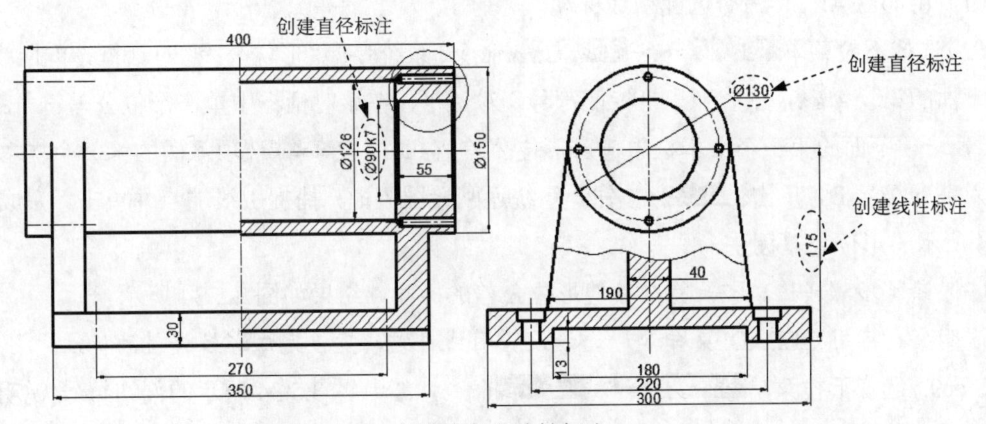

图 3.5.32　创建直径和线性标注

Step5. 创建图 3.5.33 所示的引线标注。用 QLEADER 命令创建引线，选择下拉菜单绘图(D) → 文字(X) → 多行文字(M)...命令创建孔径标注，并将文字高度设置为 10，结果如图 3.5.33 所示。

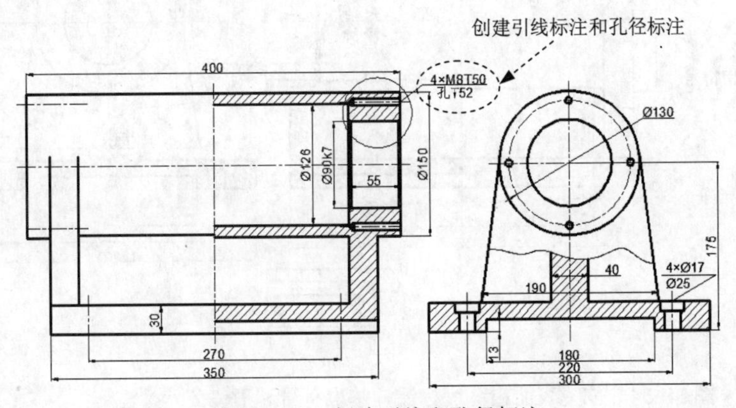

图 3.5.33　创建引线和孔径标注

Step6. 创建图 3.5.34 所示的表面粗糙度标注。选择下拉菜单 插入(I) → 块(B)... 命令，选择“表面粗糙度符号”为插入对象，在对话框中的 角度(A): 文本框中输入旋转角度值 90，在 比例 选项组选中 ☑ 统一比例(U) 复选框，在 X: 后的文本框中输入缩放比例值 2.85，单击 确定 按钮，在绘图区选取一点为插入点，输入表面粗糙度值 6.3 后按 Enter 键；参照前面的方法，重复插入块命令，完成图 3.5.1 所示的其他表面粗糙度的标注。

Step7. 创建图 3.5.34 所示的基准符号。选择下拉菜单 插入(I) → 块(B)... 命令，选择“基准符号”为插入对象，在对话框中的 角度(A): 文本框中输入旋转角度值 180，在 比例 选项组选中 ☑ 统一比例(U) 复选框，在 X: 后的文本框中输入缩放比例值 2.85，单击 确定 按钮，在绘图区选取一点为插入点，输入基准符号 D 后按 Enter 键；双击插入的基准符号，在系统弹出的“增强属性编辑器”对话框中单击 文字选项 按钮，选中 ☑ 反向(K) 和 ☑ 倒置(D) 复选框，单击 确定 按钮，完成基准符号的插入。

Step8. 创建图 3.5.34 所示的形位公差标注。

（1）用 QLEADER 命令创建引线标注。

（2）选择下拉菜单 标注(N) → 公差(T)... 命令，系统弹出“形位公差”对话框，单击 符号 选项下面的第一个■，系统弹出“特征符号”对话框，在该对话框中单击形位公差符号 //。在 公差 1 选项下面的第一个文本框中输入形位公差值 0.01。在 基准 1 选项下面的第一个文本框中输入基准符号 D，单击 确定 按钮，系统返回绘图界面，捕捉引线端点并单击，完成图 3.5.34 所示的形位公差标注。

（3）参照步骤（1）、（2）完成其他形位公差的标注，结果如图 3.5.34 所示。

说明：*也可用 QLEADER 命令，通过设置引线样式，直接完成形位公差的标注。*

Step9. 选择下拉菜单 绘图(D) → 直线(L) 命令，绘制图 3.5.34 所示的剖切符号(说明：剖切符号在绘制完成后需转移至“轮廓线层”)。

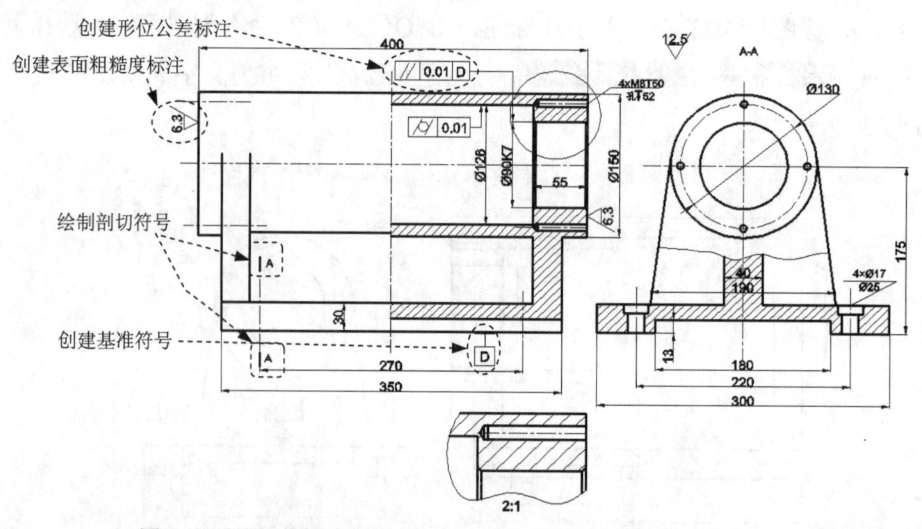

图 3.5.34　创建表面粗糙度标注、基准符号和形位公差标注

Step10. 选择下拉菜单 绘图(D) → 文字(X)▸ → 多行文字(M)... 命令绘制名称“A”。用相同的方法在左视图局部剖视图处标出局部剖视图的名称“A-A”。

Step11. 创建多行文字。选择下拉菜单 绘图(D) → 文字(X)▸ → 多行文字(M)... 命令完成多行文字的创建，结果如图 3.5.35 所示。

Task6. 保存文件

选择 文件(F) → 保存(S) 命令，将图形命名为“底座. dwg”，单击 保存(S) 按钮。

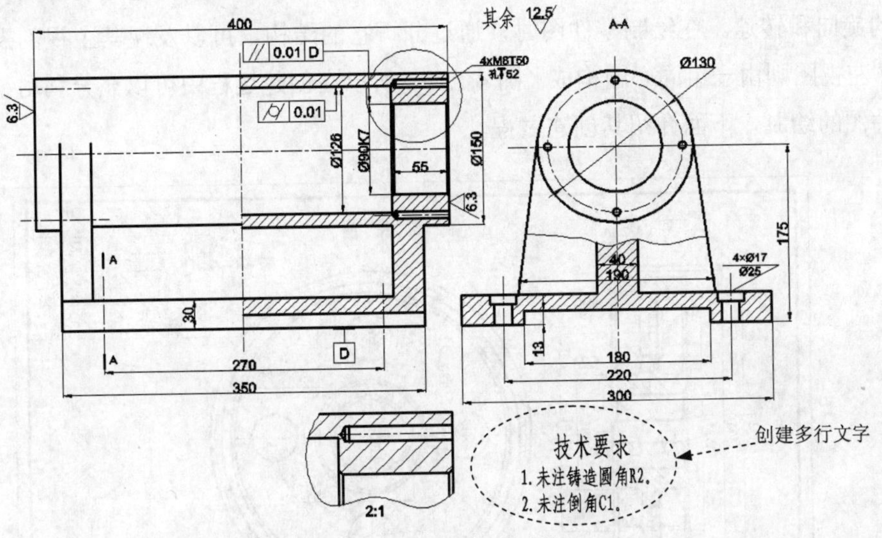

图 3.5.35　绘制剖切符号并创建文字

第 4 章　齿轮类零件的设计

4.1　圆 柱 齿 轮

圆柱齿轮是机器设备中应用十分广泛的传动零件，它可用来传递运动和动力，可以改变轴的旋向和转速。在绘制零件图时，通过分析它的结构，可以发现其主视剖视图呈对称形状，左视图则由一组同心圆构成（图 4.1.1），所以在创建过程中可以充分利用镜像命令完成零件图的绘制，下面介绍其创建过程。

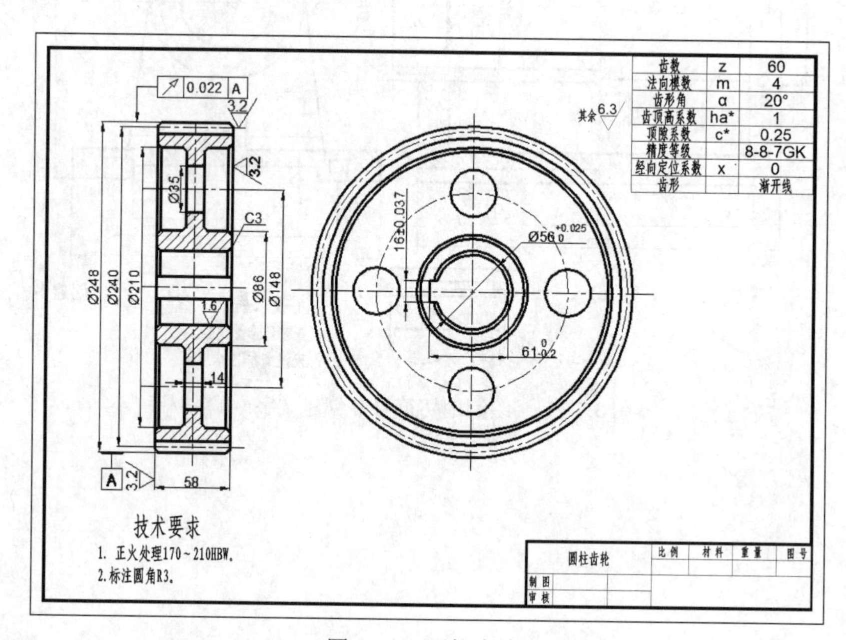

图 4.1.1　圆柱齿轮

Task1．选用样板文件

使用随书光盘中提供的样板文件。选择下拉菜单 文件(F) → 新建(N)... 命令，在系统弹出的“选择样板”对话框中，找到文件 D:\AutoCAD2014.2\system_file\Part_temp_A2.dwg，然后单击 打开(O) 按钮。

Task2．创建左视图

下面介绍图 4.1.1 所示的左视图的创建过程。

Step1．创建图 4.1.2 所示的四条中心线。

（1）将图层切换到“中心线层”，确认状态栏中的 （正交模式）和 （对象捕捉）按钮处于打开状态。

（2）绘制水平中心线。选择下拉菜单 绘图(D) → 直线(L) 命令，绘制长度值为80的水平中心线，按两次Enter键，捕捉此中心线的右端点（不要单击），水平向右移动光标，在命令行中输入数值60并按Enter键，再将光标水平向右移动，在命令行中输入数值280后按两次Enter键。

（3）绘制垂直中心线。选择下拉菜单 绘图(D) → 直线(L) 命令，在命令行中输入命令FROM并按Enter键，捕捉并单击水平中心线的中点，垂直向上移动光标，在命令行中输入数值133.5按Enter键，垂直向下移动光标，在命令行中输入数值267按两次Enter键。

（4）参照步骤（3）绘制另一长度值为267的垂直中心线。

Step2. 绘制图4.1.3所示的分度圆及辅助圆。

（1）在状态栏中单击 + （显示/隐藏线宽）按钮，使其处于打开状态。

（2）绘制分度圆。选择下拉菜单 绘图(D) → 圆(C) → 圆心、直径(D) 命令，选取图4.1.2所示的交点A为圆心，输入直径值240后按Enter键。

（3）绘制辅助圆。按Enter键以重复圆的绘制命令，选取A点为圆心，输入半径值74后按Enter键。

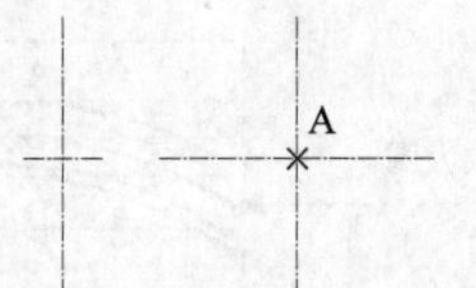

图4.1.2　创建四条中心线

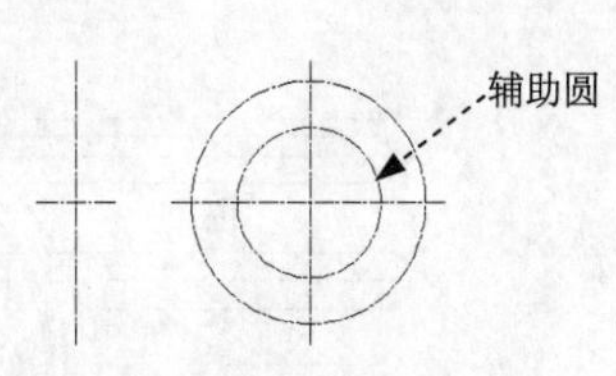

图4.1.3　绘制分度圆及辅助圆

Step3. 绘制图4.1.4所示的同心圆。将图层切换到“轮廓线层”，选择下拉菜单 绘图(D) → 圆(C) → 圆心、直径(D) 命令，以图4.1.2所示的A点为圆心，绘制直径值分别为248、230、216、210、86、80、62和56的同心圆。

Step4. 创建图4.1.5所示的圆。

（1）绘制图4.1.6所示的圆。选择下拉菜单 绘图(D) → 圆(C) → 圆心、直径(D) 命令，以图4.1.3所示的辅助圆与垂直中心线的交点为圆心，绘制直径值为35的圆。

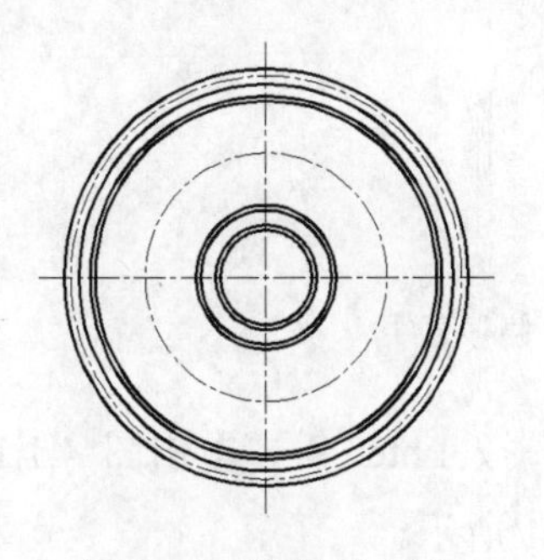

图4.1.4　绘制同心圆

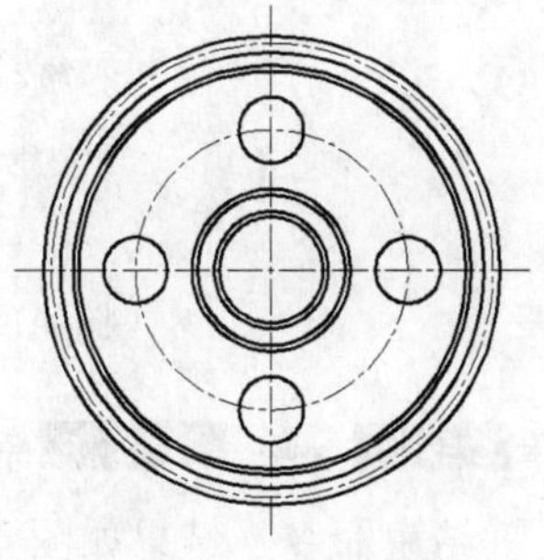

图4.1.5　创建圆

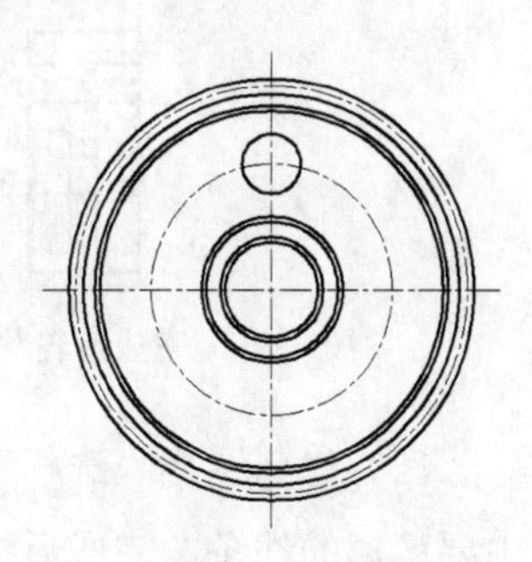

图4.1.6　绘制圆

（2）阵列圆。选择下拉菜单 修改(M) → 阵列 → 环形阵列 命令，选取步骤（1）绘制的圆为阵列对象，选取同心圆的圆心为阵列中心，项目数为 4，填充角度为 360，结果如图 4.1.5 所示。

Task3．创建主视图

下面介绍图 4.1.7 所示的主视图的创建过程。

Step1．绘制图 4.1.8 所示的水平构造线。将图层切换到“细实线层”，选择下拉菜单 绘图(D) → 构造线(T) 命令，在命令行中输入字母 H 后按 Enter 键，依次选取图 4.1.8 所示的七个点（A～G）为水平构造线的通过点，按 Enter 键结束命令。

Step2．完成图 4.1.9 所示的齿轮轮廓的创建。

（1）偏移图 4.1.10 所示的直线。

① 选择下拉菜单 修改(M) → 偏移(S) 命令，将图 4.1.10 所示的中心线 1 向其右侧偏移，偏移距离值为 7，按 Enter 键结束命令。

② 参照步骤①的操作，向右偏移中心线 1，偏移距离值为 29；向上偏移中心线 2，偏移距离值分别为 8、74 与 120。

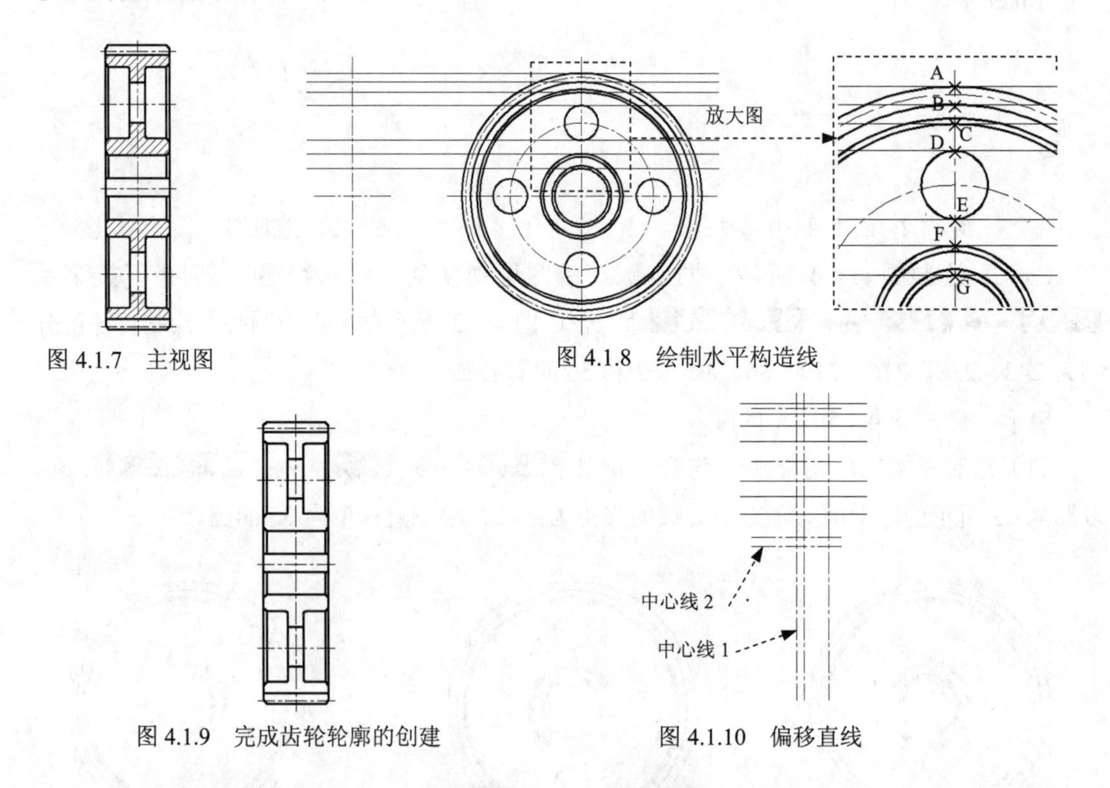

图 4.1.7　主视图

图 4.1.8　绘制水平构造线

图 4.1.9　完成齿轮轮廓的创建

图 4.1.10　偏移直线

（2）修剪图形。选择下拉菜单 修改(M) → 修剪(T) 命令，按 Enter 键，单击图 4.1.10 中要剪掉的线条，完成后按 Enter 键结束命令，结果如图 4.1.11 所示。

（3）转换线型。单击图 4.1.11 所示的要进行线型转换的直线，将其转移至“轮廓线层”

图层。

（4）创建图 4.1.12 所示的倒角。选择下拉菜单 修改(M) → 倒角(C) 命令，在命令行中输入字母 D 后按 Enter 键，输入第一个倒角距离值 3 后按 Enter 键，再输入第二个倒角距离值 3 后按 Enter 键，分别选取要进行倒角的两直线。

（5）选择下拉菜单 修改(M) → 修剪(T) 命令将图中多余的线条进行修剪。

（6）将图层切换到"轮廓线层"，选择下拉菜单 绘图(D) → 直线(L) 命令，绘制图 4.1.12 所示的倒角轮廓线。

（7）创建图 4.1.12 所示的圆角。选择下拉菜单 修改(M) → 圆角(F) 命令，输入字母 R 并按 Enter 键，输入圆角半径值 3 并按 Enter 键；输入字母 T 并按 Enter 键，再次输入字母 T 后按 Enter 键；选取要进行倒圆角的直线。

Step3. 镜像图形。选择下拉菜单 修改(M) → 镜像(I) 命令，选取图 4.1.12 所示虚线框内的图形为镜像对象；在垂直中心线上选取一点作为镜像第一点，在该垂直中心线上选取另一点作为镜像第二点；在命令行中输入字母 N 后按 Enter 键，结果如图 4.1.13 所示。

Step4. 按 Enter 键以重复"镜像"命令，以图 4.1.13 所示虚线框内的图形为镜像对象，以水平中心线为镜像线，结果如图 4.1.9 所示。

Step5. 图案填充。将图层切换到"剖面线层"，选择下拉菜单 绘图(D) → 图案填充(H)... 命令，创建图 4.1.7 所示的图案填充。其中，填充类型为 用户定义，填充角度值为 45，填充间距值为 5。

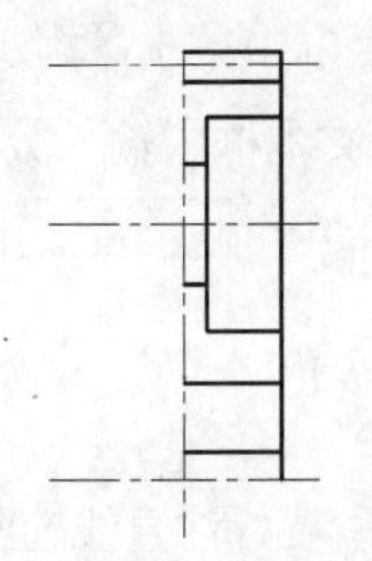

图 4.1.11　修剪图形并转换线型

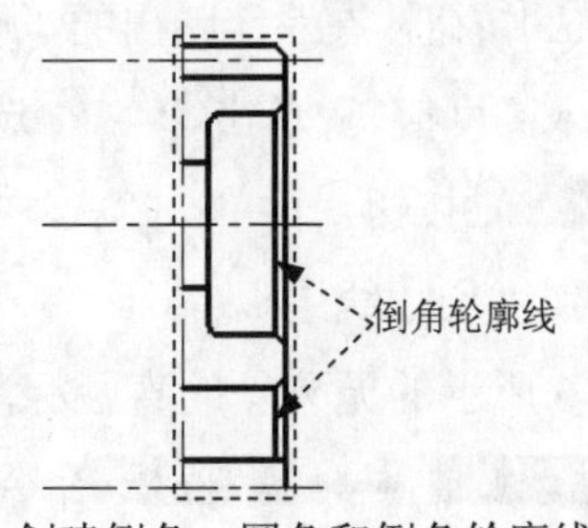

图 4.1.12　创建倒角、圆角和倒角轮廓线

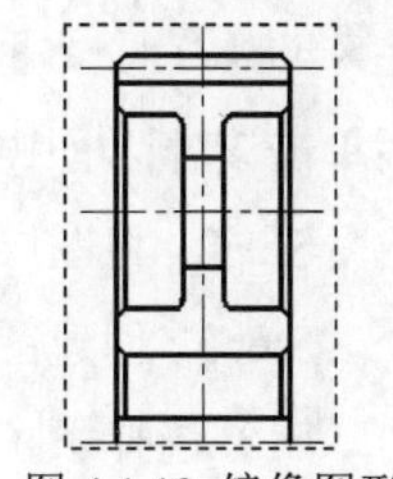

图 4.1.13　镜像图形

Task4．修改左视图

根据机械制图中"高平齐"的原则，左视图中键槽的创建可参见主视图中键槽的尺寸，故在主视图完成后，在左视图中创建键槽，如图 4.1.14 所示。下面介绍其创建过程。

Step1. 创建图 4.1.15 所示的键槽边界线。

（1）延伸图 4.1.15 所示的直线。选择下拉菜单 修改(M) → 延伸(D) 命令，选取左视图的同心圆中直径最小的圆作为延伸的边界，按 Enter 键结束选取；分别选取直线 1、直线 2 作为延伸的对象，按 Enter 键结束操作。

（2）选择下拉菜单 修改(M) → 偏移(S) 命令，将图 4.1.14 所示的垂直中心线向左进行偏移，偏移距离值为 33。

Step2. 选择下拉菜单 修改(M) → 修剪(T) 命令，按 Enter 键，单击图 4.1.15 中要剪掉的线条，按 Enter 键结束该命令。

Step3. 选择下拉菜单 修改(M) → 特性匹配(M) 命令，选取任意轮廓线为源对象，然后选取键槽上需要进行特性匹配的垂直直线为目标对象，按 Enter 键结束该命令，结果如图 4.1.14 所示。

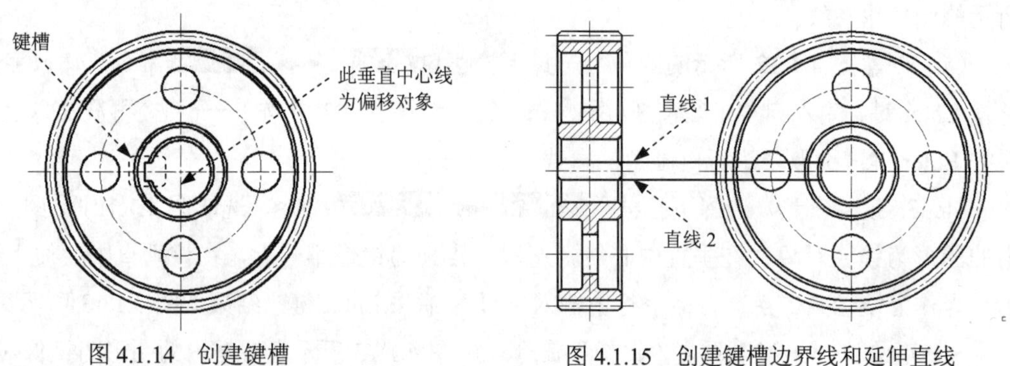

图 4.1.14　创建键槽　　　图 4.1.15　创建键槽边界线和延伸直线

Task5. 对图形进行尺寸标注

下面介绍图 4.1.1 所示的图形尺寸的标注过程。

Step1. 修改标注样式。选择下拉菜单 格式(O) → 标注样式(D)... 命令，单击“标注样式管理器”对话框中的 修改(M)... 按钮，在系统弹出的“修改标注样式”对话框中单击 文字 选项卡，在 文字高度(T): 文本框中输入高度值 7；单击 符号和箭头 选项卡，在 箭头大小(I): 文本框中输入数值 5；然后单击该对话框中的 确定 按钮，再单击“标注样式管理器”对话框中的 关闭 按钮。

Step2. 将图层切换到“尺寸线层”。

Step3. 创建图 4.1.16 所示的无公差的直径标注。

（1）选择下拉菜单 标注(N) → 线性(L) 命令，分别捕捉并选取所要标注直线的两端点，在命令行中输入字母 T 并按 Enter 键，输入文本%%C210 后按 Enter 键，移动光标，在绘图区的空白区域选取一点以确定尺寸的放置位置。

（2）用同样的方法创建图 4.1.16 中其他的直径标注。

Step4. 创建图 4.1.17 所示的带公差的尺寸标注。

（1）选择下拉菜单 标注(N) → 直径(D) 命令，单击图 4.1.17 所示的要进行标注的圆弧，在命令行输入字母 M 后按 Enter 键，在系统弹出的“文字格式”对话框中输入文本%%C56+0.025^ 0（**注意：**“0”之前有一空格），并将原有的数字 56 删除，再次选取+0.025^ 0 后单击鼠标右键，在系统弹出的快捷菜单中选择 堆叠 选项，再单击 文字编辑器 面板上的“关闭”按钮，移动光标，在合适位置单击，以确定尺寸放置的位置。

（2）参照步骤（1）的操作创建图 4.1.17 所示的长度值为 61 的带公差的线性标注。

（3）创建图 4.1.17 所示的长度值为 16 的带公差的线性标注。

① 选择下拉菜单 标注(N) → 线性(L) 命令，分别捕捉并选取所要标注的直线的两端点，移动光标在绘图区的空白区域单击，以确定尺寸的放置位置。

② 双击步骤①创建的标注，系统弹出“特性”窗口，在“公差”栏的“显示公差”文本框中选择“对称”，在“公差上偏差”文本框中输入数值 0.037，在“公差精度”文本框中输入数值 0.000，按 Enter 键结束操作。

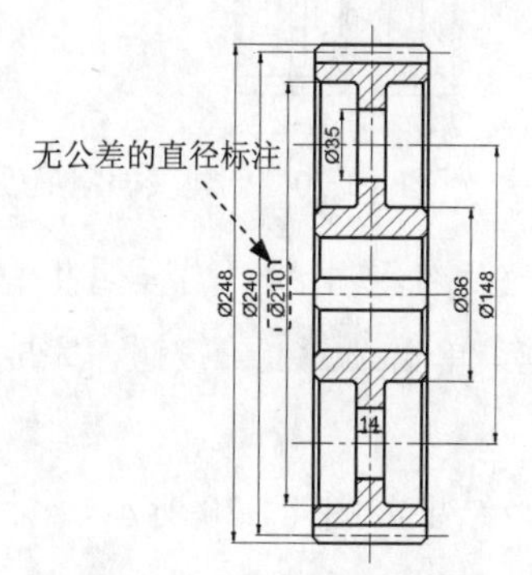

图 4.1.16　创建无公差直径标注

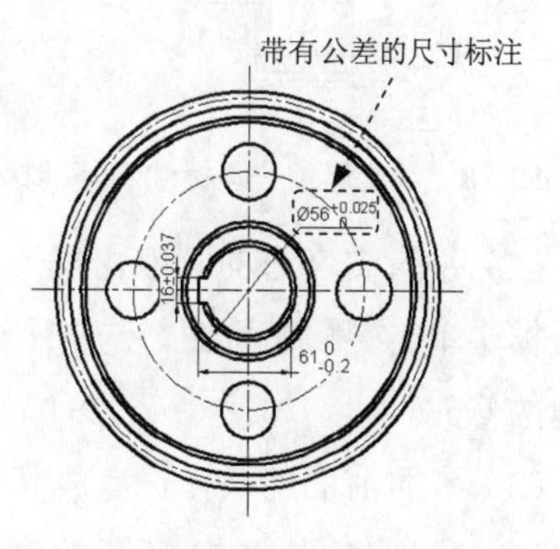

图 4.1.17　创建带公差的尺寸标注

Step5. 创建图 4.1.18 所示的形位公差标注。

（1）在命令行输入命令 QLEADER 后按 Enter 键，在命令行的提示下输入字母 S 后按 Enter 键，在弹出的“引线设置”对话框中选中 公差(T) 单选项，单击 确定 按钮。

（2）在绘图区选取三点，以确定标注位置。

（3）在系统弹出的“形位公差”对话框中单击 符号 选项区域的第一个■，在系统弹出的“特征符号”对话框中选择↗，在 公差 1 文本框中输入数值 0.022，在 基准 1 文本框中输入字母 A，单击 确定 按钮完成形位公差的标注。

Step6. 创建基准标注（图 4.1.18）。选择下拉菜单 插入(I) → 块(B)... 命令，系统弹出“插入”对话框，在 名称(N): 的下拉列表中选择“基准符号”，在 比例 选项组选中 统一比例(U) 复选框，在 X: 后的文本框中输入缩放比例值 2，单击 确定 按钮；在命令行中输入字母 R 并按 Enter 键，输入旋转角度值 180 后按 Enter 键；在绘图区单击以确定块的插入点；输入基准符号 A 后按 Enter 键；双击插入的基准符号，在系统弹出的“增强属性编辑器”对话框中单击 文字选项 按钮，选中 反向(K) 和 倒置(D) 复选框，单击 确定 按钮，完成基准符号（图 4.1.19）的插入。

Step7. 创建图 4.1.20 所示的表面粗糙度标注。

（1）选择下拉菜单 插入(I) → 块(B)... 命令，选择“表面粗糙度符号”为插入对象，在对话框中的 角度(A): 文本框中输入旋转角度值-90，在 比例 选项组选中 统一比例(U) 复选框，在 X: 后的文本框中输入缩放比例值 2，单击 确定 按钮；在绘图区单击以确定块的插入点；输入表面粗糙度值 3.2 后按 Enter 键。

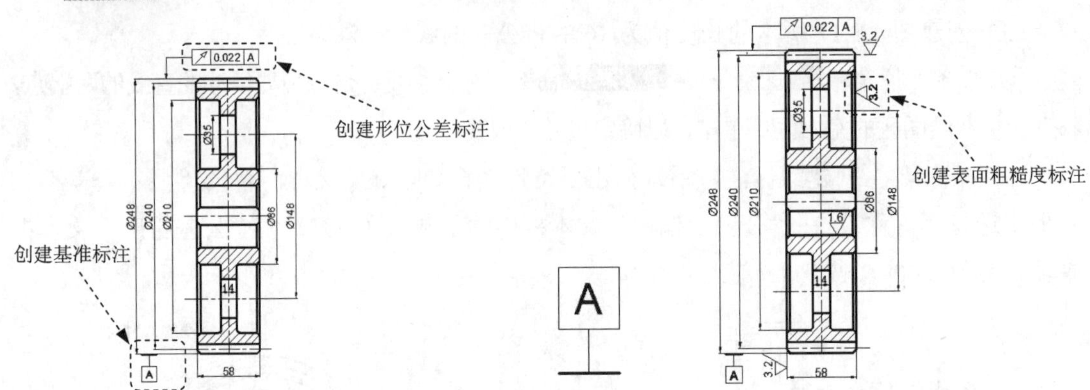

图 4.1.18　创建形位公差标注和基准标注　图 4.1.19　基准符号　图 4.1.20　创建表面粗糙度标注

（2）编辑文字方向。双击插入的表面粗糙度符号，在系统弹出的“增强属性编辑器”对话框中单击 文字选项 按钮，选中 ☑ 反向(K) 和 ☑ 倒置(D) 复选框，单击 确定 按钮，完成对文字反向的修改。

（3）参照前面的操作，完成其他表面粗糙度的标注，结果如图 4.1.20 所示。

Step8. 创建图 4.1.21 所示的倒角标注。

（1）在命令行输入命令 QLEADER 后按 Enter 键，在 指定第一个引线点或 [设置(S)] <设置> 的提示下按 Enter 键，在系统弹出的“引线设置”对话框中单击 注释 选项卡，在 注释类型 选项组中选中 ⊙ 无(O) 单选项；单击 引线和箭头 选项卡，在 引线 选项组中选中 ⊙ 直线(S) 单选项，在 箭头 下拉文本框中选择 □无，将 点数 选项组中的 最大值 设置为 3，将 角度约束 选项组中的 第一段 设置为任意角度，单击 确定 按钮。

（2）选取图中倒角的端点为起点，在图形空白处再选取两点，以确定引线的位置。

（3）选择下拉菜单 绘图(D) → 文字(X)▸ → 单行文字(S) 命令，在引线上创建倒角 C3。

Task6. 添加参数表与技术要求

下面介绍图 4.1.1 所示的参数表和多行文字的创建过程。

Step1. 设置表格样式。选择下拉菜单 格式(O) → 表格样式(B)... 命令，在系统弹出的“表格样式”对话框中单击 修改(M)... 按钮，系统自动弹出“修改表格样式”对话框。在该对话框中进行如下设置：在 文字 选项卡的 文字高度(I): 文本框中输入数值 7，单击 文字样式(S): 后的 ... 按钮，在系统弹出的“文字样式”对话框中将字体设置为 仿宋 GB2312；在 常规 选项卡的 填充颜色(F): 下拉列表框中选择 □无 选项，在 对齐(A): 下拉列表框中选择 正中 选项，单击 格式(O): 后的 ... 按钮，在系统弹出的“表格单元格式”对话框中将数据类型设置为 文字；完成表格的设置，单击 确定 按钮后，再单击“表格样式”对话框中的 关闭 按钮，退出设置。

Step2 创建表格（图 4.1.22）。

（1）选择下拉菜单 绘图(D) → 表格... 命令，系统弹出“插入表格”对话框，在 插入方式 选项组中选中 ⊙ 指定插入点(I) 单选项；在 列和行设置 选项组中将列数和数据行数分别设置为 3 和 6，列宽值为 20、行高值为 1；在 设置单元样式 选项组中 第一行单元样式: 的下拉列表中选择 数据 选项；在 第二行单元样式: 下拉列表中选择 数据 选项，单击 确定 按钮后，在绘图区指定一插入点；在空白位置单击，结果如图 4.1.23 所示。

（2）选中表格，在“特性”窗口中将行高值更改为 10 并设置适当的列宽。

（3）双击单元格，打开多行文字编辑器，输入相应的文字和数据并指定文字样式，结果如图 4.1.22 所示。

（4）使用“移动”命令将表格移至图 4.1.1 所示的位置。

Step3. 将图层切换至“文字层”创建图 4.1.24 所示的文字。选择下拉菜单 绘图(D) → 文字(X) → A 多行文字(M)... 命令（或者在命令行中输入命令 MTEXT 后按 Enter 键），此时绘图区出现图 4.1.25 所示的“多行文字”编辑器，拖动鼠标，调整矩形文本框的大小，输入图 4.1.24 所示的文字，在空白位置单击完成文字的创建。

Step4. 创建其他文字及表面粗糙度符号。

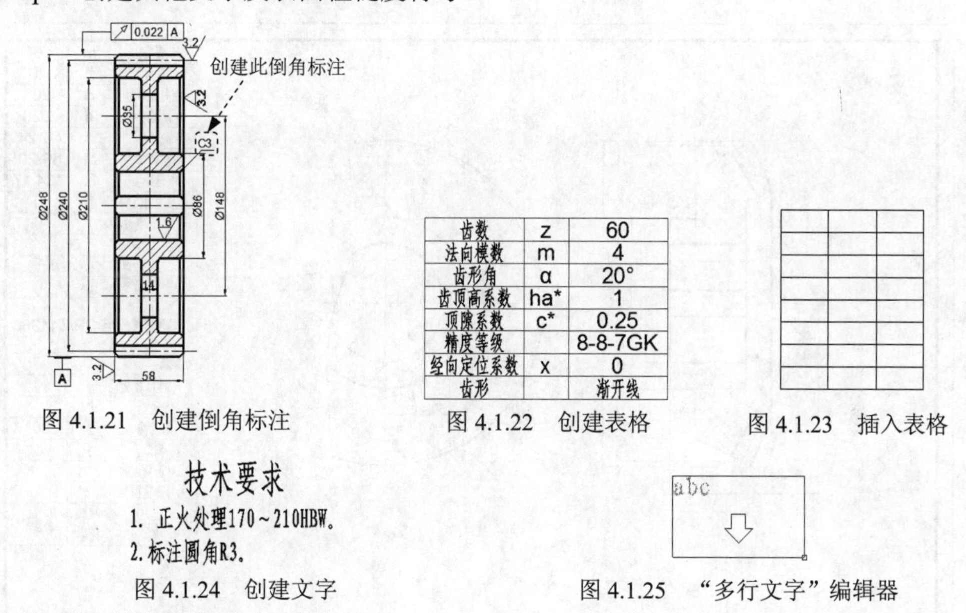

图 4.1.21　创建倒角标注

齿数	z	60
法向模数	m	4
齿形角	α	20°
齿顶高系数	ha*	1
顶隙系数	c*	0.25
精度等级		8-8-7GK
经向定位系数	x	0
齿形		渐开线

图 4.1.22　创建表格

图 4.1.23　插入表格

技术要求

1. 正火处理170～210HBW。
2. 标注圆角R3。

图 4.1.24　创建文字

图 4.1.25　“多行文字”编辑器

Task7. 保存文件

选择 文件(F) → 保存(S) 命令，将图形命名为“圆柱齿轮.dwg”，单击 保存(S) 按钮。

4.2　锥　齿　轮

锥齿轮的结构比较复杂，读者在创建过程中可以练习构造线的绘制，利用多段线绘制锥齿轮廓，利用镜像完成锥齿轮下半部分的创建，如图 4.2.1 所示。下面介绍其创建过程。

Task1. 选用样板文件

使用随书光盘中提供的样板文件。选择下拉菜单 文件(F) → 新建(N)... 命令，在系统弹出的“选择样板”对话框中，找到文件 D:\AutoCAD2014.2\system_file\Part_temp_A2.dwg，然后单击 打开(O) 按钮。

Task2．初步创建左视图

图 4.2.2 所示的图形为图 4.2.1 中左视图的大概轮廓，下面介绍其创建过程。

Step1．绘制图 4.2.3 所示的中心线。

（1）将图层切换到“中心线层”，确认状态栏中的（正交模式）和（对象捕捉）按钮处于打开状态。

（2）选择下拉菜单 绘图(D) → 直线(L) 命令，分别绘制长度值为 130、260 的两条水平中心线，两条水平中心线共线；捕捉右边水平中心线的中点，绘制长度值为 260 的垂直中心线。

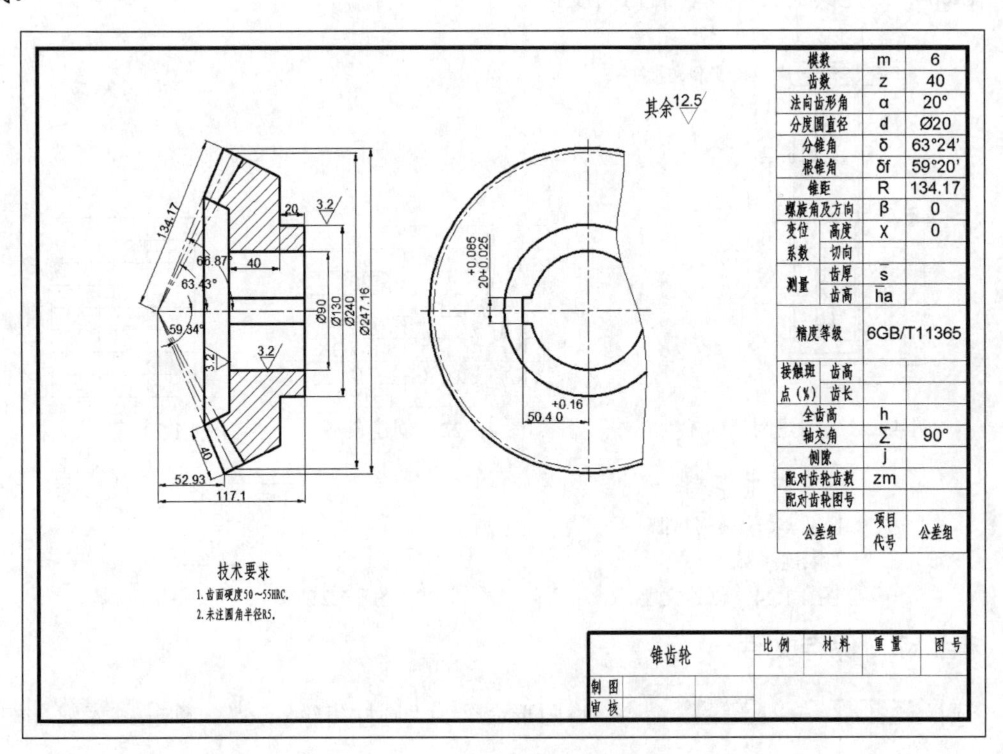

图 4.2.1　锥齿轮

Step2．创建图 4.2.2 中的同心圆。

（1）将图层切换到“轮廓线层”，选择下拉菜单 绘图(D) → 圆(C) ▸ → 圆心、直径(D) 命令，捕捉右侧水平中心线和垂直中心线的“交点”（图 4.2.3）为圆心并单击，输入直径值 247 后按 Enter 键。

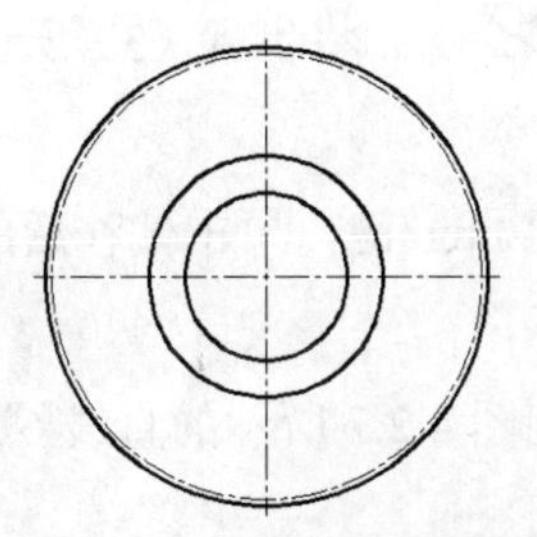

图 4.2.2　初步创建左视图

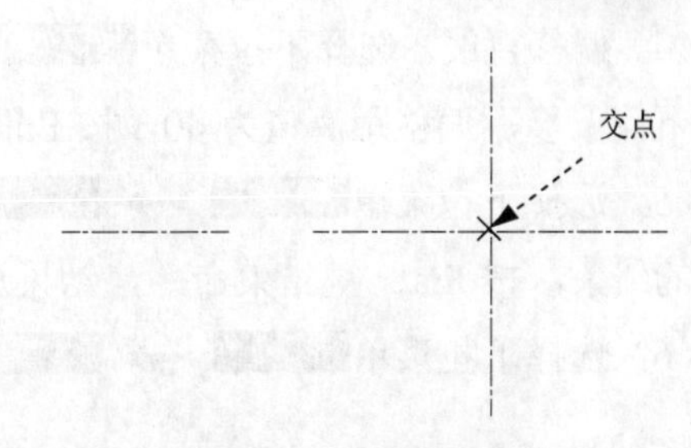

图 4.2.3　绘制中心线

（2）用同样的方法，绘制直径值分别为 240、130 和 90 的同心圆。

（3）将步骤（2）绘制的直径值为 240 的圆所在图层转换为“中心线层”。

Task3．创建剖视图

下面介绍图 4.2.1 中剖视图的创建过程。

Step1．绘制图 4.2.4 所示的辅助构造线。

（1）将图层切换到“中心线层”。

（2）绘制水平构造线。选择下拉菜单 绘图(D) → 构造线(T) 命令，在命令行中输入字母 H 后按 Enter 键，依次选取各同心圆与垂直中心线的交点，按 Enter 键结束命令，结果如图 4.2.4 所示。

（3）绘制倾斜构造线。按 Enter 键以重复构造线命令，在命令行中输入字母 A 后按 Enter 键，在命令行的提示下输入角度值 66.84 后按 Enter 键，在左侧水平中心线上的合适位置选取一点为构造线的通过点，按 Enter 键结束操作；重复前面的操作，绘制角度值分别为 63.43 和 59.34 的两条构造线，结果如图 4.2.4 所示。

Step2．绘制图 4.2.5 所示的轮廓线。

（1）将图层切换到“轮廓线层”。

（2）选择下拉菜单 绘图(D) → 直线(L) 命令，以图 4.2.6 所示的直线 1 与直线 3 的交点为直线的起点，以直线 2 与直线 4 的交点为直线的终点绘制直线。

（3）延伸直线。选择下拉菜单 修改(M) → 延伸(D) 命令，选取直线 5 为延伸的边界，按 Enter 键结束选取；选取步骤（2）绘制的直线作为延伸的对象，按 Enter 键完成操作，结果如图 4.2.6 所示。

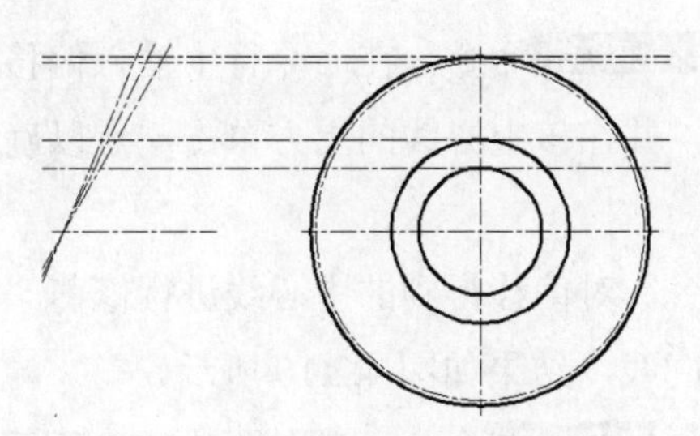

图 4.2.4　绘制辅助构造线

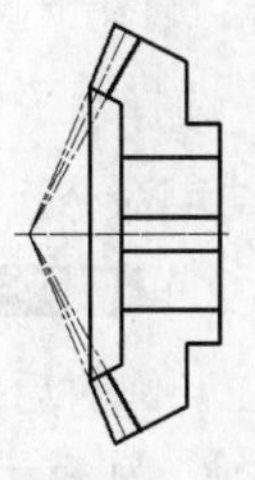

图 4.2.5　绘制轮廓线和镜像图形

（4）偏移直线。选择下拉菜单 修改(M) → 偏移(S) 命令，将步骤（3）所创建的直线向其左下侧偏移，偏移距离值为 40，按 Enter 键结束该命令。

（5）选择下拉菜单 修改(M) → 修剪(T) 命令并按 Enter 键，单击偏移后的直线上所要修剪的线条，按 Enter 键结束命令，结果如图 4.2.7 所示。

（6）选择下拉菜单 绘图(D) → 直线(L) 命令，绘制图 4.2.7 所示的直线 6、直线 7。

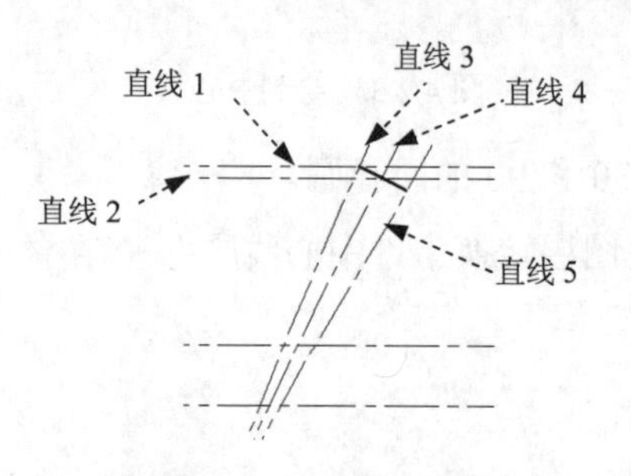

图 4.2.6　绘制并延伸直线

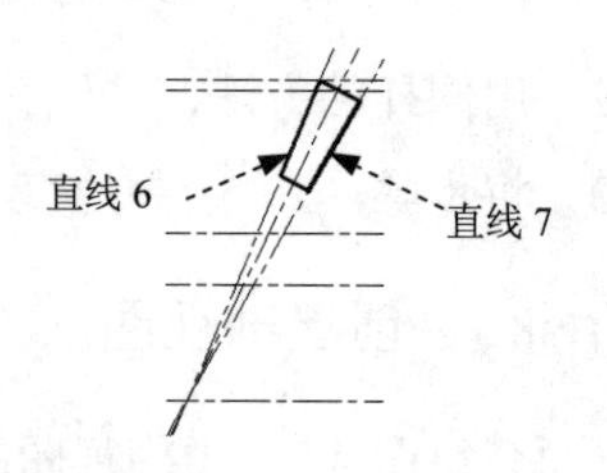

图 4.2.7　偏移直线和绘制直线

（7）绘制垂直构造线。选择下拉菜单 绘图(D) → 构造线(T) 命令，在命令行中输入字母 V 后按 Enter 键，选取图 4.2.8 所示的点 A 为通过点，按 Enter 键结束命令。

（8）选择下拉菜单 修改(M) → 偏移(S) 命令，选取步骤（7）绘制的构造线为偏移对象，偏移方向为右，偏移距离值分别为 20、60 和 80，结果如图 4.2.8 所示。

（9）修改图形。选择下拉菜单 修改(M) → 延伸(D) 与 修改(M) → 修剪(T) 命令对图形进行修改，结果如图 4.2.9 所示。

说明： 如果图形中有多余的整条直线，选择 修改(M) → 删除(E) 命令将其删除。

（10）转换线型。选取步骤（9）修剪后的直线 8 和直线 9，将其转移至“轮廓线层”，结果如图 4.2.9 所示。

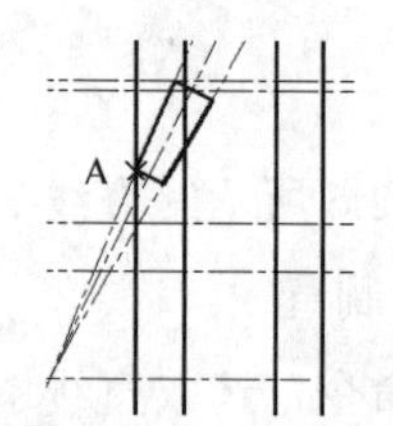

图 4.2.8　绘制垂直构造线

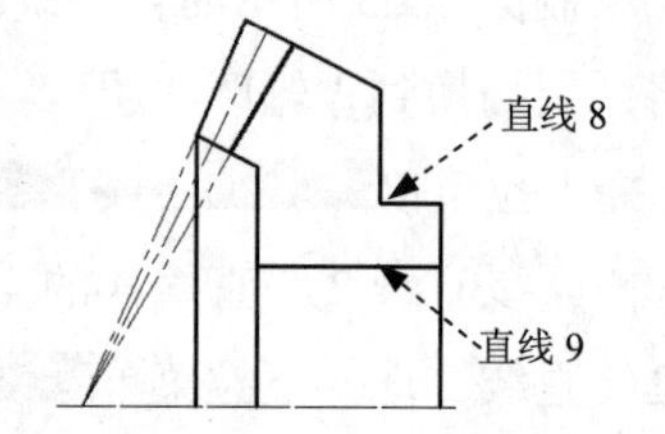

图 4.2.9　修改图形并转换线型

Step3. 创建图 4.2.10 所示的键槽边界线。

（1）偏移直线。选择下拉菜单 修改(M) → 偏移(S) 命令，在命令行中输入偏移距离值 10 后按 Enter 键，选择水平中心线为偏移对象，并在该中心线的上方单击一点以确定偏移方向，按 Enter 键结束命令。

（2）选择下拉菜单 修改(M) → 修剪(T) 命令，对偏移得到的中心线进行修剪。

（3）将步骤（2）修剪后的中心线转换为轮廓线，结果如图 4.2.10 所示。

Step4. 镜像图形。选择下拉菜单 修改(M) → 镜像(I) 命令，选取图 4.2.10 所示的图形为镜像对象并按 Enter 键，选取水平中心线为镜像线并按 Enter 键，在命令行中输入字母 N 后再按 Enter 键，结果如图 4.2.11 所示。

Step5. 创建图案填充。将图层切换到“剖面线层”，选择下拉菜单 绘图(D) → 图案填充(H)... 命令，输入字母 T 后按 Enter 键，在 类型(Y): 的下拉列表中选择 预定义 选项，在 图案(P): 的下拉列表中选择 ANSI31 选项，在 比例(S): 文本框中输入比例值 2，完成图 4.2.12 所示的图案填充。

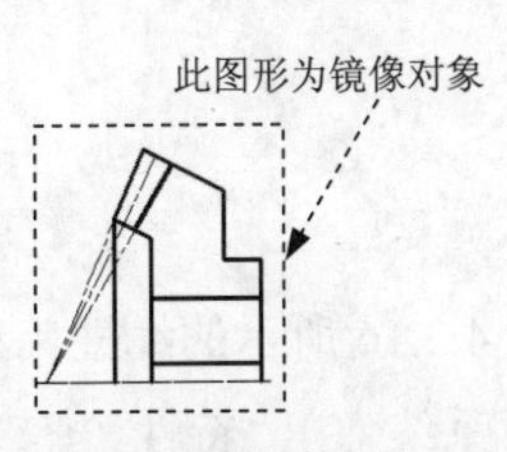

图 4.2.10　创建键槽边界线

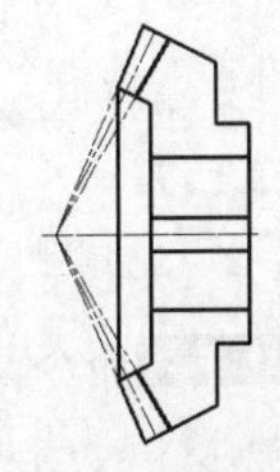

图 4.2.11　镜像图形

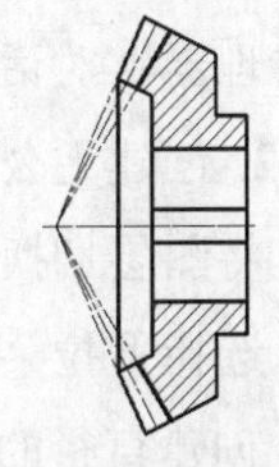

图 4.2.12　图案填充

Task4．补全左视图

由于左视图与主视图存在一定的对应关系，故创建完主视图后继续补全左视图，下面介绍如何利用这种对应关系来完成左视图（图 4.2.13）。

Step1. 创建图 4.2.13 所示的键槽。

（1）延伸直线。选择下拉菜单 修改(M) → 延伸(D) 命令，选取左视图最内侧的圆为延伸边界并按 Enter 键，分别选取键槽的两条边界线为延伸对象，按 Enter 键结束操作，结果如图 4.2.14 所示。

（2）选择下拉菜单 修改(M) → 偏移(S) 命令，将垂直中心线向其左侧偏移 50.4，结果如图 4.2.14 所示。

（3）修剪图形。选择下拉菜单 修改(M) → 修剪(T) 命令并按 Enter 键，单击图 4.2.14 中要修剪的线条，最后按 Enter 键结束命令。

（4）将步骤（3）修剪后的垂直中心线转换为轮廓线。

Step2. 绘制样条曲线并修剪图形。选择下拉菜单 绘图(D) → 样条曲线(S) → 拟合点(F) 命令，绘制样条曲线（图 4.2.13）；选择 修改(M) → 修剪(T) 命令修剪图形，结果如图 4.2.13 所示。

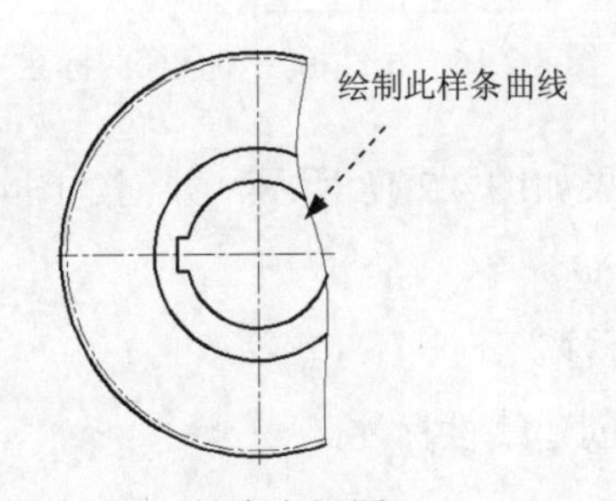

图 4.2.13　补全左视图

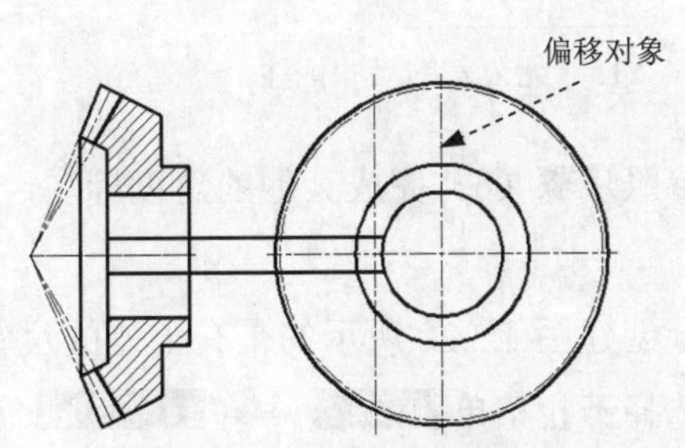

图 4.2.14　绘制键槽边界线

Task5．对图形进行尺寸标注

下面介绍图 4.2.1 所示的图形尺寸的标注过程。

Step1．设置标注样式。选择下拉菜单 格式(O) → 标注样式(D)... 命令，系统弹出“标注样式管理器”对话框。单击“标注样式管理器”对话框中的 修改(M)... 按钮，在系统弹出的“修改标注样式”对话框中单击 文字 选项卡，在 文字高度(T): 文本框中输入高度值 7；单击 符号和箭头 选项卡，在 箭头大小(I): 文本框中输入数值 6；然后单击该对话框中的 确定 按钮，再单击“标注样式管理器”对话框中的 关闭 按钮。

Step2．创建无公差尺寸标注（图 4.2.15）。

（1）将图层切换到“尺寸线层”。

（2）选择下拉菜单 标注(N) → 线性(L) 命令，创建图 4.2.16 所示的线性标注。

（3）创建直径的标注（添加直径符号 Ø）。双击尺寸线，系统弹出“特性”窗口，在 文字替代 文本框中输入文本%%C 和相应的直径值并按 Enter 键，标注结果如图 4.2.16 所示。

（4）创建对齐标注。选择下拉菜单 标注(N) → 对齐(G) 命令，捕捉并选取要进行标注的两端点，在绘图区空白处单击，以确定尺寸的放置位置，结果如图 4.2.17 所示。

（5）创建角度标注。选择下拉菜单 标注(N) → 角度(A) 命令，选取要进行角度标注的两边，在命令行输入字母 M 后按 Enter 键，在系统弹出的“文字格式”对话框中输入文本 66.87%%D 后，在图形区单击完成文字的创建，移动光标，在图形空白处选取一点以确定尺寸标注位置，结果如图 4.2.18 所示。

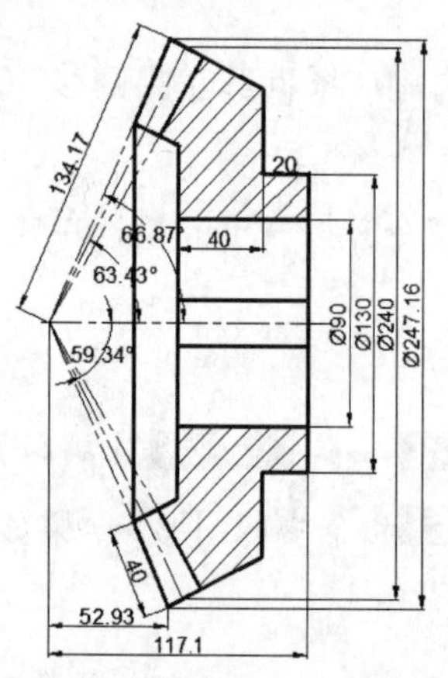

图 4.2.15　无公差的尺寸标注

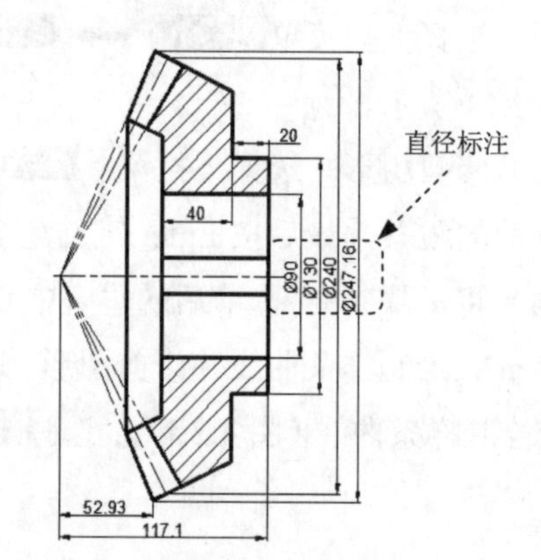

图 4.2.16　线性标注和直径的标注

（6）参照步骤（5）完成其他的角度标注，结果如图 4.2.18 所示，并创建图 4.2.19 所示的线性标注。

Step3．创建图 4.2.20 所示的带有公差的尺寸标注。

（1）选择下拉菜单 标注(N) → 线性(L) 命令创建线性标注。

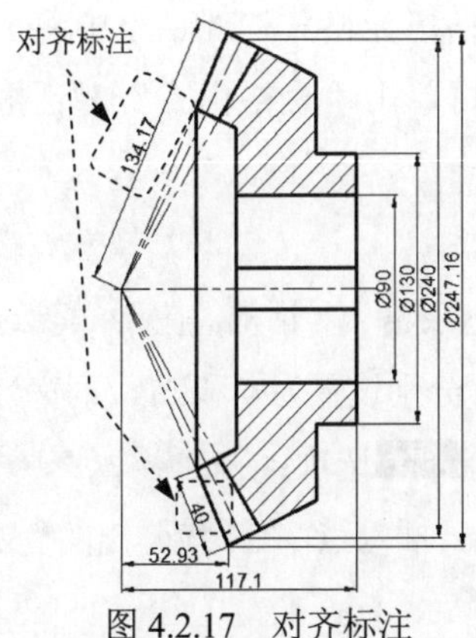

图 4.2.17　对齐标注

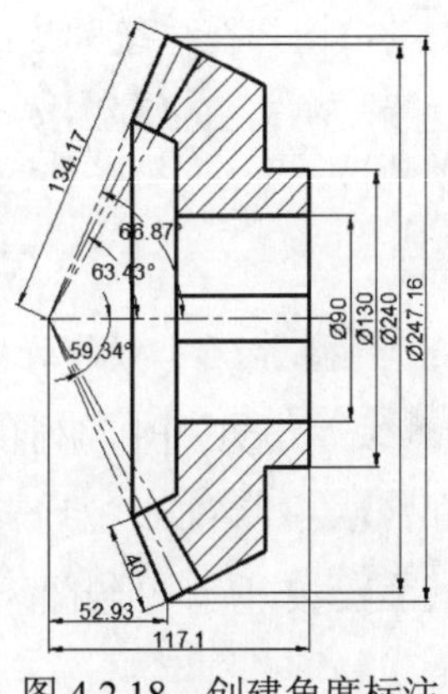

图 4.2.18　创建角度标注

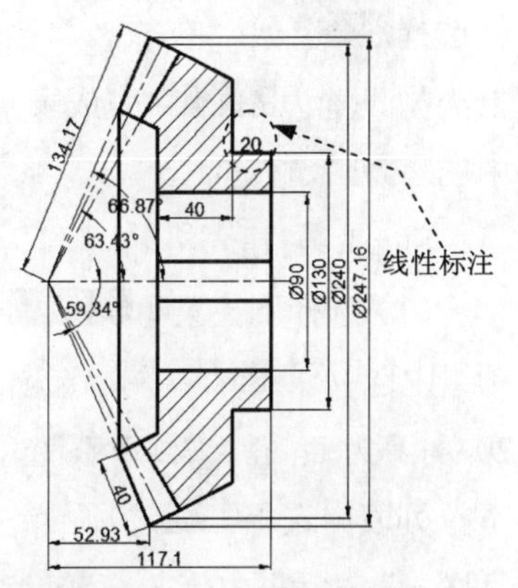

图 4.2.19　创建线性标注

（2）创建公差。双击尺寸线，系统弹出“特性”窗口。在“公差”栏的“显示公差”文本框中选择“极限偏差”，分别在“公差下偏差”和“公差上偏差”文本框中输入相应的数值，结果如图 4.2.20 所示。

Step4. 创建图 4.2.21 所示的表面粗糙度标注。选择下拉菜单 插入(I) → 块(B)... 命令，选择“表面粗糙度符号”为插入对象，在 比例 选项组选中 ☑ 统一比例(U) 复选框，在 X: 后的文本框中输入缩放比例值 2，单击 确定 按钮；在命令行中输入字母 R 并按 Enter 键，输入旋转角度值 0 后按 Enter 键；在绘图区单击以确定块的插入点；输入表面粗糙度值 3.2 后按 Enter 键；参照前面的步骤，完成其他表面粗糙度的标注。

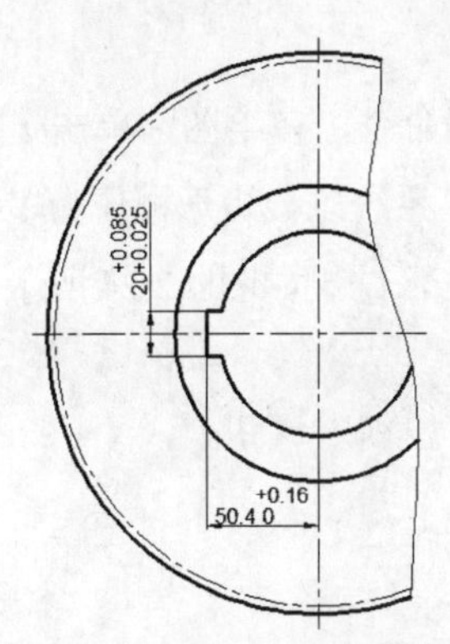

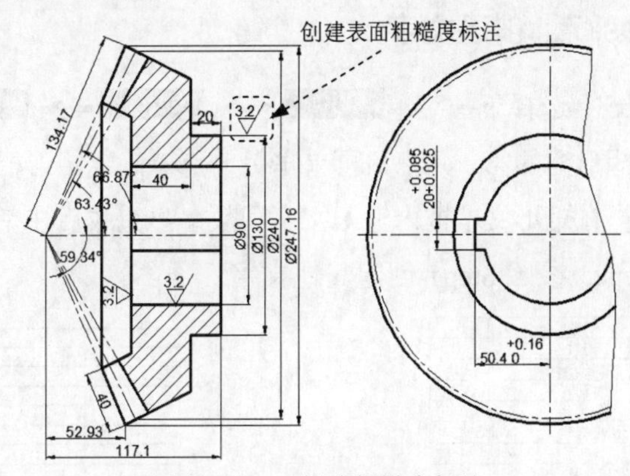

图 4.2.20　创建带公差尺寸标注　　　　图 4.2.21　创建粗糙度标注

Task6．创建参数表

下面介绍图 4.2.22 中参数表的创建过程。

Step1. 将图层切换至“尺寸线层”。

Step2. 设置表格样式。选择下拉菜单 格式(O) → 表格样式(B)... 命令，在系统弹出的“表格样式”对话框中单击 修改(M)... 按钮，系统自动弹出“修改表格样式”对话框。在该对话框中进行如下设置：在 文字 选项卡的 文字高度(I): 文本框中输入数值 7，在 文字样式(S): 下拉列表中选择 Standard 选项；在 常规 选项卡的 填充颜色(F): 下拉列表框中选择 □无，在 对齐(A): 下拉列表框选择正中选项，单击格式(O):后的...按钮，在系统弹出的“表格单元格式”对话框中将数据类型设置为文字。完成表格的设置，单击确定按钮后，再单击“表格样式”对话框中的关闭按钮。

Step3. 创建表格。

（1）选择下拉菜单绘图(D) → 表格...命令，系统弹出“插入表格”对话框。在插入方式选项组中选中⊙指定插入点(I)单选项；在列和行设置选项组中将列和数据行分别设置为 4 和 21，列宽为 20、行高为 1；在设置单元样式选项组的第一行单元样式:下拉列表中选择数据选项；在第二行单元样式:下拉列表中选择数据选项；单击确定按钮后，在绘图区域指定一插入点，在系统弹出的“文字格式”对话框中单击确定按钮。

（2）选中表格，通过拖移夹点至合适的位置来更改列宽，如图 4.2.23 所示。

说明：选中单元格（也可以选中表格）后，右击，在系统弹出的快捷菜单中选择特性(P)命令，系统弹出“特性”窗口，也可在此窗口内进行表格的设置。

（3）合并单元格。选取要合并的单元格后右击，在系统弹出的快捷菜单中选择合并 → 全部命令，完成单元格的合并。

Step4. 双击单元格，打开“文字编辑器”，在单元格中输入相应的文字和数据，在空白位置单击，结果如图 4.2.22 所示。

注意：文字与数字采用不同的文字样式进行创建。

Task7. 创建文字

Step1. 选择下拉菜单绘图(D) → 文字(X) → 多行文字(M)...命令，在绘图区单击一点，以确定矩形框的第一角点，再单击另一点以确定矩形框的对角点，系统以该矩形框作为多行文字边界；在矩形文本框内输入文字和数字；完成后在空白位置单击，结果如图 4.2.24 所示。

Step2. 参照 Step1 创建其他文字。

模数		m	6
齿数		z	40
法向齿形角		α	20°
分度圆直径		d	Ø20
分锥角		δ	63°43′
根锥角		δf	59°34′
锥距		R	134.17
螺旋角及方向		β	0
变位系数	高度	X	0
	切向		
测量	齿厚	$\bar{s}$	
	齿高	$\bar{h}a$	
精度等级		6GB/T11365	
接触斑点（%）	齿高		
	齿长		
全齿高		h	
轴交角		Σ	90°
侧隙		j	
配对齿轮齿数		zm	
配对齿轮图号			
公差组		项目代号	公差组

图 4.2.22 创建参数表

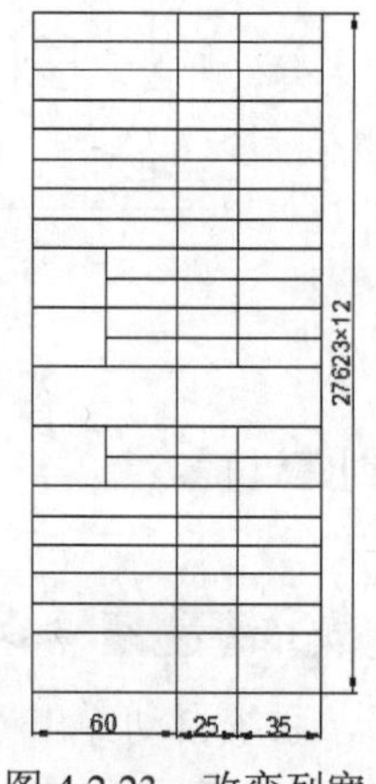

图 4.2.23 改变列宽

技术要求

1.齿面硬度50~55HRC.

2.未注圆角半径R5.

图 4.2.24 创建文字

Task8. 保存文件

选择下拉菜单 文件(F) → 保存(S) 命令，将图形命名为“锥齿轮.dwg”，单击 保存(S) 按钮。

4.3 蜗　轮

本例将介绍蜗轮的绘制过程，主视图的绘制主要分为两个阶段：先绘制蜗轮轮心，然后绘制蜗轮轮缘。为避免相互干扰，利用隐藏图层的方法实现在同一图样中分别绘制的目的，同时注意轮心与轮缘的剖面线应以不同的方向绘制。下面以图 4.3.1 所示的蜗轮为例，介绍其创建的一般过程。

Task1．选用样板文件

使用随书光盘中提供的样板文件。选择下拉菜单 文件(F) → 新建(N)... 命令，在系统弹出的“选择样板”对话框中，找到文件 D:\AutoCAD2014.2\system_file\Part_temp_A2.dwg，然后单击 打开(O) 按钮。

Task2．初步创建左视图

图 4.3.2 所示的图形为图 4.3.1 中蜗轮左视图的大概轮廓，下面介绍其创建过程。

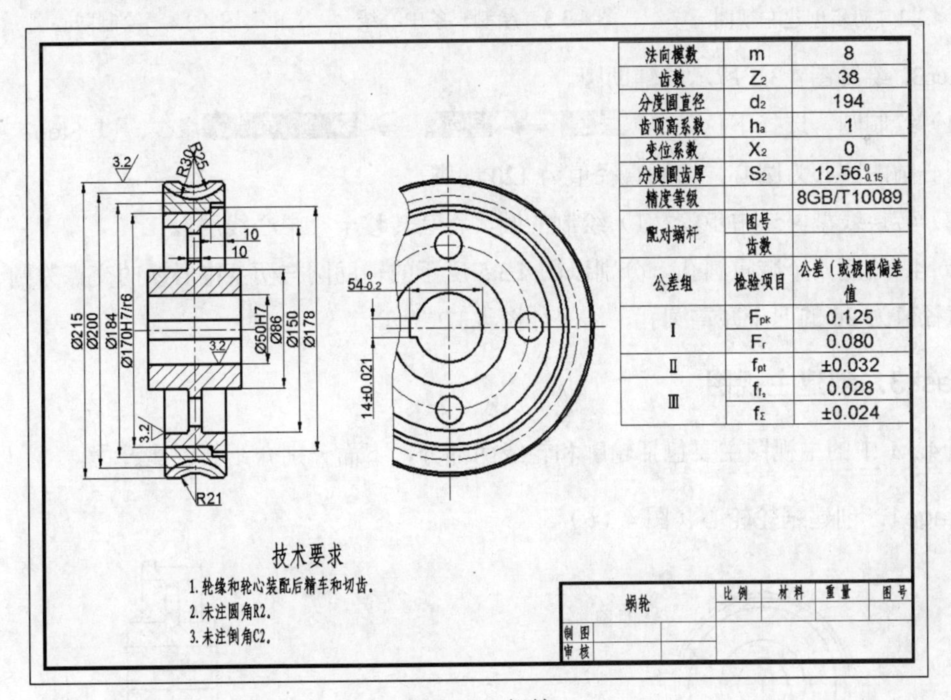

图 4.3.1　蜗轮

Step1．绘制图 4.3.3 所示的三条中心线。

（1）将图层切换到“中心线层”，在状态栏中将 （正交模式）按钮打开，打开正交显示模式。

（2）绘制中心线。选择下拉菜单 绘图(D) → 直线(L) 命令，绘制水平中心线和垂直中心线，水平中心线长度值为 400，垂直中心线长度值为 250。

（3）偏移中心线。选择下拉菜单 修改(M) → 偏移(S) 命令，输入偏移距离值 190 并按 Enter 键，选取垂直中心线为偏移对象，在其左侧任意位置单击以确定偏移方向，结果如图 4.3.3 所示。

Step2. 绘制图 4.3.4 所示的同心圆。

（1）将图层切换到“轮廓线层”，选择下拉菜单 绘图(D) → 圆(C) → 圆心、直径(D) 命令，捕捉水平中心线和右侧垂直中心线的交点并单击，在命令行中输入直径值 50 后按 Enter 键。

（2）确认状态栏中的 +（显示/隐藏线宽）按钮处于打开状态，参照步骤（1）的操作，绘制直径值分别为 86、150、170 和 178 的同心圆，结果如图 4.3.4 所示。

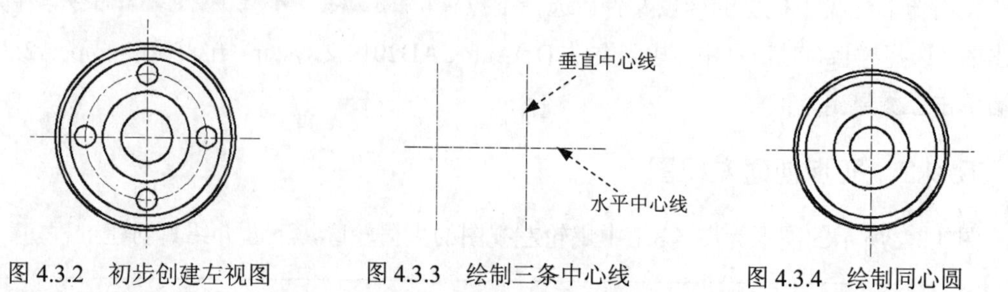

图 4.3.2　初步创建左视图　　图 4.3.3　绘制三条中心线　　图 4.3.4　绘制同心圆

Step3. 绘制图 4.3.5 所示的辅助圆。

（1）绘制圆。选择下拉菜单 绘图(D) → 圆(C) → 圆心、直径(D) 命令，以 Step2 中所绘制同心圆的圆心为圆心，绘制直径值为 120 的圆。

（2）转换线型。选中步骤（1）绘制的圆，将其转移至“中心线层”。

Step4. 绘制四个减重圆孔。分别以图 4.3.5 所示的辅助圆与两条中心线的交点为圆心，绘制直径值为 20 的四个减重圆孔，结果如图 4.3.2 所示。

Task3. 创建主视图

图 4.3.1 中的主视图主要包括轮廓和轮缘两部分，下面分别介绍其创建过程。

Stage1. 创建蜗轮轮心（图 4.3.6）

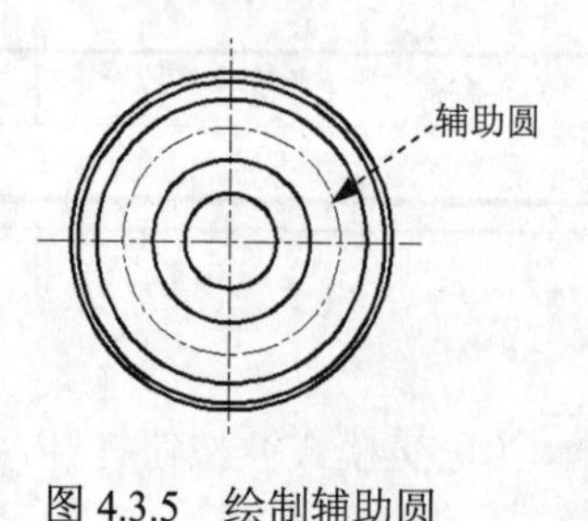

图 4.3.5　绘制辅助圆

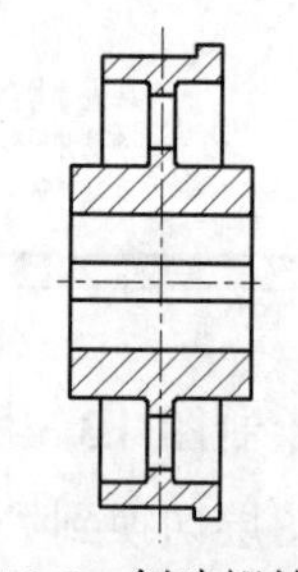

图 4.3.6　创建蜗轮轮心

Step1. 绘制图 4.3.7 所示的辅助线。选择下拉菜单 绘图(D) → 构造线(T) 命令，在命令行中输入字母 H 后按 Enter 键，依次单击水平中心线上方的圆与垂直中心线的交点，按 Enter 键结束命令。

Step2. 偏移直线。选择下拉菜单 修改(M) → 偏移(S) 命令，选取图 4.3.7 所示的垂直中心线为偏移对象，将该中心线向右偏移，偏移距离值为 13。

Step3. 参照 Step2 的操作，将图 4.3.8 所示的垂直中心线分别向左、右偏移，偏移距离值分别为 5、23 和 35；用同样的方法将水平中心线向上偏移，偏移距离值为 7。

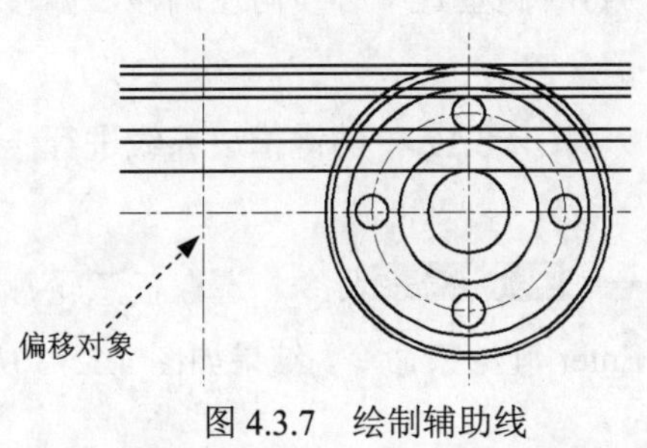

图 4.3.7　绘制辅助线

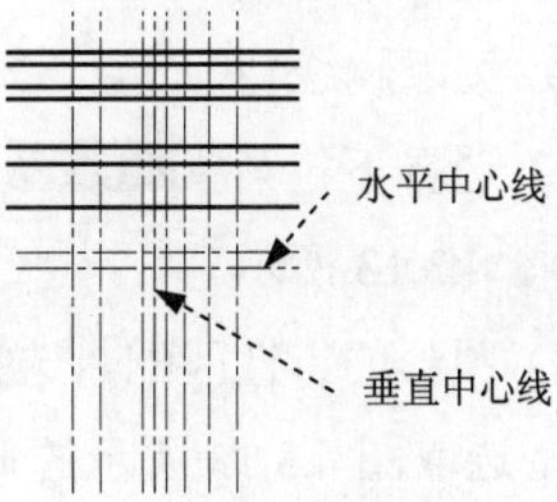

水平中心线

垂直中心线

图 4.3.8　偏移直线

Step4. 编辑图形。

（1）修剪图形。选择下拉菜单 修改(M) → 修剪(T) 命令并按 Enter 键，单击图 4.3.8 中要剪掉的线条，最后按 Enter 键结束命令；选择下拉菜单 修改(M) → 删除(E) 命令将多余的整条直线删除，结果如图 4.3.9 所示。

（2）将图形中相应线条转换为轮廓线，如图 4.3.10 所示。

（3）创建圆角。选择下拉菜单 修改(M) → 圆角(F) 命令，在命令行中输入字母 T 并按 Enter 键，再输入字母 T 后按 Enter 键，输入字母 R 后按 Enter 键，输入圆角半径值 2 按 Enter 键，输入字母 M 按 Enter 键；选取要创建圆角的两直线，则圆角自动生成，结果如图 4.3.10 所示。

Step5. 镜像图形。选择下拉菜单 修改(M) → 镜像(I) 命令，选取图 4.3.11 所示的虚线框内的图形为镜像对象，在水平中心线上任意选取不同两点，在命令行中输入字母 N 并按 Enter 键，结果如图 4.3.11 所示。

Step6. 创建图案填充。将图层切换到“剖面线层”，选择下拉菜单 绘图(D) → 图案填充(H)... 命令，创建图 4.3.6 所示的图案填充。其中，填充类型为“预定义”，选择“ANSI31”填充图案，填充角度值为 0，填充比例值为 2。

Step7. 绘制图 4.3.12 所示的键槽边界线。

（1）选择下拉菜单 修改(M) → 延伸(D) 命令，选取图 4.3.12 所示最内侧的同心圆作为延伸的边界，按 Enter 键结束选取；选取直线 1、直线 2 作为延伸的对象，按 Enter 键完成操作。

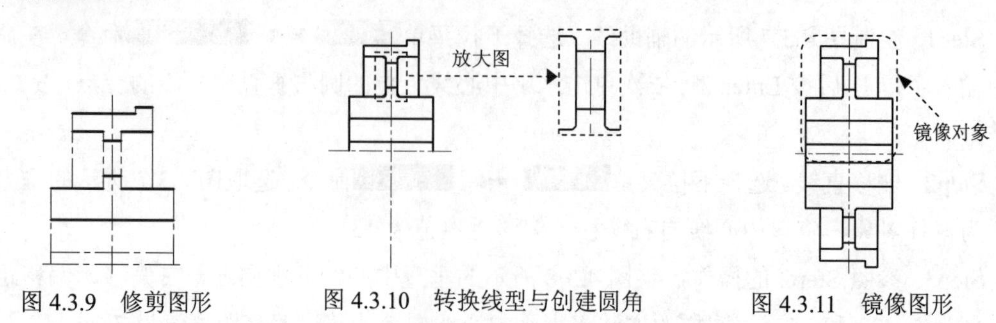

图 4.3.9　修剪图形　　图 4.3.10　转换线型与创建圆角　　图 4.3.11　镜像图形

（2）选择下拉菜单 修改(M) → 偏移(S) 命令，将右侧垂直中心线向左偏移，偏移距离值为 29，如图 4.3.12 所示。

（3）选择下拉菜单 修改(M) → 修剪(T) 命令，对图 4.3.12 中的键槽边界线进行修剪，结果如图 4.3.13 所示。

（4）图形的特性匹配。选择下拉菜单 修改(M) → 特性匹配(M) 命令，选取任意轮廓线为源对象，选取图 4.3.13 所示的直线为目标对象，按 Enter 键结束命令，结果如图 4.3.13 所示。

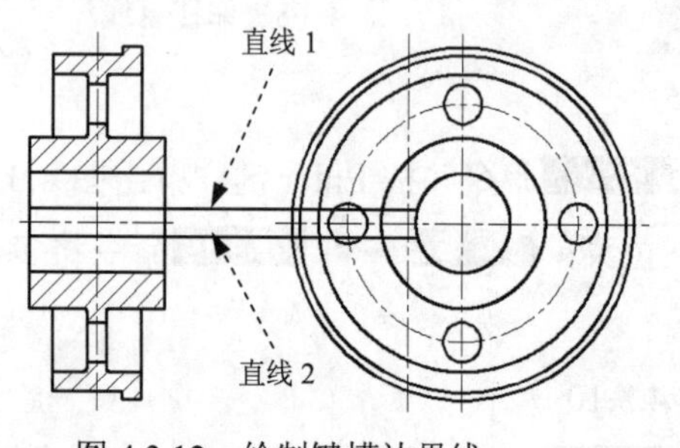

图 4.3.12　绘制键槽边界线

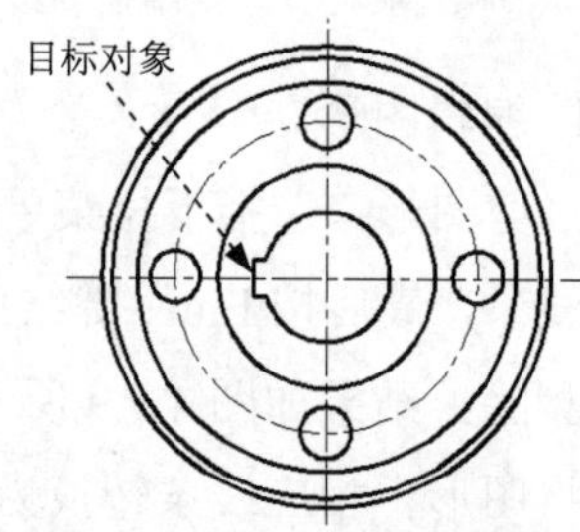

图 4.3.13　修改图形和匹配图形

Stage2．创建蜗轮轮缘（图 4.3.14）

在创建轮缘的过程中，由于已绘制的轮心的线条较多，为避免相互干扰，利用隐藏图层的方法实现在同一图样中分别绘制的目的。下面介绍具体操作方法。

Step1．新建备用图层“隐藏层”。

（1）选择下拉菜单 格式(O) → 图层(L)... 命令，在系统弹出的“图层特性管理器”对话框中单击“新建图层”按钮，将新建的图层命名为“隐藏层”；单击“颜色”按钮，系统弹出“选择颜色”对话框，在 颜色(C): 文本框中输入数值 8，然后单击 确定 按钮，完成图层的创建。

（2）选取蜗轮轮心的主视图和左视图中的轮廓线，并将其转移至“隐藏层”，使绘图区只剩下中心线。

说明： 进行隐藏层的设置时，首先选取要隐藏的线条使其显示夹点，然后在“图层”下拉列表中选择“隐藏层”图层，并单击黄色的按钮使其变成灰色的按钮。

Step2．绘制图 4.3.15 所示的轮廓线。

（1）将图层切换到“轮廓线层”。

（2）偏移直线。选择下拉菜单 修改(M) → 偏移(S) 命令，将图 4.3.16 所示的垂直中心线向左偏移，偏移距离值为 23；将图 4.3.16 所示的水平中心线向上偏移，偏移距离值分别为 85、107.5 和 125，结果如图 4.3.16 所示。

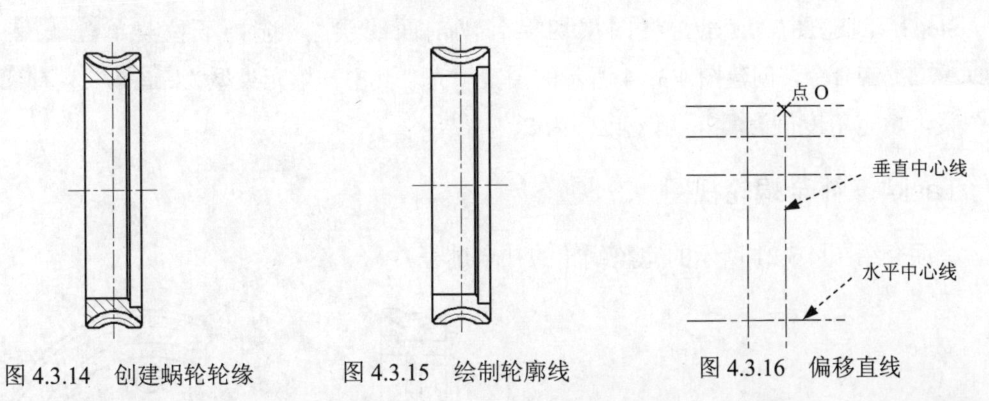

图 4.3.14　创建蜗轮轮缘　　图 4.3.15　绘制轮廓线　　图 4.3.16　偏移直线

（3）绘制图 4.3.17 所示的同心圆。选择下拉菜单 绘图(D) → 圆(C) → 圆心、直径(D) 命令，以图 4.3.16 所示的交点 O 为圆心，绘制直径值分别为 42、50 和 60 的同心圆，并将直径值为 50 的圆所在的图层转换为“中心线层”。

（4）编辑图形，如图 4.3.18 所示。

① 修剪图形。选择下拉菜单 修改(M) → 修剪(T) 命令，对图 4.3.17 中的圆以及直线进行修剪，将修剪后的直线设置为轮廓线并将多余的直线删除，结果如图 4.3.18 所示。

② 创建倒角。选择下拉菜单 修改(M) → 倒角(C) 命令，在命令行中输入字母 T 后按 Enter 键，再输入字母 T 后按 Enter 键；输入字母 D 后按 Enter 键，两个倒角距离值均为 2；选取要进行倒角的两直线，则自动生成倒角，结果如图 4.3.18 所示。

③ 选择 修改(M) → 修剪(T) 命令对倒角后的圆弧进行修剪，结果如图 4.3.18 所示。

（5）镜像图形。选择下拉菜单 修改(M) → 镜像(I) 命令，选取图 4.3.18 所示的图形（除水平中心线和垂直中心线）为镜像对象，以垂直中心线为镜像线，结果如图 4.3.19 所示。

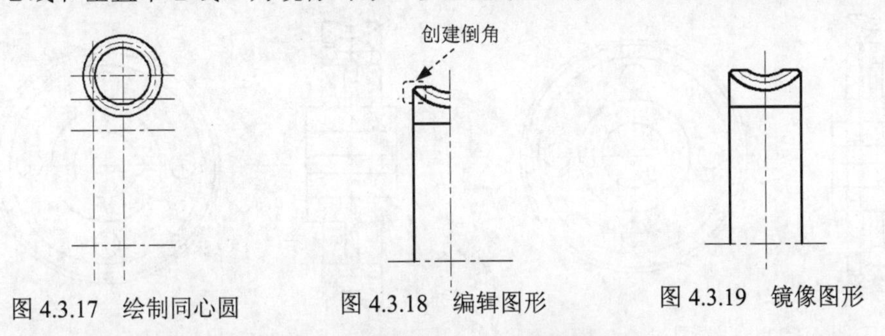

图 4.3.17　绘制同心圆　　图 4.3.18　编辑图形　　图 4.3.19　镜像图形

（6）补全轮廓线。选择下拉菜单 修改(M) → 偏移(S) 命令，将图 4.3.20 所示的直线 1 向左偏移，偏移距离值分别为 10、13；将图 4.3.20 所示的直线 2 向上偏移，偏移距离值为 7；选择下拉菜单 修改(M) → 倒角(C) 命令，在命令行中输入字母 D 并按 Enter 键，输入倒角距离值 3，按两次 Enter 键，选择要进行倒角的直线，完成倒角的创建；选择下拉菜单修改(M) → 修剪(T)命令对图形进行修剪，并补全倒角轮廓线，结果如图 4.3.20 所示。

（7）镜像图形。选择下拉菜单修改(M) → 镜像(I)命令对图 4.3.20 所示的图形进行镜像，镜像后的图形如图 4.3.15 所示。

Step3. 创建图案填充。将图层切换到“剖面线层”，选择下拉菜单绘图(D) → 图案填充(H)...命令，创建图 4.3.14 所示的图案填充。其中，填充类型为预定义，选择ANSI31填充图案，填充角度值为90，填充比例为 2。

Task4. 补全蜗轮视图

下面介绍图 4.3.21 所示的完整蜗轮的补全过程。

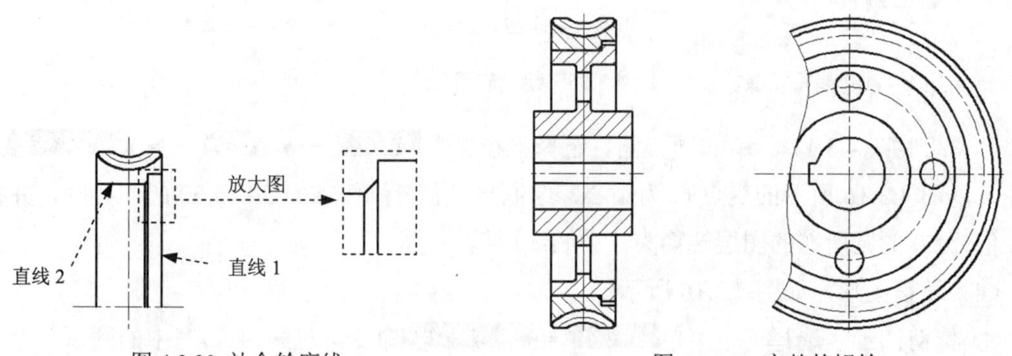

图 4.3.20 补全轮廓线　　图 4.3.21 完整的蜗轮

Step1. 显示蜗轮轮心。打开“隐藏层”，重新设置图形相应的图层。

说明：进行图层设置时，首先在“图层”下拉列表中选择“隐藏层”图层，并单击按钮使其变成按钮，用框选的方法选取所有被隐藏的图形，使其显示夹点，然后在“图层”下拉列表中选择“轮廓线层”图层，按 Esc 键结束操作，结果如图 4.3.22 所示。

Step2. 选择下拉菜单修改(M) → 修剪(T)和修改(M) → 删除(E)命令，对图 4.3.22 所示的图形进行修改。结果如图 4.3.23 所示。

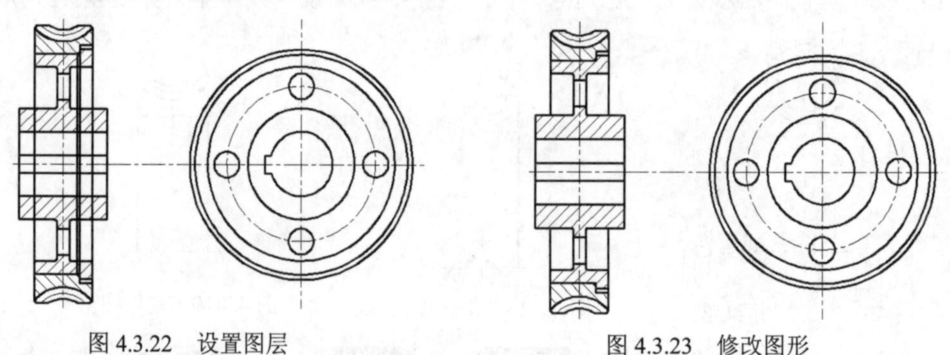

图 4.3.22 设置图层　　图 4.3.23 修改图形

Step3. 补全左视图。

（1）将图层切换到“轮廓线层”。

（2）绘制图 4.3.24 所示的圆。以右侧垂直中心线与水平中心线的交点为圆心，绘制直径值分别为 215、211 和 192 的同心圆，并将直径值为 192 的圆所在的图层转换为“中心线层”。

（3）绘制样条曲线。选择下拉菜单 绘图(D) → 样条曲线(S) → 拟合点(F) 命令，依次选取样条曲线要通过的点，按三次 Enter 键结束操作，将样条曲线设置为“剖面线层”。

（4）选择下拉菜单 修改(M) → 修剪(T) 命令对图形进行修剪，结果如图 4.3.21 所示。

说明：未能修剪的线条，选择 修改(M) → 删除(E) 命令将其删除。

（5）打断中心线。选择下拉菜单 修改(M) → 打断(K) 命令，选取水平中心线为打断对象，在中心线上的合适位置选取两点，将中心线从两个视图中间打断，结果如图 4.3.21 所示。

Task5．创建尺寸标注

Step1．设置标注样式。选择下拉菜单 格式(O) → 标注样式(D)... 命令；在系统弹出的“标注样式管理器”对话框中单击 修改(M)... 按钮，系统弹出“修改标注样式”对话框，单击 文字 选项卡，在 文字高度(T): 文本框中输入高度值 7；单击 符号和箭头 选项卡，在 箭头大小(I): 文本框中输入数值 6；然后单击该对话框中的 确定 按钮，再单击“标注样式管理器”对话框中的 关闭 按钮。

Step2．将图层切换到“尺寸线层”。

Step3．创建图 4.3.25 所示的线性标注。

（1）创建图 4.3.25 所示的长度值为 54 的标注。选择下拉菜单 标注(N) → 线性(L) 命令，选取要标注尺寸的尺寸界线的两个原点，在命令行中输入字母 M 并按 Enter 键；删除文本框中原有的文本，在文本框中输入数值 54 后按空格键，再输入文本 0^－0.2，选取“0^－0.2”后单击鼠标右键，在系统弹出的快捷菜单中选择 堆叠 选项，再单击 文字编辑器 面板上的“关闭”按钮，移动光标在绘图区的合适位置单击，以确定尺寸的放置位置。

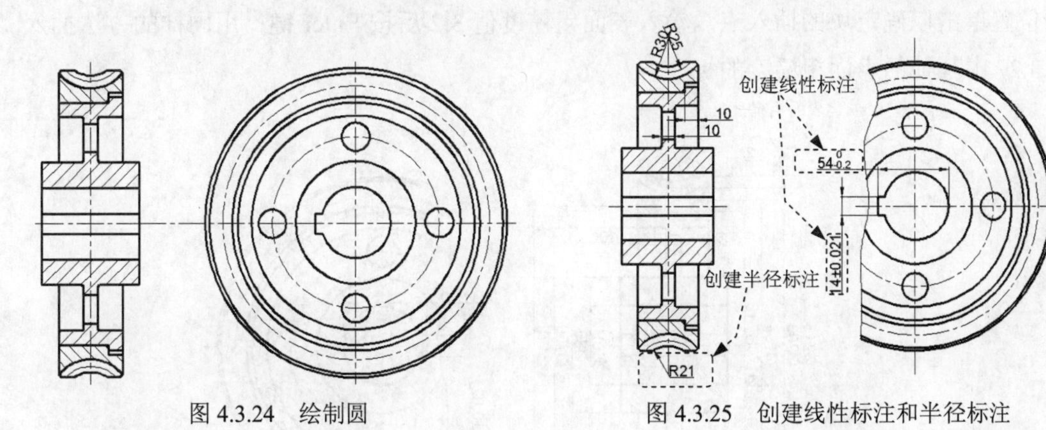

图 4.3.24　绘制圆　　　　图 4.3.25　创建线性标注和半径标注

（2）创建图 4.3.25 所示的长度值为 14 的标注。选择下拉菜单 标注(N) → 线性(L) 命令，选取要标注尺寸的尺寸界线的两个原点，在命令行中输入字母 T 并按 Enter 键，输入文本 14%%p0.021 后按 Enter 键，移动光标在绘图区的合适位置单击，以确定尺寸的放置位置。

（3）参照步骤（1）、（2）创建图 4.3.25 中其他的线性标注。

Step4. 创建图 4.3.25 所示的半径标注。选择下拉菜单 标注(N) → 半径(R) 命令，单击要进行标注的圆弧，移动光标在绘图区的合适位置单击，以确定尺寸的放置位置。

Step5. 创建图 4.3.26 所示的直径的标注。

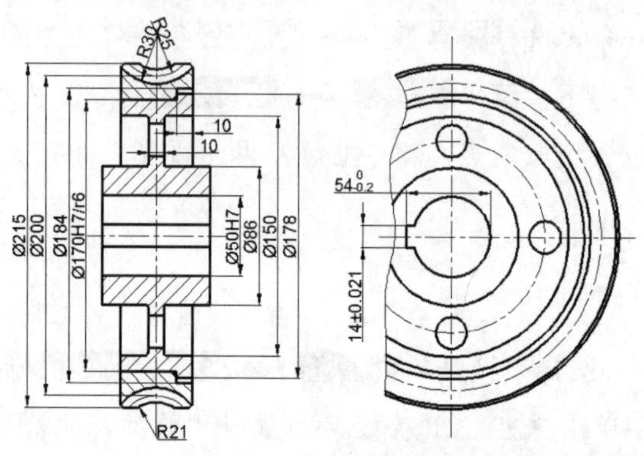

图 4.3.26　创建直径标注

（1）创建直径值为 170 的标注。选择下拉菜单 标注(N) → 线性(L) 命令，选取要标注尺寸的尺寸界线的两个原点，在命令行中输入字母 T 并按 Enter 键，输入文本%%C170H7/r6 后按 Enter 键，移动光标在绘图区空白区域单击，以确定尺寸放置的位置。

（2）用同样的方法创建图 4.3.26 中其他的直径标注。

Step6. 创建图 4.3.27 所示的表面粗糙度标注。

（1）选择下拉菜单 插入(I) → 块(B)... 命令，系统弹出“插入”对话框，在 名称(N): 下拉列表中选取“表面粗糙度符号”，在 比例 选项组选中 统一比例(U) 复选框，在 X: 后的文本框中输入缩放比例值 2，单击对话框中的 确定 按钮。

（2）在命令行中输入字母 R 并按 Enter 键，输入旋转角度值 0 后按 Enter 键；在图形的合适位置单击以确定块的插入点，输入表面粗糙度值 3.2 后按 Enter 键；用同样的方法插入图 4.3.27 中其他的表面粗糙度的标注。

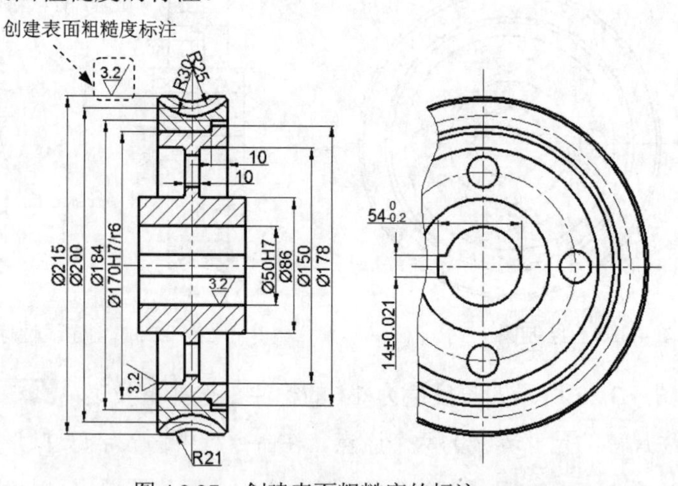

图 4.3.27　创建表面粗糙度的标注

Task6．插入表格与创建文字

下面介绍插入表格与创建文字的过程。

Step1．设置表格样式。选择下拉菜单 格式(O) → 表格样式(B)... 命令，在系统弹出的“表格样式”对话框中，单击 修改(M)... 按钮，系统弹出“修改表格样式：Standard”对话框；在 单元样式 下拉列表中选择 数据 选项，在 文字 选项卡 文字样式(S): 下拉列表中选择 汉字文本样式 选项，将字高设置为7，单击“修改表格样式”对话框中的 确定 按钮，单击“表格样式”对话框中的 置为当前(C) 按钮，再按 关闭 按钮。

Step2．插入表格。选择下拉菜单 绘图(D) → 表格... 命令，系统弹出“插入表格”对话框；设置插入方式为“指定插入点”，在 列和行设置 选项组中将列数和数据行数分别设置为3和14，列宽值为25、行高值为1；在 设置单元样式 选项组的 第一行单元样式: 下拉列表中选择 数据 选项；在 第二行单元样式: 下拉列表中选择 数据 选项；单击 确定 按钮后，在绘图区指定一插入点，在空白位置单击；选中表格，通过编辑夹点，将第一列单元的宽度设置为60，第二列单元的宽度设置为35，第三列单元的宽度设置为52，将单元格高度设置为12并将表格移动到合适的位置。

Step3．创建图4.3.1所示的文字。

（1）输入数据时，需要将单元格合并，其操作方法是：选中所要编辑的单元格，按住Shift键并选取另一个单元格，松开Shift键并右击，在系统弹出的快捷菜单中选择 合并 → 全部 命令，按Esc键结束操作。

（2）双击单元格，重新打开文字编辑器，在各单元格中输入相应文字或数据。

（3）将图层切换至“文字层”，选择 绘图(D) → 文字(X) ▸ → 多行文字(M)... 命令，创建注解文字。

Task7．保存文件

选择下拉菜单 文件(F) → 保存(S) 命令，将图形命名为“蜗轮.dwg”，单击 保存(S) 按钮。

第 5 章　弹簧类零件的设计

5.1　圆柱螺旋压缩弹簧

图 5.1.1 所示为圆柱螺旋压缩弹簧。在绘制过程中，用到了绘制多线、镜像、图案填充、插入块、创建表面粗糙度与尺寸标注等命令。读者要特别注意两圆公切线的绘制。下面介绍其创建过程。

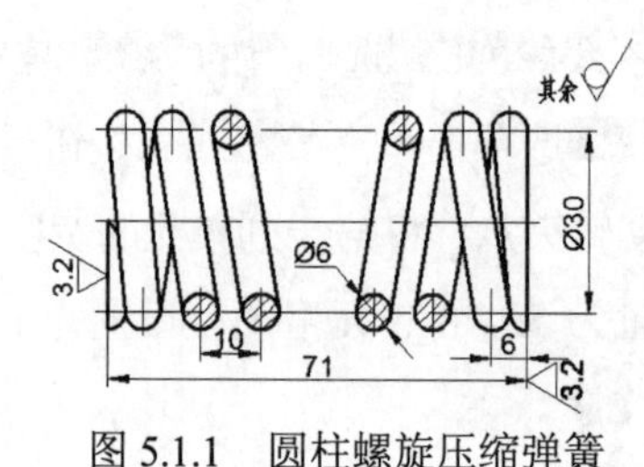

图 5.1.1　圆柱螺旋压缩弹簧

Task1．选用样板文件

使用随书光盘中提供的样板文件。选择下拉菜单 文件(F) → 新建(N)... 命令，在系统弹出的“选择样板”对话框中，找到样板文件 D:\AutoCAD2014.2\system_file\Part_temp_A4.dwg，然后单击 打开(O) 按钮。

Task2．创建图形

下面介绍图 5.1.1 所示的圆柱螺旋压缩弹簧的创建过程。

Step1．创建中心线。

（1）绘制图 5.1.2 所示的水平中心线 1。将图层切换到“中心线层”，选择下拉菜单 绘图(D) → 直线(L) 命令，绘制长度值为 75 的水平中心线 1。

（2）创建图 5.1.3 所示的水平中心线 2 和 3。选择下拉菜单 修改(M) → 偏移(S) 命令，将图 5.1.2 所示的水平中心线 1 分别向其上、下方偏移，偏移距离值均为 15，按 Enter 键结束命令。

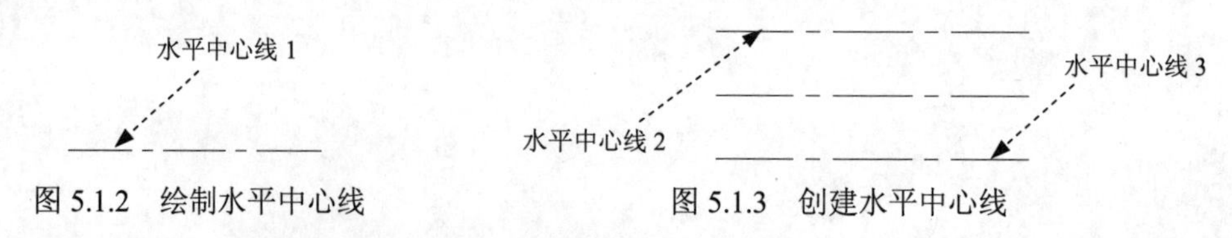

图 5.1.2　绘制水平中心线　　　　图 5.1.3　创建水平中心线

（3）创建图 5.1.4 所示的垂直中心线。

① 确认状态栏中的 （正交模式）和 （对象捕捉）按钮处于打开状态。

② 绘制垂直中心线 1。选择下拉菜单 绘图(D) → 直线(L) 命令，在命令行中输入命令 FROM 后按 Enter 键，捕捉水平中心线 2 的左端点并单击，在命令行中输入（@5，4）并按 Enter 键，再将光标向下移动，在命令行中输入数值 8 后按 Enter 键。

③ 采用偏移的方法创建其余的垂直中心线，尺寸如图 5.1.4 所示。

Step2. 绘制图 5.1.5 所示的圆。将图层切换到“轮廓线层”，在状态栏中单击 + （显示/隐藏线宽）按钮，使其处于打开状态。选择 绘图(D) → 圆(C) → 圆心、直径(D) 命令，选取水平中心线 2 和垂直中心线 1 的交点为圆心，在命令行中输入直径值 6 后按 Enter 键。

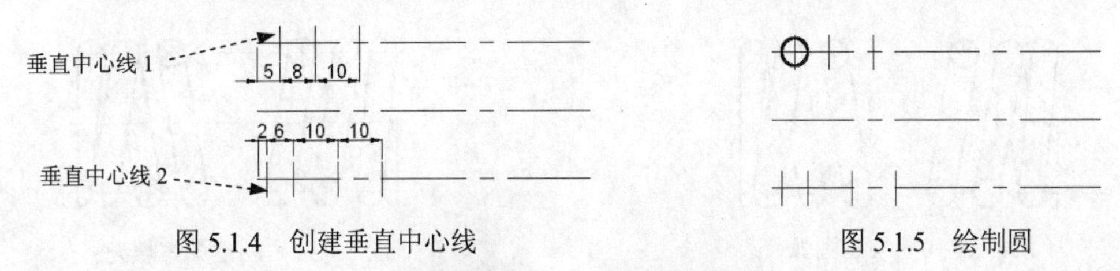

图 5.1.4　创建垂直中心线　　　　图 5.1.5　绘制圆

Step3. 复制圆。选择下拉菜单 修改(M) → 复制(Y) 命令，选取图 5.1.5 所示的圆为复制对象，选取圆心为基点，移动光标分别捕捉水平中心线和垂直中心线的交点并单击，按 Enter 键结束命令，结果如图 5.1.6 所示。

Step4. 镜像图形。选择下拉菜单 修改(M) → 镜像(I) 命令，选取所有的圆和垂直中心线为镜像对象并按 Enter 键，选取水平中心线 2 的中点为镜像线第一点，选取水平中心线 3 的中点为镜像线第二点，在命令行中输入字母 N 后按 Enter 键，结果如图 5.1.7 所示。

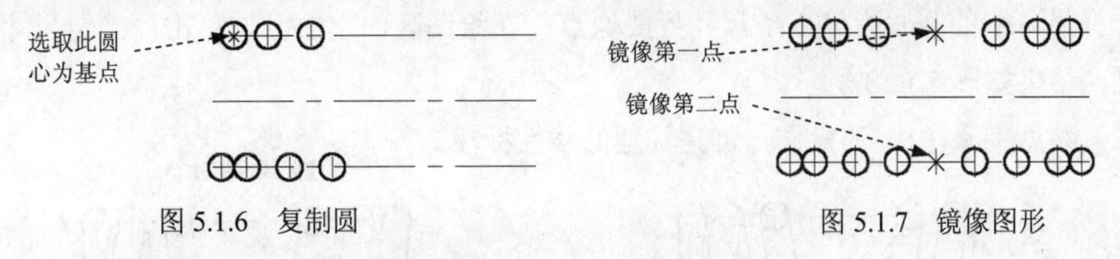

图 5.1.6　复制圆　　　　图 5.1.7　镜像图形

Step5. 绘制图 5.1.8 所示的圆的切线。

绘制两圆的切线。选择下拉菜单 绘图(D) → 直线(L) 命令，在圆 1 的左半圆上捕捉切点并单击，在圆 2 的左半圆上捕捉另一切点并单击，按 Enter 键结束命令，参照以上步骤完成其他圆切线的绘制，结果如图 5.1.8 所示。

注意：在创建两圆切线时，若选取圆 1 与圆 2 同侧的两点，则绘制的为两圆的外公切线；若选取圆 1 与圆 2 不同侧的两点，则绘制的为两圆的内公切线。

Step6. 修剪图形。选择下拉菜单 修改(M) → 修剪(T) 和 修改(M) → 删除(E) 命令，对图 5.1.8 所示的图形进行修剪，结果如图 5.1.9 所示。

Step7. 选择 绘图(D) → 圆弧(A) → 三点(P) 命令，绘制图 5.1.10 所示的圆弧。

Step8. 创建图案填充。将图层切换至“剖面线层”，选择下拉菜单 绘图(D) → 图案填充(H)... 命令，创建图 5.1.11 所示的图案填充。其中，填充类型为 用户定义，填充角度值为 45，填充间距值为 1.5。

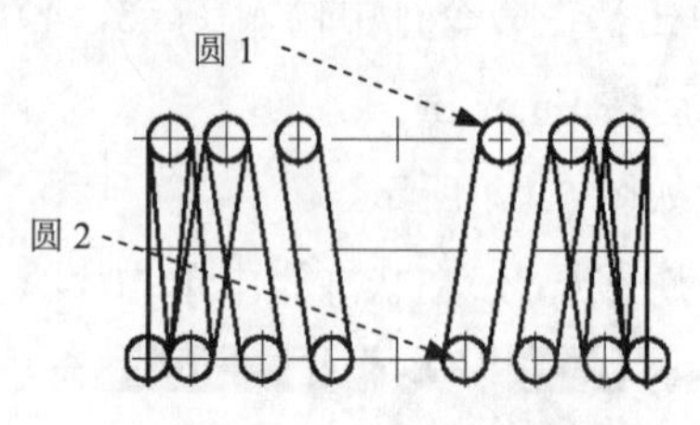

图 5.1.8　绘制两圆的切线

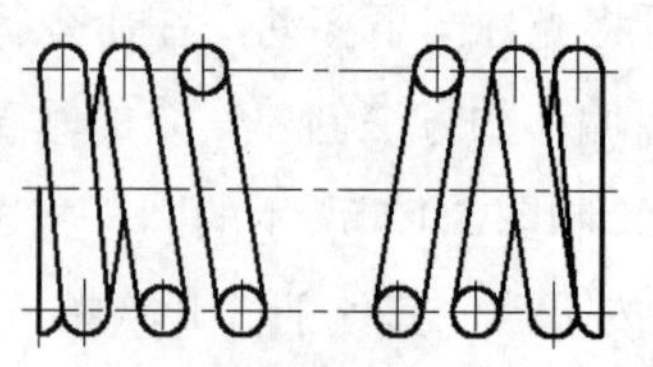

图 5.1.9　修剪图形

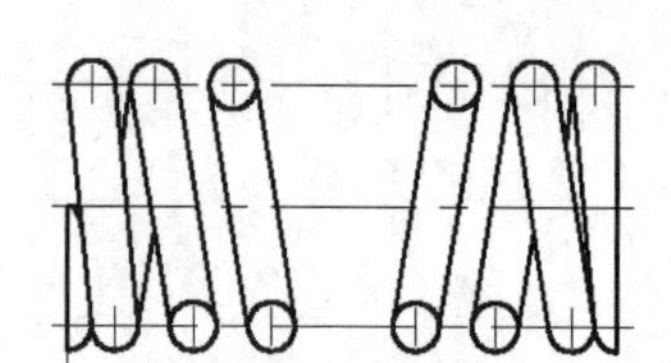

图 5.1.10　绘制圆弧

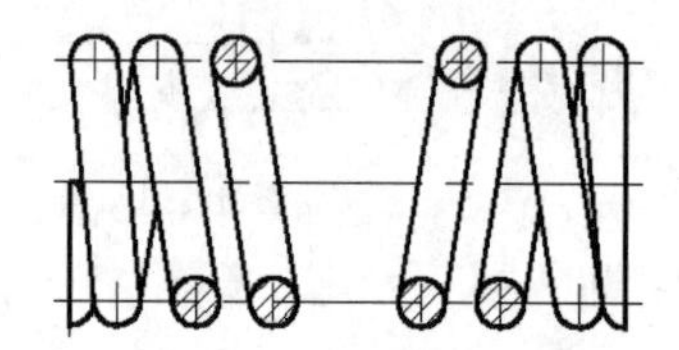

图 5.1.11　创建图案填充

Task3．对图形进行尺寸标注

下面介绍图 5.1.1 所示的图形的标注过程。

Step1．将图层切换至“尺寸线层”。

Step2．创建图 5.1.12 所示的线性标注。

（1）选择下拉菜单 标注(N) → 线性(L) 命令，选择最左端的圆心为第一条尺寸界线原点，选择最右端的圆心为第二条尺寸界线原点，在绘图区的空白区域单击以确定尺寸放置的位置，结果如图 5.1.13 所示。

（2）参见步骤（1）的操作，创建其他的线性标注。

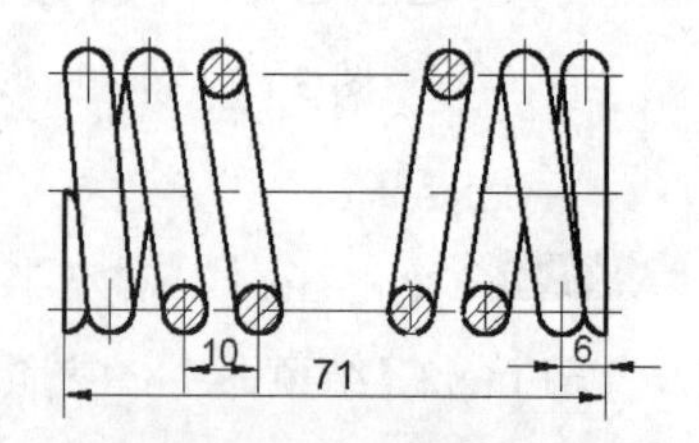

图 5.1.12　创建线性标注

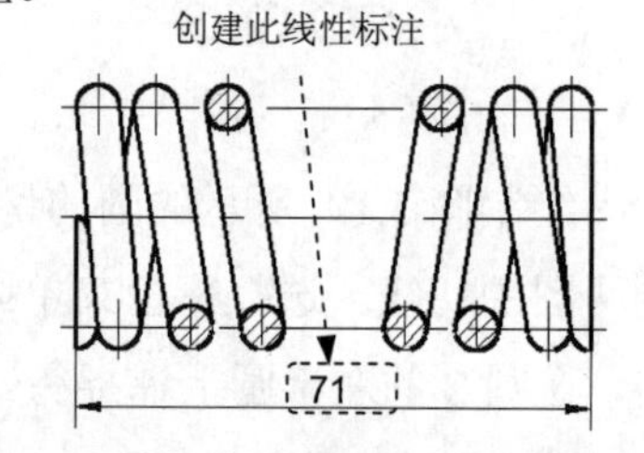

图 5.1.13　创建第一个线性标注

Step3．创建图 5.1.14 所示的直径的标注。

（1）选择下拉菜单 标注(N) → 直径(D) 命令，选取图 5.1.15 所示的圆，在绘图区的空白区域单击以确定尺寸放置的位置。

（2）选择下拉菜单 标注(N) → 线性(L) 命令，分别选取上、下两条水平中心线的右端点，在命令行输入字母 T（即选择提示中的 文字(T) 选项）并按 Enter 键，输入文本%%C30 后按 Enter 键，在绘图区的合适位置单击，以确定尺寸放置的位置，结果如图 5.1.14 所示。

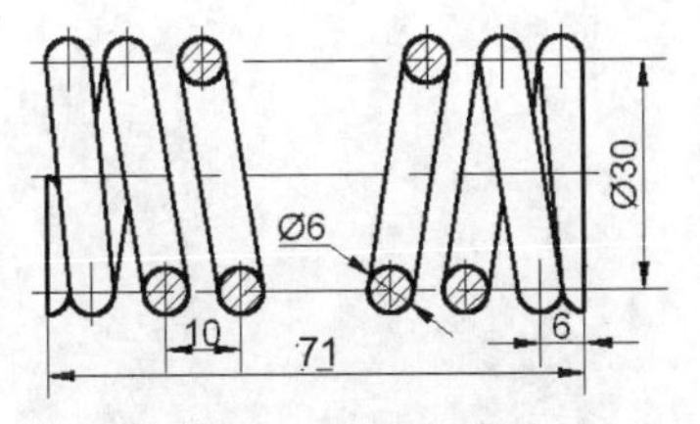

图 5.1.14　创建直径的标注（一）

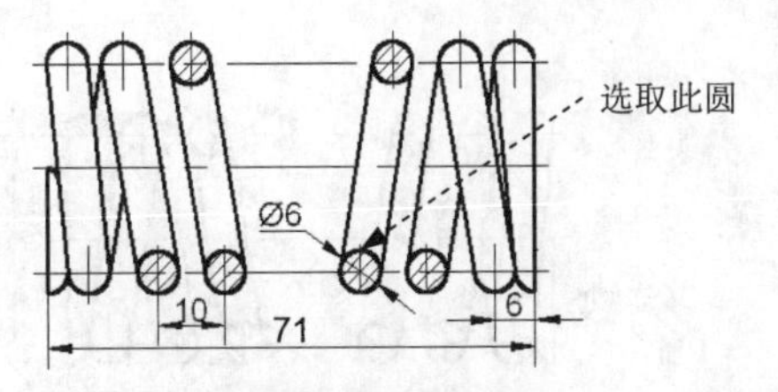

图 5.1.15　创建直径的标注（二）

Step4. 创建表面粗糙度标注。

（1）创建弹簧左侧的表面粗糙度标注。选择下拉菜单 插入(I) → 块(B)... 命令，系统弹出“插入”对话框，在 名称(N): 的下拉列表中选取“表面粗糙度符号”，单击 确定 按钮；在命令行中输入字母 R 并按 Enter 键，输入旋转角度值 90 后按 Enter 键；在绘图区单击以确定块的插入点；输入表面粗糙度值 3.2 后按 Enter 键，结果如图 5.1.16 所示。

（2）参照步骤（1）的操作，创建弹簧左侧的表面粗糙度标注。其中，插入对象为“表面粗糙度符号”，旋转角度值为 270，粗糙度值为 3.2，双击插入的表面粗糙度符号，在系统弹出的“增强属性编辑器”对话框中单击 文字选项 按钮，选中 ☑ 反向(K) 和 ☑ 倒置(D) 复选框，单击 确定 按钮，完成表面粗糙度符号的插入。

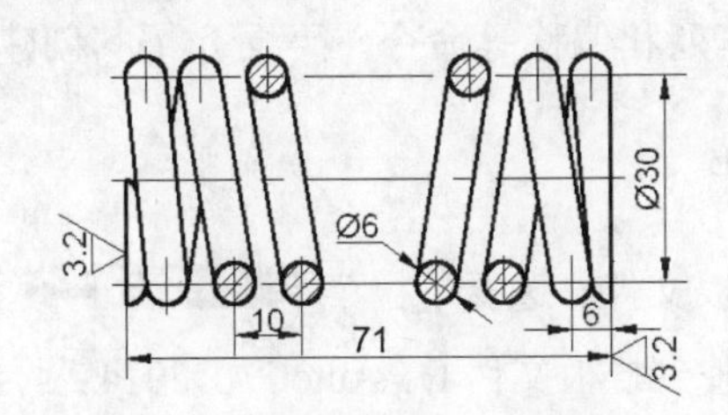

图 5.1.16　创建表面粗糙度标注（一）

（3）创建图 5.1.17 所示的表面粗糙度符号。

① 创建直线。选择下拉菜单 绘图(D) → 直线(L) 命令，在空白区域的任一位置单击，在命令行中输入（@5<-60）并按 Enter 键，在命令行中输入（@12<60）并按两次 Enter 键，结果如图 5.1.18 所示。

② 绘制圆。选择下拉菜单 绘图(D) → 圆(C) ▸ → 相切、相切、半径(T) 命令，选取步骤①所绘制的两条直线，输入半径值 2 并按 Enter 键。

③ 移动图形。选择下拉菜单 修改(M) → 移动(V) 命令，将步骤①与②所绘制的表面粗糙度符号移动至图 5.1.17 所示的位置。

（4）创建文字。选择下拉菜单 绘图(D) → 文字(X) ▸ → 单行文字(S) 命令，在图形右上角的空白区域中单击任意一点，输入文字高度值 3.5 并按 Enter 键，输入旋转角度值 0，输入文字“其余”后按两次 Enter 键，结果如图 5.1.17 所示。

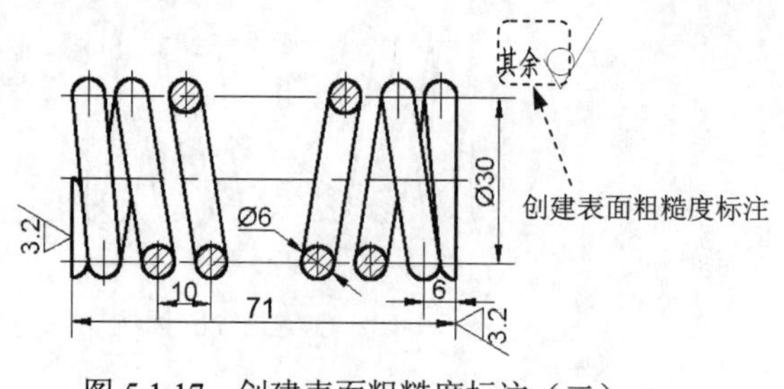

图 5.1.17　创建表面粗糙度标注（二）

图 5.1.18　绘制直线

Task4. 保存文件

选择下拉菜单 文件(F) → 保存(S) 命令，将图形命名为“圆柱螺旋压缩弹簧.dwg”，单击 保存(S) 按钮。

5.2　圆柱螺旋拉伸弹簧

弹簧主要用于减振、储存能量和测力等。图 5.2.1 所示的是圆柱螺旋拉伸弹簧的二维图形，在创建过程中，用到了阵列和偏移等命令，下面介绍其创建方法。

Task1. 选用样板文件

使用随书光盘中提供的样板文件。选择下拉菜单 文件(F) → 新建(N)... 命令，在系统弹出的“选择样板”对话框中，找到样板文件 D:\AutoCAD2014.2\system_file\Part_temp_A3.dwg，然后单击 打开(O) 按钮。

Task2. 创建平面视图

下面介绍图 5.2.1 所示的圆柱螺旋拉伸弹簧的创建过程。

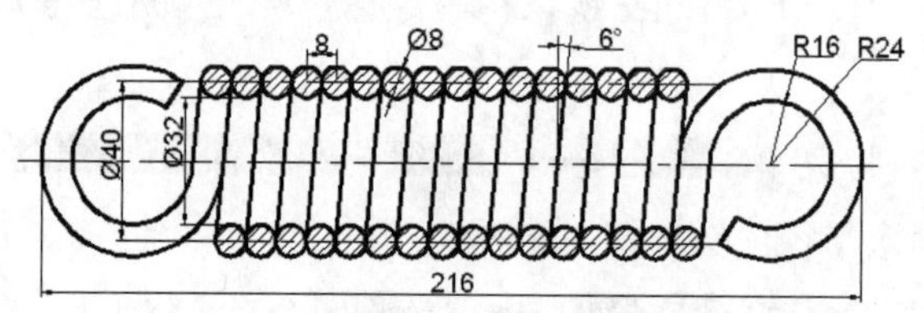

图 5.2.1　圆柱螺旋拉伸弹簧

Step1. 绘制图 5.2.2 所示的水平中心线。将图层切换到“中心线层”，确认状态栏中的 +（显示/隐藏线宽）、（正交模式）和（对象捕捉）按钮处于打开状态，选择下拉菜单 绘图(D) → 直线(L) 命令绘制长度值为 250 的直线。

Step2. 偏移中心线。选择下拉菜单 修改(M) → 偏移(S) 命令，将图 5.2.3 中的水平中心线 AB 分别向其上、下方偏移，偏移距离值均为 20，得到中心线 CD 和中心线 EF，结果如

图 5.2.3 所示。

图 5.2.2　绘制水平中心线　　　　图 5.2.3　偏移直线

Step3. 创建图 5.2.4 所示的水平构造线。

（1）将图层切换到“细实线层”。

（2）使用偏移的方法创建水平构造线。选择下拉菜单 绘图(D) → 构造线(T) 命令，在命令行中输入字母 O 并按 Enter 键，将图 5.2.3 所示的中心线 EF 分别向上、下方偏移，偏移距离值均为 4，按 Enter 键结束命令。

（3）用同样的方法将中心线 CD 分别向上、下偏移，偏移距离值均为 4，结果如图 5.2.4 所示。

Step4. 创建图 5.2.5 所示的垂直构造线。选择下拉菜单 绘图(D) → 构造线(T) 命令，在命令行中输入字母 V 并按 Enter 键，捕捉并选取中心线的中点，按 Enter 键结束命令。

Step5. 选择下拉菜单 修改(M) → 偏移(S) 命令，将 Step4 创建的垂直构造线分别向左、右偏移，偏移距离值均为 62，结果如图 5.2.5 所示。

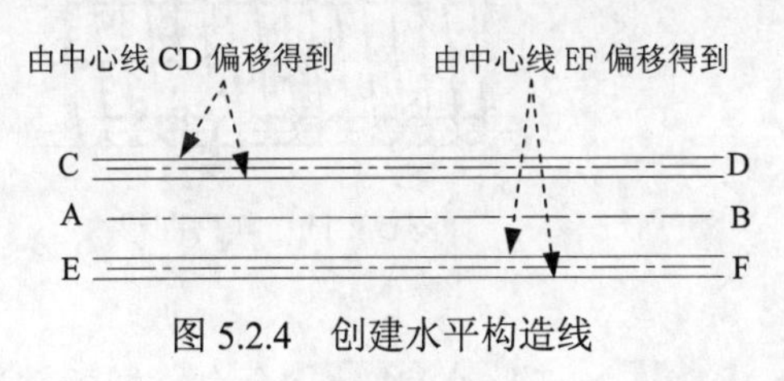

图 5.2.4　创建水平构造线

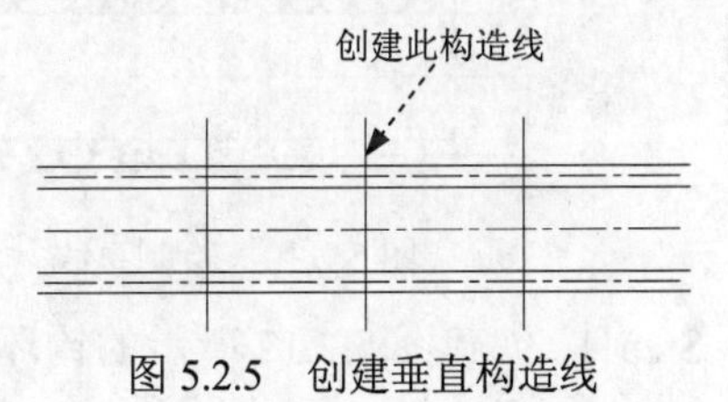

图 5.2.5　创建垂直构造线

Step6. 绘制图 5.2.6 所示的圆。将图层切换到“轮廓线层”，选择下拉菜单 绘图(D) → 圆(C) → 相切、相切、相切(A) 命令，选取图 5.2.7 所示的三条线为切线。

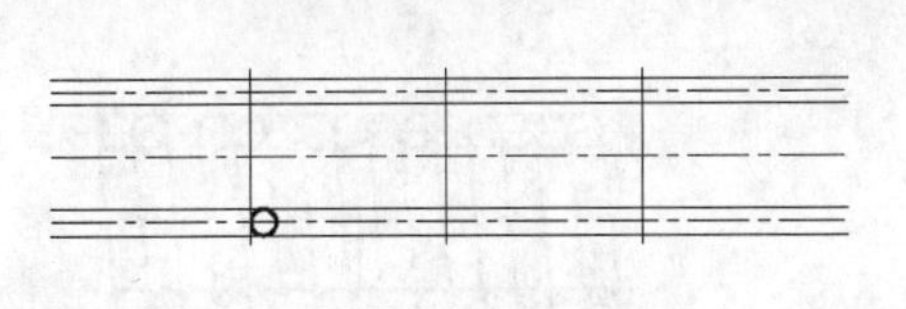

图 5.2.6　绘制圆

图 5.2.7　选取切线

Step7. 阵列圆。选择下拉菜单 修改(M) → 阵列 → 矩形阵列 命令，选取 Step6 绘制的圆为阵列对象，按 Enter 键；然后在 选择夹点以编辑阵列或 [关联(AS) 基点(B) 计数(COU) 间距(S) 列数(COL) 行数(R) 层数(L) 退出(X)] <退出>: 的提示下，输入 R，在命令行 输入行数数或 [表达式(E)] <3>: 的提示下，输入数值 2，然后按 Enter 键。在命令行 指定 行数 之间的距离或 [总计(T) 表达式(E)] <12>: 的提示下，输入行之间的距离值 40，按两次 Enter 键，在 选择夹点以编辑阵列或 [关联(AS) 基点(B) 计数(COU) 间距(S) 列数(COL) 行数(R) 层数(L) 退出(X)] <退出>: 的提示下，输入 COL。在 输入列数数或 [表达式(E)] <4>: 的提示下，输入数值 15，按

Enter 键；在命令行指定 列数 之间的距离或 [总计(T) 表达式(E)] <324.0000>:的提示下，输入列之间的距离值 8 并按两次 Enter 键，结果如图 5.2.8 所示。

Step8. 移动圆。选择下拉菜单 修改(M) → 移动(V) 命令，框选图 5.2.8 所示的一行圆为移动对象并按 Enter 键，选取最左端圆的圆心作为基点，水平向右移动光标，输入数值 4 后按 Enter 键，结果如图 5.2.9 所示。

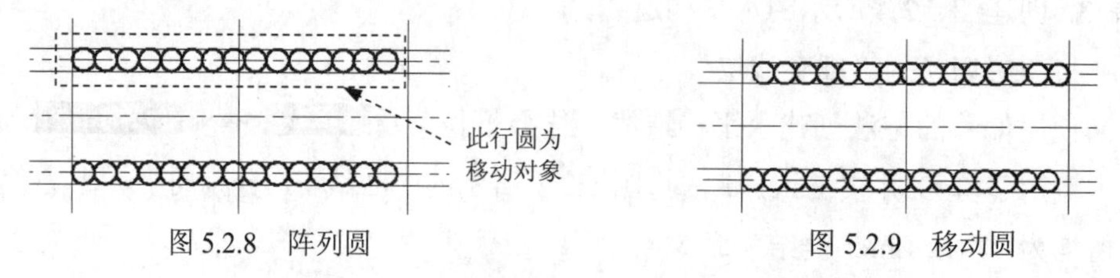

图 5.2.8　阵列圆　　　　图 5.2.9　移动圆

Step9. 绘制图 5.2.10 所示的直线 1。在状态栏中单击（正交模式）按钮，使其处于关闭状态。选择下拉菜单 绘图(D) → 直线(L) 命令绘制直线 1，此直线与两圆均相切。

Step10. 阵列直线。选择下拉菜单 修改(M) → 阵列 → 矩形阵列 命令，选取 Step9 绘制的直线 1 为阵列对象，结果如图 5.2.11 所示。（注：具体操作步骤参见 Step7，行数设置为 1，列数设置为 16，列间距为 8.0，其他参数采用系统默认。）

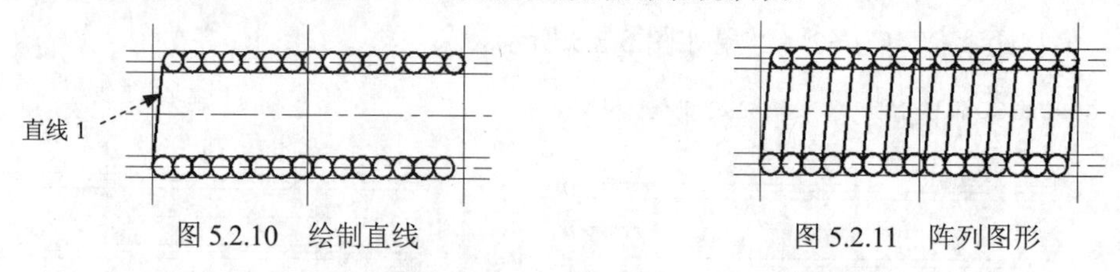

图 5.2.10　绘制直线　　　　图 5.2.11　阵列图形

Step11. 创建图 5.2.12 所示的钩环。

（1）绘制圆。选择下拉菜单 绘图(D) → 圆(C) → 圆心、半径(R) 命令，捕捉并选取图 5.2.13 所示的直线的交点为圆心，在命令行输入半径值 4 后按 Enter 键，结果如图 5.2.14 所示。

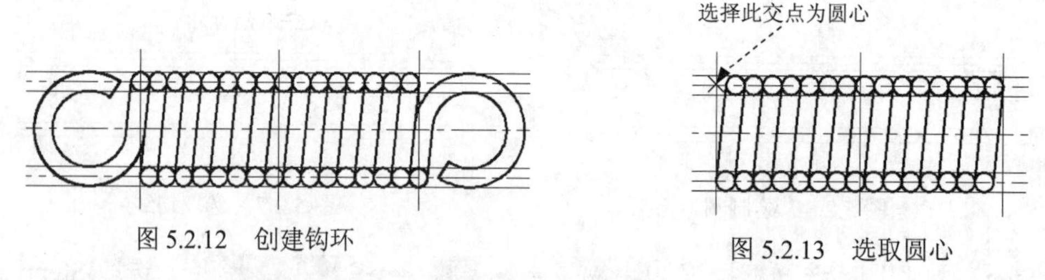

图 5.2.12　创建钩环　　　　图 5.2.13　选取圆心

（2）分解阵列。在命令行中输入字母 X 并按 Enter 键，在图形区选取 Step10 中阵列直线为分解对象，按 Enter 键结束操作。

（3）选择下拉菜单 修改(M) → 偏移(S) 命令，将图 5.2.10 所示的直线 1 向左偏移，偏移距离值为 8，结果如图 5.2.15 所示。

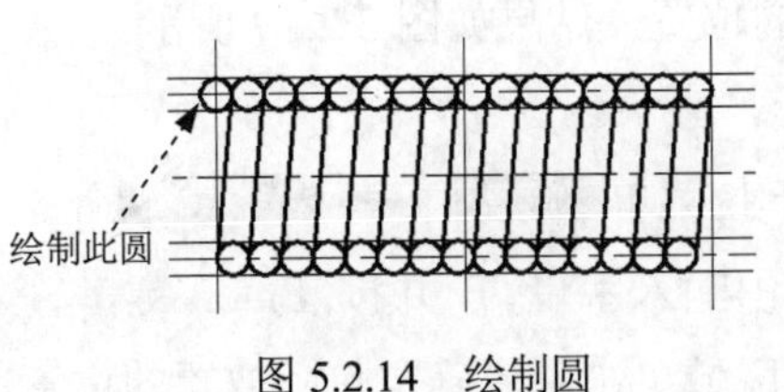

图 5.2.14　绘制圆

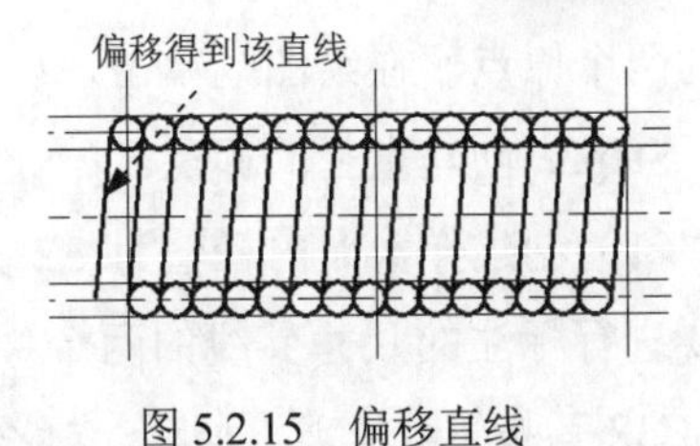

图 5.2.15　偏移直线

（4）选择下拉菜单 绘图(D) → 圆(C) → 相切、相切、相切(A) 命令，绘制图 5.2.16 所示的两个圆。

（5）选择下拉菜单 绘图(D) → 直线(L) 命令，绘制图 5.2.16 所示的直线。

（6）选择下拉菜单 修改(M) → 修剪(T) 命令并按 Enter 键，选取图 5.2.16 中要进行修剪的对象，按 Enter 键结束此命令，结果如图 5.2.17 所示。

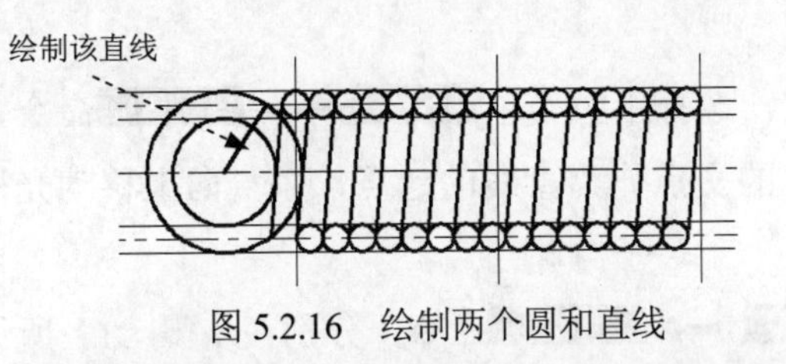

图 5.2.16　绘制两个圆和直线

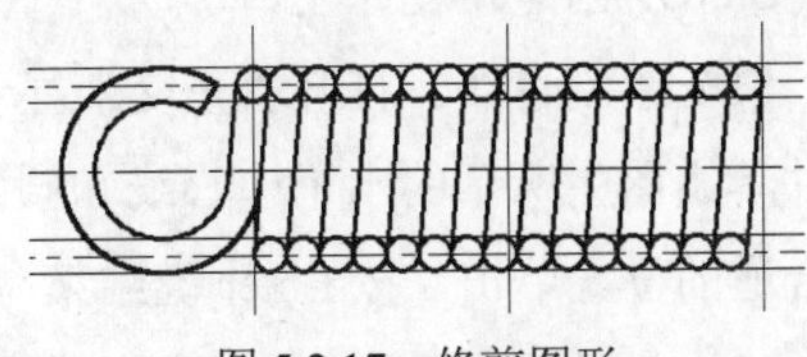

图 5.2.17　修剪图形

（7）用同样的方法绘制右侧的钩环，结果如图 5.2.18 所示。

Step12. 删除构造线。选择下拉菜单 修改(M) → 删除(E) 命令，选取七条构造线后，按 Enter 键将其删除。

Step13. 缩短水平中心线 CD 和 EF。

（1）单击中心线 CD 使其显示蓝色夹点，选取左端夹点，水平向右拖动到合适位置并单击，选取其右端夹点，水平向左拖动到合适位置并单击，按 Enter 键结束命令。

（2）参照步骤（1）将水平中心线 EF 缩短，结果如图 5.2.18 所示。

Step14. 创建图案填充。将图层切换到“剖面线层”，选择下拉菜单 绘图(D) → 图案填充(H)... 命令，创建图 5.2.18 所示的图案填充。其中，填充类型为 用户定义，填充角度值为 45，填充间距值为 2。结果如图 5.2.18 所示。

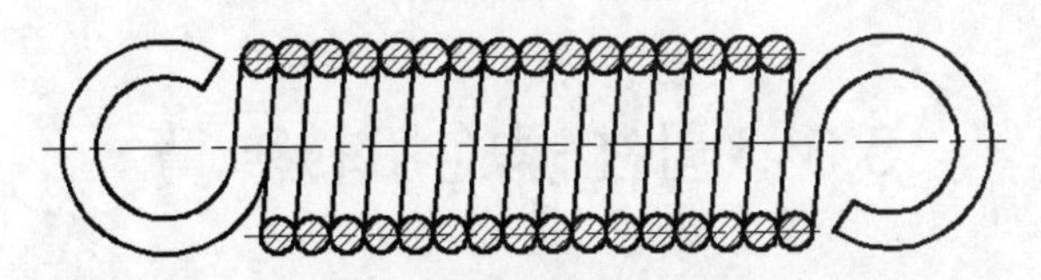

图 5.2.18　缩短中心线和创建图案填充

Task3. 创建尺寸标注

下面介绍图 5.2.1 所示的图形的标注过程。

Step1. 切换图层。将图层切换到“尺寸线层”。

Step2. 创建线性标注。选择下拉菜单 标注(N) → 线性(L) 命令，选取要标注的尺寸界线的两个原点，在绘图区单击，以确定尺寸放置的位置，结果如图 5.2.19 所示。

Step3. 创建直径的标注。

（1）创建弹簧圈内径值为 32 的标注。选择下拉菜单 标注(N) → 线性(L) 命令，选取需要进行标注的尺寸界线的两个原点，在命令行中输入字母 T 并按 Enter 键，输入文本 %%C32 后按 Enter 键，移动光标在绘图区的空白区域单击，以确定尺寸放置的位置，结果如图 5.2.19 所示。

（2）用同样的方法创建弹簧中径值为 40 的标注，结果如图 5.2.19 所示。

（3）创建直径标注。选择下拉菜单 标注(N) → 直径(D) 命令，选取图中要进行标注的圆，在绘图区单击，以确定尺寸放置的位置，结果如图 5.2.19 所示。

Step4. 选择下拉菜单 标注(N) → 半径(R) 命令，创建图 5.2.19 所示的半径标注。

Step5. 创建角度标注。

（1）绘制直线。打开"正交"显示模式，选择下拉菜单 绘图(D) → 直线(L) 命令，捕捉并单击图中所示的水平中心线和倾斜直线的交点作为直线的起点，垂直向上移动光标并在合适的位置单击，按 Enter 键结束命令。

（2）创建角度标注。选择下拉菜单 标注(N) → 角度(A) 命令，分别在步骤（1）所绘制的直线上和直线起点所在的倾斜直线上单击，在绘图区的空白区域单击，以确定尺寸放置的位置，结果如图 5.2.19 所示。

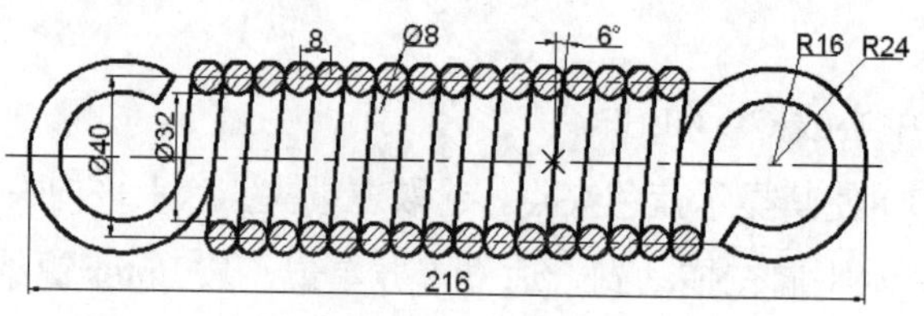

图 5.2.19 尺寸标注

Task4. 保存文件

选择下拉菜单 文件(F) → 保存(S) 命令，将图形命名为"圆柱螺旋拉伸弹簧.dwg"，单击 保存(S) 按钮。

5.3 圆柱螺旋扭转弹簧

图 5.3.1 所示的是一个螺旋扭转弹簧的二维图形，下面介绍其创建过程。

Task1. 选用样板文件

使用随书光盘中提供的样板文件。选择下拉菜单 文件(F) → 新建(N)... 命令，在系统弹出的"选择样板"对话框中，找到样板文件 D:\AutoCAD2014.2\system_file\Part_temp_A3.dwg，然后单击打开(O)按钮。

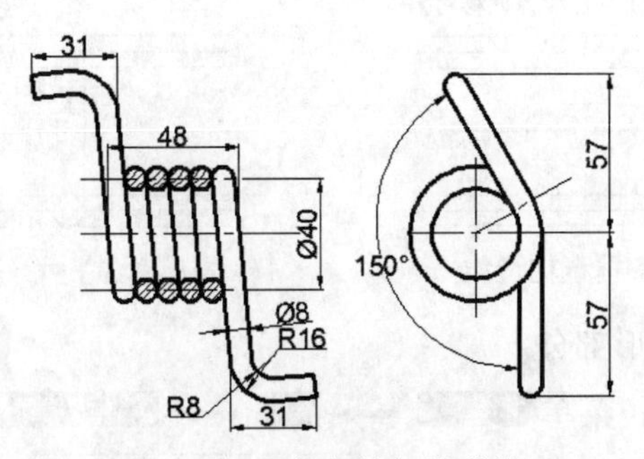

图 5.3.1　圆柱螺旋扭转弹簧

Task2. 创建主视图

下面介绍图 5.3.1 所示的主视图的创建过程。

Step1. 绘制中心线及构造线。

（1）创建图 5.3.2 所示的三条水平中心线。

① 将图层切换到“中心线层”，确认状态栏中的（显示/隐藏线宽）、（正交模式）和（对象捕捉）按钮处于打开状态。

② 选择下拉菜单绘图(D) → 直线(L)命令，绘制水平中心线 AB，其长度值为 80。

③ 偏移中心线。选择下拉菜单修改(M) → 偏移(S)命令，将图 5.3.2 所示的水平中心线 AB 分别向其上、下方偏移，偏移距离值均为 20，按 Enter 键结束操作。

（2）创建图 5.3.3 所示的四条水平构造线。将图层切换到“细实线层”，选择下拉菜单绘图(D) → 构造线(T)命令，在命令行中输入字母 O 并按 Enter 键，分别将中心线 EF 和中心线 CD 向其上、下方偏移，偏移距离值均为 4；按 Enter 键结束命令，结果如图 5.3.3 所示。

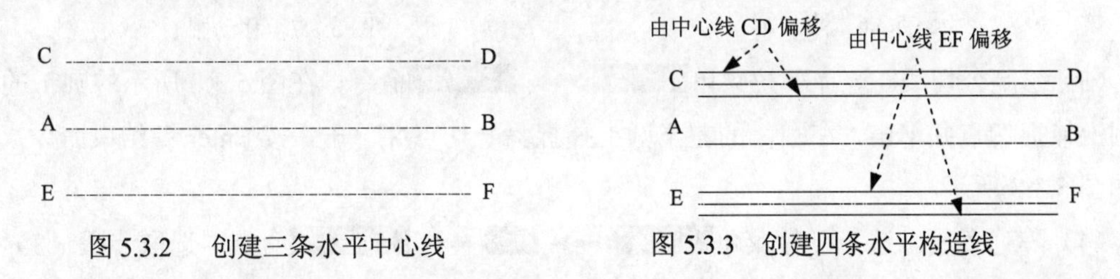

图 5.3.2　创建三条水平中心线　　图 5.3.3　创建四条水平构造线

（3）创建图 5.3.4 所示的三条垂直构造线。选择下拉菜单绘图(D) → 构造线(T)命令，在命令行中输入字母 V 并按 Enter 键，捕捉中心线 AB 的中点并单击，按 Enter 键结束命令；使用修改(M) → 偏移(S)命令，将图 5.3.4 所示的垂直构造线分别向左、右两侧进行偏移，偏移距离值均为 24。

Step2. 绘制图 5.3.5 所示的截面圆。将图层切换到“轮廓线层”，选择下拉菜单绘图(D) → 圆(C) → 相切、相切、相切(A)命令，选取图 5.3.5 所示的三条线为切线，自动生成圆。

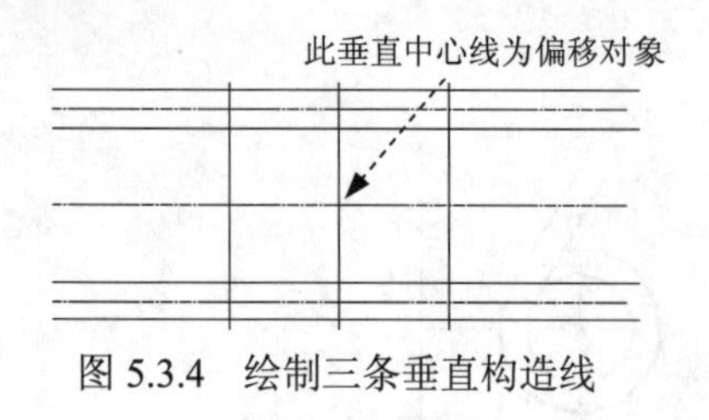

图 5.3.4　绘制三条垂直构造线

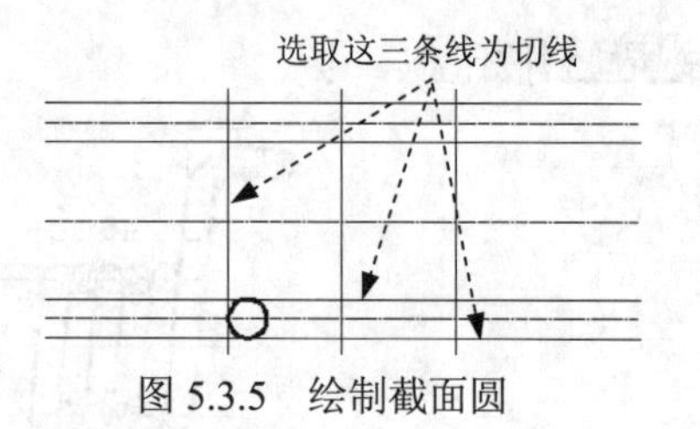

图 5.3.5　绘制截面圆

Step3. 创建弹簧的变形部分。

（1）阵列圆。选择下拉菜单 修改(M) → 阵列 → 矩形阵列 命令，选取 Step2 绘制的圆为阵列对象，按 Enter 键；然后在 选择夹点以编辑阵列或 [关联(AS) 基点(B) 计数(COU) 间距(S) 列数(COL) 行数(R) 层数(L) 退出(X)] <的提示下，输入 R，在命令行 输入行数数或 [表达式(E)] <3>: 的提示下，输入数值 2，然后按 Enter 键。在命令行 指定 行数 之间的距离或 [总计(T) 表达式(E)] <12>: 的提示下，输入行之间的距离值 40，按两次 Enter 键，在 选择夹点以编辑阵列或 [关联(AS) 基点(B) 计数(COU) 间距(S) 列数(COL) 行数(R) 层数(L) 退出(X)] <退出>: 的提示下，输入 COL。在 输入列数数或 [表达式(E)] <4>: 的提示下，输入数值 5，按 Enter 键；在命令行 指定 列数 之间的距离或 [总计(T) 表达式(E)] <324.0000>: 的提示下，输入列之间的距离值 8，按两次 Enter 键，结果如图 5.3.6 所示。

（2）移动圆。选择下拉菜单 修改(M) → 移动(V) 命令，选取图 5.3.6 所示的一行圆为移动对象，选取任一圆心为基点，将光标水平向右移动，在命令行中输入数值 4 并按 Enter 键，结果如图 5.3.7 所示。

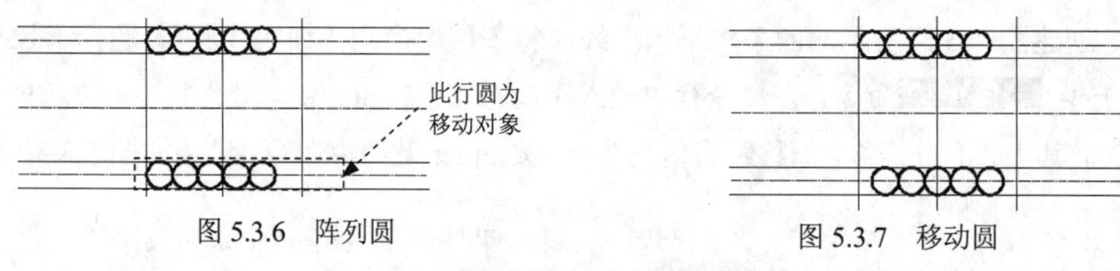

图 5.3.6　阵列圆

图 5.3.7　移动圆

（3）绘制公切线。选择下拉菜单 绘图(D) → 直线(L) 命令，在图 5.3.8 所示的圆 1 的左半圆上捕捉切点并单击，在圆 2 的左半圆上捕捉另一切点并单击，按 Enter 键结束命令，结果如图 5.3.8 所示。

（4）阵列直线。选择下拉菜单 修改(M) → 阵列 → 矩形阵列 命令，选取步骤（3）绘制的直线为阵列对象，结果如图 5.3.9 所示。（具体操作步骤参照步骤（1），行数设置为 1，列数设置为 6，列间距为 8.0，其他参数采用系统默认。）

Step4. 绘制图 5.3.10 所示的扭臂。

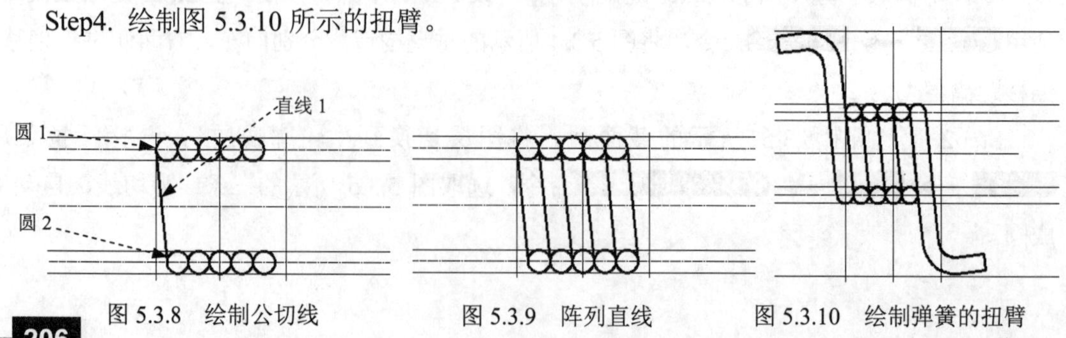

图 5.3.8　绘制公切线　　图 5.3.9　阵列直线　　图 5.3.10　绘制弹簧的扭臂

（1）绘制图 5.3.11 所示的截面圆。选择下拉菜单 绘图(D) → 圆(C) → 圆心、半径(R) 命令，选取图 5.3.11 所示的交点为圆心，输入数值 4 后按 Enter 键。

（2）选择下拉菜单 修改(M) → 偏移(S) 命令，将图 5.3.8 所示的直线 1 向左偏移，偏移距离值为 8，结果如图 5.3.12 所示。

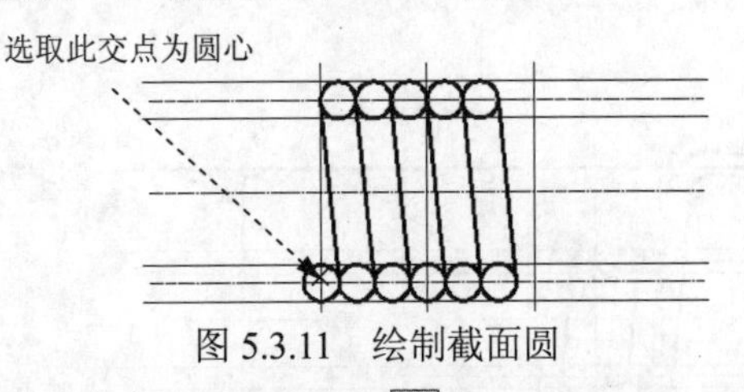

图 5.3.11　绘制截面圆

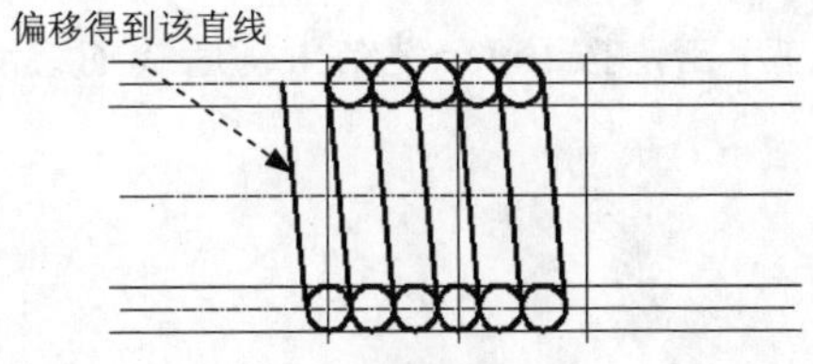

图 5.3.12　偏移直线

（3）在状态栏中单击 （正交模式）按钮，使其处于关闭状态。

（4）选择下拉菜单 绘图(D) → 直线(L) 命令，绘制图 5.3.13 所示的弹簧左端的扭臂。

注意：绘制过程中要结合“对象捕捉”命令。

（5）创建圆角。选择下拉菜单 修改(M) → 圆角(F) 命令，在命令行中输入字母 R 后按 Enter 键，输入圆角半径值 16 后按 Enter 键，分别选取要创建圆角的两条边；按 Enter 键重复圆角的命令，在命令行中输入字母 R 后按 Enter 键，输入圆角半径值 8 并按 Enter 键，分别选取要创建圆角的两条边，结果如图 5.3.14 所示。

（6）选择下拉菜单 修改(M) → 修剪(T) 命令，按 Enter 键，单击图 5.3.14 所要修剪的线条，按 Enter 键结束操作，结果如图 5.3.15 所示。

（7）参照前面的操作，完成弹簧右端扭臂的绘制，结果如图 5.3.10 所示。

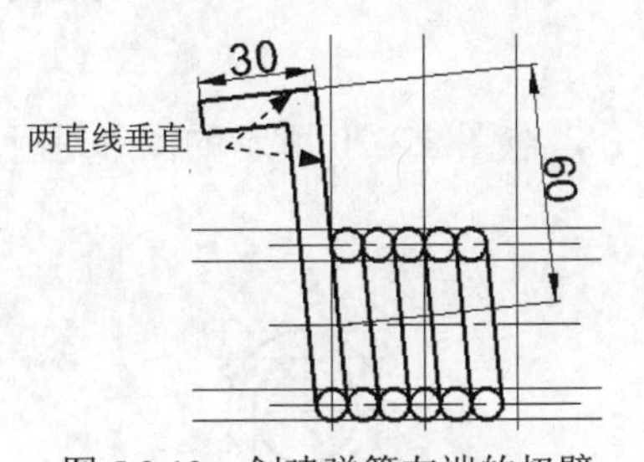

图 5.3.13　创建弹簧左端的扭臂

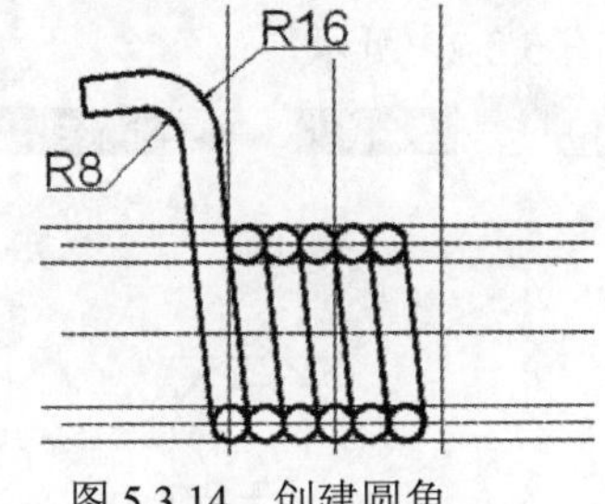

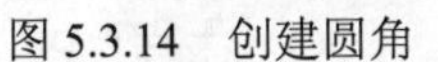
图 5.3.14　创建圆角

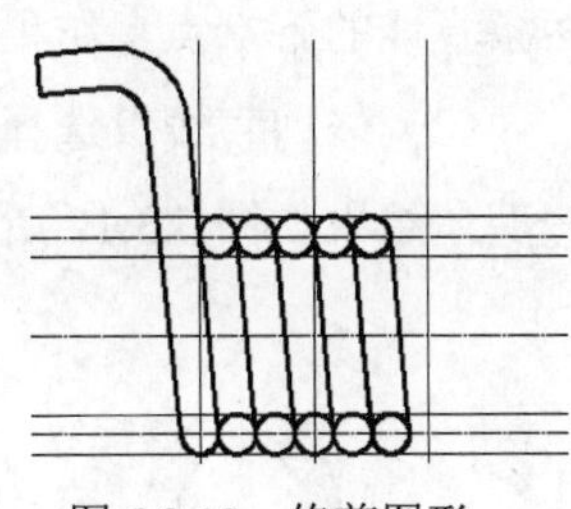
图 5.3.15　修剪图形

Task3．创建左视图

下面介绍图 5.3.1 所示的左视图的绘制方法。

Step1．绘制左视图的水平中心线。将图层切换到“中心线层”，确认状态栏中的 （正交模式）按钮处于打开状态。选择下拉菜单 绘图(D) → 直线(L) 命令，捕捉主视图中水平中心线的右端点，将光标水平向右移动，在合适的位置单击，在命令行输入数值 50 并按 Enter 键，结果如图 5.3.16 所示。

Step2．绘制图 5.3.17 所示的构造线。

（1）绘制垂直构造线。选择下拉菜单 绘图(D) → 构造线(T) 命令，在命令行中输入字母 V，按 Enter 键，捕捉并选取 Step1 绘制的水平中心线的中点，按 Enter 键完成构造线的绘制。

（2）绘制水平构造线。将图层切换到“轮廓线层”，选择下拉菜单 绘图(D) → 构造线(T) 命令，在命令行中输入字母 H，按 Enter 键，捕捉图 5.3.17 所示的中点 A 与中点 B 并单击，按 Enter 键结束构造线的绘制。

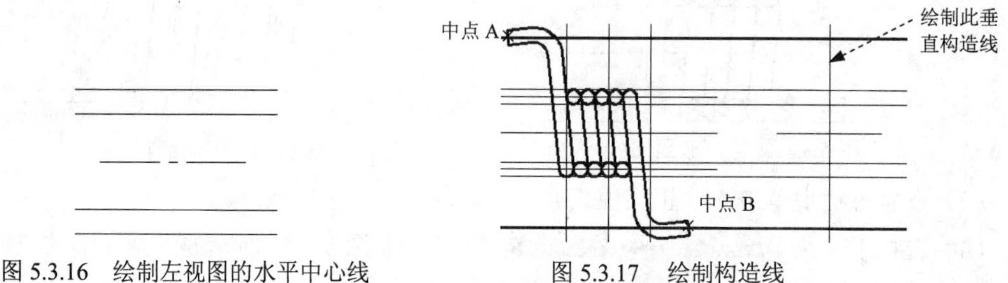

图 5.3.16　绘制左视图的水平中心线　　图 5.3.17　绘制构造线

Step3. 绘制图 5.3.18 所示的两个圆。选择下拉菜单 绘图(D) → 圆(C) → 圆心、半径(R) 命令，选取水平中心线与垂直构造线的交点为圆心，输入半径值 16，按 Enter 键完成圆的绘制；按 Enter 键以重复圆的绘制，绘制半径值为 24 的同心圆。

Step4. 创建图 5.3.19 所示的扭臂。

（1）绘制两条垂直线。选择下拉菜单 绘图(D) → 直线(L) 命令，选取水平中心线和圆的右交点作为直线的起点，将光标垂直向下移动使其与构造线相交，按 Enter 键结束命令；采用同样方法，绘制图 5.3.20 所示的另一条直线。

（2）选择下拉菜单 绘图(D) → 圆(C) → 两点(2) 命令，捕捉并选取步骤（2）绘制的两条直线的下端点，结果如图 5.3.20 所示。

（3）修剪直线。选择下拉菜单 修改(M) → 修剪(T) 命令，对图 5.3.20 所示的图形进行修剪，结果如图 5.3.19 所示。

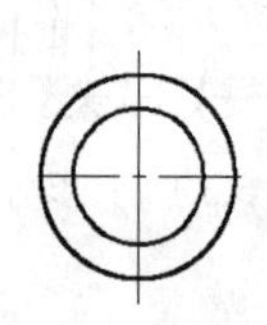

图 5.3.18　绘制圆

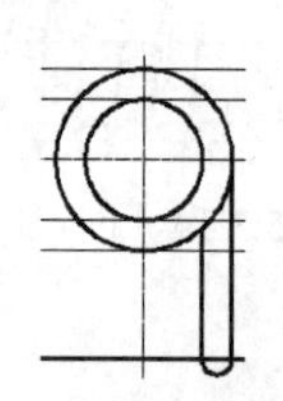

图 5.3.19　创建扭臂

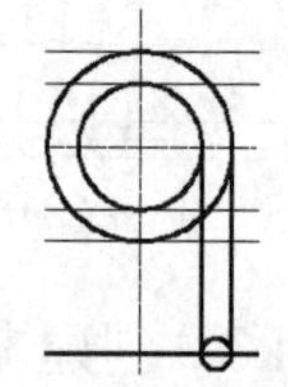

图 5.3.20　绘制垂直线和圆

Step5. 绘制另一扭臂。

（1）将图层切换到“中心线层”。

（2）绘制辅助线。选择下拉菜单 绘图(D) → 直线(L) 命令，捕捉并选取图 5.3.21 所示的交点，在命令行中输入(@40<30)后按 Enter 键，按 Enter 键结束命令。

（3）将图层切换到“轮廓线层”。

（4）选择下拉菜单 绘图(D) → 直线(L) 命令，捕捉辅助线与大圆的交点并单击，在命令行中输入(@60<120)，按 Enter 键完成命令。

（5）选择下拉菜单 修改(M) → 偏移(S) 命令，将步骤（4）所绘制的直线向左下侧偏移，偏移距离值为 8，结果如图 5.3.22 所示。

（6）绘制水平构造线。选择下拉菜单 绘图(D) → 构造线(T) 命令，在命令行中输入字母 H，按 Enter 键，捕捉并选取图 5.3.22 所示的点，按 Enter 键完成水平构造线的绘制。

图 5.3.21 绘制辅助线

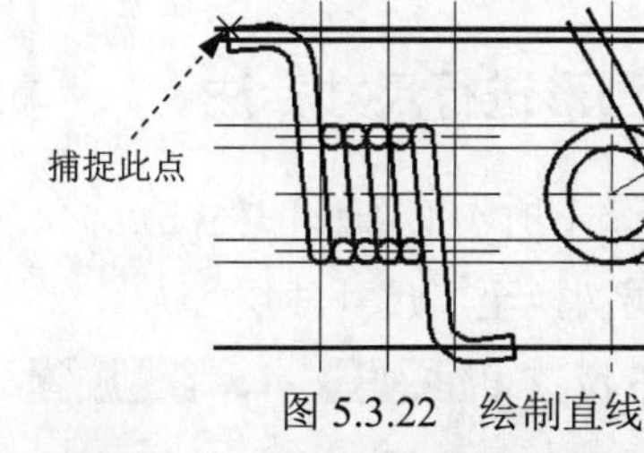

图 5.3.22 绘制直线

（7）绘制圆。选择下拉菜单 绘图(D) → 圆(C) → 相切、相切、相切(A) 命令，分别单击步骤（4）、（5）、（6）绘制的直线，结果如图 5.3.23 所示。

Step6. 修改图形。

（1）删除构造线。选择下拉菜单 修改(M) → 删除(E) 命令，选取图中所有的构造线并按 Enter 键。

（2）选择下拉菜单 修改(M) → 修剪(T) 命令，对图 5.3.23 所示的图形进行修剪，结果如图 5.3.24 所示。

（3）打断左视图中的垂直中心线。选择下拉菜单 修改(M) → 打断(K) 命令，选取垂直中心线为打断对象，单击图 5.3.25 所示的点 A 为打断点。按 Enter 键，再次选取垂直中心线为打断对象，选取点 B 为打断点。

（4）选择下拉菜单 修改(M) → 删除(E) 命令将打断后处于上、下两侧的中心线删除，结果如图 5.3.25 所示。

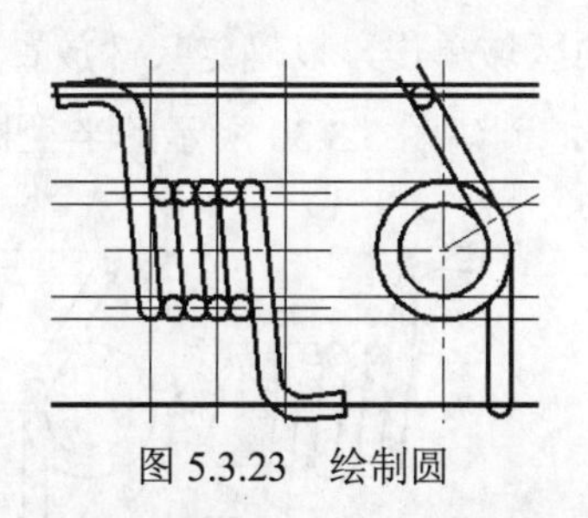
图 5.3.23 绘制圆

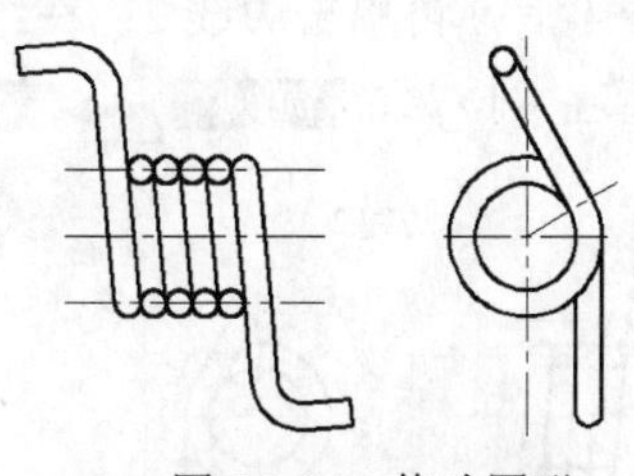
图 5.3.24 修改图形

Step7. 创建图案填充。将图层切换至“剖面线层”，选择下拉菜单 绘图(D) → 图案填充(H)... 命令，创建图 5.3.26 所示的图案填充。其中，填充类型为 用户定义，填充角度值为 45，填充间距值为 2。

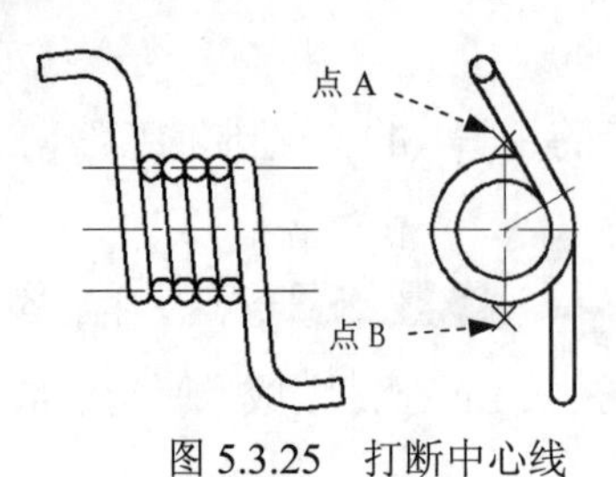

图 5.3.25　打断中心线

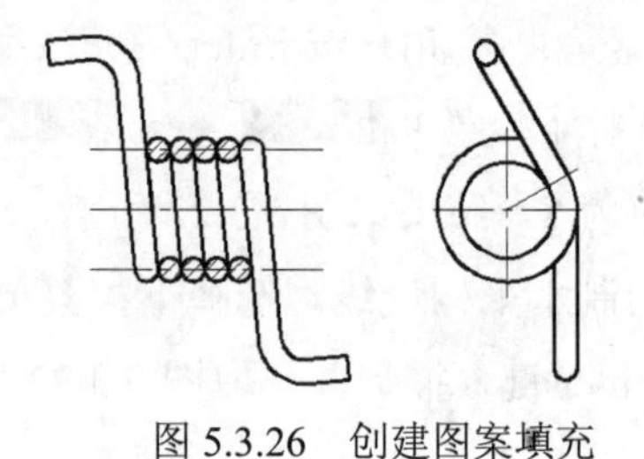
图 5.3.26　创建图案填充

Task4．对图形进行尺寸标注

下面介绍图 5.3.1 所示的图形的标注过程。

Step1. 将图层切换至“尺寸线层”。

Step2. 选择下拉菜单 标注(N) → 线性(L) 命令，创建图 5.3.27 所示的线性标注。

Step3. 创建图 5.3.28 所示的直径的标注。

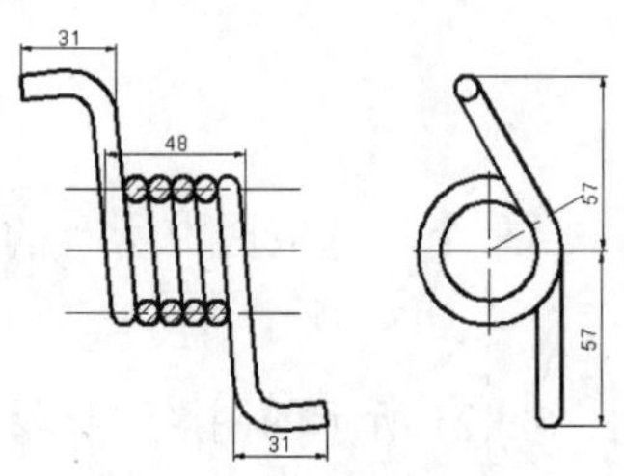

图 5.3.27　创建线性标注

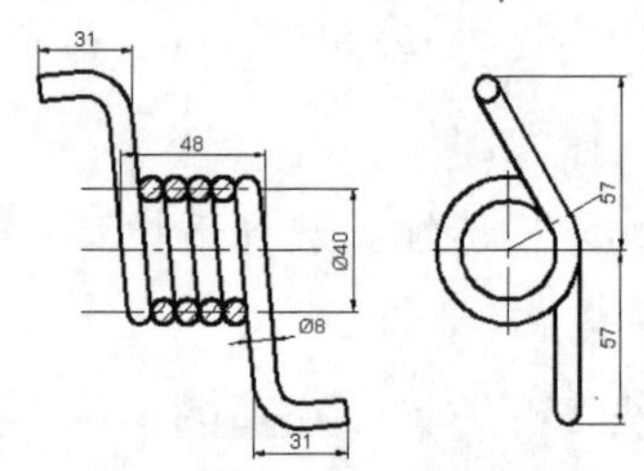

图 5.3.28　创建直径的标注

（1）选择下拉菜单 标注(N) → 线性(L) 命令，分别选取上、下两条水平中心线的右端点，在命令行输入字母 T（即选择提示中的 文字(T) 选项）并按 Enter 键，在命令行输入文本%%C40 后按 Enter 键，在绘图区的空白区域中单击，以确定尺寸放置的位置。

（2）选择下拉菜单 标注(N) → 对齐(G) 命令，创建直径值为 Ø8 的标注。

Step4. 创建图 5.3.29 所示的角度标注。选择下拉菜单 标注(N) → 角度(A) 命令，单击图中所示边线 1 后，再单击边线 2；在绘图区的空白区域单击，以确定尺寸放置的位置。

Step5. 选择下拉菜单 标注(N) → 半径(R) 命令，创建图 5.3.30 所示的半径标注。

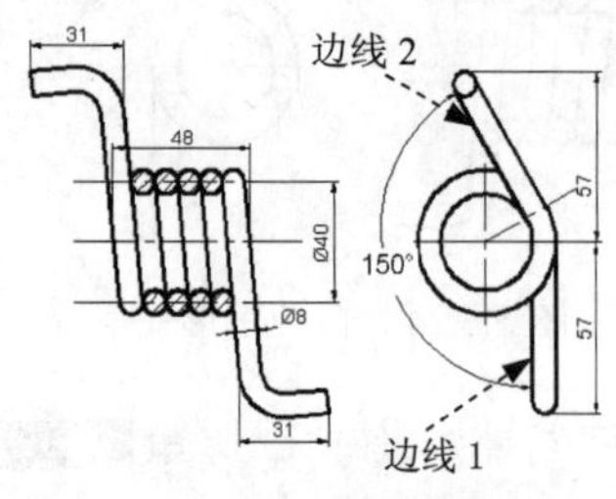

图 5.3.29　创建角度标注

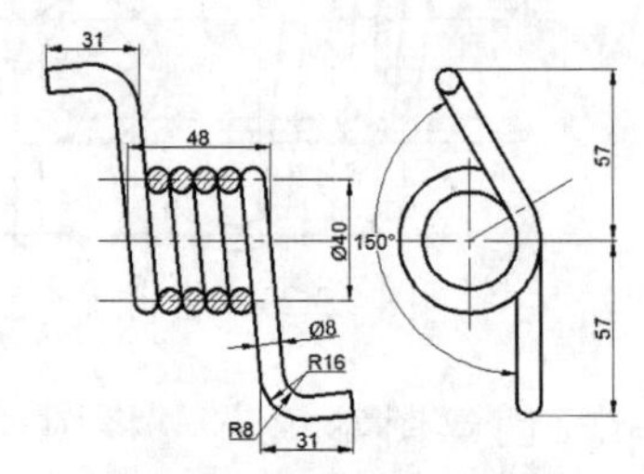

图 5.3.30　创建半径标注

Task5．保存文件

选择下拉菜单 文件(F) → 保存(S) 命令，将图形命名为“螺旋扭转弹簧.dwg”，单击保存(S)按钮。

5.4 碟形弹簧

图 5.4.1 所示是机械零件中的一个对合式碟形弹簧的二维图形，下面介绍其创建过程。

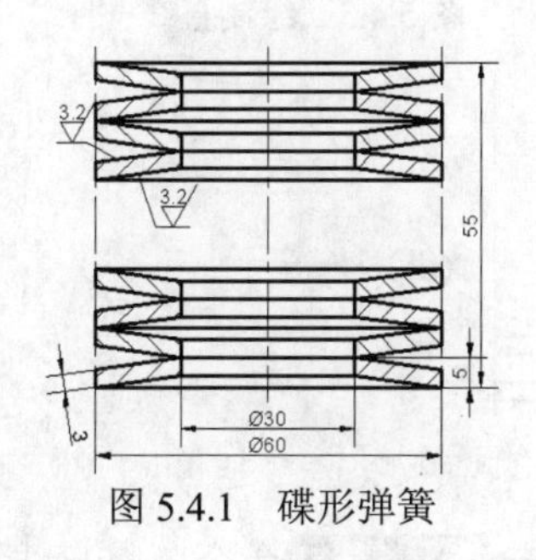

图 5.4.1　碟形弹簧

Task1．选用样板文件

使用随书光盘中提供的样板文件。选择下拉菜单 文件(F) → 新建(N)... 命令，在系统弹出的“选择样板”对话框中，找到样板文件 D:\AutoCAD2014.2\system_file\Part_temp_A4.dwg，然后单击 打开(O) 按钮。

Task2．创建平面视图

Step1．绘制图 5.4.2 所示的垂直中心线。将图层切换到“中心线层”，选择下拉菜单 绘图(D) → 直线(L) 命令，绘制垂直中心线，长度值为 56。

Step2．创建单个碟形弹簧。

（1）将图层切换至“轮廓线层”。

（2）确认状态栏中的（正交模式）、（显示/隐藏线宽）和（对象捕捉）按钮处于打开状态。

（3）绘制直线。选择下拉菜单 绘图(D) → 直线(L) 命令，在命令行中输入命令 FROM，按 Enter 键，捕捉中心线的下端点并单击，在命令行中输入（@0，2.5）后按 Enter 键，将光标水平向左移动，在命令行中输入数值 30，按两次 Enter 键完成直线的绘制，结果如图 5.4.3 所示。

（4）偏移直线。选择下拉菜单 修改(M) → 偏移(S) 命令，将步骤（3）所绘制的直线分别向其上方和下方偏移，向上偏移距离值为 3，向下偏移距离值为 2，结果如图 5.4.4 所示。

（5）参照步骤（3）的操作完成直线 1 的绘制，结果如图 5.4.5 所示。

（6）选择下拉菜单 绘图(D) → 直线(L) 命令，绘制图 5.4.5 所示的直线 2 和图 5.4.6 所示的直线 3。

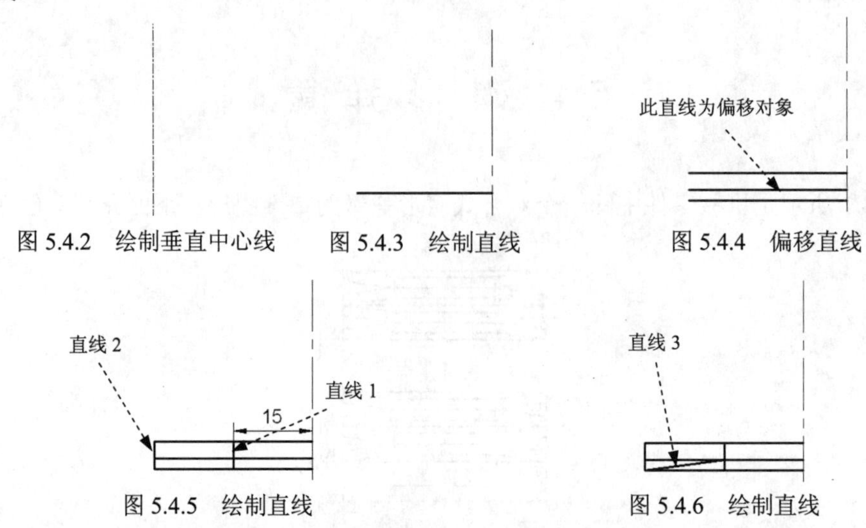

图 5.4.2　绘制垂直中心线　　图 5.4.3　绘制直线　　图 5.4.4　偏移直线

图 5.4.5　绘制直线　　图 5.4.6　绘制直线

（7）选择下拉菜单 修改(M) → 偏移(S) 命令，将直线 3 向上偏移，偏移距离值为 3，结果如图 5.4.7 所示。

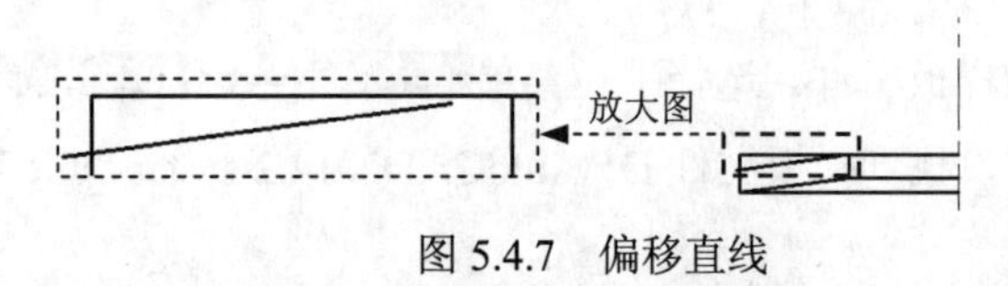

图 5.4.7　偏移直线

（8）延伸直线。选择下拉菜单 修改(M) → 延伸(D) 命令，选取最上侧的水平直线为延伸边界并按 Enter 键，选取步骤（7）偏移得到的直线为延伸对象，按 Enter 键结束命令。

（9）修剪图形。选择下拉菜单 修改(M) → 修剪(T) 命令，按 Enter 键，对图形进行修剪，修剪后的结果如图 5.4.8 所示。

（10）镜像图形。选择下拉菜单 修改(M) → 镜像(I) 命令，用窗口选取的方法选取图 5.4.8 所示的图形为镜像对象，按 Enter 键结束选择，在中心线上任意选取两点并按 Enter 键，在命令行中输入字母 N 后按 Enter 键，结果如图 5.4.9 所示。

Step3. 创建图案填充。将图层切换至“剖面线层”，选择下拉菜单 绘图(D) → 图案填充(H)... 命令，创建图 5.4.10 所示的图案填充。其中，填充类型为 预定义，填充图案为 ANSI31，填充角度值为 0，填充比例为 1。

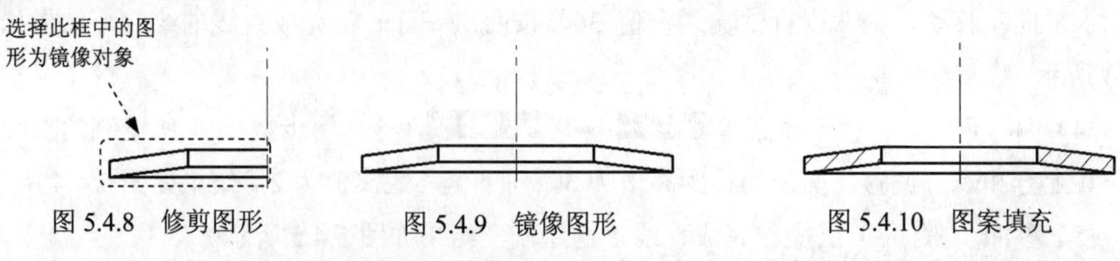

图 5.4.8　修剪图形　　图 5.4.9　镜像图形　　图 5.4.10　图案填充

Step4. 完成图 5.4.11 所示的碟形弹簧。

（1）偏移中心线。选择下拉菜单 修改(M) → 偏移(S) 命令，选取垂直中心线为偏移对象，偏移距离值为 30，偏移方向分别为左与右，结果如图 5.4.12 所示。

（2）分解填充图案。在命令行中输入字母 X 按 Enter 键，选取 Step3 中创建的图案填充，按 Enter 键将其分解。

（3）镜像图形。

① 选择下拉菜单 修改(M) → 镜像(I) 命令，选取图 5.4.12 所示的图形为镜像对象，以最上端的水平直线为镜像线，结果如图 5.4.13 所示。

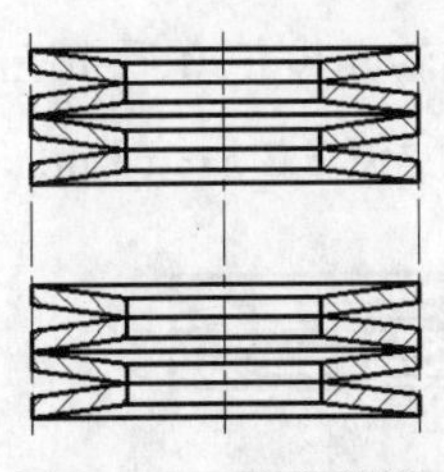

图 5.4.11　碟形弹簧

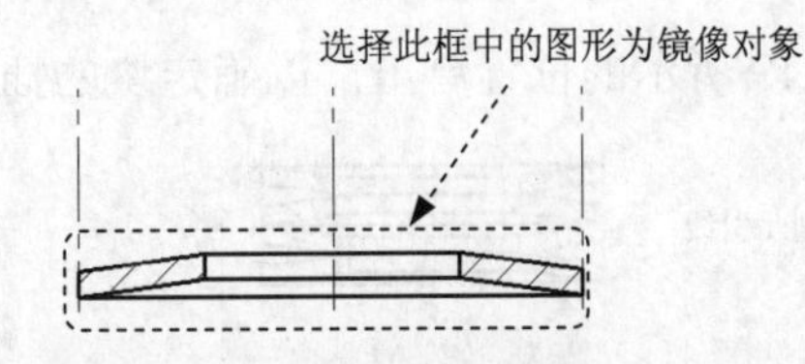

图 5.4.12　偏移中心线和镜像图形

② 按 Enter 键以重复“镜像”命令，选取图 5.4.13 所示的图形为镜像对象，以最上端的水平直线为镜像线，结果如图 5.4.14 所示。

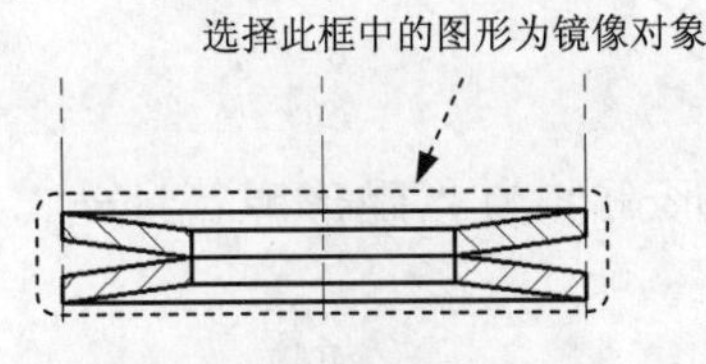

图 5.4.13　镜像图形（一）

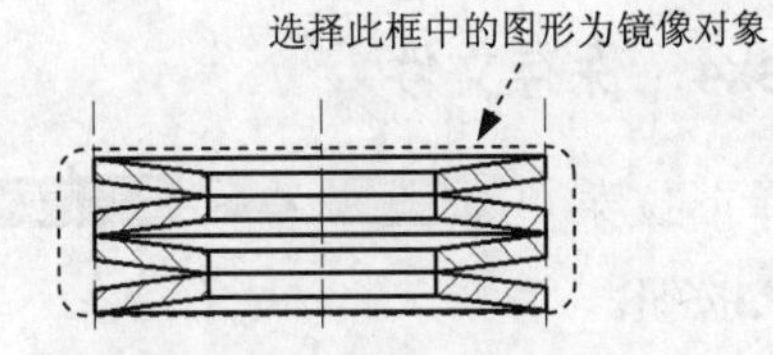

图 5.4.14　镜像图形（二）

③ 按 Enter 键以重复“镜像”命令，选取图 5.4.14 所示的图形为镜像对象，分别捕捉并选取偏移得到的两条中心线的两个中点为镜像点，结果如图 5.4.11 所示。

Task3. 对图形进行尺寸标注

Step1. 将图层切换至“尺寸线层”。

Step2. 选择下拉菜单 标注(N) → 线性(L) 命令，创建图 5.4.15 所示的线性标注。

Step3. 选择下拉菜单 标注(N) → 对齐(G) 命令，创建图 5.4.16 所示的对齐标注。

Step4. 选择下拉菜单 标注(N) → 线性(L) 命令，创建图 5.4.17 所示的直径标注。

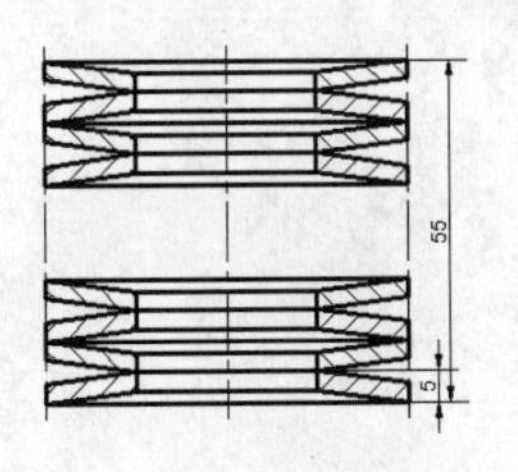

图 5.4.15　创建线性标注

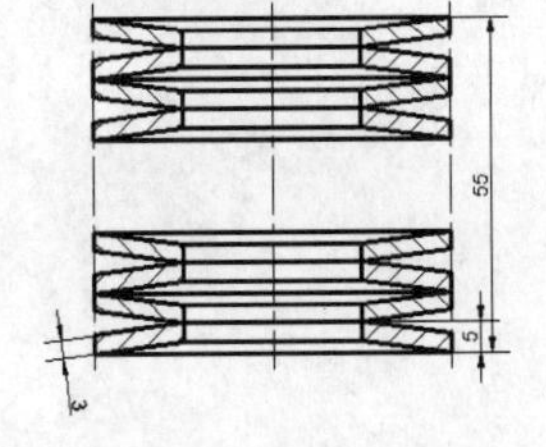

图 5.4.16　创建对齐标注

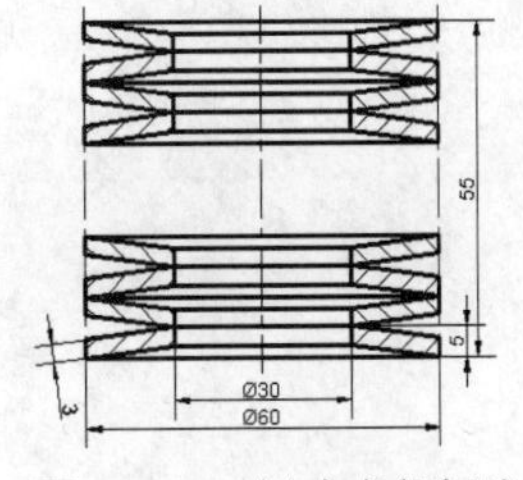

图 5.4.17　创建直径标注

Step5. 创建表面粗糙度标注。

（1）绘制引线。在命令行输入命令 QLEADER 后按 Enter 键，在命令行的提示下输入字母 S 后按 Enter 键，系统弹出“引线设置”对话框；在注释选项卡中的注释类型选项组中选中 ⊙无(O) 单选项，在引线和箭头选项卡中的箭头下拉列表中选择 □无选项，在点数选项组中的最大值文本框中输入数值 3，单击 确定 按钮。在绘图区选取三点，以确定引线的形状及放置的位置，如图 5.4.18 所示。

（2）选择下拉菜单 插入(I) → 块(B)... 命令，选择“表面粗糙度符号”为插入对象，单击 确定 按钮；在命令行中输入字母 R 并按 Enter 键，输入旋转角度值 0 后按 Enter 键；在图 5.4.19 所示的位置单击，以确定块的插入点，输入表面粗糙度值 3.2 后按 Enter 键。

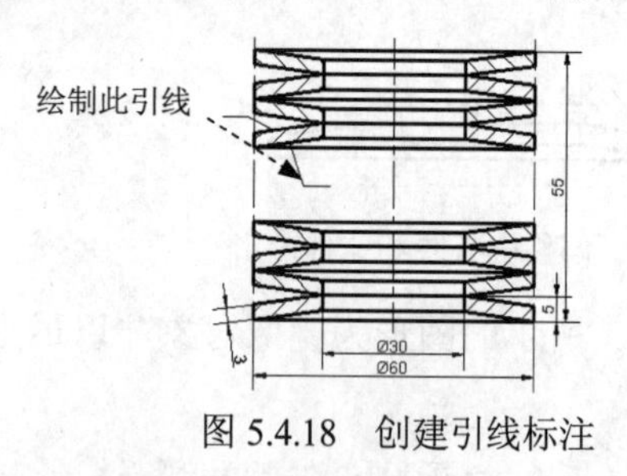

图 5.4.18　创建引线标注

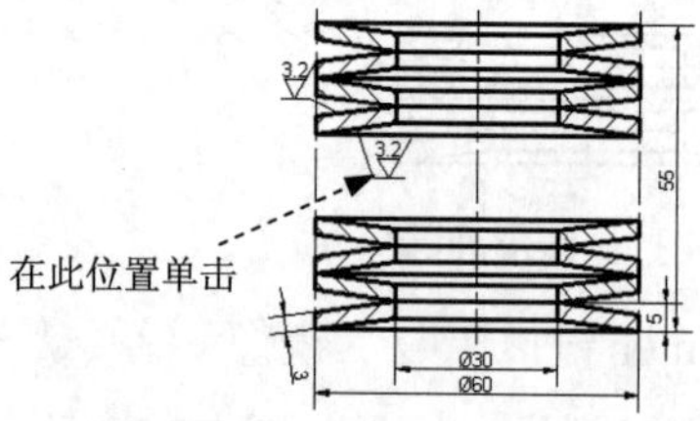

在此位置单击

图 5.4.19　创建表面粗糙度标注

Task4．保存文件

选择下拉菜单 文件(F) → 保存(S) 命令，将图形命名为“碟形弹簧.dwg”，单击 保存(S) 按钮。

第 6 章　标准件的设计

6.1　平　　键

键主要用于轴和轴上零件之间的连接，起着传递转矩的作用。图 6.1.1 所示是机械零件中平键的二维图形，下面介绍其创建过程。

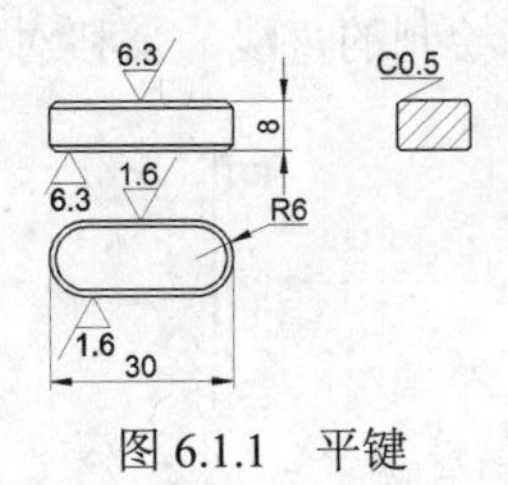

图 6.1.1　平键

Task1．选用样板文件

使用随书光盘中提供的样板文件。选择下拉菜单 文件(F) → 新建(N)... 命令，在系统弹出的“选择样板”对话框中，找到样板文件 D:\AutoCAD2014.2\system_file\Part_temp_A4.dwg，然后单击 打开(O) 按钮。

Task2．绘制平键的主视图

下面介绍图 6.1.1 所示的平键主视图的创建过程。

Step1. 将图层切换至“轮廓线层”。

Step2. 绘制矩形。选择下拉菜单 绘图(D) → 矩形(G) 命令，在绘图区选取一点作为矩形的一个顶点；在命令行中输入字母 D 并按 Enter 键，输入矩形的长度值 30 并按 Enter 键，输入宽度值 8 并按 Enter 键；在绘图区单击，以确定矩形的放置位置，结果如图 6.1.2 所示。

Step3. 创建图 6.1.3 所示的倒角。选择下拉菜单 修改(M) → 倒角(C) 命令，在命令行中输入字母 D 并按 Enter 键，输入第一倒角距离值 0.5 并按 Enter 键，按 Enter 键（即选用默认的第二倒角距离值 0.5），输入字母 T 并按 Enter 键，再次输入字母 T 后按 Enter 键，输入字母 M 后按 Enter 键，选取需要倒角的边线，结果如图 6.1.3 所示。

Step4. 绘制直线。确认状态栏中的 （对象捕捉）按钮处于打开状态。选择下拉菜单 绘图(D) → 直线(L) 命令，结合“对象捕捉”命令，绘制图 6.1.4 所示的两条直线。

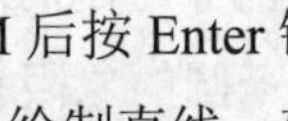

图 6.1.2　绘制矩形 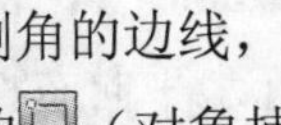　　图 6.1.3　创建倒角 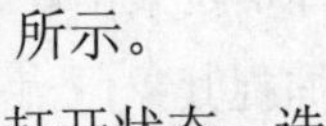　　图 6.1.4　绘制直线

Task3. 绘制平键的俯视图

下面介绍图 6.1.1 所示的平键俯视图的创建过程。

Step1. 绘制中心线。选择下拉菜单 绘图(D) → 直线(L) 命令，在主视图下方绘制一条长度值为 35 的水平直线。

Step2. 绘制图 6.1.5 所示的四条垂直构造线。选择下拉菜单 绘图(D) → 构造线(T) 命令，在命令行中输入字母 V 并按 Enter 键，分别单击主视图中上方两条倾斜直线（即倒角）的四个端点，按 Enter 键结束命令。

Step3. 偏移图 6.1.6 所示的直线。选择下拉菜单 修改(M) → 偏移(S) 命令，输入偏移距离值 6 并按 Enter 键；选取 Step1 绘制的直线为偏移对象，分别在其上方和下方偏移。

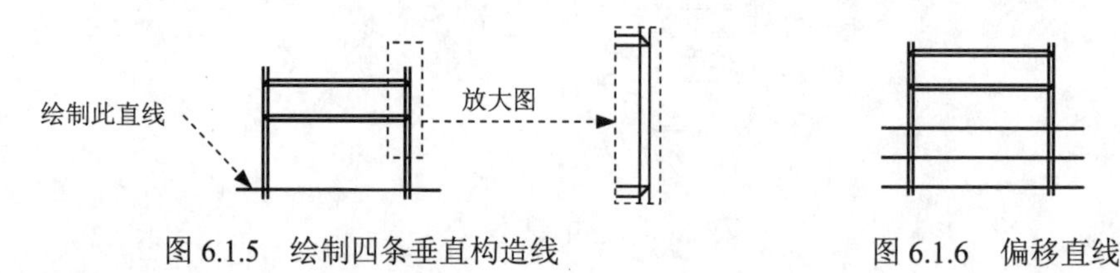

图 6.1.5　绘制四条垂直构造线　　　　图 6.1.6　偏移直线

Step4. 绘制图 6.1.7 所示的圆。

（1）选择下拉菜单 绘图(D) → 圆(C) → 相切、相切、半径(T) 命令，选取 Step2 绘制的最左侧的垂直构造线与 Step3 偏移得到的其中一条直线为切线，输入半径值 6 后按 Enter 键。

（2）用同样的方法绘制另一个半径值为 6 的圆，结果如图 6.1.7 所示。

Step5. 绘制图 6.1.8 所示的同心圆。

（1）绘制左侧的同心圆。选择下拉菜单 绘图(D) → 圆(C) → 圆心、半径(R) 命令，捕捉并选取 Step4 绘制的左侧圆的圆心，将光标水平向左移动，当出现 交点 时单击。

（2）用同样的方法绘制右侧的同心圆，结果如图 6.1.8 所示。

图 6.1.7　绘制圆　　　　图 6.1.8　绘制同心圆

Step6. 绘制图 6.1.9 所示的直线。

（1）选择下拉菜单 绘图(D) → 直线(L) 命令，将光标移动到 Step5 绘制的圆的上半部分圆弧上，捕捉其象限点并单击，将光标水平向右移动，捕捉另一个圆的象限点时单击，按 Enter 键结束操作。

说明： 在进行此操作之前，先要进行草图设置。选择下拉菜单 工具(T) → 草图设置(F)... 命令，在系统弹出的“草图设置”对话框中单击 对象捕捉 选项卡，在 对象捕捉模式 区域中选中 ◇ ☑ 象限点(Q) 复选框。

（2）用同样的方法绘制另一条直线，结果如图 6.1.9 所示。

Step7. 修剪直线。选择下拉菜单 修改(M) → 修剪(T) 命令，对图 6.1.9 所示的图形进行修剪，结果如图 6.1.10 所示。

说明：多余的整条直线，可选择下拉菜单 修改(M) → 删除(E) 命令（或单击 Delete 键），将其删除。

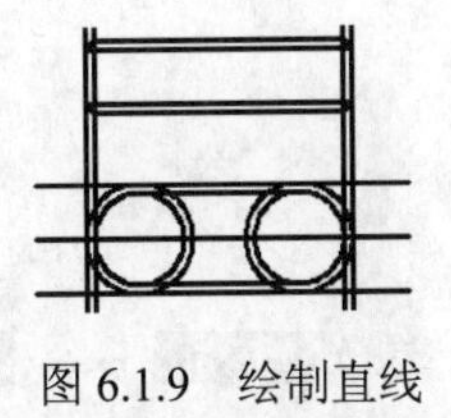

图 6.1.9　绘制直线

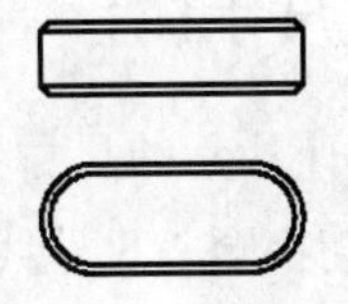

图 6.1.10　修剪图形

Task4．绘制平键的剖视图

下面介绍图 6.1.1 所示的平键剖视图的创建过程。

Step1. 绘制直线。选择下拉菜单 绘图(D) → 直线(L) 命令，在主视图的右侧绘制一条垂直直线，其长度值为 10，结果如图 6.1.11 所示。

Step2. 绘制两条水平构造线。选择下拉菜单 绘图(D) → 构造线(T) 命令，在命令行输入字母 H 按 Enter 键，分别在主视图最上侧和最下侧轮廓线的端点上单击以绘制图 6.1.11 所示的两条水平构造线。

Step3. 偏移直线。选择下拉菜单 修改(M) → 偏移(S) 命令，将图 6.1.11 所示的垂直直线向右偏移，偏移距离值为 12，结果如图 6.1.12 所示。

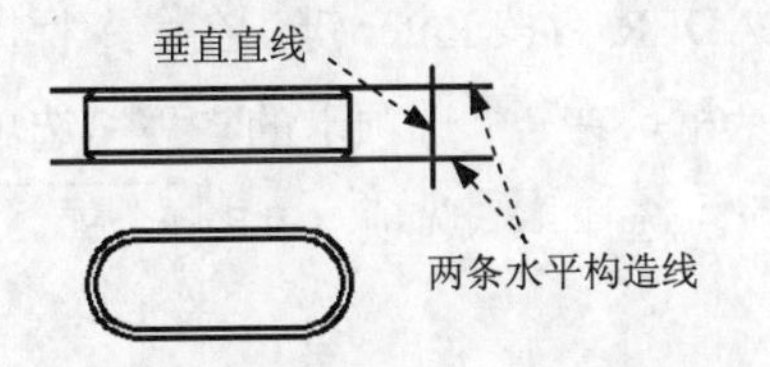

图 6.1.11　绘制垂直直线和水平构造线

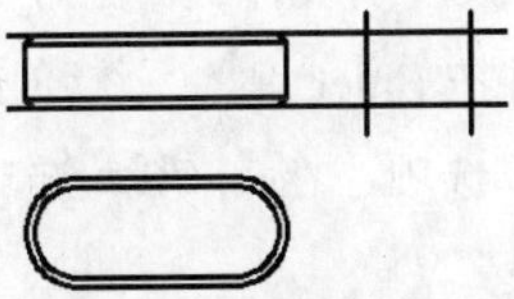

图 6.1.12　偏移直线

Step4. 修剪图形。选择下拉菜单 修改(M) → 修剪(T) 命令，对图 6.1.12 进行修剪，结果如图 6.1.13 所示。

Step5. 创建倒角。选择下拉菜单 修改(M) → 倒角(C) 命令，创建图 6.1.14 所示的四个倒角，倒角距离值均为 0.5。

Step6. 创建图 6.1.15 所示的图案填充。

（1）将图层切换到“剖面线层”。

（2）选择下拉菜单 绘图(D) → 图案填充(H)... 命令，创建图 6.1.15 所示的图案填充。其中，填充类型为“用户定义”，填充角度值为 45，填充间距值为 2。

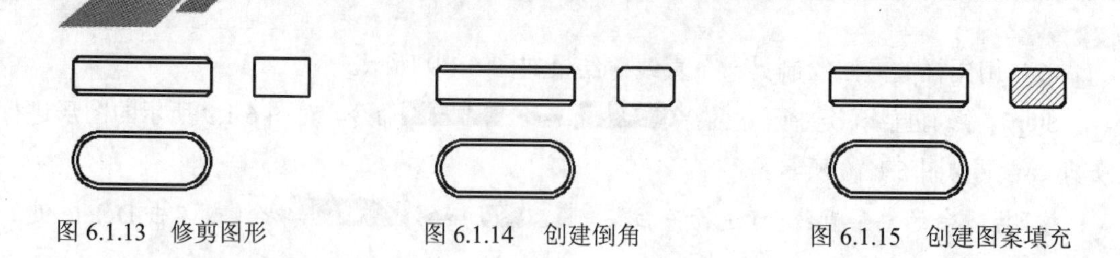

图 6.1.13　修剪图形　　图 6.1.14　创建倒角　　图 6.1.15　创建图案填充

Task5. 创建尺寸标注

下面介绍图 6.1.1 所示的尺寸标注过程。

Step1. 将图层切换至“尺寸线层”。

Step2. 创建图 6.1.16 所示的线性标注。选择下拉菜单 标注(N) → 线性(L) 命令，捕捉并选取直线的两个端点，在绘图区的空白区域单击，以确定尺寸线放置的位置。

Step3. 创建图 6.1.17 所示的半径标注。选择下拉菜单 标注(N) → 半径(R) 命令，单击图中要进行标注的圆弧，在绘图区的空白区域单击，以确定尺寸线放置的位置。

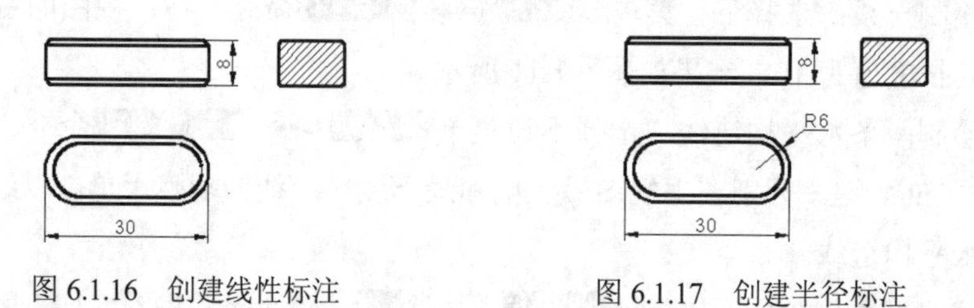

图 6.1.16　创建线性标注　　图 6.1.17　创建半径标注

Step4. 创建图 6.1.18 所示的倒角标注。

（1）设置引线样式。在命令行输入命令 QLEADER 后按 Enter 键，在命令行提示下输入字母 S 并按 Enter 键，系统弹出“引线设置”对话框，在 注释 选项卡的 注释类型 选项组中选中 无(O) 单选项，在 引线和箭头 选项卡的 箭头 下拉列表中选择 无 选项，单击 确定 按钮，完成引线设置。

（2）在图中的倒角处绘制引线，结果如图 6.1.18 所示。

（3）输入文字。选择下拉菜单 绘图(D) → 文字(X) → 单行文字(S) 命令，在图中引线上方的合适位置选取一点，根据命令行的提示，输入文字高度值 3.5 并按 Enter 键，输入旋转角度值 0 后按 Enter 键，输入文本 C0.5 后按两次 Enter 键并为其指定相应的文字样式，结果如图 6.1.18 所示。

说明：若文字摆放的位置不合理，可选择下拉菜单 修改(M) → 移动(V) 命令将其移动到合适的位置，或直接选中此文字，单击其出现的夹点将其移动到合适的位置。

Step5. 创建表面粗糙度标注。

选择下拉菜单 插入(I) → 块(B)... 命令，系统弹出“插入”对话框，在 名称(N): 的下拉列表中选取“表面粗糙度符号”，并输入旋转角度值 0，单击 确定 按钮；在绘图区单击以确定块的插入点；输入表面粗糙度值 1.6 后按 Enter 键。用同样的方法，创建值为 6.3 的表面粗糙度标注，结果如图 6.1.19 所示。

说明：倒置的表面粗糙度符号，其旋转角度值为 180，完成后还需将文字旋转角度设置为 0。

Task6．保存文件

选择下拉菜单 文件(F) → 保存(S) 命令，将此图形命名为“平键.dwg”，单击 保存(S) 按钮。

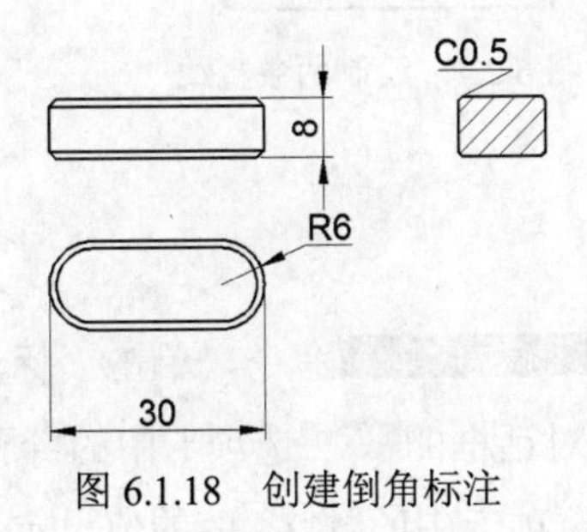

图 6.1.18　创建倒角标注

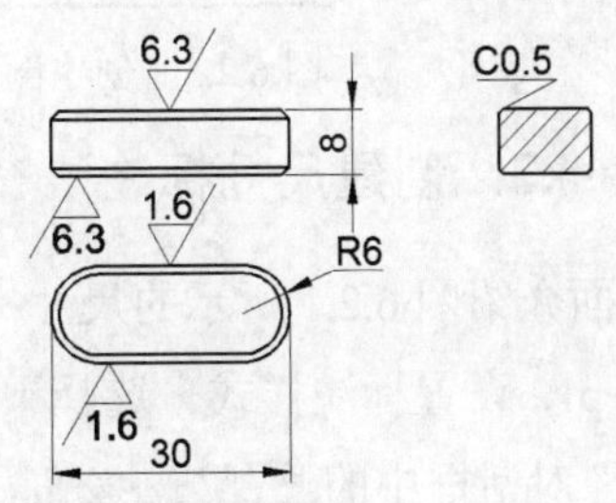

图 6.1.19　创建表面粗糙度标注

6.2　圆　柱　销

销主要起定位作用，也可用于连接。图 6.2.1 所示是机械零件中的一个圆柱销的二维图形，下面介绍其创建过程。

Task1．选用样板文件

使用随书光盘中提供的样板文件。选择下拉菜单 文件(F) → 新建(N)... 命令，在系统弹出的“选择样板”对话框中，找到样板文件 D:\AutoCAD2014.2\system_file\Part_temp_A4.dwg，然后单击 打开(O) 按钮。

Task2．绘制二维视图

下面介绍图 6.2.1 所示的二维视图的创建过程。

Step1．绘制图 6.2.2 所示的矩形。

（1）将图层切换到“轮廓线层”，确认状态栏中的（正交模式）和（对象捕捉）按钮处于打开状态。

（2）选择下拉菜单 绘图(D) → 矩形(G) 命令，绘制一个长度值为 15、宽度值为 4 的矩形，结果如图 6.2.2 所示。

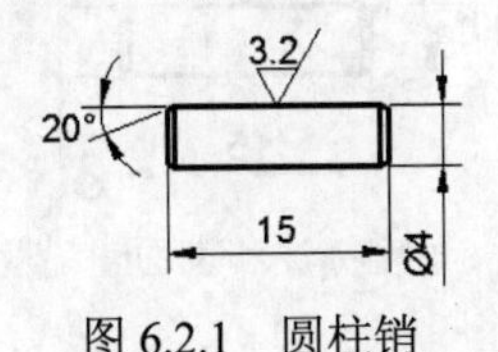

图 6.2.1　圆柱销

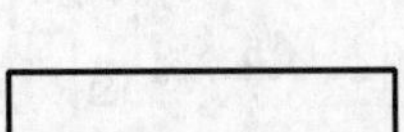

图 6.2.2　绘制矩形

Step2. 创建图 6.2.3 所示的倒角。选择下拉菜单 修改(M) → 倒角(C) 命令，在命令行的提示下输入字母 A，按 Enter 键，输入倒角长度值 0.5 后按 Enter 键，输入倒角角度值 20 后按 Enter 键，输入字母 M 后按 Enter 键，分别选择要倒角的边线。

说明：在选取相邻的边线时，应先选取水平直线，再选取垂直直线。

Step3. 选择下拉菜单 绘图(D) → 直线(L) 命令，绘制图 6.2.4 所示的两条直线。

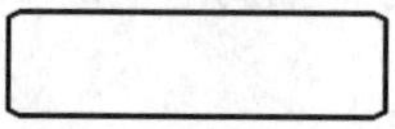

图 6.2.3　创建倒角

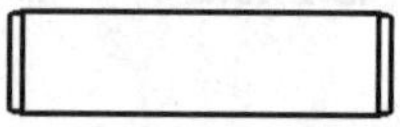

图 6.2.4　绘制两条直线

Task3. 创建尺寸标注

下面介绍图 6.2.1 所示的尺寸标注过程。

Step1. 设置标注样式。选择下拉菜单 格式(O) → 标注样式(D)... 命令，单击“标注样式管理器”对话框中的 修改(M)... 按钮，将“修改标注样式”对话框的 文字 选项卡中的 文字高度(T): 的值设定为 3.5，将“修改标注样式”对话框的 符号和箭头 选项卡中的 箭头大小(I) 的值设定为 2.5，单击 确定 按钮后单击 关闭 按钮。

Step2. 将图层切换至“尺寸线层”。

Step3. 创建图 6.2.5 所示的直径标注。选择下拉菜单 标注(N) → 线性(L) 命令，在命令行中输入字母 T 并按 Enter 键，再输入文本%%C4 后按 Enter 键，移动光标在绘图区的空白区域单击，以确定尺寸放置的位置。

Step4. 创建图 6.2.5 所示的线性标注。选择下拉菜单 标注(N) → 线性(L) 命令，捕捉并选取所要进行标注的直线的两个端点，移动光标在绘图区的空白区域单击，以确定尺寸放置的位置。

Step5. 创建图 6.2.6 所示的角度标注。选择下拉菜单 标注(N) → 角度(A) 命令，单击图中倒角后的倾斜直线，再单击与其相邻的水平直线，移动光标在绘图区的空白区域单击，以确定尺寸放置的位置。

注意：在创建角度标注时，标注文字应水平放置。随书光盘提供的样板文件已经创建了角度标注样式，故此处可以直接进行标注。

Step6. 创建图 6.2.6 所示的表面粗糙度标注。选择下拉菜单 插入(I) → 块(B)... 命令，在 名称(N): 下拉列表中选择“表面粗糙度符号”，在 角度(A): 文本框中输入数值 0，单击 确定 按钮，指定插入位置，然后输入表面粗糙度值 3.2 并按 Enter 键，完成表面粗糙度的标注。

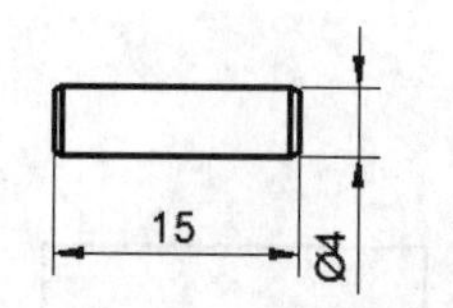

图 6.2.5　直径标注和线性标注

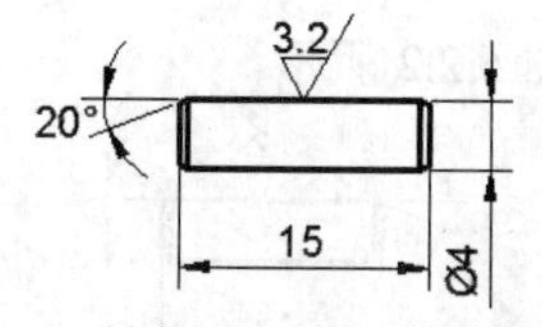

图 6.2.6　角度标注和表面粗糙度标注

Task4．保存文件

选择下拉菜单 文件(F) → 保存(S) 命令，将图形命名为“圆柱销.dwg”，单击 保存(S) 按钮。

6.3　毡　　圈

图 6.3.1 所示的是机械零件中的一个密封件毡圈的二维图形，下面介绍其创建过程。

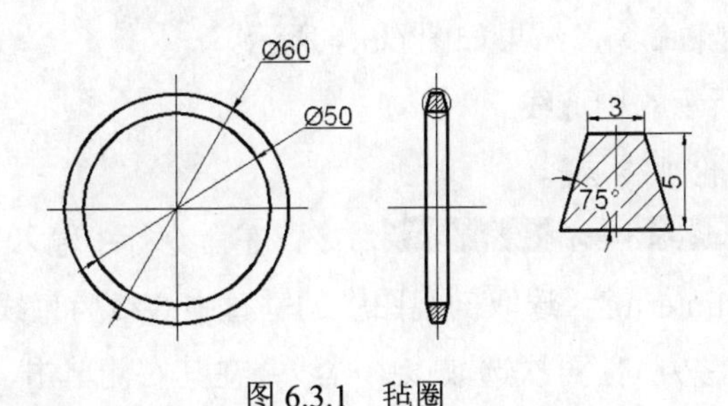

图 6.3.1　毡圈

Task1．选用样板文件

使用随书光盘中提供的样板文件。选择下拉菜单 文件(F) → 新建(N)... 命令，在系统弹出的“选择样板”对话框中，找到样板文件 D:\AutoCAD2014.2\system_file\Part_temp_A4.dwg，然后单击 打开(O) 按钮。

Task2．创建毡圈的主视图

下面介绍图 6.3.1 所示的毡圈主视图的创建过程。

Step1．绘制图 6.3.2 所示的两条中心线。将图层切换到“中心线层”，确认状态栏中的（正交模式）和（对象捕捉）按钮处于打开状态，选择下拉菜单 绘图(D) → 直线(L) 命令，绘制图 6.3.2 所示的两条中心线，长度值均为 70。

Step2．绘制图 6.3.3 所示的两个圆。将图层切换到“轮廓线层”，在状态栏中单击（显示/隐藏线宽）按钮，使其处于打开状态。选择下拉菜单 绘图(D) → 圆(C) → 圆心、直径(D) 命令，以水平中心线与垂直中心线的交点为圆心，绘制直径值分别为 50 和 60 的两个圆。

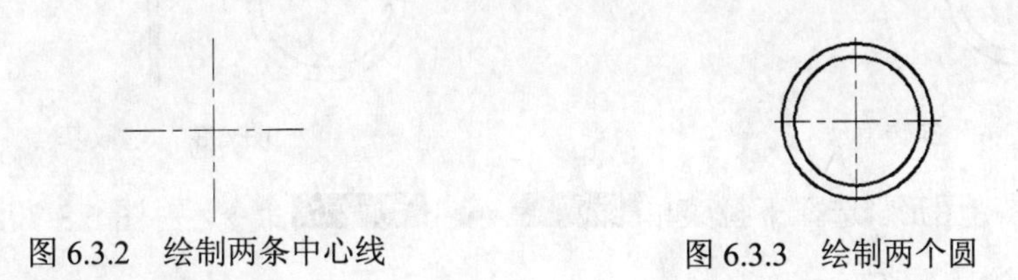

图 6.3.2　绘制两条中心线　　　　图 6.3.3　绘制两个圆

Task3．绘制剖视图

下面介绍图 6.3.1 所示的毡圈剖视图的创建过程。

Step1. 创建图 6.3.4 所示的剖视图的中心线。

（1）将图层切换至“中心线层”。

（2）绘制水平中心线。选择下拉菜单 绘图(D) → 直线(L) 命令，捕捉主视图中水平中心线的右端点，水平向右移动光标，在命令行中输入数值 22 并按 Enter 键，继续向右移动光标，在命令行中输入直线的长度值 20 后按两次 Enter 键。

（3）绘制垂直中心线。选择下拉菜单 绘图(D) → 直线(L) 命令，捕捉步骤（2）中绘制的水平中心线的中点，向上移动光标，输入数值 35 并按 Enter 键，向下移动光标，输入数值 70 后按两次 Enter 键结束命令，结果如图 6.3.4 所示。

Step2. 创建图 6.3.5 所示的构造线。

（1）将图层切换至“轮廓线层”。

（2）选择下拉菜单 绘图(D) → 构造线(T) 命令，在命令行中输入字母 O 后按 Enter 键，输入偏移距离值 1.5 并按 Enter 键，选取剖视图中的垂直中心线为直线对象，在该中心线左侧任意位置单击以确定偏移方向；再次选取该中心线并在其右侧单击，按 Enter 键结束命令。

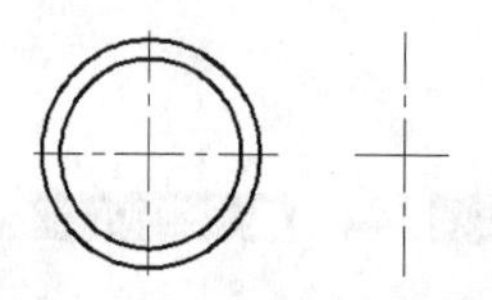
图 6.3.4　创建剖视图的中心线

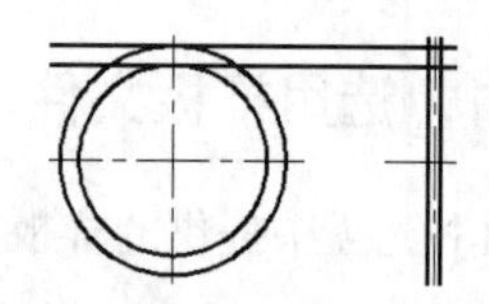
图 6.3.5　创建构造线

（3）按 Enter 键以重复“构造线”命令，在命令行中输入字母 H 后按 Enter 键，过两圆的上半圆与垂直中心线的交点，绘制图 6.3.5 所示的两条水平构造线。

Step3. 旋转直线，结果如图 6.3.6 所示。

（1）选择下拉菜单 修改(M) → 旋转(R) 命令，选取图 6.3.7 所示的 A 点所在的垂直直线为旋转对象并按 Enter 键，选取 A 点为基点，输入旋转角度值−15 后按 Enter 键。

（2）重复“旋转”命令，选取点 B 所在的垂直直线为旋转对象，点 B 为基点，旋转角度值为 15，结果如图 6.3.6 所示。

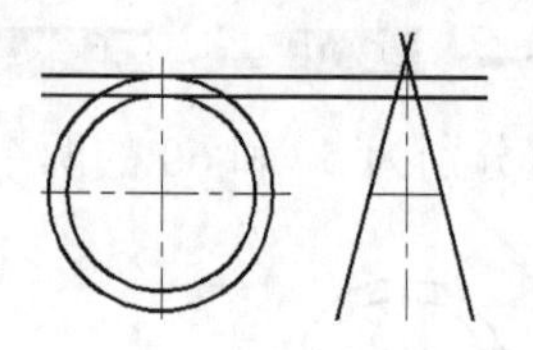
图 6.3.6　旋转直线

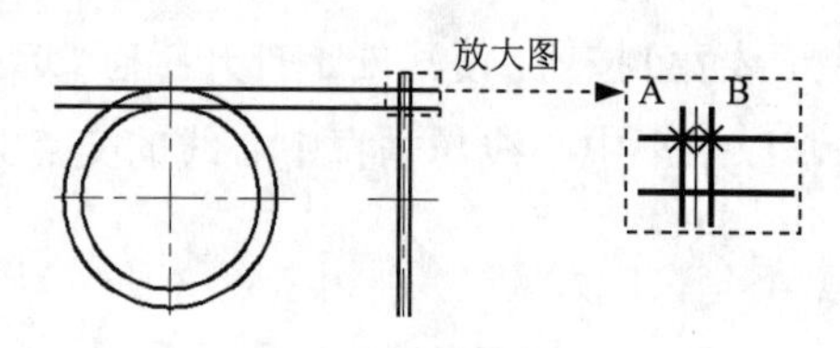

图 6.3.7 选取基点

Step4. 修剪图形。选择下拉菜单 修改(M) → 修剪(T) 命令，对图 6.3.7 所示图形进行修剪，结果如图 6.3.8 所示。

Step5. 镜像图形。选择下拉菜单 修改(M) → 镜像(I) 命令，选取图 6.3.9 所示的图形为镜像对象后按 Enter 键，在水平中心线上任意选取两点后按 Enter 键结束命令。

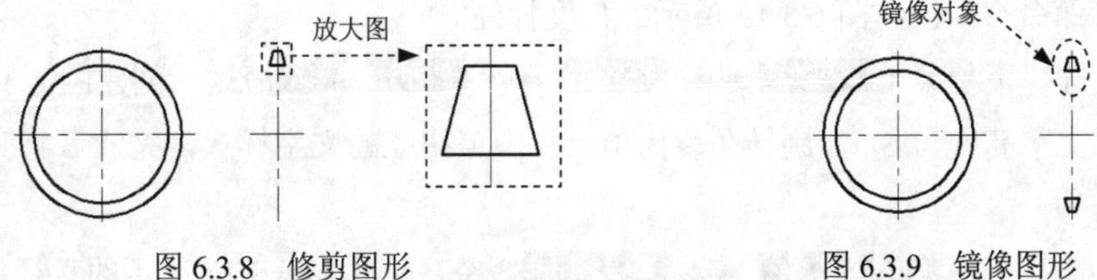

图 6.3.8　修剪图形　　　　图 6.3.9　镜像图形

Step6. 绘制直线。选择下拉菜单 绘图(D) → 直线(L) 命令，绘制图 6.3.10 所示的两条垂直直线。

Step7. 创建图 6.3.11 所示的图案填充。将图层切换至“剖面线层”，选择下拉菜单 绘图(D) → 图案填充(H)... 命令，创建图 6.3.11 所示的图案填充。其中，填充类型为 用户定义，填充角度值为 45，填充间距值为 1。

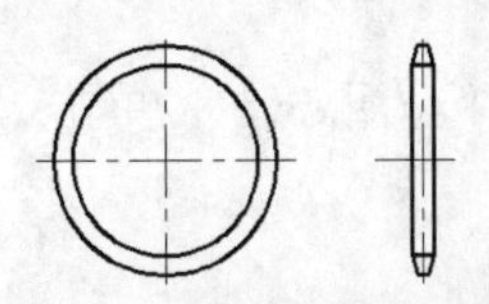

图 6.3.10　绘制两条垂直直线

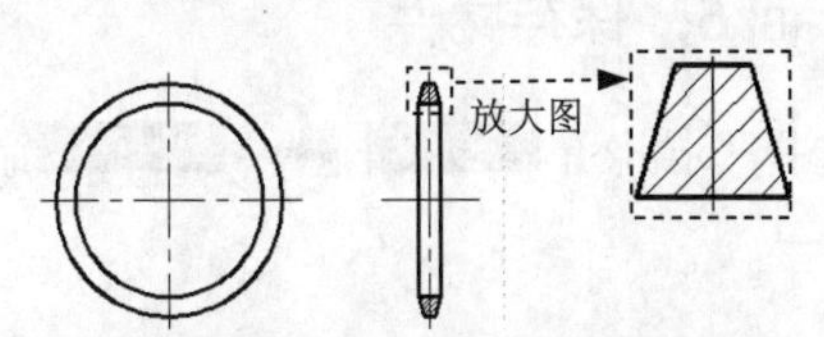

图 6.3.11　添加图案填充

Task4. 绘制局部放大图

下面介绍图 6.3.12 所示的局部放大图的创建过程。

Step1. 复制图形。选择下拉菜单 修改(M) → 复制(Y) 命令，对剖视图上部的剖面（不包括剖面线）进行复制。

Step2. 绘制中心线。将图层切换到“中心线层”，选择下拉菜单 绘图(D) → 直线(L) 命令，过两条水平直线的中点绘制图 6.3.12 所示的中心线。

Step3. 选择下拉菜单 修改(M) → 缩放(L) 命令，将 Step1、Step2 创建的图形缩放为原来的 5 倍。

Step4. 将图层切换到“剖面线层”，选择下拉菜单 绘图(D) → 图案填充(H)... 命令，创建图 6.3.13 所示的图案填充。其中，填充类型为 用户定义，填充角度值为 45，填充间距值为 5。

Step5. 选择下拉菜单 修改(M) → 移动(V) 命令，将放大图移动到合适的位置。

Task5. 创建尺寸标注

下面介绍图 6.3.1 所示的图形尺寸的标注过程。

Step1. 将图层切换至“尺寸线层”。

Step2. 选择下拉菜单 标注(N) → 线性(L) 命令，创建图 6.3.13 所示的线性标注。

说明：通过在命令行中输入字母 T，然后输入实际的尺寸数值即可。

Step3. 创建角度标注。设置角度标注样式，使标注文字水平放置，选择下拉菜单 标注(N) → 角度(A) 命令，创建图 6.3.13 所示的角度标注。

Step4. 选择下拉菜单 绘图(D) → 文字(X) → 单行文字(S) 命令，创建图 6.3.13 所示的文字说明，文字高度为 3.5，旋转角度为 0，并指定相应的文字样式，完成后将其移动至合适的位置。

Step5. 选择下拉菜单 标注(N) → 直径(D) 命令，创建图 6.3.14 所示的直径标注。

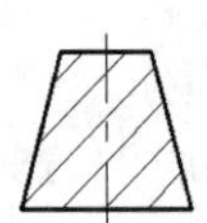
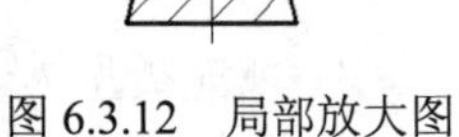

图 6.3.12 局部放大图

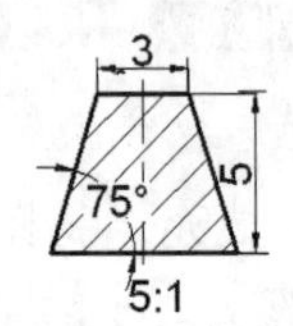

图 6.3.13 线性标注和角度标注

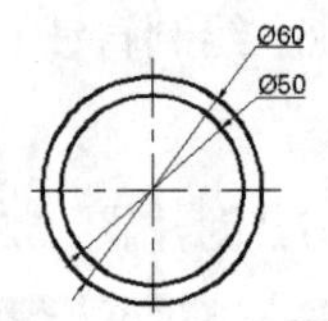

图 6.3.14 直径标注

Task6. 保存文件

选择下拉菜单 文件(F) → 保存(S) 命令，将图形命名为“毡圈.dwg”，单击 保存(S) 按钮。

6.4 轴　　承

滚动轴承（图 6.4.1）是支撑旋转轴的标准件，它一般由外圈、内圈、滚动体和保持架组成。本实例以深沟球轴承为例来介绍滚动轴承的绘制过程。读者在绘制过程中应灵活运用阵列与镜像命令，以使绘制过程更简单。下面介绍其创建过程。

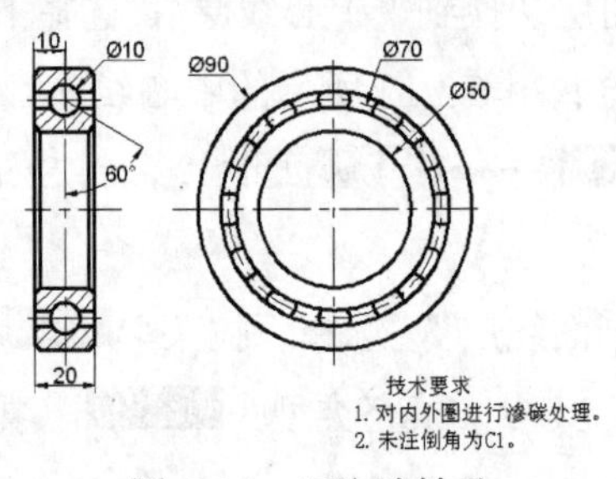

图 6.4.1 深沟球轴承

Task1. 选用样板文件

使用随书光盘中提供的样板文件。选择下拉菜单 文件(F) → 新建(N)... 命令，在系统弹出的“选择样板”对话框中，找到文件 D:\AutoCAD2014.2\system_file\Part_temp_A4.dwg，然后单击 打开(O) 按钮。

Task2. 创建主视图

下面介绍图 6.4.1 所示的深沟球轴承主视图的创建过程。

Step1. 创建图 6.4.2 所示的三条中心线。

（1）将图层切换到“中心线层”。确认状态栏中的(正交模式）和(显示/隐藏线宽）按钮处于打开状态。

（2）选择下拉菜单 绘图(D) → 直线(L) 命令，绘制图 6.4.2 所示的水平中心线 1，长度值为 30。

（3）创建水平中心线 2。选择下拉菜单 修改(M) → 偏移(S) 命令，在命令行中输入偏移距离值 35 后按 Enter 键，选取水平中心线 1 为偏移对象，并在该水平中心线的上方单击以确定偏移方向，按 Enter 键结束命令。

（4）绘制垂直中心线。选择下拉菜单 绘图(D) → 直线(L) 命令，捕捉水平中心线 1 的中点，将光标向上移动，输入数值 50 后按 Enter 键；将光标向下移动，输入数值 100 后按 Enter 键，结果如图 6.4.2 所示。

Step2. 创建图 6.4.3 所示的两条垂直构造线。

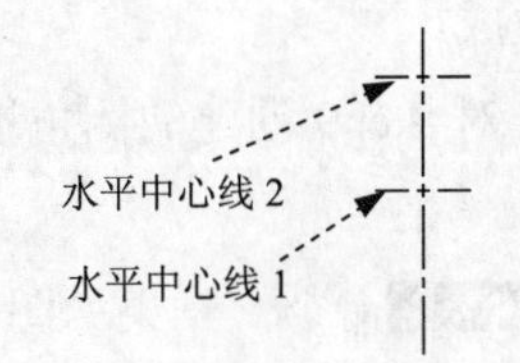

图 6.4.2 创建三条中心线

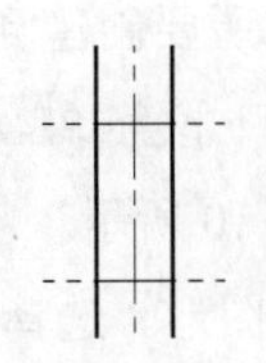

图 6.4.3 创建两条垂直构造线

（1）将图层切换到“轮廓线层”。

（2）选择下拉菜单 绘图(D) → 构造线(T) 命令，在命令行中输入字母 O 并按 Enter 键，选取垂直中心线作为偏移对象，向左、右两侧的偏移距离值均为 10。

Step3. 创建图 6.4.4 所示的两条水平构造线。选择下拉菜单 绘图(D) → 构造线(T) 命令，将图 6.4.4 所示的水平中心线分别向上、下偏移，偏移距离值均为 10。

Step4. 修剪图形。选择下拉菜单 修改(M) → 修剪(T) 命令，对图 6.4.4 所示的图形进行修剪，结果如图 6.4.5 所示。

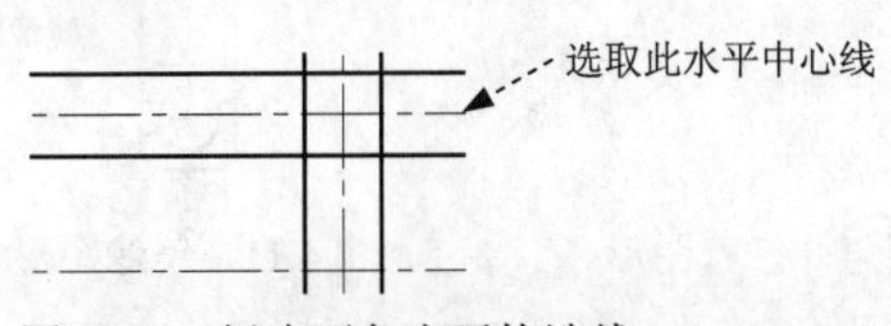

图 6.4.4 创建两条水平构造线

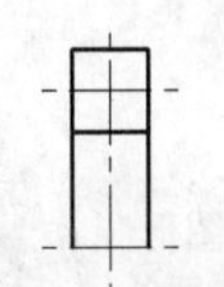

图 6.4.5 修剪图形

Step5. 绘制圆。选择下拉菜单 绘图(D) → 圆(C) → 圆心、直径(D) 命令，以点 A 为圆心，绘制直径值为 10 的圆，结果如图 6.4.6 所示。

Step6. 绘制图 6.4.7 所示的斜线。选择下拉菜单 绘图(D) → 直线(L) 命令，选择 Step5 绘制的圆的圆心为直线的起点，在命令行中输入坐标（@30<－30）后按两次 Enter 键。

Step7. 绘制图 6.4.8 所示的水平构造线。选择下拉菜单 绘图(D) → 构造线(T) 命令，在命令行中输入字母 H 后按 Enter 键，捕捉圆与斜线段的交点并单击，按 Enter 键结束命令。

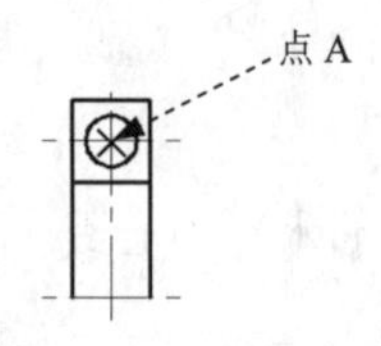

图 6.4.6　绘制圆

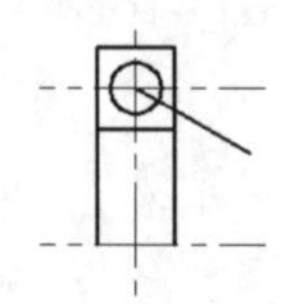

图 6.4.7　绘制斜线

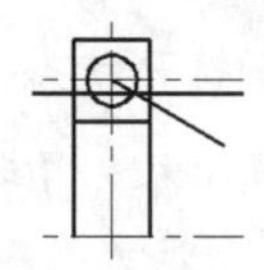

图 6.4.8　绘制水平构造线

Step8. 修剪图形。选择下拉菜单 修改(M) → 修剪(T) 命令，对图 6.4.8 所示的图形进行修剪，结果如图 6.4.9 所示。

说明：修剪后，选择下拉菜单 修改(M) → 删除(E) 命令，将多余的线条删除。

Step9. 创建图 6.4.10 所示的倒角。选择下拉菜单 修改(M) → 倒角(C) 命令，在命令行中输入字母 D 并按 Enter 键，输入第一个倒角距离值 1 后按 Enter 键，输入第二个倒角距离值 1 后按 Enter 键，输入字母 T 后按 Enter 键，输入字母 N 后按 Enter 键，再输入字母 M 后按 Enter 键，选取所要创建倒角的边线，则倒角自动生成。

Step10. 选择下拉菜单 修改(M) → 修剪(T) 命令，对 Step9 创建的倒角进行修剪，完成后的图形如图 6.4.10 所示。

Step11. 镜像图形。选择下拉菜单 修改(M) → 镜像(I) 命令，结果如图 6.4.11 所示。

Step12. 绘制直线。选择下拉菜单 绘图(D) → 直线(L) 命令，绘制图 6.4.12 所示的两条直线。

Step13. 选择下拉菜单 修改(M) → 打断(K) 命令，将过长的中心线打断，结果如图 6.4.13 所示。

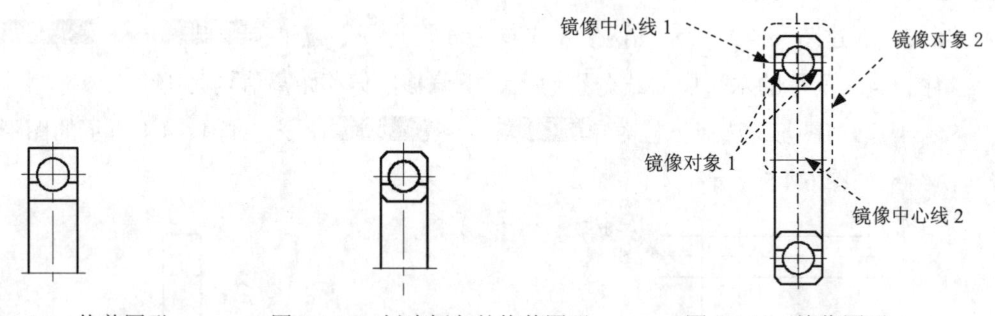

图 6.4.9　修剪图形　　图 6.4.10　创建倒角并修剪图形　　图 6.4.11　镜像图形

Step14. 创建图案填充。将图层切换至“剖面线层”，选择下拉菜单 绘图(D) → 图案填充(H)... 命令，创建图 6.4.13 所示的图案填充。其中，填充类型为 用户定义，填充角度值为 45，填充间距值为 3。

Task3. 创建左视图

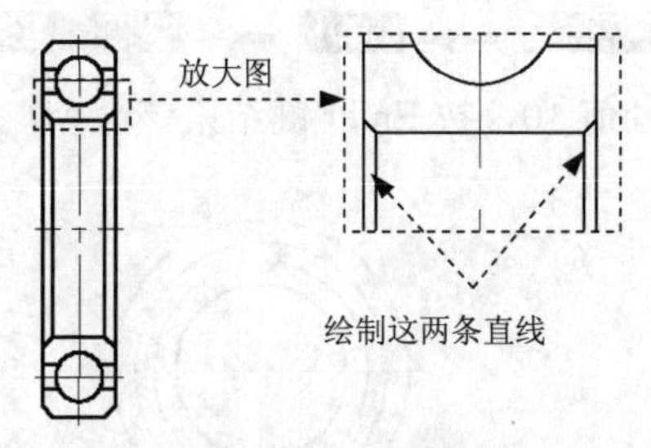

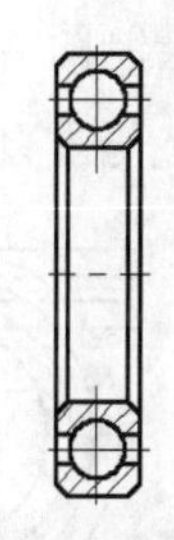

图 6.4.12　绘制直线　　　　图 6.4.13　创建图案填充

下面介绍图 6.4.1 所示的深沟球轴承左视图的创建过程。

Step1. 创建图 6.4.14 所示的中心线。

（1）绘制水平中心线。将图层切换到“中心线层”，单击主视图中的水平中心线使其显示蓝色夹点，再选取其右端夹点，水平拖移至合适的位置作为创建主视图的水平基准线，结果如图 6.4.14 所示。

注意：在拉伸之前，要先确认状态栏中的（正交模式）按钮处于打开状态。

（2）绘制垂直中心线。选择下拉菜单 绘图(D) → 直线(L) 命令，绘制长度值为 100 的垂直中心线，结果如图 6.4.14 所示。

Step2. 绘制四条水平构造线。将图层切换到“轮廓线层”，选择下拉菜单 绘图(D) → 构造线(T) 命令，在命令行中输入字母 H 后按 Enter 键，依次捕捉图 6.4.15 所示的交点 B～E 为通过点，按 Enter 键结束该命令，结果如图 6.4.15 所示。

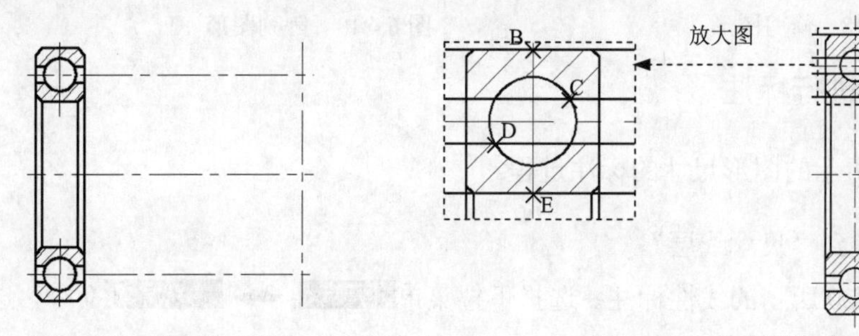

图 6.4.14　绘制中心线　　　　图 6.4.15　绘制四条水平构造线

Step3. 绘制图 6.4.16 所示的同心圆。选择下拉菜单 绘图(D) → 圆(C) → 圆心、半径(R) 命令，选取点 F 为圆心，然后依次捕捉并单击水平构造线与垂直中心线的交点按 Enter 键；选取图 6.4.16 所示的圆 1，将图层切换到“中心线层”。

Step4. 删除水平构造线。选择下拉菜单 修改(M) → 删除(E) 命令将 Step2 绘制的四条水平构造线删除，结果如图 6.4.17 所示。

Step5. 打断水平中心线。选择下拉菜单 修改(M) → 打断(K) 命令，在合适的位置将 Step1 创建的三条水平中心线打断。

说明：打断后，选择下拉菜单 修改(M) → 删除(E) 命令，将多余的线条删除。

Step6. 绘制图 6.4.17 所示的圆。选择下拉菜单 绘图(D) → 圆(C) → 圆心、直径(D) 命令，选取圆 1 与垂直中心线的交点为圆心，输入直径值 10，按 Enter 键结束该命令。

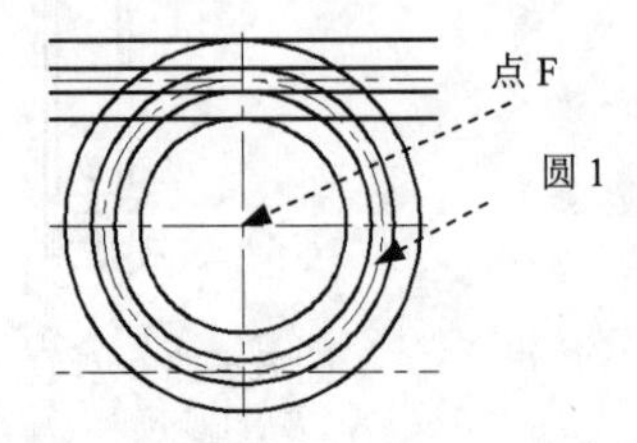

图 6.4.16 绘制同心圆并转换线型

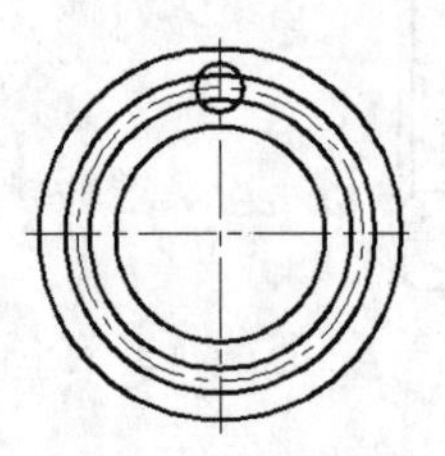

图 6.4.17 绘制圆

Step7. 修剪图形。选择下拉菜单 修改(M) → 修剪(T) 命令，对图 6.4.17 所示的图形进行修剪，结果如图 6.4.18 所示。

Step8. 阵列图形。选择下拉菜单 修改(M) → 阵列 → 环形阵列 命令，选取图 6.4.19 所示的阵列对象并按 Enter 键，选取同心圆的圆心作为阵列中心；在命令行中输入项目数值 12 按 Enter 键，填充角度 360，结果如图 6.4.19 所示。

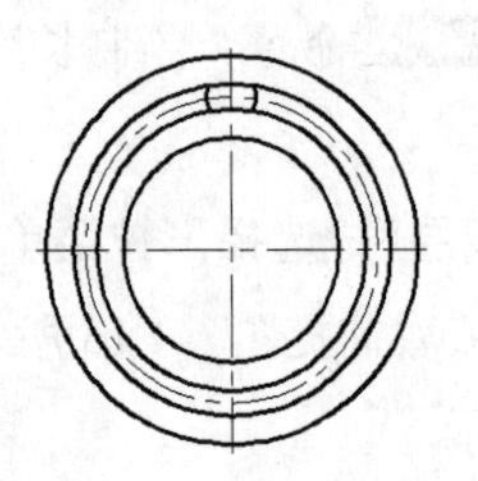

图 6.4.18 修剪图形

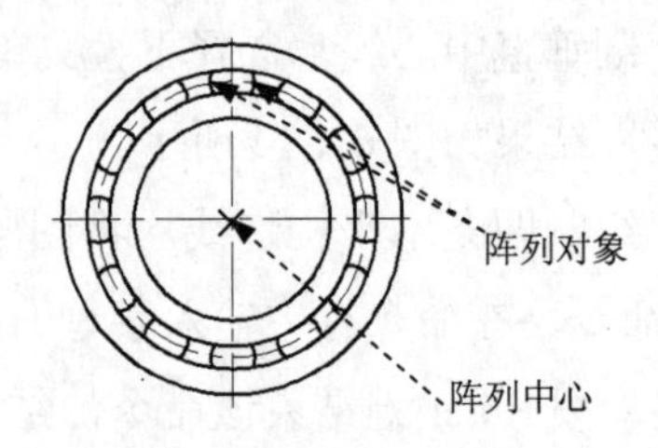

图 6.4.19 阵列图形

Task4. 对图形进行标注

下面介绍图 6.4.1 所示的图形尺寸的标注过程。

Step1. 将图层切换到“尺寸线层”。

Step2. 创建图 6.4.20 所示的线性标注。选择下拉菜单 标注(N) → 线性(L) 命令，选取要进行标注的尺寸界线的两个点，在绘图区的合适位置单击，以确定尺寸放置的位置，结果如图 6.4.20 所示。

Step3. 创建图 6.4.21 所示的直径标注。选择下拉菜单 标注(N) → 直径(D) 命令，结果如图 6.4.21 所示。

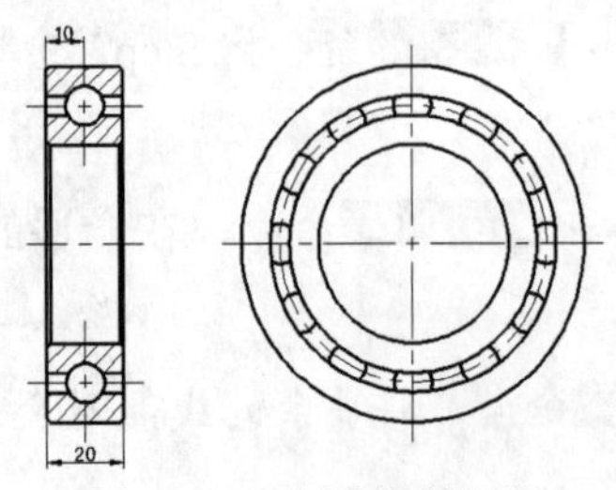

图 6.4.20 创建线性标注

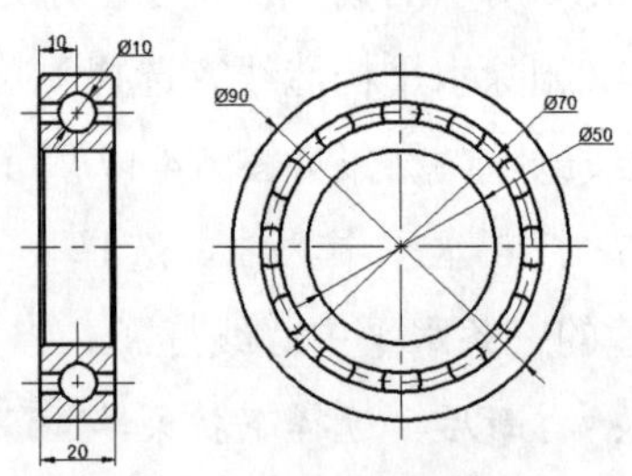

图 6.4.21 创建直径标注

Step4. 创建图 6.4.22 所示的角度标注。

（1）选择下拉菜单 绘图(D) → 直线(L) 命令，选取滚珠的圆心为直线起点，滚珠与滚珠槽轮廓线的交点为直线终点，结果如图 6.4.22 所示。

（2）选择下拉菜单 标注(N) → 角度(A) 命令，创建图 6.4.22 所示的角度标注。

Step5. 创建多行文字。选择下拉菜单 绘图(D) → 文字(X) ▸ → 多行文字(M)... 命令创建图 6.4.23 所示的多行文字标注。

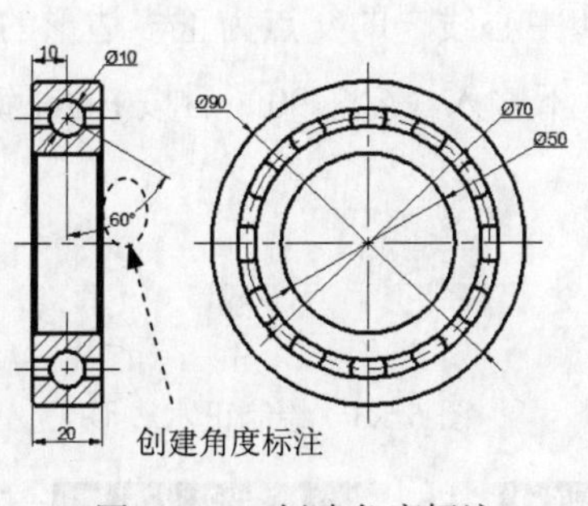

图 6.4.22　创建角度标注

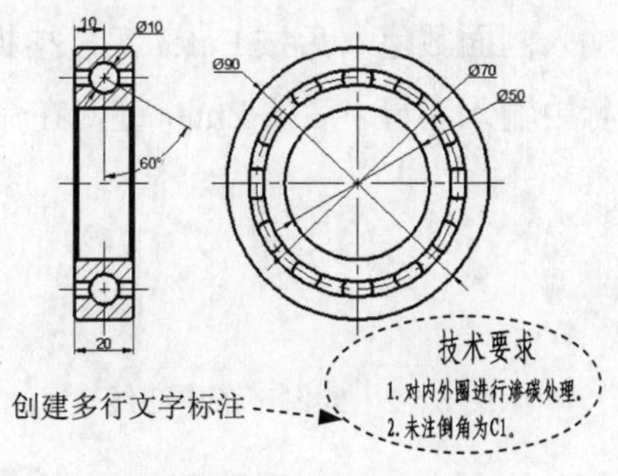

图 6.4.23　创建多行文字

Task5．保存文件

选择下拉菜单 文件(F) → 保存(S) 命令，将图形命名为“深沟球轴承. dwg”，单击 保存(S) 按钮。

6.5　六角头螺栓

本实例将创建六角头螺栓的两个视图，在绘制过程中应注意以下几点：绘制视图时应先画左视图后画主视图；绘制螺栓头的圆弧时，其半径值取 1.5 倍的螺纹直径；倒角采用引线标注，结果如图 6.5.1 所示。下面介绍其创建过程。

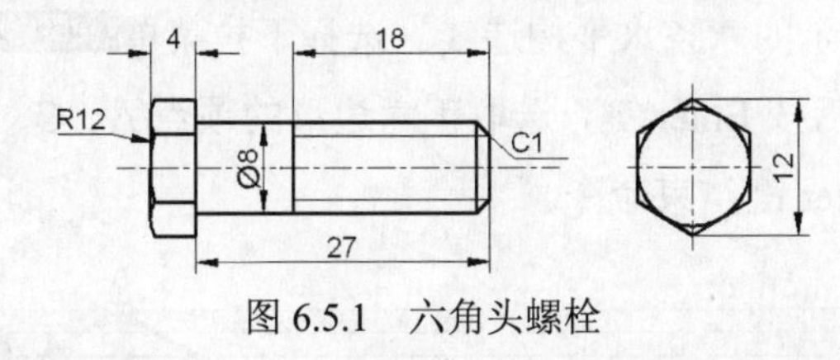

图 6.5.1　六角头螺栓

Task1．选用样板文件

使用随书光盘中提供的样板文件。选择下拉菜单 文件(F) → 新建(N)... 命令，在系统弹出的“选择样板”对话框中，找到文件 D:\AutoCAD2014.2\system_file\Part_temp_A4.dwg，然后单击 打开(O) 按钮。

Task2．创建左视图

下面介绍图 6.5.1 所示的左视图的创建过程。

Step1. 绘制图 6.5.2 所示的三条中心线。将图层切换到“中心线层”，确认状态栏中的（正交模式）和（对象捕捉）按钮处于打开状态，选择下拉菜单 绘图(D) → 直线(L) 命令，绘制中心线 1、2、3，且中心线 1 与中心线 2 共线。

Step2. 绘制图 6.5.3 所示的正六边形。将图层切换到“轮廓线层”，在状态栏中单击（显示/隐藏线宽）按钮，使其处于打开状态。选择下拉菜单 绘图(D) → 多边形(Y) 命令，在命令行中输入侧面数值 6 后按 Enter 键，捕捉中心线 2 和中心线 3 的交点为正多边形的中心，在命令行中输入字母 I 后按 Enter 键，在命令行的提示下输入（@6<90）后按 Enter 键。

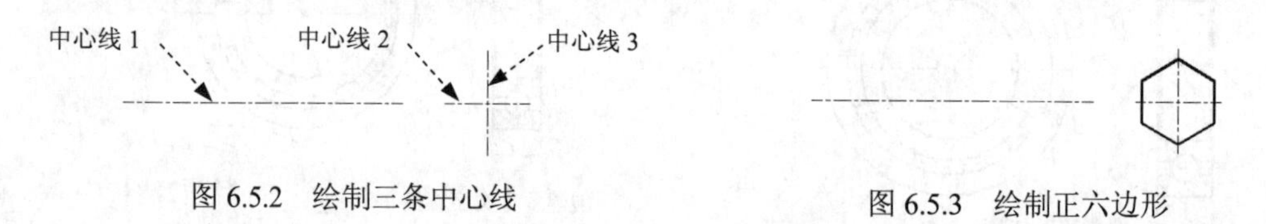

图 6.5.2 绘制三条中心线

图 6.5.3 绘制正六边形

Step3. 绘制内切圆。选择下拉菜单 绘图(D) → 圆(C) → 相切、相切、相切(A) 命令，单击正六边形的任意三条边，结果如图 6.5.4 所示。

图 6.5.4 绘制内切圆

Task3. 创建主视图

下面介绍图 6.5.1 所示的主视图的创建过程。

Step1. 创建图 6.5.5 所示的构造线。

（1）将图层切换到“细实线层”。

（2）创建图 6.5.5 所示的六条水平构造线。选择下拉菜单 绘图(D) → 构造线(T) 命令，在命令行中输入字母 H 后按 Enter 键，选取正六边形的顶点 A、C、D、F 以及切点 B、E 为构造线的通过点，按 Enter 键结束命令。

图 6.5.5 创建水平构造线

（3）创建图 6.5.6 所示的垂直构造线。选择下拉菜单 绘图(D) → 构造线(T) 命令，在命令行中输入字母 V 后按 Enter 键，在主视图左侧区域选择合适的一点，确保其与左视图的距离大于螺栓的总长度，按 Enter 键结束命令。

Step2. 创建图 6.5.7 所示的圆弧。

（1）将图层切换到“轮廓线层”。

（2）绘制图 6.5.8 所示的圆弧。选择下拉菜单 绘图(D) → 圆弧(A) → 起点、端点、半径(R) 命令，选取 M、N 两点为圆弧的两端点，输入圆弧的半径值 12 后按 Enter 键。

注意： 输入圆弧半径值之前要确认状态栏中的 （动态输入）按钮处于关闭状态。

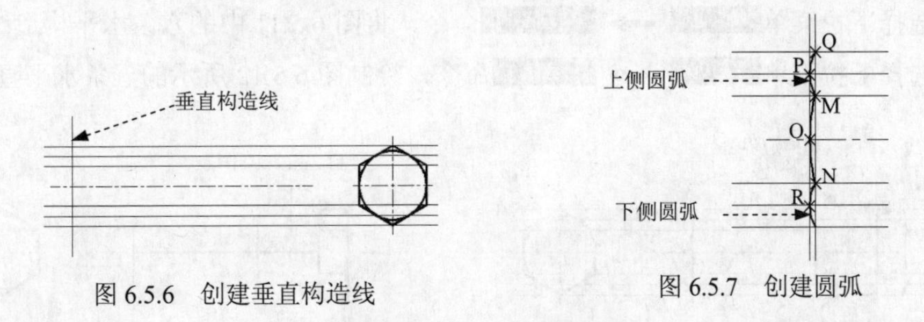

图 6.5.6　创建垂直构造线　　图 6.5.7　创建圆弧

（3）偏移直线。选择下拉菜单 修改(M) → 偏移(S) 命令，在命令行中输入字母 T 后按 Enter 键，选取图 6.5.6 中的垂直构造线为偏移对象，选取弧 MN 的中点为通过点，按 Enter 键结束命令，结果如图 6.5.7 所示。

（4）绘制图 6.5.7 所示的上侧圆弧。选择下拉菜单 绘图(D) → 圆弧(A) → 三点(P) 命令，依次选取图 6.5.7 中的 M、P、Q 三点。

（5）按照步骤（4）的操作，绘制下侧圆弧。

Step3. 完成图 6.5.9 所示的主视图的绘制。

图 6.5.8　绘制圆弧　　图 6.5.9　完成主视图

（1）选择下拉菜单 修改(M) → 删除(E) 命令，将图 6.5.7 中的两条垂直构造线删除。

（2）绘制直线。选择下拉菜单 绘图(D) → 直线(L) 命令，选取图 6.5.7 中的 P、R 两点为直线的端点，按 Enter 键，结果如图 6.5.10 所示。

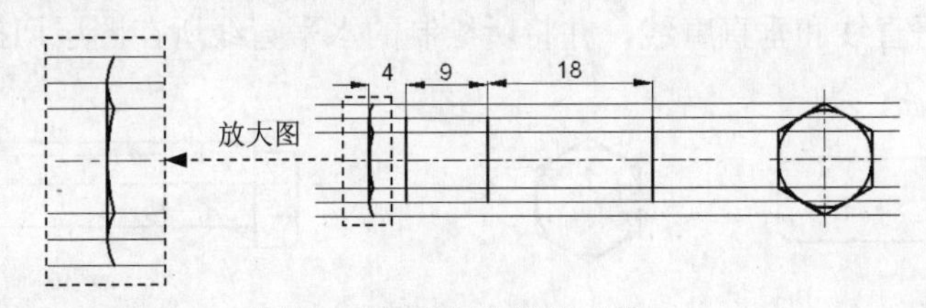

图 6.5.10　绘制并偏移直线

（3）选择下拉菜单 修改(M) → 偏移(S) 命令，输入偏移距离值 4 后按 Enter 键，选取步骤（2）绘制的直线为偏移对象，在其右侧单击以确定偏移方向，按 Enter 键结束操作。

（4）按 Enter 键重复“偏移”命令，结果如 6.5.10 所示。

（5）选择下拉菜单 修改(M) → 延伸(D) 命令，选取图 6.5.11 所示的两条水平构造线为延伸边界，分别选取图 6.5.11 所示的垂直线段的上半段及下半段为要延伸的对象，按 Enter 键结束命令，结果如图 6.5.11 所示。

（6）选择下拉菜单 修改(M) → 删除(E) 命令，将图 6.5.11 中的六条水平构造线删除。

（7）选择下拉菜单 绘图(D) → 直线(L) 命令，绘制图 6.5.12 所示的五条水平直线。

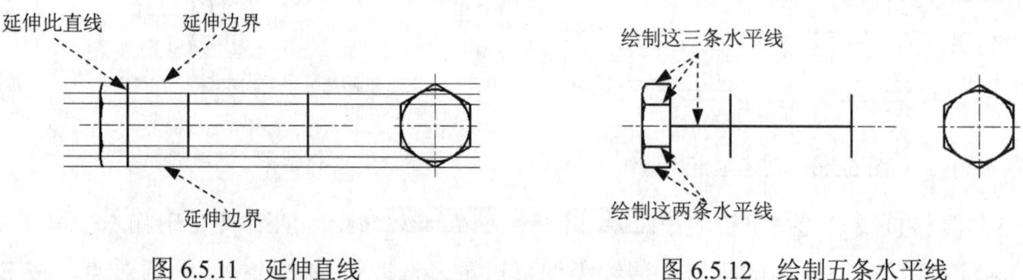

图 6.5.11　延伸直线　　　　图 6.5.12　绘制五条水平线

（8）选择下拉菜单 修改(M) → 偏移(S) 命令，将图 6.5.13 所示的水平直线分别向上、下偏移，偏移距离值为 4，结果如图 6.5.13 所示。

（9）选择下拉菜单 修改(M) → 修剪(T) 命令与 修改(M) → 删除(E) 命令，对图 6.5.13 所示的图形进行修改，结果如图 6.5.14 所示。

（10）创建图 6.5.15 所示的倒角。选择下拉菜单 修改(M) → 倒角(C) 命令，输入字母 T 按 Enter 键，再次输入字母 T 按 Enter 键，输入字母 D 并按 Enter 键，输入第一个倒角距离值 1 并按 Enter 键，输入第二个倒角距离值 1 并按 Enter 键，输入字母 M 按 Enter 键，选取要进行倒角的边线，结果如图 6.5.15 所示。

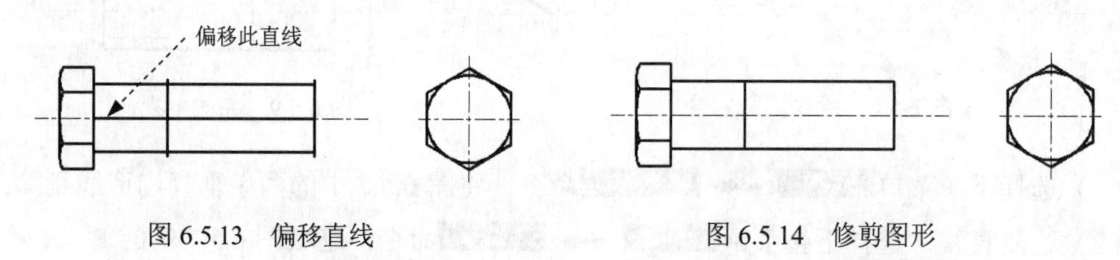

图 6.5.13　偏移直线　　　　图 6.5.14　修剪图形

（11）绘制图 6.5.16 所示的直线。选择下拉菜单 绘图(D) → 直线(L) 命令，绘制出图 6.5.16 所示的水平直线和垂直直线，并将所绘制的水平直线所在图层切换到“细实线层”。

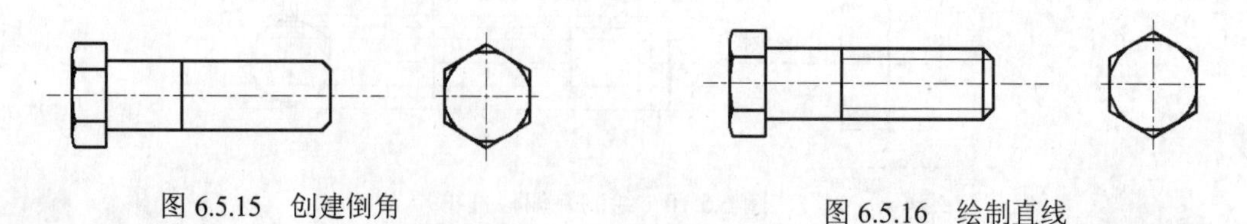

图 6.5.15　创建倒角　　　　图 6.5.16　绘制直线

Task4．创建尺寸标注

下面介绍图 6.5.1 所示的尺寸标注过程。

Step1．设置标注样式。选择下拉菜单 格式(O) → 标注样式(D)... 命令；单击“标注样式管理器”对话框中的 新建(N)... 按钮，系统弹出“创建新标注样式”对话框；单击 继续 按钮，在系统弹出的“新建标注样式”对话框中单击 文字 选项卡，在 文字高度(T): 文本框中输入数值 2.5，单击 符号和箭头 选项卡，在 箭头大小(I): 文本框中输入数值 2.5，单击该对话框中的 确定 按钮，单击“标注样式管理器”对话框中的 置为当前(U) 按钮，然后关闭对话框。

Step2．将图层切换到“尺寸线层”。

Step3．创建图 6.5.17 所示的线性标注。选择下拉菜单 标注(N) → 线性(L) 命令，捕捉图 6.5.18 所示的正六边形的上下两个顶点并单击，在绘图区的空白区域单击以确定尺寸放置的位置；创建其他的线性标注，结果如图 6.5.18 所示。

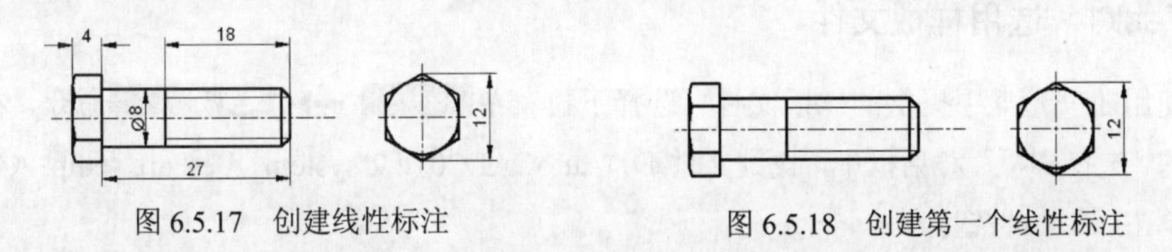

图 6.5.17　创建线性标注　　　　图 6.5.18　创建第一个线性标注

Step4．创建图 6.5.19 所示的半径标注。选择下拉菜单 标注(N) → 半径(R) 命令，选取要进行标注的圆弧，在绘图区的空白区域单击，以确定尺寸放置的位置。

Step5．创建图 6.5.20 所示的倒角标注。

（1）在命令行输入命令 QLEADER 后按 Enter 键，在命令行的提示下输入字母 S 并按 Enter 键，系统弹出“引线设置”对话框，在 注释 选项卡中选中 无(O) 单选项，在 引线和箭头 选项卡的 箭头 下拉列表框中选择 无 选项，单击 确定 按钮，完成引线的设置。

（2）根据命令行的提示绘制图 6.5.20 所示的引线。

（3）选择下拉菜单 绘图(D) → 文字(X) → 单行文字(S) 命令，创建图 6.5.20 所示的文字，文字高度值为 2.5，角度值为 0，文字样式为“Standard”。

说明：可以选择下拉菜单 修改(M) → 移动(V) 命令，将文字移动到合适的位置。

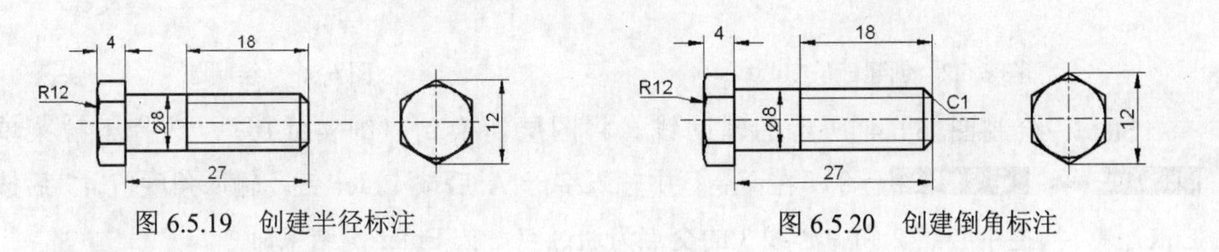

图 6.5.19　创建半径标注　　　　图 6.5.20　创建倒角标注

Task5．保存文件

选择下拉菜单 文件(F) → 保存(S) 命令，将图形命名为“六角头螺栓.dwg”，单击保存(S) 按钮。

6.6 螺 钉

本实例将创建螺钉的两个视图，如图 6.6.1 所示。在绘制过程中应注意以下两点：绘制视图时应先绘制左视图，后绘制主视图；倒角采用引线标注。下面介绍其创建过程。

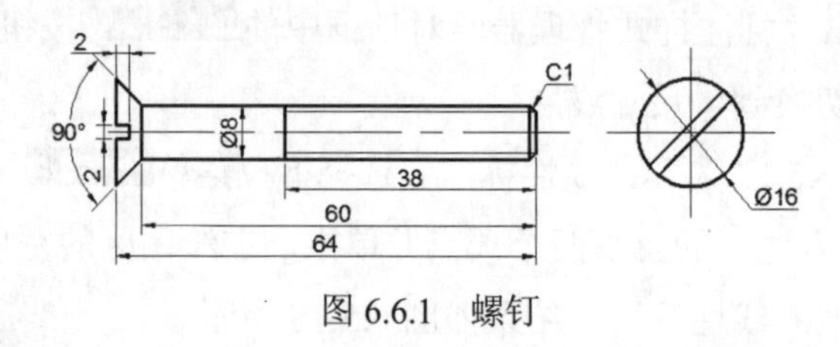

图 6.6.1 螺钉

Task1. 选用样板文件

使用随书光盘中提供的样板文件。选择下拉菜单 文件(F) → 新建(N)... 命令，在系统弹出的“选择样板”对话框中，找到文件 D:\AutoCAD2014.2\system_file\Part_temp_A4.dwg，然后单击 打开(O) 按钮。

Task2. 创建左视图

下面介绍图 6.6.1 所示的左视图的创建过程。

Step1. 创建图 6.6.2 所示的三条中心线。将图层切换到“中心线层”，选择下拉菜单 绘图(D) → 直线(L) 命令，确认状态栏中的（正交模式）和（对象捕捉）按钮处于打开状态，绘制中心线 1、2、3，且中心线 1 与中心线 2 共线。

Step2. 创建图 6.6.3 所示的圆。将图层切换到“轮廓线层”，选择下拉菜单 绘图(D) → 圆(C) → 圆心、直径(D) 命令，捕捉中心线 2 和中心线 3 的交点为圆心，输入直径值 16 后按 Enter 键。

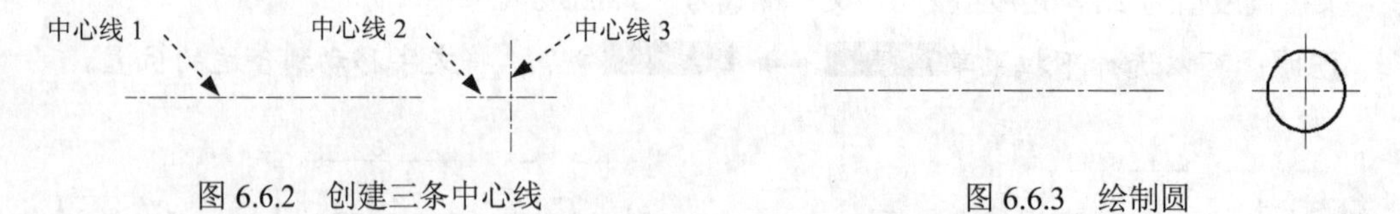

图 6.6.2 创建三条中心线　　　　图 6.6.3 绘制圆

Step3. 绘制图 6.6.4 所示的辅助线。将图层切换到“细实线层”，选择下拉菜单 绘图(D) → 构造线(T) 命令，在命令行中输入字母 A 后按 Enter 键，输入角度值 45 后按 Enter 键，捕捉中心线 2 和中心线 3 的交点为通过点，按 Enter 键结束命令。

Step4. 绘制图 6.6.5 所示的辅助线。将图层切换到“轮廓线层”，选择下拉菜单 绘图(D) → 直线(L) 命令，选取辅助线与圆的两个交点为直线两端点，按 Enter 键结束命令，结果如图 6.6.5 所示。

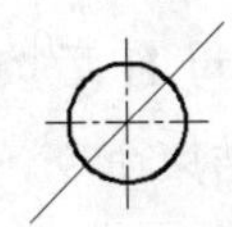

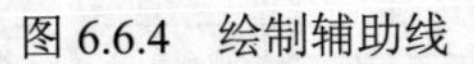

图 6.6.4　绘制辅助线

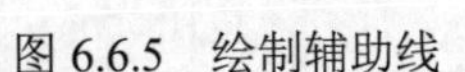

图 6.6.5　绘制辅助线

Step5. 偏移直线。选择下拉菜单 修改(M) → 偏移(S) 命令，将 Step4 绘制的直线分别向左右两侧偏移，偏移的值均为 1，结果如图 6.6.6 所示。

Step6. 修改图形。选择下拉菜单 修改(M) → 修剪(T) 命令将 Step3 和 Step4 绘制的辅助线及偏移后的直线进行修剪并删除 Step4 绘制的直线，结果如图 6.6.7 所示。

图 6.6.6　偏移直线

图 6.6.7　修改图形

Task3. 创建主视图

下面介绍图 6.6.1 所示的主视图的创建过程。

Step1. 绘制图 6.6.8 所示的直线。选择下拉菜单 绘图(D) → 直线(L) 命令，在中心线 1 上绘制一条长度值为 60 的直线。

Step2. 偏移直线。选择下拉菜单 修改(M) → 偏移(S) 命令，将 Step1 绘制的直线分别向上、下偏移，偏移距离值均为 4，结果如图 6.6.9 所示。

图 6.6.8　绘制直线

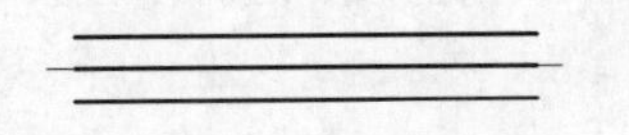

图 6.6.9　偏移直线

Step3. 创建图 6.6.10 所示的直线。删除 Step1 所绘制的直线，绘制直线 1 和直线 2，并将直线 2 向左偏移，偏移距离值为 38。

Step4. 创建倒角。选择下拉菜单 修改(M) → 倒角(C) 命令，倒角的距离值均为 1，在命令行输入字母 M 后按 Enter 键，选取要进行倒角的边线，结果如图 6.6.11 所示。

Step5. 绘制图 6.6.12 所示的直线。选择下拉菜单 绘图(D) → 直线(L) 命令，在图 6.6.12 所示的倒角处绘制直线，并将两条水平直线所在图层转换到“细实线层”。

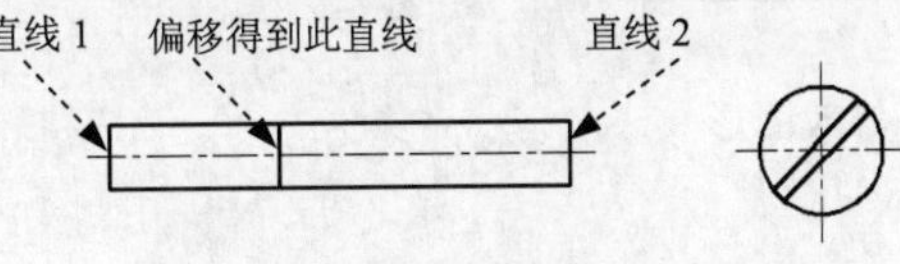

图 6.6.10　创建直线

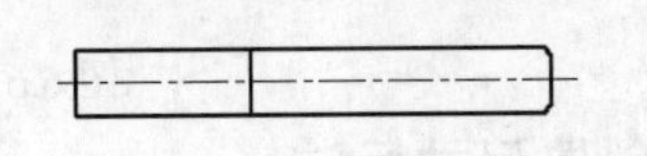

图 6.6.11　创建倒角

Step6. 绘制图 6.6.13 所示的两条水平构造线。将图层切换至“细实线层”，选择下拉菜

单 绘图(D) → 构造线(T) 命令，在命令行中输入字母 H 后按 Enter 键，依次选取左视图中圆与垂直中心线的上下交点为通过点，按 Enter 键结束命令。

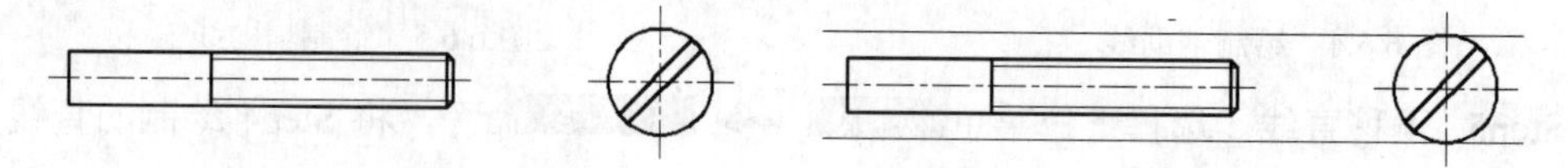

图 6.6.12　绘制直线　　　　图 6.6.13　绘制两条水平构造线

Step7. 绘制与水平方向成 135° 的直线。将图层切换至“轮廓线层”，选择下拉菜单 绘图(D) → 直线(L) 命令，单击矩形的左侧顶点，在命令行中输入（@10<135）后按 Enter 键，结果如图 6.6.14 所示。

Step8. 按 Enter 键以重复绘制“直线”命令，选取图 6.6.15 所示的点 A 作为直线的起点，将光标向下移动至 B 点单击（说明：B 点是在“极轴”打开状态下系统自动捕捉的过点 A 的垂线与水平构造线的交点），再选取 C 点作为直线的终点，按 Enter 键结束命令。

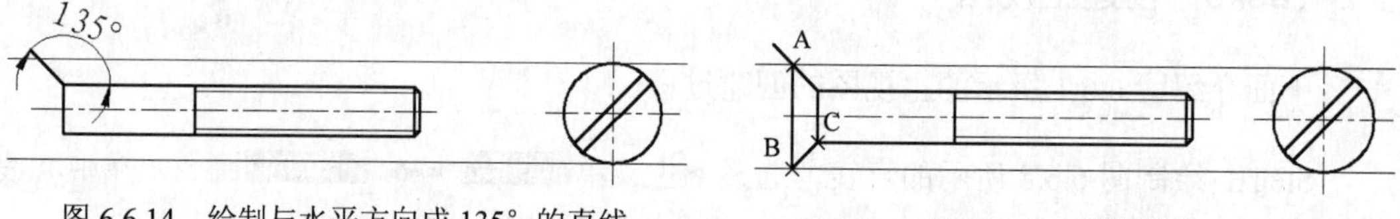

图 6.6.14　绘制与水平方向成 135° 的直线　　　　图 6.6.15　绘制直线

Step9. 选择下拉菜单 修改(M) → 删除(E) 命令，删除 Step6 绘制的两条水平构造线。

Step10. 修剪图形。选择下拉菜单 修改(M) → 修剪(T) 命令，对图 6.6.15 所示的图形进行修剪（注意：修剪时需将左视图中多余的线条也修剪掉），结果如图 6.6.16 所示。

Step11. 绘制三条直线。选择下拉菜单 绘图(D) → 直线(L) 命令，绘制图 6.6.17 所示的三条直线。

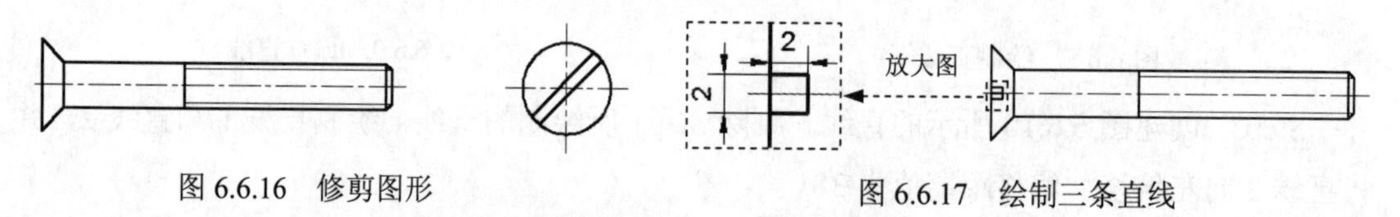

图 6.6.16　修剪图形　　　　图 6.6.17　绘制三条直线

Step12. 修改图形。选择下拉菜单 修改(M) → 修剪(T) 命令，对图 6.6.17 所示的图形进行修剪，结果如图 6.6.18 所示。

图 6.6.18　修改图形

Task4．创建尺寸标注

下面介绍图 6.6.1 所示的图形的尺寸标注过程。

Step1. 设置标注样式。选择下拉菜单 格式(O) → 标注样式(D)... 命令，单击“标注样式管理器”对话框中的 修改(M)... 按钮；在系统弹出的“修改标注样式”对话框中将文字高度设置为 2.5，将箭头大小设置为 2，将此标注样式设置为当前标注样式。

Step2. 将图层切换至“尺寸线层”。

Step3. 创建图 6.6.19 所示的线性标注。选择下拉菜单 标注(N) → 线性(L) 命令，选取要标注的对象，在绘图区的空白区域单击，以确定尺寸放置的位置。

Step4. 创建图 6.6.20 所示的直径标注。选择下拉菜单 标注(N) → 直径(D) 命令，选取要进行标注的圆，在绘图区的合适位置单击，以确定尺寸放置的位置。

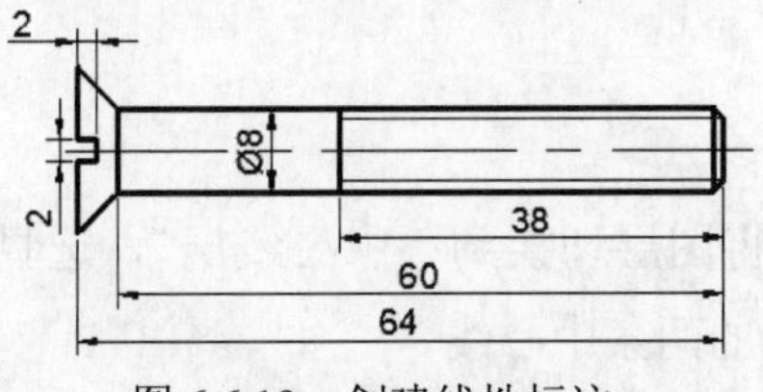

图 6.6.19　创建线性标注

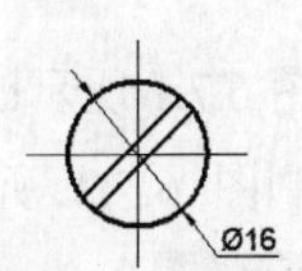

图 6.6.20　创建直径标注

Step5. 创建图 6.6.21 所示的角度标注。选择下拉菜单 标注(N) → 角度(A) 命令，创建图 6.6.21 所示的角度标注。

Step6. 创建图 6.6.22 所示的倒角标注。利用 QLEADER 命令创建引线，选择下拉菜单 绘图(D) → 文字(X) → 单行文字(S) 命令创建单行文字，文字高度值为 2.5，角度值为 0，文字样式为“Standard”，结果如图 6.6.22 所示。

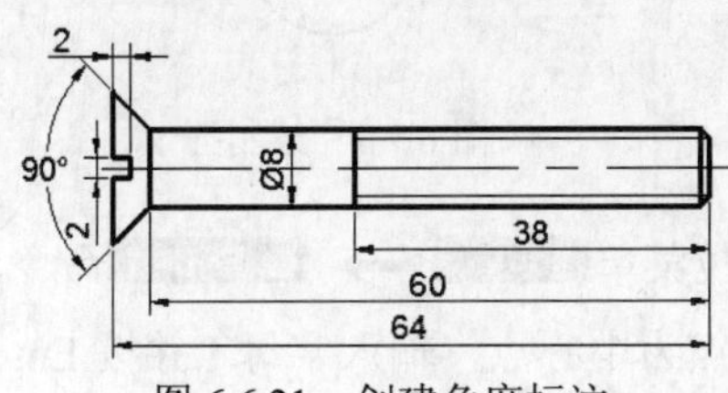

图 6.6.21　创建角度标注

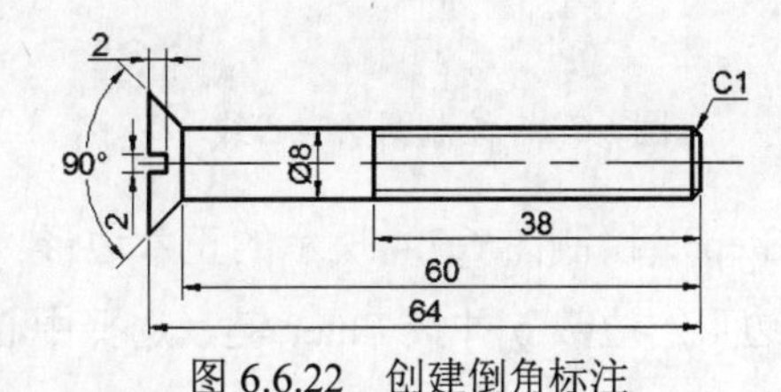

图 6.6.22　创建倒角标注

Task5．保存文件

选择下拉菜单 文件(F) → 保存(S) 命令，将图形命名为“螺钉.dwg”，单击 保存(S) 按钮。

6.7　内六角圆柱头螺钉

图 6.7.1 所示的是一个内六角圆柱头螺钉的两个视图，下面介绍其创建过程。

Task1．选用样板文件

使用随书光盘中提供的样板文件。选择下拉菜单 文件(F) → 新建(N)... 命令，在系统弹出的“选择样板”对话框中，找到文件 D:\AutoCAD2014.2\system_file\Part_temp_A4.dwg，

然后单击 打开(O) 按钮。

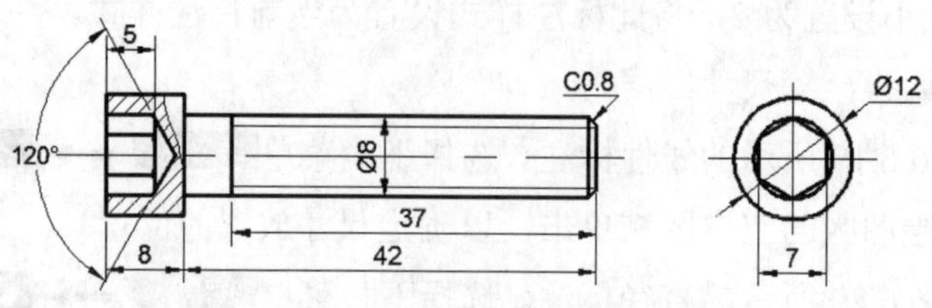

图 6.7.1　内六角圆柱头螺钉

Task2．创建左视图

下面介绍图 6.7.1 所示的左视图的创建过程。

Step1. 绘制图 6.7.2 所示的两条中心线。将图层切换到“中心线层”，选择下拉菜单 绘图(D) → 直线(L) 命令，绘制长度值均为 20 的两条中心线。

Step2. 绘制图 6.7.3 所示的圆。将图层切换到“轮廓线层”，在状态栏中单击 +（显示/隐藏线宽）按钮，使其处于打开状态；选择下拉菜单 绘图(D) → 圆(C) → 圆心、直径(D) 命令，选取水平中心线和垂直中心线的交点为圆心，输入直径值 12 后按 Enter 键。

图 6.7.2　绘制两条中心线　　　　图 6.7.3　绘制圆

Step3. 绘制图 6.7.4 所示的正六边形。选择下拉菜单 绘图(D) → 多边形(Y) 命令，输入正多边形的边数 6 并按 Enter 键，选择中心线的交点为中心点，输入字母 I 并按 Enter 键，输入圆的半径值 4 后按 Enter 键。

Step4. 旋转正六边形。选择下拉菜单 修改(M) → 旋转(R) 命令，选取正六边形为旋转对象并按 Enter 键，选取两中心线的交点为旋转基点，输入旋转角度值 90 后按 Enter 键，结果如图 6.7.5 所示。

图 6.7.4　绘制正六边形　　　　图 6.7.5　旋转图形

Step5. 选择下拉菜单 绘图(D) → 圆(C) → 圆心、直径(D) 命令，绘制正六边形的外接圆，直径值为 8，结果如图 6.7.6 所示。

Task3．创建主视图

下面介绍图 6.7.1 所示的主视图的创建过程。

Step1. 创建图 6.7.7 所示的三条水平构造线。选择下拉菜单 绘图(D) → 构造线(T) 命令，在命令行中输入字母 H 后按 Enter 键，依次捕捉图 6.7.7 所示的 A、B、C 三点为通过点，按 Enter 键结束命令。

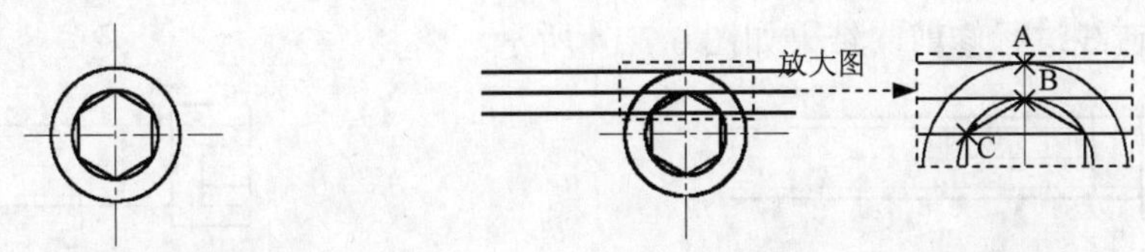

图 6.7.6　绘制外接圆　　　图 6.7.7　绘制三条水平构造线

Step2. 绘制图 6.7.8 所示的垂直构造线。

（1）选择下拉菜单 绘图(D) → 构造线(T) 命令，在命令行中输入字母 O 并按 Enter 键，输入偏移距离值 70 并按 Enter 键，选取垂直中心线为直线对象，在其左侧单击，按 Enter 键结束操作，结果如图 6.7.9 所示。

（2）按 Enter 键重复“构造线”命令，以步骤（1）绘制的垂直构造线为直线对象，向右偏移，偏移距离值分别为 5、8、13 和 50，结果如图 6.7.8 所示。

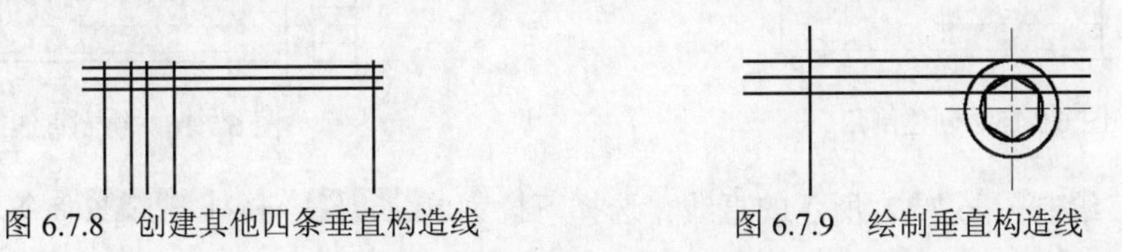

图 6.7.8　创建其他四条垂直构造线　　　图 6.7.9　绘制垂直构造线

Step3. 拉伸水平中心线。单击左视图的水平中心线使其显示夹点，然后选取图 6.7.10a 所示的左端夹点，向左拖移至适当位置，结果如图 6.7.10b 所示。

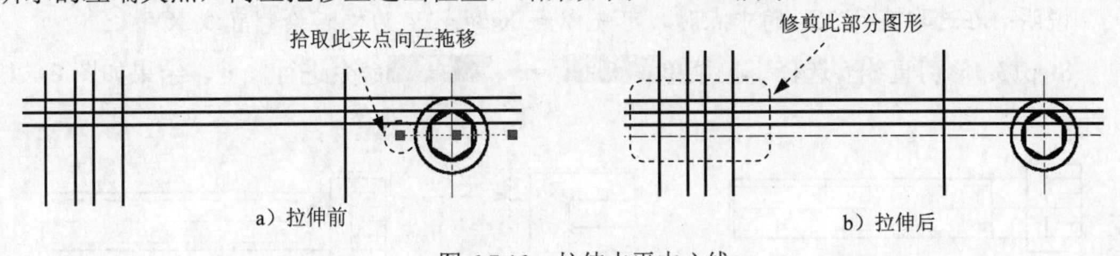

图 6.7.10　拉伸水平中心线

Step4. 修剪图形。选择下拉菜单 修改(M) → 修剪(T) 命令，对图 6.7.10b 所示的图形进行修剪，结果如图 6.7.11 所示。

Step5. 镜像图形。选择下拉菜单 修改(M) → 镜像(I) 命令，选取图 6.7.11 所示的图形（不包括水平中心线）为镜像对象，选取水平中心线为镜像线，在命令行输入字母 N 后按 Enter 键，结果如图 6.7.12 所示。

图 6.7.11　修剪图形　　　图 6.7.12　镜像图形

Step6. 将图层切换至“细实线层”。

Step7. 绘制水平构造线。选择下拉菜单 绘图(D) → 构造线(T) 命令，将水平中心线分别向上、下偏移，偏移距离值均为 3，结果如图 6.7.13 所示。

Step8. 修剪水平构造线。选择下拉菜单 修改(M) → 修剪(T) 命令，对 Step7 绘制的两条水平构造线进行修剪，结果如图 6.7.14 所示。

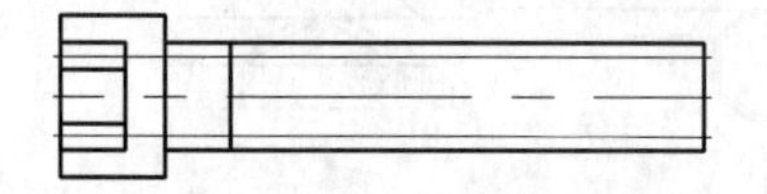

图 6.7.13 绘制水平构造线

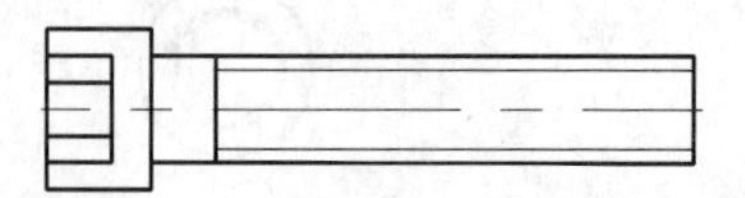

图 6.7.14 修剪水平构造线

Step9. 创建图 6.7.15 所示的倒角。选择下拉菜单 修改(M) → 倒角(C) 命令，倒角的距离值均为 0.8，选取要进行倒角的两条边线按 Enter 键，结果如图 6.7.15 所示。

Step10. 将图层切换至“轮廓线层”。

Step11. 绘制直线。选择下拉菜单 绘图(D) → 直线(L) 命令在倒角处绘制直线，结果如图 6.7.16 所示。

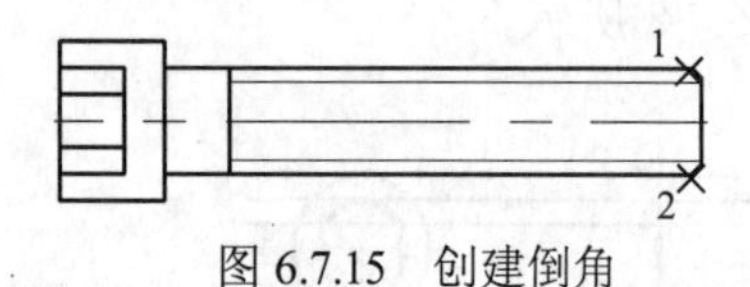

图 6.7.15 创建倒角

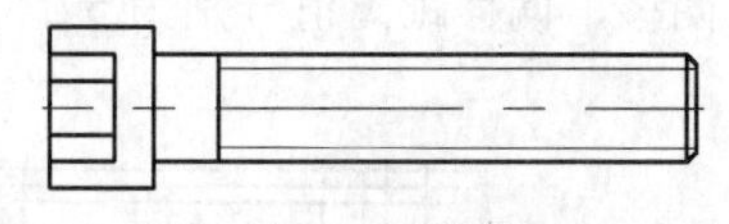

图 6.7.16 绘制直线

Step12. 绘制图 6.7.17 所示的直线。选择下拉菜单 绘图(D) → 直线(L) 命令，选取图 6.7.18 所示的直线 XY 的中点为直线起点，(@1.1<105)、(@1.1<－105) 分别为直线的终点，结果如图 6.7.18 所示。

说明：在选取直线 XY 的中点时，可先以点 X 和点 Y 为端点绘制直线 XY。

Step13. 修剪直线。选择下拉菜单 修改(M) → 修剪(T) 命令进行修剪，结果如图 6.7.17 所示。

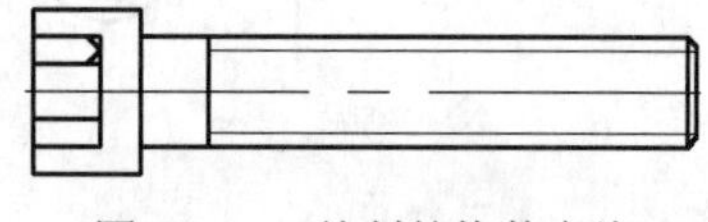

图 6.7.17 绘制并修剪直线

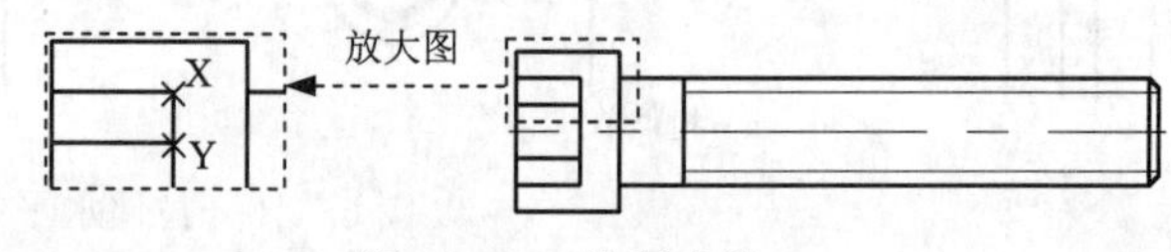

图 6.7.18 绘制直线

Step14. 镜像图形。选择下拉菜单 修改(M) → 镜像(I) 命令，选取 Step12 绘制的倾斜直线为镜像对象，以水平中心线为镜像线，结果如图 6.7.19 所示。

Step15. 绘制图 6.7.20 所示的圆弧。选择下拉菜单 绘图(D) → 圆弧(A) → 三点(P) 命令，依次选取图 6.7.19 所示的点 A、B 和 C，按 Enter 键完成第一段圆弧的绘制；重复上述操作，分别过点 C、D、E 和点 E、F、G 绘制圆弧，结果如图 6.7.20 所示。

Step16. 修改图形。选择下拉菜单 修改(M) → 删除(E) 命令将倾斜直线 AB、BC、EF、FG 删除；选择下拉菜单 修改(M) → 修剪(T) 命令修剪图形，结果如图 6.7.20 所示。

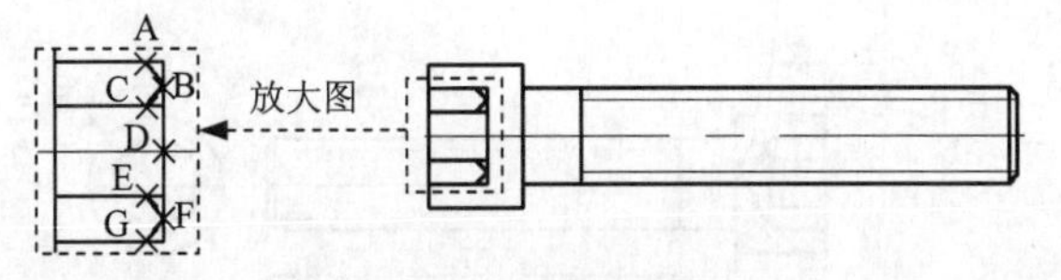

图 6.7.19　镜像图形

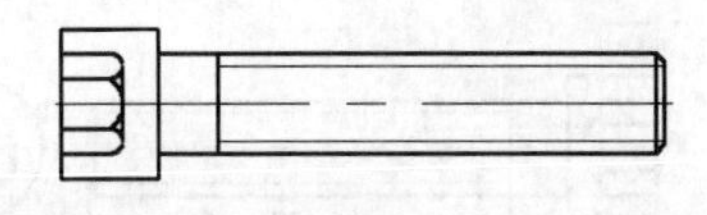
图 6.7.20　绘制圆弧并修改图形

Step17. 绘制图 6.7.21 所示的锥角。选择下拉菜单 绘图(D) → 直线(L) 命令，分别绘制以点 A 为起点、以（@5<－60）为终点和以 G 点为起点、以（@5<60）为终点的两条直线。

Step18. 选择下拉菜单 修改(M) → 修剪(T) 命令修剪图形，结果如图 6.7.21 所示。

Task4．创建局部剖视图

下面介绍图 6.7.1 所示的左局部剖视图的创建过程。

Step1. 将图层切换至“剖面线层”。

Step2. 绘制样条曲线。选择下拉菜单 绘图(D) → 样条曲线(S) → 拟合点(F) 命令绘制图 6.7.22 所示的曲线。

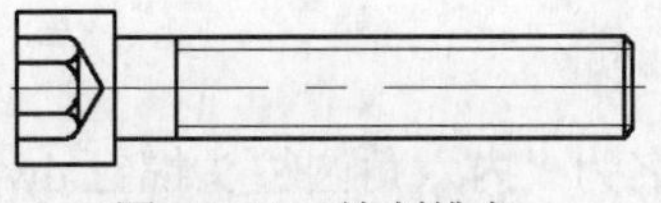
图 6.7.21　绘制锥角

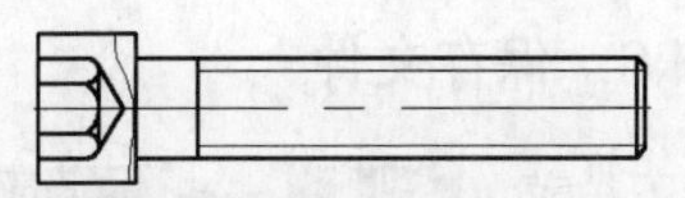
图 6.7.22　绘制样条曲线

Step3. 创建图案填充。选择下拉菜单 绘图(D) → 图案填充(H)... 命令，创建图 6.7.23 所示的图案填充。其中，填充类型为 用户定义，填充角度值为 45，填充间距值为 1。

Step4. 打断中心线。选择下拉菜单 修改(M) → 打断(K) 命令，将主视图和剖视图间的中心线打断，结果如图 6.7.24 所示。

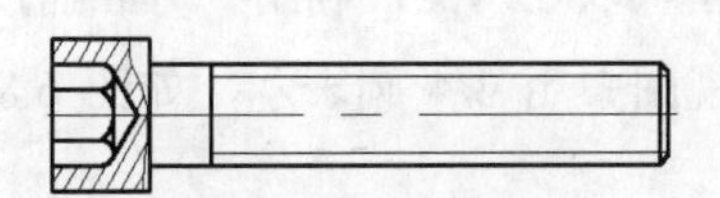
图 6.7.23　创建图案填充

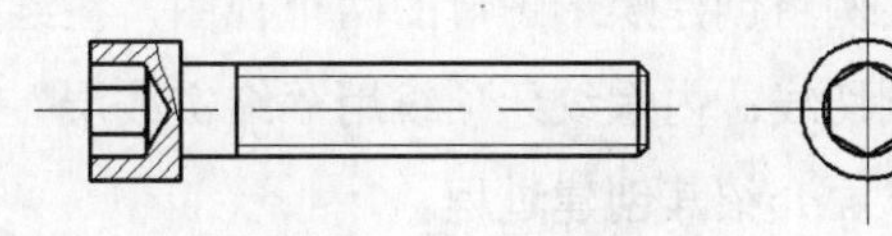
图 6.7.24　打断中心线

Task5．创建尺寸标注

下面介绍图 6.7.1 所示的图形的尺寸标注过程。

Step1. 设置标注样式。选择下拉菜单 格式(O) → 标注样式(D)... 命令，单击“标注样式管理器”对话框中的 修改(M)... 按钮，将“修改标注样式”对话框的 文字 选项卡中的 文字高度(T): 设置为 2.5，将 符号和箭头 选项卡中的 箭头大小(I): 设置为 2.5。

Step2. 将图层切换至“尺寸线层”。

Step3. 选择下拉菜单 标注(N) → 线性(L) 命令，创建图 6.7.25 所示的线性标注。

Step4. 选择下拉菜单 标注(N) → 直径(D) 命令，创建图 6.7.26 所示的直径标注。

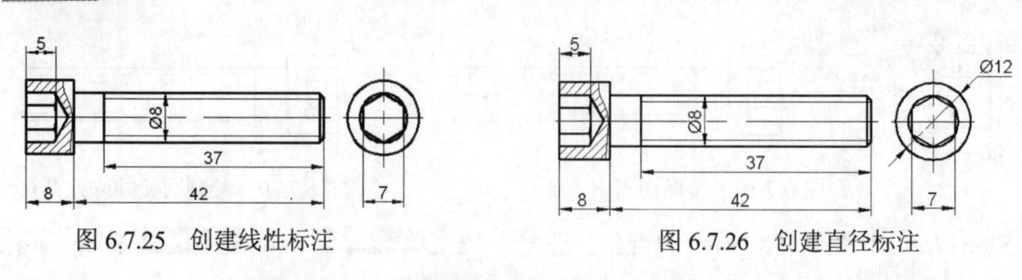

图 6.7.25 创建线性标注　　　　图 6.7.26 创建直径标注

Step5. 选择下拉菜单 标注(N) → 角度(A) 命令，创建图 6.7.27 所示的角度标注。

Step6. 用 QLEADER 命令和 绘图(D) → 文字(X) → 单行文字(S) 命令完成倒角标注，文字高度值为 2.5，角度值为 0，文字样式为"Standard"，结果如图 6.7.28 所示。

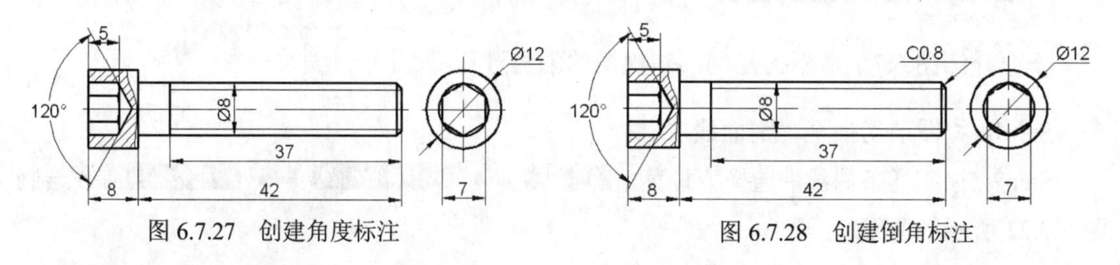

图 6.7.27 创建角度标注　　　　图 6.7.28 创建倒角标注

Task6. 保存文件

选择下拉菜单 文件(F) → 保存(S) 命令，将图形命名为"内六角圆柱头螺钉.dwg"，单击 保存(S) 按钮。

6.8 蝶 形 螺 母

本实例将创建蝶形螺母的两个视图，在绘制过程中应注意以下两点：利用"对象捕捉"功能绘制切线；内螺纹牙顶线用"细实线层"绘制，在俯视图中用 3/4 圆表示，如图 6.8.1 所示。下面介绍其创建过程。

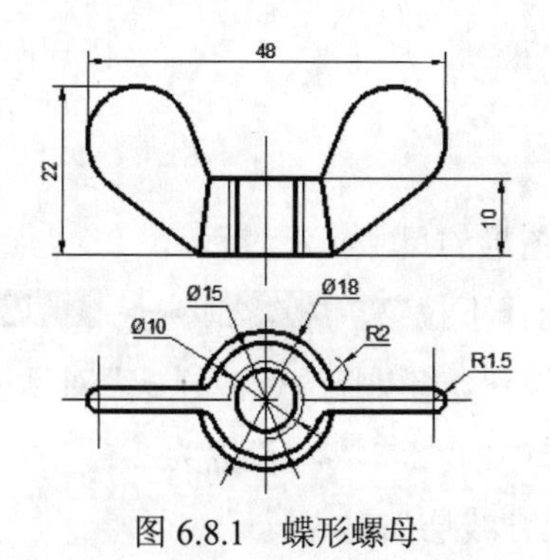

图 6.8.1 蝶形螺母

Task1. 选用样板文件

使用随书光盘中提供的样板文件。选择下拉菜单 文件(F) → 新建(N)... 命令，在系统

弹出的“选择样板”对话框中，找到文件 D:\AutoCAD2014.2\system_file\Part_temp_A4.dwg，然后单击打开(O)按钮。

Task2．创建主视图

下面介绍图 6.8.1 所示的主视图的创建过程。

Step1．绘制图 6.8.2 所示的两条中心线。将图层切换到“中心线层”，选择下拉菜单 绘图(D) → 直线(L) 命令，确认状态栏中的（正交模式）和（对象捕捉）按钮处于打开状态，绘制中心线 1、2，其长度值分别为 55、80。

Step2．将图层切换到“轮廓线层”，在状态栏中单击（显示/隐藏线宽）按钮，使其处于打开状态。

Step3．偏移图 6.8.3 所示的中心线。

（1）选择下拉菜单 修改(M) → 偏移(S) 命令，在命令行中输入偏移距离值 4 后按 Enter 键，选取图 6.8.2 所示的中心线 2 为偏移对象，在其左侧单击以确定偏移方向，按 Enter 键结束命令。

（2）按照步骤（1）的操作，将中心线 2 向左偏移，偏移距离值分别为 5、7.5、9 和 17；将中心线 1 向上偏移，偏移距离值分别为 10 和 15，结果如图 6.8.3 所示。

Step4．绘制图 6.8.3 所示的直线。选择下拉菜单 绘图(D) → 直线(L) 命令，绘制出 AB、BC、CD 和 EF 四条直线。

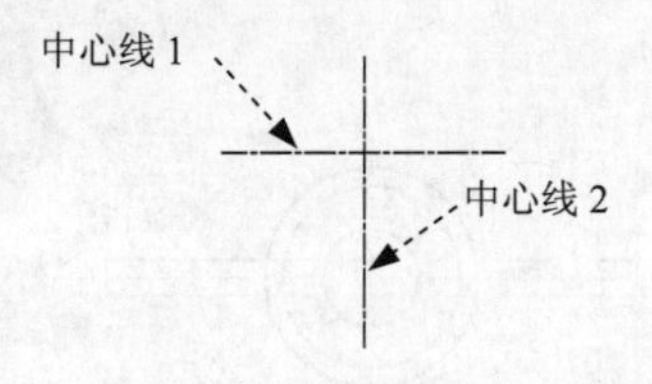

图 6.8.2　绘制两条中心线

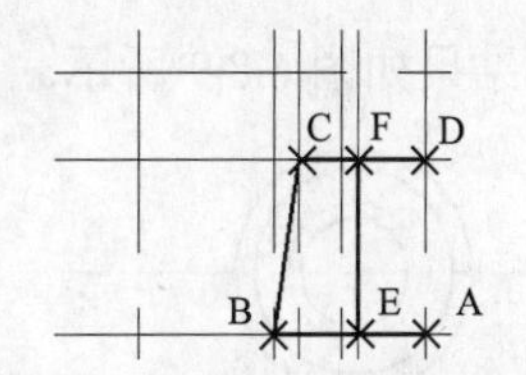

图 6.8.3　偏移中心线并绘制直线

Step5．修剪图形。选择下拉菜单 修改(M) → 修剪(T) 命令和 修改(M) → 删除(E) 命令，对图 6.8.3 所示图形进行修剪，结果如图 6.8.4 所示。

Step6．将图 6.8.4 所示的直线转移至“细实线层”。

Step7．绘制图 6.8.5 所示的圆。选择下拉菜单 绘图(D) → 圆(C) → 圆心、直径(D) 命令，绘制以图 6.8.4 中所示的 O 点为圆心，直径值为 14 的圆。

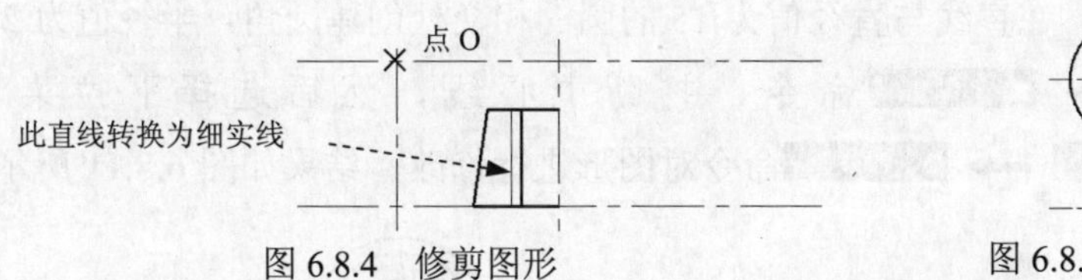

图 6.8.4　修剪图形

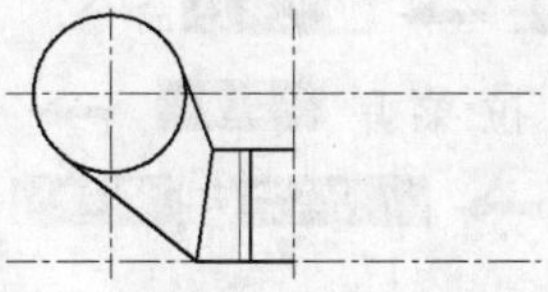

图 6.8.5　绘制圆以及圆的相切直线

Step8．绘制图 6.8.5 所示的直线。选择下拉菜单 绘图(D) → 直线(L) 命令，过 B、C 两点分别绘制与圆相切的两直线，结果如图 6.8.5 所示。

Step9. 修剪图形。选择下拉菜单 修改(M) → 修剪(T) 命令对图 6.8.5 所示的图形进行修剪，结果如图 6.8.6 所示。

Step10. 镜像图形。选择下拉菜单 修改(M) → 镜像(I) 命令，以右侧垂直中心线为镜像线，对图 6.8.6 所示的图形（不包括中心线）进行镜像，结果如图 6.8.7 所示。

Step11. 移除左侧的中心线及水平中心线。

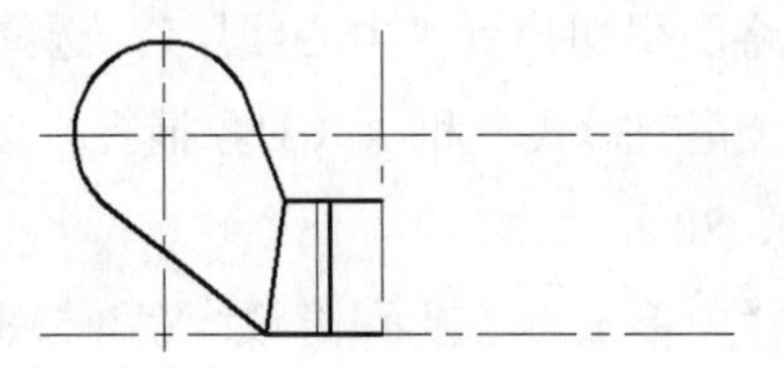

图 6.8.6 绘制直线并修剪图形

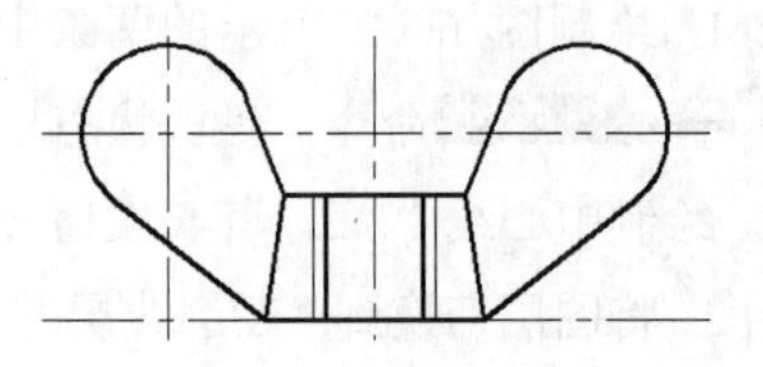

图 6.8.7 镜像图形

Task3. 创建俯视图

下面介绍图 6.8.1 所示的俯视图的创建过程。

Step1. 绘制图 6.8.8 所示的四个圆。将中心线 1 向下偏移，偏移距离值为 30，选择下拉菜单 绘图(D) → 圆(C) → 圆心、直径(D) 命令，以其与中心线 2 的“交点”为圆心，绘制直径值分别为 8、10、15 和 18 的四个同心圆。

Step2. 将直径值为 10 的圆所在的图层转换到“细实线层”，结果如图 6.8.8 所示。

Step3. 偏移中心线。选择下拉菜单 修改(M) → 偏移(S) 命令，将图 6.8.8 中的水平中心线分别向上、下偏移，偏移距离值均为 1.5；将垂直中心线分别向左、右偏移，偏移距离值均为 22.5，结果如图 6.8.9 所示。

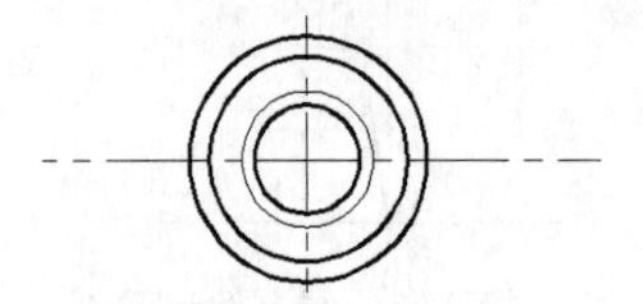

图 6.8.8 绘制四个圆

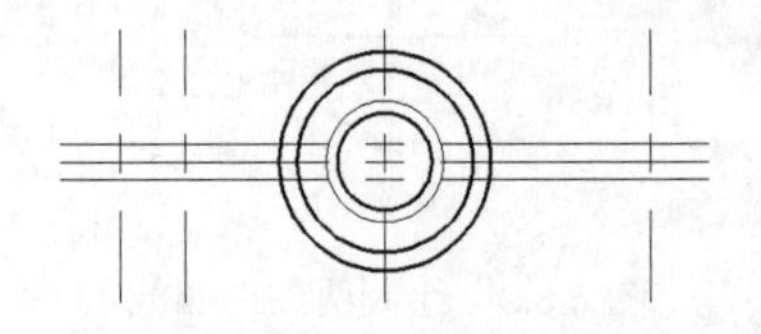

图 6.8.9 偏移中心线

Step4. 绘制图 6.8.10 所示的两个圆。选择下拉菜单 绘图(D) → 圆(C) → 圆心、直径(D) 命令，以通过偏移得到的垂直中心线与中心线 2 的交点为圆心，绘制直径值为 3 的两圆。

Step5. 编辑图形。将 Step3 通过偏移得到的两条水平中心线转换为轮廓线；选择下拉菜单 修改(M) → 圆角(F) 命令，在直线与直径值为 15 的圆的相交处创建圆角，半径值为 2；选择下拉菜单 修改(M) → 打断(K) 命令，打断中心线，然后选择下拉菜单 修改(M) → 修剪(T) 和 修改(M) → 删除(E) 命令对图形进行修改，结果如图 6.8.11 所示。

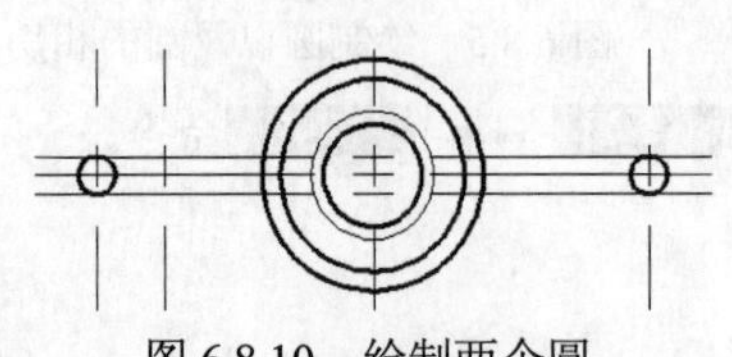

图 6.8.10 绘制两个圆

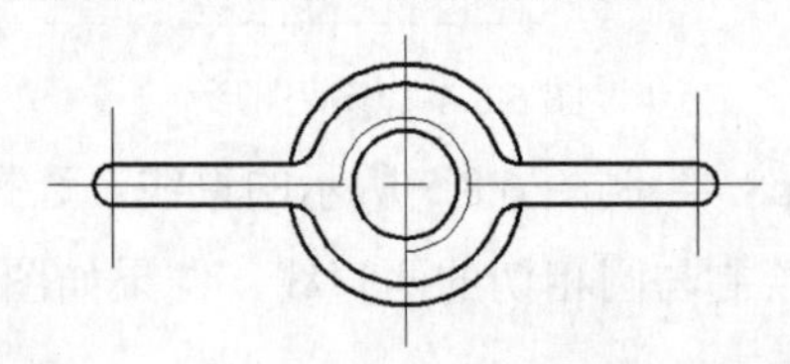

图 6.8.11 编辑图形

Task4．尺寸标注

下面介绍图 6.8.1 所示的图形尺寸的标注过程。

Step1．设置标注样式。选择下拉菜单 格式(O) → 标注样式(D)... 命令，单击“标注样式管理器”对话框中的 修改(M)... 按钮，在系统弹出的“修改标注样式”对话框中将 文字高度(T): 设置为 2.5，将 箭头大小(I): 设置为 2.5，单击该对话框中的 确定 按钮，最后单击“标注样式管理器”对话框中的 关闭 按钮。

Step2．将图层切换到“尺寸线层”。

Step3．选择下拉菜单 标注(N) → 线性(L) 命令，创建图 6.8.12 所示的线性标注。

Step4．选择下拉菜单 标注(N) → 直径(D) 命令，创建图 6.8.13 所示的直径标注。

Step5．选择下拉菜单 标注(N) → 半径(R) 命令，创建图 6.8.13 所示的半径标注。

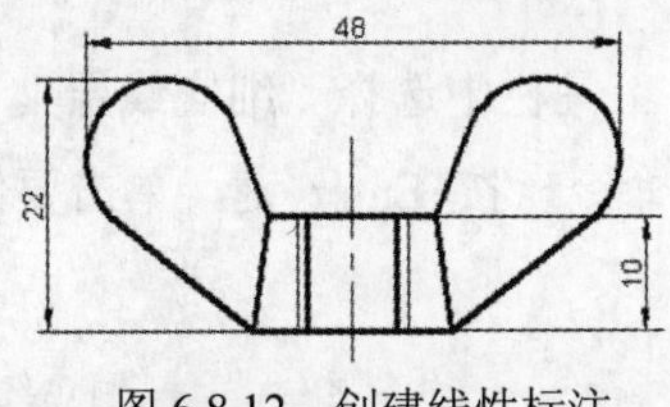

图 6.8.12 创建线性标注

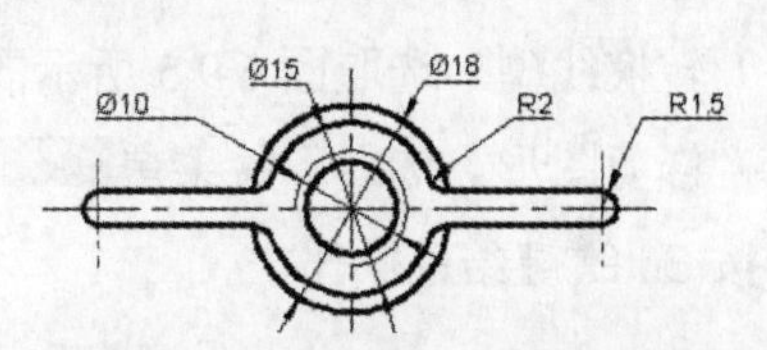

图 6.8.13 创建直径和半径标注

Task5．保存文件

选择下拉菜单 文件(F) → 保存(S) 命令，将图形命名为“蝶形螺母.dwg”，单击 保存(S) 按钮。

6.9 普 通 螺 母

螺母与螺栓是一对相互配合的零件，通过螺母与螺栓可实现连接与紧固的作用，达到一定的配合与性能要求。下面以图 6.9.1 所示的螺母为例，说明其创建的一般过程。

Task1．选用样板文件

使用随书光盘上提供的样板文件。选择下拉菜单 文件(F) → 新建(N)... 命令，在系统弹出的“选择样板”对话框中，找到文件 D:\AutoCAD2014.2\system_file\Part_temp_A3.dwg，然后单击 打开(O) 按钮。

Task2．创建左视图

Step1．绘制中心线。

（1）将图层切换至“中心线层”。

（2）绘制中心线。选择下拉菜单 绘图(D) → 直线(L) 命令，结合 (正交模式) 和 (对象捕捉）功能，绘制图 6.9.2 所示的三条中心线，且中心线 1 与中心线 3 共线。

Step2. 绘制正六边形。

（1）将图层切换至“轮廓线层”。

（2）绘制图 6.9.2 所示的正六边形。选择下拉菜单 绘图(D) → 多边形(Y) 命令，在命令行中输入侧面数 6 后按 Enter 键，捕捉水平中心线和垂直中心线的“交点”并单击，在命令行中输入字母 I 后按 Enter 键，输入（@10<90）后按 Enter 键。

Step3. 绘制正六边形的内切圆。选择下拉菜单 绘图(D) → 圆(C) → 相切、相切、相切(A) 命令，单击正六边形内的任意三条边，结果如图 6.9.3 所示。

Step4. 绘制圆。选择下拉菜单 绘图(D) → 圆(C) → 圆心、直径(D) 命令，绘制图 6.9.4 所示的直径值分别为 12、10.2 的同心圆。

Step5. 转换线型和修剪图形，结果如图 6.9.5 所示。

（1）转换线型。选取图 6.9.5 所示的圆，在“图层”工具栏中选择“细实线层”。

（2）修剪图形。选择下拉菜单 修改(M) → 修剪(T) 命令，按 Enter 键，单击要修剪的线条，按 Enter 键结束操作。

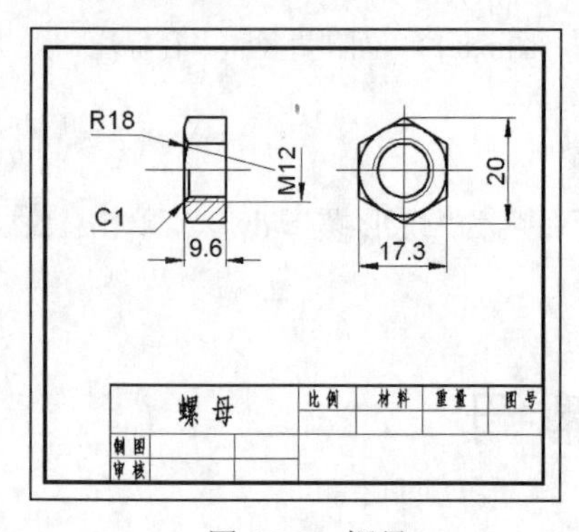

图 6.9.1 螺母

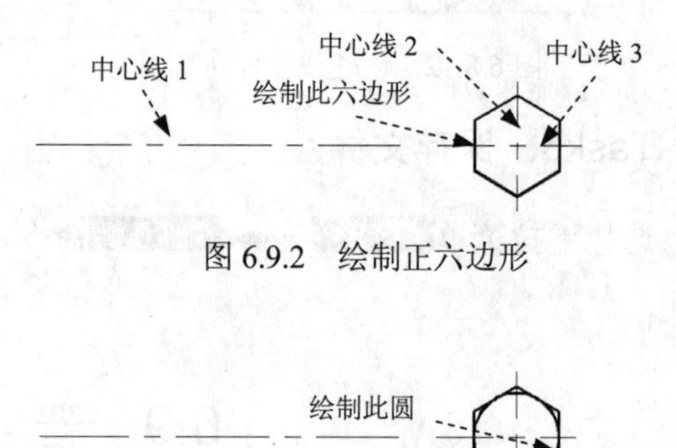

图 6.9.2 绘制正六边形

图 6.9.3 绘制内切圆

Task3. 创建主视图

Step1. 偏移中心线，结果如图 6.9.6 所示。

（1）偏移垂直中心线。

① 选择下拉菜单 修改(M) → 偏移(S) 命令，将图 6.9.6 所示的垂直中心线向左偏移，偏移距离值为 35，按 Enter 键结束命令。

② 用同样的方法，将步骤①经过偏移得到的垂直中心线向左偏移，偏移距离值为 9.6。

说明： 如果主视图的水平中心线与偏移后的垂直中心线没相交，可拖动水平中心线的夹点并向左水平移动，使其相交，结果如图 6.9.6 所示。

（2）偏移水平中心线。用同样的方法，以主视图的水平中心线为偏移对象，将其向上偏移的距离值分别为 5、10，向下偏移的距离值分别为 5、6、10。

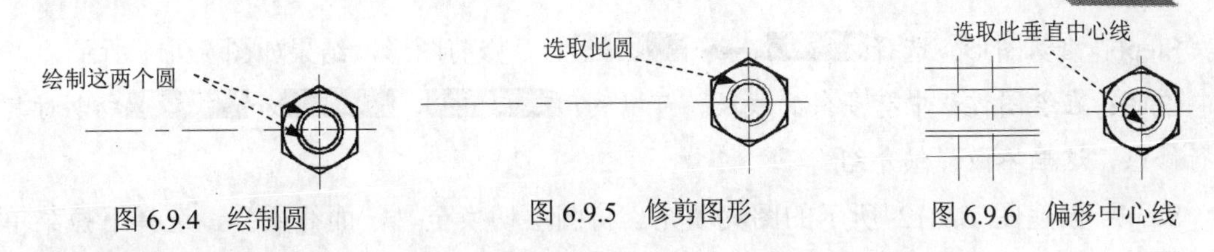

图 6.9.4　绘制圆　　图 6.9.5　修剪图形　　图 6.9.6　偏移中心线

Step2. 修剪图形。

（1）转换线型。将 Step1 通过偏移得到的七条中心线转换为轮廓线。

（2）修剪中心线。用 修改(M) → 修剪(T) 命令修剪图形，结果如图 6.9.7 所示。

Step3. 转换线型。选取图 6.9.8 所示的直线，将其转移至“细实线层”。

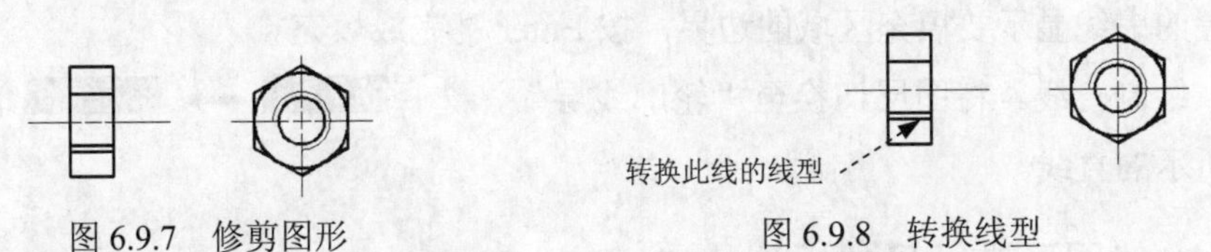

图 6.9.7　修剪图形　　图 6.9.8　转换线型

Step4. 绘制圆与圆弧。

（1）绘制圆。选择下拉菜单 绘图(D) → 圆(C) → 圆心、半径(R) 命令；在命令行中输入命令 FROM，按 Enter 键，选取最左边的垂直轮廓线与水平中心线的“交点”为基点；在命令行中输入（@18,0）；输入半径值 18，按 Enter 键结束操作，结果如图 6.9.9 所示。

（2）绘制垂直构造线。选择下拉菜单 绘图(D) → 构造线(T) 命令，输入字母 V 并按 Enter 键，捕捉图 6.9.9 所示的点 A 单击。

（3）通过三点绘制圆弧。选择下拉菜单 绘图(D) → 圆弧(A) → 三点(P) 命令，依次选取图 6.9.10 所示的点 C、点 D 和点 E。

（4）重复上一步的操作，结合（对象捕捉）功能绘制下侧的圆弧。

Step5. 创建倒角。

（1）选择下拉菜单 修改(M) → 倒角(C) 命令；输入字母 A（即选择“角度”选项），按 Enter 键；输入倒角长度值 1 并按 Enter 键；输入倒角角度值 60 并按 Enter 键；输入字母 T 并按 Enter 键；输入字母 N 并按 Enter 键；选取图 6.9.11 所示的直线为要倒角的直线。

（2）按 Enter 键重复“倒角”命令，使用“距离”方式进行倒角，创建图 6.9.11 所示的倒角，倒角长度值均为 1.0。

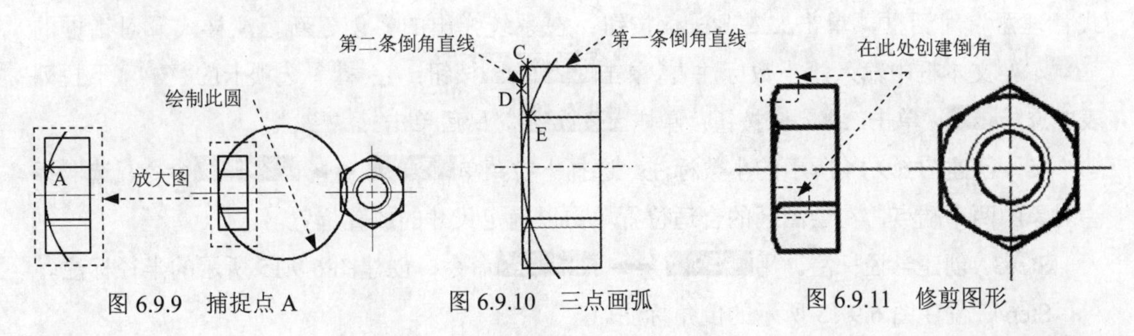

图 6.9.9　捕捉点 A　　图 6.9.10　三点画弧　　图 6.9.11　修剪图形

Step6. 修剪图形。选择 修改(M) → 修剪(T) 命令修剪图形，结果如图 6.9.11 所示。

说明：在绘图过程中有多余的线段，可以利用 打断(K)、修剪(T) 和 删除(E) 命令对其进行修改，这里不做详细介绍。

Step7. 创建图 6.9.12 所示的图案填充。将图层切换至“剖面线层”，选择下拉菜单 绘图(D) → 图案填充(H)... 命令，在命令行中输入字母 T 并按 Enter 键，系统弹出“图案填充和渐变色”对话框；在对话框中的 类型(Y): 下拉列表中选择 预定义；在 图案(P): 下拉列表中选择 ANSI31；在 比例(S): 下拉列表中选择 0.5；单击 添加:拾取点 左侧的按钮，系统自动切换到绘图区。在需要进行图案填充的封闭区域的任意位置分别单击，此时系统为所选区域进行填充并用加亮的虚线显示要填充区域的边界，按 Enter 键完成填充。

Step8. 绘制直线。将图层切换至“轮廓线层”，选择 绘图(D) → 直线(L) 命令，绘制图 6.9.13 所示的直线。

Task4. 对图形进行尺寸标注

Step1. 将图层切换至“尺寸线层”。

Step2. 创建线性标注。

（1）选择下拉菜单 标注(N) → 线性(L) 命令，选取标注对象的两个端点，在绘图区空白区域的合适位置单击以确定尺寸的放置位置，结果如图 6.9.13 所示。

（2）用同样的方法创建其他的线性标注，结果如图 6.9.13 所示。

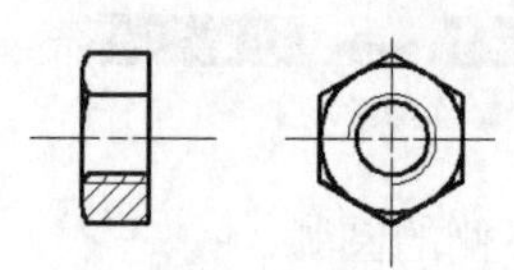

图 6.9.12 填充图形

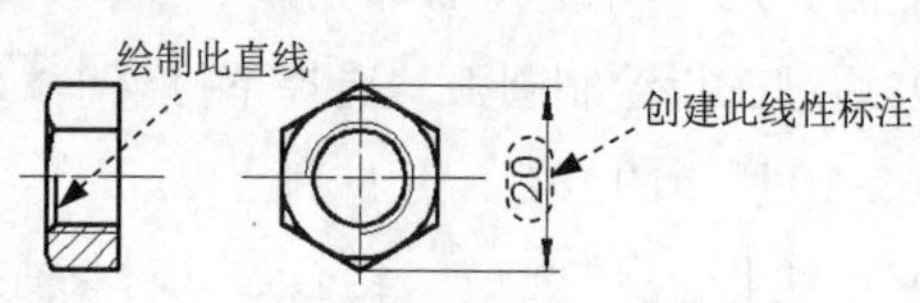

图 6.9.13 创建线性标注

（3）创建螺纹的标注。选择下拉菜单 标注(N) → 线性(L) 命令，选取标注对象的两个端点，输入字母 M 并按 Enter 键。在系统弹出的“文字格式”编辑器中，删除原有文字，输入文本 M12，并在空白位置单击以放置尺寸；选取该标注，用 修改(M) → 分解(X) 命令，分解该尺寸；对尺寸进行部分删除，结果如图 6.9.14 所示。

（4）新建标注样式。选择下拉菜单 格式(O) → 标注样式(D)... 命令，系统弹出“标注样式管理器”对话框，单击 新建(N)... 按钮；在系统弹出的“创建新标注样式”对话框的 新样式名(N): 文本框中输入“小数标注”，单击 继续 按钮；在 主单位 选项卡的 精度(P): 下拉列表中选择 0.0，单击 确定 按钮；单击 置为当前(U)，最后单击 关闭(C)。

（5）创建图 6.9.14 所示的小数标注。选择下拉菜单 标注(N) → 线性(L) 命令，选取标注对象的两个端点，在绘图区的合适位置单击以确定尺寸的放置位置。

Step3. 创建半径标注。用 标注(N) → 半径(R) 命令，创建图 6.9.15 所示的半径标注。

Step4. 创建图 6.9.15 所示的倒角标注。

（1）创建引线。在命令行输入命令 QLEADER 后按 Enter 键，在绘图区单击三点并单击 Esc 键，完成图 6.9.15 所示的引线的创建。

（2）添加文字。用 绘图(D) → 文字(X) → 多行文字(M)... 命令，在引线上方空白区域选取两点以指定输入文字的范围，输入文字，并将文字高度设为 3.5，结果如图 6.9.15 所示。

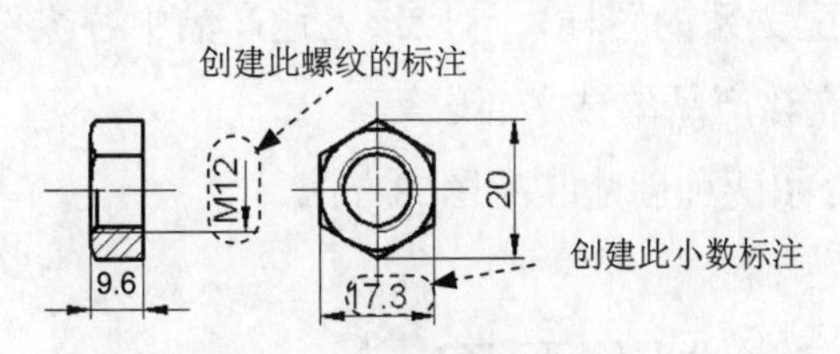

图 6.9.14　创建螺纹标注

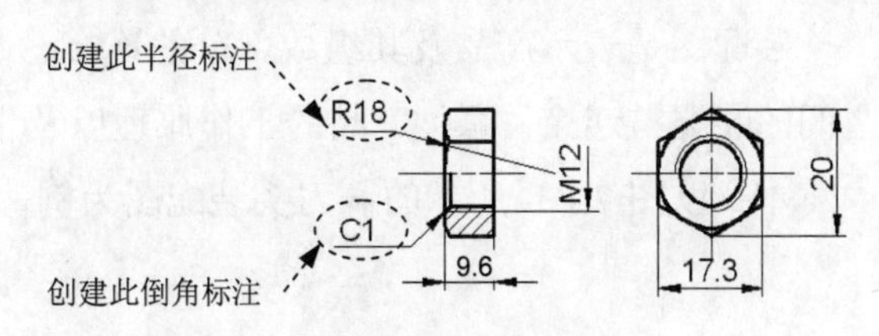

图 6.9.15　创建半径与倒角标注

Task5．填写标题栏并保存文件

Step1．切换图层。将图层切换至“文字层”。

Step2．注写文字。选择下拉菜单 绘图(D) → 文字(X) → 多行文字(M)... 命令，在标题栏指定区域选取两点以指定输入文字的范围，输入文字“螺母”，选中所输入的文字，选择“汉字文本样式”字体格式，输入字高 5，单击 文字编辑器 选项板中的“关闭文字编辑器”按钮。

Step3．选择下拉菜单 文件(F) → 保存(S) 命令，将零件的图形命名为“普通螺母.dwg”，单击 保存(S) 按钮。

第 7 章　装配图的创建

装配图是表示产品及其组成部分的连接、装配关系的图样，它应该表达产品中各零件之间的装配与连接关系、产品的工作原理以及生产该产品的技术要求等。

本章以图 7.1.1 所示的铣刀头装配图为例，介绍两种创建装配图的方法。

7.1　方法一：直接绘制装配图

现代机械设计中，创建装配图的方法之一是先直接绘制装配图，然后再根据实际需求拆画零件并进行设计。下面介绍这种创建方法的思路。

（1）视图的选择。

① 主视图的选择。主视图的选择应该符合部件的工作位置或习惯的加工位置，应尽可能反映部件的结构特点、工作状况、零件之间的装配和连接关系；应能明显地表示出部件的工作原理；主视图通常采取剖视，以表达零件的主要装配路线（如工作系统、传动系统）。

② 其他视图的选择。其他视图的选择应能补充主视图尚未表达或表达不够充分的部分。

（2）确定绘图比例和图纸大小（通常装配图选择 A0 图纸）。部件中的每一种零件至少应在视图中出现一次，不可遗漏任何一个有装配关系的细小部位。根据部件的总体尺寸、复杂程度和视图数量确定绘图比例及标准的图纸幅面。布图时，应同时考虑标题栏、明细栏、零件编号、标注尺寸和技术要求等所需的位置。

（3）绘制步骤。

① 绘制各视图的主要基准。它通常包括主要轴线、对称中心线及主要零件的基面或端面。

② 绘制主体结构以及与它直接相关的重要零件。不同的机器或部件都有决定其特性的主体结构，在绘图时必须根据设计计算，首先绘制出主体结构的轮廓。与主体结构相接的重要零件，再相继画出。

③ 绘制其他次要零件和细部结构。逐步画出主体结构和重要零件的细节，以及各种连接件如螺栓、螺母、键和销等。

④ 检查核对图形，创建剖面线。

⑤ 标注尺寸，编写序号，添加明细表，填写标题栏和明细表，注写技术要求，完成全图。

下面详细介绍铣刀头装配图的创建过程。

Task1．选用样板文件

使用随书光盘中提供的样板文件。选择下拉菜单 文件(F) → 新建(N)... 命令，在系统弹出的“选择样板”对话框中，找到文件 D:\AutoCAD2014.2\system_file\ Assembly_temp_A0.dwg，然后单击 打开(O) 按钮。

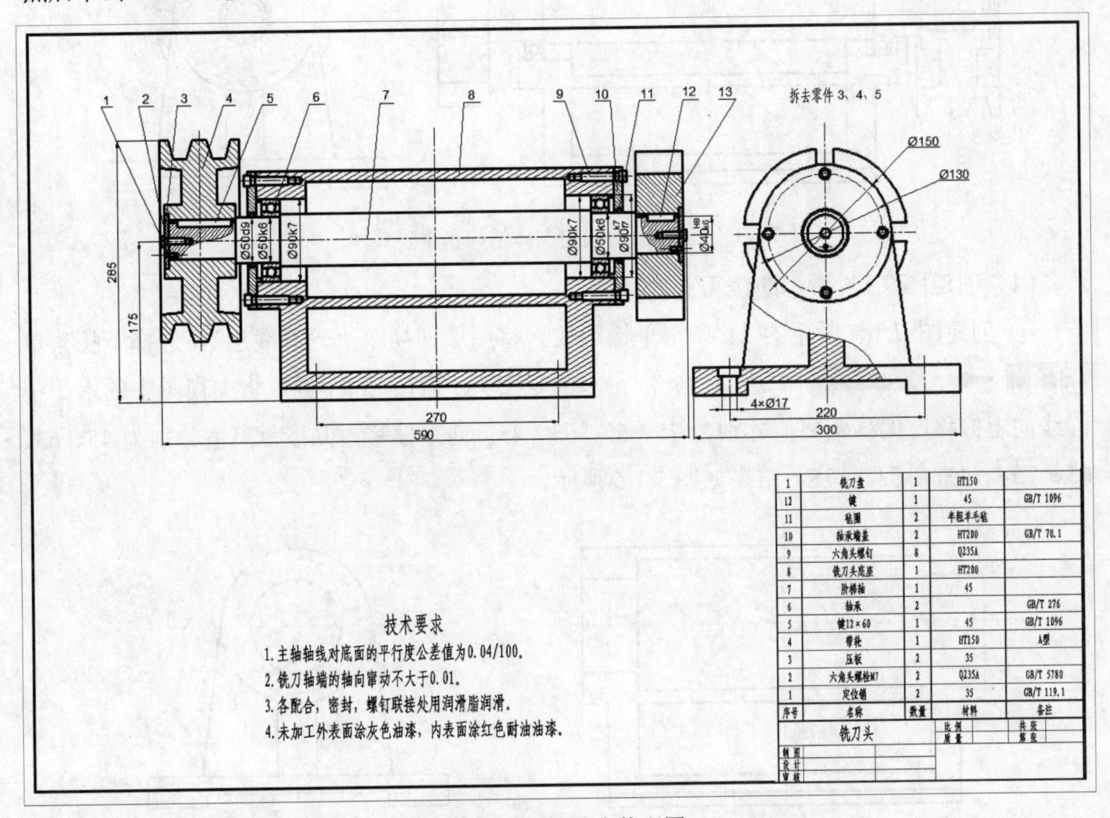

图 7.1.1　铣刀头装配图

Task2．创建视图

下面介绍图 7.1.1 所示的各视图的创建过程。

Step1．绘制四条中心线。确认状态栏中的 (正交模式)、 (显示/隐藏线宽) 和 (对象捕捉) 按钮处于打开状态。将图层切换至“中心线层”，选择下拉菜单 绘图(D) → 直线(L) 命令，绘制图 7.1.2 所示的四条中心线。

图 7.1.2　绘制四条中心线

Step2. 创建图 7.1.3 所示的铣刀头的主体结构和重要零件。

说明：为了简化后面的操作步骤，可以在创建左视图的过程中，将铣刀头装配图中的肋板也绘制出来。读者也可以在后面绘制，但必须在创建剖面线之前。

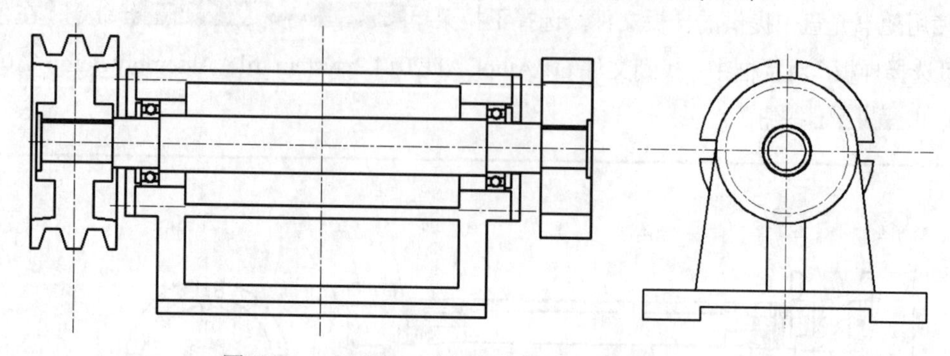

图 7.1.3　创建铣刀头的主体结构和重要零件

（1）创建图 7.1.4 所示的铣刀头底座。

① 创建图 7.1.5 所示的 11 条水平构造线。将图层切换至“轮廓线层”，选择下拉菜单 绘图(D) → 构造线(T) 命令，在命令行中输入字母 O 后按 Enter 键，将主视图中的水平中心线向上偏移，偏移距离值分别为 75、65、63、45；向下偏移，偏移距离值分别为 45、63、65、75、145、162、175，结果如图 7.1.5 所示。

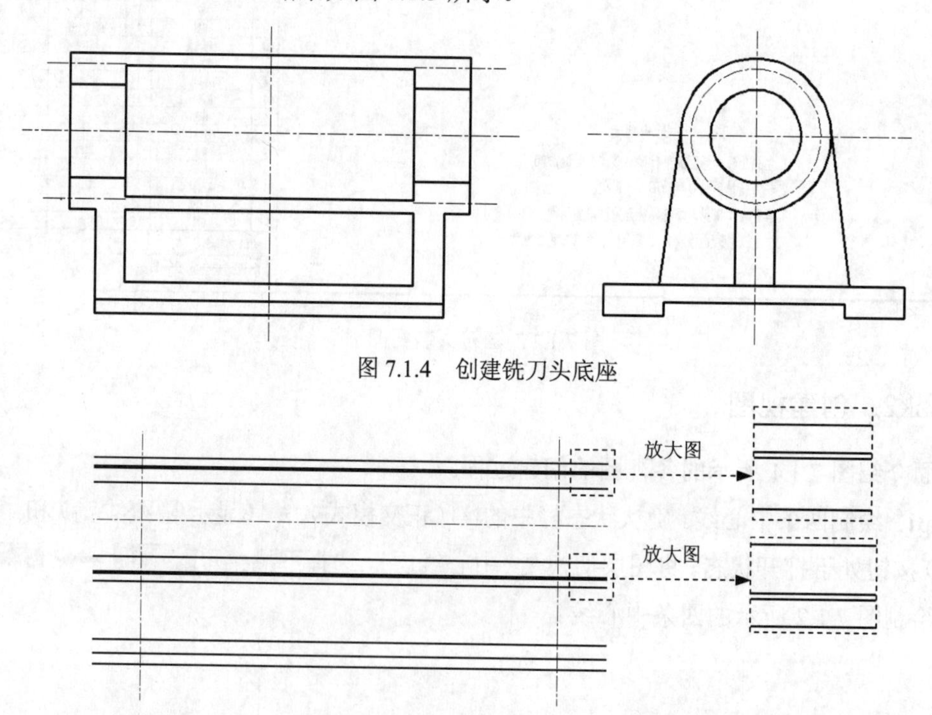

图 7.1.4　创建铣刀头底座

图 7.1.5　创建 11 条水平构造线

② 创建图 7.1.6 所示的 7 条垂直构造线。按 Enter 键重复“构造线”命令，将主视图的垂直中心线向左偏移，偏移距离值分别为 145、175、200；将左视图的垂直中心线向右偏移，

偏移距离值分别为 20、90、95、150，结果如图 7.1.6 所示。

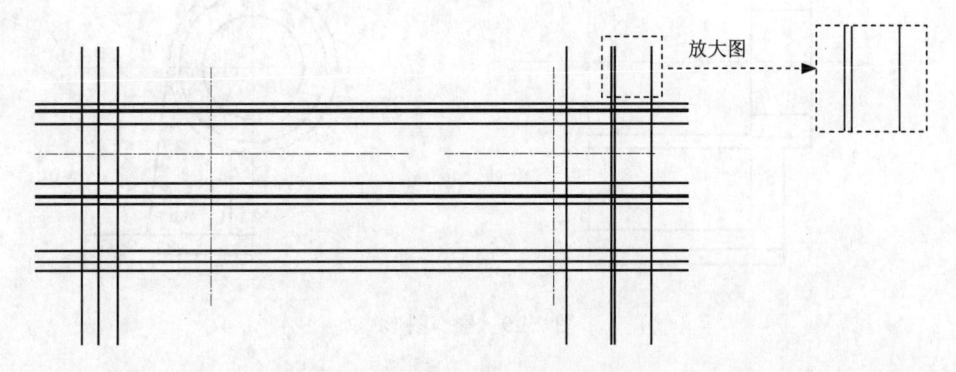

图 7.1.6　创建 7 条垂直构造线

③ 创建图 7.1.7 所示的三个圆。选择下拉菜单 绘图(D) → 圆(C) → 圆心、直径(D) 命令，绘制直径值分别为 150、130、90 的三个圆。

图 7.1.7　创建三个圆

④ 绘制图 7.1.8 所示的直线 1。在状态栏中单击 （正交模式）按钮，使其处于关闭状态。选择下拉菜单 绘图(D) → 直线(L) 命令，绘制图 7.1.8 所示的直线 1（使用捕捉选取圆上的切点）。

图 7.1.8　绘制直线

⑤ 修剪图形。选择下拉菜单 修改(M) → 修剪(T) 和 修改(M) → 删除(E) 命令，对图 7.1.8 所示的图形进行修剪，结果如图 7.1.9 所示。

⑥ 镜像图形。选择下拉菜单 修改(M) → 镜像(I) 命令，对图 7.1.9 中的主视图和左视图进行镜像，结果如图 7.1.10 所示。

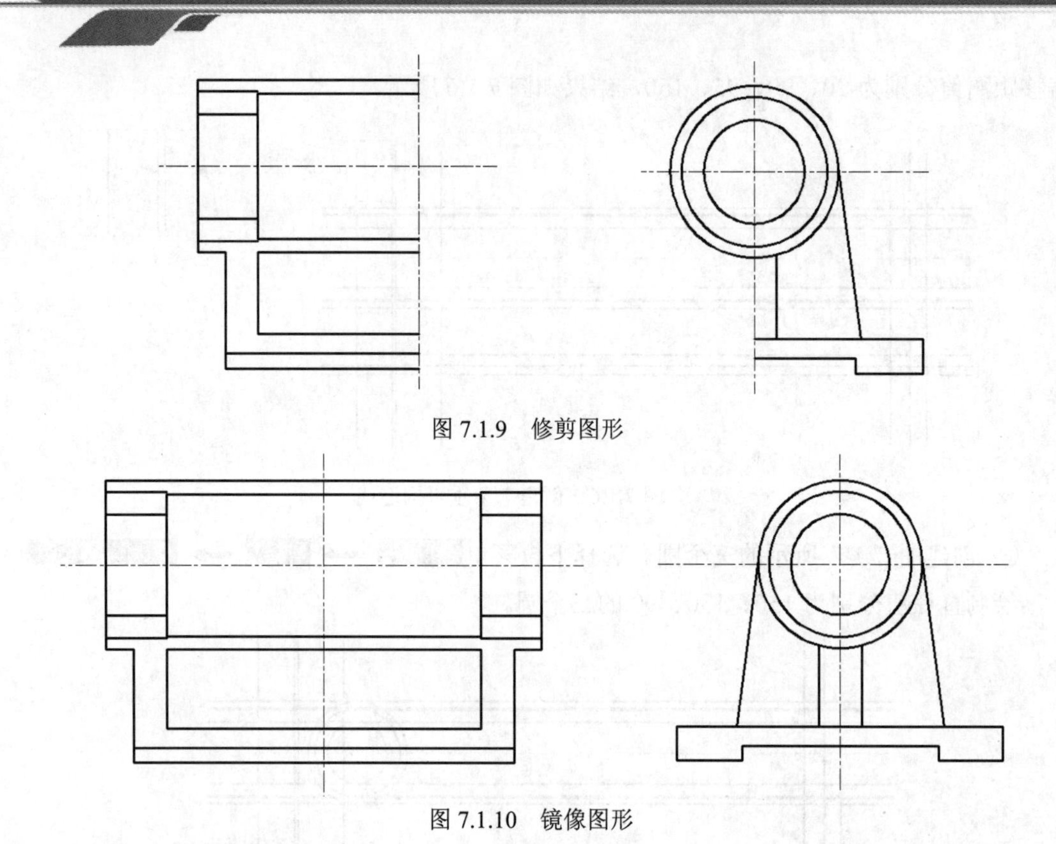

图 7.1.9　修剪图形

图 7.1.10　镜像图形

⑦ 匹配图形。对图 7.1.10 所示的图形进行特性匹配，结果如图 7.1.11 所示。

注意： 当对象（轮廓线、中心线、尺寸线等）长度不合适时，可以通过拖移夹点来改变长度，按 Esc 键退出。

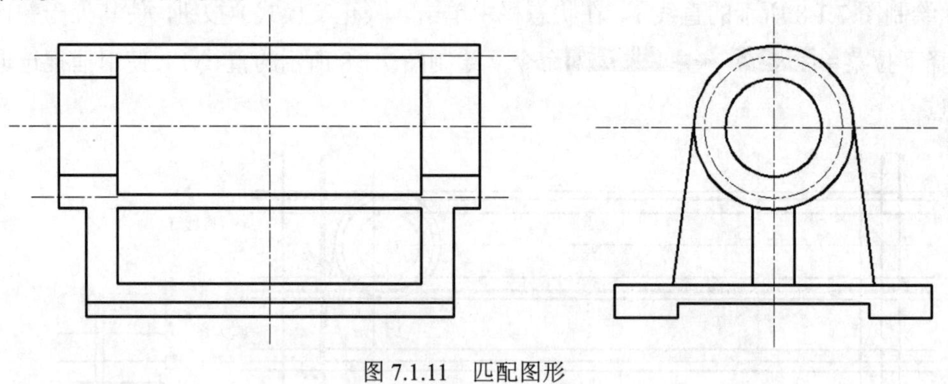

图 7.1.11　匹配图形

（2）创建图 7.1.12 所示的主轴。

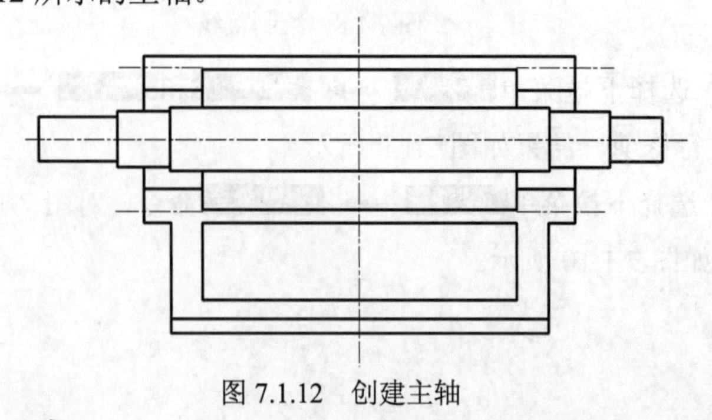

图 7.1.12　创建主轴

① 绘制图 7.1.13 所示的三条水平构造线。选择下拉菜单 绘图(D) → 构造线(T) 命令，将主视图的水平中心线向上偏移，偏移距离值分别为 28.5、25 和 20，结果如图 7.1.13 所示。

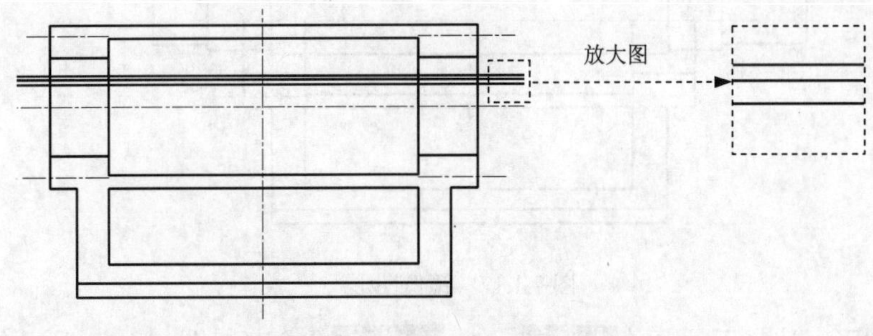

图 7.1.13　绘制三条水平构造线

② 绘制图 7.1.14 所示的 6 条垂直构造线。按 Enter 键重复“构造线”命令，将主视图的垂直中心线向左偏移，偏移距离值分别为 299、224 和 174；将其向右偏移，偏移距离值分别为 174、232 和 280，结果如图 7.1.14 所示。

③ 绘制同心圆。在左视图中，以中心线的交点为圆心，分别绘制直径值为 40、50 和 57 的圆，结果如图 7.1.15 所示。

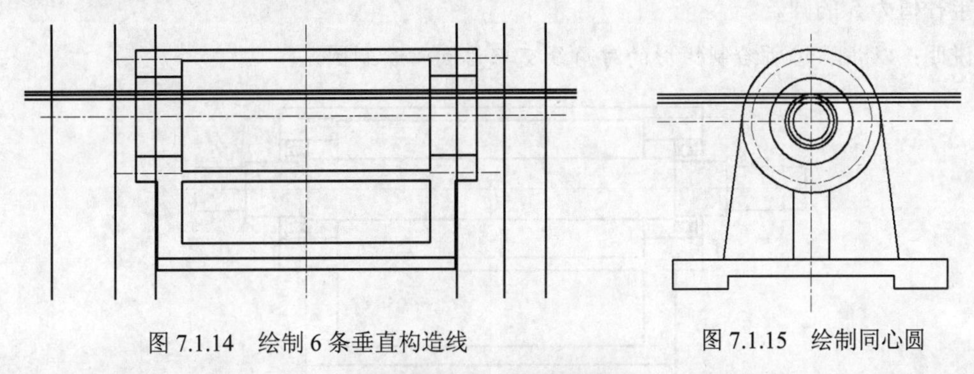

图 7.1.14　绘制 6 条垂直构造线　　图 7.1.15　绘制同心圆

④ 修剪图形。选择下拉菜单 修改(M) → 修剪(T) 命令，对图 7.1.14 所示的图形进行修剪，结果如图 7.1.16 所示。

⑤ 镜像图形。选择下拉菜单 修改(M) → 镜像(I) 命令，将步骤④绘制的图形作为镜像对象进行镜像，结果如图 7.1.17 所示。

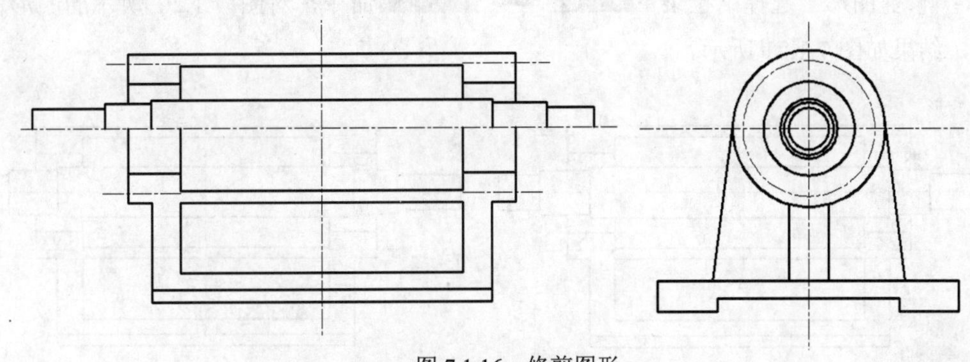

图 7.1.16　修剪图形

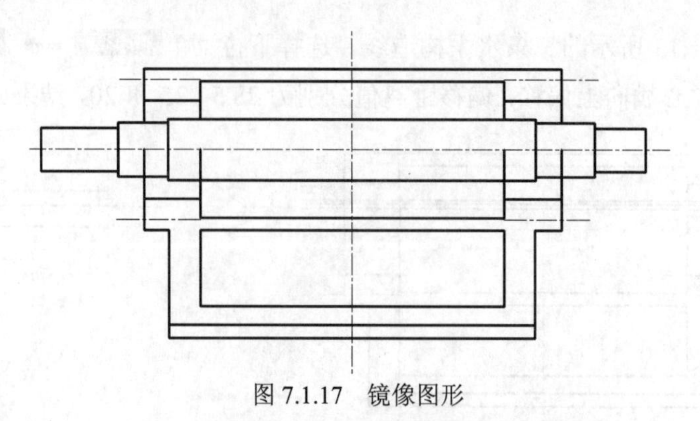

图 7.1.17　镜像图形

⑥ 修剪图形。选择下拉菜单 修改(M) → 修剪(T) 命令，对图 7.1.17 所示的图形进行修剪，结果如图 7.1.18 所示。

（3）创建图 7.1.18 所示的主轴上的轴承（轴承代号：6210　GB/T276－1994）。

① 绘制并分解矩形。选择下拉菜单 绘图(D) → 矩形(G) 命令绘制长度值、宽度值均为 20 的矩形，选择下拉菜单 修改(M) → 分解(X) 命令分解矩形，结果如图 7.1.19 所示。

② 绘制圆。选择下拉菜单 绘图(D) → 圆(C) → 圆心、半径(R) 命令，绘制图 7.1.20 所示的半径值为 5 的圆。

说明：以步骤①所绘制矩形的对角线交点为圆心绘制圆。

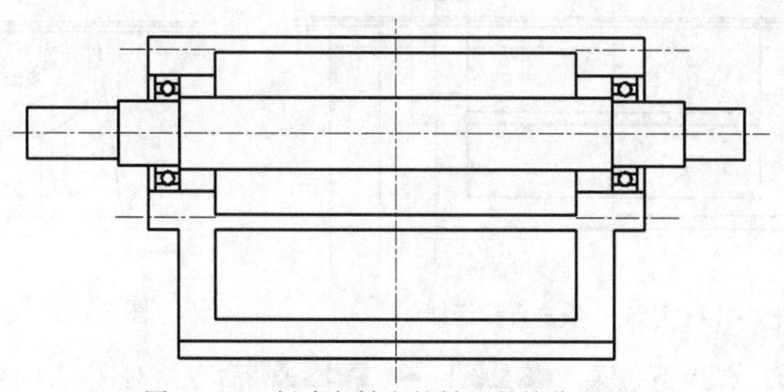

图 7.1.18　创建主轴上的轴承并镜像图形

③ 选择下拉菜单 修改(M) → 偏移(S) 命令，将图 7.1.20 所示的直线 2 向上偏移，偏移距离值分别为 6、14。

④ 修剪图形。选择下拉菜单 修改(M) → 修剪(T) 命令，对图 7.1.20 所示的图形进行修剪，结果如图 7.1.21 所示。

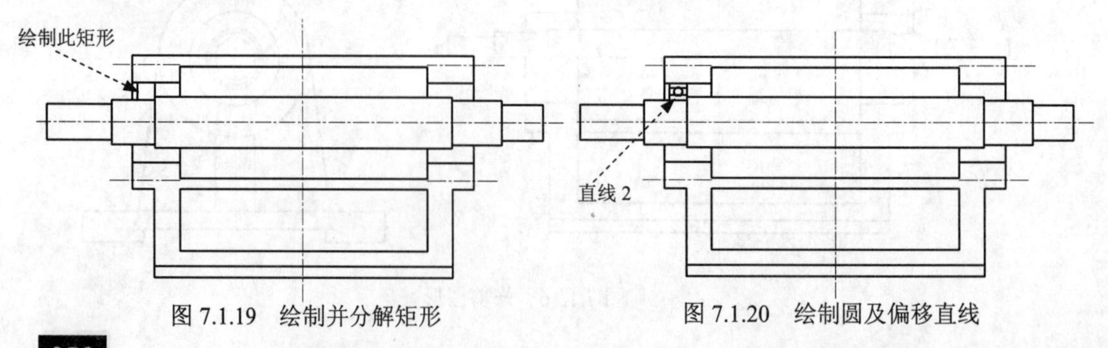

图 7.1.19　绘制并分解矩形　　　　图 7.1.20　绘制圆及偏移直线

⑤ 镜像图形。选择下拉菜单 修改(M) → 镜像(I) 命令，以绘制的轴承为镜像对象，分别以水平中心线与垂直中心线为镜像线，镜像结果如图 7.1.18 所示。

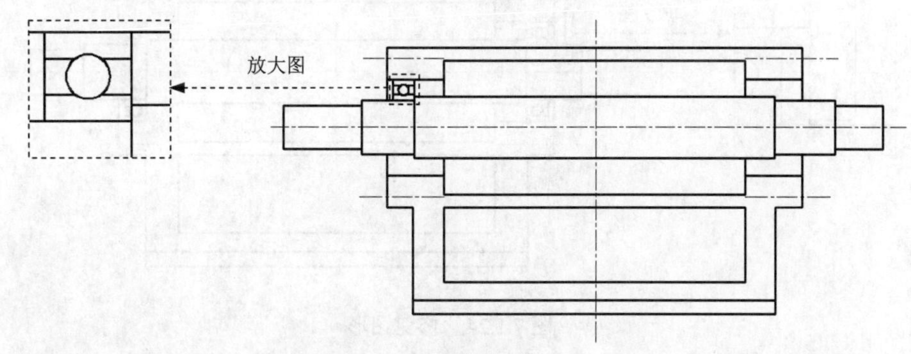

图 7.1.21　修剪图形

（4）创建图 7.1.22 所示的轴承端盖。

① 创建图 7.1.22a 所示的主视图的轴承端盖。

a）绘制图 7.1.23 所示的构造线。选择下拉菜单 绘图(D) → 构造线(T) 命令，将主视图的垂直中心线向左偏移，偏移距离值分别为 210 和 200；将主视图的水平中心线向上偏移，偏移距离值分别为 26、41.5、45 和 75。

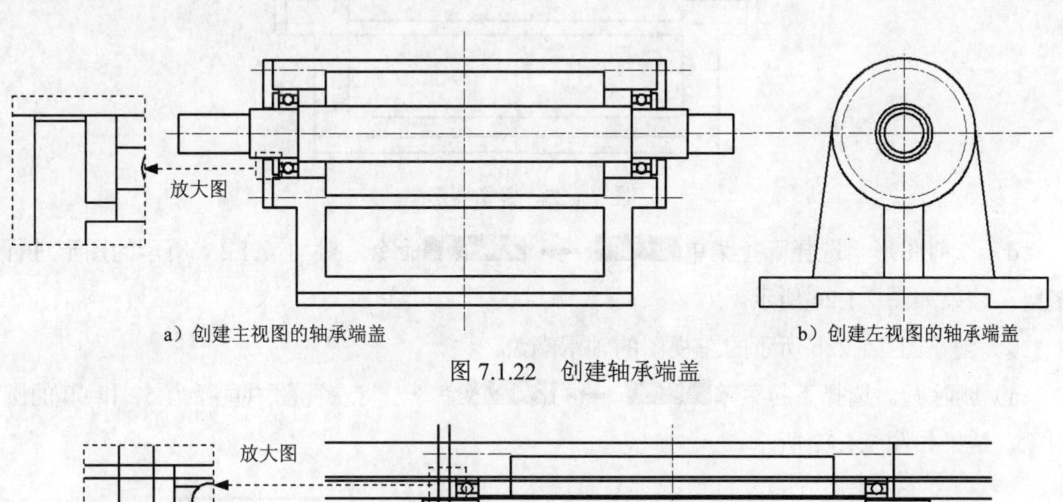

a）创建主视图的轴承端盖　　b）创建左视图的轴承端盖

图 7.1.22　创建轴承端盖

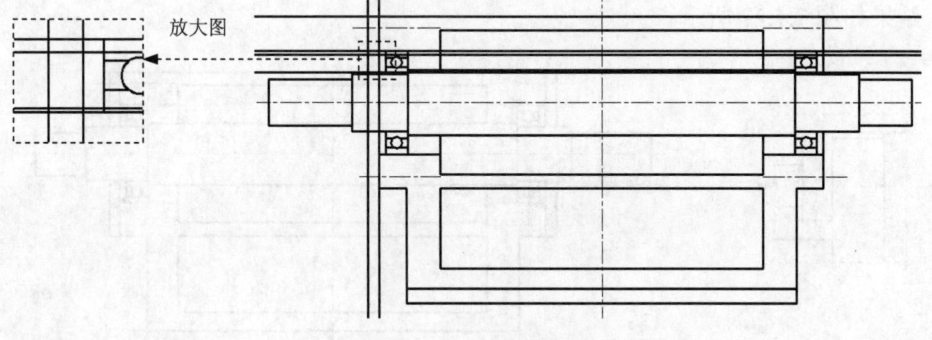

图 7.1.23　绘制构造线

b）修剪图形。选择下拉菜单 修改(M) → 修剪(T) 命令，对图 7.1.23 所示的图形进行修剪，结果如图 7.1.24 所示。

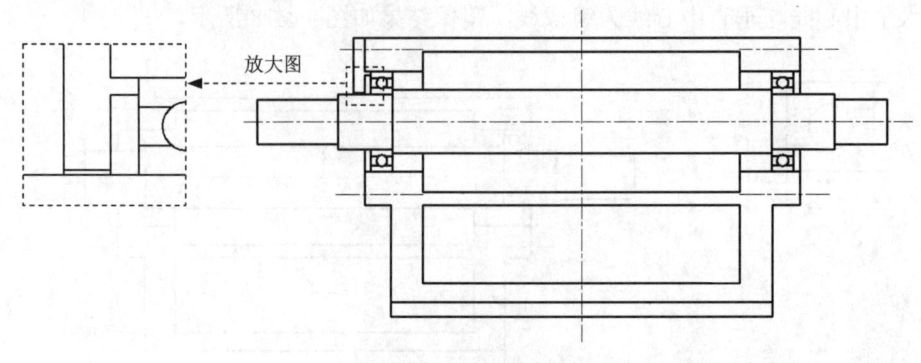

图 7.1.24　修剪图形

c）镜像图形。选择下拉菜单 修改(M) → 镜像(I) 命令，以绘制的轴承端盖为镜像对象，分别以两条中心线为镜像线，镜像结果如图 7.1.25 所示。

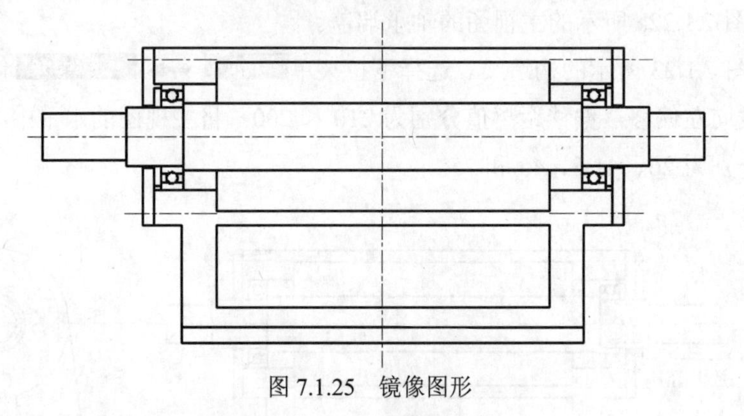

图 7.1.25　镜像图形

d）修剪图形。选择下拉菜单 修改(M) → 修剪(T) 命令，对图 7.1.25 所示的图形进行修剪，结果如图 7.1.26 所示。

② 创建图 7.1.22b 所示的左视图的轴承端盖。

a）删除圆。选择下拉菜单 修改(M) → 删除(E) 命令，将左视图中直径为 57 和 90 的圆删除，结果如图 7.1.27 所示。

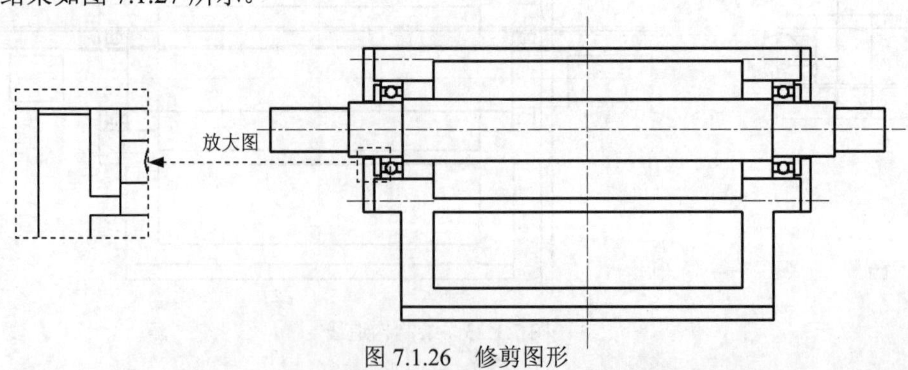

图 7.1.26　修剪图形

b）绘制圆。选择下拉菜单 绘图(D) → 圆(C) → 圆心、直径(D) 命令，绘制直径值为

52 的圆，结果如图 7.1.28 所示。

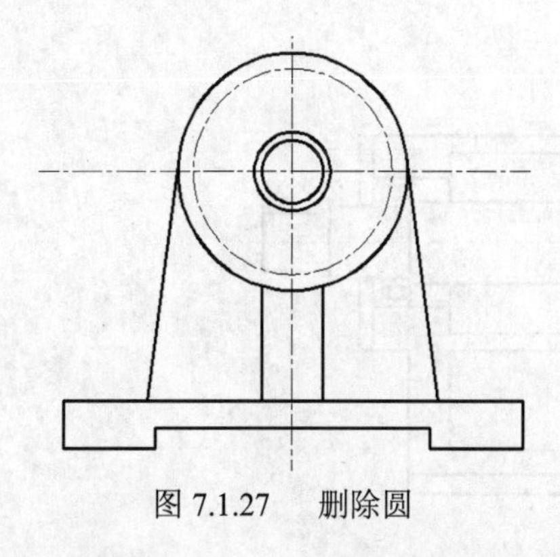
图 7.1.27　删除圆

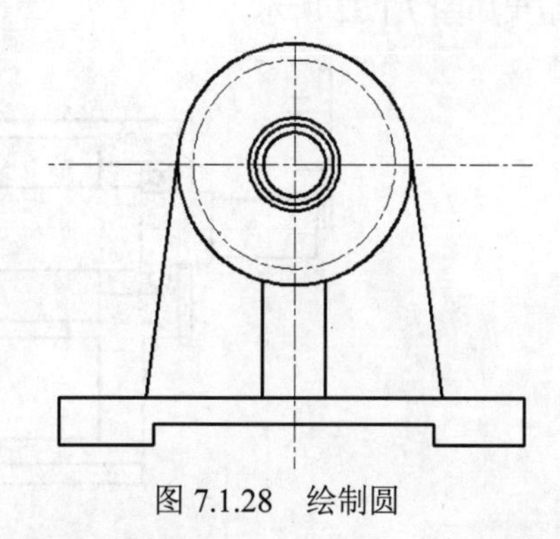
图 7.1.28　绘制圆

（5）创建图 7.1.29 所示的带轮及压板。

① 偏移垂直中心线。选择下拉菜单 修改(M) → 偏移(S) 命令，将图 7.1.30 所示的垂直中心线 1 向左偏移，偏移距离值为 264，结果如图 7.1.30 所示。

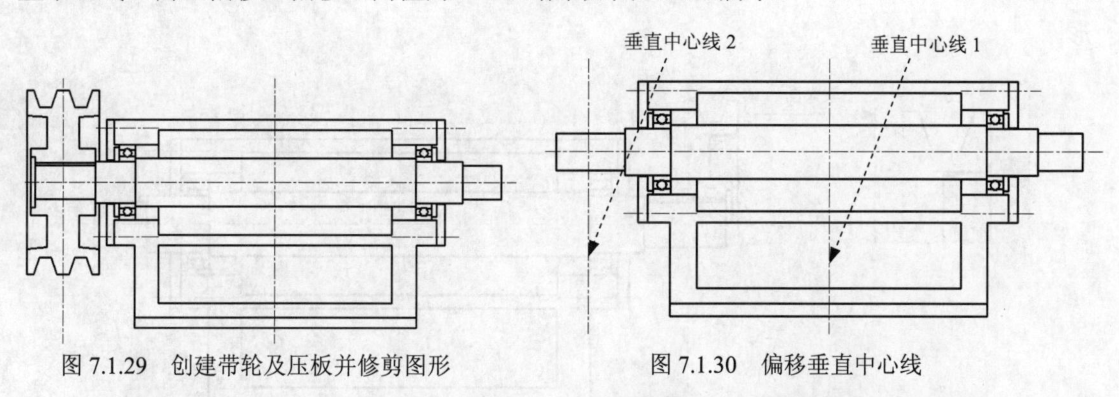

图 7.1.29　创建带轮及压板并修剪图形　　图 7.1.30　偏移垂直中心线

② 绘制图 7.1.31 所示的构造线。选择下拉菜单 绘图(D) → 构造线(T) 命令，将图 7.1.30 所示的垂直中心线 2 向左偏移，其偏移距离值分别为 7.5、14.4、20、29.4、35、36.3、40 和 45；将水平中心线向上偏移，偏移距离值分别为 23.2、30、40、78、80、90 和 110，结果如图 7.1.31 所示。

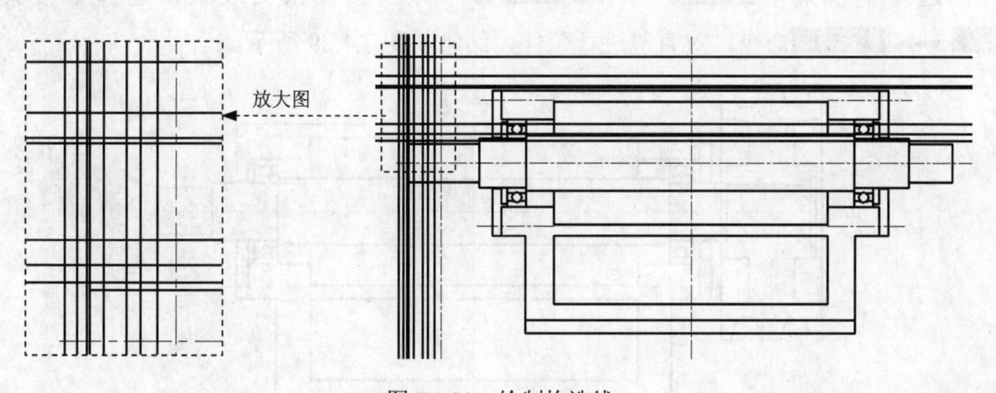

图 7.1.31　绘制构造线

③ 修剪图形。选择下拉菜单 修改(M) → 修剪(T) 命令，对图 7.1.31 所示的图形进行修剪，结果如图 7.1.32 所示。

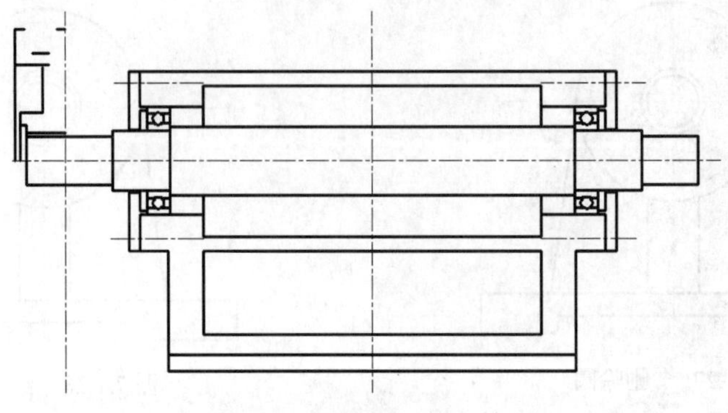

图 7.1.32　修剪图形

④ 绘制直线。选择下拉菜单 绘图(D) → 直线(L) 命令，绘制图 7.1.33 所示的直线。

⑤ 镜像图形。选择下拉菜单 修改(M) → 镜像(I) 命令，完成图 7.1.34 所示的镜像图形。

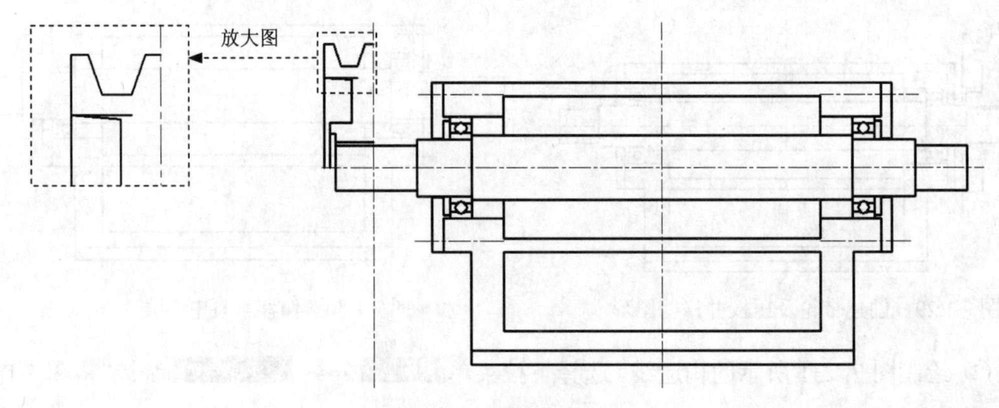

图 7.1.33　绘制直线

⑥ 修剪图形。选择下拉菜单 修改(M) → 修剪(T) 命令，对图 7.1.34 所示的图形进行修剪，选择下拉菜单 修改(M) → 删除(E) 命令，删除多余其线条，选择下拉菜单 修改(M) → 延伸(D) 命令，对直线进行延伸，结果如图 7.1.29 所示。

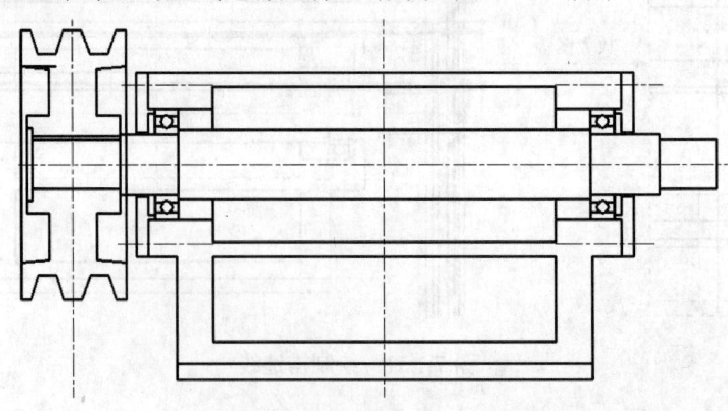

图 7.1.34　镜像图形

（6）创建图 7.1.35 所示的铣刀盘。

① 创建图 7.1.35a 所示的主视图中的铣刀盘。

a）绘制图 7.1.36 所示的构造线。选择下拉菜单 绘图(D) → 构造线(T) 命令，选取图 7.1.36 所示的直线 3 为偏移对象，将其向右偏移，偏移距离值分别为 48 和 53；将水平中心线向上偏移，偏移距离值分别为 23.2、30、67.5 和 92。

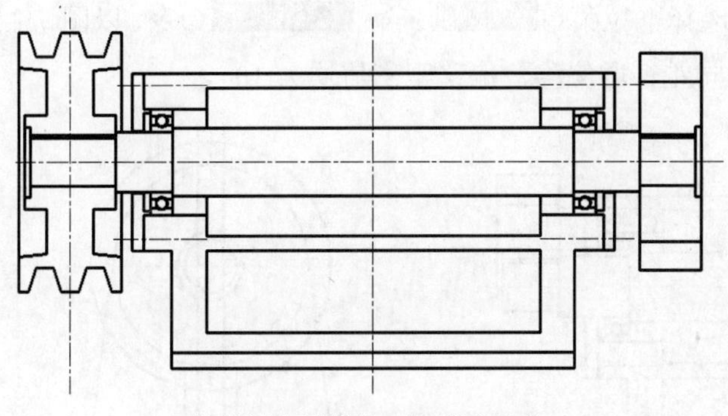

a）绘制主视图中的铣刀盘及镜像图形　　b）绘制左视图中的铣刀盘及修剪图形

图 7.1.35　创建铣刀盘

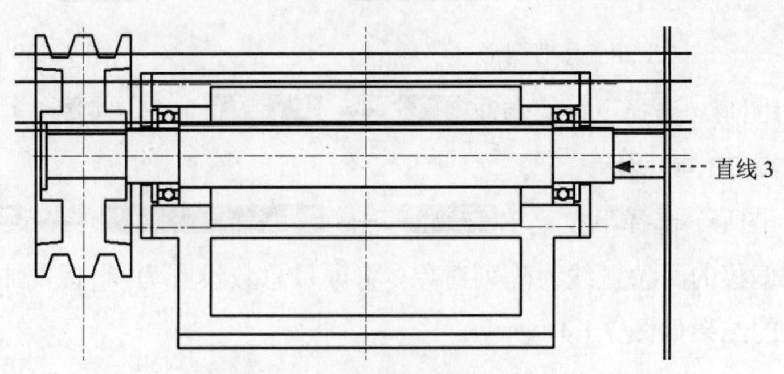

图 7.1.36　绘制构造线

b）偏移直线。选择下拉菜单 修改(M) → 偏移(S) 命令，将图 7.1.37 所示的直线 4 向左偏移 53，结果如图 7.1.37 所示。

c）修剪图形。选择下拉菜单 修改(M) → 修剪(T) 命令，对图 7.1.37 所示的图形进行修剪，结果如图 7.1.38 所示。

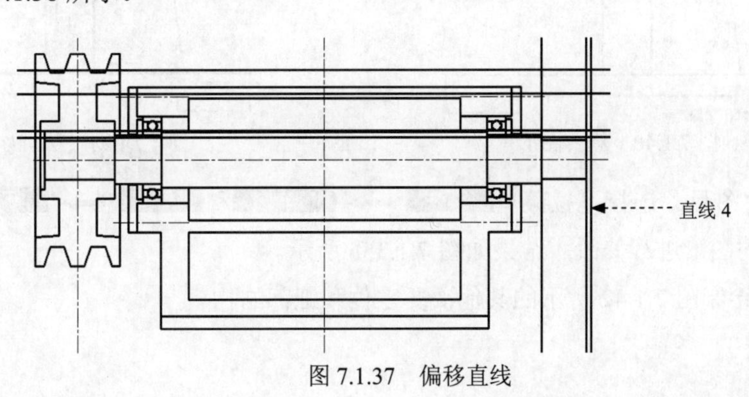

图 7.1.37　偏移直线

d）镜像图形。选择下拉菜单 修改(M) → 镜像(I) 命令，镜像图 7.1.38 所示的修剪后的图形，结果如图 7.1.35a 所示。

② 创建图 7.1.35b 所示的左视图中的铣刀盘。

a）绘制图 7.1.39 所示的圆。选择下拉菜单 绘图(D) → 圆(C) → 圆心、直径(D) 命令，绘制直径值为 185 的圆。

b）绘制图 7.1.39 所示的构造线。选择下拉菜单 绘图(D) → 构造线(T) 命令，以图 7.1.39 所示的垂直中心线为直线对象，分别向左、右偏移，偏移距离值均为 10。

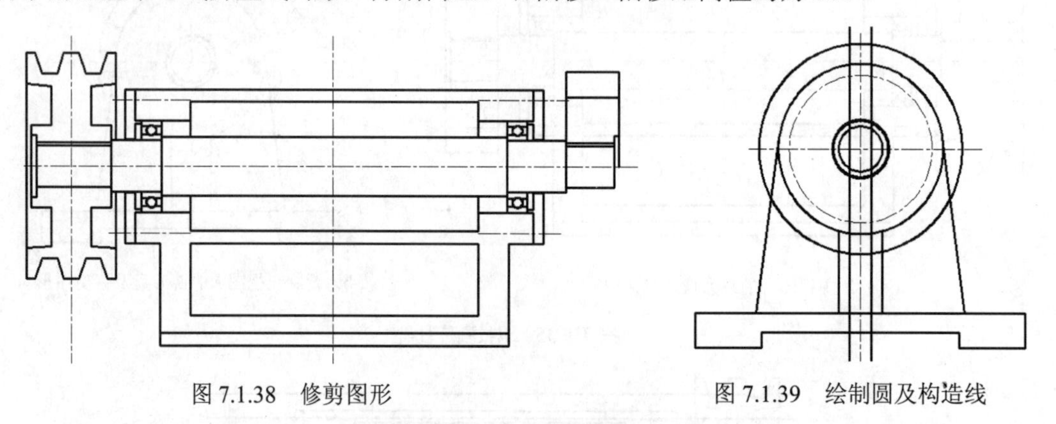

图 7.1.38　修剪图形　　图 7.1.39　绘制圆及构造线

c）修剪图形。选择下拉菜单 修改(M) → 修剪(T) 命令，对图 7.1.39 所示的图形进行修剪，结果如图 7.1.40 所示。

d）阵列图形。选择下拉菜单 修改(M) → 阵列 → 环形阵列 命令。选取图中修剪后的偏移的两条直线为阵列对象，将项目总数设置为 4，以两中心线的交点为阵列中心点，阵列的结果如图 7.1.41 所示。

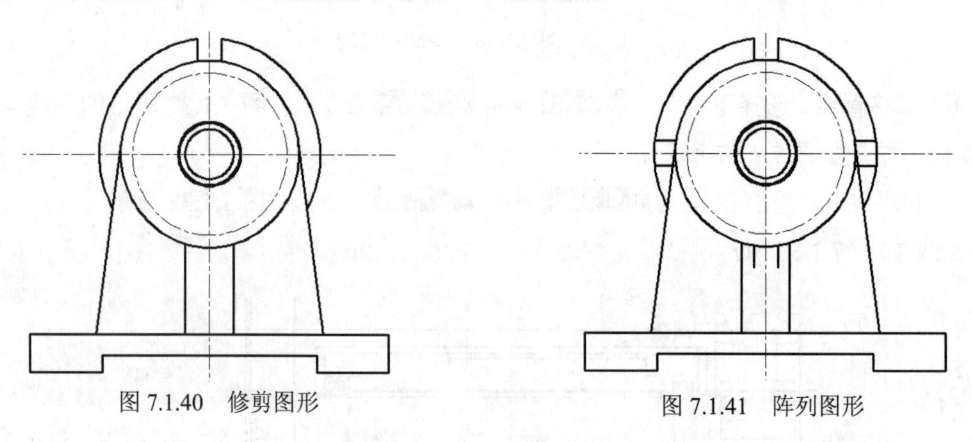

图 7.1.40　修剪图形　　图 7.1.41　阵列图形

e）修改图形。选择下拉菜单 修改(M) → 修剪(T) 和 修改(M) → 删除(E) 命令，对图 7.1.41 所示的图形进行修改，结果如图 7.1.35b 所示。

Step3. 绘制图 7.1.42 所示的其他次要零件和细部结构。

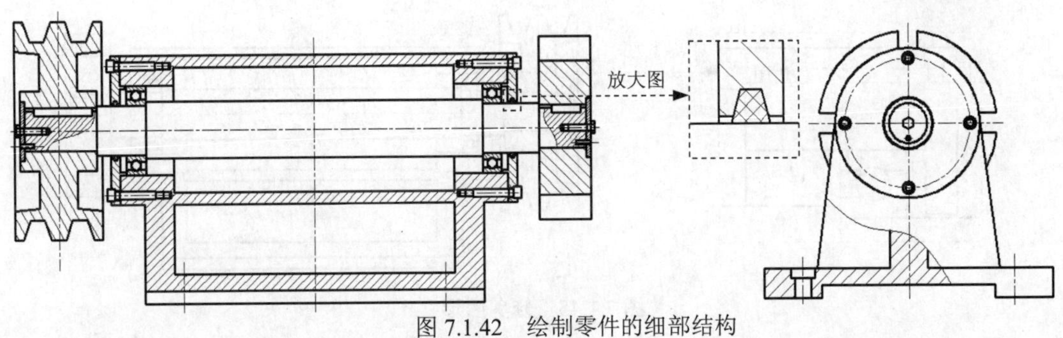

图 7.1.42 绘制零件的细部结构

（1）创建图 7.1.43 所示的内六角圆柱头螺钉。

① 创建图 7.1.43a 所示的主视图中的内六角圆柱头螺钉。

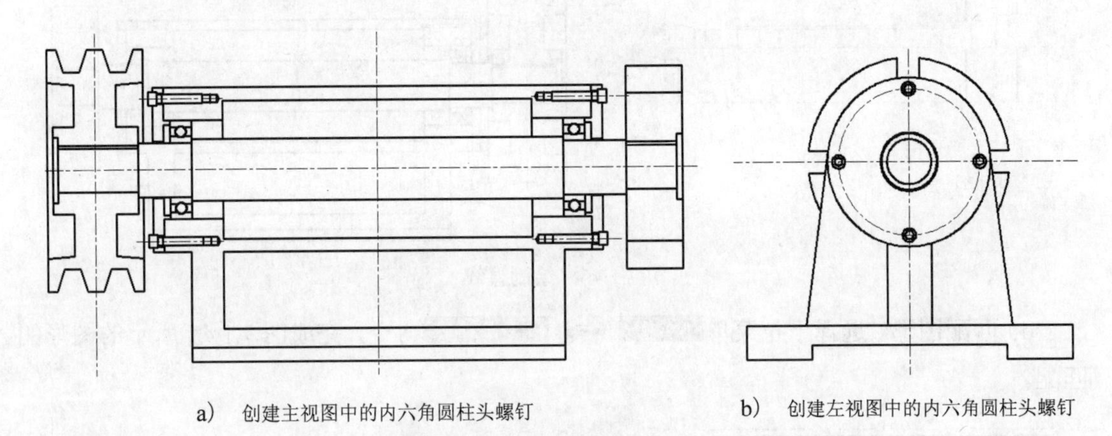

a） 创建主视图中的内六角圆柱头螺钉　　b） 创建左视图中的内六角圆柱头螺钉

图 7.1.43 创建内六角圆柱头螺钉

a）偏移直线。选择下拉菜单 修改(M) → 偏移(S) 命令，将图 7.1.44 所示的直线 1 向左偏移 4，向右偏移的距离值分别为 4、9、46、54、60 和 62；按 Enter 键重复“偏移”命令，将图中的水平中心线向上偏移，偏移距离值分别为 3.5、4、5 和 6，结果如图 7.1.44 所示。

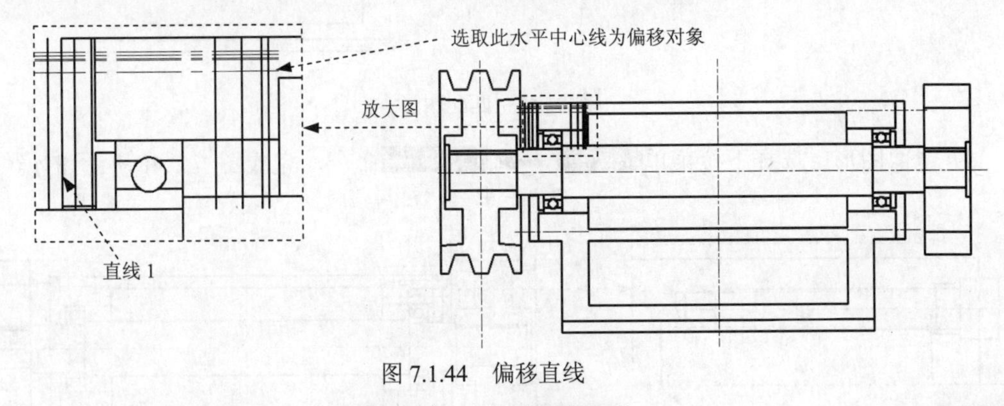

图 7.1.44 偏移直线

b）修剪图形。选择下拉菜单 修改(M) → 修剪(T) 命令，对图 7.1.44 所示的图形进行修剪，结果如图 7.1.45 所示。

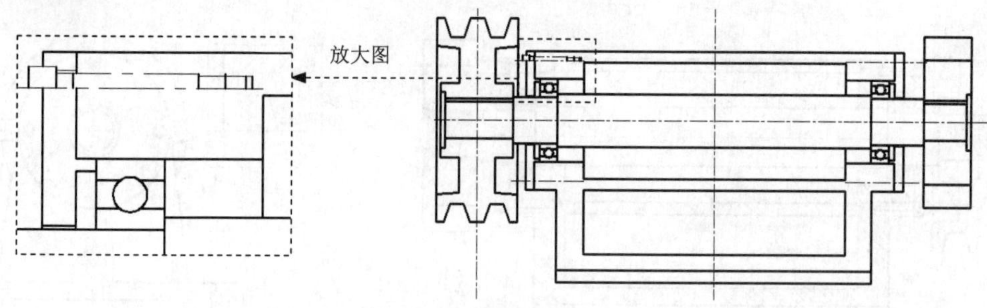

图 7.1.45　修剪图形

c）绘制直线。将图层切换到“细实线层”，选择下拉菜单 绘图(D) → 直线(L) 命令，绘制图 7.1.46 所示的直线。

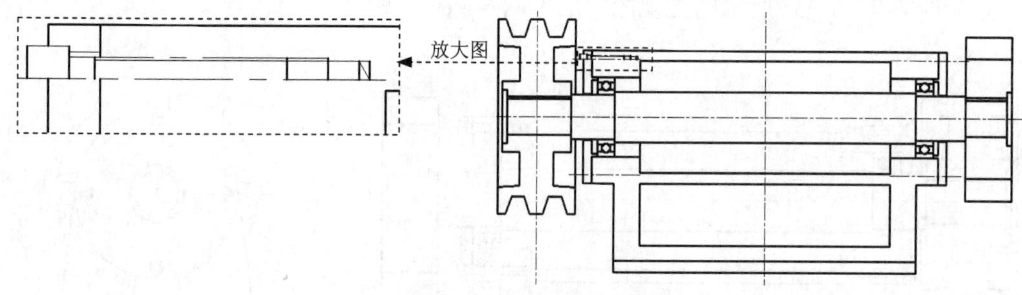

图 7.1.46　绘制直线

d）匹配图形。选择下拉菜单 修改(M) → 特性匹配(M) 命令，完成图 7.1.47 所示的图形的匹配。

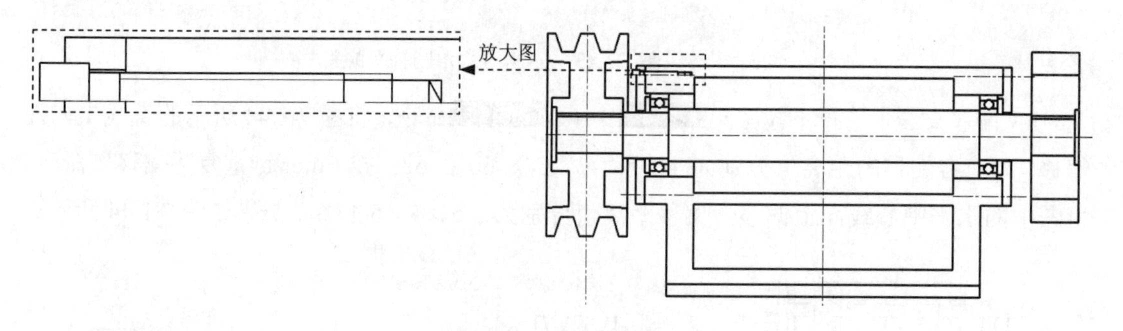

图 7.1.47　匹配图形

e）镜像图形。选择下拉菜单 修改(M) → 镜像(I) 命令，完成图 7.1.48 所示的镜像图形。

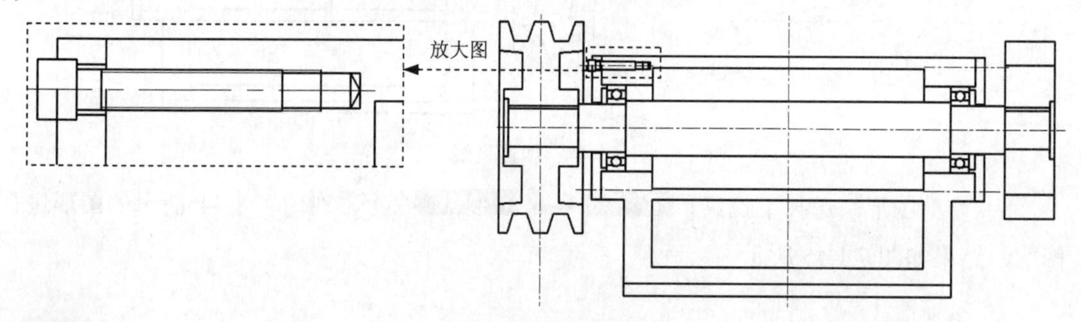

图 7.1.48　镜像图形

f）修剪图形。选择下拉菜单 修改(M) → 修剪(T) 命令，对图 7.1.48 所示图形进行修剪，结果如图 7.1.49 所示。

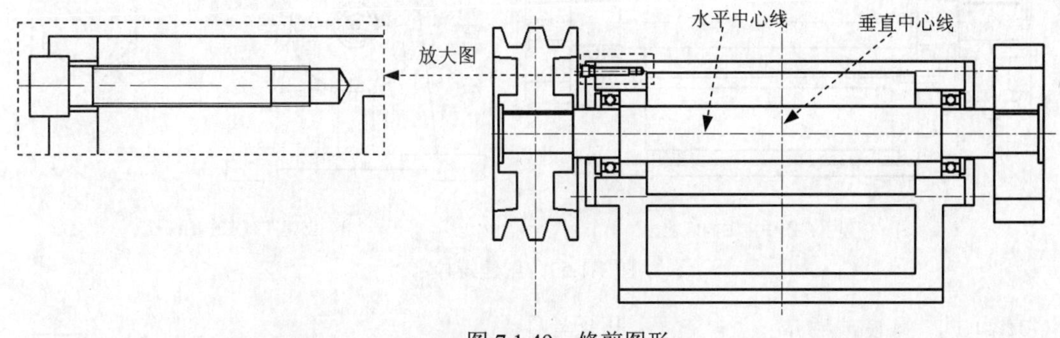

图 7.1.49　修剪图形

g）选择下拉菜单 修改(M) → 镜像(I) 命令，选取图 7.1.49 所示的螺钉为镜像对象，分别选取图 7.1.49 所示的水平中心线和垂直中心线为镜像线，创建镜像图形；选择下拉菜单 修改(M) → 修剪(T) 命令对图形进行修剪，结果如图 7.1.43a 所示。

② 绘制图 7.1.43b 所示的左视图中的内六角圆柱头螺钉。

a）绘制图 7.1.50 所示的圆。将图层切换至“轮廓线层”，选择下拉菜单 绘图(D) → 圆(C) → 圆心、直径(D) 命令，绘制直径值为 12 的圆。

b）绘制图 7.1.51 所示的正六边形。选择下拉菜单 绘图(D) → 多边形(Y) 命令，绘制图 7.1.51 所示的正六边形，该正六边形的外切圆半径值为 4。

c）阵列螺钉。选择下拉菜单 修改(M) → 阵列 → 环形阵列 命令。选取螺钉为阵列对象，项目总数设置为 4，阵列中心点为两中心线的交点，阵列的结果如图 7.1.52 所示。

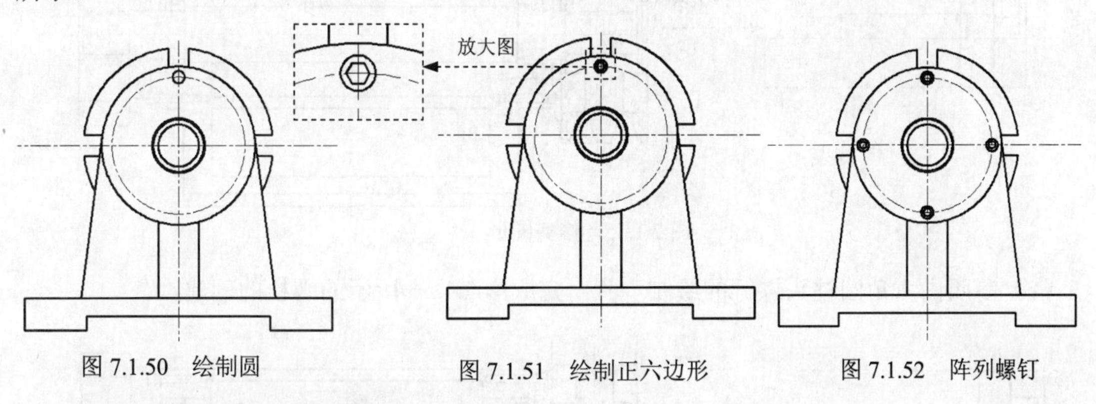

图 7.1.50　绘制圆　　图 7.1.51　绘制正六边形　　图 7.1.52　阵列螺钉

（2）创建图 7.1.53 所示的螺栓。

① 创建图 7.1.53a 所示的主视图中主轴左侧的螺栓。

a）偏移直线。选择下拉菜单 修改(M) → 偏移(S) 命令，将图 7.1.54 所示的直线 1 向右偏移，偏移距离值分别为 1、9、28、33、35 和 37；重复“偏移”命令，将图 7.1.54 中的水平中心线向上偏移，偏移距离值分别为 3、3.5 和 6。

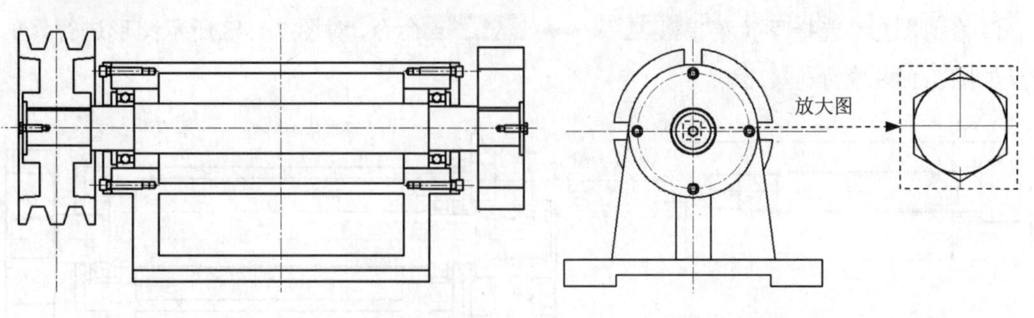

图 7.1.53　创建螺栓

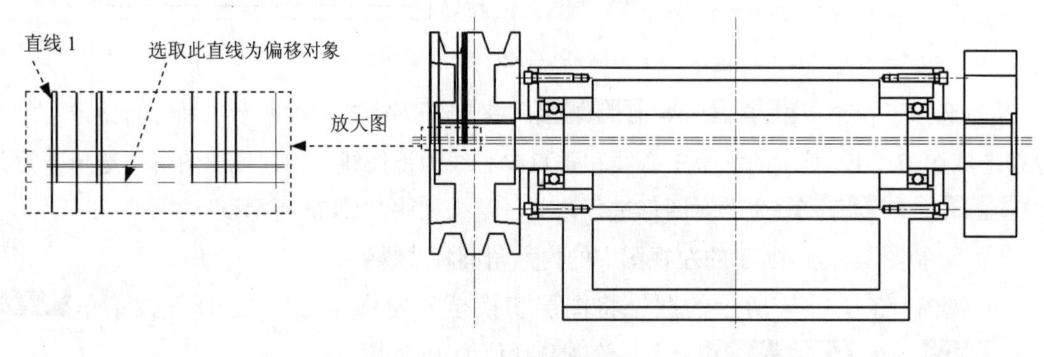

图 7.1.54　偏移直线

b）修剪图形。选择下拉菜单 修改(M) → 修剪(T) 命令，对图 7.1.54 所示的图形进行修剪，结果如图 7.1.55 所示。

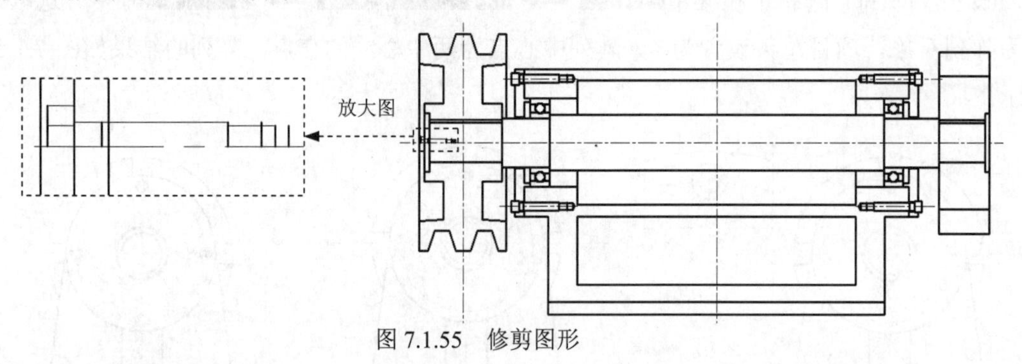

图 7.1.55　修剪图形

c）参照内六角圆柱头螺钉的绘制步骤，完成图 7.1.56 所示的螺栓的创建。

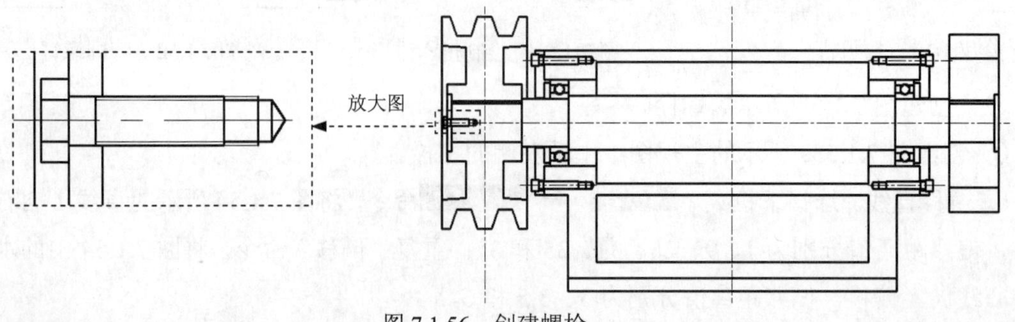

图 7.1.56　创建螺栓

② 用同样的操作方法，创建主视图中主轴右侧的螺栓（注意：镜像后需使用“移动”命令将镜像后的图形向左移动 19），结果如图 7.1.53a 所示。

③ 创建图 7.1.53b 所示的左视图中的螺栓。

a）绘制圆。将图层切换至“轮廓线层”，选择下拉菜单 绘图(D) → 圆(C) → 圆心、直径(D) 命令，绘制直径值为 10 的圆，如图 7.1.53b 所示。

b）绘制正六边形。选择下拉菜单 绘图(D) → 多边形(Y) 命令，绘制图 7.1.53b 所示的正六边形。

（3）创建圆柱销。

① 创建图 7.1.57 所示的主视图中主轴左侧的圆柱销。

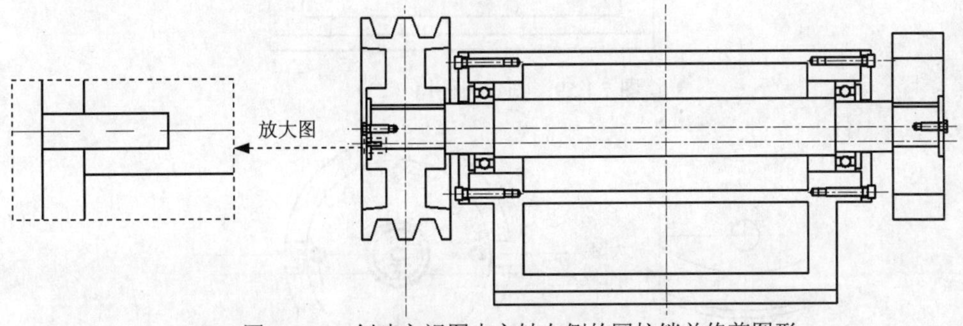

图 7.1.57　创建主视图中主轴左侧的圆柱销并修剪图形

a）选择下拉菜单 修改(M) → 偏移(S) 命令，将图 7.1.58 中的水平中心线向下偏移，偏移距离值为 17。

b）绘制图 7.1.58 所示的矩形。选择下拉菜单 绘图(D) → 矩形(G) 命令，绘制长度值、宽度值分别为 15 和 4 的矩形。

c）修剪图形。选择下拉菜单 修改(M) → 修剪(T) 命令对图 7.1.58 进行修剪，完成后将步骤 a）中进行偏移的水平中心线向上移动 2，结果如图 7.1.57 所示。

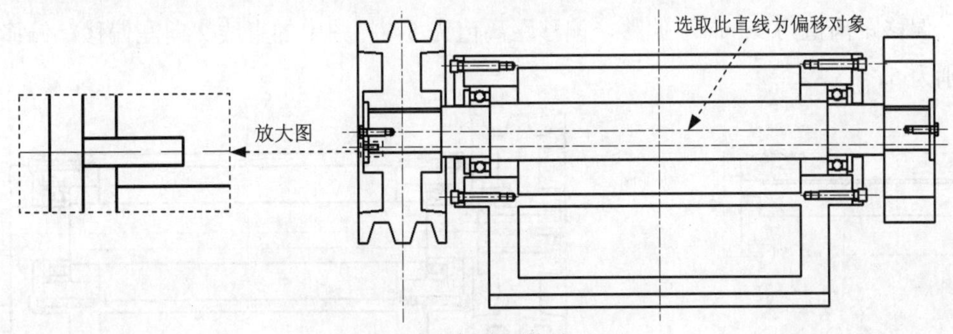

图 7.1.58　创建圆柱销（一）

② 用同样的操作方法，创建主视图中主轴右侧的圆柱销，结果如图 7.1.59 所示。

③ 创建图 7.1.60 所示的左视图中的圆柱销。

a）选择下拉菜单 修改(M) → 偏移(S) 命令，将图 7.1.60 所示的水平中心线向下偏移，其偏移距离值为 15。

b）绘制圆。选择下拉菜单 绘图(D) → 圆(C) → 圆心、直径(D) 命令，绘制图 7.1.60 所示的直径值为 4 的圆。

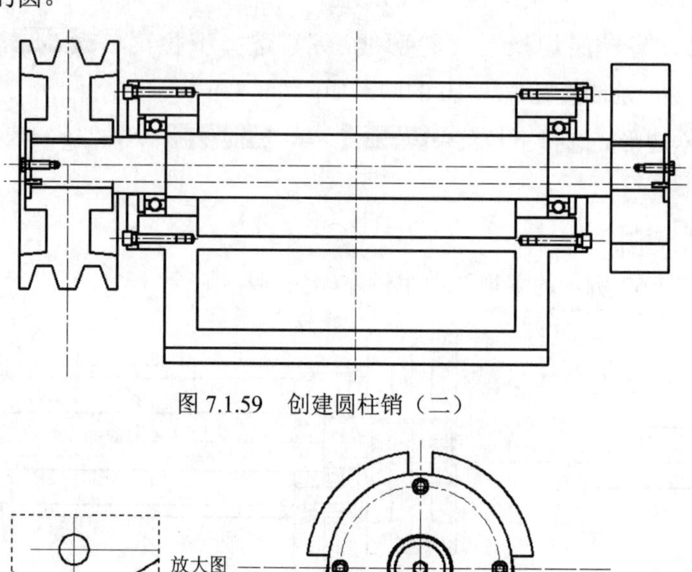

图 7.1.59 创建圆柱销（二）

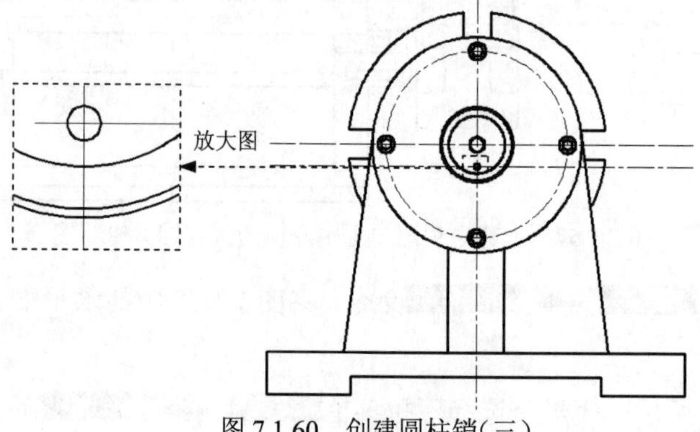

图 7.1.60 创建圆柱销(三)

（4）创建键。

① 创建图 7.1.61 所示的主视图中主轴左侧的键。

a）偏移直线。选择下拉菜单 修改(M) → 偏移(S) 命令，将图 7.1.62 所示的直线 1 向上偏移，偏移距离值为 3；向下偏移，偏移距离值为 5；将图中的直线 2 向左偏移，偏移距离值分别为 5、65。

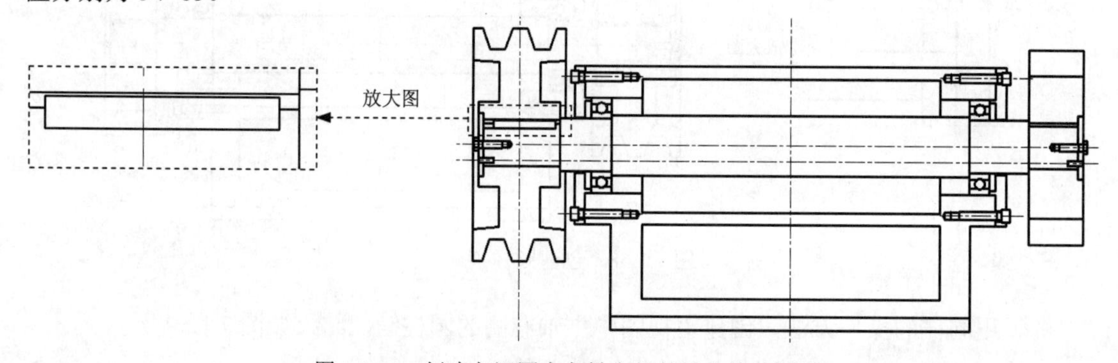

图 7.1.61 创建主视图中主轴左侧的键和修改图形

b）修剪图形。选择下拉菜单 修改(M) → 修剪(T) 命令，对图 7.1.62 所示的图形进行修剪，结果如图 7.1.61 所示。

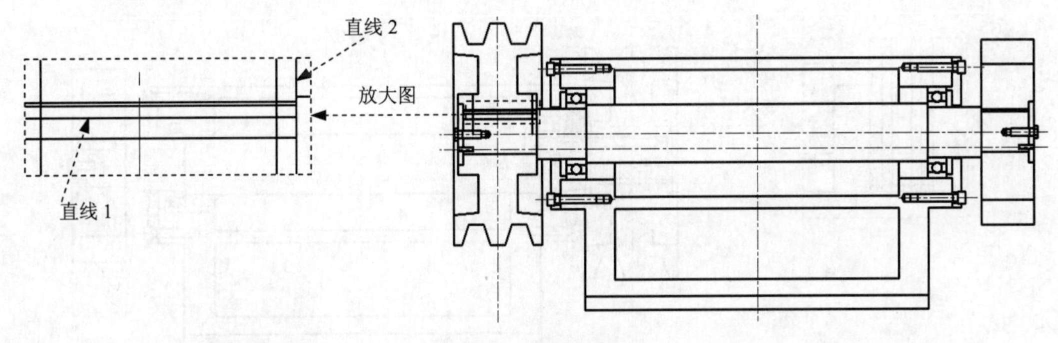

图 7.1.62　偏移直线

② 创建图 7.1.63 所示的主视图中主轴右侧的键。

a）偏移直线。选择下拉菜单 修改(M) → 偏移(S) 命令，将图 7.1.64 所示的直线 1 向上偏移，偏移距离值为 3；向下偏移，偏移距离值为 5；将图中的直线 2 向右偏移，其偏移距离值分别为 13 和 43。

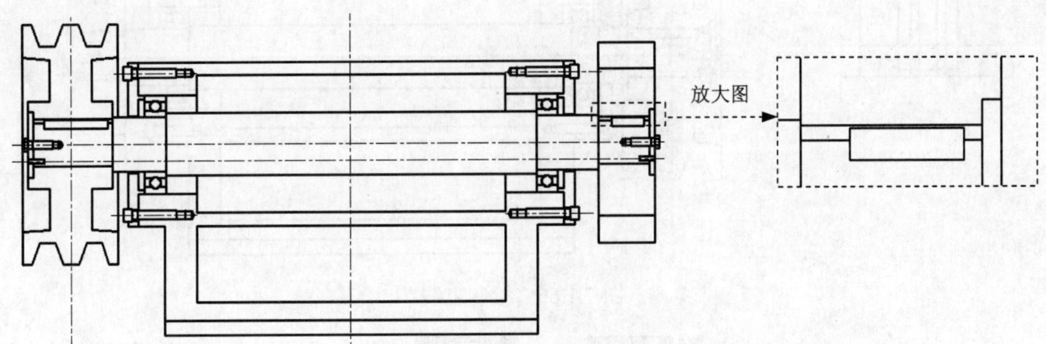

图 7.1.63　创建主视图中主轴右侧的键并修剪图形

b）修剪图形。选择下拉菜单 修改(M) → 修剪(T) 命令，对图 7.1.64 所示的图形进行修剪，结果如图 7.1.63 所示。

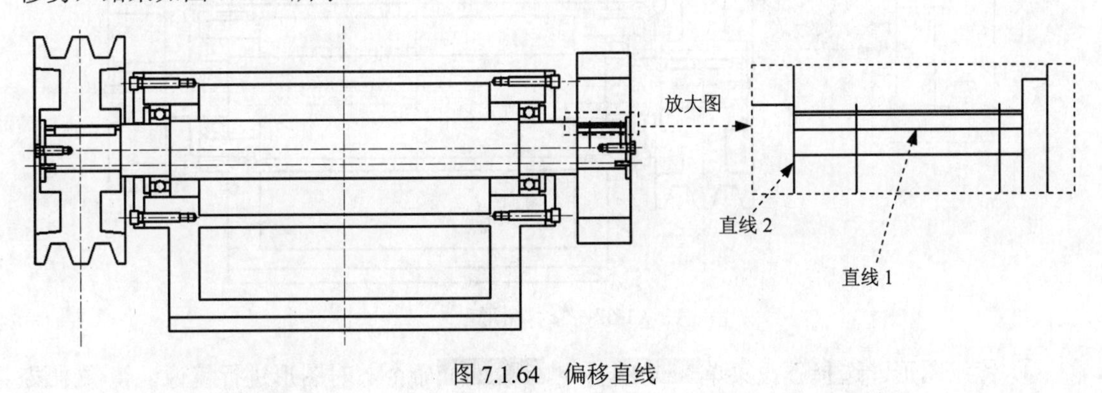

图 7.1.64　偏移直线

（5）创建密封圈。

① 偏移直线。选择下拉菜单 修改(M) → 偏移(S) 命令，将图 7.1.65 所示的直线 1 向上偏移，偏移距离值为 5；将直线 2 向右偏移，偏移距离值分别为 2、3.3、6.7 和 8。

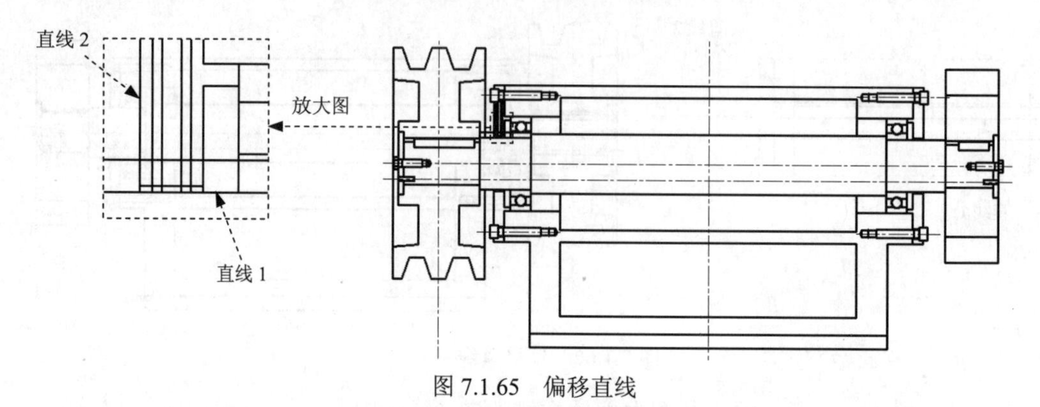

图 7.1.65 偏移直线

② 绘制直线。选择下拉菜单 绘图(D) → 直线(L) 命令，绘制图 7.1.66 所示的直线。

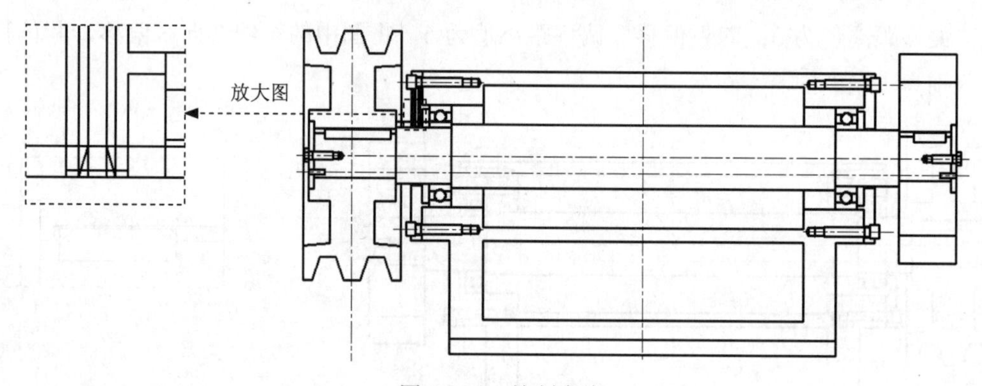

图 7.1.66 绘制直线

③ 修剪图形。选择下拉菜单 修改(M) → 修剪(T) 命令，对图 7.1.66 所示的图形进行修剪，结果如图 7.1.67 所示。

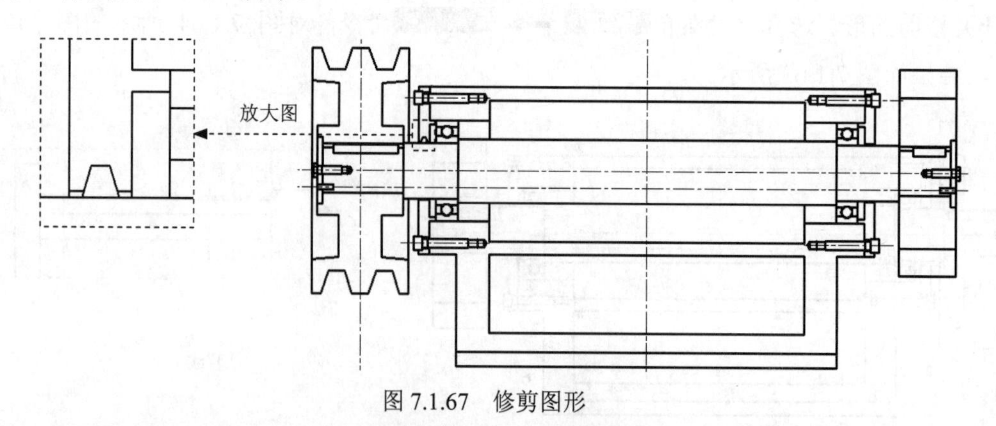

图 7.1.67 修剪图形

④ 镜像图形。选择下拉菜单 修改(M) → 镜像(I) 命令，对图形进行镜像，镜像结果如图 7.1.68 所示。

⑤ 修剪图形。选择下拉菜单 修改(M) → 修剪(T) 命令，对图 7.1.68 所示的图形进行修剪，结果如图 7.1.69 所示。

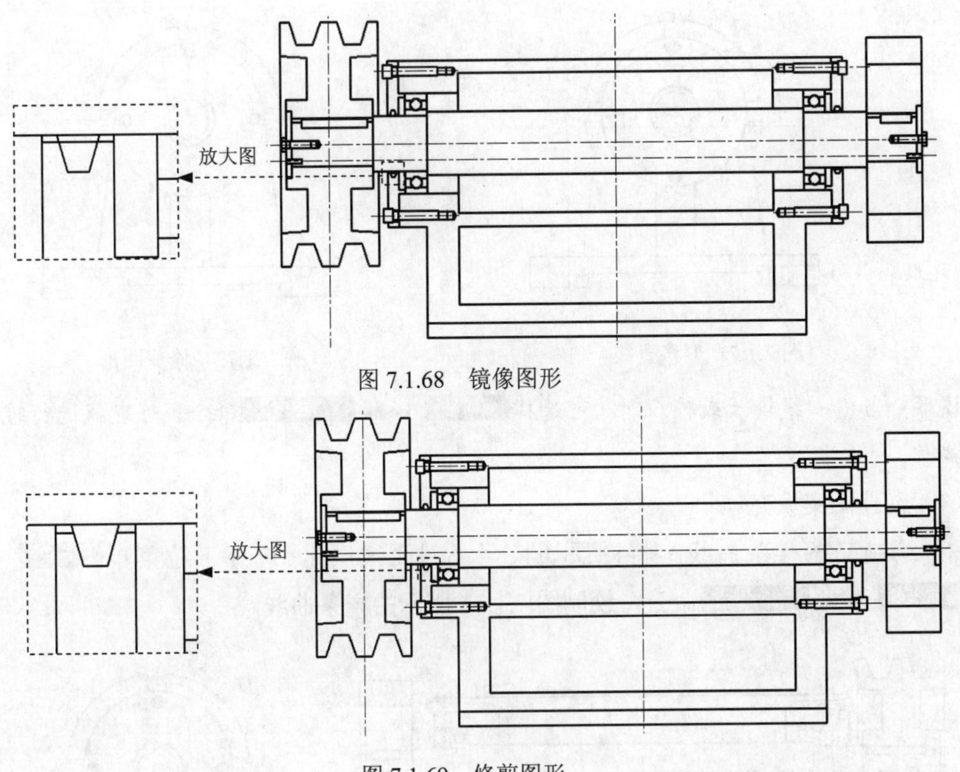

图 7.1.68　镜像图形

图 7.1.69　修剪图形

（6）创建地脚螺钉。

① 选择下拉菜单 修改(M) → 偏移(S) 命令，将图 7.1.70 所示的主视图的垂直中心直线向左、右偏移，偏移距离值均为 135；将左视图中的垂直中心直线向左、右偏移，偏移距离值均为 110，结果如图 7.1.70 所示。

② 选择下拉菜单 修改(M) → 偏移(S) 命令，将图 7.1.71 所示的直线 1 向右偏移，偏移距离值分别为 27.5、31.5、48.5 和 52.5；将直线 2 向上偏移，偏移距离值为 20。

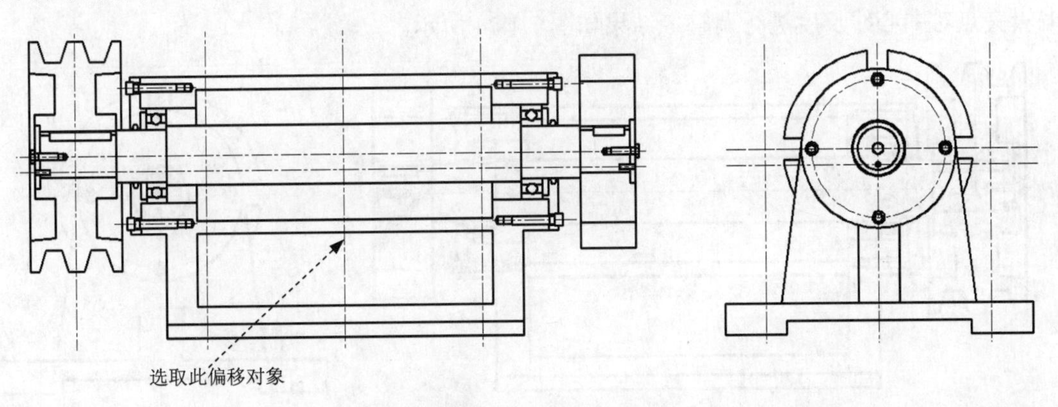

图 7.1.70　偏移中心线

③ 修剪图形。选择下拉菜单 修改(M) → 修剪(T) 命令，对图 7.1.71 所示的图形进行修剪，结果如图 7.1.72 所示。

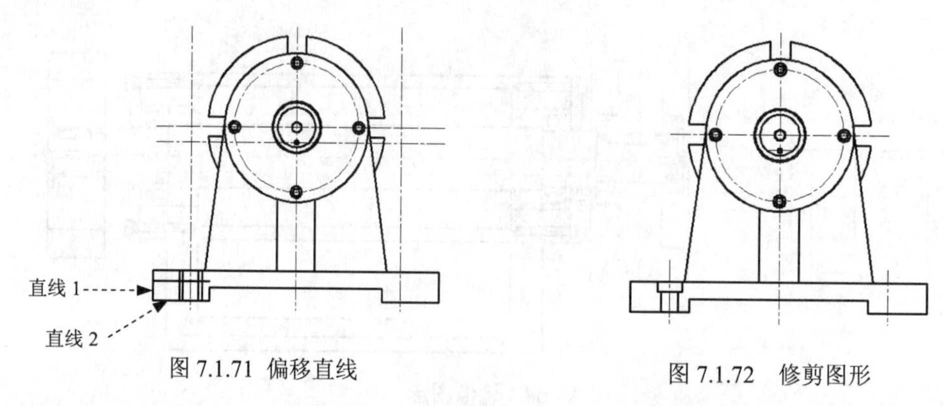

图 7.1.71 偏移直线

图 7.1.72 修剪图形

说明：当中心线较长或较短时，可选择 修改(M) → 拉长(G) 命令，对直线进行缩短或拉伸操作。

（7）创建图案填充。

① 绘制三条样条曲线。将图层切换至“剖面线层”，选择下拉菜单 绘图(D) → 样条曲线(S) → 拟合点(F) 命令，绘制图 7.1.73 所示的样条曲线。

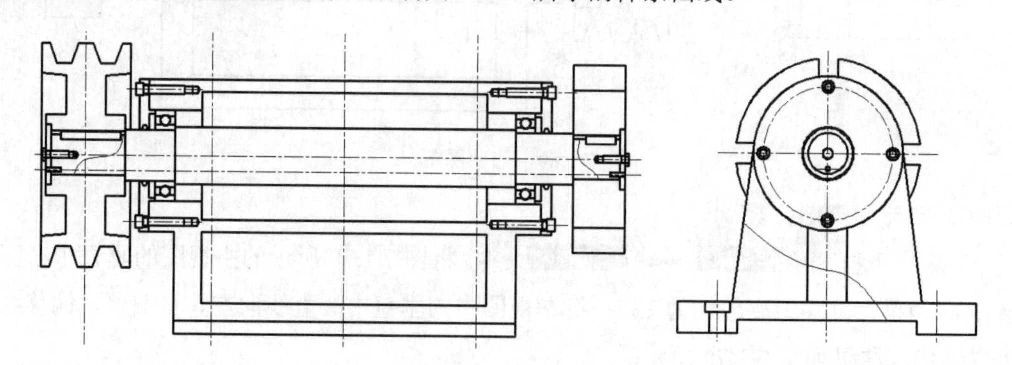

图 7.1.73 绘制样条曲线

② 修剪图形。选择下拉菜单 修改(M) → 修剪(T) 命令，对图 7.1.73 进行修剪并通过编辑夹点对中心线长度进行调整，结果如图 7.1.74 所示。

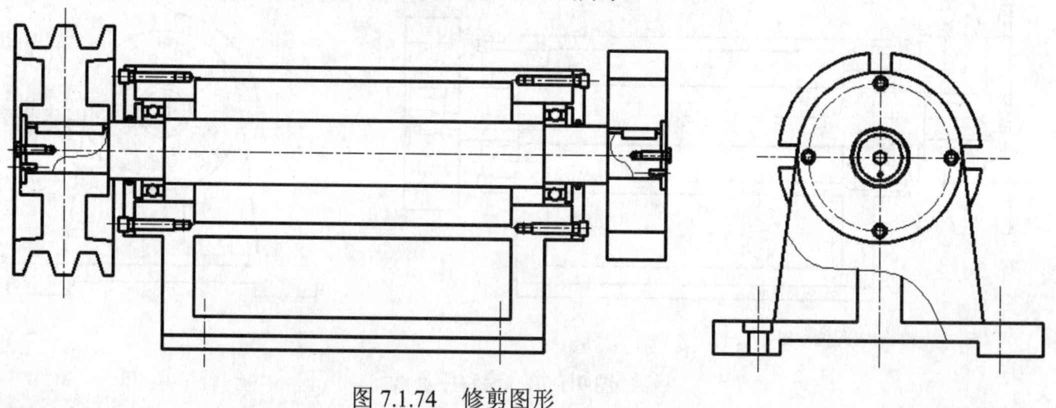

图 7.1.74 修剪图形

③ 创建图案填充。选择下拉菜单 绘图(D) → 图案填充(H)... 命令，对铣刀头装配图进行填充，结果如图 7.1.42 所示。

说明：在装配图中不同的零件剖面线各不相同，同一零件剖面线必须保持一致。

Task3．完成装配图

下面介绍图 7.1.1 所示的装配图尺寸的标注。

Step1．创建尺寸标注。将图层切换至“尺寸线层”，选择下拉菜单 标注(N) → 线性(L) 与 标注(N) → 直径(D) 命令，对铣刀头装配图进行线性与直径标注，结果如图 7.1.75 所示。

说明：

- 在装配图中，不需要将每个零件的尺寸都标注出来，只需要标注出规格尺寸、装配尺寸、外形尺寸及其他重要尺寸。图 7.1.75 所示的主轴上绘制了两条细实线，表示该轴段在加工时的加工精度与加工余量不相同，目的是为了使零件装卸方便。
- 在创建尺寸标注前需将标准文字高度设置为 10，箭头大小设置为 7。

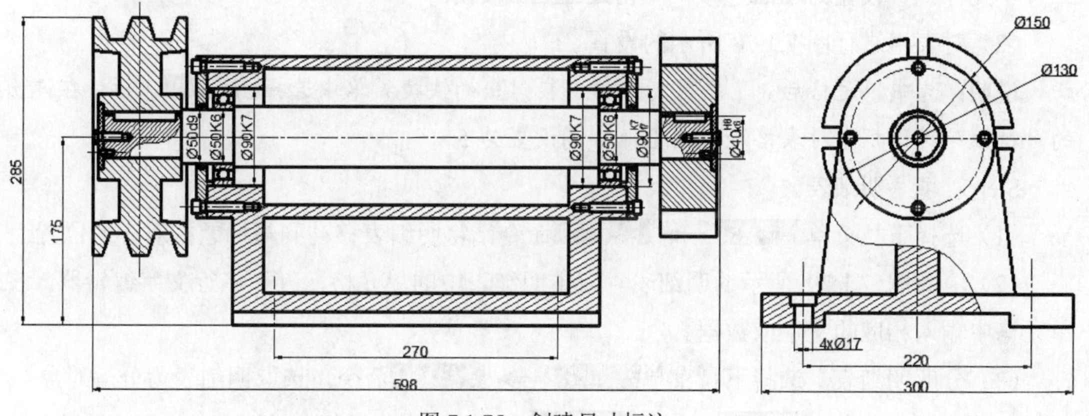

图 7.1.75　创建尺寸标注

Step2．创建其他标注及文字。

（1）标注零件序号。使用 QLEADER 命令、修改(M) → 分解(X) 以及 修改(M) → 移动(V) 命令，标注零件序号，结果如图 7.1.76 所示。

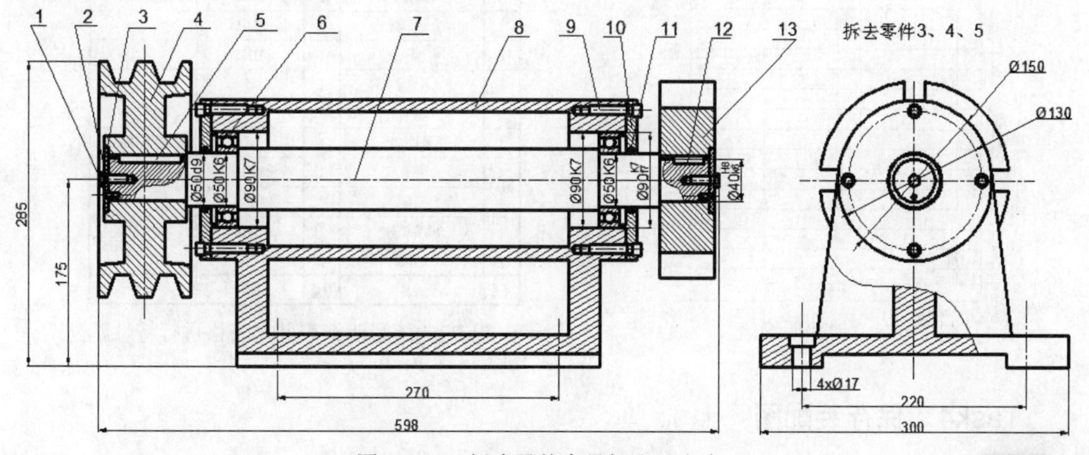

图 7.1.76　创建零件序号标注及文字

（2）创建文字。选择下拉菜单 绘图(D) → 文字(X)▸ → 单行文字(S) 命令，创建图 7.1.76 所示的文字。

Step3. 创建技术要求。选择下拉菜单 绘图(D) → 文字(X)▸ → 多行文字(M)... 命令，创建图 7.1.77 所示的文字。

技术要求

1.主轴轴线对底面的平行度公差值为0.04/100。

2.铣刀轴端的轴向窜动不大于0.01。

3.各配合，密封，螺钉联接处用润滑脂润滑。

4.未加工外表面涂灰色油漆，内表面涂红色耐油油漆。

图 7.1.77　创建技术要求

Step4. 创建明细表。

（1）插入表格。将图层切换至“细实线层”，选择下拉菜单 绘图(D) → 表格... 命令，设置数据行和列数值为 12 行 5 列，列宽值为 36，行高值为 1，将“第一行单元样式”和“第二行单元样式”设置为 数据 选项，单击 确定 按钮。

（2）对表格进行图 7.1.78 所示的设置。

说明：选中单元格后，单击鼠标右键，在弹出的快捷菜单中选择 特性(P) 选项，在弹出的“特性”对话框中对表格进行设置，字高设置为 5。

Step5. 填写明细表。

（1）选择下拉菜单 修改(M) → 移动(V) 命令，将明细表移动到与标题栏对齐的位置。

（2）填写图 7.1.79 所示的明细表。双击明细表中的单元格，打开多行文字编辑器，在单元格中输入相应的文字或数据。

（3）分解明细表。选择下拉菜单 修改(M) → 分解(X) 命令，选取明细表为分解对象。

（4）选择下拉菜单 修改(M) → 特性匹配(M) 命令，对表格进行特性匹配，结果如图 7.1.79 所示。

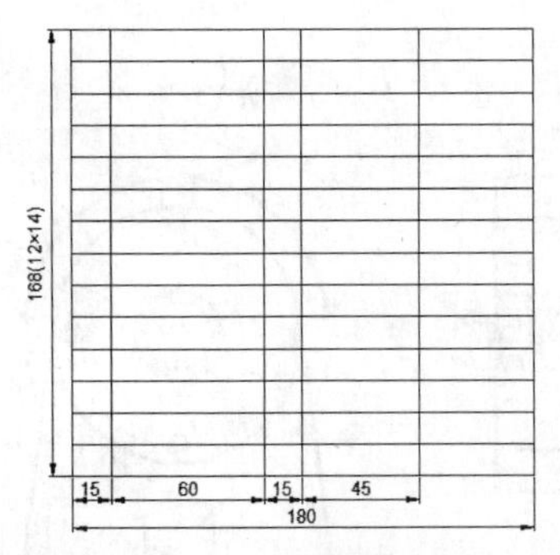

图 7.1.78　创建明细表

序号	名称	数量	材料	备注
13	铣刀盘	1	HT150	
12	键	1	45	GB/T 1096
11	毡圈	2	半粗半毛毡	
10	轴承端盖	2	HT200	GB/T 70.1
9	六角头螺钉	8	Q235A	
8	铣刀头底座	1	HT200	
7	阶梯轴	1	45	
6	轴承	2		GB/T 276
5	键12x60	1	45	GB/T 1096
4	带轮	1	HT150	A型
3	压板	2	35	
2	六角头螺栓M7	2	Q235A	GB/T 5780
1	定位销	2	35	GB/T 119.1

图 7.1.79　填写明细表并对表格进行特性匹配

Task4. 保存装配图

选择下拉菜单 文件(F) → 保存(S) 命令，将图形命名为“铣刀头装配图.dwg”，单击 保存(S) 按钮。

7.2 方法二：利用零件图组合装配图

创建装配图的方法之二，是先绘制产品中的各个零件图，然后再利用AutoCAD中的“创建块”、“写块”（将块保存在文件夹中）与“插入块”等命令，将所绘制的零件图拼装成装配图。这种方法的思路如下：

（1）绘制各零件图，各零件的比例应一致，零件的尺寸可以暂不标，将每个零件用WBLOCK命令定义为.DWG文件。定义时，必须选好插入点，插入点应是零件间相互有装配关系的特殊点。

（2）调入装配干线上的主要零件，然后沿装配干线展开，逐个插入相关零件。插入后，若需要修剪不可见的线段，应当分解插入块。插入块时应当注意确定它的轴向和径向定位。

（3）根据零件之间的装配关系，检查各零件的尺寸是否有干涉现象。

（4）标注装配尺寸，注写技术要求，添加零件序号，填写明细表、标题栏。

下面介绍用“零件图组合装配图”方法创建铣刀头装配图的详细过程。

Task1．选用样板文件

制作思路：设计铣刀头装配图比例，选择图纸，创建标题栏。

Step1．确定该铣刀头装配图比例为1:1。

Step2．使用随书光盘中提供的样板文件。选择下拉菜单 文件(F) → 新建(N)... 命令，在系统弹出的“选择样板”对话框中，找到文件D:\AutoCAD2014.2\work_file\ch07\ch07.02\Assembly_temp_A0.dwg，然后单击 打开(O) 按钮。

说明：样板文件中已经绘制好了图框与标题栏。

Task2．创建块与写块

制作思路：首先绘制零件，包括底座、轴、轴承、端盖、密封圈、内六角圆柱头螺钉、平键、带轮、铣刀盘、压板、圆柱销和六角头螺栓（包括主视图与左视图），然后将这些零件逐个创建成图块，便于下面装配时使用。

说明：

- 这里主要介绍将这些零件逐个创建成块。由于装配图中有时并不需要零件的所有视图，所以仅绘制了一些零件的单个视图。
- 对于铣刀头装配图中各零件的设计，在前面的章节均进行了详细的介绍，在此不再赘述。

Step1. 使用随书光盘上提供的零件资料。选择下拉菜单 文件(F) → 打开(O)... 命令，在系统弹出的“选择样板”对话框中，找到文件 D:\AutoCAD2014.2\work_file\ch07\ch07.02\零件图\底座主视图.dwg，然后单击 打开(O) 按钮。

Step2. 创建图 7.2.1a 所示的底座主视图零件图块。

（1）选择下拉菜单 绘图(D) → 块(K) ▸ → 创建(M)... 命令，系统弹出“块定义”对话框，在 名称(N): 文本框中输入块名“底座主视图”，选取底座上两条中心线的交点为插入基点，如图 7.2.1a 所示，选取全部图形为块定义对象，单击 确定 按钮完成块的定义。

（2）保存底座主视图零件图块。在命令行中输入命令 WBLOCK 后按 Enter 键，系统弹出“写块”对话框。在 源 选项组中选中 ⊙块(B): 单选项，从下拉列表中选择“底座主视图”，在 目标 选项组中指定 文件名和路径(F): 为 D:\AutoCAD2014.2\work_file\ch07\ch07.02\零件图图块\底座主视图.dwg，完成零件图块的保存。以后再使用底座主视图零件时，可直接以块的形式插入到目标文件中。

说明： 目标 选项组中选择文件名和路径可自行设定（即用来保存零件图块的文件夹）。

注意： “写块”对话框中的插入单位要设置为“毫米”，以避免在装配过程中因单位不统一而导致装配失败。

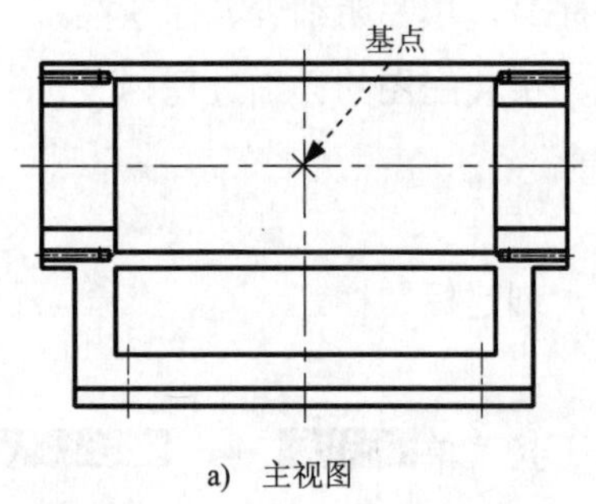

a) 主视图

基点

b) 左视图

图 7.2.1 底座图块

Step3. 创建图 7.2.1b 所示的底座左视图零件图块。参照 Step1 的操作打开底座左视图，参照 Step2 的操作完成底座左视图零件图块的创建，捕捉图 7.2.1b 所示的点为插入基点。

说明： 在写块时，可以将块的路径保存到同一个文件夹里。

Step4. 创建其他零件图块。

说明： 以下创建其他零件图块的操作与创建底座图块完全一样，目的就是把所有的零件图创建成图块的形式，以供 Task3 拼装装配图时插入这些图块。

（1）创建并保存图 7.2.2 所示的轴、轴承和端盖图块。

（2）创建并保存图 7.2.3 所示的毡圈、内六角头螺钉、平键 60 和平键 30 图块。

（3）创建并保存图 7.2.4 所示的压板、六角头螺栓和销的图块。

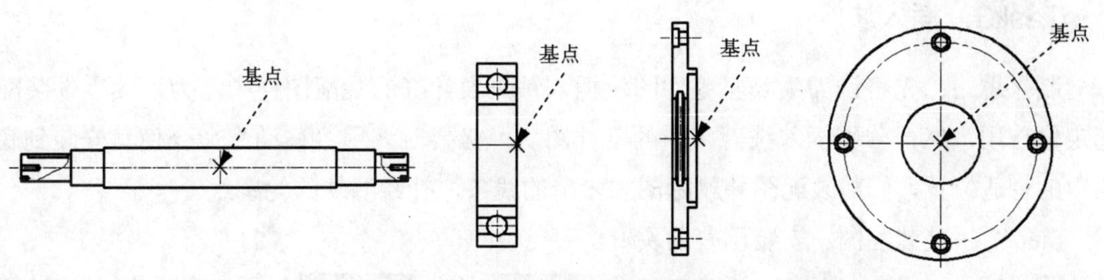

图 7.2.2　轴、轴承和端盖图块

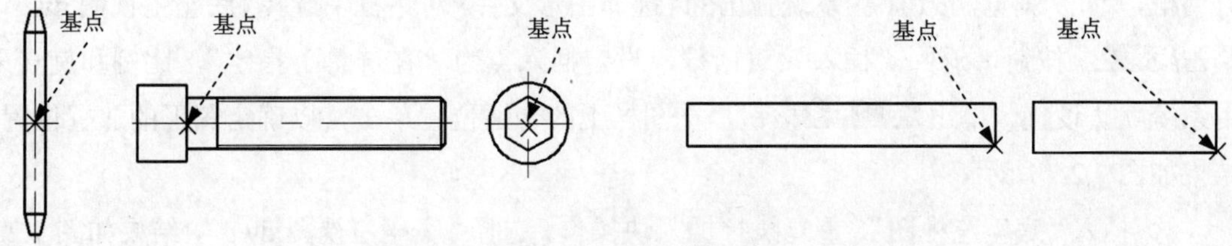

图 7.2.3　毡圈、内六角头螺钉和两平键图块

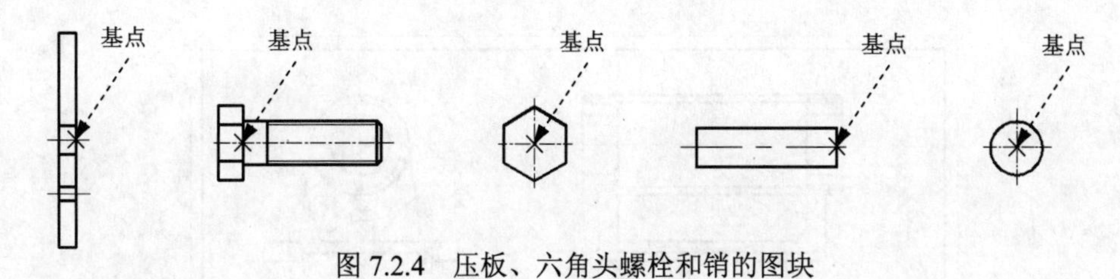

图 7.2.4　压板、六角头螺栓和销的图块

（4）创建并保存图 7.2.5 所示的带轮和铣刀盘图块。

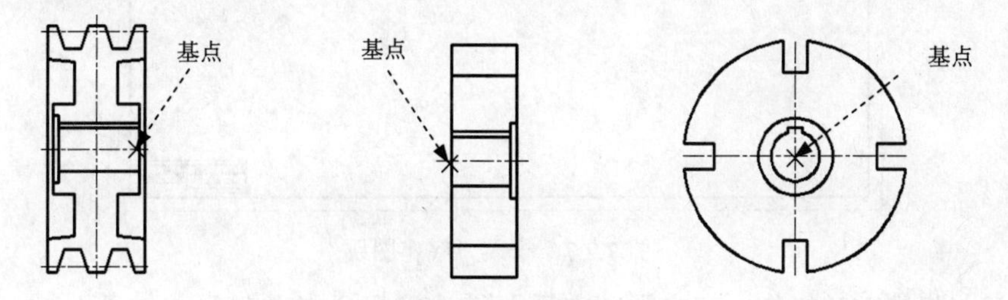

图 7.2.5　带轮和铣刀盘图块

Step5. 创建并保存图 7.2.6 所示的明细表图块。

说明：创建明细表尺寸如图 7.2.6 所示。

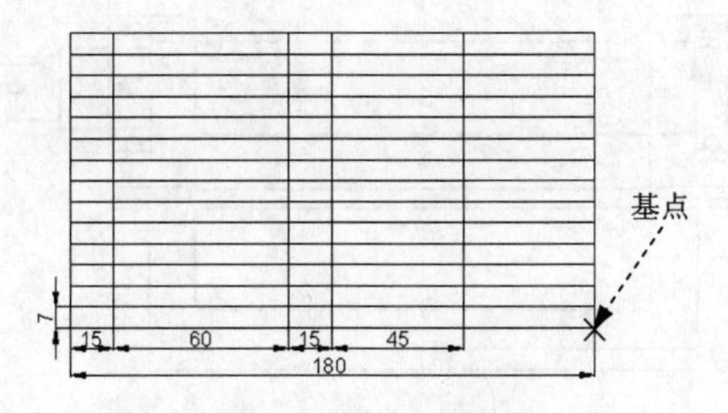

图 7.2.6　创建明细表图块

Task3. 插入块

制作思路：先将铣刀头底座零件图块插入预先设计好的装配图样中，为后续零件装配起定位作用，然后分别插入铣刀头中的零件图块，必要时调用“移动”命令使其安装到底座中的合适位置，修剪装配图并删除图中多余的线条，补绘漏缺的轮廓线。

Step1. 拼装装配图。安装已有图块。

① 插入“底座主视图”。选择下拉菜单 插入(I) → 块(B)... 命令，系统弹出“插入”对话框，单击“浏览”按钮，在系统弹出的“选择图形文件”对话框中选择“底座主视图.dwg”；单击 打开(O) 按钮，返回“插入”对话框，设定插入点为“在屏幕上指定”，比例和旋转采用系统默认设置，单击 确定 按钮，在图样上的合适位置单击，以确定图形的放置位置，结果如图 7.2.7 所示。

② 插入“底座左视图”。重复执行插入块操作，选择“底座左视图.dwg”，结果如图 7.2.7 所示。

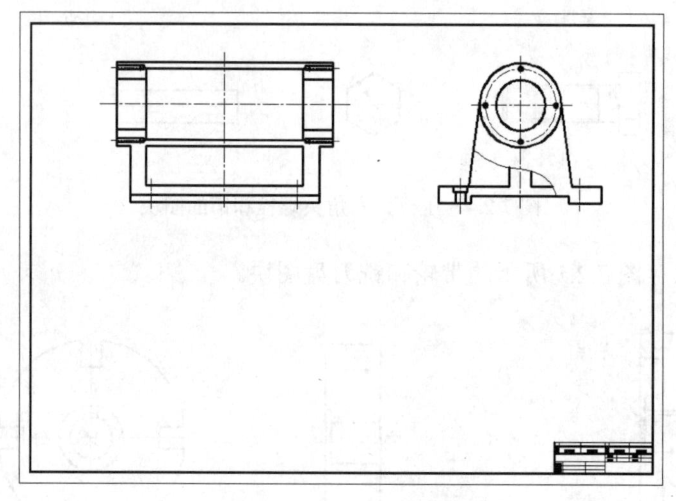

图 7.2.7 插入“底座图块”

③ 参照步骤①的操作，在主视图中插入图 7.2.8 所示的“轴”、“轴承”。

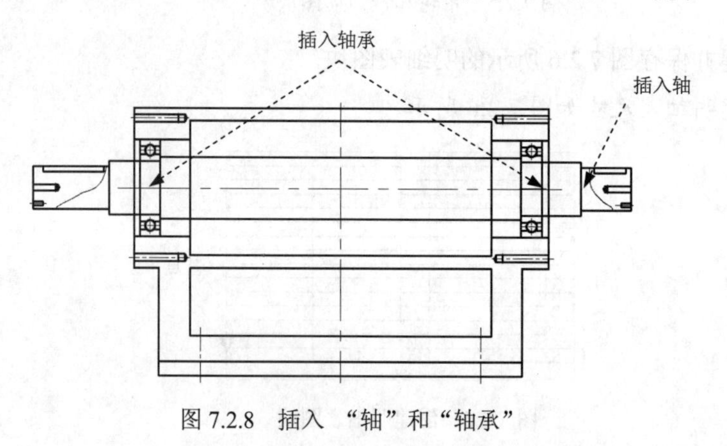

图 7.2.8 插入 “轴”和“轴承”

④ 插入图 7.2.9 所示的左边的“端盖”、“毡圈”和“内六角圆柱头螺钉”。

⑤ 采用镜像命令完成右边的“端盖”、“毡圈”和“内六角圆柱头螺钉”的装配，结果如图 7.2.10 所示。

说明：插入右端盖和右内六角圆柱头螺钉时，可设置“旋转”角度值为 180，插入底座中。

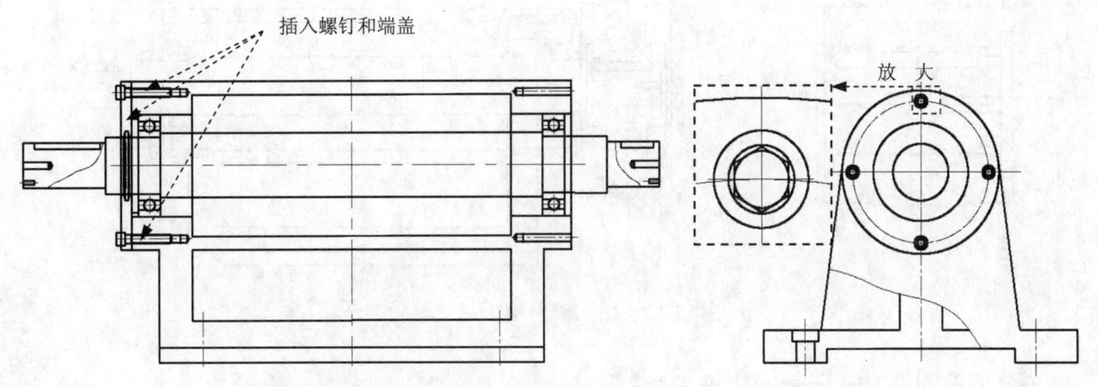

图 7.2.9　插入左边的“端盖”、“毡圈”和“内六角头螺钉”

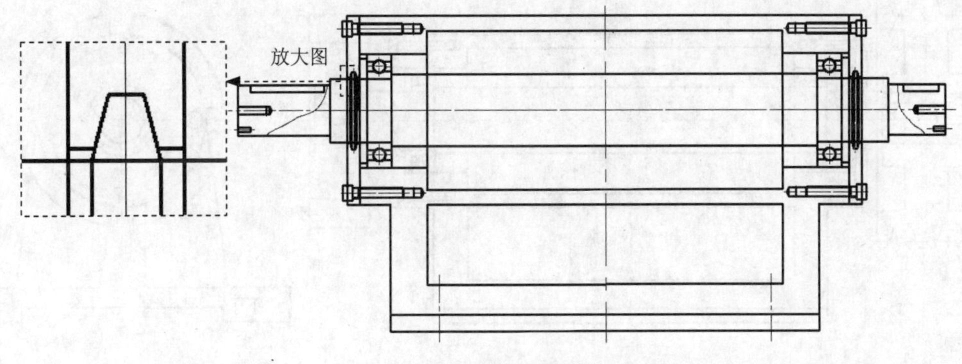

图 7.2.10　镜像图形

⑥ 为了使后续装配更清晰，将装配图中多余的线条删除。

a）选择下拉菜单 修改(M) → 分解(X) 命令，选取需要修剪的零件为分解对象。

b）选择下拉菜单 修改(M) → 修剪(T) 和 修改(M) → 删除(E) 命令，对装配图进行细节修剪，并补全左视图上的阶梯轴，结果如图 7.2.11 所示。

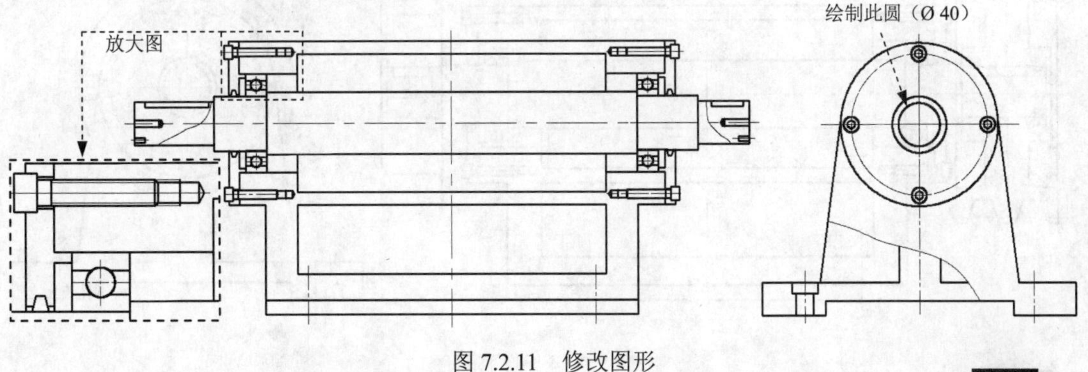

图 7.2.11　修改图形

说明：端盖与阶梯轴间的间隙太小，在左视图上没有表示出来，请读者在绘制过程中多加注意。

⑦ 插入图 7.2.12 所示的“平键 30”、“平键 60”和“带轮”，并对装配图进行修剪。

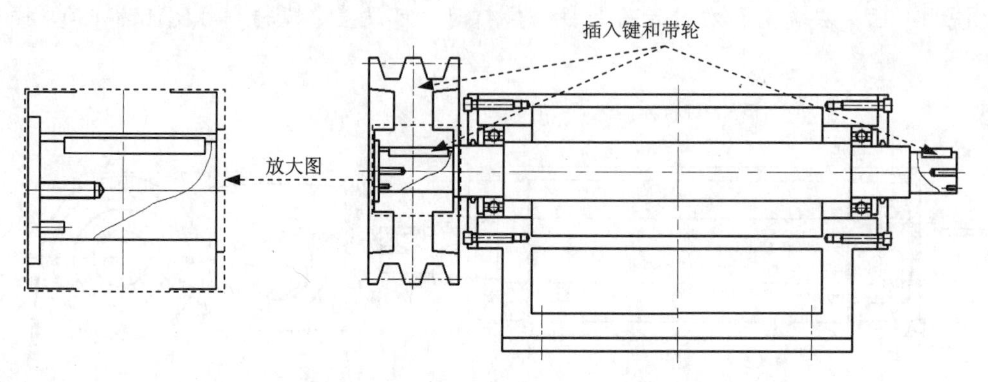

图 7.2.12 插入“平键”与“带轮”

⑧ 插入图 7.2.13 所示的“铣刀盘”。

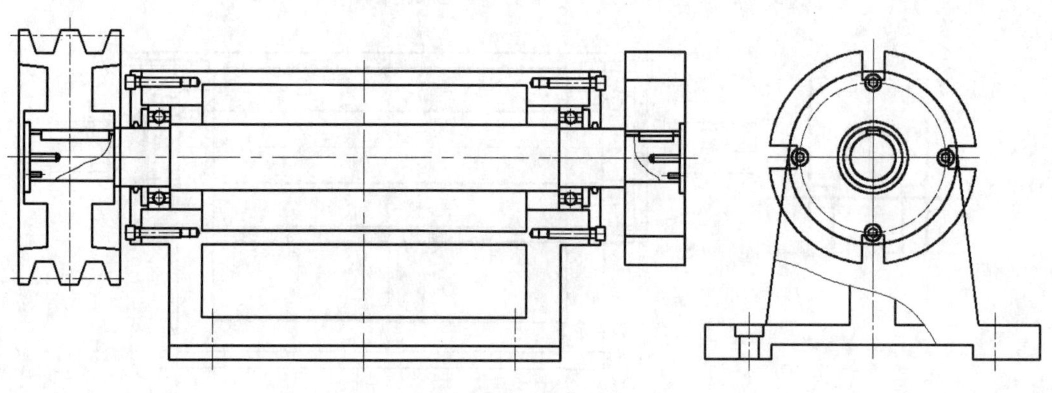

图 7.2.13 插入“铣刀盘”

⑨ 选择下拉菜单 修改(M) → 分解(X) 命令，对插入的铣刀盘图块进行分解；选择下拉菜单 修改(M) → 修剪(T) 和 修改(M) → 删除(E) 命令，对装配图进行修剪，结果如图 7.2.14 所示。

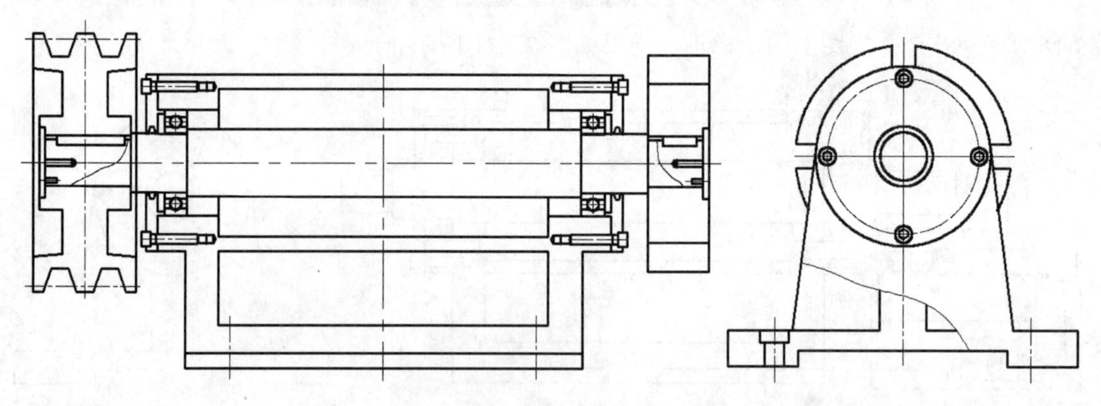

图 7.2.14 修剪图形

⑩ 插入图 7.2.15 所示的“压板”、“销”和“六角头螺栓”，并对装配图进行修剪。

Step2. 将图层切换至“剖面线层”，选择下拉菜单 绘图(D) → 图案填充(H)... 命令填充铣刀头装配图，结果如图 7.2.16 所示。

说明： 在装配图中不同的零件剖面线各不相同，同一零件剖面线必须保持一致。

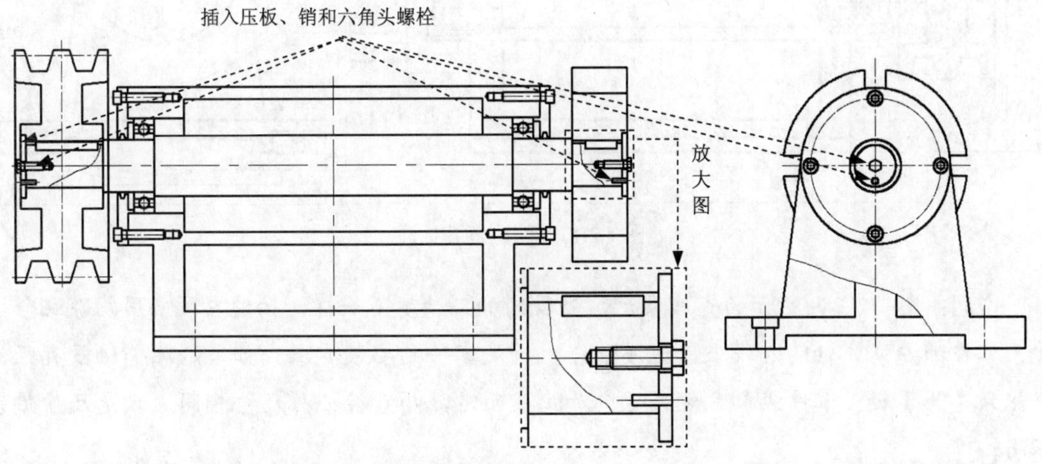

图 7.2.15　插入“压板”、“销”和“六角头螺栓”

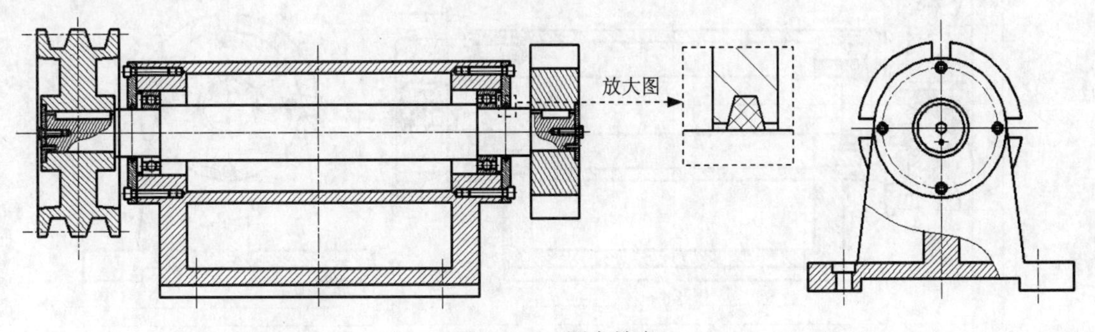

图 7.2.16　图案填充

Task4. 完成装配图

对装配图进行必要的标注，创建技术要求，填写零件明细表，从而完成装配图的创建过程。

Step1. 创建图 7.2.17 所示的尺寸标注。

（1）创建安装尺寸、外形尺寸和规格尺寸的标注。将图层切换至“尺寸线层”，选择下拉菜单 标注(N) → 线性(L) 命令，创建图 7.2.18 所示的尺寸标注。

说明： 在装配图中，不需要标注出每个零件的尺寸，只需要标注出装配图的规格尺寸、装配尺寸、外形尺寸、安装尺寸以及其他重要尺寸。

（2）创建配合尺寸及其他重要尺寸的标注。选择下拉菜单 标注(N) → 线性(L) 命令，对铣刀头装配图进行标注，结果如图 7.2.17 所示。

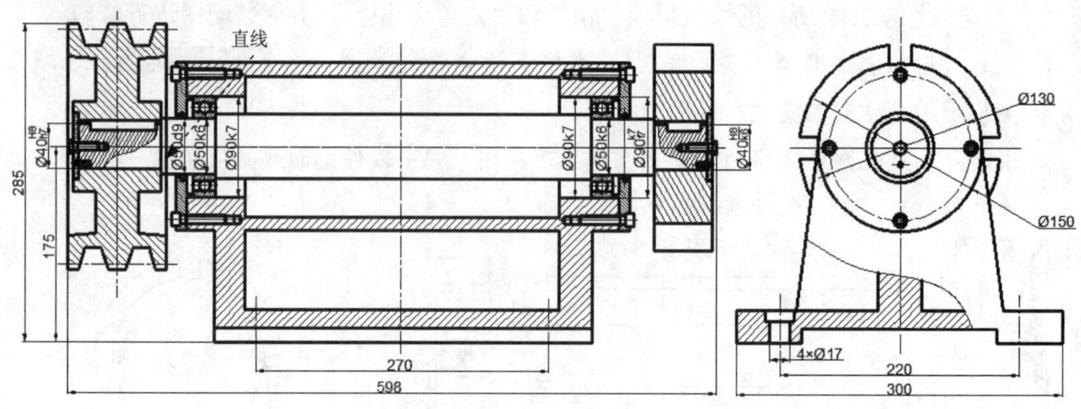

图 7.2.17 创建尺寸标注

说明：图 7.2.17 所示的直线表示该轴段的加工精度不一样，轴的左段采用间隙配合，便于零件的安装；轴的右段采用过渡配合，满足零件的安装要求。如果两相邻轴段直径的变化只是为了轴上零件装卸方便或区分加工表面时，两直径公称尺寸相同，只是尺寸偏差不同。

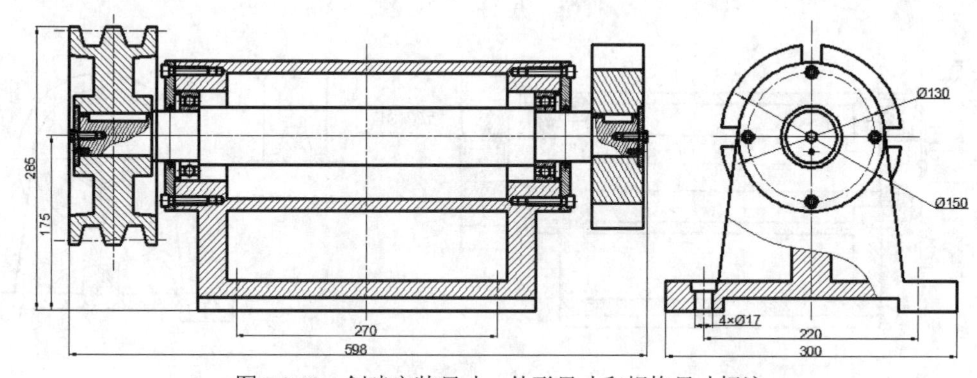

图 7.2.18 创建安装尺寸、外形尺寸和规格尺寸标注

Step2. 选择下拉菜单 绘图(D) → 文字(X) → 多行文字(M)... 命令，创建图 7.2.19 所示的技术要求。

技术要求

1. 主轴轴线对底面的平行度公差值为0.04/100。
2. 铣刀轴端的轴向窜动不大于0.01。
3. 各配合，密封，螺钉联接处用润滑脂润滑。
4. 未加工外表面涂灰色油漆，内表面涂红色耐油油漆。

图 7.2.19 创建技术要求

Step3. 标注图 7.2.20 所示的零件序号标注。

（1）在命令行中输入命令 QLEADER，对铣刀头装配图进行引线标注。

（2）选择下拉菜单 绘图(D) → 文字(X) → 单行文字(S) 命令，完成文字的创建。

（3）选择下拉菜单 修改(M) → 移动(V) 命令，将创建的文字移动到合适位置。

Step4. 填写明细表。

（1）插入“明细表”。选择下拉菜单 修改(M) → 移动(V) 命令，捕捉明细表的右下端点，将明细表移动到合适位置。

（2）选择下拉菜单 修改(M) → 分解(X) 命令分解明细表格。

（3）双击单元格，打开多行文字编辑器，在单元格中输入相应的文字或数据，结果如图 7.2.21 所示。

注意：一般在装配图中所有零部件都必须编写序号，每个零部件编写一个序号，同一装配图中相同的零部件序号相同，装配图中的零部件序号应与明细表中的一致。

（4）选择下拉菜单 修改(M) → 特性匹配(M) 命令，对表格进行匹配，结果如图 7.2.21 所示。

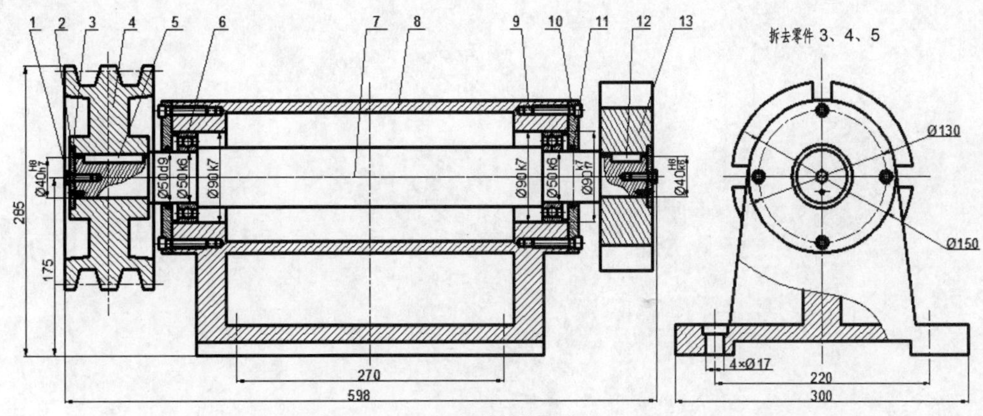

图 7.2.20 创建零件序号标注

13	铣刀盘	1	HT150	
12	键	1	45	GB/T 1096
11	毡圈	2	半粗羊毛毡	
10	轴承端盖	2	HT200	GB/T 70.1
9	六角头螺钉M8	8	Q235A	
8	铣刀头底座	1	HT200	
7	阶梯轴	1	45	
6	轴承	2		GB/T 276
5	键12×60	1	45	GB/T 1096
4	带轮	1	HT150	A型
3	压板	2	35	
2	六角头螺栓M7	2	Q235A	GB/T 5780
1	定位销	2	35	GB/T 119.1
序号	名称	数量	材料	备注

图 7.2.21 填写明细表并对表格进行特性匹配

Step5. 填写零件标题栏。选择下拉菜单 绘图(D) → 文字(X) ▸ → 多行文字(M)... 命令，对图框中的标题栏进行填写，结果如图 7.1.1 所示。

Task5. 保存文件

选择下拉菜单 文件(F) → 保存(S) 命令，将图形命名为“铣刀头装配图.dwg”，单击 保存(S) 按钮。

第 8 章　三维零部件的设计

8.1　三维实体图

图 8.1.1 所示的是一个支架的三维实体模型，本节主要介绍其创建过程、尺寸标注过程以及实体着色的有关内容。

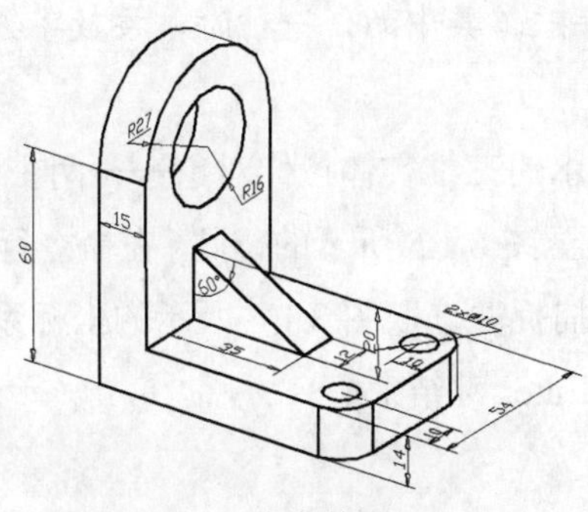

图 8.1.1　三维实体图

Task1. 选用样板文件

使用随书光盘中提供的样板文件。选择下拉菜单 文件(F) → 新建(N)... 命令，在系统弹出的“选择样板”对话框中，找到文件 D:\AutoCAD2014.2\system_file\Part_temp_A3.dwg，然后单击 打开(O) 按钮。

Task2. 创建过程

下面介绍图 8.1.1 所示的三维实体图的创建过程。

Step1. 创建图 8.1.2 所示的三维实体对象。

（1）将图层切换到“轮廓线层”，确认状态栏中的 （正交模式）和 （对象捕捉）按钮处于打开状态。

（2）绘制图 8.1.3 所示的封闭的二维图形。选择下拉菜单 绘图(D) → 直线(L) 命令，绘制图 8.1.3 所示的封闭的二维图形。

（3）将封闭的二维图形转换为面域。选择下拉菜单 绘图(D) → 面域(N) 命令，选取步骤（2）创建的二维图形为转换对象，按 Enter 键结束操作。

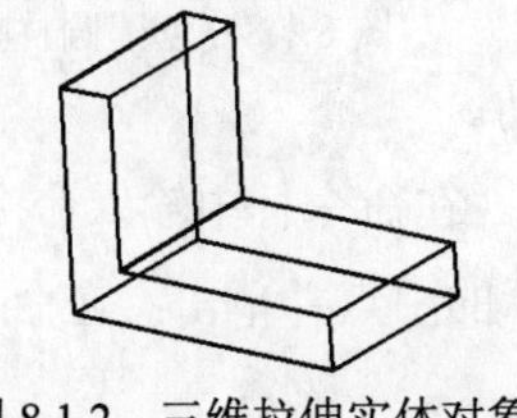

图 8.1.2　三维拉伸实体对象

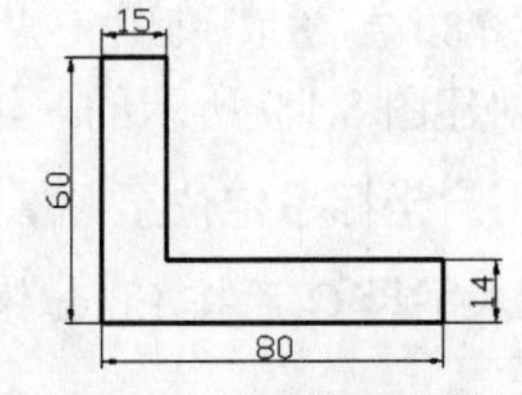

图 8.1.3　封闭的二维图形

（4）将面域拉伸为实体。选择下拉菜单 绘图(D) → 建模(M) ▸ → 拉伸(X) 命令，选取步骤（3）创建的面域为拉伸对象，指定拉伸高度值为 54，结果如图 8.1.2 所示。

（5）启动三维动态观察器查看并旋转三维实体。

① 选择下拉菜单 视图(V) → 动态观察(B) ▸ → 自由动态观察(F) 命令，系统进入三维观察模式。

② 按住左键不放，随意拖动光标，就可以对图形进行任意角度的动态观察。

③ 将三维实体调整到图 8.1.2 所示的方位。

④ 按 Enter 键或 Esc 键退出三维动态观察器。

说明：*在启用了三维导航工具中的任一种时，按数字键 1、2、3、4、5 可以切换三维动态的观察方式。*

Step2. 创建图 8.1.4 所示的三维实体拉伸对象——两个圆柱体。

（1）将用户坐标系定位至图 8.1.5 所示的位置。在命令行中输入命令 UCS 后按 Enter 键，输入字母 O 后按 Enter 键，捕捉并选取图 8.1.6 所示的坐标系原点，输入命令 UCS 并按 Enter 键，输入字母 Y 后按两次 Enter 键结束命令。

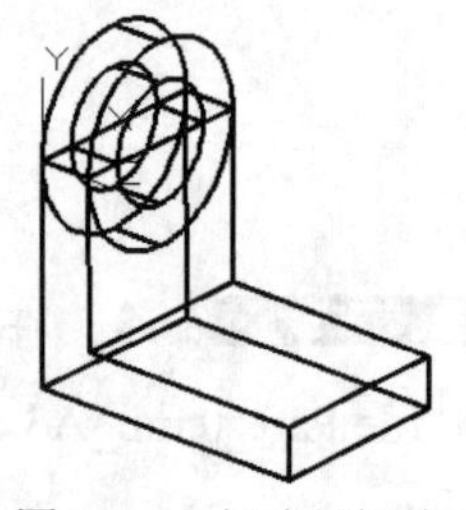

图 8.1.4 创建圆柱体

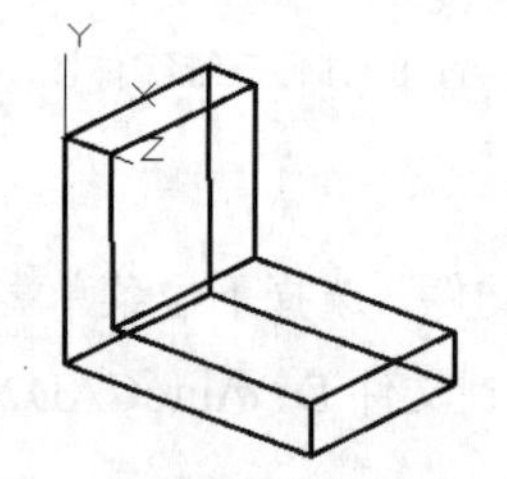

图 8.1.5 定位坐标系（一）

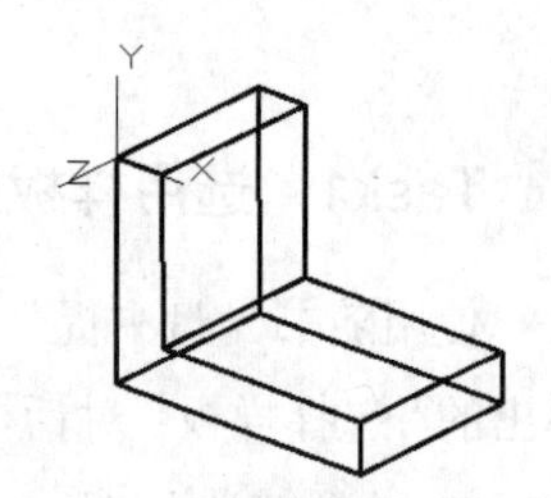

图 8.1.6 定位坐标系（二）

（2）选择下拉菜单 绘图(D) → 建模(M) ▸ → 圆柱体(C) 命令，选取图 8.1.7 中的直线 1 的中点为圆柱体的底面中心，底面半径值为 27，拉伸的高度值为 15，结果如图 8.1.8 所示。

（3）按 Enter 键以重复绘制圆柱体的命令，参照步骤（2）创建底面半径值为 16、拉伸高度值为 15 的圆柱体，直线 1 的中点为圆柱体的底面中心，结果如图 8.1.4 所示。

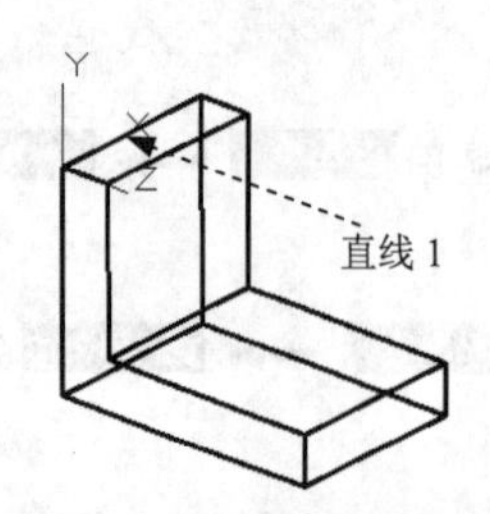

图 8.1.7 选取底面中心点

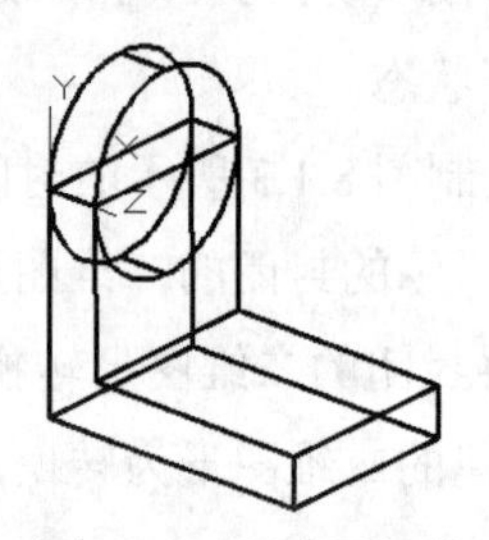

图 8.1.8 创建圆柱体

Step3. 创建图 8.1.9 所示的三维实体拉伸对象——肋。

（1）将用户坐标系定位至图 8.1.10 所示的中点位置。在命令行中输入命令 UCS 后按 Enter 键，输入字母 O 后按 Enter 键，捕捉图 8.1.10 所示的中点并单击；在命令行中输入命令 UCS 后按 Enter 键，输入字母 Y 后按两次 Enter 键结束命令，结果如图 8.1.11 所示。

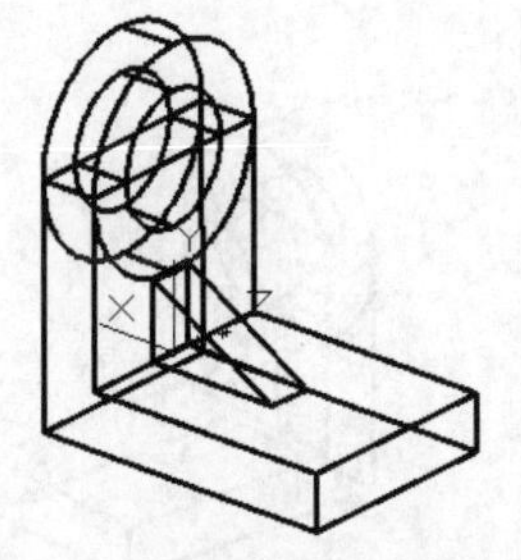

图 8.1.9　三维实体拉伸对象——肋

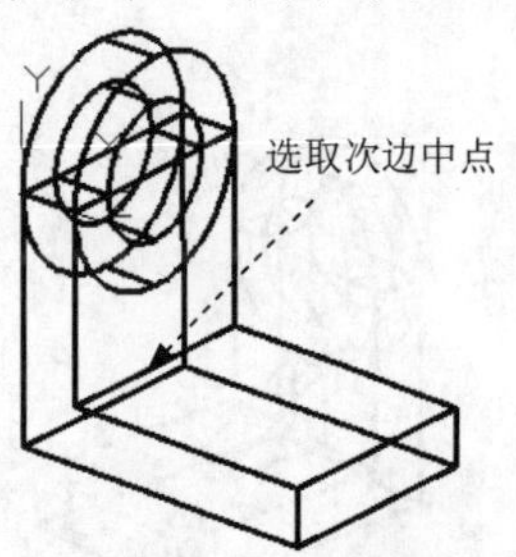

图 8.1.10　捕捉中点

（2）创建图 8.1.12 所示的二维三角形。

① 选择下拉菜单 绘图(D) → 三维多段线(3) 命令，输入命令 FROM 后按 Enter 键，选取图 8.1.10 中的中点为基点。

② 沿 Y 轴正向移动光标，输入数值 20 后按 Enter 键；沿 Y 轴负向移动光标，输入数值 20 后按 Enter 键；沿 X 轴负向移动光标，输入数值 35 后按 Enter 键；输入字母 C 后按 Enter 键结束命令，完成二维三角形的创建，如图 8.1.12 所示。

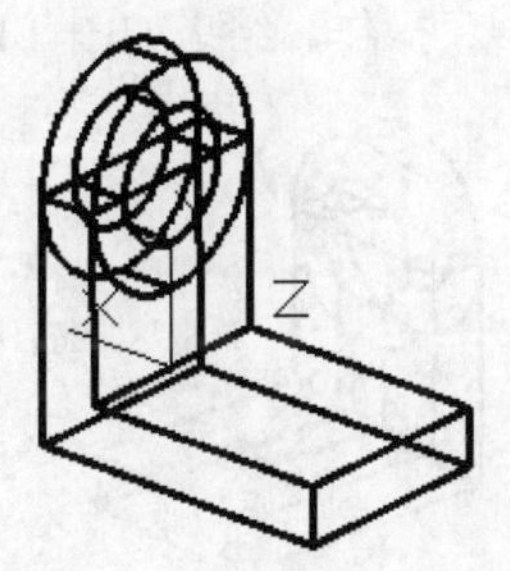

图 8.1.11　定位用户坐标系

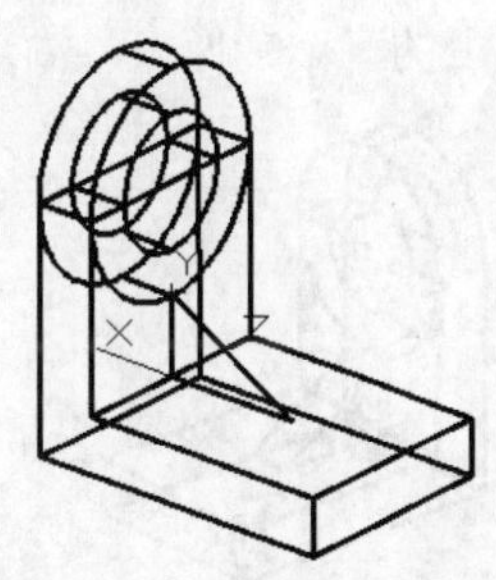

图 8.1.12　创建三角形

（3）将三角形拉伸为实体。选择下拉菜单 绘图(D) → 建模(M) ▸ → 拉伸(X) 命令；选取步骤（2）绘制的三角形为拉伸对象，拉伸高度值为 12，结果如图 8.1.13 所示。

（4）将步骤（3）创建的拉伸实体进行移动。选择下拉菜单 修改(M) → 移动(V) 命令，选取拉伸实体为移动对象并按 Enter 键，选取图 8.1.14 所示的直线的下端点为基点，在命令行中输入坐标（0,0,-7.5）并按 Enter 键，结果如图 8.1.9 所示。

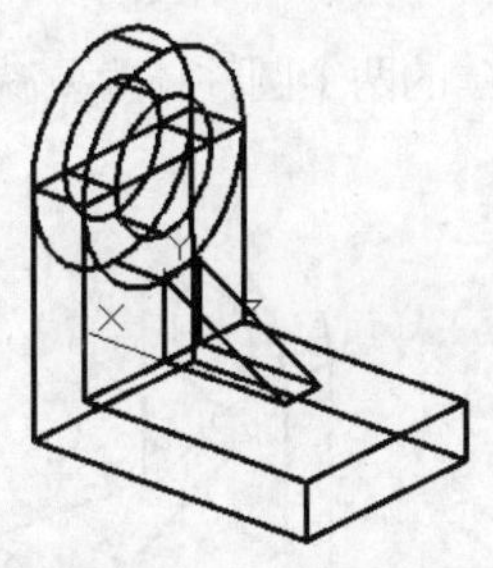

图 8.1.13　拉伸实体

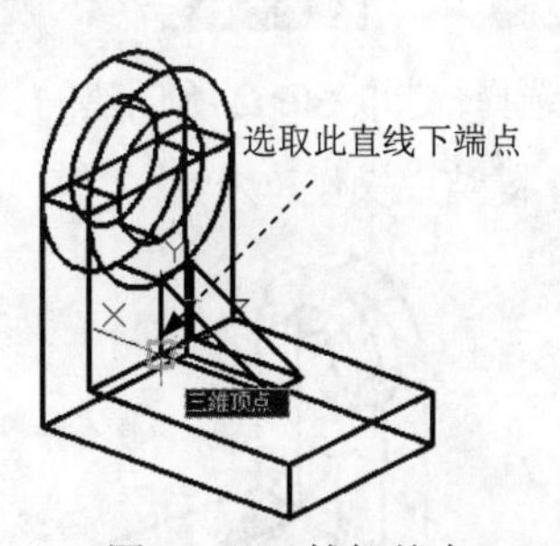

图 8.1.14　捕捉基点

Step4. 创建图 8.1.15 所示的三维实体拉伸对象——两个圆柱体。

（1）定位用户坐标系。其操作方法同 Step3 中的步骤（1），将坐标系定位到图 8.1.16 所示的位置。

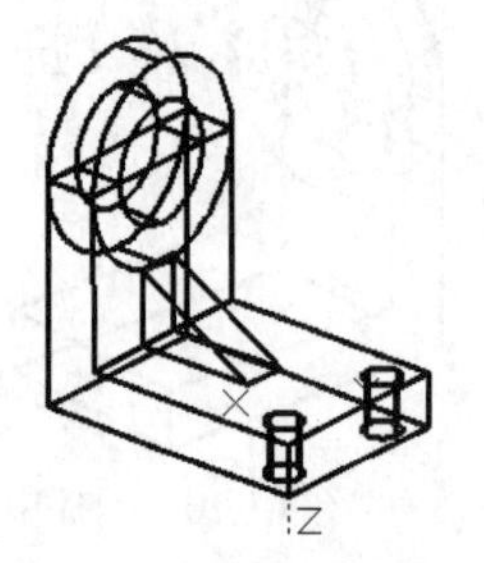

图 8.1.15　创建两个圆柱体

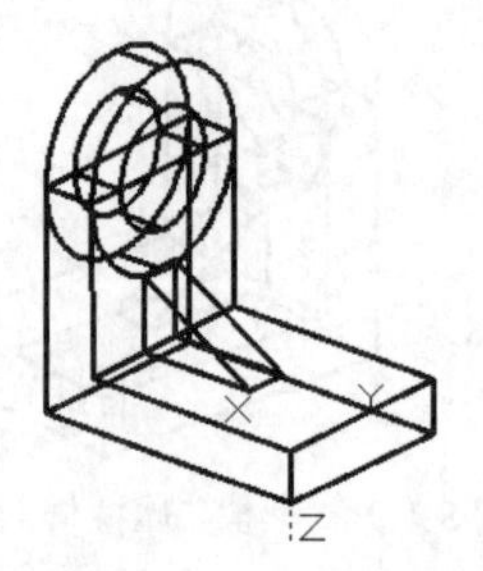

图 8.1.16　定位坐标系

（2）创建第一个圆柱体。选择下拉菜单 绘图(D) → 建模(M) → 圆柱体(C) 命令，输入底面中心点坐标（10，10，0）并按 Enter 键，输入底面半径值 5 并按 Enter 键，将光标向下移动，输入拉伸高度值 14 后按 Enter 键结束命令，结果如图 8.1.17 所示。

（3）创建第二个圆柱体。选择下拉菜单 修改(M) → 三维操作(3) → 三维镜像(D) 命令，选取步骤（2）所创建的圆柱体为镜像对象并按 Enter 键；选取图 8.1.18 所示的三条直线的三个中点为镜像平面上的三个镜像点，输入字母 N 后按 Enter 键结束操作，结果如图 8.1.15 所示。

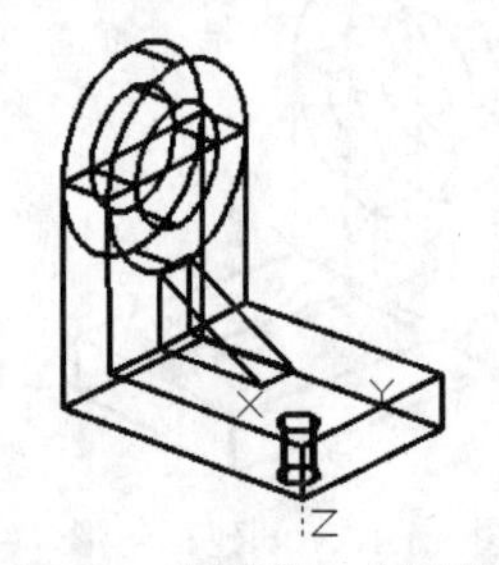

图 8.1.17　创建第一个圆柱体

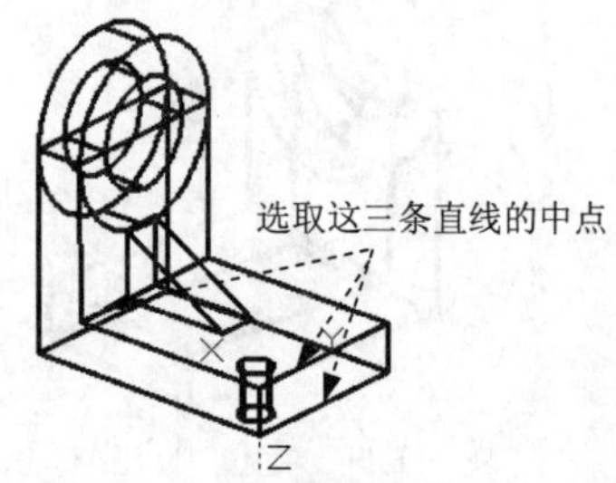

图 8.1.18　选取镜像点

Step5. 对图 8.1.15 所示的图形进行布尔并集运算。选择下拉菜单 修改(M) → 实体编辑(N) → 并集(U) 命令，分别选取 Step1 所创建的三维拉伸实体、Step2 所创建的第一个圆柱体以及 Step3 所创建的三维实体肋特征，按 Enter 键结束选择对象。

Step6. 对图 8.1.15 所示的图形进行布尔差集运算。选择下拉菜单 修改(M) → 实体编辑(N) → 差集(S) 命令，选取 Step5 所创建的整个实体作为要从中减去的实体，按 Enter 键结束选择；选取 Step2 所创建的第二个圆柱体以及 Step4 所创建的两个圆柱体为要减去的实体，按 Enter 键结束操作。

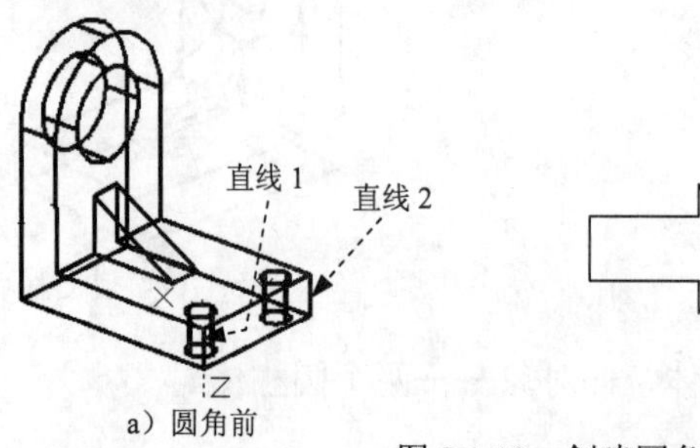

a）圆角前

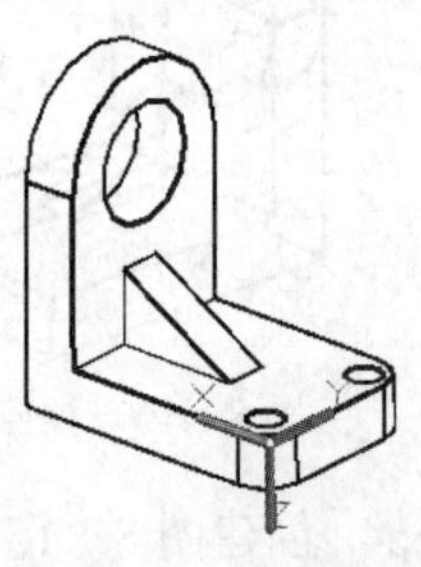
b）圆角并消除隐藏线后

图 8.1.19　创建圆角并消除隐藏线

Step7. 创建圆角并消除隐藏线。选择下拉菜单 修改(M) → 圆角(F) 命令，在命令行中输入字母 R 并按 Enter 键，输入圆角半径值 10 并按 Enter 键，选取图 8.1.19a 所示的直线 1 为圆角对象，按两次 Enter 键结束命令；按 Enter 键以重复圆角命令，对直线 2 进行圆角。

Step8. 消除隐藏线。选择下拉菜单 视图(V) → 视觉样式(S) ▸ → 消隐(H) 命令进行消隐处理，结果如图 8.1.19b 所示。

Task3. 创建尺寸标注

下面介绍图 8.1.1 所示的三维实体图的标注过程。

Step1. 创建图 8.1.20 所示的线性标注。

（1）切换图层。将图层切换到“尺寸线层”。

（2）定位用户坐标系。在命令行中输入命令 UCS 按 Enter 键，输入字母 O 按 Enter 键，在图 8.1.21 所示的端点处单击，移动坐标系。

（3）在命令行中输入命令 UCS 按 Enter 键，输入字母 Y 并按 Enter 键，输入数值 180 后按 Enter 键，即可改变坐标轴 XY 的方向，将尺寸标注在 XOY 平面内。

（4）选择下拉菜单 标注(N) → 线性(L) 命令，捕捉并选取要进行标注的尺寸界线的两个原点，将尺寸线移动到合适的位置并单击。

（5）改变坐标轴的方向，创建其他线性标注，结果如图 8.1.20 所示。

说明： *所有标注均在 XOY 平面内进行。*

Step2. 创建图 8.1.22 所示的直径标注。用户坐标系的坐标轴方向定位至图 8.1.22 所示的方向；选择下拉菜单 标注(N) → 直径(D) 命令，单击要进行标注的圆，输入字母 T 并按 Enter 键，输入文本 2×%%C10 后按 Enter 键，移动光标至合适的位置单击，结果如图 8.1.22 所示。

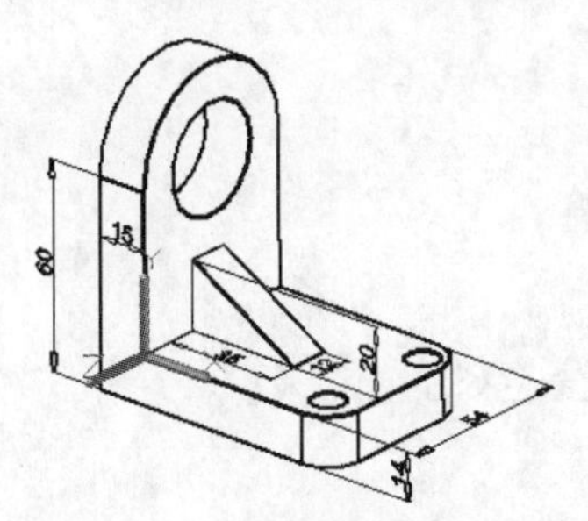

图 8.1.20　定位坐标系并创建线性标注

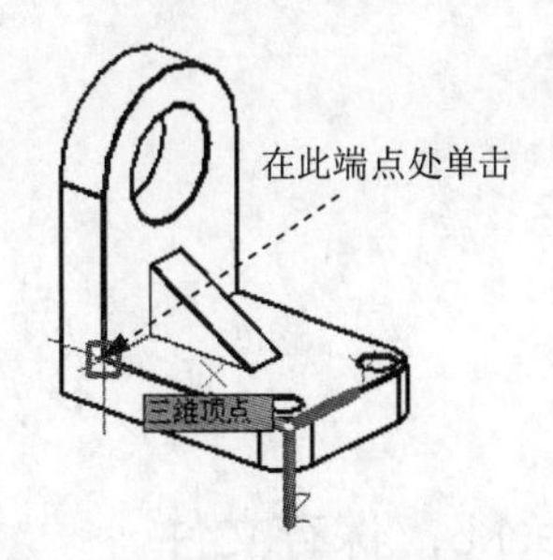

图 8.1.21　定位用户坐标系

Step3. 创建图 8.1.23 所示的半径标注。将用户坐标系的坐标轴方向定位至图 8.1.23 所示的方向；选择下拉菜单 标注(N) → 半径(R) 命令，单击要进行标注的圆或圆弧，将尺寸线移动到合适的位置，结果如图 8.1.23 所示。

Step4. 创建图 8.1.24 所示的角度标注。将用户坐标系的坐标轴方向定位至图 8.1.25 所示的方向；选择下拉菜单 标注(N) → 角度(A) 命令，选取要进行角度标注的两直线，移动光标在绘图区的空白区域处单击，以确定尺寸放置的位置，结果如图 8.1.24 所示。

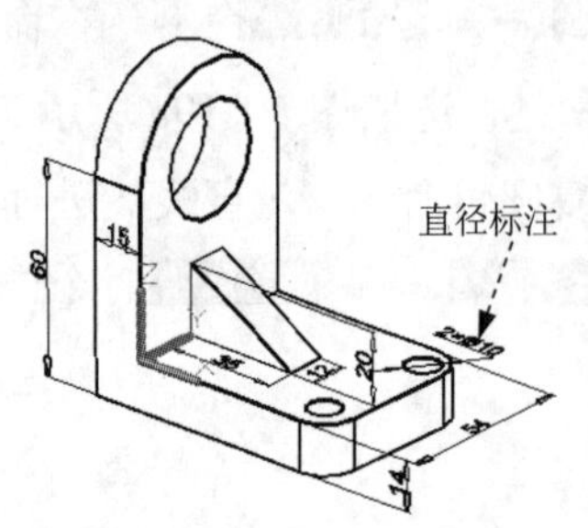

图 8.1.22　创建直径标注

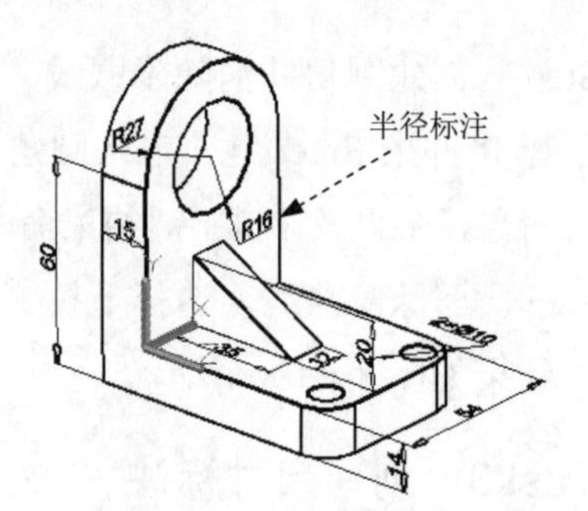

图 8.1.23　创建半径标注

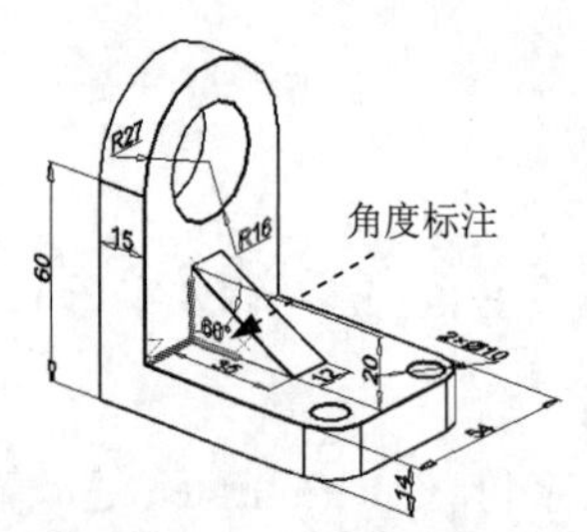

图 8.1.24　创建角度标注

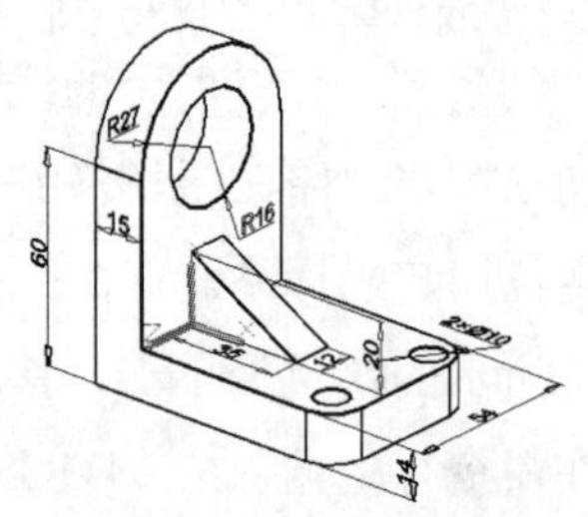

图 8.1.25　改变坐标轴方向

Task4．着色处理

三维实体图创建完成之后还要对它进行着色处理，这样三维模型才会更加逼真。

选择下拉菜单 视图(V) → 视觉样式(S) ▸ → 真实(R) 命令，进行着色处理。着色后，如果颜色很深，双击三维模型，在系统弹出的“特性”窗口中的“颜色”下拉列表框中，可以将对象的颜色改为较浅的颜色，结果如图 8.1.26 所示（“尺寸线层已隐藏”）。

图 8.1.26　实体模型的着色处理

Task5．保存文件

选择下拉菜单 文件(F) → 保存(S) 命令，将图形命名为“三维实体图.dwg”，单击 保存(S) 按钮。

8.2　轴　测　图

轴测图的特点：物体上相互平行的线段，在对应轴测图上仍相互平行；物体上两个平行线段或同一直线上两线段长度之比在轴测图上仍保持不变。下面通过一个具体例子（图8.2.1）来介绍轴测图的绘制过程。

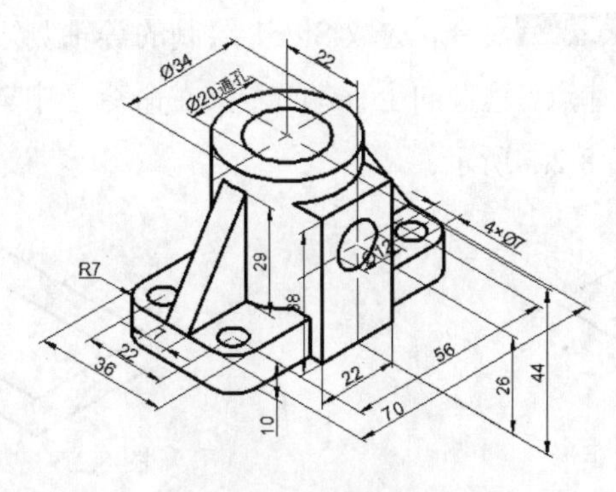

图 8.2.1　轴测图

Task1．选用样板文件

使用随书光盘中提供的样板文件。选择下拉菜单 文件(F) → 新建(N)... 命令，在系统弹出的“选择样板”对话框中，找到文件 D:\AutoCAD2014.2\system_file\Part_temp_A3.dwg，然后单击 打开(O) 按钮。

Task2．绘制前的准备工作

此步骤介绍绘制轴测图前所进行的准备工作，其中，将捕捉类型设置为“等轴测捕捉”是绘制轴测图的基础。

Step1. 选择下拉菜单 工具(T) → 草图设置(F)... 命令，系统弹出“草图设置”对话框，单击该对话框中的 捕捉和栅格 选项卡，在 捕捉类型 选项组中选中 栅格捕捉(R) 和 等轴测捕捉(M) 单选项；单击 对象捕捉 选项卡，选中 启用对象捕捉 (F3)(O) 和 启用对象捕捉追踪 (F11)(K) 复选框；在 对象捕捉模式 选项组中仅选中□ 端点(E)、△ 中点(M)、○ 圆心(C)、◇ 象限点(Q)、× 交点(I) 和 ⊠ 最近点(R) 复选框，单击 确定 按钮以完成设置。

Step2. 确认状态栏中的（正交模式）和（对象捕捉）按钮处于打开状态。

说明：按键盘上功能键区的“F5”键，可切换等轴测图平面到＜等轴测平面 俯视＞、＜等轴测平面 左视＞和＜等轴测平面 右视＞，建议读者在使用此键时，要针对不同的情况灵活操作。

Task3．绘制下底板

下面介绍图 8.2.1 所示轴测图下底板的创建过程。

Step1. 绘制图 8.2.2 所示的等轴测矩形。将图层切换到“轮廓线层”，按功能键“F5”，将等轴测平面切换到＜等轴测平面 俯视＞；选择下拉菜单 绘图(D) → 直线(L) 命令，绘制长度值为 70、宽度值为 36 的矩形。

Step2. 复制图形。

（1）复制等轴测矩形。按功能键“F5”将等轴测平面切换到＜等轴测平面 右视＞；选择下拉菜单 修改(M) → 复制(Y) 命令，选取 Step1 绘制的等轴测矩形为复制对象并按 Enter 键，选取图形上的任一点为基点，垂直向上移动光标，在命令行中输入数值 10，按两次 Enter 键结束复制命令，结果如图 8.2.3 所示。

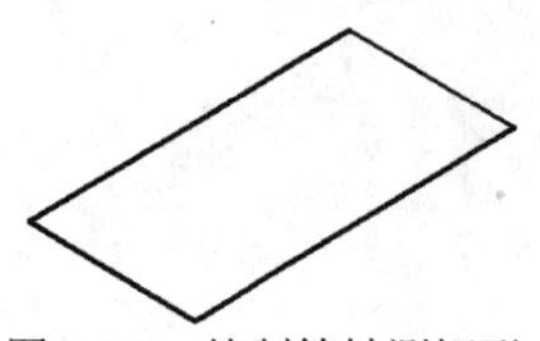
图 8.2.2　绘制等轴测矩形

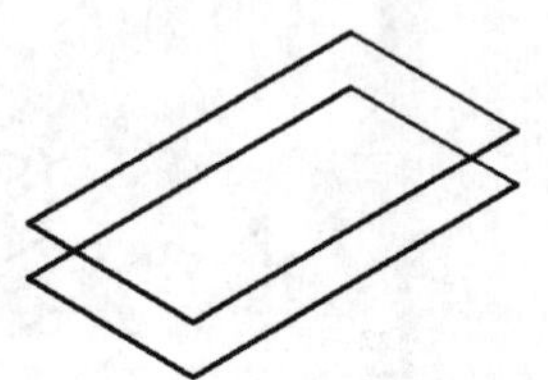
图 8.2.3　复制等轴测矩形

（2）复制直线 1。将等轴测平面切换到＜等轴测平面 左视＞；选择下拉菜单 修改(M) → 复制(Y) 命令，选取直线 1 为复制对象按 Enter 键；选取直线 1 上的任一点为基点，将光标向左上方移动，在命令行中输入数值 7 后按 Enter 键；再次在命令行中输入数值 18 后，按两次 Enter 键结束复制命令，结果如图 8.2.4 所示。

（3）将等轴测平面切换到＜等轴测平面 俯视＞；参照步骤（2）复制直线 2，位移值分别为 7、35，结果如图 8.2.5 所示。

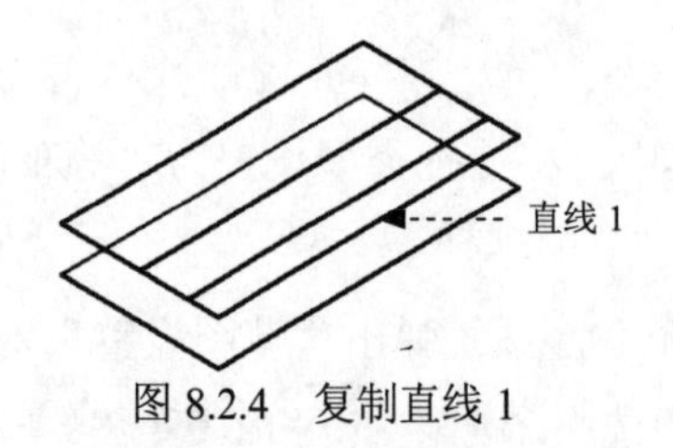

图 8.2.4　复制直线 1

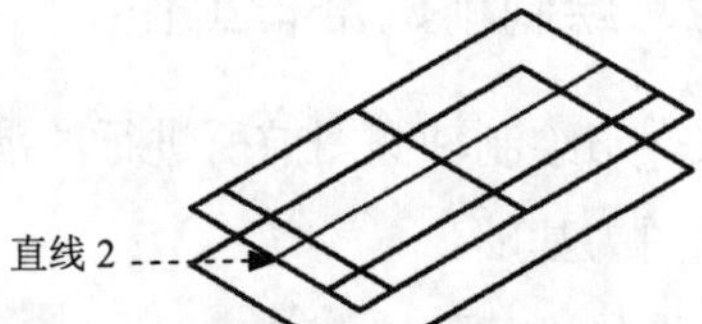

直线 2
图 8.2.5　复制直线 2

Step3. 绘制图 8.2.6 所示的等轴测圆。

（1）选择下拉菜单 绘图(D) → 椭圆(E)▸ → 轴、端点(E) 命令，在命令行中输入字母 I 后按 Enter 键，捕捉并选取图 8.2.6 所示的交点为等轴测圆的圆心，在命令行中输入等轴测圆的半径值 7 后按 Enter 键。

（2）参照步骤（1）的操作绘制底座同心圆，半径值为 3.5。

Step4. 复制等轴测圆。参照复制直线的方法复制圆，结果如图 8.2.7 所示。

说明：向下复制等轴测圆时，将等轴测平面切换到＜等轴测平面 左视＞，将光标垂直向下移动，在命令行中输入数值 10。

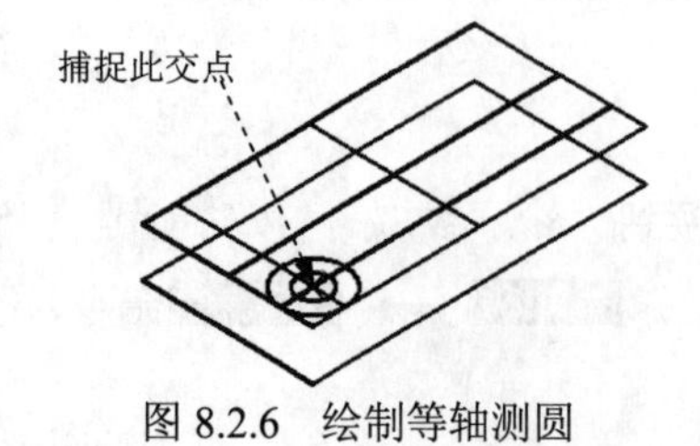

图 8.2.6　绘制等轴测圆

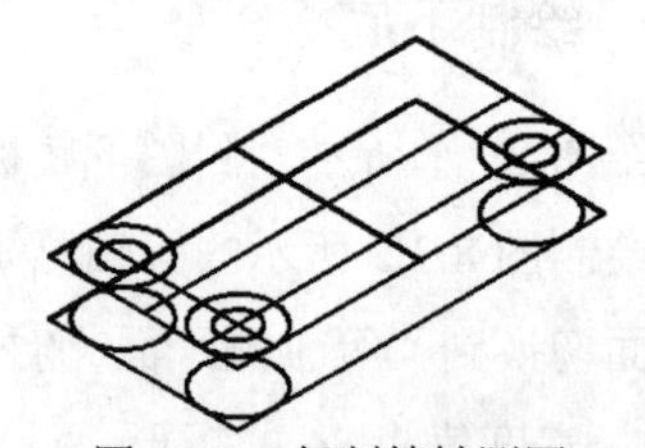
图 8.2.7　复制等轴测圆

Task4．创建有通孔的圆柱

下面介绍图 8.2.1 所示轴测图中有通孔的圆柱的创建过程。

Step1．绘制等轴测圆。将等轴测平面切换到<等轴测平面　俯视>，选择下拉菜单 绘图(D) → 椭圆(E) ▸ → 轴、端点(E) 命令，在命令行中输入字母 I 后按 Enter 键，捕捉并选取图 8.2.8 所示的交点为等轴测圆的圆心，在命令行中输入半径值 17 后按 Enter 键结束，结果如图 8.2.8 所示。

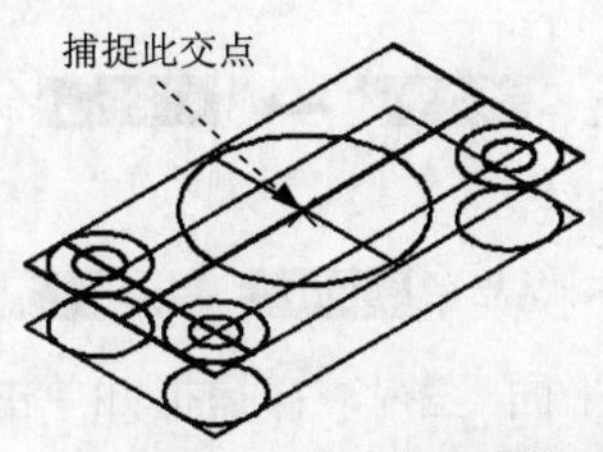

图 8.2.8　绘制等轴测圆

Step2．复制等轴测圆。将等轴测平面切换到<等轴测平面　右视>；选择下拉菜单 修改(M) → 复制(Y) 命令，选取 Step1 绘制的等轴测圆为复制对象，选取等轴测圆的圆心为基点，垂直向上移动光标，在命令行中输入数值 34 后，按两次 Enter 键结束复制命令，结果如图 8.2.9 所示。

Step3．绘制圆柱孔。将等轴测平面切换到<等轴测平面　俯视>，选择下拉菜单 绘图(D) → 椭圆(E) ▸ → 轴、端点(E) 命令，并在命令行中输入字母 I 后按 Enter 键，捕捉并选取图 8.2.10 所示的圆心为等轴测圆的圆心，在命令行中输入半径值 10 后按 Enter 键，结果如图 8.2.10 所示。

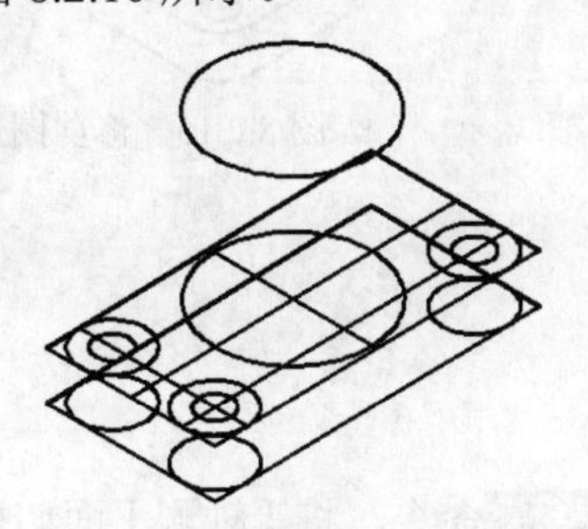

图 8.2.9　复制等轴测圆

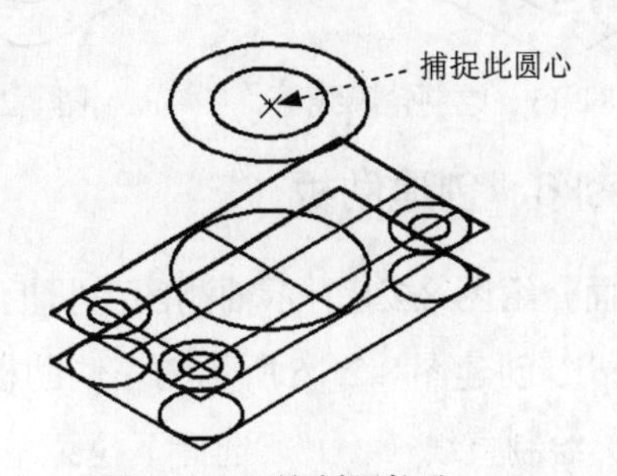

图 8.2.10　绘制圆柱孔

Task5．修整图形

此步骤是为了将多余的线条删掉，再增加一些整体的轮廓线，增强立体感。

Step1．删除辅助直线。选择下拉菜单 修改(M) → 删除(E) 命令，选取要删除的对象，并按 Enter 键，结果如图 8.2.11 所示。

Step2．修剪直线。选择下拉菜单 修改(M) → 修剪(T) 命令，并按 Enter 键，单击图 8.2.11 中要修剪的直线，按 Enter 键结束命令，结果如图 8.2.12 所示。

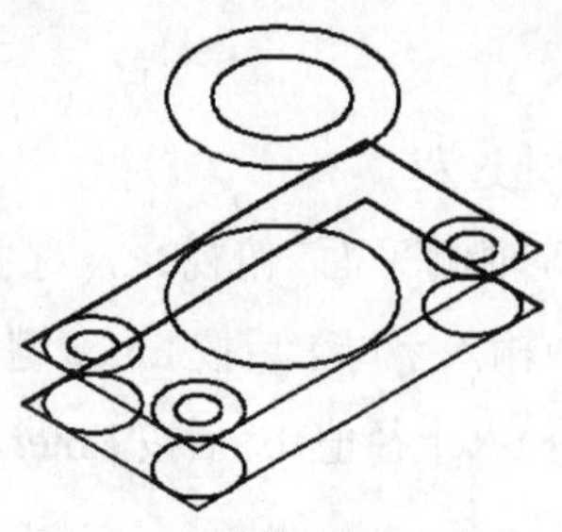

图 8.2.11 删除辅助直线

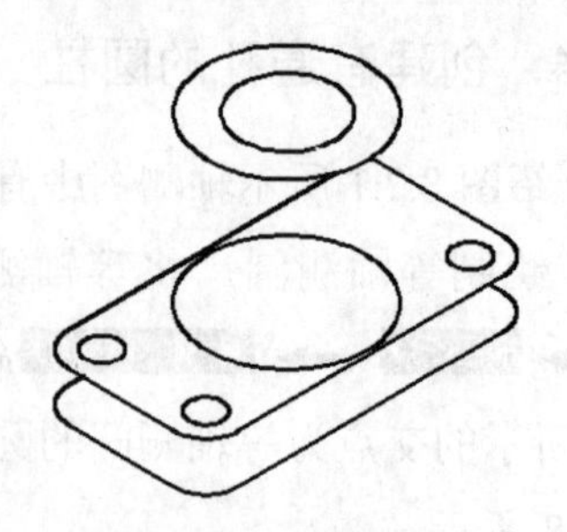

图 8.2.12 修剪直线

说明：若有修剪不掉的线条，选择 修改(M) → 删除(E) 命令将其删除。

Step3. 绘制图 8.2.13 所示的轮廓线。

（1）绘制第一条轮廓线。选择下拉菜单 绘图(D) → 直线(L) 命令，将等轴测平面切换到<等轴测平面 右视>或<等轴测平面 左视>；捕捉并单击图 8.2.14 所示的象限点 1 和象限点 2，按 Enter 键完成第一条轮廓线的绘制，结果如图 8.2.14 所示。

（2）参照步骤（1）的操作绘制其他的轮廓线，结果如图 8.2.13 所示。

Step4. 修剪图形。选择下拉菜单 修改(M) → 修剪(T) 命令，对图 8.2.13 所示的图形进行修剪，结果如图 8.2.15 所示。

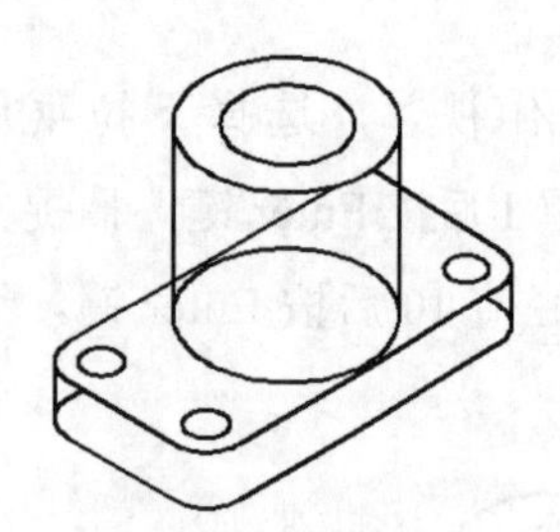

图 8.2.13 绘制轮廓线

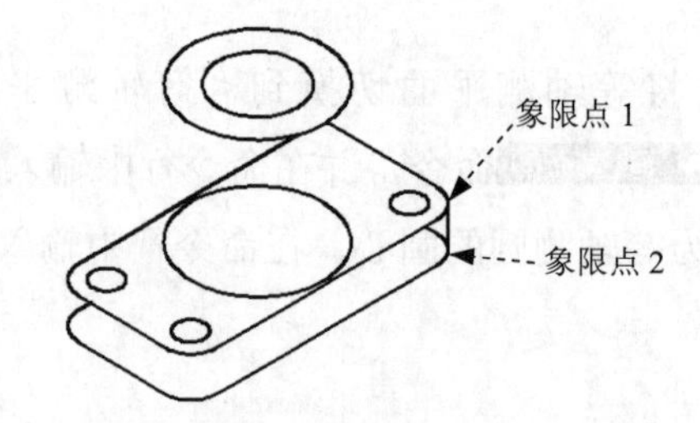

图 8.2.14 绘制第一条轮廓线

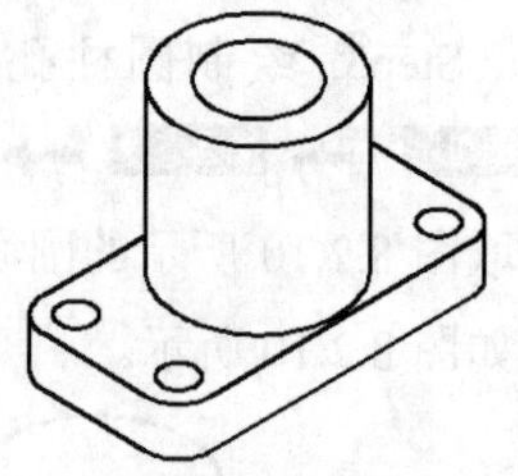

图 8.2.15 修剪图形

Task6. 创建肋板

下面介绍图 8.2.1 所示轴测图中肋板的创建过程。

Step1. 创建图 8.2.16 所示的左侧肋板。

（1）绘制直线（一）。选择下拉菜单 绘图(D) → 直线(L) 命令，将等轴测平面切换到<等轴测平面 俯视>，在命令行中输入命令 FROM 后按 Enter 键，移动光标捕捉图 8.2.17 所示的端点为基点并单击，在命令行中输入（@7.5<150）后按 Enter 键，将等轴测平面切换到<等轴测平面 右视>，将光标向右上方移动，在命令行中输入数值 20 后，按两次 Enter 键结束命令。

（2）绘制直线（二）。单击状态栏上的（正交模式）按钮，使其处于关闭状态。选择下拉菜单 绘图(D) → 直线(L) 命令，将等轴测平面切换到<等轴测平面 右视>，移动光标捕捉图 8.2.17 所示的交点并单击，在命令行中输入（@29<90）并按 Enter 键，捕捉步骤（1）绘制的直线的起点并单击，按 Enter 键结束命令，结果如图 8.2.18 所示。

（3）修剪直线。选择下拉菜单 修改(M) → 修剪(T) 命令，对图 8.2.18 所示的图形进行修剪，修剪结果如图 8.2.19 所示。

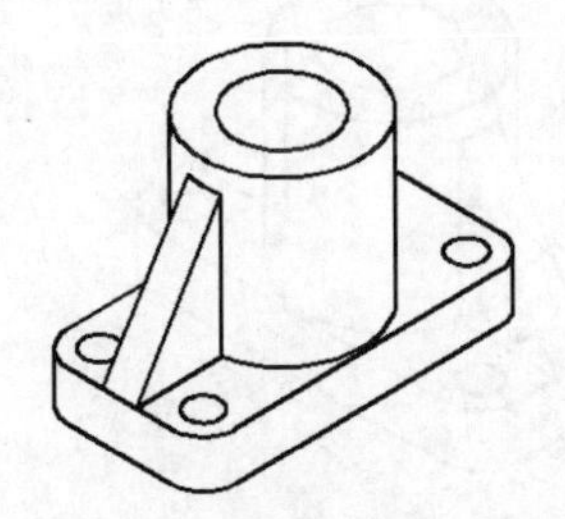

图 8.2.16　创建左侧肋板

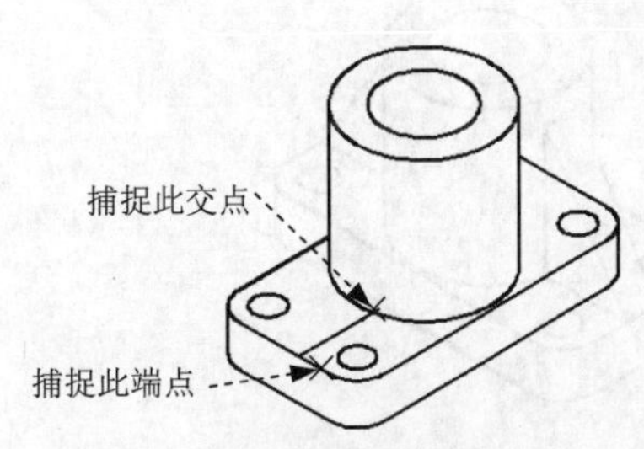

图 8.2.17　绘制直线（一）

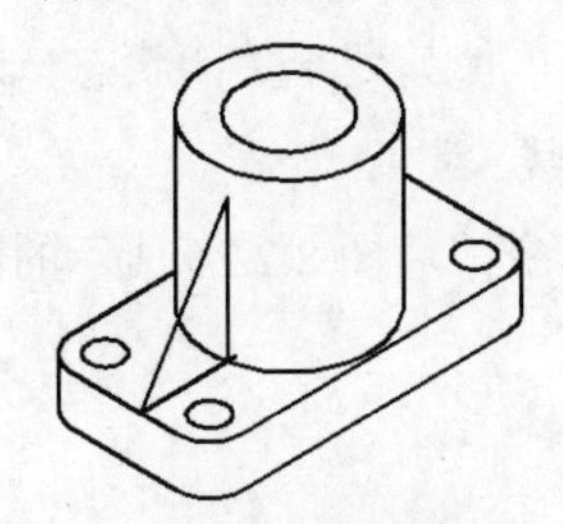

图 8.2.18　绘制直线（二）

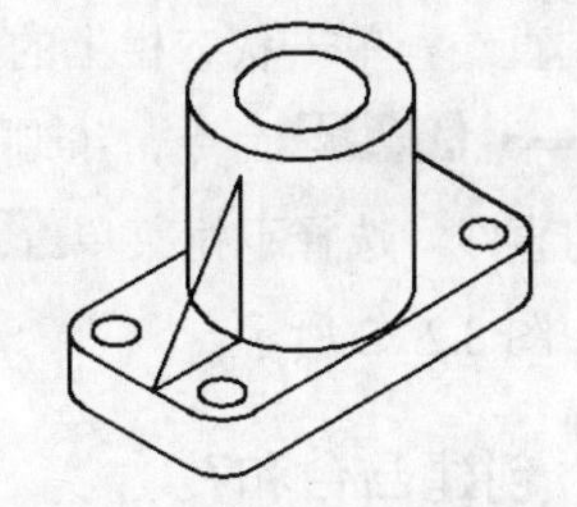

图 8.2.19　修剪直线

（4）复制直线。选择下拉菜单 修改(M) → 复制(Y) 命令，选取步骤（1）和（2）绘制的直线为复制对象，选取直线上任一点为基点，在命令行中输入（@7<150）后，按两次 Enter 键结束复制命令，结果如图 8.2.20 所示。

（5）复制等轴测圆。单击状态栏上的 （正交模式）按钮，使其处于打开状态。选择下拉菜单 修改(M) → 复制(Y) 命令，选取图 8.2.20 所示的等轴测圆为复制对象，选取该等轴测圆的圆心为基点，在命令行中输入（@5< - 90）后，按两次 Enter 键结束复制命令，结果如图 8.2.21 所示。

（6）修剪图形。选择下拉菜单 修改(M) → 修剪(T) 命令，对图 8.2.21 所示图形进行修剪，结果如图 8.2.16 所示。

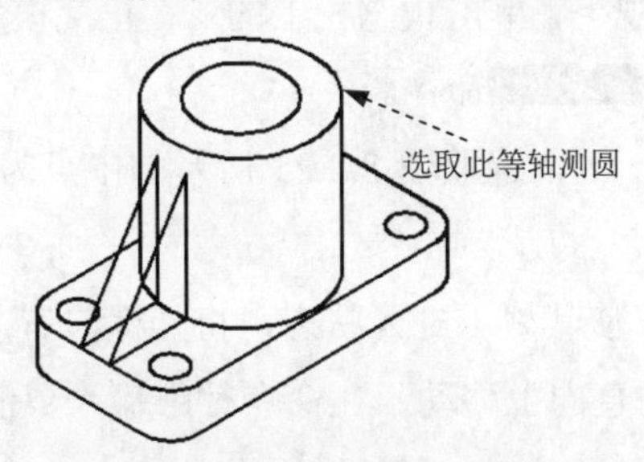

图 8.2.20　复制直线

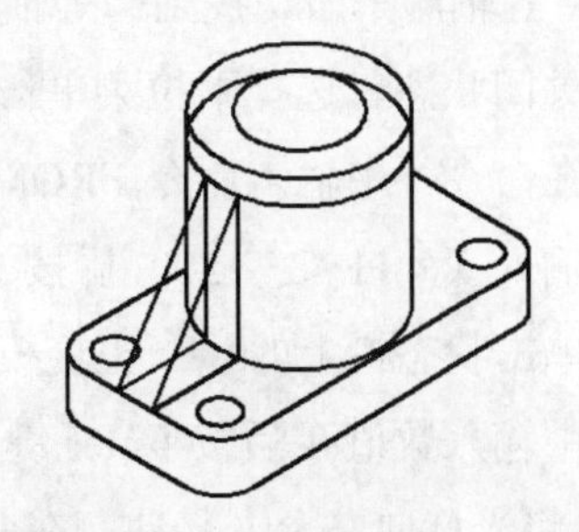

图 8.2.21　复制等轴测圆

Step2. 创建图 8.2.22 所示的右侧肋板。

（1）复制直线。选择下拉菜单 修改(M) → 复制(Y) 命令，选取图 8.2.23 所示的直线 1 为复制对象，选取“端点”为基点，移动光标捕捉“最近点”并单击，按 Enter 键完成直线 1 的复制；按 Enter 键，选取直线 2 为复制对象，选取“端点”为基点，移动光标捕捉“点

A”并单击，按 Enter 键完成直线 2 的复制。

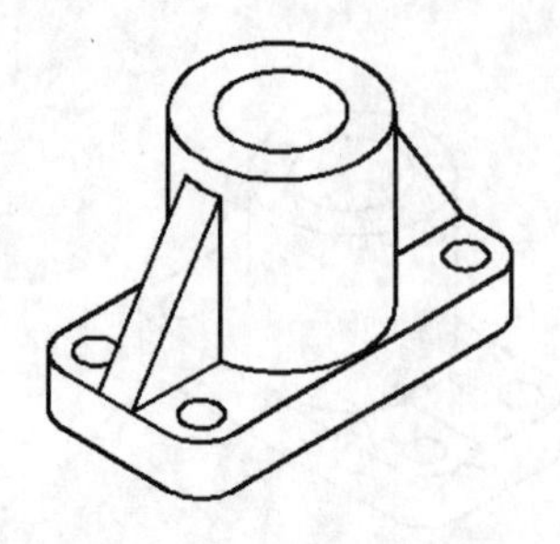

图 8.2.22　创建右侧肋板

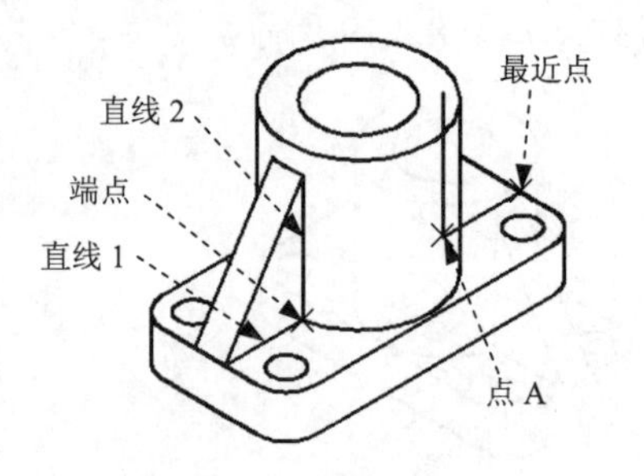

图 8.2.23　复制直线

（2）绘制直线。单击状态栏上的（正交模式）按钮，使其处于关闭状态。选择下拉菜单 绘图(D) → 直线(L) 命令，绘制出图 8.2.24 所示的直线。

（3）修剪直线。选择下拉菜单 修改(M) → 修剪(T) 命令，对图 8.2.24 所示的图形进行修剪，结果如图 8.2.22 所示。

Task7．创建凸台和孔

下面介绍图 8.2.1 所示轴测图中凸台和孔的创建过程。

Step1．绘制图 8.2.25 所示的直线。

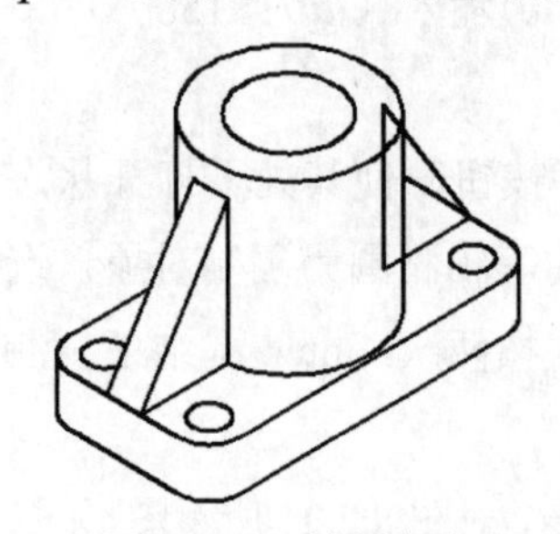

图 8.2.24　绘制直线

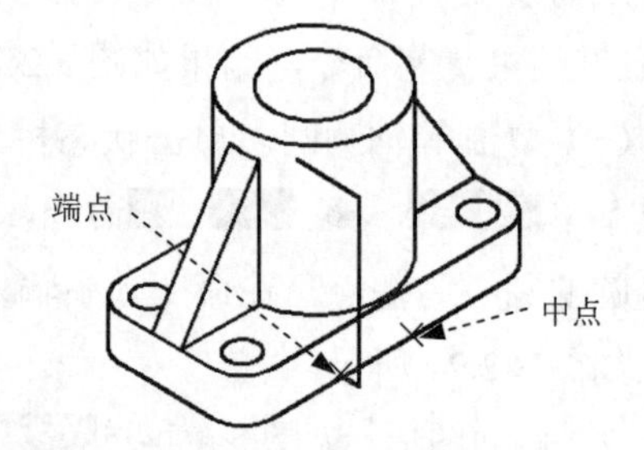

图 8.2.25　绘制直线

（1）将等轴测平面切换到<等轴测平面 左视>，单击状态栏上的（正交模式）按钮，使其处于关闭状态。选择下拉菜单 绘图(D) → 直线(L) 命令。

（2）在命令行中输入命令 FROM 后按 Enter 键，选取图 8.2.25 所示的中点为基点，在命令行中输入（@11<－150）后按 Enter 键。

（3）单击状态栏上的（正交模式）按钮，使其处于打开状态，将光标向右下方移动，在命令行中输入数值 4 后按 Enter 键；将光标垂直向上移动，在命令行中输入数值 38 后按 Enter 键；将光标向左上方移动，在命令行中输入数值 15 后按两次 Enter 键。

Step2．复制图 8.2.26 所示的直线与等轴测圆。

（1）将等轴测平面切换到<等轴测平面 俯视>，选择下拉菜单 修改(M) → 复制(Y) 命令，选取 Step1 绘制的直线为复制对象，选取直线上任一端点为基点，向右上方移动并在命令行中输入数值 22，按两次 Enter 键完成直线的复制。

（2）将等轴测平面切换到＜等轴测平面 左视＞，参照步骤（1）的操作复制等轴测圆，选取等轴测圆的圆心为基点，在命令行中输入（@6＜－90），按两次 Enter 键完成等轴测圆的复制。

（3）绘制直线（一）。选择下拉菜单 绘图(D) → 直线(L) 命令，捕捉图 8.2.25 所示的端点并单击，将光标垂直向上移动，并在命令行中输入数值 10 后按 Enter 键，再将光标向左上方移动，在命令行中输入数值 15 后，按两次 Enter 键结束命令，结果如图 8.2.27 所示。

（4）绘制直线（二）。选择下拉菜单 绘图(D) → 直线(L) 命令，绘制图 8.2.28 所示的直线。

（5）修剪图形。选择下拉菜单 修改(M) → 修剪(T) 命令，对图 8.2.28 所示的图形进行修剪，结果如图 8.2.29 所示。

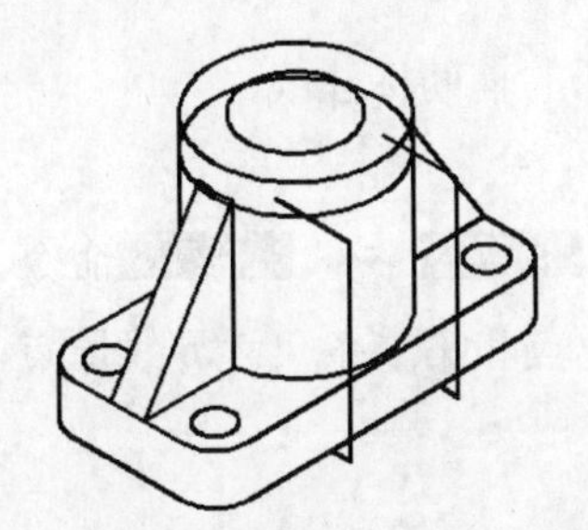

图 8.2.26　复制直线与等轴测圆

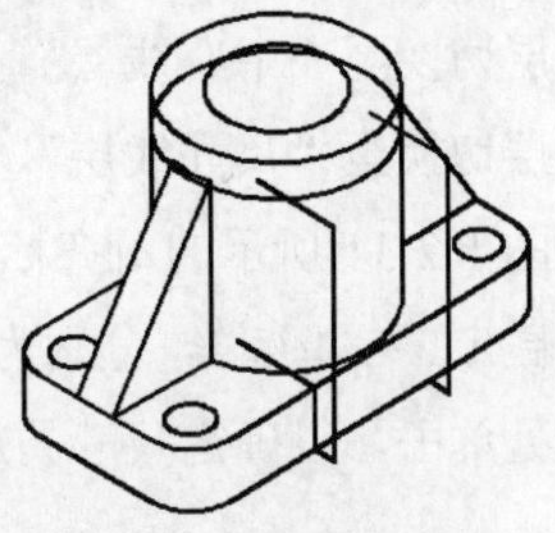

图 8.2.27　绘制直线（一）

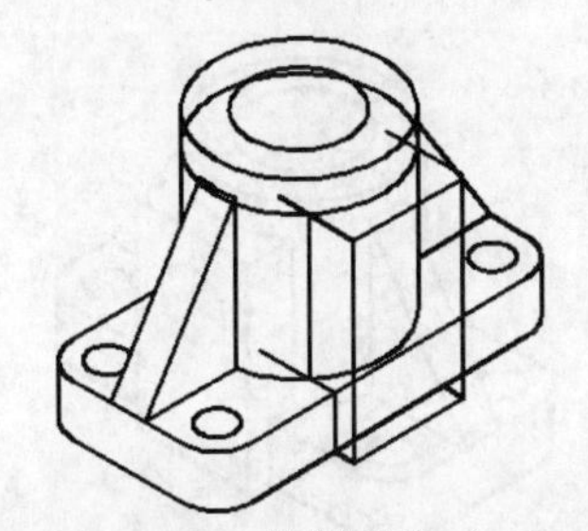

图 8.2.28　绘制直线（二）

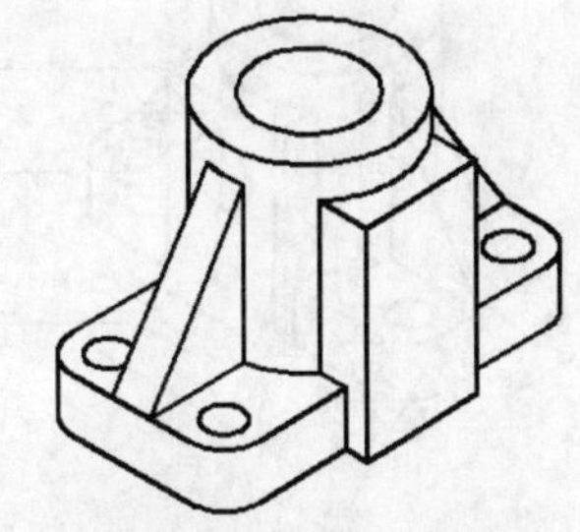

图 8.2.29　修剪图形

Step3. 创建图 8.2.30 所示的孔。

（1）复制直线。选择下拉菜单 修改(M) → 复制(Y) 命令，选取图 8.2.31 所示的直线 1 为复制对象，在直线 1 上任选一点为基点，在命令行中输入（@26＜90）后按两次 Enter 键，结束复制命令；参照上述操作，选取直线 1 的中点为目标点，完成直线 2 的复制。

（2）绘制图 8.2.30 所示的等轴测圆。将等轴测平面切换到＜等轴测平面 右视＞；选择下拉菜单 绘图(D) → 椭圆(E) → 轴、端点(E) 命令，在命令行中输入字母 I 后按 Enter 键，选取步骤（1）复制的两直线的交点为等轴测圆的圆心，等轴测圆的半径值为 6。

（3）删除辅助直线。选择下拉菜单 修改(M) → 删除(E) 命令，将复制直线删除，结果如图 8.2.30 所示。

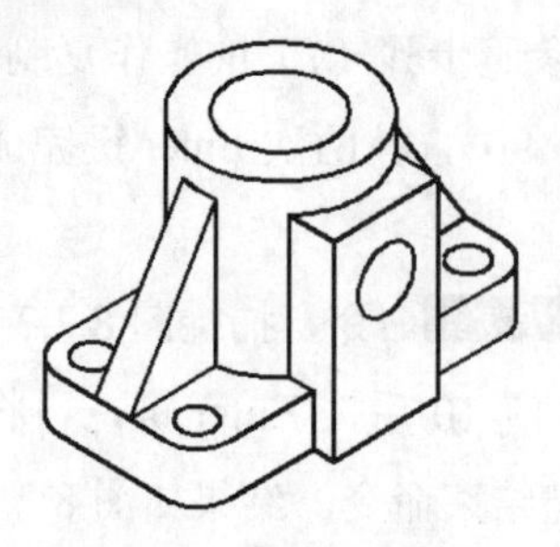

图 8.2.30　绘制等轴测圆

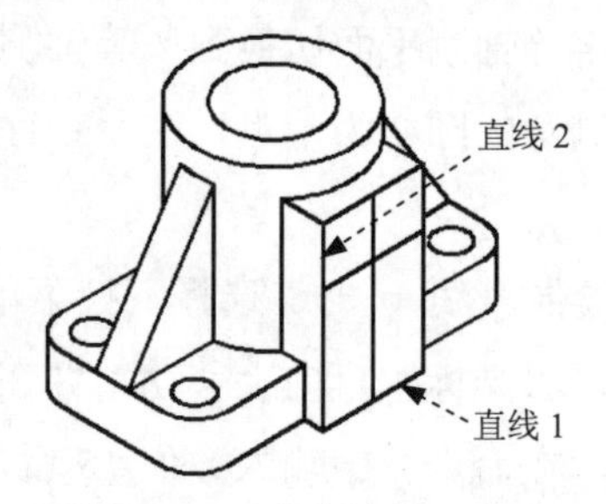

图 8.2.31　复制直线

Task8．对轴测图进行尺寸标注

下面介绍图 8.2.1 所示轴测图的标注过程。

Step1. 创建图 8.2.32 所示的对齐标注。

（1）将图层切换至“中心线层”，绘制图 8.2.33 所示的辅助标注线。

（2）将图层切换至“尺寸线层”。

（3）创建图 8.2.34 所示的对齐标注。选择下拉菜单 标注(N) → 对齐(G) 命令，捕捉图 8.2.34 所示的端点 1 与端点 2，分别为第一条尺寸界线原点和第二条尺寸界线原点，在绘图区的空白区域处单击，以确定尺寸的放置位置。

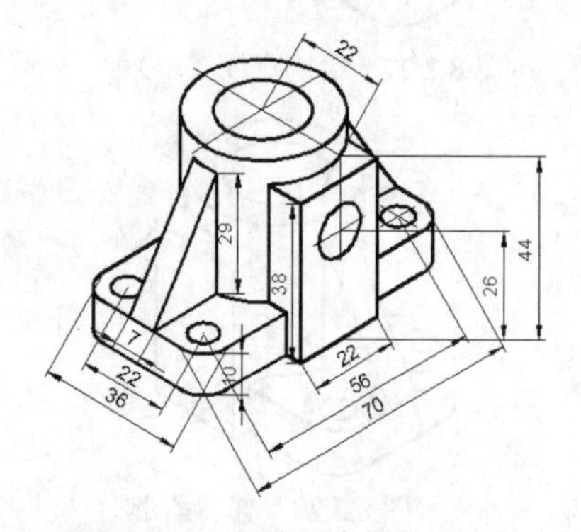

图 8.2.32　创建对齐标注

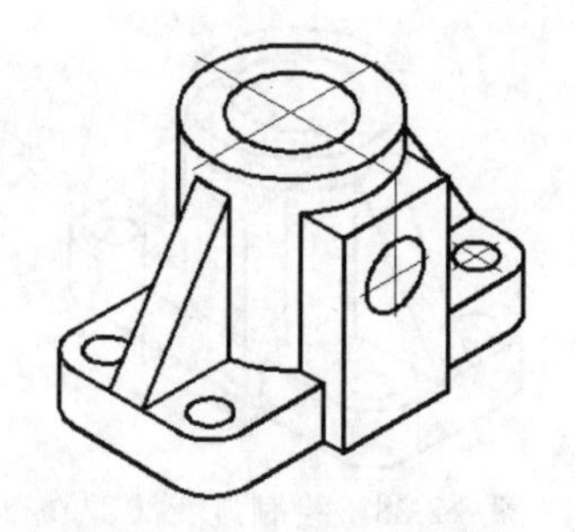

图 8.2.33　绘制辅助标注线

（4）参见步骤（3）的操作，创建其他的对齐标注，结果如图 8.2.32 所示。

说明：在标注时，可按键盘上的“F5”切换等轴测平面。

Step2. 创建图 8.2.35 所示的直径标注。选择下拉菜单 标注(N) → 对齐(G) 命令，捕捉图 8.2.36 所示的交点 1 与交点 2，分别为第一条尺寸界线原点和第二条尺寸界线原点，在命令行输入字母 T（即提示中的文字(T)选项）并按 Enter 键，在命令行输入文本%%C34 后按 Enter 键，在绘图区的空白区域单击，以确定尺寸的放置位置；参照上步操作完成其他的直径标注，结果如图 8.2.35 所示。

Step3. 使用 QLEADER 命令创建图 8.2.37 所示的半径标注。

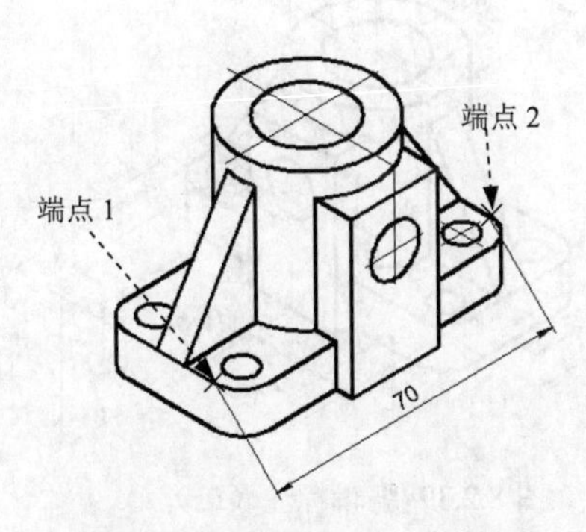

图 8.2.34　创建第一个对齐标注

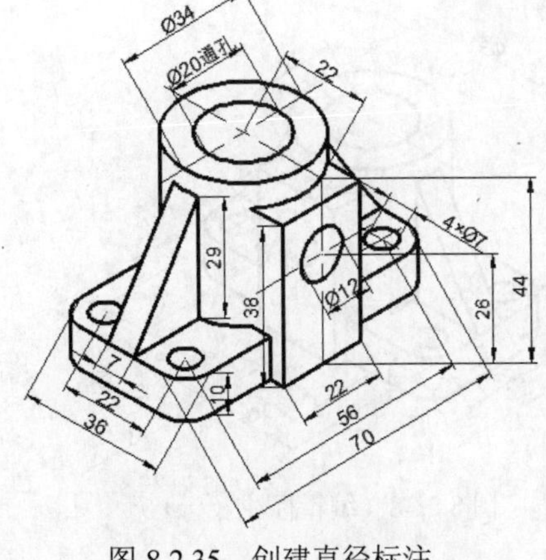

图 8.2.35　创建直径标注

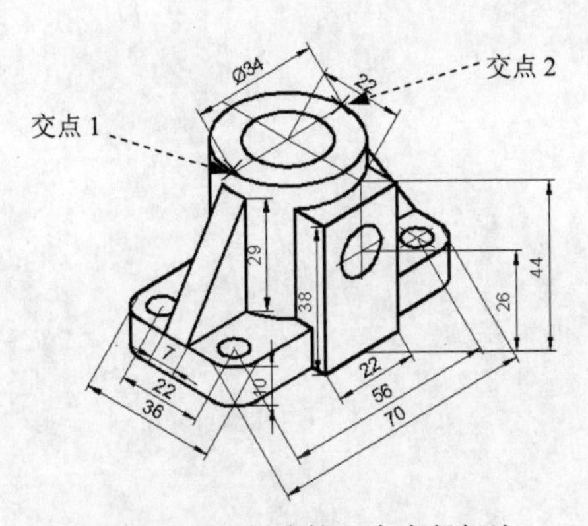

图 8.2.36　创建第一个直径标注

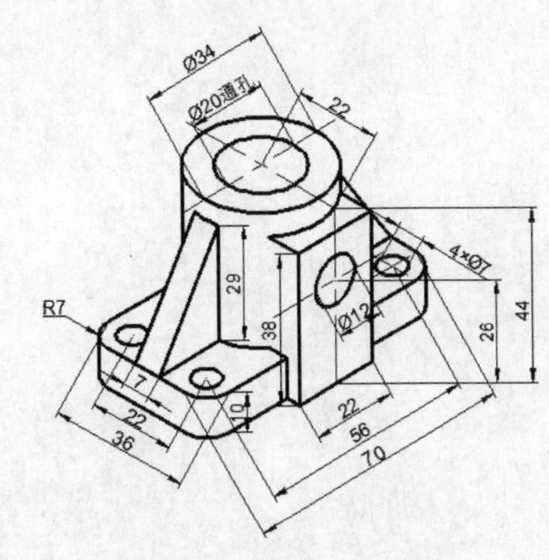

图 8.2.37　创建半径标注

Step4. 编辑标注。

（1）选择下拉菜单 标注(N) → 倾斜(Q) 命令，在命令行中输入字母 O（即提示中的 倾斜(O) 选项）并按 Enter 键，选取尺寸“70、56、29、Ø12、Ø 34、Ø20 通孔、10、26、44”后按 Enter 键，在命令行中输入倾斜角度值 - 30 后按 Enter 键，结束尺寸的编辑，结果如图 8.2.38 所示。

（2）参照步骤（1）的操作，选取尺寸“36、22、7、38、4×Ø7”，在命令行中输入数值 30；选取凸台尺寸“22”，在命令行中输入数值 - 90；选取尺寸“22”，在命令行中输入数值 90，结果如图 8.2.39 所示。

说明：利用“倾斜”选项，同时按“F5”功能键切换到要标注的轴测面，可直接完成轴测图的标注，但是此方法需在“正交”模式下进行。

Task9．保存文件

选择下拉菜单 文件(F) → 保存(S) 命令，将图形命名为“轴测图.dwg”，单击 保存(S) 按钮。

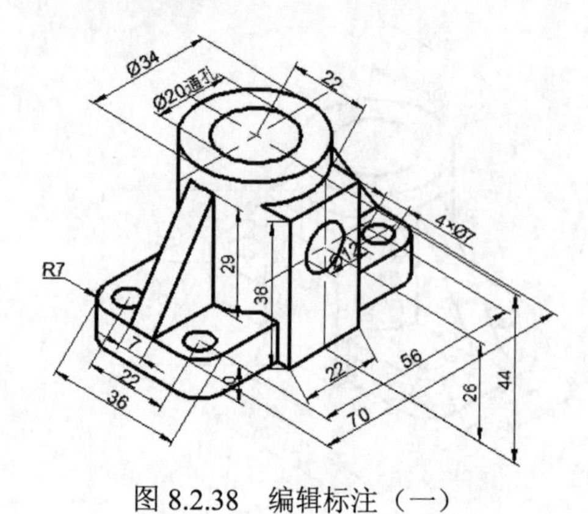

图 8.2.38　编辑标注（一）

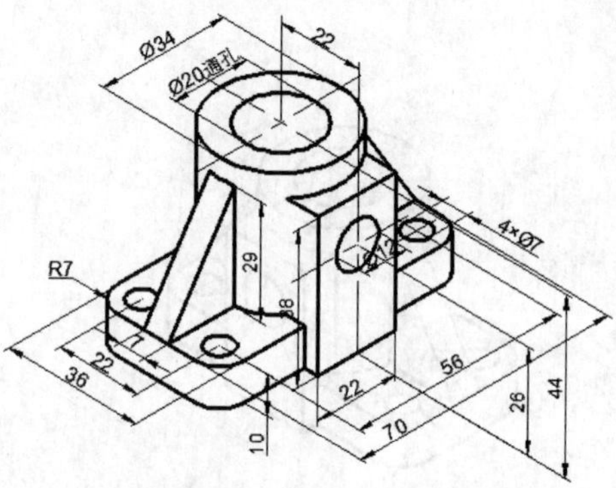

图 8.2.39 编辑标注（二）

第 9 章　其他机械零部件的设计

9.1　车　　镜

图 9.1.1 所示是车镜二维图，下面介绍其创建过程。

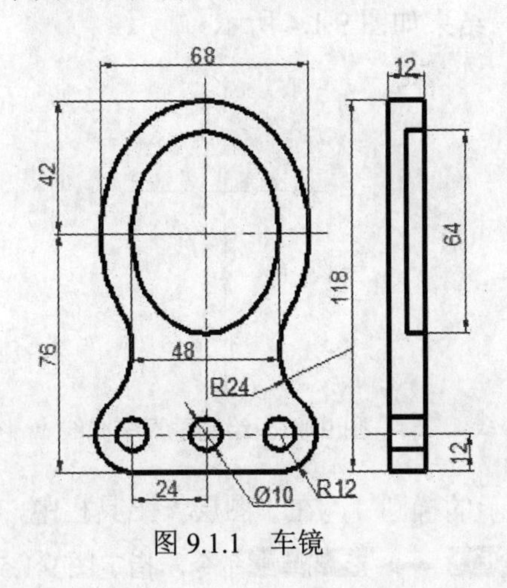

图 9.1.1　车镜

Task1．选用样板文件

使用随书光盘中提供的样板文件。选择下拉菜单 文件(F) → 新建(N)... 命令，在系统弹出的“选择样板”对话框中，找到样板文件 D:\AutoCAD2014.2\system_file\Part_temp_A4.dwg，然后单击 打开(O) 按钮。

Task2．创建主视图

Step1．绘制两条中心线。

（1）绘制图 9.1.2 所示的水平中心线。在“图层”工具栏中选择“中心线层”图层；选择下拉菜单 绘图(D) → 直线(L) 命令，选择点 A 作为中心线的起点；在系统状态栏中按下 按钮，打开正交模式，然后在命令行中输入下一点的相对坐标值（@80, 0），按两次 Enter 键。

（2）绘制图 9.1.3 所示的垂直中心线。

① 设置对象捕捉。将鼠标移至状态栏中的 按钮上，右击，从系统弹出的快捷菜单中选择 设置(S)... 命令，在“草图设置”对话框的 对象捕捉 选项卡中单击 全部选择 按钮。

② 设置极轴追踪。在“草图设置”对话框中的 极轴追踪 选项卡中，将 增量角(I): 设置为 90，单击该对话框中的 确定 按钮，系统返回到绘图区。

③ 在状态栏中将（极轴追踪）、（对象捕捉）和（对象捕捉追踪）按钮显亮，以打开极轴、对象捕捉和对象追踪模式。

④ 选择下拉菜单 绘图(D) → 直线(L) 命令，捕捉到水平中心线的“中点”后，将光标向中心线上方缓慢移动，并在捕捉到极轴时输入数值 45.0，按下 Enter 键，此时已选取直线的第一点；在命令行提示指定下一点或 [放弃(U)]:时，将光标沿竖直方向向下移动，在捕捉到极轴时输入数值 123，按两次 Enter 键。

Step2. 偏移水平中心线。选择下拉菜单 修改(M) → 偏移(S) 命令，将水平中心线向下侧偏移，偏移距离值为 64，结果如图 9.1.4 所示。

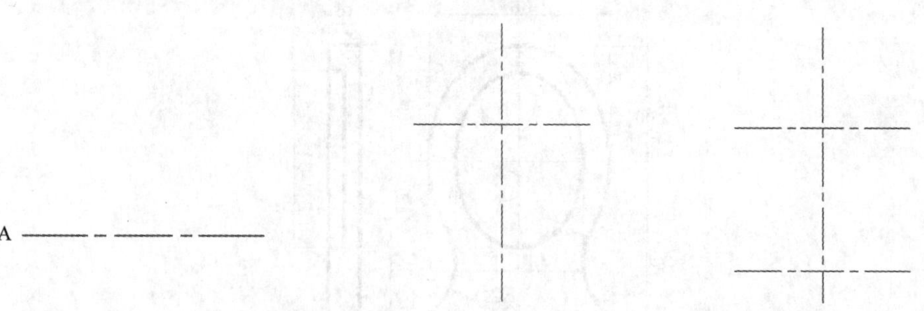

图 9.1.2　绘制水平中心线　　图 9.1.3　绘制垂直中心线　　图 9.1.4　偏移水平中心线

Step3. 绘制图 9.1.5 所示的椭圆 1，在“图层”工具栏中，选择“轮廓线层”图层；选择下拉菜单 绘图(D) → 椭圆(E) → 圆心(C) 命令，指定图 9.1.5 所示的点 A 为圆心点，在命令行 指定轴的端点: 的提示下输入 @24<0 后按 Enter 键，在命令行 指定另一条半轴长度或 [旋转(R)]: 的提示下输入@32<90 后按 Enter 键。

Step4. 绘制图 9.1.6 所示的椭圆 2，具体操作可参照上一步，椭圆长轴长为 34，短轴长为 42。

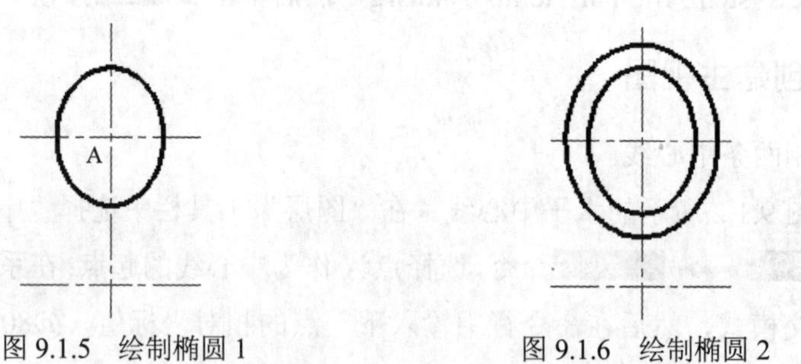

图 9.1.5　绘制椭圆 1　　图 9.1.6　绘制椭圆 2

Step5. 绘制圆 1，选择下拉菜单 绘图(D) → 圆(C) → 圆心、半径(R) 命令，选取图 9.1.7 所示的点 A 为圆心点，输入圆的半径为 5，结果如图 9.1.7 所示。

Step6. 绘制圆 2，选择下拉菜单 绘图(D) → 圆(C) → 圆心、半径(R) 命令，捕捉图 9.1.8 所示的点 A 后，将光标向左缓慢移动，并在捕捉到极轴时输入数值 24.0，按下 Enter 键，此时已选取圆的圆心点；输入圆的半径为 5，结果如图 9.1.8 所示。

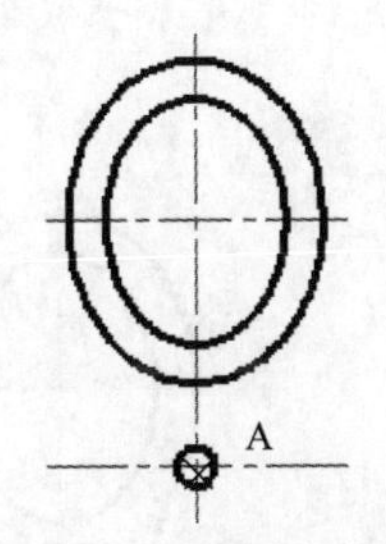

图 9.1.7　绘制圆 1

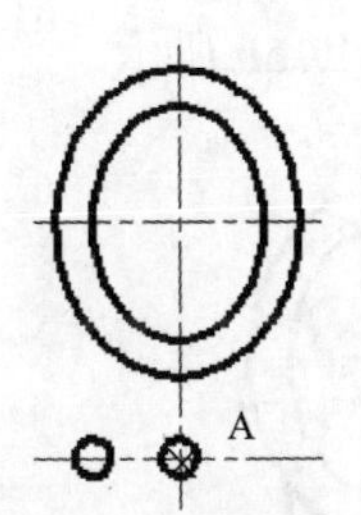

图 9.1.8　绘制圆 2

Step7. 镜像圆 2，选择下拉菜单 修改(M) → 镜像(I) 命令，选取上步创建的圆 2 为要镜像的对象，选取竖直中心线为镜像中心轴，结果如图 9.1.9 所示。

Step8. 绘制圆 3，选择下拉菜单 绘图(D) → 圆(C) → 圆心、半径(R) 命令，选取圆 2 的圆心作为圆心点，输入圆的半径为 12，结果如图 9.1.10 所示。

Step9. 镜像圆 3，选择下拉菜单 修改(M) → 镜像(I) 命令，选取上步创建的圆 3 为要镜像的对象，选取竖直中心线为镜像中心轴，结果如图 9.1.11 所示。

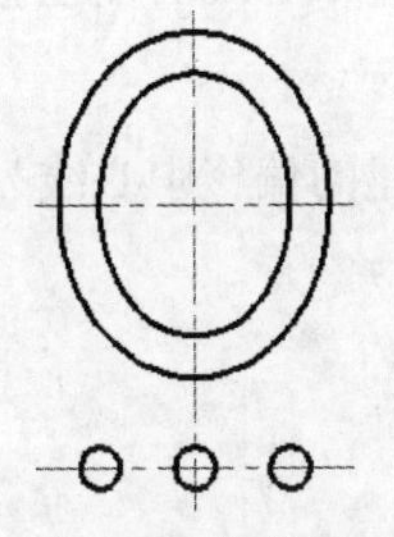
图 9.1.9　镜像圆 2

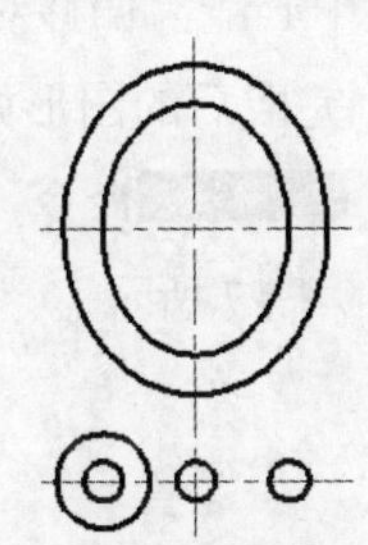
图 9.1.10　绘制圆 3

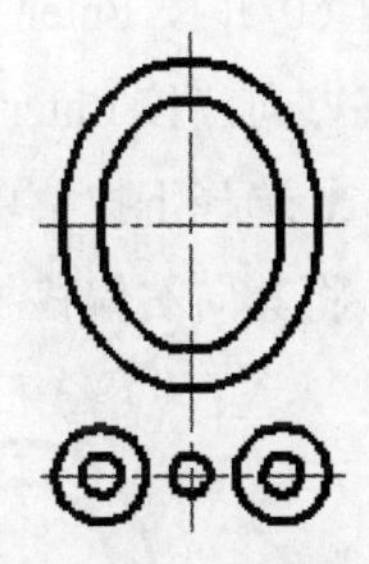
图 9.1.11　镜像圆 3

Step10. 绘制圆角 1。选择下拉菜单 修改(M) → 圆角(F) 命令，在命令行的提示下输入字母 R，即选择“半径（R）”选项，并按 Enter 键，在 指定圆角半径 <0.0000>: 的提示下，输入圆角半径值 24 并按 Enter 键；在系统提示下选取图 9.1.12 所示的椭圆为第一对象，选取图 9.1.12 所示的圆为第二对象，结果如图 9.1.12 所示。

Step11. 绘制圆角 2。具体操作可参照上一步，结果如图 9.1.13 所示。

Step12. 绘制直线。选择下拉菜单 绘图(D) → 直线(L) 命令，绘制图 9.1.14 所示的直线。

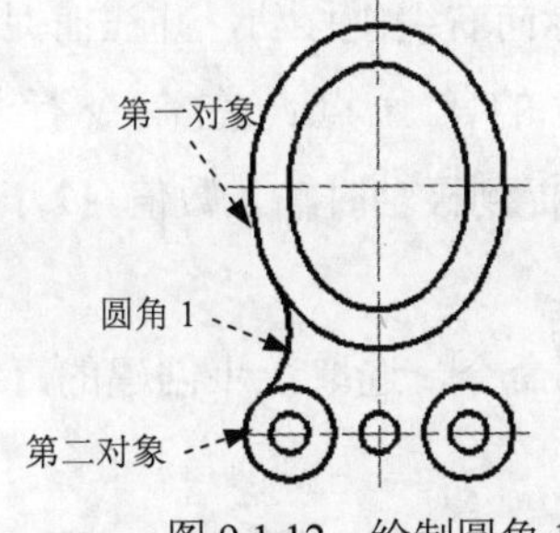

图 9.1.12　绘制圆角 1

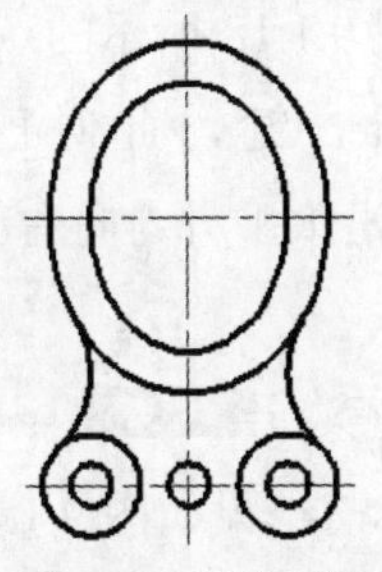
图 9.1.13　绘制圆角 2

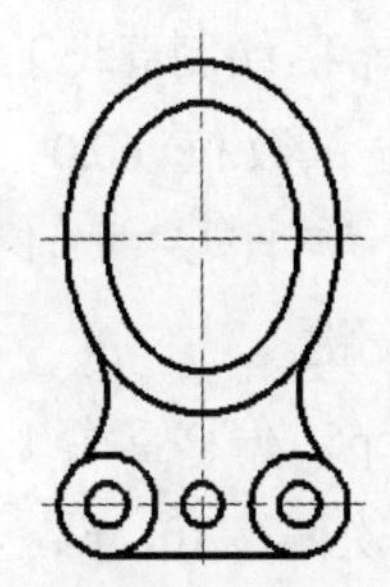
图 9.1.14　绘制直线

Step13. 编辑图形。选择下拉菜单 修改(M) → 修剪(T) 命令，对图 9.1.15a 进行修剪，修剪后的结果如图 9.1.15b 所示。

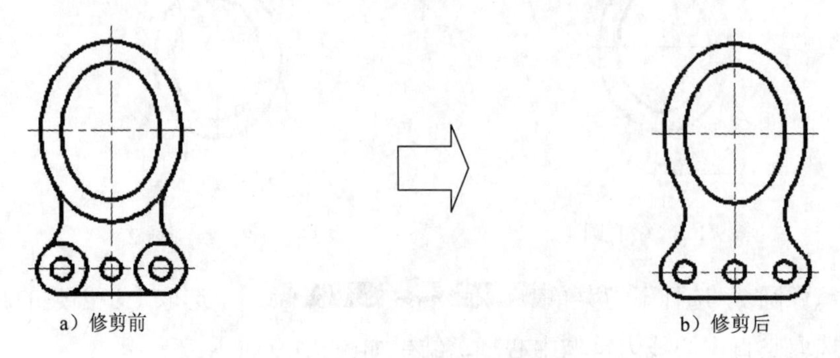

图 9.1.15　进行修剪操作

Task3. 创建左视图

Step1. 偏移竖直中心线。选择下拉菜单 修改(M) → 偏移(S) 命令，在命令行中输入偏移距离值 60 并按 Enter 键，选择竖直中心线为偏移对象，选择竖直中心线右侧任意一点以确定偏移方向，按 Enter 键结束操作。完成后的图形如图 9.1.16 所示。

Step2. 选择下拉菜单 修改(M) → 偏移(S) 命令，选取上步创建的偏移中心线为要偏移的对象，将其向右偏移 12，结果如图 9.1.17 所示。

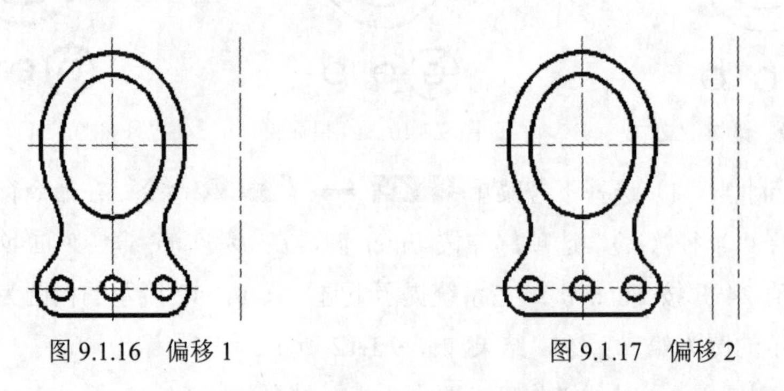

图 9.1.16　偏移 1　　图 9.1.17　偏移 2

Step3. 将 Step1 与 Step2 中创建的两条中心线转换为轮廓线。首先选中 Step1 与 Step2 中创建的两条中心线，然后在“图层”工具栏中选择“轮廓线层”。

Step4. 绘制直线 1。捕捉到图 9.1.18 所示的点 A，将光标向右缓慢移动，并在捕捉到极轴时输入数值 60.0，按下 Enter 键，此时已选取直线的第一点；在命令行提示 指定下一点或 [放弃(U)]: 时，将光标沿水平方向向右移动，在捕捉到极轴时输入数值 12，按两次 Enter 键。

Step5. 偏移直线 1。选择下拉菜单 修改(M) → 偏移(S) 命令，选取上步创建的直线，向下依次偏移 10，64，27，10，7，结果如图 9.1.19 所示。

Step6. 偏移直线 2。选择下拉菜单 修改(M) → 偏移(S) 命令，选取图 9.1.20 所示的直线 1 为要偏移的直线，向右偏移 6，结果如图 9.1.20 所示。

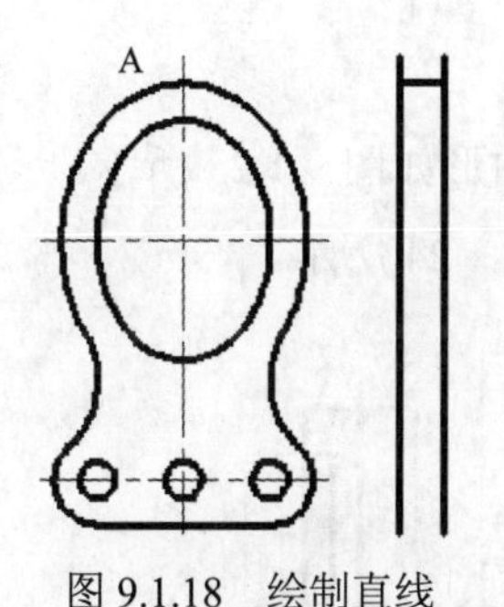

图 9.1.18　绘制直线

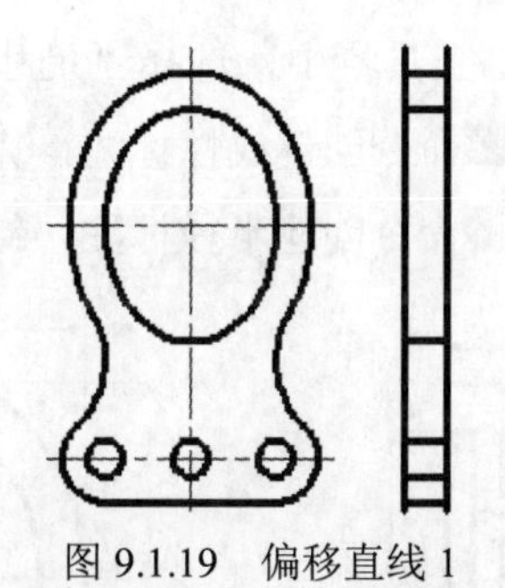

图 9.1.19　偏移直线 1

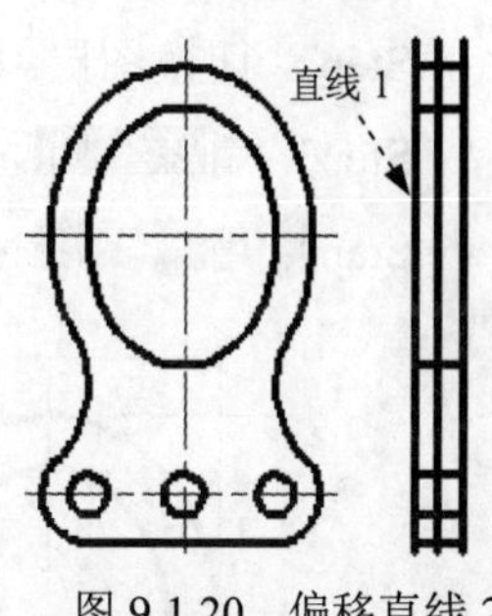

图 9.1.20　偏移直线 2

Step7. 编辑图形。选择下拉菜单 修改(M) → 修剪(T) 命令，对图 9.1.21a 进行修剪，修剪后的结果如图 9.1.21b 所示。

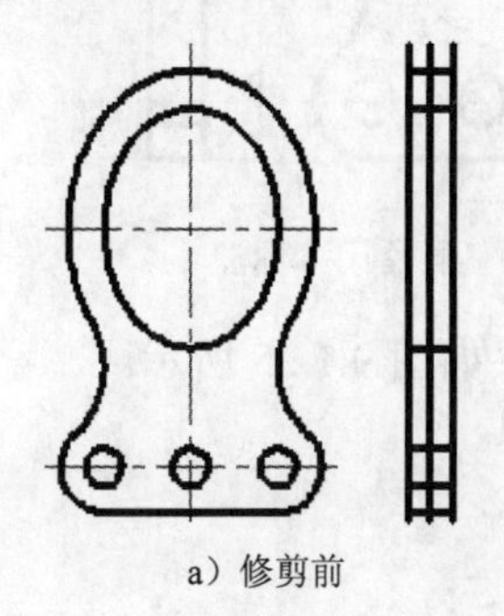

a）修剪前

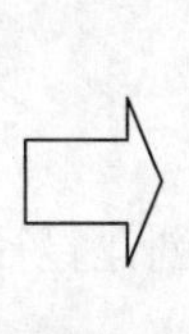

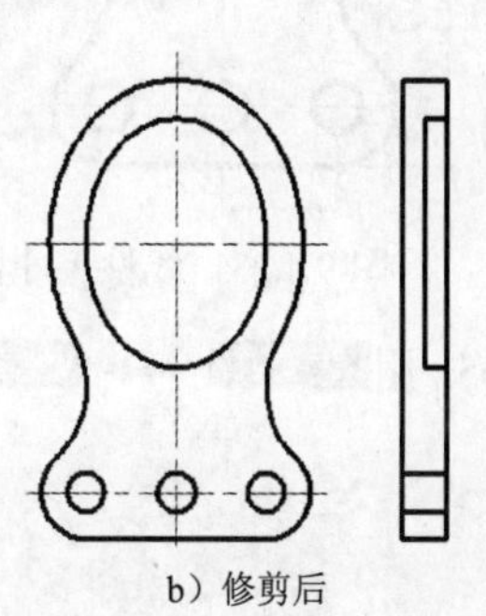

b）修剪后

图 9.1.21　进行修剪操作

Step8. 绘制直线 2。在“图层”工具栏中选择“中心线层”图层；选择下拉菜单 绘图(D) → 直线(L) 命令，捕捉到图 9.1.22 所示的点 A，将光标向右缓慢移动，并在捕捉到极轴时输入数值 12.0，按下 Enter 键，此时已选取直线的第一点；在命令行提示 指定下一点或 [放弃(U)]: 时，将光标沿水平方向向右移动，在捕捉到极轴时输入数值 30，按两次 Enter 键。结果如图 9.1.22 所示。

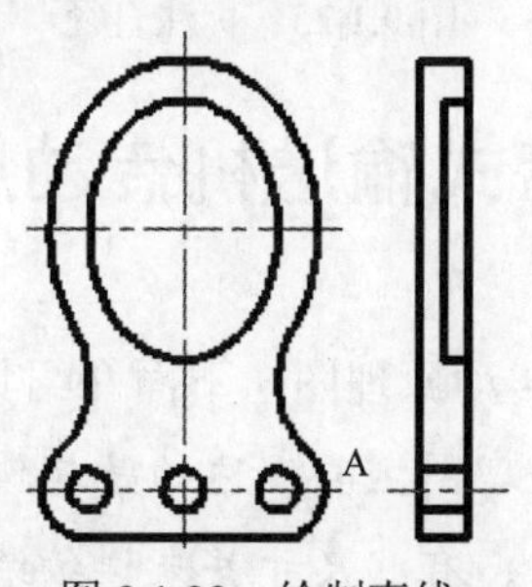

图 9.1.22　绘制直线

Task4. 对图形进行尺寸标注

Step1. 设置标注样式。选择下拉菜单 格式(O) → 标注样式(D)... 命令，单击“标注样式管理器”对话框中的 修改(M)... 按钮，将“修改标注样式”对话框的 文字 选项卡中的 文字高度(T): 的值设定为 5。

Step2. 切换图层。在“图层”工具栏中，选择“尺寸线”图层。

Step3. 用 标注(N) → 线性(L) 命令创建线性标注，完成后的图形如图 9.1.23 所示。

Step4. 用 标注(N) → 半径(R) 命令创建半径标注，结果如图 9.1.24 所示。

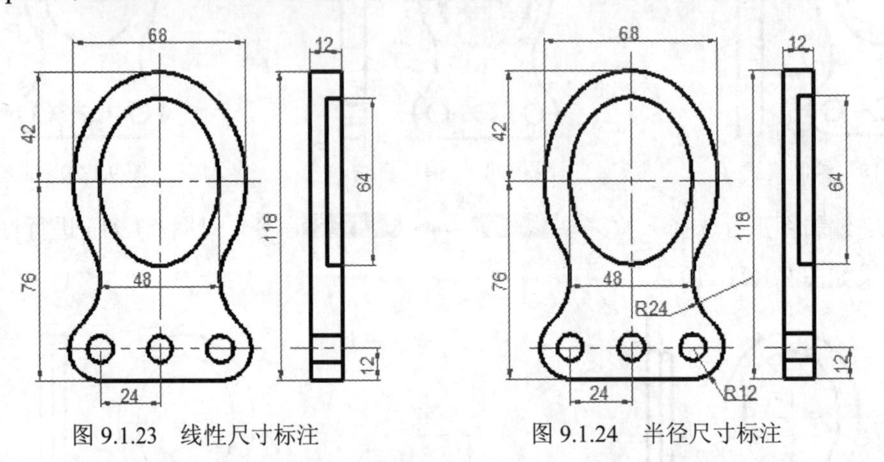

图 9.1.23　线性尺寸标注　　　　图 9.1.24　半径尺寸标注

Step5. 用 标注(N) → 直径(D) 命令创建直径标注，结果如图 9.1.25 所示。

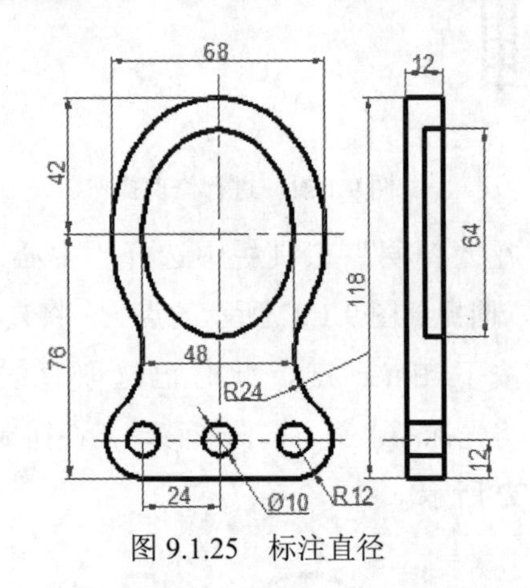

图 9.1.25　标注直径

9.2　带式输送机传动原理图

图 9.2.1 所示的是带式输送机传动原理图，下面介绍其创建过程。

说明：由于带式输送机传动原理图主要表达的是其传动原理，与图中传动部件的具体尺寸没有关系，所以在绘制此图时，有些尺寸并未详细给出，读者在练习过程中可以自己设定。

Task1．选用样板文件

使用随书光盘中提供的样板文件。选择下拉菜单 文件(F) → 新建(N)... 命令，在系统弹出的“选择样板”对话框中，找到样板文件 D:\AutoCAD2014.2\system_file\Part_temp_A2.dwg，

然后单击 打开(O) 按钮。

Task2．绘制传动原理图

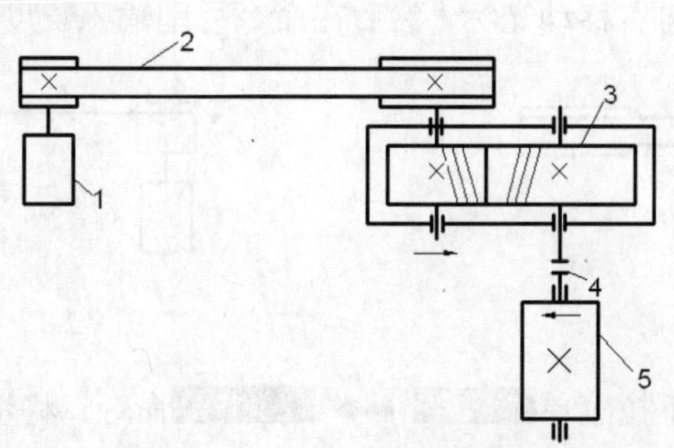

1—电动机　2—V 带传动副　3—斜齿圆柱齿轮传动副　4—联轴器　5—传动滚筒

图 9.2.1　带式输送机传动原理图

Step1．创建图 9.2.2 所示的图形。

（1）绘制图 9.2.3 所示的垂直中心线。将图层切换到“中心线层”，确认状态栏中的（正交模式）按钮处于打开状态。选择下拉菜单 绘图(D) → 直线(L) 命令，选取任一点作为中心线的起点，向上移动光标，在命令行中输入数值 100，按两次 Enter 键。

（2）绘制图 9.2.4 所示的矩形。将图层切换至“轮廓线层”，选择下拉菜单 绘图(D) → 矩形(G) 命令，绘制长度值为 30、宽度值为 25 的矩形；选择下拉菜单 修改(M) → 移动(V) 命令，将矩形的中线与中心线重合。

图 9.2.2　创建图形　　　图 9.2.3　绘制垂直中心线

（3）绘制图 9.2.5 所示的垂直直线。选择下拉菜单 绘图(D) → 直线(L) 命令，选取图 9.2.5 所示的点 A 作为直线的起点，向下移动光标，在命令行中输入长度值 15 后按两次 Enter 键。

（4）绘制图 9.2.6 所示的矩形。选择下拉菜单 绘图(D) → 矩形(G) 命令，绘制长度值和宽度值分别为 26 和 35 的矩形；关闭正交模式，选择下拉菜单 修改(M) → 移动(V) 命令移动矩形，使其中点 B 与步骤（3）绘制的直线的下端点重合。

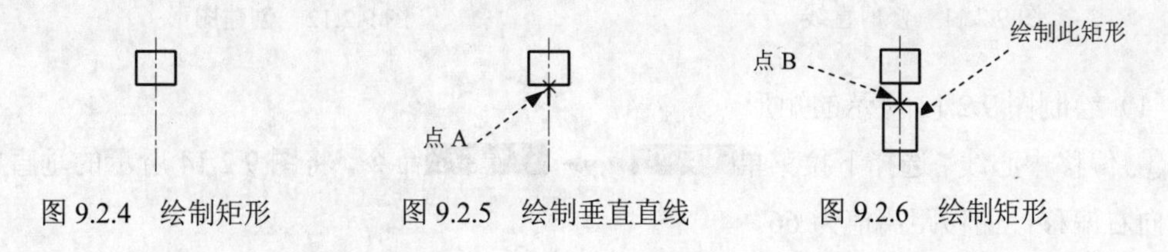

图 9.2.4　绘制矩形　　　图 9.2.5　绘制垂直直线　　　图 9.2.6　绘制矩形

Step2．创建图 9.2.7 所示的图形。

（1）绘制图 9.2.8 所示的直线。选择下拉菜单 绘图(D) → 直线(L) 命令，在命令行中输入命令 FROM 后按 Enter 键，选取 A 点为基点并按 Enter 键，在命令行中输入坐标值（@0，-5）后按 Enter 键，水平向右移动光标，然后在命令行中输入长度值 251，按两次 Enter 键。

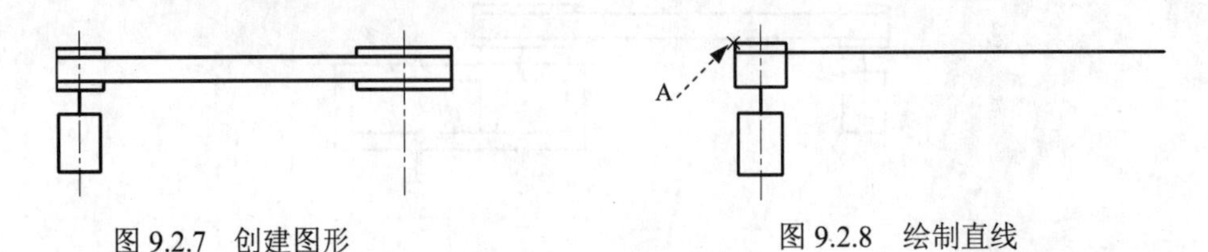

图 9.2.7　创建图形　　　　图 9.2.8　绘制直线

（2）偏移直线。选择下拉菜单 修改(M) → 偏移(S) 命令，将步骤（1）绘制的直线向下偏移 15，结果如图 9.2.9 所示。

（3）绘制矩形。

① 偏移中心线。选择下拉菜单 修改(M) → 偏移(S) 命令，将图 9.2.9 所示的垂直中心线向右偏移，偏移距离值为 206。

② 选择下拉菜单 绘图(D) → 矩形(G) 命令，绘制长度值和宽度值分别为 60 和 25 的矩形。

③ 移动矩形。选择下拉菜单 修改(M) → 移动(V) 命令，将步骤②创建的矩形的中线与步骤①所创建的垂直中心线重合，结果如图 9.2.10 所示。

（4）修剪直线。选择下拉菜单 修改(M) → 修剪(T) 命令，对图 9.2.10 所示的图形进行修剪，结果如图 9.2.11 所示。

图 9.2.9　偏移直线　　　　图 9.2.10　绘制矩形

Step3. 创建图 9.2.12 所示的图形。

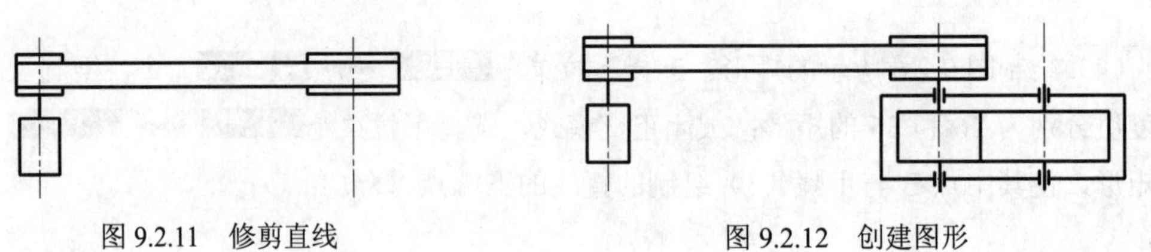

图 9.2.11　修剪直线　　　　图 9.2.12　创建图形

（1）绘制图 9.2.13 所示的矩形。

① 偏移中心线。选择下拉菜单 修改(M) → 偏移(S) 命令，将图 9.2.14 所示的垂直中心线 1 向右偏移，偏移距离值为 66。

② 选择下拉菜单 绘图(D) → 直线(L) 命令，在垂直中心线 1 上选取一点，向左绘制一

条长度值为 36 的水平直线。

说明：此直线只在下面矩形的移动操作中起到定位作用。

③ 选择下拉菜单 绘图(D) → 矩形(G) 命令，绘制长度值和宽度值分别为 152 和 50 的矩形。

④ 移动矩形。选择下拉菜单 修改(M) → 移动(V) 命令，结合捕捉命令移动矩形，使矩形的顶点 B 与直线的端点 A 重合，结果如图 9.2.13 所示。

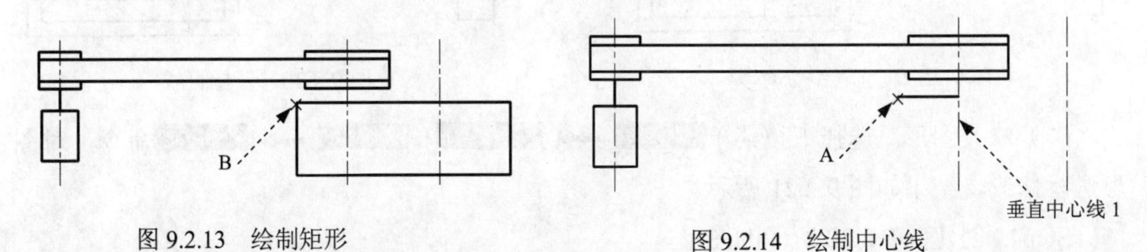

图 9.2.13　绘制矩形　　图 9.2.14　绘制中心线

（2）偏移图 9.2.15 所示的矩形。

① 选择下拉菜单 修改(M) → 偏移(S) 命令，将矩形向内侧偏移，偏移距离值为 10。

② 分解矩形。选择下拉菜单 修改(M) → 分解(X) 命令，将步骤①偏移的矩形分解。

③ 偏移直线。选择下拉菜单 修改(M) → 偏移(S) 命令，将分解的矩形左侧边界线向右偏移，偏移距离值为 52，结果如图 9.2.15 所示。

（3）确认状态栏中的（正交模式）按钮处于打开状态。选择下拉菜单 绘图(D) → 直线(L) 命令，绘制图 9.2.16 所示的三条直线。

（4）偏移直线。选择下拉菜单 修改(M) → 偏移(S) 命令，将步骤（3）所绘制的直线分别向右偏移，偏移距离值为 66，结果如图 9.2.17 所示。

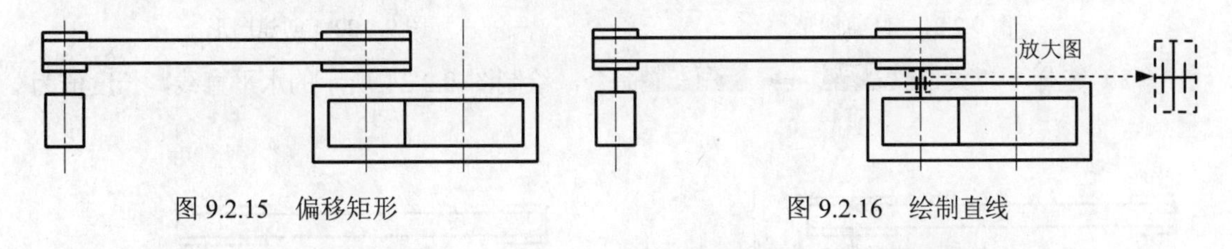

图 9.2.15　偏移矩形　　图 9.2.16　绘制直线

（5）将图层切换到“中心线层”，选择下拉菜单 绘图(D) → 直线(L) 命令并结合对象捕捉命令，过矩形垂直边线的中点绘制图 9.2.18 所示的水平中心线。

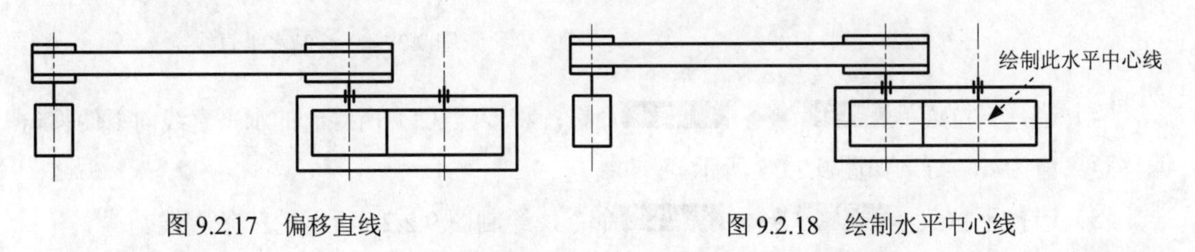

图 9.2.17　偏移直线　　图 9.2.18　绘制水平中心线

（6）镜像直线。选择下拉菜单 修改(M) → 镜像(I) 命令，选取图 9.2.19 所示的六条直线作为镜像对象；选取图 9.2.19 所示的水平中心线作为镜像线，在系统命令行 要删除源对象吗？[是(Y)/否(N)] <N>: 的提示下，按 Enter 键（即执行默认的“保留源对象”选项），结果如图 9.2.20 所示。

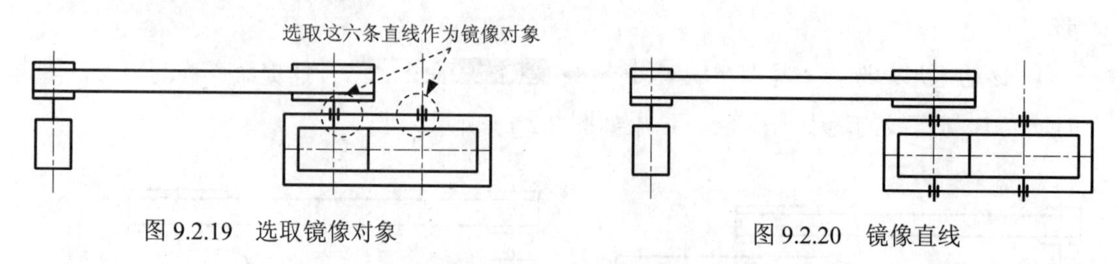

图 9.2.19　选取镜像对象　　　　图 9.2.20　镜像直线

（7）修改图形。选择下拉菜单 修改(M) → 修剪(T) 和 修改(M) → 删除(E) 命令，对图形进行修改，结果如图 9.2.21 所示。

Step4. 创建图 9.2.22 所示的图形。

（1）将图层切换至“轮廓线层”。

（2）拉长直线。选择下拉菜单 修改(M) → 拉长(G) 命令，在命令行中输入字母 DE 并按 Enter 键，输入长度增量值 10 并按 Enter 键；单击直线 1 的下端，完成对直线 1 的拉长，结果如图 9.2.23 所示。

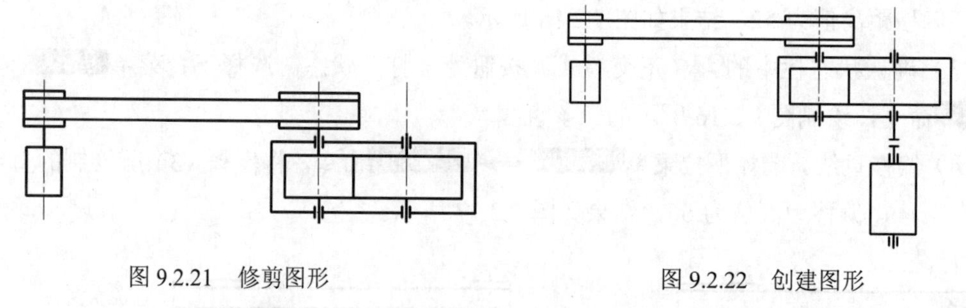

图 9.2.21　修剪图形　　　　图 9.2.22　创建图形

（3）选择下拉菜单 绘图(D) → 直线(L) 命令，绘制图 9.2.24 所示的水平直线，长度值为 8。

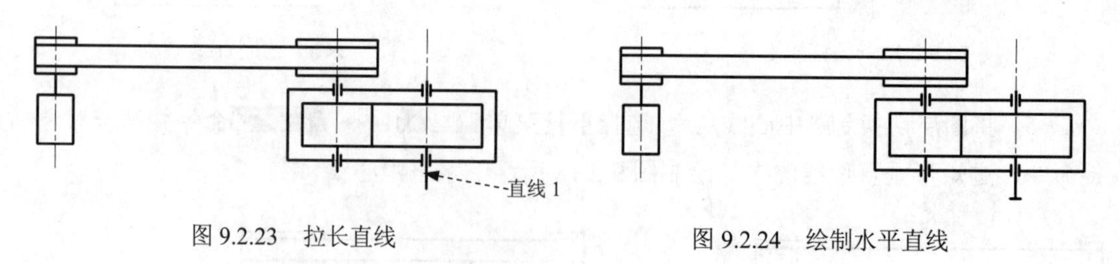

图 9.2.23　拉长直线　　　　图 9.2.24　绘制水平直线

（4）选择下拉菜单 修改(M) → 偏移(S) 命令，将步骤（3）所绘制的水平直线向下偏移，偏移距离值为 6，结果如图 9.2.25 所示。

（5）选择下拉菜单 绘图(D) → 直线(L) 命令，绘制图 9.2.26 所示的三条直线。

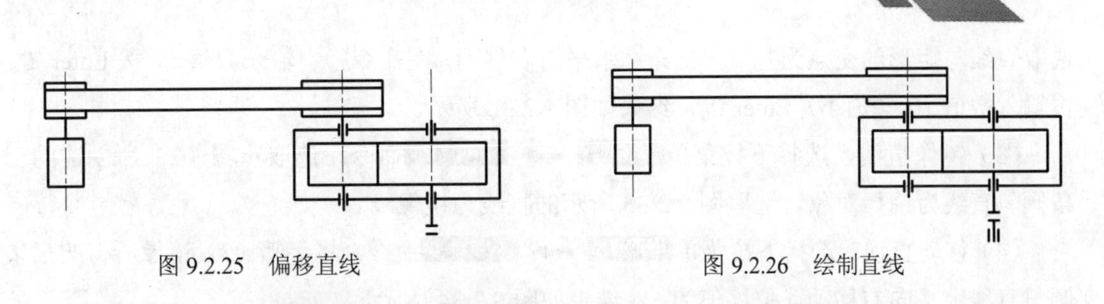

图 9.2.25　偏移直线　　　　图 9.2.26　绘制直线

（6）选择下拉菜单 绘图(D) → 矩形(G) 命令，绘制长度值和宽度值分别为 40 和 60 的矩形。

（7）选择下拉菜单 修改(M) → 移动(V) 命令移动矩形，使步骤（6）所绘制的矩形中点与步骤（5）所绘制的直线的下端点重合，如图 9.2.27 所示。

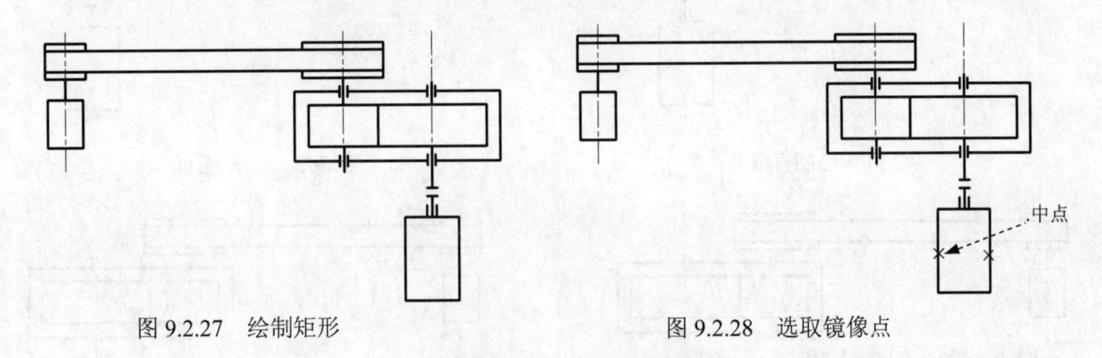

图 9.2.27　绘制矩形　　　　图 9.2.28　选取镜像点

（8）镜像直线。选择下拉菜单 修改(M) → 镜像(I) 命令，选取步骤（5）绘制的三条直线作为镜像对象；选取图 9.2.28 所示的矩形边界线上的两中点分别作为镜像线的第一点与第二点，然后在命令行 要删除源对象吗？[是(Y)/否(N)] <N>: 的提示下，按 Enter 键，结果如图 9.2.29 所示。

Step5. 创建图 9.2.30 所示的直线与箭头。

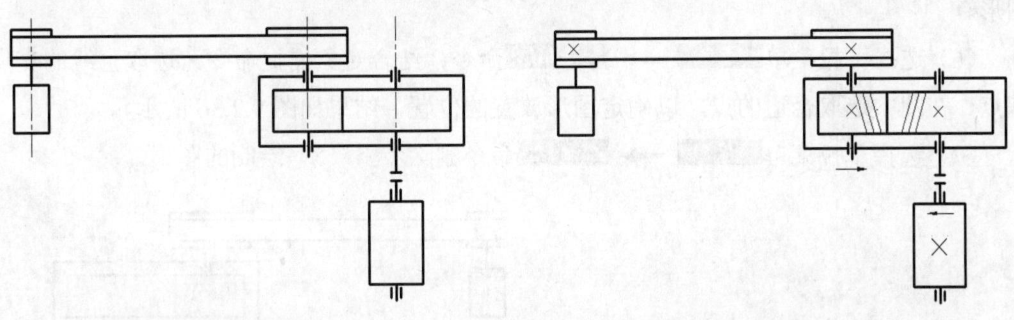

图 9.2.29　镜像直线　　　　图 9.2.30　创建直线与箭头

（1）绘制图 9.2.31 所示的直线。将图层切换至“细实线层”，在状态栏中单击 （正交模式）按钮，使其处于关闭状态，选择下拉菜单 绘图(D) → 直线(L) 命令并结合捕捉命令，在矩形 1 上选取直线的起点；将直线倾斜一定的角度，使两端点与矩形 1 相交，按 Enter 键。

（2）选择下拉菜单 修改(M) → 复制(Y) 命令，选取步骤（1）绘制的直线为复制对象，选取直线与矩形的交点为基点，将光标水平向右移动，在命令行中输入数值 5，按 Enter 键；再输入数值 10，按两次 Enter 键，结果如图 9.2.32 所示。

（3）镜像直线。选择下拉菜单 修改(M) → 镜像(I) 命令，选取步骤（2）所创建的三条倾斜直线为镜像对象，选取图 9.2.33 所示的直线为镜像线。

（4）移动直线。选择下拉菜单 修改(M) → 移动(V) 命令，将步骤（3）镜像所得的三条倾斜直线水平向右移动，位移值为 5，结果如图 9.2.34 所示。

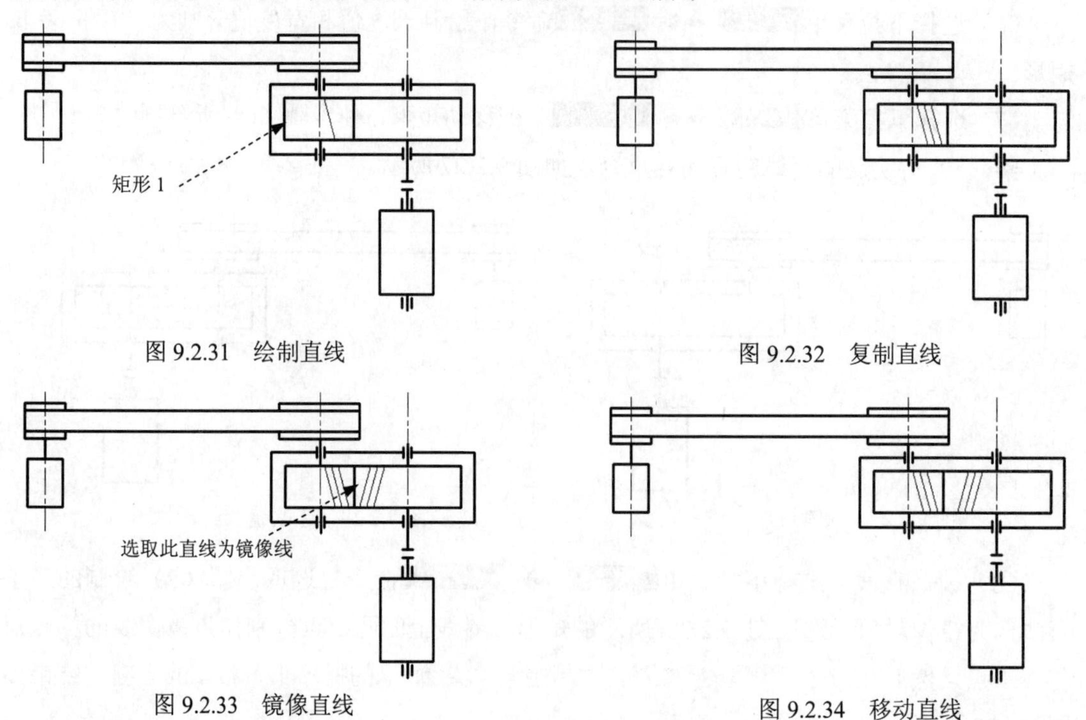

图 9.2.31　绘制直线

图 9.2.32　复制直线

图 9.2.33　镜像直线

图 9.2.34　移动直线

（5）选择下拉菜单 绘图(D) → 直线(L) 命令，在绘图区的空白处绘制图 9.2.35 所示的图形。

（6）选择下拉菜单 修改(M) → 复制(Y) 命令，结合对象捕捉命令，选取直线的交点为基点，在图中选取合适的点，以确定图形放置的位置，结果如图 9.2.36 所示。

（7）选择下拉菜单 修改(M) → 删除(E) 命令删除步骤（5）绘制的图形。

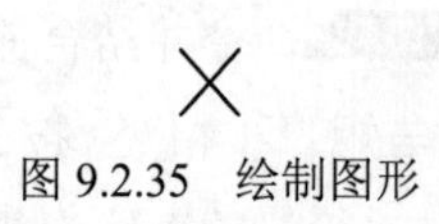

图 9.2.35　绘制图形

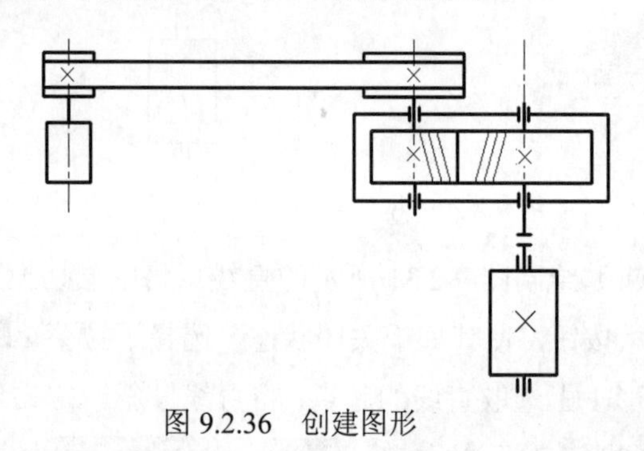

图 9.2.36　创建图形

（8）创建图 9.2.37 所示的箭头。

① 将图层切换至“尺寸线层”。

② 设置引线样式。在命令行中输入命令 QLEADER 后按 Enter 键，在系统命令行 指定第一个引线点或 [设置(S)] <设置> 的提示下按 Enter 键，在系统弹出的“引线设置”对话框中单击 注释 选项卡，在 注释类型 选项组中选中 无(O) 单选项；单击 引线和箭头 选项卡，在 引线 选项组中选中 直线(S) 单选项，在 箭头 的下拉列表中选择 实心闭合 选项，将 点数 选项组中的 最大值 设置为 2。将 角度约束 选项组中的 第一段 设置为 水平，单击 确定 按钮。

③ 绘制箭头。在图中合适的位置选取两点，完成图 9.2.37 所示箭头的创建。

④ 按 Enter 键或空格键，在图中合适的位置选取两点，完成图 9.2.38 所示第二个箭头的创建。

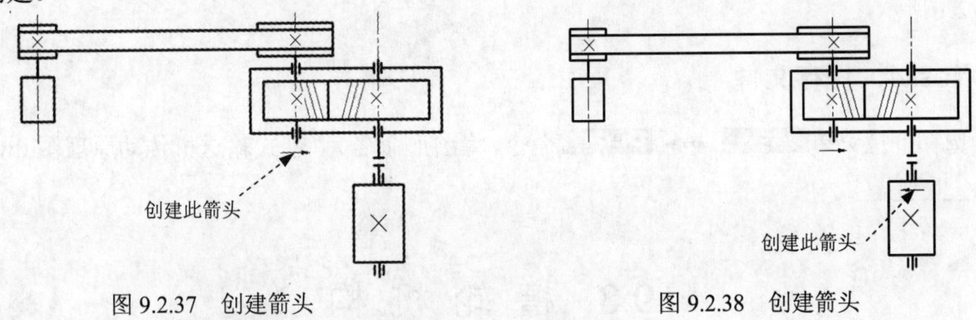

图 9.2.37 创建箭头　　图 9.2.38 创建箭头

（9）用下拉菜单 修改(M) → 删除(E) 命令删除垂直中心线，结果如图 9.2.39 所示。

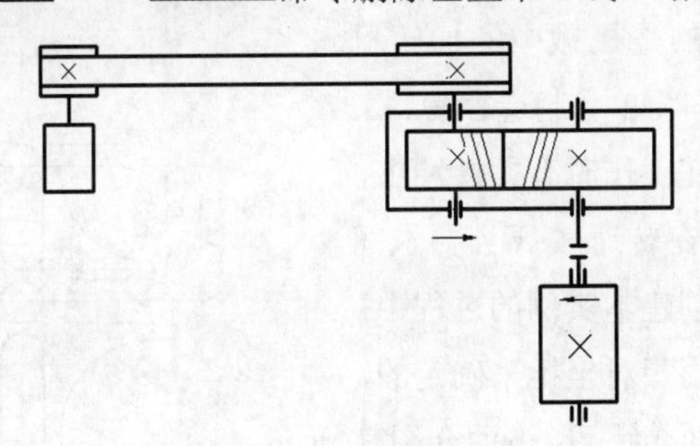

图 9.2.39 删除直线

Task3. 创建文字注释

下面介绍图 9.2.1 所示图形的标注过程。

Step1. 将图层切换到“尺寸线层”。

Step2. 设置文字样式。选择下拉菜单 格式(O) → 文字样式(S)... 命令，将文字高度设置为 7，单击 应用(A) 按钮后按 Enter 键。

Step3. 选择下拉菜单 绘图(D) → 直线(L) 命令，在图中的相应位置绘制图 9.2.40 所示的五条倾斜直线（指引线）。

Step4. 选择下拉菜单 绘图(D) → 文字(X) → 单行文字(S) 命令创建文字，并将其移至合适的位置，结果如图 9.2.40 所示。

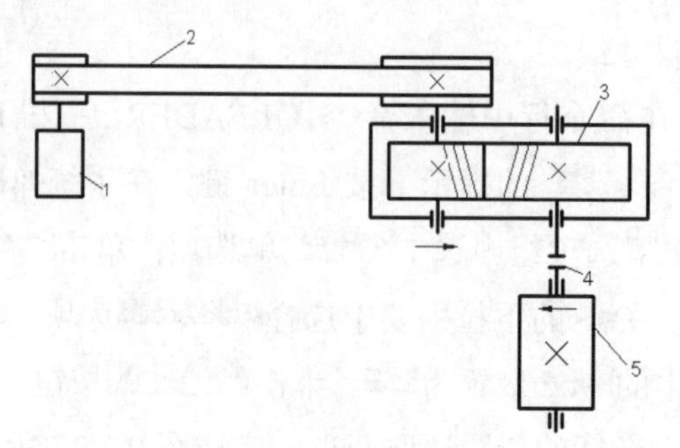

图 9.2.40　创建文字注释

Step5. 选择下拉菜单 绘图(D) → 文字(X) → 多行文字(M)... 命令创建多行文字，结果如图 9.2.1 所示。

Task4. 保存文件

选择下拉菜单 文件(F) → 保存(S) 命令，将图形命名为“带式输送机传动原理图.dwg”，单击 保存(S) 按钮。

9.3 槽 轮 机 构

图 9.3.1 所示的是机械中的槽轮机构，此机构具有结构简单、制造容易、工作可靠等优点，但在工作时有柔性冲击，故此机构一般应用在转速较低且要求间歇转动的场合。在创建本实例的过程中，图形中有的尺寸是用相对坐标来确定的，读者可以进行此方面的练习。下面介绍其创建过程。

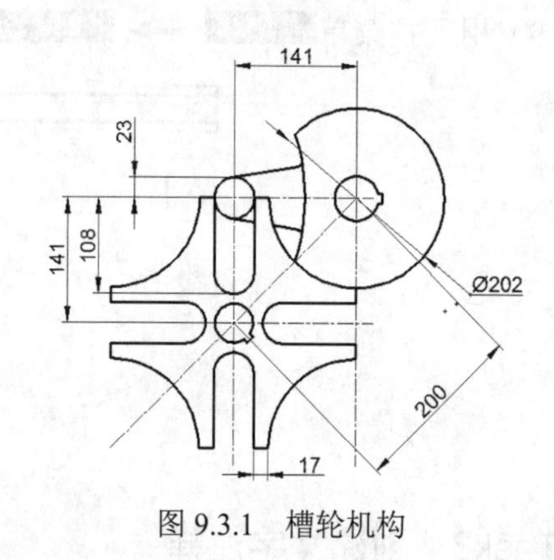

图 9.3.1　槽轮机构

Task1. 选用样板文件

使用随书光盘中提供的样板文件。选择下拉菜单 文件(F) → 新建(N)... 命令，在系统弹出的“选择样板”对话框中，找到样板文件 D:\AutoCAD2014.2\system_file\Part_temp_A1.dwg，然后单击 打开(O) 按钮。

Task2. 创建和编辑图形

下面介绍图 9.3.1 所示的槽轮机构的绘制过程。

Step1. 绘制图 9.3.2 所示的两条中心线。将图层切换到“中心线层”，选择下拉菜单绘图(D) → 直线(L)命令，绘制长度值均为 320 的垂直中心线和水平中心线。

Step2. 绘制图 9.3.3 所示的圆。将图层切换至“轮廓线层”，在状态栏中单击 +（显示/隐藏线宽）按钮，使其处于打开状态；选择下拉菜单 绘图(D) → 圆(C) → 圆心、直径(D) 命令，选取水平中心线和垂直中心线的交点为圆心，输入直径值 44 后，按 Enter 键结束命令。

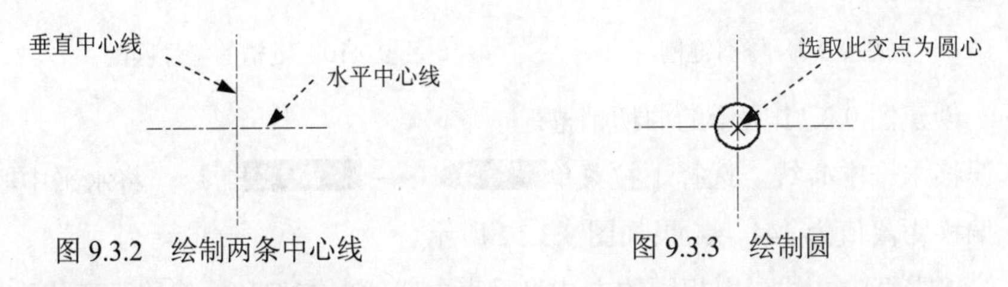

图 9.3.2　绘制两条中心线　　图 9.3.3　绘制圆

Step3. 创建图 9.3.4 所示的键槽。

（1）将图层切换到“中心线层”，选择下拉菜单 绘图(D) → 直线(L) 命令，绘制长度值为 400，角度值为 45 的直线（可先绘制一条角度值为 45° 的构造线作为辅助线），如图 9.3.5 所示。

图 9.3.4　创建键槽　　图 9.3.5　绘制直线

（2）偏移直线。选择下拉菜单 修改(M) → 偏移(S) 命令，将图 9.3.6 所示的直线 1 向其右下方偏移，偏移距离值为 26，结果如图 9.3.6 所示。

（3）绘制直线。选择下拉菜单 绘图(D) → 直线(L) 命令，选取水平中心线和垂直中心线的交点为直线的起点，终点的坐标值为（@60<–45），按两次 Enter 键，结果如图 9.3.7 所示。

（4）偏移直线。选择下拉菜单 修改(M) → 偏移(S) 命令，将图 9.3.8 所示的直线 2 分别向右上方、左下方偏移，偏移距离值均为 5，结果如图 9.3.8 所示。

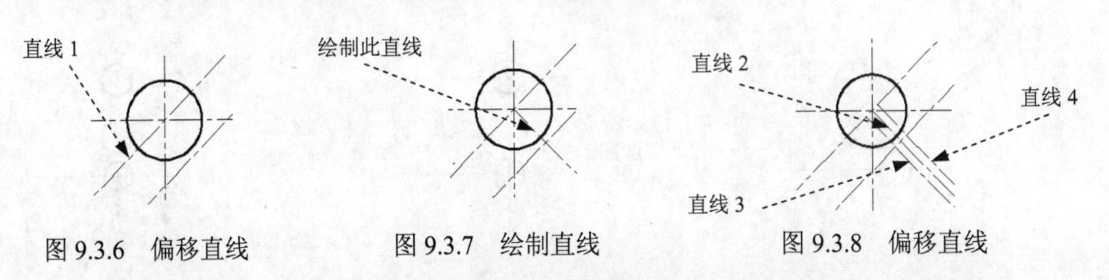

图 9.3.6　偏移直线　　图 9.3.7　绘制直线　　图 9.3.8　偏移直线

（5）修剪键槽。选择下拉菜单 修改(M) → 修剪(T) 和 修改(M) → 删除(E) 命令，对图 9.3.8 所示的图形进行修改，结果如图 9.3.9 所示。

（6）键槽的特性匹配。选择下拉菜单 修改(M) → 特性匹配(M) 命令，选取图 9.3.10 所示的圆弧为源对象，选取需要进行匹配的直线为目标对象，按 Enter 键。

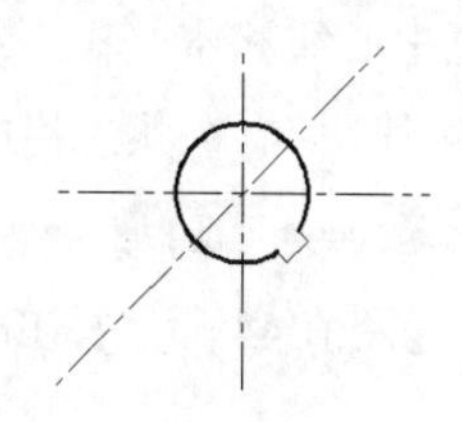
图 9.3.9　修剪键槽

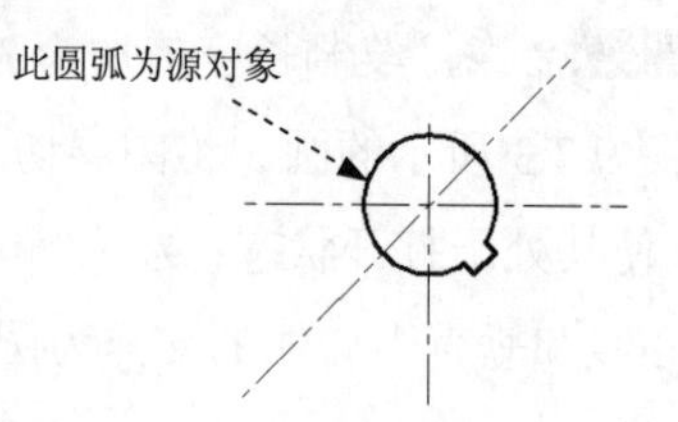

图 9.3.10　键槽的特性匹配

Step4. 创建图 9.3.11 所示的曲柄销槽。

（1）偏移水平中心线。选择下拉菜单 修改(M) → 偏移(S) 命令，将水平中心线垂直向上偏移，偏移距离值为 141，结果如图 9.3.12 所示。

（2）偏移垂直中心线。用相同的方法将垂直中心线向右偏移，偏移距离值为 141，结果如图 9.3.13 所示。

（3）绘制圆。将图层切换至“轮廓线层”，选择下拉菜单 绘图(D) → 圆(C) → 圆心、直径(D) 命令，绘制以图 9.3.14 所示的交点为圆心、直径值为 46 的圆，结果如图 9.3.14 所示。

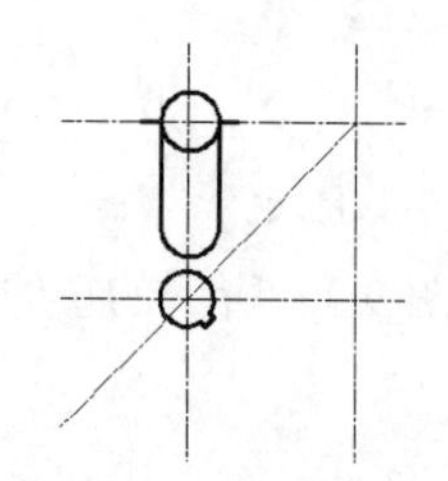
图 9.3.11　创建曲柄销槽

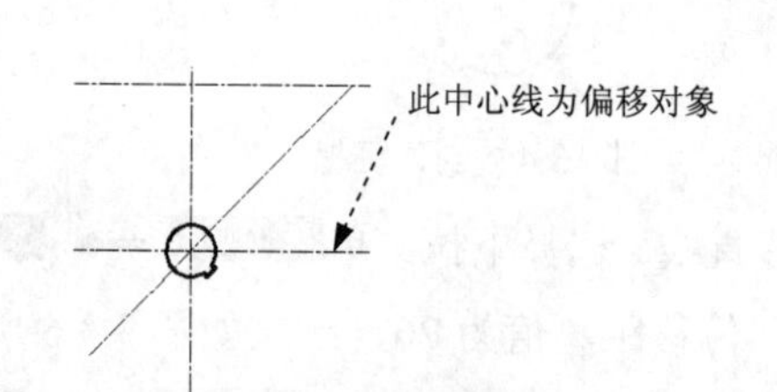

图 9.3.12　偏移水平中心线

（4）复制圆。选择下拉菜单 修改(M) → 复制(Y) 命令，选取步骤（3）绘制的圆为复制对象，选取圆心为基点，在命令行中输入下一点的相对坐标值（@0，−85）后按两次 Enter 键，结果如图 9.3.15 所示。

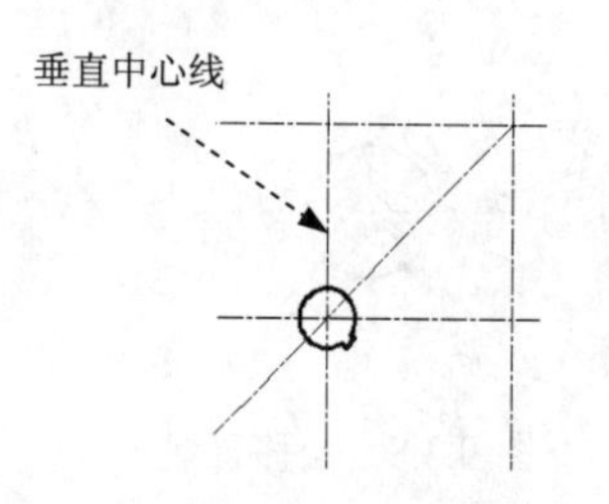

图 9.3.13　偏移垂直中心线

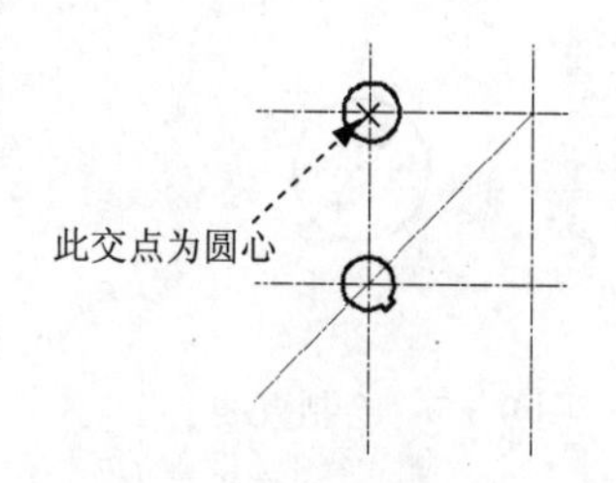

图 9.3.14　绘制圆

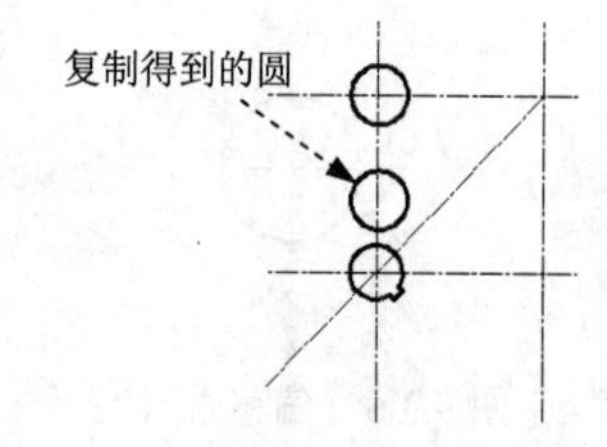

图 9.3.15　复制圆

（5）绘制直线。选择下拉菜单 绘图(D) → 直线(L) 命令，选取图 9.3.16a 所示的象限点分别为起点和终点绘制直线 1，用同样的方法绘制图 9.3.16b 所示的直线 2，结果如图 9.3.16 所示。

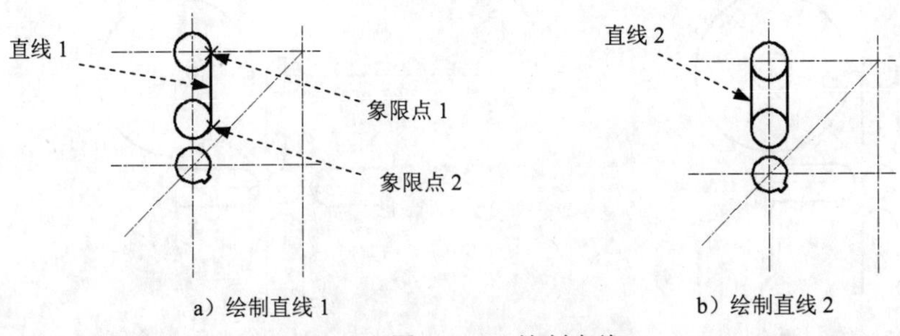

图 9.3.16　绘制直线

（6）绘制直线。按 Enter 键重复直线命令，选取圆上的象限点为直线起点，在命令行中输入下一点的相对坐标值（@–17，0），按 Enter 键绘制直线 3；参照上述方法绘制直线 4，结果如图 9.3.17 所示。

（7）修剪图形。选择下拉菜单 修改(M) → 修剪(T) 命令对图 9.3.17 所示的图形进行修剪，结果如图 9.3.18 所示。

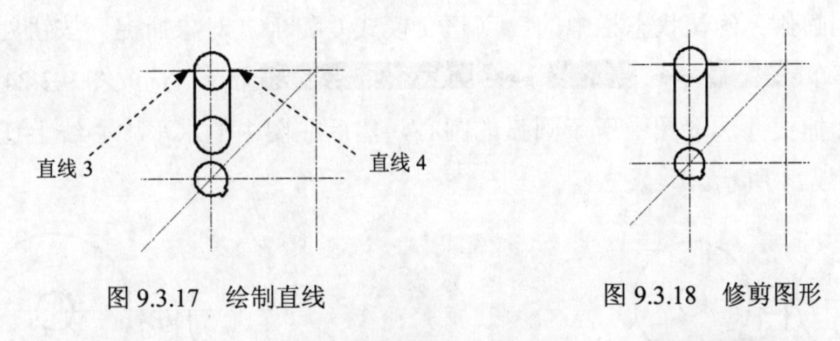

图 9.3.17　绘制直线　　　　图 9.3.18　修剪图形

Step5. 阵列图形。选择下拉菜单 修改(M) → 阵列 → 环形阵列 命令，选取图 9.3.19b 所示的图形为阵列对象，阵列项目数为 4，选取图 9.3.19a 所示的中心点为阵列中心点，填充角度为 360，结果如图 9.3.19c 所示。

图 9.3.19　阵列图形

Step6. 绘制两个圆。选择下拉菜单 绘图(D) → 圆(C) → 圆心、直径(D) 命令，绘制以图 9.3.21 所示的交点为圆心，直径值为 202 的圆；用同样的方法绘制直径值为 50 的同心圆，结果如图 9.3.20 所示。

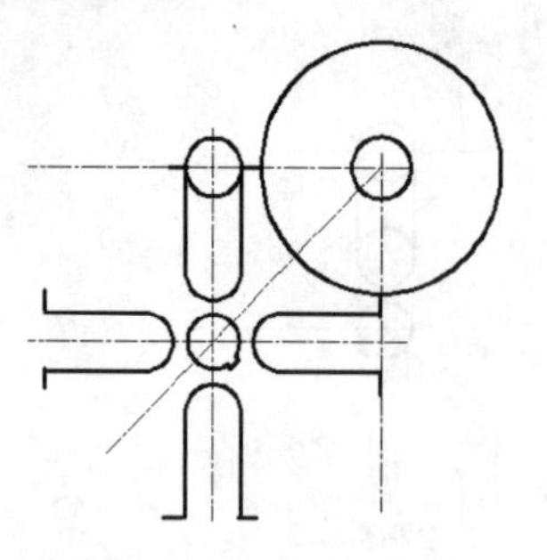
图 9.3.20　绘制两个圆

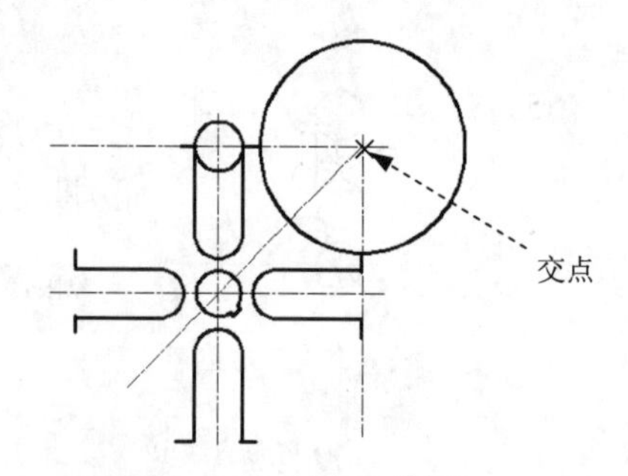

图 9.3.21　绘制第一个圆

Step7. 阵列图形。选择下拉菜单 修改(M) → 阵列 → 环形阵列 命令，选取图 9.3.22 所示的圆为阵列对象，选取图 9.3.22 所示的交点为阵列中心点，阵列项目数值为 4，填充角度为 360。

Step8. 修剪图形。选择下拉菜单 修改(M) → 修剪(T) 命令，对图 9.3.22 所示的图形进行修剪，结果如图 9.3.23 所示。

Step9. 绘制圆弧。确认状态栏中的（正交模式）和（对象捕捉）按钮处于打开状态，选择下拉菜单 绘图(D) → 圆弧(A) → 起点、圆心、端点(S) 命令，选取图 9.3.24 所示的交点为圆弧起点，捕捉并选取图中所示圆弧的圆心，然后在图中的水平中心线上任意选取一点，结果如图 9.3.24 所示。

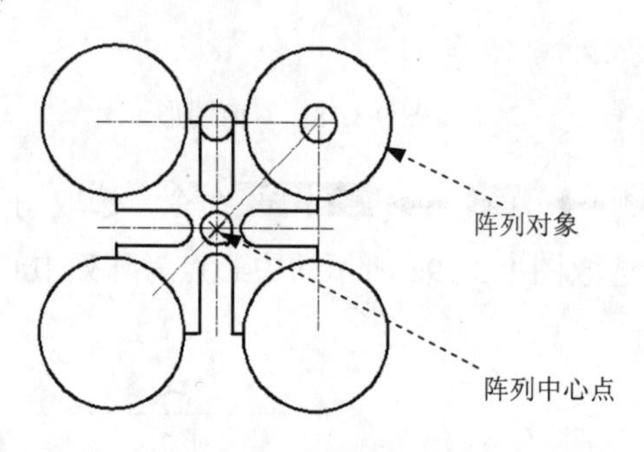

图 9.3.22　阵列图形

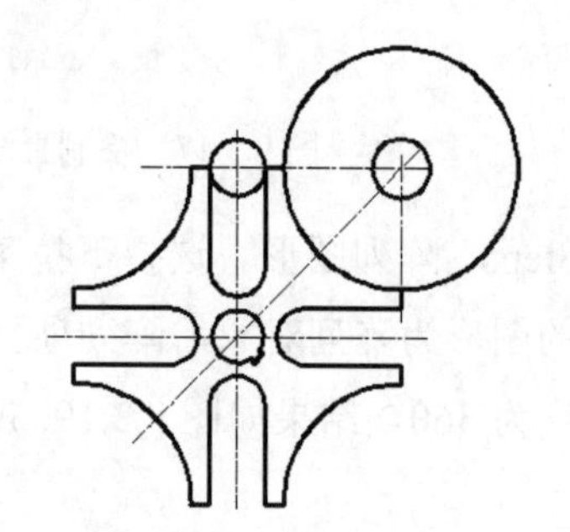
图 9.3.23　修剪图形

Step10. 延伸圆弧。选择下拉菜单 修改(M) → 延伸(D) 命令，按 Enter 键，选取上一步绘制的圆弧为延伸对象，按 Enter 键结束此命令，结果如图 9.3.25 所示。

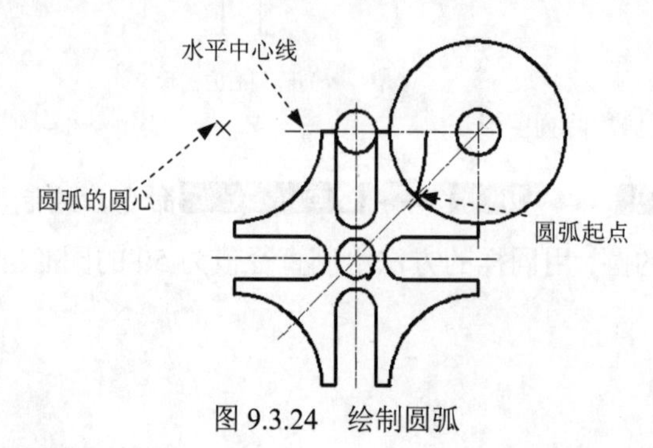

图 9.3.24　绘制圆弧

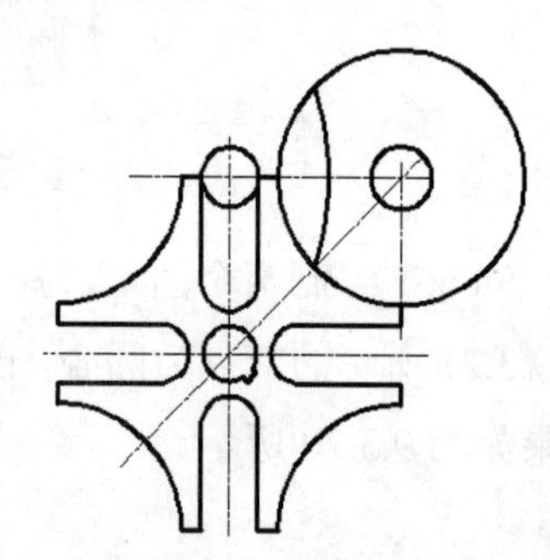
图 9.3.25　延伸圆弧

Step11. 绘制图 9.3.26 所示的直线。选择下拉菜单 绘图(D) → 直线(L) 命令，选取圆上的切点（按住 Ctrl 或 Shift 键并右击，在弹出的快捷菜单中选择 切点 命令），捕捉并选取与圆弧相垂直的垂足（按住 Ctrl 或 Shift 键并右击，在弹出的快捷菜单中选择 垂直(P) 命令），按 Enter 键结束操作。

Step12. 创建圆角。选择下拉菜单 修改(M) → 圆角(F) 命令，创建图 9.3.27 所示的圆角，圆角半径值为 5。

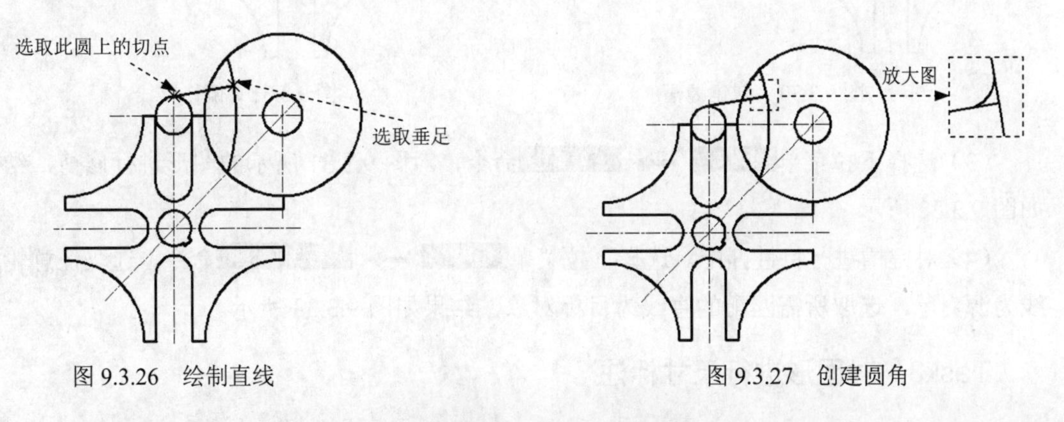

图 9.3.26　绘制直线　　图 9.3.27　创建圆角

Step13. 镜像图形。选择下拉菜单 修改(M) → 镜像(I) 命令，选取 Step11 所绘制的直线和 Step12 所创建的圆角为镜像对象，水平中心线为镜像线，结果如图 9.3.28 所示。

Step14. 修剪图形。选择下拉菜单 修改(M) → 修剪(T) 命令对图形进行修剪，结果如图 9.3.29 所示。

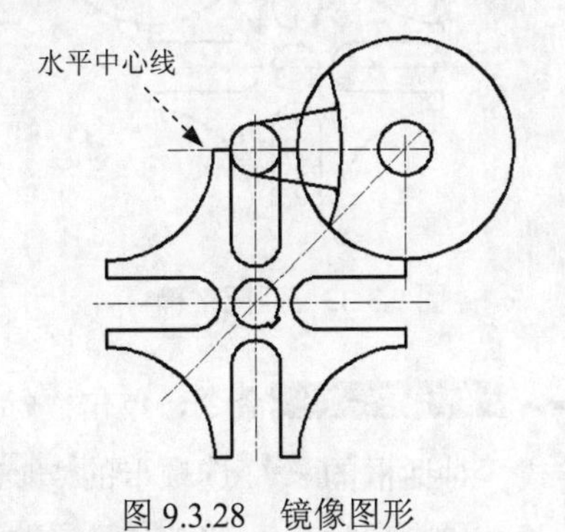

图 9.3.28　镜像图形

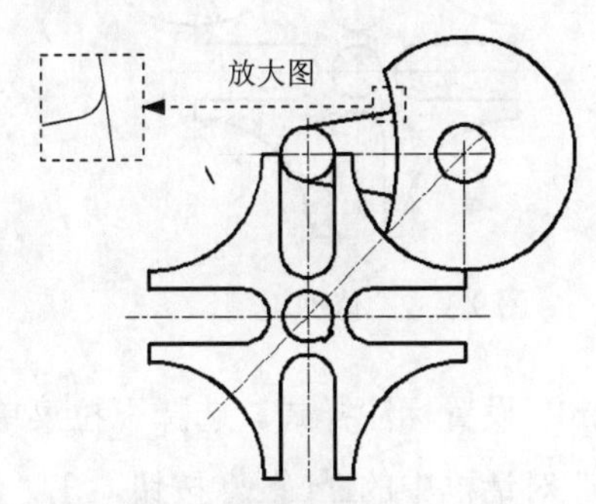

图 9.3.29　修剪图形

Step15. 创建图 9.3.30 所示的键槽。

（1）偏移直线。选择下拉菜单 修改(M) → 偏移(S) 命令，将图 9.3.31 所示的垂直中心线水平向右偏移，偏移距离值为 30。

注意：当图形中的线条较短时，可以通过夹点对其进行拉伸。

（2）按 Enter 键以重复“偏移”命令，将水平中心线分别向上、下偏移，偏移距离值均为 6，结果如图 9.3.31 所示。

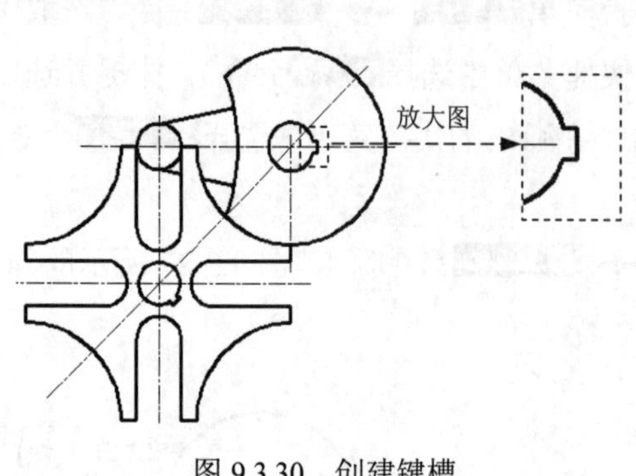

图 9.3.30　创建键槽

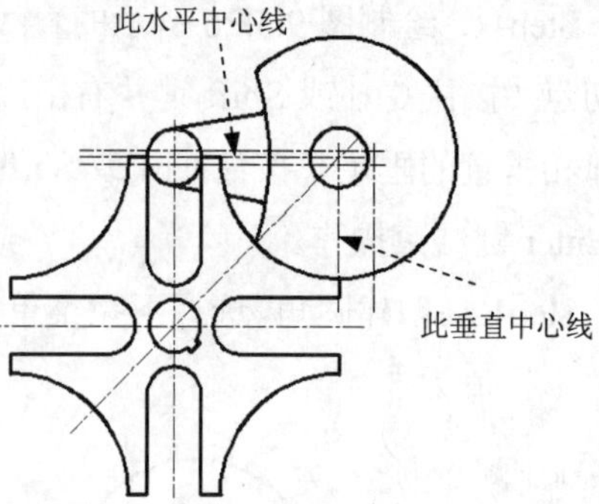

此水平中心线

此垂直中心线

图 9.3.31　偏移直线

（3）选择下拉菜单 修改(M) → 修剪(T) 命令，对图 9.3.31 所示的图形进行修剪，结果如图 9.3.32 所示。

（4）对键槽进行特性匹配。选择下拉菜单 修改(M) → 特性匹配(M) 命令，选取任意轮廓线为源对象，选取所需匹配的直线为目标对象，结果如图 9.3.33 所示。

Task3．对图形进行尺寸标注

下面介绍图 9.3.34 所示的图形的标注过程。

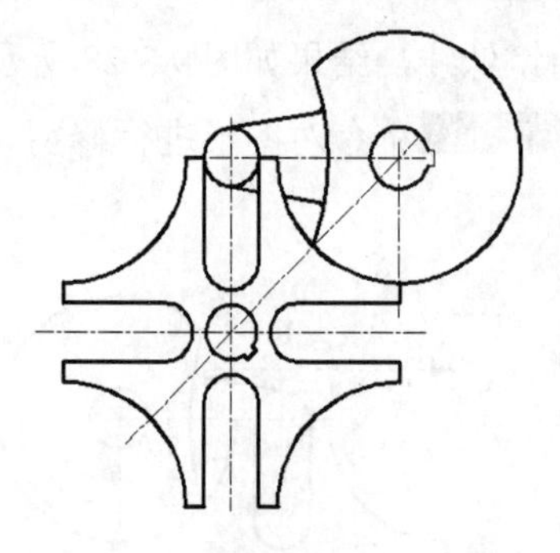

图 9.3.32　修剪键槽

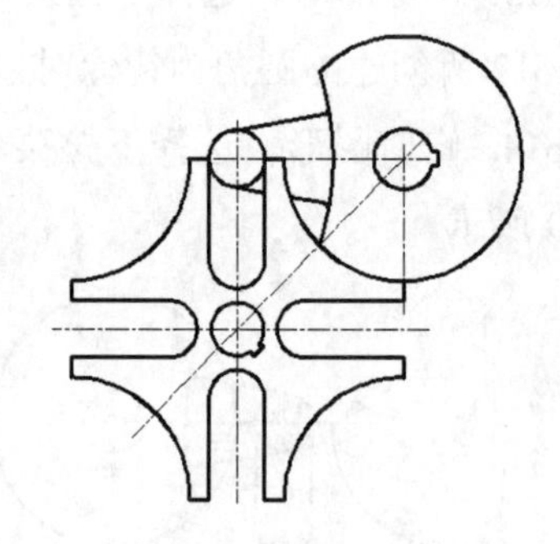

图 9.3.33　匹配键槽

Step1. 设置标注样式。选择下拉菜单 格式(O) → 标注样式(D)... 命令，单击“标注样式管理器”对话框中的 修改(M)... 按钮，在“修改标注样式”对话框的 文字 选项卡的 文字对齐(A) 选项组中选中 与尺寸线对齐 单选项，设置 文字高度(T): 为 3.5；单击 调整 选项卡，将 使用全局比例(S): 的值设置为 5；单击 主单位 选项卡，将 精度(P): 的值设置为 0，单击 确定 按钮；单击“标注样式管理器”对话框中的 置为当前(C) 按钮，单击 关闭 按钮。

Step2. 切换图层。将图层切换到“尺寸线层”。

Step3. 创建直径标注。选择下拉菜单 标注(N) → 直径(D) 命令，标注图 9.3.35 所示的圆。

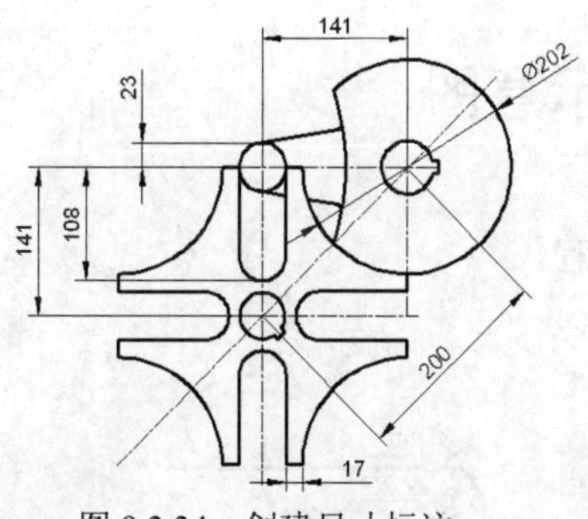

图 9.3.34　创建尺寸标注

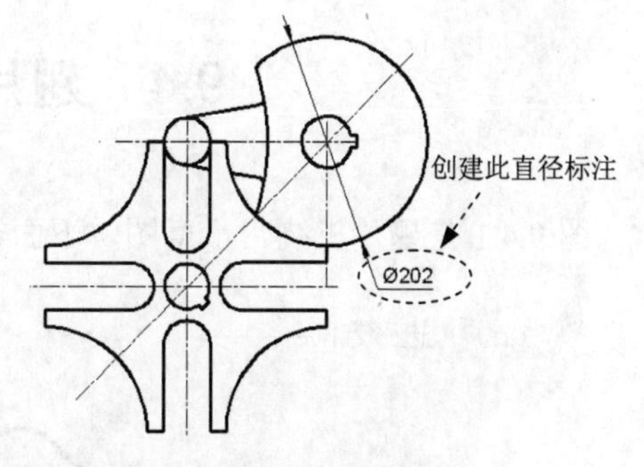

图 9.3.35　创建直径标注

Step4. 创建线性标注。使用下拉菜单 标注(N) → 线性(L) 命令，分别捕捉图 9.3.36 所示的圆心 1 与圆心 2 并单击，在绘图区的空白区域单击，以确定尺寸放置的位置。参照上述操作，创建其他的线性标注，结果如图 9.3.37 所示。

Step5. 创建对齐标注。选择下拉菜单 标注(N) → 对齐(G) 命令，分别捕捉图 9.3.38 所示的两圆的圆心并单击，在绘图区的空白区域单击，以确定尺寸放置的位置。

Task4．保存文件

选择下拉菜单 文件(F) → 保存(S) 命令，将此图形命名为“槽轮机构.dwg”，单击 保存(S) 按钮。

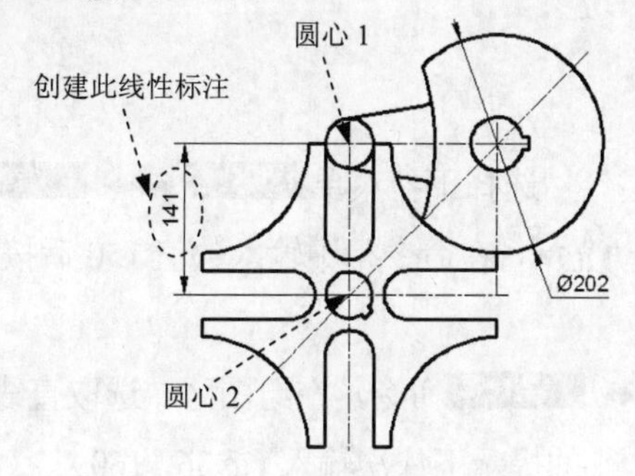

图 9.3.36　创建第一个线性标注

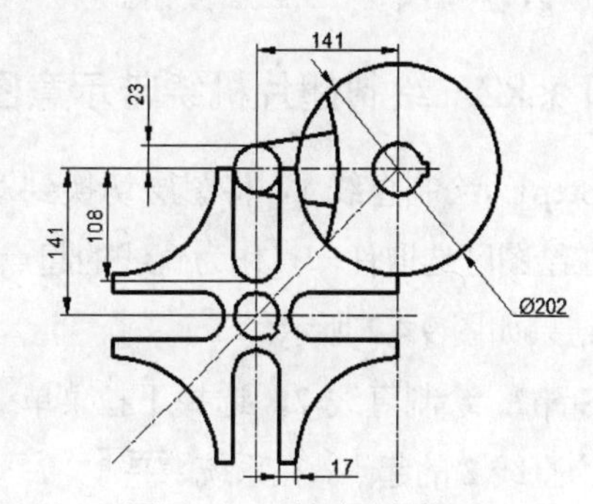

图 9.3.37　创建线性标注

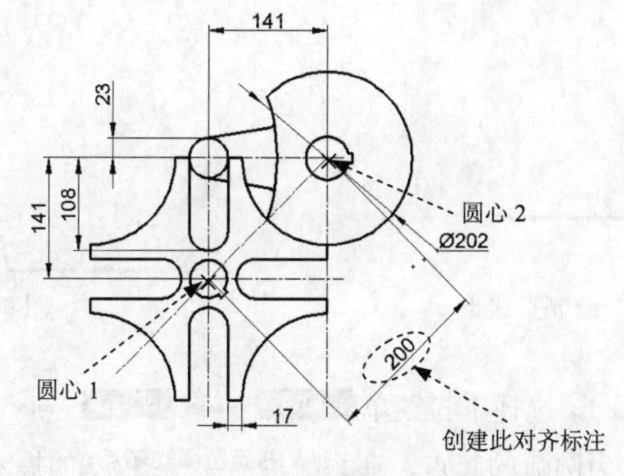

图 9.3.38　创建对齐标注

9.4 翘片机绕带示意图

图 9.4.1 是翘片机绕带示意图，下面介绍其创建过程。

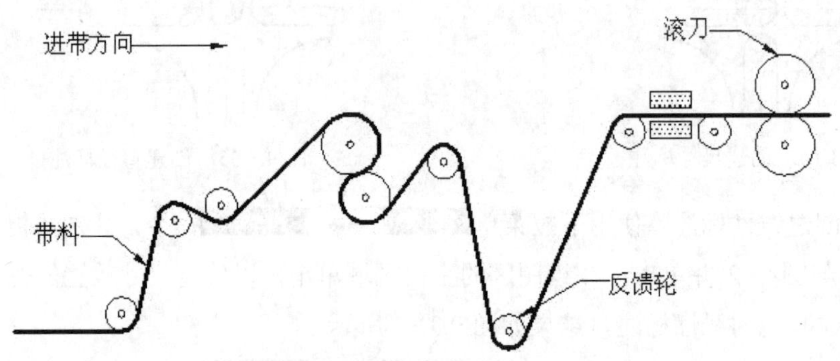

图 9.4.1 翘片机绕带示意图

Task1．选用样板文件

使用随书光盘上提供的样板文件。选择下拉菜单 文件(F) → 新建(N)... 命令，在系统弹出的“选择样板”对话框中，找到样板文件 D:\AutoCAD2014.2\system_file\ Part_temp _A0.dwg，然后单击 打开(O) 按钮。

Task2．绘制翘片机绕带示意图

Step1. 绘制直线 1，将图层切换到“轮廓线层”， 选择下拉菜单 绘图(D) → 直线(L) 命令，在绘图区选取任一点作为直线的起点，向右移动光标，在命令行中输入数值 150 后按 Enter 键，结果如图 9.4.2 所示。

Step2. 绘制直线 2，选择下拉菜单 绘图(D) → 直线(L) 命令，在绘图区域选取直线 1 的终点为直线 2 的起点，在系统 指定下一点或 [放弃(U)]: 的提示下依次输入（@36，160）、（@76，-34）、（@132，122），结果如图 9.4.3 所示。

图 9.4.2 绘制直线 1　　图 9.4.3 绘制直线 2

Step3. 绘制圆弧 1。选择下拉菜单 绘图(D) → 圆弧(A) → 起点、端点、方向(D) 命令，选取图 9.4.3 所示的点 A 为圆弧的起点，在系统 指定圆弧的端点: 的提示下输入（@25，-62），此时移动鼠标，就会出现圆弧在 A 点处的切线，并且圆弧的形状随着切线方向的变化而不断变化，拖动切线至与图 9.4.3 所示的直线 1 共线的位置并单击，以确定圆弧在 A 点处的切线方向）。结果如图 9.4.4 所示。

Step4. 绘制直线 3。选择下拉菜单 绘图(D) → 直线(L) 命令，捕捉到图 9.4.3 所示的点 A 后，将光标向点 A 右方缓慢移动，并在捕捉到极轴时输入数值 150.0，按下 Enter 键，此时已选取矩形的第一点；在命令行 指定下一点或 [放弃(U)]: 的提示下输入（@-90，-116），结果如图 9.4.5 所示。

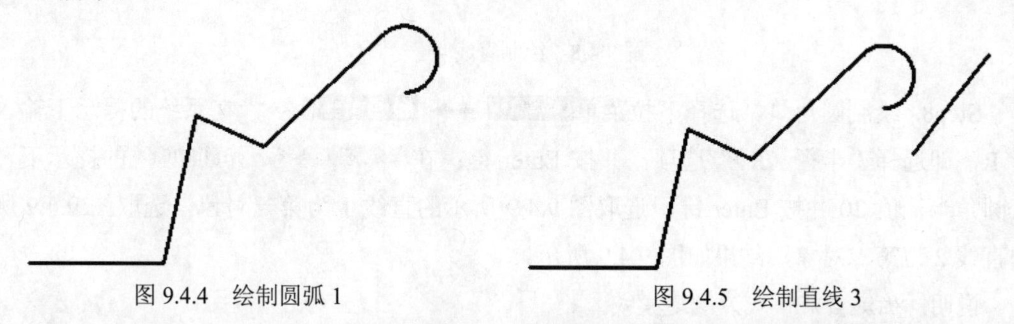

图 9.4.4　绘制圆弧 1　　　　图 9.4.5　绘制直线 3

Step5. 绘制圆，选择下拉菜单 绘图(D) → 圆(C) → 相切、相切、半径(T) 命令，选取图 9.4.6 所示的圆弧 1 为第一个对象，选取图 9.4.6 所示的直线为第二个对象，输入圆的半径值 30，按下 Enter 键结束圆的绘制。

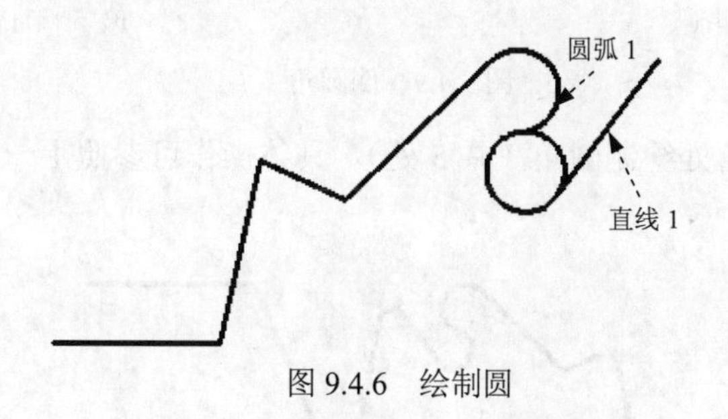

图 9.4.6　绘制圆

Step6. 修剪图形。选择下拉菜单 修改(M) → 修剪(T) 命令，对图 9.4.7a 进行修剪，修剪后的结果如图 9.4.7b 所示。

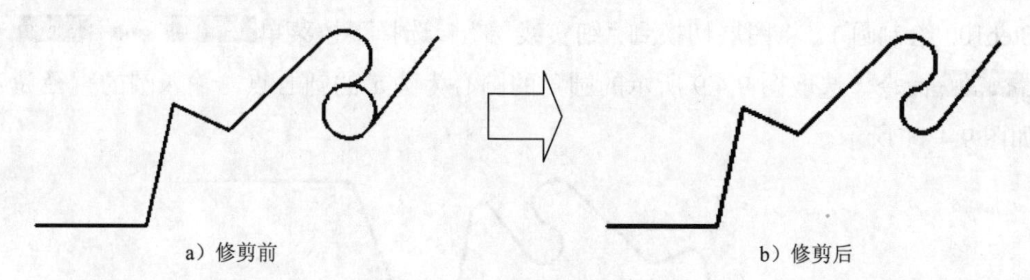

图 9.4.7　进行修剪操作

Step7. 绘制直线 4，选择下拉菜单 绘图(D) → 直线(L) 命令，在绘图区域选取图 9.4.8 所示的直线 1 的端点为直线 4 的起点，在系统 指定下一点或 [放弃(U)]: 的提示下依次输入（@60，-317）、（@142，325）、（@260，0），结果如图 9.4.8 所示。

图 9.4.8　绘制直线 4

Step8. 绘制圆角 1。选择下拉菜单 修改(M) → 圆角(F) 命令，在系统的提示下输入字母 R，即选择“半径（R）”选项，并按 Enter 键；在 指定圆角半径 <0.0000>: 的提示下，输入圆角半径值 20 并按 Enter 键；选取图 9.4.9 所示的直线 1 为第一对象，选取图 9.4.9 所示的直线 2 为第二对象，结果如图 9.4.9 所示。

说明：确定当前模式为修建模式。

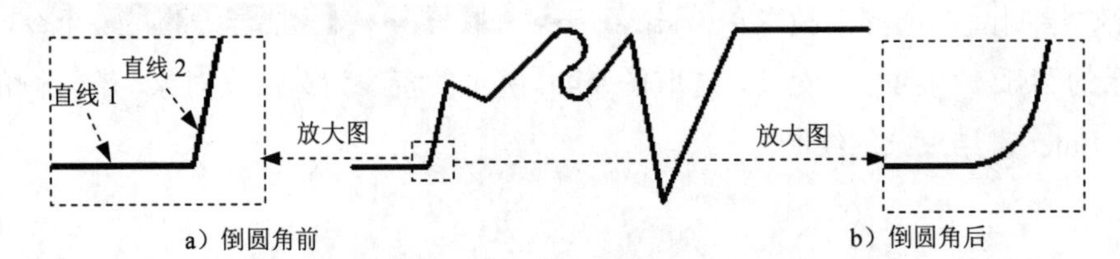

图 9.4.9　倒圆角 1

Step9. 在其余所有尖角处绘制圆角（共 5 处）。具体操作可参照上一步，圆角半径均为 20，结果如图 9.4.10 所示。

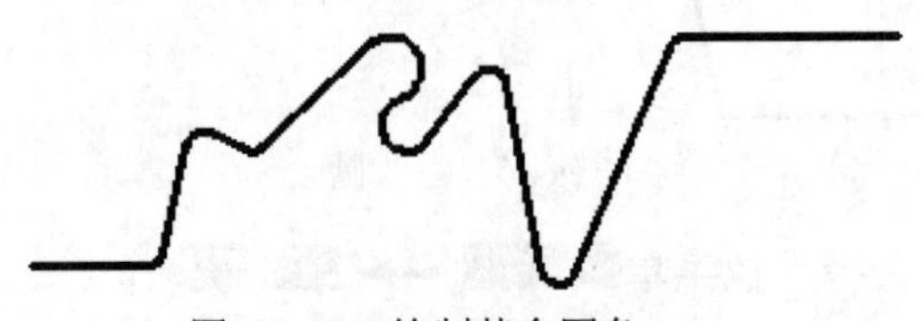

图 9.4.10　绘制其余圆角

Step10. 绘制圆 1。将图层切换到“细实线层”，选择下拉菜单 绘图(D) → 圆(C) → 圆心、直径(D) 命令，选取图 9.4.9 所示的圆角的圆心为圆 1 的圆心点，输入圆的直径为 40，结果如图 9.4.11 所示。

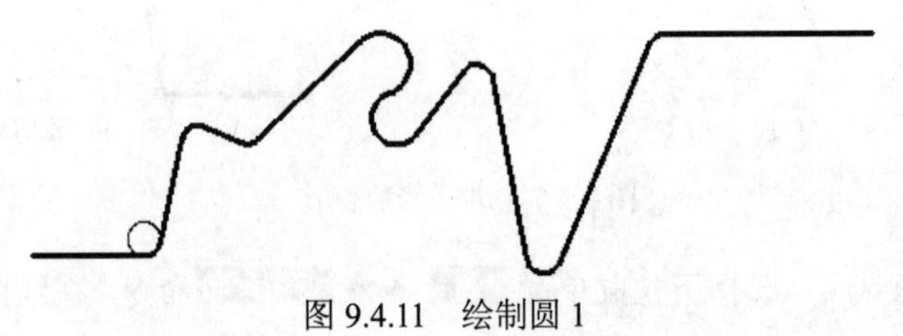

图 9.4.11　绘制圆 1

Step11. 绘制其余圆 1。具体操作可参照上一步，结果如图 9.4.12 所示。

说明：图 9.4.12 所绘制圆的半径均与与之同心的圆弧的半径相等，在绘制时可通过捕捉各圆弧上的点来确定圆的半径。

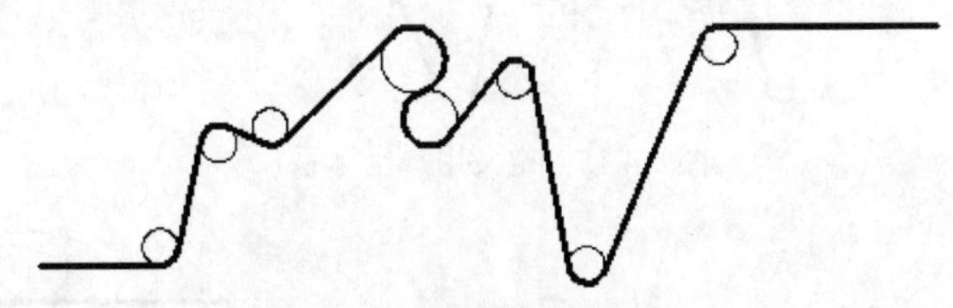

图 9.4.12　绘制其余圆 1

Step12. 绘制其余圆 2。结果如图 9.4.13 所示。

说明：图 9.4.13 所绘制圆的圆心均与 Step10 和 Step11 绘制的圆同心，半径均为 4。

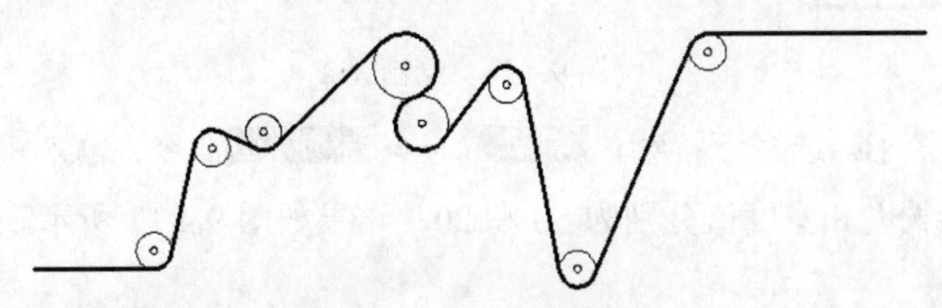

图 9.4.13　绘制其余圆 2

Step13. 复制圆。选择下拉菜单 修改(M) → 复制(Y) 命令，选取图 9.4.14 所示的两个圆为复制对象并按 Enter 键，选取圆心点为基点，将光标向右移动，在命令行输入（@105，0），单击后按 Enter 键。结果如图 9.4.14 所示。

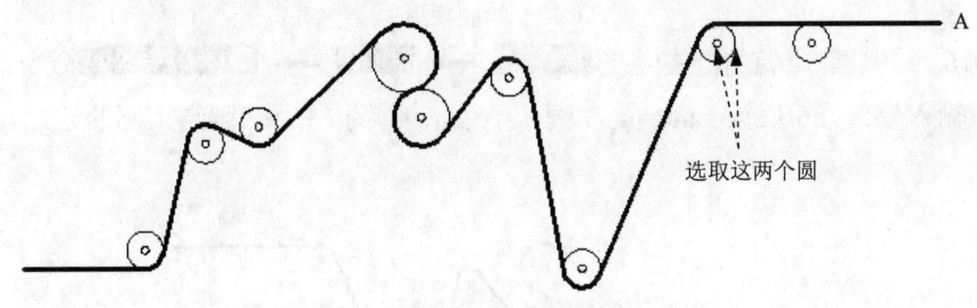

图 9.4.14　复制圆

Step14. 绘制圆 2。

（1）定义用户坐标系（UCS）。在命令行中输入命令 UCS 后按 Enter 键，输入字母 N 后按 Enter 键，捕捉图 9.4.14 所示的交点 A 并单击，此时用户坐标系便移至指定位置，如图 9.4.15 所示。

（2）选择下拉菜单 绘图(D) → 圆(C) → 圆心、半径(R) 命令，在命令行的提示下输入 -55，36 后按 Enter 键，输入半径值 36 后按 Enter 键结束圆的绘制，结果如图 9.4.16 所示。

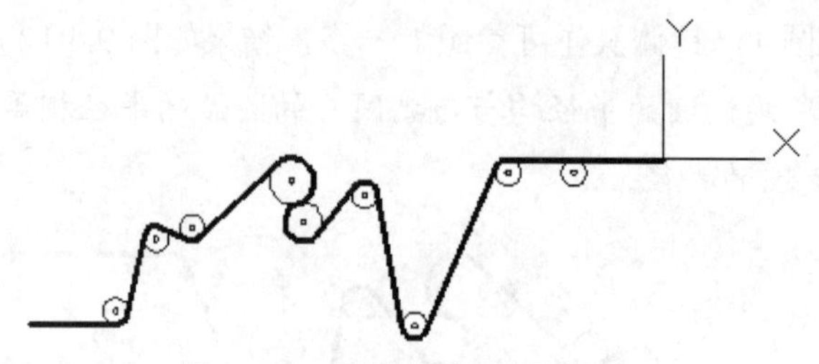

图 9.4.15　定义用户坐标系

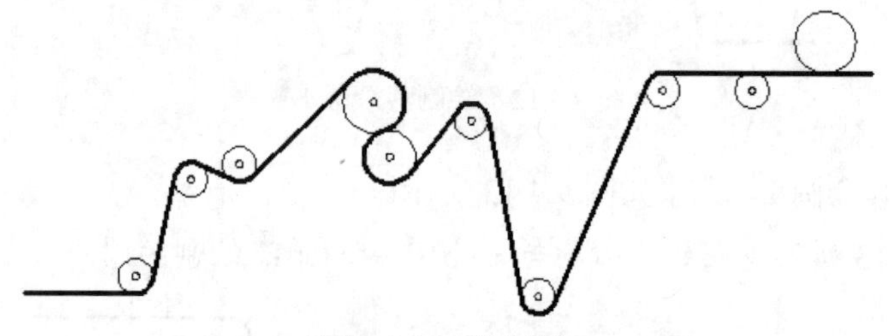
图 9.4.16　绘制圆 2

Step15. 绘制矩形。选择下拉菜单 绘图(D) → 矩形(G) 命令，输入矩形的第一点坐标为(-170,8)，矩形的长度和宽度值分别为 50 和 20，结果如图 9.4.17 所示。

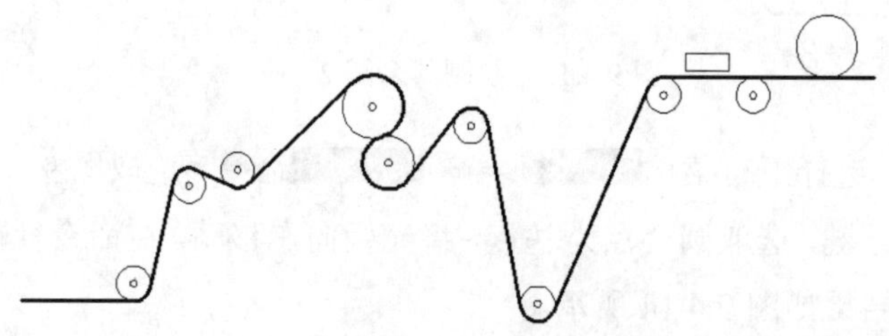
图 9.4.17　绘制矩形

Step16. 绘制圆 3。选择下拉菜单 绘图(D) → 圆(C) → 圆心、半径(R) 命令，在命令行的提示下输入–55，36 后按 Enter 键，输入半径值 4 后按 Enter 键结束圆的绘制，结果如图 9.4.18 所示。

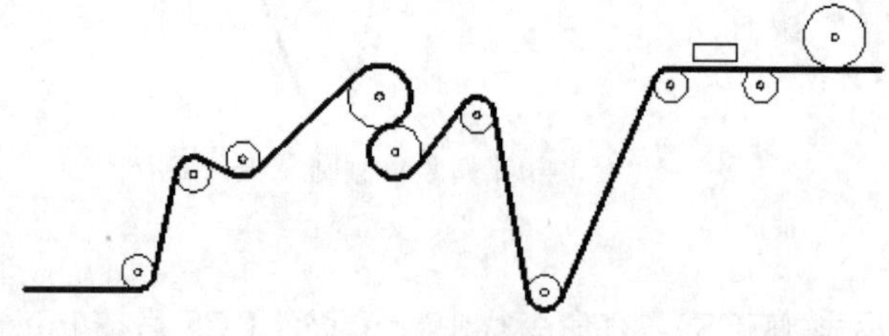
图 9.4.18　绘制圆 3

Step17. 镜像矩形与圆。选择下拉菜单 修改(M) → 镜像(I) 命令，选取 Step14 ~Step16 中绘制的矩形与圆为镜像对象，按 Enter 键结束选取；选取图 9.4.19 所示的直线作为镜像中心线。

Step18. 创建图案填充。

（1）在“图层”工具栏中，选择“剖面线层”图层。

（2）选择下拉菜单 绘图(D) → 图案填充(H)... 命令，系统弹出“图案填充创建”选项卡。

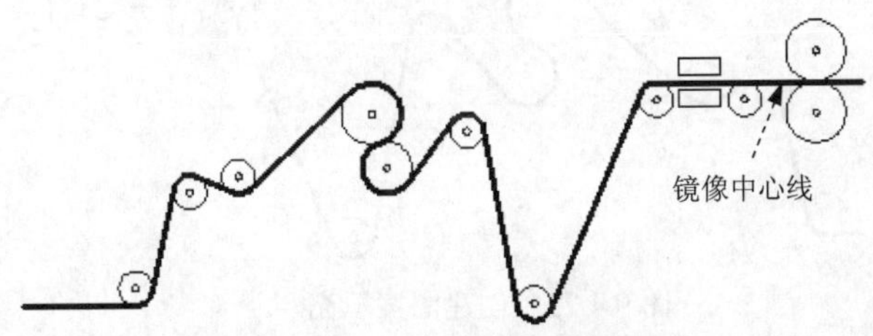

图 9.4.19　镜像矩形与圆

（3）在“图案填充创建”选项卡内单击 选项 ▼ 后的按钮，系统弹出“图案填充和渐变色”对话框，单击 样例: 后的按钮，在系统弹出的“填充图案选项板”对话框中选择图 9.4.20 所示的选项，单击 确定 按钮；在 比例(S): 后的文本框中输入填充图案的比例值 0.25；在“图案填充和渐变色”对话框 边界 区域中单击 添加:拾取点(K) 按钮，系统会切换到绘图区中，然后在命令行 拾取内部点或 [选择对象(S)/设置(T)]: 的提示下，选取图 9.4.21 所示的多个封闭区域。

（4）按 Enter 键结束填充边界的选取，完成图案填充，结果如图 9.4.22 所示。

Task3. 创建标注

Step1. 设置标注样式。选择下拉菜单 格式(O) → 标注样式(D)... 命令；单击“标注样式管理器”对话框中的 修改(M)... 按钮，在“修改标注样式”对话框的 符号和箭头 选项卡 箭头大小(I): 文本框中输入箭头长度值 20，在 文字 选项卡 文字高度(T): 后的文本框中输入文字高度值 20。然后单击该对话框中的 确定 按钮，单击“标注样式管理器”对话框中的 关闭 按钮。

Step2. 切换图层。在“图层”工具栏中，选择“尺寸线层”图层。

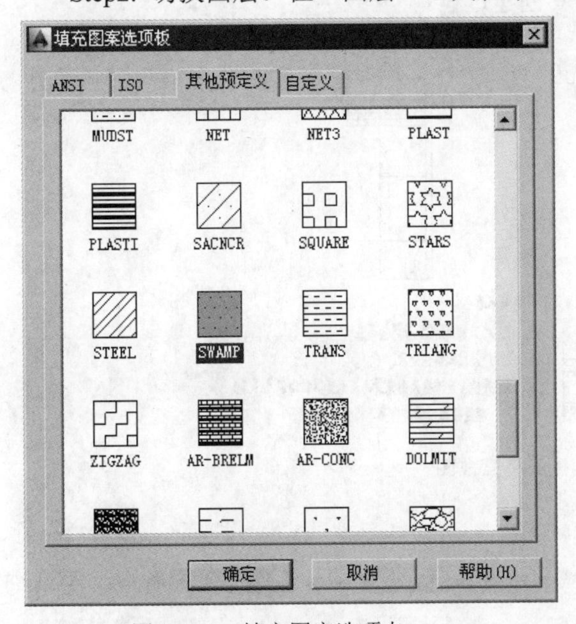

图 9.4.20　填充图案选项卡

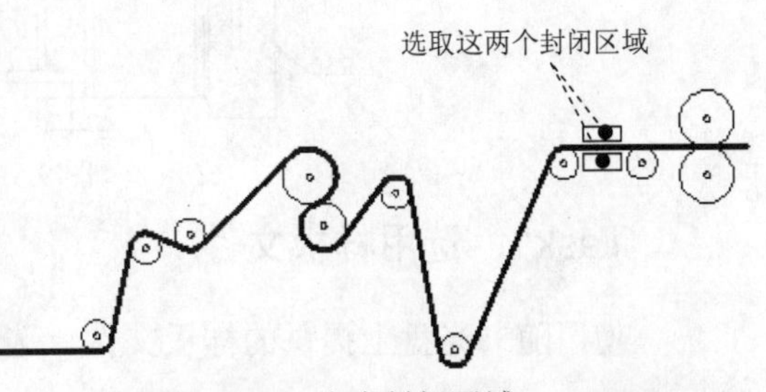

图 9.4.21　多个封闭区域

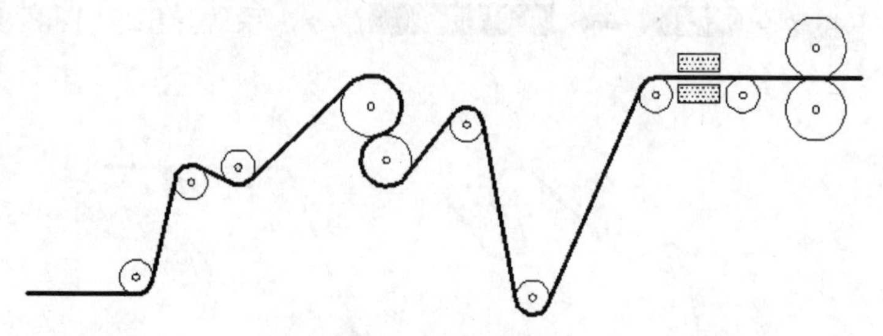

图 9.4.22　创建图案填充

Step3. 创建引线标注。在命令行中输入 QLEADER 命令以及 修改(M) → 移动(V) 命令，创建引线标注，结果如图 9.4.23 所示。

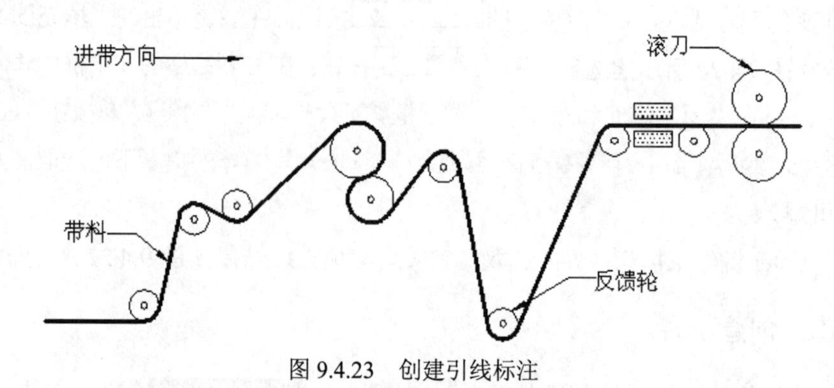

图 9.4.23　创建引线标注

9.5　工　　装

图 9.5.1 所示是工装三视图，下面介绍其创建过程。

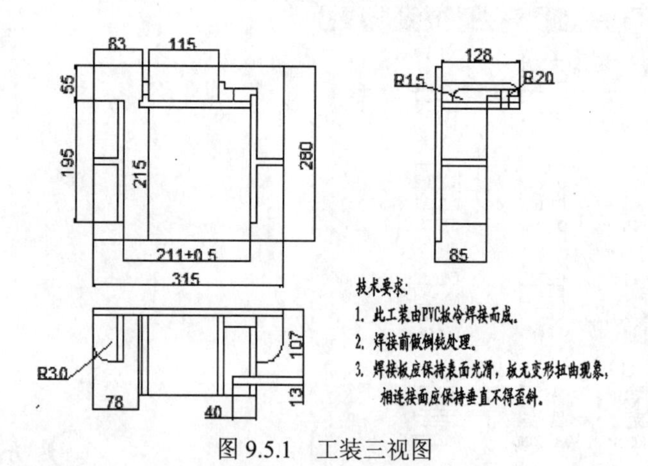

图 9.5.1　工装三视图

Task1. 选用样板文件

使用随书光盘上提供的样板文件。选择下拉菜单 文件(F) → 新建(N)... 命令，在系统弹出的“选择样板”对话框中，找到样板文件 D:\AutoCAD2014.2\system_file\Part_temp_A0.dwg，然后单击 打开(O) 按钮。

Task2. 创建主视图

Step1. 绘制矩形。将图层切换到“轮廓线层”，选择下拉菜单 绘图(D) → 矩形(G) 命令，绘制长度为 315、高度为 280 的矩形，结果如图 9.5.2 所示。

Step2. 偏移直线 1。

（1）分解矩形。选择下拉菜单 修改(M) → 分解(X) 命令，将上一步绘制的矩形分解。

（2）选择下拉菜单 修改(M) → 偏移(S) 命令，将图 9.5.3 所示的直线 1 依次向右偏移 42、10、26、5、10、115、10、45、10，结果如图 9.5.3 所示。

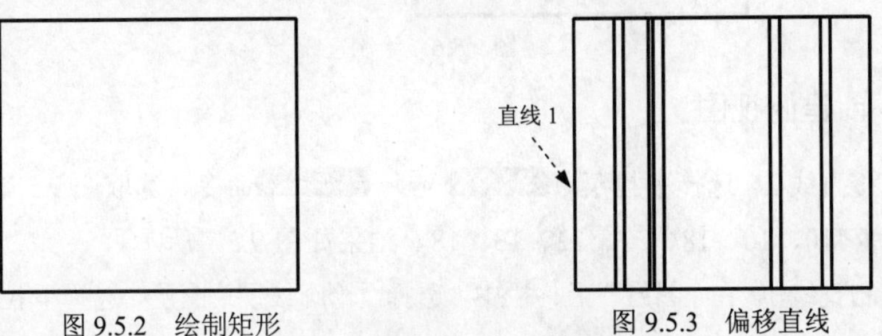

图 9.5.2　绘制矩形　　　图 9.5.3　偏移直线

Step3. 偏移直线 2。选择下拉菜单 修改(M) → 偏移(S) 命令，将图 9.5.4 所示的直线 2 依次向下偏移 25、10、10、10、10、83、10、92，结果如图 9.5.4 所示。

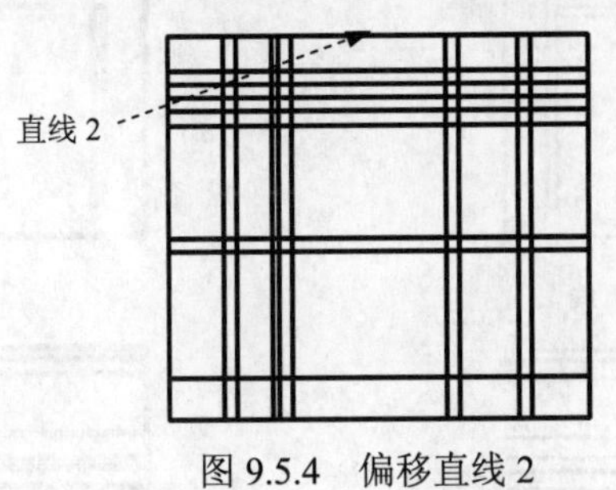

图 9.5.4　偏移直线 2

Step4. 编辑图形。选择下拉菜单 修改(M) → 修剪(T) 命令，对图 9.5.5a 进行修剪，修剪后的结果如图 9.5.5b 所示。

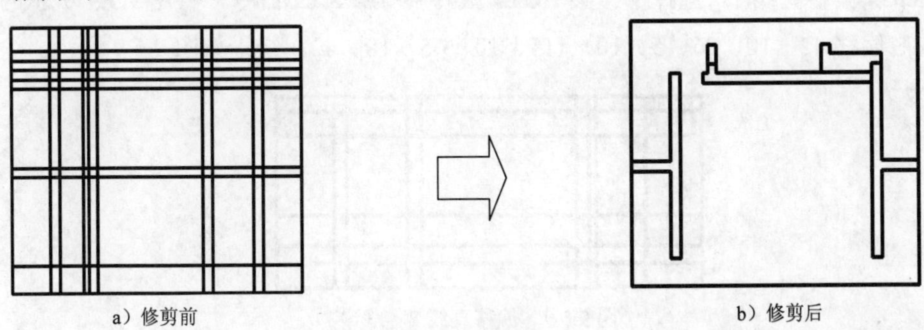

a）修剪前　　　b）修剪后

图 9.5.5　进行修剪操作

Step5. 绘制直线。在“图层”工具栏中选择“中心线层”图层，捕捉到图 9.5.6 所示的点 A 后，将光标向点 A 右方缓慢移动，并在捕捉到极轴时输入数值-40.0，按下 Enter 键，此时已选取直线的第一点；在命令行提示指定下一点或 [放弃(U)]：时，将光标沿竖直方向向下移动，在捕捉到极轴时输入数值 20，按两次 Enter 键。

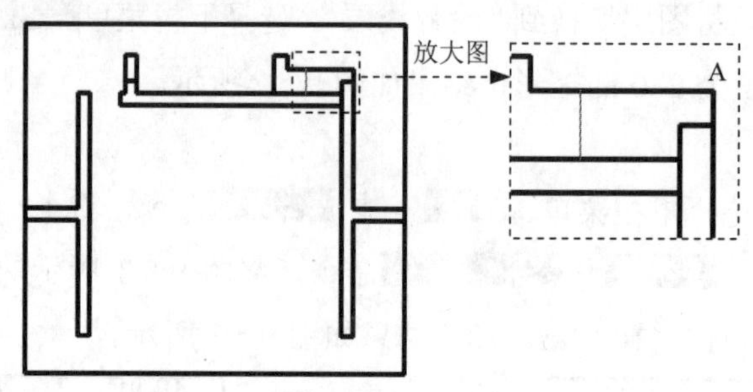

图 9.5.6 绘制直线

Task3. 创建俯视图

Step1. 偏移直线 1。选择下拉菜单 修改(M) → 偏移(S) 命令，选取图 9.5.7 所示的直线 1 依次向下偏移 110、10、18、57、22、13、18，结果如图 9.5.7 所示。

Step2. 绘制直线 1。在“图层”工具栏中，选择“轮廓线层”图层，选择下拉菜单 绘图(D) → 直线(L) 命令，绘制图 9.5.8 所示的直线。

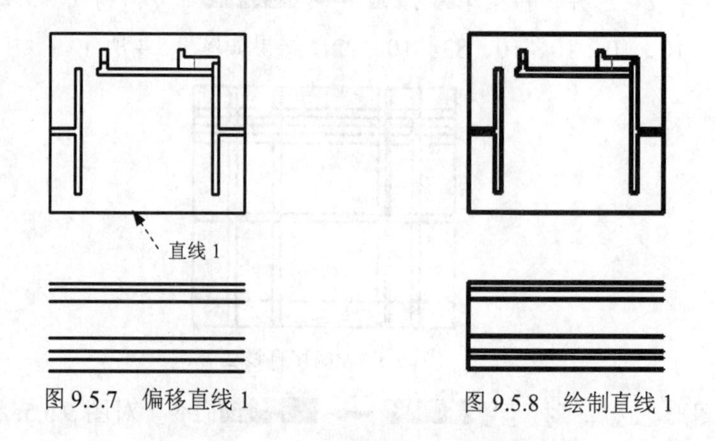

图 9.5.7 偏移直线 1　　图 9.5.8 绘制直线 1

Step3. 偏移直线 2。选择下拉菜单 修改(M) → 偏移(S) 命令，将图 9.5.9 所示的直线 2 依次向右偏移 42、10、26、5、10、115、10、45、10、42，结果如图 9.5.9 所示。

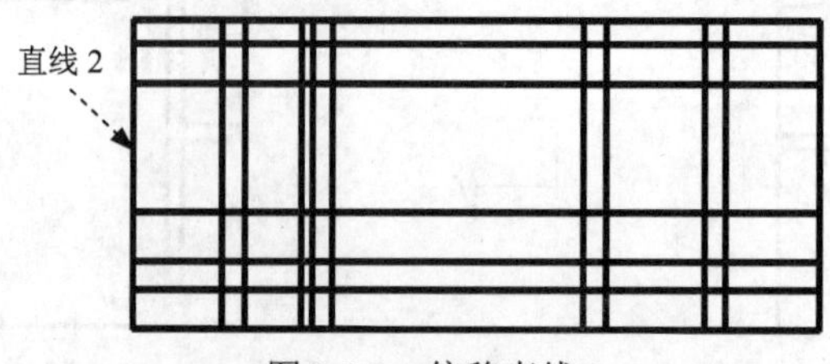

图 9.5.9 偏移直线 2

Step4. 编辑图形。选择下拉菜单 修改(M) → 修剪(T) 命令，对图 9.5.10a 进行修剪，修剪后的结果如图 9.5.10b 所示。

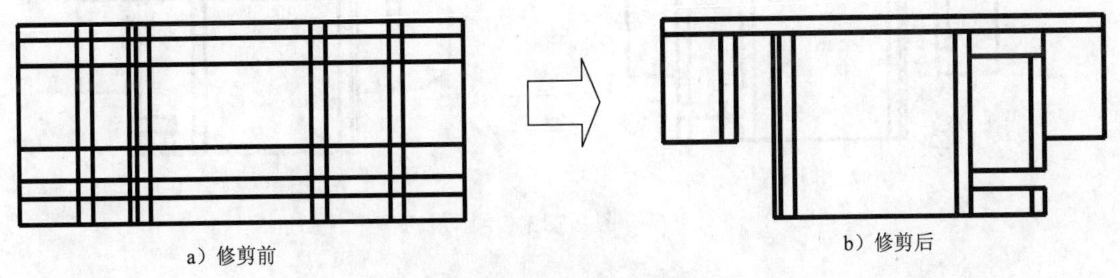

图 9.5.10　进行修剪操作

Step5. 绘制直线 2。选择下拉菜单 绘图(D) → 直线(L) 命令，捕捉到图 9.5.11 所示的点 A 后，将光标向点 A 右方缓慢移动，并在捕捉到极轴时输入数值-40.0，按下 Enter 键，此时已选取直线的第一点；在命令行提示指定下一点或 [放弃(U)]:时，将光标沿竖直方向向下移动，在捕捉到极轴时输入数值 13，按两次 Enter 键。

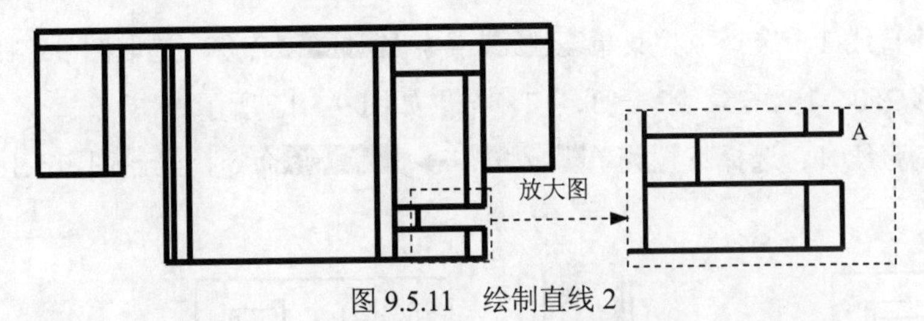

图 9.5.11　绘制直线 2

Step6. 编辑图形。选择下拉菜单 修改(M) → 修剪(T) 命令，对图 9.5.12a 进行修剪，修剪后的结果如图 9.5.12b 所示。

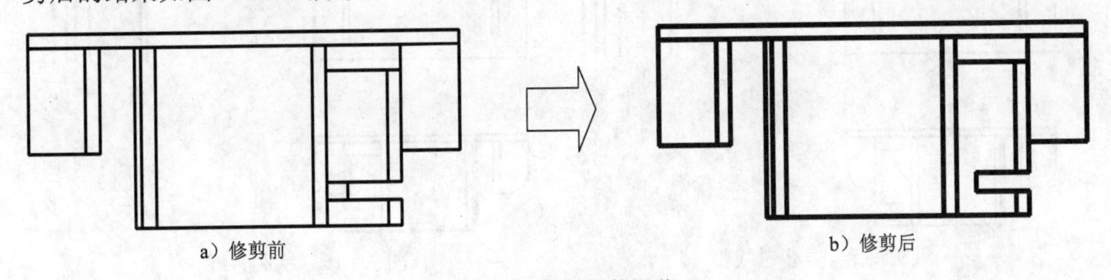

图 9.5.12　进行修剪操作

Step7. 绘制圆角 1。选择下拉菜单 修改(M) → 圆角(F) 命令，在系统的提示下输入字母 R，即选择“半径（R）”选项，并按 Enter 键；在指定圆角半径 <0.0000>: 的提示下，输入圆角半径值 30 并按 Enter 键；选取图 9.5.13 所示的直线 1 为第一对象，选取图 9.5.13 所示的直线 2 为第二对象，结果如图 9.5.13 所示。

说明：确定当前模式为修剪模式。

Step8. 绘制圆角 2。具体操作可参照上一步。结果如图 9.5.14 所示。

Task4. 创建左视图

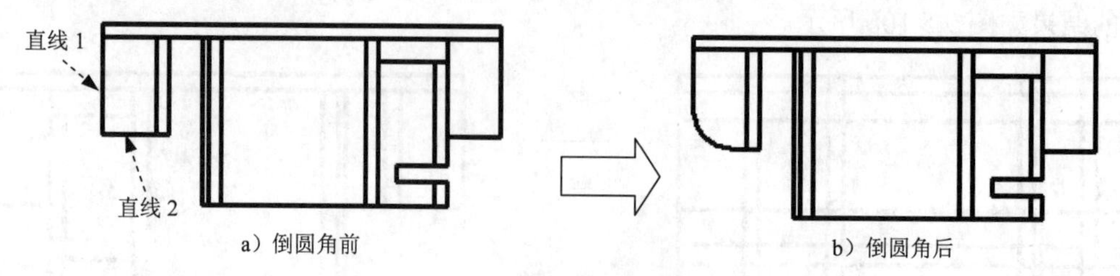

图 9.5.13 倒圆角

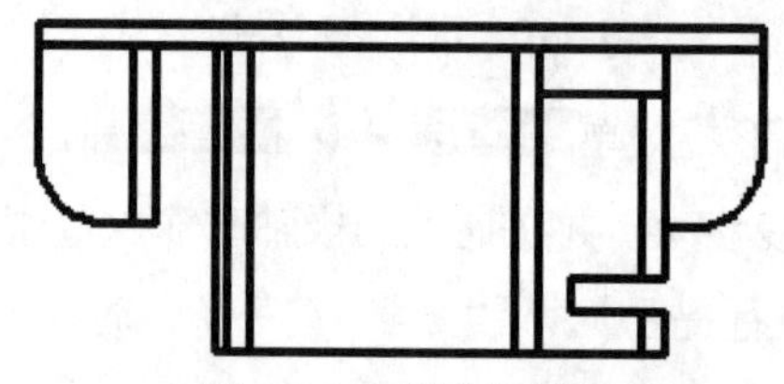

图 9.5.14 绘制圆角 2

Step1. 偏移直线 1。选择下拉菜单 修改(M) → 偏移(S) 命令，选取图 9.5.15 所示的直线依次向右偏移 250、10、75、22、13、18，结果如图 9.5.15 所示。

Step2. 绘制直线 1。选择下拉菜单 绘图(D) → 直线(L) 命令，绘制图 9.5.16 所示的直线。

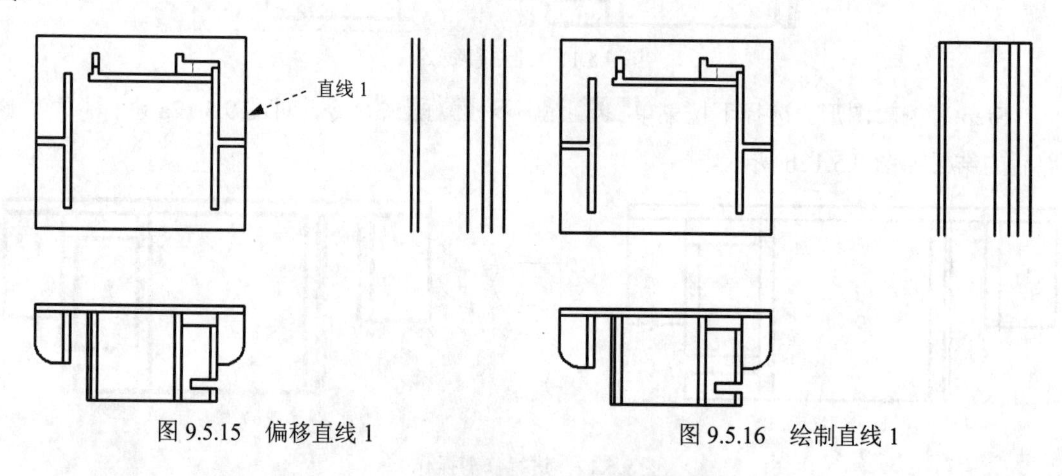

图 9.5.15 偏移直线 1　　图 9.5.16 绘制直线 1

Step3. 偏移直线 2。选择下拉菜单 修改(M) → 偏移(S) 命令，将图 9.5.17 所示的直线 2 依次向下偏移 25、10、10、10、10、83、10、92、30，结果如图 9.5.17 所示。

Step4. 编辑图形。选择下拉菜单 修改(M) → 修剪(T) 命令，对图 9.5.18a 进行修剪，修剪后的结果如图 9.5.18b 所示。

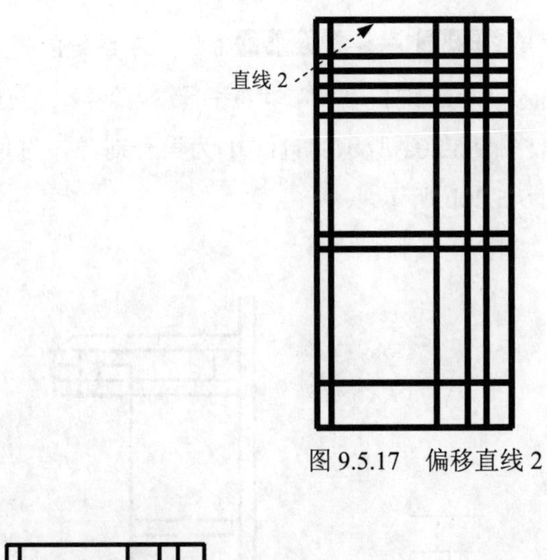

图 9.5.17　偏移直线 2

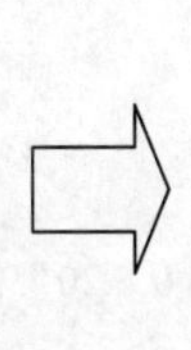

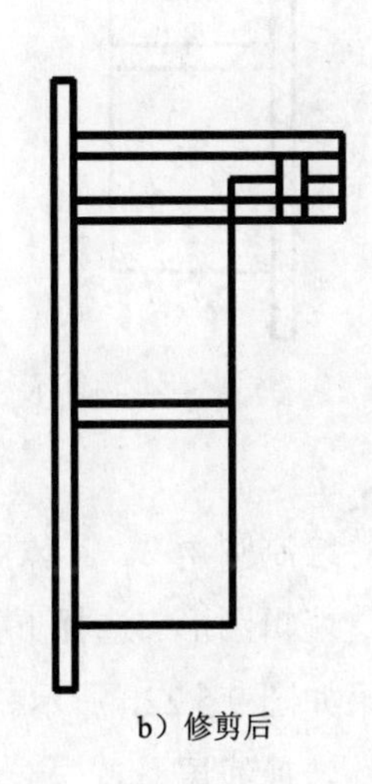

a）修剪前

b）修剪后

图 9.5.18　进行修剪操作

Step5. 绘制直线 2。选择下拉菜单 绘图(D) → 直线(L) 命令，捕捉到图 9.5.19 所示的点 A 后，将光标向点 A 左方缓慢移动，并在捕捉到极轴时输入数值-18.0，按下 Enter 键，此时已选取直线的第一点；在命令行提示指定下一点或［放弃(U)］:时，将光标沿竖直方向向上移动，在捕捉到极轴时输入数值 20，按两次 Enter 键。

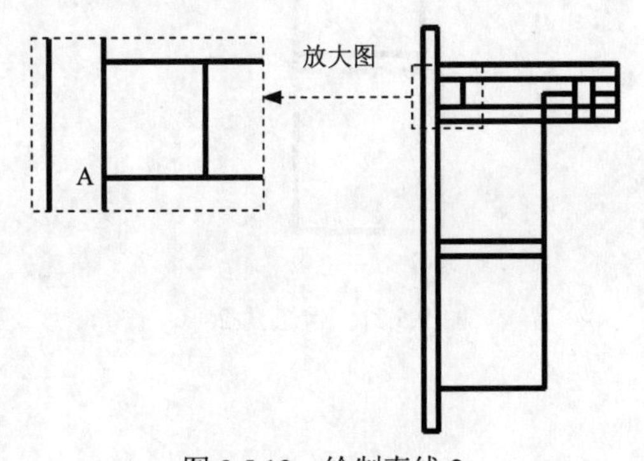

图 9.5.19　绘制直线 2

Step6. 绘制圆角 1。选择下拉菜单 修改(M) → 圆角(F) 命令，在系统的提示下输入字母 R，即选择“半径（R）”选项，并按 Enter 键；在 指定圆角半径 <0.0000>: 的提示下，输入圆角半径值 20 并按 Enter 键；选取图 9.5.20a 所示的直线 1 为第一对象，选取图 9.5.20a 所示的直线 2 为第二对象，结果如图 9.5.20b 所示。

说明：确定当前模式为修剪模式。

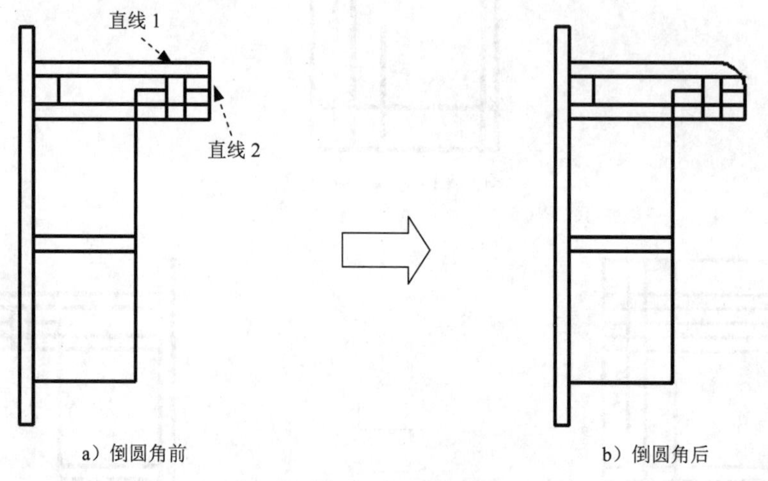

图 9.5.20　倒圆角 1

Step7. 绘制圆角 2。具体操作可参照上一步，圆角半径值为 15，结果如图 9.5.21 所示。

Step8. 编辑图形。选择下拉菜单 修改(M) → 修剪(T) 命令，对图 9.5.22a 进行修剪，修剪后的结果如图 9.5.22b 所示。

Step9. 转换线层。首先选中图 9.5.23 所示的直线，然后在“图层”工具栏中选择“虚线层”。

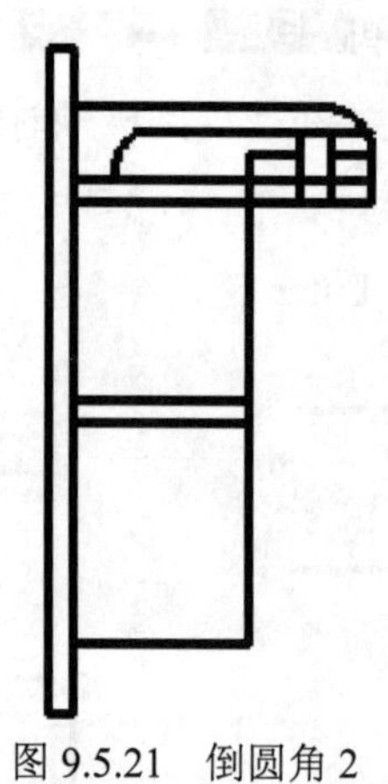

图 9.5.21　倒圆角 2

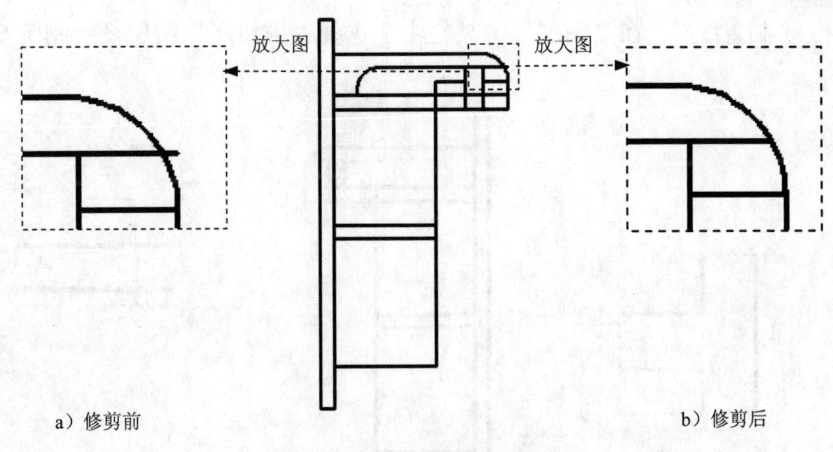

图 9.5.22　进行修剪操作

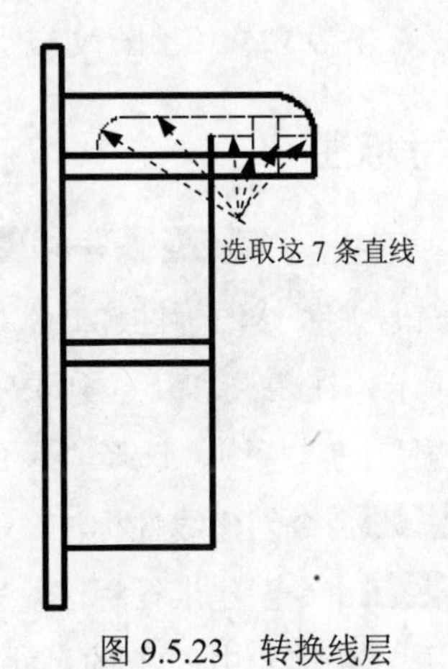

图 9.5.23　转换线层

Step10. 编辑图形。选择下拉菜单 修改(M) → 修剪(T) 命令，对图 9.5.24a 进行修剪，修剪后的结果如图 9.5.24b 所示。

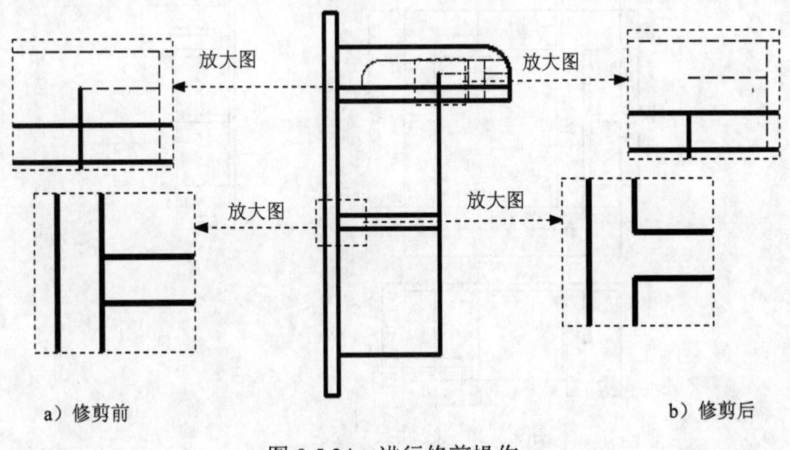

图 9.5.24　进行修剪操作

Step11. 绘制直线 3。在“图层”工具栏中，选择“虚线层”图层，绘制图 9.5.25 所示的两端直线。

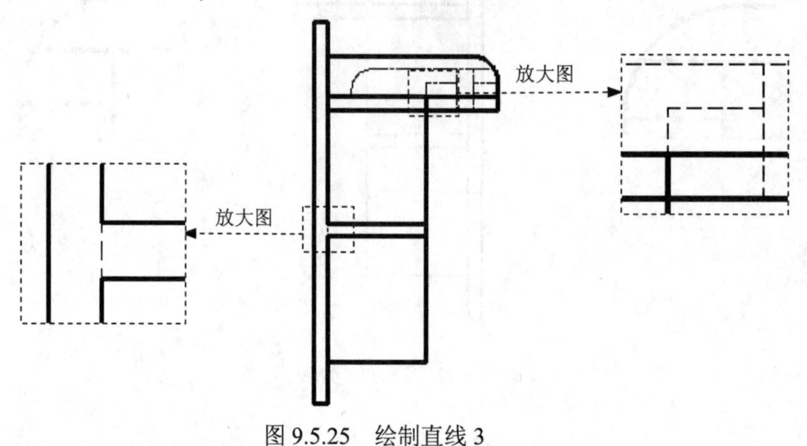

图 9.5.25　绘制直线 3

Task5. 对图形进行尺寸标注

Step1. 设置标注样式。选择下拉菜单 格式(O) → 标注样式(D)... 命令，单击“标注样式管理器”对话框中的 修改(M)... 按钮，将“修改标注样式”对话框的 文字 选项卡中的 文字高度(T): 的值设定为 20，单击 主单位 选项卡，在 精度(P): 下拉列表中选择 0。

Step2. 切换图层。在“图层”工具栏中，选择“尺寸线层”图层。

Step3. 用 标注(N) → 线性(L) 命令创建线性标注，完成后的图形如图 9.5.26 所示。

Step4. 用 标注(N) → 半径(R) 命令创建半径标注，完成后的图形如图 9.5.27 所示。

Step5. 添加尺寸公差。双击图 9.5.28 中 211 的尺寸，系统弹出文字编辑器选项卡，在绘图区域的文本框中输入 211%%P0.5，单击“关闭文字编辑器”按钮，标注文字就会变成 211±0.5，结果如图 9.5.28 所示。

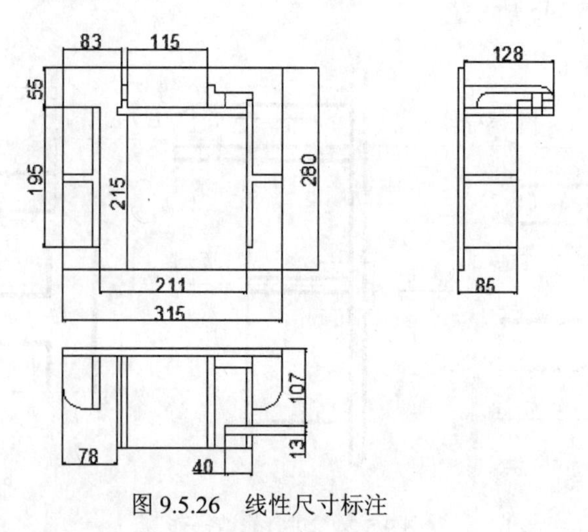

图 9.5.26　线性尺寸标注

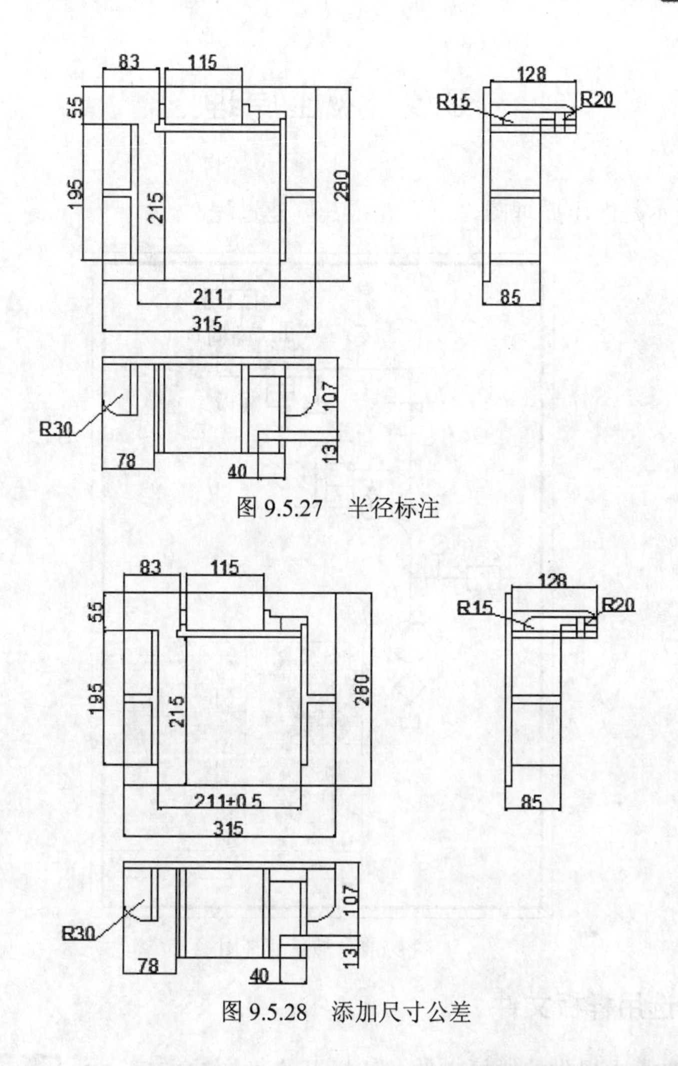

图 9.5.27　半径标注

图 9.5.28　添加尺寸公差

Step6. 创建图 9.5.29 所示的多行文字。选择下拉菜单 绘图(D) → 文字(X) → 多行文字(M)... 命令，在绘图区中的某一点单击，以确定矩形框的第一角点，在另一点单击以确定矩形框的对角点，系统以该矩形框作为多行文字边界。此时系统弹出 “文字格式” 工具栏和文字输入窗口；在字体下拉列表中选择字体 “楷体_GB2312”；在文字高度下拉列表中输入数值 20；在文字输入窗口中输入图 9.5.29 所示的文字后，单击 “关闭文字编辑器” 按钮，完成操作。

技术要求：

1. 此工装由PVC板冷焊接而成。
2. 焊接前做倒钝处理。
3. 焊接板应保持表面光滑，板无变形扭曲现象，
   相连接面应保持垂直不得歪斜。

图 9.5.29　创建文字

9.6 液压原理图

图 9.6.1 所示是液压原理图，下面介绍其创建过程。

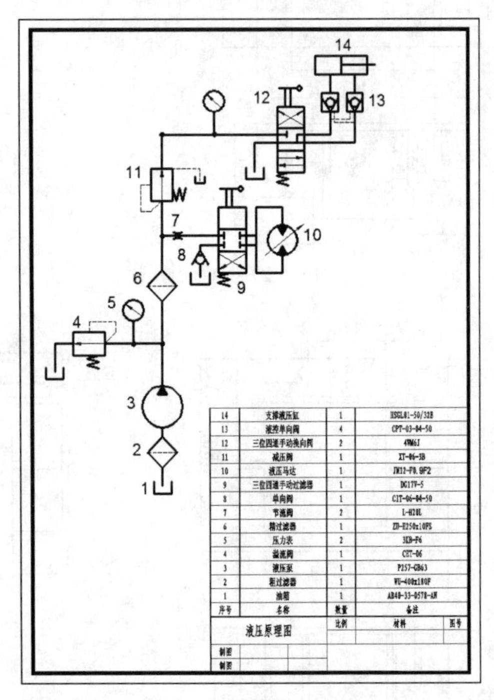

序号	名称	数量	备注
14	支撑液压缸	1	HSGL01-50/32B
13	液控单向阀	4	CPT-03-04-50
12	三位四通手动换向阀	2	4WM6J
11	减压阀	1	XT-06-3B
10	液压马达	1	JM12-F0.9F2
9	三位四通手动过滤器	1	DG17V-5
8	单向阀	1	CIT-06-04-50
7	节流阀	2	L-H20L
6	精过滤器	1	ZU-H250x10FS
5	压力表	2	3KB-F6
4	溢流阀	1	CBT-06
3	液压泵	1	P257-GB63
2	粗过滤器	1	WU-400x180F
1	油箱	1	AB40-33-0578-AN

图 9.6.1　液压原理图

Task1．选用样板文件

使用随书光盘中提供的样板文件。选择下拉菜单 文件(F) → 新建(N)... 命令，在系统弹出的“选择样板”对话框中，找到样板文件 D:\ AutoCAD2014.2\work_file\ch09\ch09.06\Part_temp.dwg，然后单击 打开(O) 按钮。

Task2．绘制液压原理图

下面以图 9.6.1 为例，介绍液压原理图的绘制方法。

Step1．创建图 9.6.2 所示的图形。

（1）绘制图 9.6.3 所示的直线。

① 将图层切换到“轮廓线层”，确认状态栏中的（正交模式）和（对象捕捉）按钮处于打开状态。

② 选择下拉菜单 绘图(D) → 直线(L) 命令，在绘图区选取任一点作为直线的起点，向下移动光标，在命令行中输入数值 10 后按 Enter 键；向右移动光标，在命令行中输入数值 16 后按 Enter 键；向上移动光标，在命令行中输入数值 10 后按两次 Enter 键，结果如图 9.6.4 所示。

③ 按 Enter 键以重复“直线”命令，结合捕捉命令，以水平直线的中点为直线的起点，向上移动光标，在命令行中输入数值 22 后按两次 Enter 键。

④ 选择下拉菜单 修改(M) → 打断(K) 命令，将步骤③绘制的直线进行打断，结果如图 9.6.3 所示。

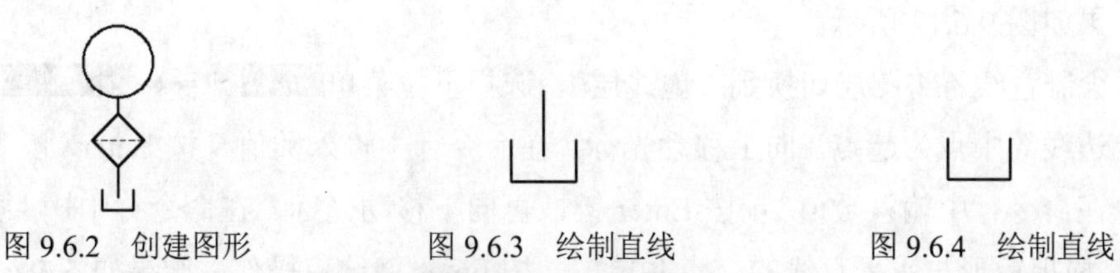

图 9.6.2 创建图形　　图 9.6.3 绘制直线　　图 9.6.4 绘制直线

（2）绘制矩形。选择下拉菜单 绘图(D) → 矩形(G) 命令，绘制长度值和宽度值均为 19 的矩形，旋转角度值为 45；选择下拉菜单 修改(M) → 移动(V) 命令，将矩形的下顶点与垂直直线的上端点重合，结果如图 9.6.5 所示。

（3）绘制直线。将图层切换到“虚线层”，选择下拉菜单 绘图(D) → 直线(L) 命令，绘制图 9.6.6 所示的水平直线；将图层切换到“轮廓线层”，按 Enter 键重复“直线”命令，绘制长度值为 8 的垂直直线，结果如图 9.6.7 所示。

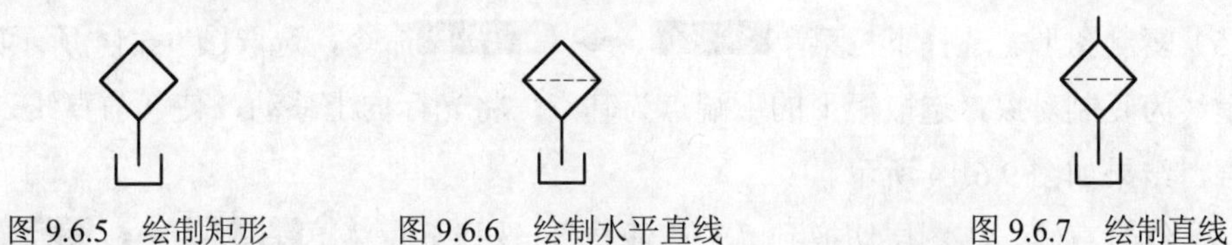

图 9.6.5 绘制矩形　　图 9.6.6 绘制水平直线　　图 9.6.7 绘制直线

（4）绘制圆。选择下拉菜单 绘图(D) → 圆(C) → 圆心、半径(R) 命令，在命令行中输入命令 FROM 后按 Enter 键，选取图 9.6.8 所示的直线的端点 A 为基点，在命令行中输入（@18<90）后按 Enter 键，输入半径值 18 后按 Enter 键结束操作，结果如图 9.6.8 所示。

Step2. 创建图 9.6.9 所示的图形。

（1）绘制直线。选择下拉菜单 绘图(D) → 直线(L) 命令，以圆的上象限点为起点，绘制长为 73 的垂直直线 1；按 Enter 键重复“直线”命令，以直线 1 的中点为起点，绘制长度值为 51 的水平直线 2；按 Enter 键重复“直线”命令，以直线 2 的中点为起点，绘制长度值为 20 的垂直直线 3，结果如图 9.6.10 所示。

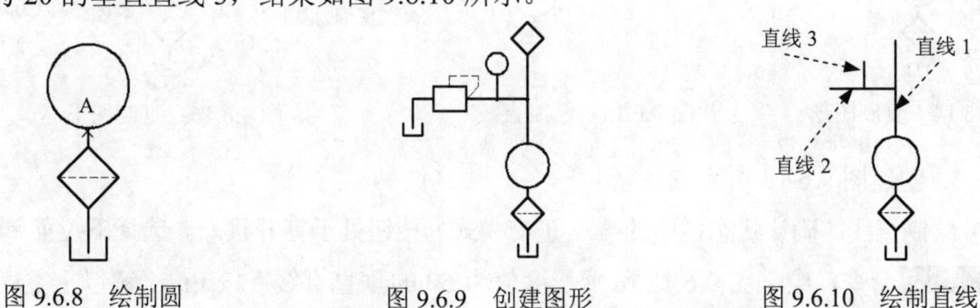

图 9.6.8 绘制圆　　图 9.6.9 创建图形　　图 9.6.10 绘制直线

（2）绘制圆。选择下拉菜单 绘图(D) → 圆(C) → 圆心、半径(R) 命令，在命令行中输入命令 FROM 后按 Enter 键，选取图 9.6.11 所示的直线的端点 B 为基点，在命令行中输入（@9<90）后按 Enter 键，输入半径值 9 后按 Enter 键结束操作，结果如图 9.6.11 所示。

（3）绘制矩形。选择下拉菜单 绘图(D) → 矩形(G) 命令，绘制长度值和宽度值分别为 28 和 20 的矩形；用 修改(M) → 移动(V) 命令，将矩形右边线的中点与水平直线的左端点重合，结果如图 9.6.12 所示。

（4）绘制直线。将图层切换到“虚线层”，选择下拉菜单 绘图(D) → 直线(L) 命令，选取矩形上边线的中点为起点，向上移动光标，在命令行中输入数值 9 按 Enter 键，再向右移动光标，在命令行中输入数值 24 按 Enter 键，再向下移动光标，在命令行中输入数值 9 按 Enter 键，捕捉矩形与水平直线的交点并单击，按 Enter 键结束操作，结果如图 9.6.13 所示。

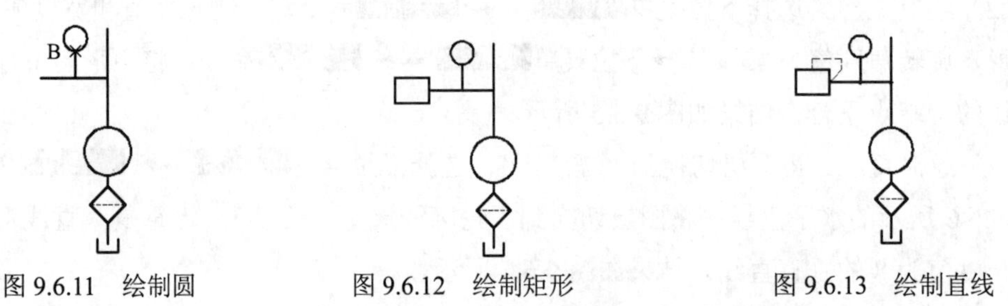

图 9.6.11　绘制圆　　图 9.6.12　绘制矩形　　图 9.6.13　绘制直线

（5）复制图形。选择下拉菜单 修改(M) → 复制(Y) 命令，选取图 9.6.14 所示的矩形和水平虚线为复制对象，选取矩形的下端点为基点，将光标向上移动，使其与直线 1 的上端点重合，结果如图 9.6.14 所示。

（6）绘制直线。将图层切换到“轮廓线层”，选择下拉菜单 绘图(D) → 直线(L) 命令，选取矩形边线的中点 C 为起点，绘制长度值分别为 17 和 24 的水平直线与垂直直线，结果如图 9.6.15 所示。

（7）复制图形。选择下拉菜单 修改(M) → 复制(Y) 命令，选取图 9.6.16 所示的图形为复制对象，选取图 9.6.16 所示的端点为基点，将其放置在图 9.6.16 所示的位置。

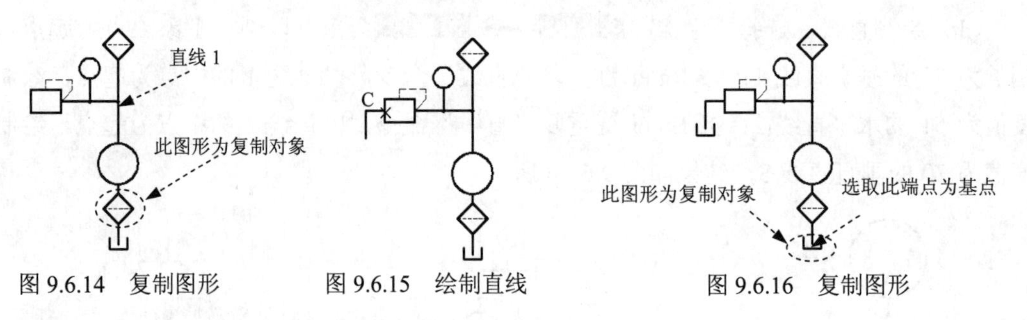

图 9.6.14　复制图形　　图 9.6.15　绘制直线　　图 9.6.16　复制图形

Step3. 创建图 9.6.17 所示的图形。

（1）绘制直线。确认状态栏中的 （正交模式）按钮处于打开状态。选择下拉菜单 绘图(D) → 直线(L) 命令，绘制图 9.6.18 所示长度值为 60 的垂直直线；按 Enter 键以重复“直线”命令，以此垂直直线的中点为起点，绘制长度值为 55 的水平直线，结果如图 9.6.18 所示。

（2）创建圆弧。选择下拉菜单 绘图(D) → 圆弧(A)▸ → 三点(P) 命令，在图9.6.19所示的位置选取三点，完成圆弧的创建；选择下拉菜单 修改(M) → 镜像(I) 命令，选取创建的圆弧为镜像对象，以步骤（1）所绘制的水平直线为镜像线，结果如图9.6.19所示。

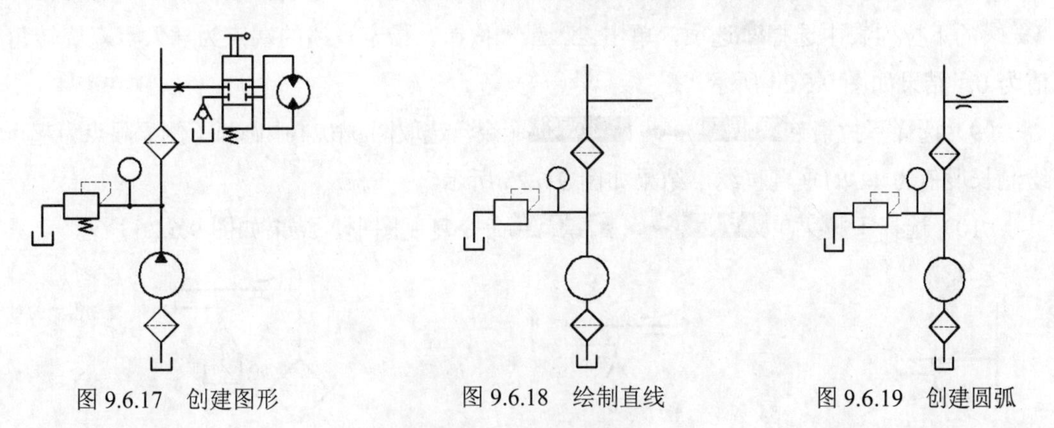

图9.6.17　创建图形　　图9.6.18　绘制直线　　图9.6.19　创建圆弧

（3）绘制直线。选择下拉菜单 绘图(D) → 直线(L) 命令，在命令行中输入命令FROM后按Enter键，选取步骤（1）所绘制的水平直线的右端点为基点，将光标向上移动，在命令行中输入数值2.5后按Enter键，再将光标向下移动，在命令行中输入数值5，按两次Enter键结束操作，结果如图9.6.20所示。

（4）复制并偏移直线。选择下拉菜单 修改(M) → 偏移(S) 命令，将步骤（3）所绘制的直线向右偏移14；选择下拉菜单 修改(M) → 复制(Y) 命令复制直线，向下移动的位移值为8，结果如图9.6.21所示。

图9.6.20　绘制直线　　图9.6.21　复制并偏移直线

（5）绘制直线。选择下拉菜单 绘图(D) → 直线(L) 命令，选取（4）中复制的直线的中点为起点，绘制水平长度值为21和垂直长度值为5的直线，结果如图9.6.22所示。

（6）创建图9.6.23所示的图形。选择下拉菜单 绘图(D) → 直线(L) 命令，绘制长度值为14、与水平方向夹角值为60的两条直线；选择下拉菜单 绘图(D) → 圆(C)▸ → 相切、相切、半径(T) 命令，绘制半径值为4的圆。

图9.6.22　绘制直线　　图9.6.23　创建图形和创建块

（7）创建块。选择下拉菜单 绘图(D) → 块(K)▸ → 创建(M)... 命令，系统弹出“块定义”对话框。将块的 名称(N): 设置为“01”，单击 拾取点(K) 左侧的按钮，选取两条倾斜直线的交点为插入基点；单击选择对象(T)左边的按钮，选取图 9.6.23 所示的图形为转换对象，选中删除(D)单选项，单击确定按钮完成块的创建。

（8）插入块。选择下拉菜单插入(I) → 块(B)...命令，系统弹出“插入”对话框，在名称(N):的下拉列表中选择01选项，单击确定按钮，指定直线的端点为插入点，旋转角度值为 0，结果如图 9.6.24 所示。

（9）选择下拉菜单绘图(D) → 直线(L)命令，选取图 9.6.24 中圆弧下侧象限点为起点，绘制长度值为 11 的垂直直线，结果如图 9.6.25 所示。

（10）选择下拉菜单修改(M) → 复制(Y)命令复制图形，结果如图 9.6.26 所示。

图 9.6.24　插入块　　图 9.6.25　绘制直线　　图 9.6.26　复制图形

（11）选择下拉菜单绘图(D) → 矩形(G)命令，绘制长度值为 24、宽度值为 57 的矩形，选择下拉菜单修改(M) → 移动(V)命令，将其移至图 9.6.27 所示的大致位置。

（12）选择下拉菜单修改(M) → 分解(X)命令，将步骤（11）绘制的矩形分解。

（13）选择下拉菜单修改(M) → 偏移(S)命令，将矩形的上边线向下偏移，偏移距离值分别为 19 和 38，结果如图 9.6.27 所示。

（14）选择下拉菜单修改(M) → 复制(Y)命令，选取步骤（12）分解后的矩形边线为复制对象，选取矩形的顶点为移动基点，将其向右移动，位移值为 33，结果如图 9.6.28 所示。

（15）打开“正交”显示模式，选择下拉菜单绘图(D) → 直线(L)命令，绘制图 9.6.28 所示的两条水平直线。

（16）绘制圆。选择下拉菜单绘图(D) → 圆(C)▸ → 圆心、半径(R)命令，以直线中点为圆心，绘制半径值为 13 的圆，结果如图 9.6.29 所示。

（17）修剪图形。选择下拉菜单修改(M) → 修剪(T)命令，修剪图形，结果如图 9.6.29 所示。

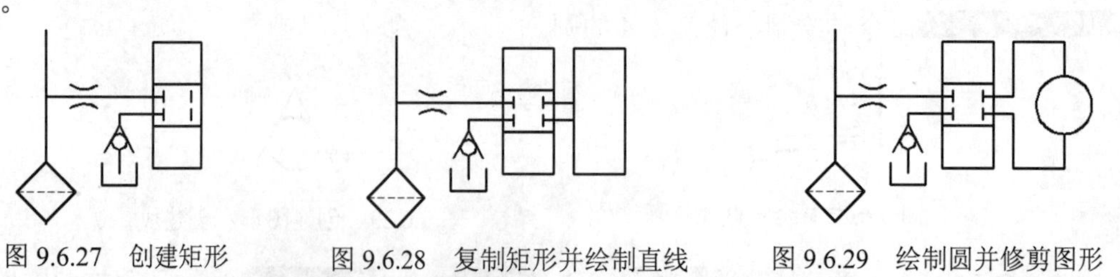

图 9.6.27　创建矩形　　图 9.6.28　复制矩形并绘制直线　　图 9.6.29　绘制圆并修剪图形

（18）选择下拉菜单绘图(D) → 直线(L)命令，绘制长度值分别为 19 的两条垂直直线，结果如图 9.6.30 所示。

（19）按 Enter 键重复“直线”命令，绘制水平长度值为 16 的直线，结果如图 9.6.30 所示。

（20）选择下拉菜单 绘图(D) → 圆(C) → 圆心、半径(R) 命令，绘制半径值为 2 的圆，结果如图 9.6.30 所示。

（21）选择下拉菜单 绘图(D) → 直线(L) 命令，创建图 9.6.31 所示的图形，直线的长度值均为 11。

（22）创建块。选择下拉菜单 绘图(D) → 块(K) → 创建(M)... 命令，系统弹出“块定义”对话框，将块的 名称(N): 设置为“02”，选取直线的上端点为插入基点；选取图 9.6.31 所示的图形为转换对象，选中 ⊙ 删除(D) 单选项，单击 确定 按钮完成块的创建。

（23）插入块。选择下拉菜单 插入(I) → 块(B)... 命令，系统弹出“插入”对话框，在 名称(N): 的下拉列表中选择 02 选项，单击 确定 按钮，在图 9.6.32 所示的位置单击，按 Enter 键完成块的插入，结果如图 9.6.32 所示。

图 9.6.30　绘制直线与圆　　图 9.6.31　创建图形　　图 9.6.32　插入块

（24）选择下拉菜单 绘图(D) → 多边形(Y) 命令，在 _polygon 输入侧面数 <4>: 的提示下，输入数值 3 后按 Enter 键；在绘图区的空白处单击以确定多边形的中心，在 输入选项 [内接于圆(I)/外切于圆(C)] <I>: 的提示下输入字母 I；输入半径值 5 后，按 Enter 键结束操作，结果如图 9.6.33 所示。

（25）将图层切换至“剖面线层”。

（26）选择下拉菜单 绘图(D) → 图案填充(H)... 命令，创建图 9.6.34 所示的图案填充。其中，填充类型为 预定义，选择“SOLID”图案作为填充图案。

图 9.6.33　创建三角形　　图 9.6.34　图案填充

（27）创建块。选择下拉菜单 绘图(D) → 块(K) → 创建(M)... 命令，系统弹出“块定义”对话框，将块的 名称(N): 设置为“箭头”，选取三角形的上顶点为插入基点，选取图 9.6.34 所示的图形为转换对象，选中 ⊙ 删除(D) 单选项，单击 确定 按钮完成块的创建。

（28）插入块。选择下拉菜单 插入(I) → 块(B)... 命令，系统弹出“插入”对话框，在名称(N):的下拉列表中选择“箭头”，单击确定按钮，在图 9.6.35 所示的位置单击并旋转一定的角度后按 Enter 键，完成块的插入，结果如图 9.6.35 所示。

（29）选择下拉菜单修改(M) → 移动(V)命令，将插入的块进行移动，结果如图 9.6.35 所示。

Step4. 创建图 9.6.36 所示的图形。

（1）创建矩形。将图层切换到“轮廓线层”，选择下拉菜单绘图(D) → 矩形(G)命令，绘制长度值和宽度值分别为 20 和 28 的矩形；选择下拉菜单修改(M) → 移动(V)命令移动矩形，使其下边线的中点与垂直直线的上端点重合，结果如图 9.6.37 所示。

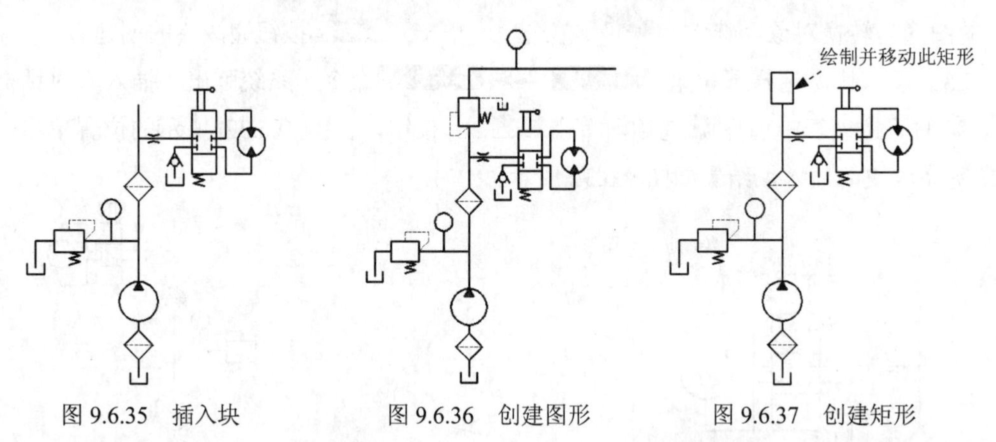

图 9.6.35 插入块　　图 9.6.36 创建图形　　图 9.6.37 创建矩形

（2）绘制直线。将图层切换到“虚线层”，选择下拉菜单绘图(D) → 直线(L)命令，以矩形左边线的中点为起点，向左移动光标，在命令行中输入数值 9 按 Enter 键，再向下移动光标，在命令行中输入数值 23，向右移动光标，在命令行中输入数值 9 按 Enter 键；捕捉矩形上边线的中点并单击，按 Enter 键结束操作；按 Enter 键以重复“直线”命令，绘制长度值分别为 24 和 11 的水平直线与垂直直线，结果如图 9.6.38 所示。

（3）绘制直线。将图层切换到“轮廓线层”，选择下拉菜单绘图(D) → 直线(L)命令，绘制长度值为 6 的两条垂直直线，并绘制长度值为 9 的水平直线，结果如图 9.6.39 所示。

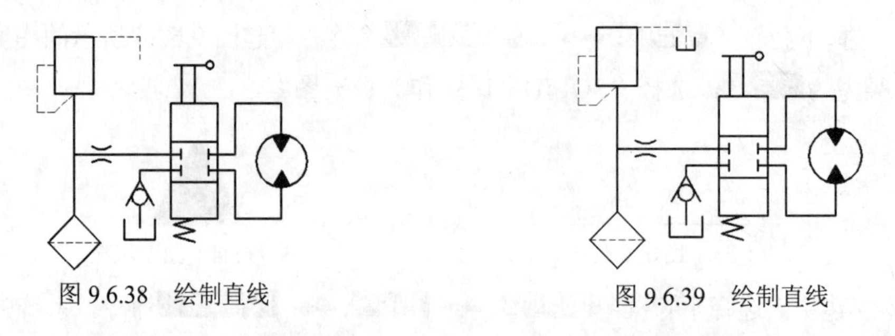

图 9.6.38 绘制直线　　图 9.6.39 绘制直线

（4）按 Enter 键以重复“直线”命令，绘制图 9.6.40 所示的垂直直线与水平直线，长度值分别为 29 和 149。

（5）插入块。选择下拉菜单插入(I) → 块(B)...命令，插入块“02”，结果如图 9.6.41

所示。

（6）选择下拉菜单 修改(M) → 复制(Y) 命令，选取图 9.6.42 所示的图形为复制对象，结果如图 9.6.42 所示。

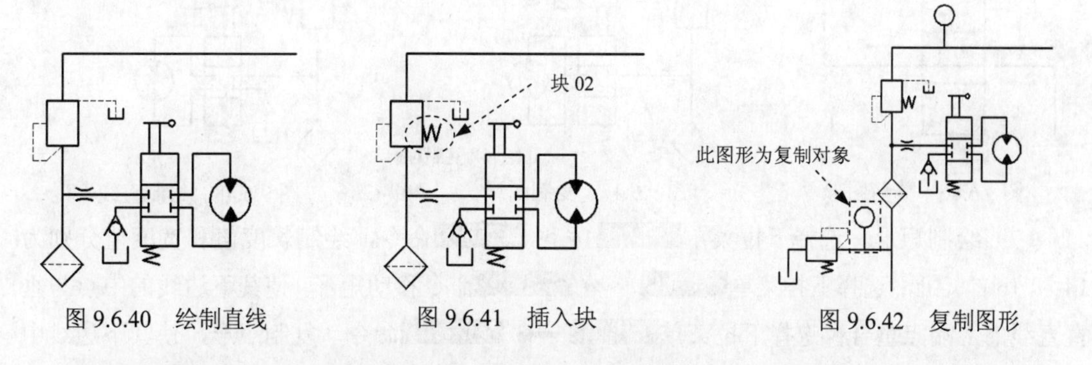

图 9.6.40　绘制直线　　图 9.6.41　插入块　　图 9.6.42　复制图形

Step5. 创建图 9.6.43 所示的图形。

（1）复制图形。选择下拉菜单 修改(M) → 复制(Y) 命令，选取图 9.6.44 所示的图形为复制对象，结果如图 9.6.44 所示。

（2）选择下拉菜单 绘图(D) → 直线(L) 命令，绘制长度值分别为 27 和 25 的垂直直线及长度值为 89 的水平直线，结果如图 9.6.45 所示。

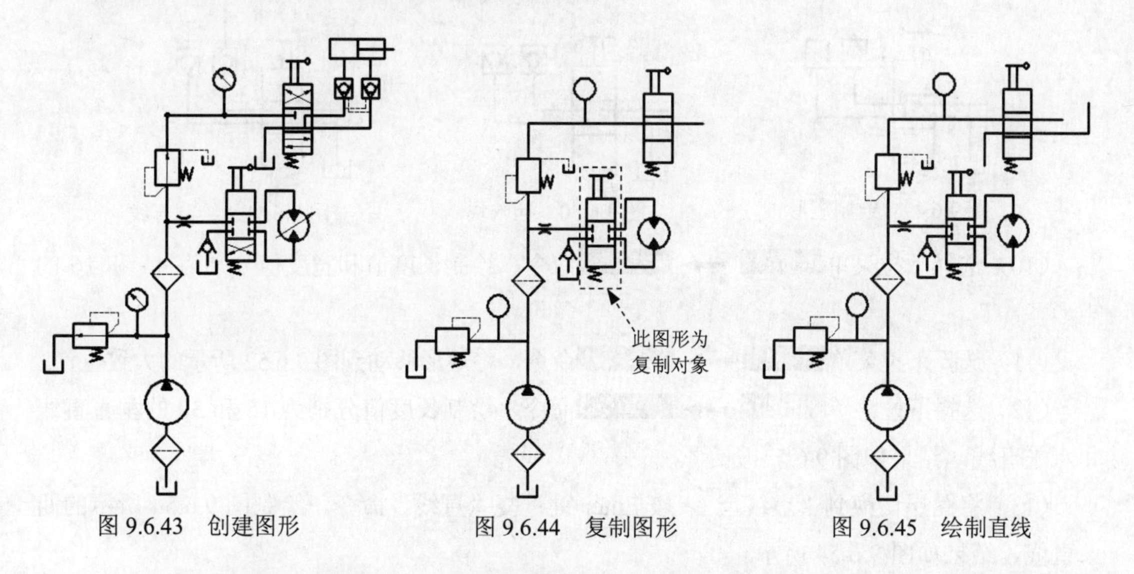

图 9.6.43　创建图形　　图 9.6.44　复制图形　　图 9.6.45　绘制直线

（3）按 Enter 键重复“直线”命令，绘制两条垂直直线（图 9.6.46）。

（4）选择下拉菜单 修改(M) → 修剪(T) 命令，对图形进行修剪，结果如图 9.6.46 所示。

（5）选择下拉菜单 修改(M) → 复制(Y) 命令，选取图 9.6.47 所示的图形为复制对象，结果如图 9.6.47 所示。

（6）选择下拉菜单 绘图(D) → 直线(L) 命令，绘制图 9.6.48 所示的垂直直线。

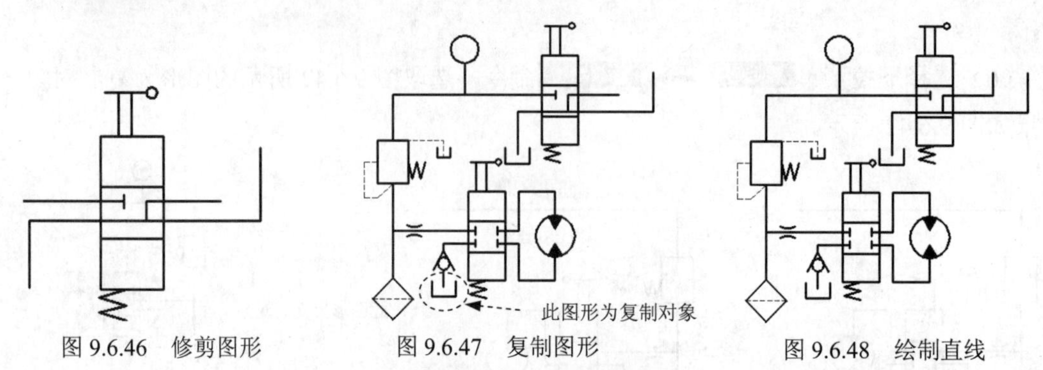

图 9.6.46　修剪图形　　图 9.6.47　复制图形　　图 9.6.48　绘制直线

（7）绘制矩形。选择下拉菜单 绘图(D) → 矩形(G) 命令，绘制长度值和宽度值分别为 14 和 16 的矩形；选择下拉菜单 修改(M) → 移动(V) 命令移动矩形，使其下边线的中点与垂直直线的上端点重合；选择下拉菜单 修改(M) → 复制(Y) 命令，复制矩形，使其下边线中点与垂直直线的上端点重合，结果如图 9.6.49 所示。

（8）插入块。选择下拉菜单 插入(I) → 块(B)... 命令，插入块“01”，结果如图 9.6.50 所示。

（9）选择下拉菜单 绘图(D) → 直线(L) 命令，绘制长度值为 16 的两条垂直直线，结果如图 9.6.51 所示。

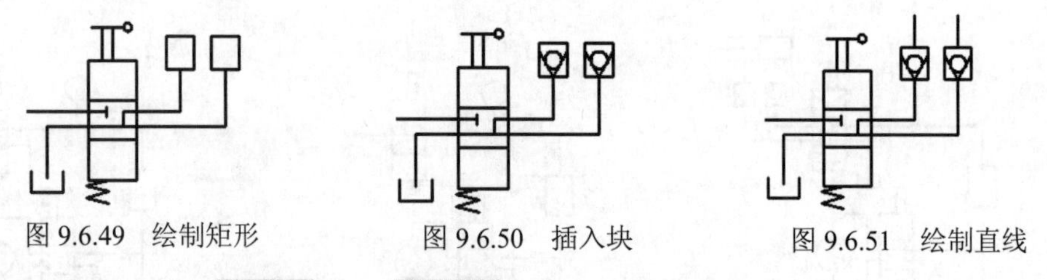

图 9.6.49　绘制矩形　　图 9.6.50　插入块　　图 9.6.51　绘制直线

（10）选择下拉菜单 绘图(D) → 矩形(G) 命令，绘制长度值和宽度值分别为 46 和 16 的矩形。

（11）选择下拉菜单 修改(M) → 移动(V) 命令，将矩形移动到图 9.6.52 所示的大致位置。

（12）选择下拉菜单 绘图(D) → 直线(L) 命令，绘制长度值分别为 16 和 30 的垂直直线和水平直线，结果如图 9.6.53 所示。

（13）将图层切换到“虚线层”，按 Enter 键重复“直线”命令，绘制图 9.6.54 所示的四条直线，结果如图 9.6.54 所示。

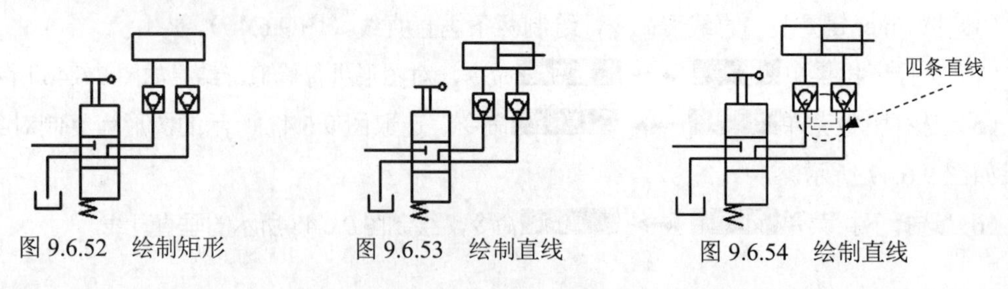

图 9.6.52　绘制矩形　　图 9.6.53　绘制直线　　图 9.6.54　绘制直线

（14）将图层切换至“尺寸线层”。

（15）设置标注样式。选择下拉菜单 格式(O) → 标注样式(D)... 命令，单击“标注样式管理器”对话框中的 修改(M)... 按钮，将“修改标注样式”对话框的 文字 选项卡中 文字高度(T): 的值设置为 7，在 文字对齐(A) 选项组中选中 ⊙ 与尺寸线对齐 单选项；将“修改标注样式”对话框的 符号和箭头 选项卡中 箭头大小(I) 设置为 7；单击该对话框中的 确定 按钮，单击“标注样式管理器”对话框中的 关闭 按钮。

（16）设置引线样式。在命令行输入命令 QLEADER 后按 Enter 键，在命令行中输入字母 S 后按 Enter 键，在系统弹出的“引线设置”对话框中单击 注释 选项卡，在 注释类型 选项组中选中 ⊙ 无(O) 单选项；单击 引线和箭头 选项卡，在 引线 选项组中选中 ⊙ 直线(S) 单选项，在 箭头 下拉文本框中选择 ▶实心闭合 选项，将 点数 选项组中的 最大值 设置为 2；将 角度约束 选项组中的 第一段 设置为任意角度，单击 确定 按钮。

（17）在绘图区的空白处再选取两点，以确定箭头的位置，结果如图 9.6.55 所示。

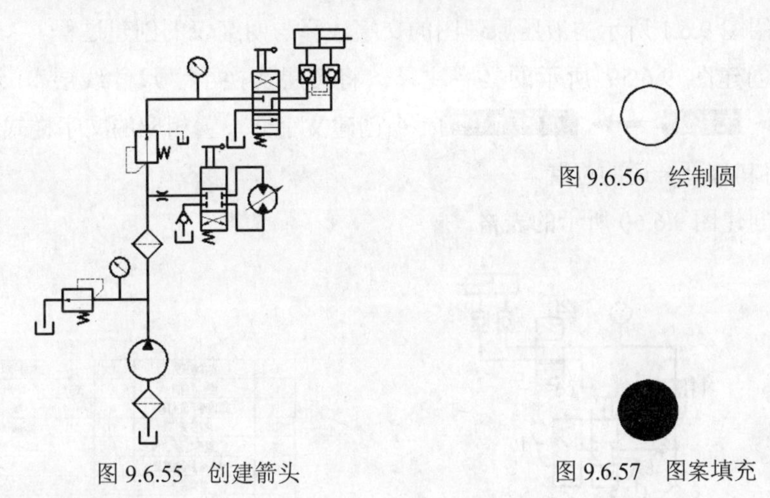

图 9.6.56　绘制圆

图 9.6.55　创建箭头

图 9.6.57　图案填充

（18）绘制图 9.6.56 所示的圆。将图层切换到“轮廓线层”，选择下拉菜单 绘图(D) → 圆(C) ▶ → 圆心、半径(R) 命令，绘制半径值为 1.5 的圆，结果如图 9.6.56 所示。

（19）将图层切换至“剖面线层”。

（20）选择下拉菜单 绘图(D) → 图案填充(H)... 命令，创建图 9.6.57 所示的图案填充。其中，填充类型为 预定义，选择“SOLID”图案作为填充图案。

（21）选择下拉菜单 修改(M) → 复制(Y) 命令，选取图 9.6.57 所示的图形为复制对象，选取其圆心为基点，在图 9.6.58 所示的五个点（A～E）处单击，按 Enter 键结束命令，结果如图 9.6.58 所示。

（22）选择下拉菜单 修改(M) → 删除(E) 命令删除填充后的圆。

Task3. 创建文字注释与明细表

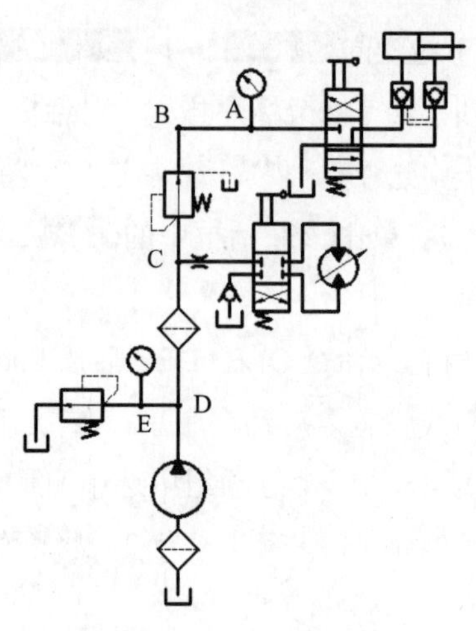

图 9.6.58　创建图形

下面介绍图 9.6.1 所示的液压原理图的文字注释与明细表的创建过程。

Step1. 创建图 9.6.59 所示的文字注释。将图层切换至“尺寸线层”，选择下拉菜单 绘图(D) → 文字(X) → 单行文字(S) 命令创建文字并设置相应的文字样式，文字高度为 7，完成后将其移至合适的位置。

Step2. 创建图 9.6.60 所示的表格。

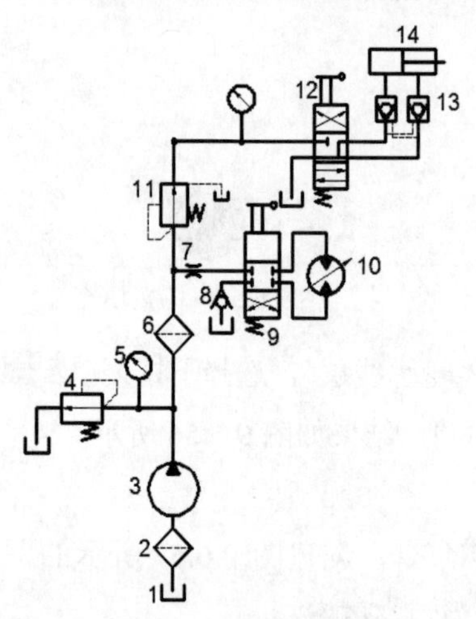

图 9.6.59　编辑单行文字

14	支撑液压缸	1	HSGL01-50/32B	
13	液控单向阀	4	CPT-03-04-50	
12	三位四通手动换向阀	2	4WM6J	
11	减压阀	1	XT-06-3B	
10	液压马达	1	JM12-F0.9F2	
9	三位四通手动过滤器	1	DG17V-5	
8	单向阀	1	CIT-06-04-50	
7	节流阀	2	L-H20L	
6	精过滤器	1	ZU-H250x10FS	
5	压力表	2	3KB-F6	
4	溢流阀	1	CET-06	
3	液压泵	1	P257-GB63	
2	粗过滤器	1	WU-400x180F	
1	油箱	1	AB40-33-0578-AN	
序号	名称	数量	备注	
液压原理图		比例	材料	图号
制图				
制图				

图 9.6.60　创建明细表

（1）选择下拉菜单 绘图(D) → 表格... 命令，系统弹出“插入表格”对话框，设置数据列和行数值分别为 6 和 17，列宽值为 15，行高值为 1；在 设置单元样式 选项组的 第一行单元样式: 下拉列表中选择“数据”选项；在 第二行单元样式: 下拉列表中选择“数据”选项，单击 确定 按钮。

说明：在插入表格之前，为了保证明细表的行高值为 7，要将表格样式中文字高度值设置为 3.5，将表格的垂直页边距与水平页边距均设置为 0.18。

（2）在绘图区指定插入点，插入空表格，并在空白位置单击。

（3）在表格的单元格区域双击，系统弹出“特性”窗口，在此窗口内进行图 9.6.61 所示的列宽设置，将单元格高度值设置为 7 并设置相应的对正方式。

（4）合并单元格。使用“窗交”的选择方式选择要合并的单元格后右击，在系统弹出的快捷菜单中选择合并 → 全部选项，结果如图 9.6.62 所示。

（5）将图层切换至“轮廓线层”。

（6）选择下拉菜单绘图(D) → 直线(L)命令，在相应的边线位置绘制直线，结果如图 9.6.61 所示。

（7）将图层切换至“尺寸线层”。

（8）双击单元格，重新打开多行文字编辑器，在单元格中输入相应的文字或数据，结果如图 9.6.60 所示。

（9）移动明细表。选择下拉菜单修改(M) → 移动(V)命令，将图 9.6.62 所示的明细表移动到图 9.6.1 所示的位置。

（10）分解表格。选择下拉菜单修改(M) → 分解(X)命令分解表格。

Task4．保存文件

选择下拉菜单文件(F) → 保存(S)命令，将图形命名为“液压原理图.dwg”，单击保存(S)按钮。

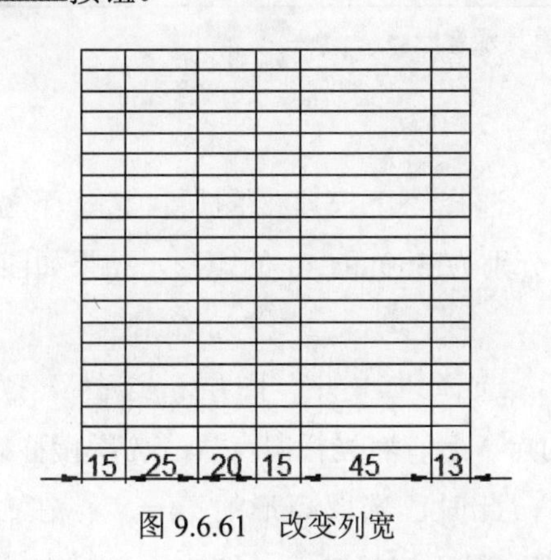

图 9.6.61　改变列宽

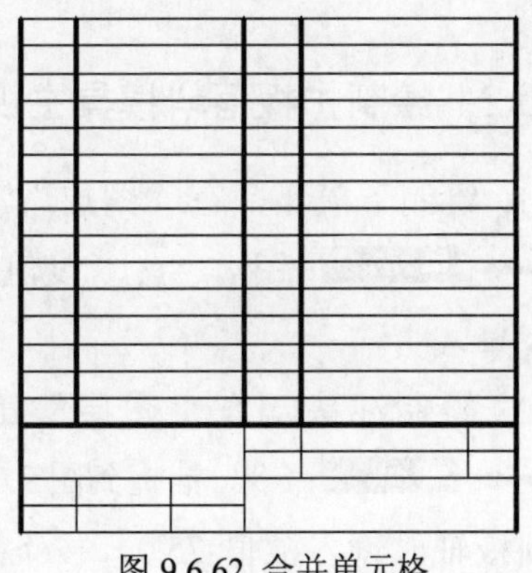
图 9.6.62 合并单元格

9.7　护板落料模具示意图

图 9.7.1 所示是护板落料模具示意图，下面介绍其创建过程。

Task1．选用样板文件

使用随书光盘中提供的样板文件。选择下拉菜单文件(F) → 新建(N)...命令，在系统弹出的“选择样板”对话框中，找到样板文件 D:\ AutoCAD2014.2\work_file\ch09\ch09.07\

护板落料模具示意图.dwg，然后单击 打开(O) 按钮。

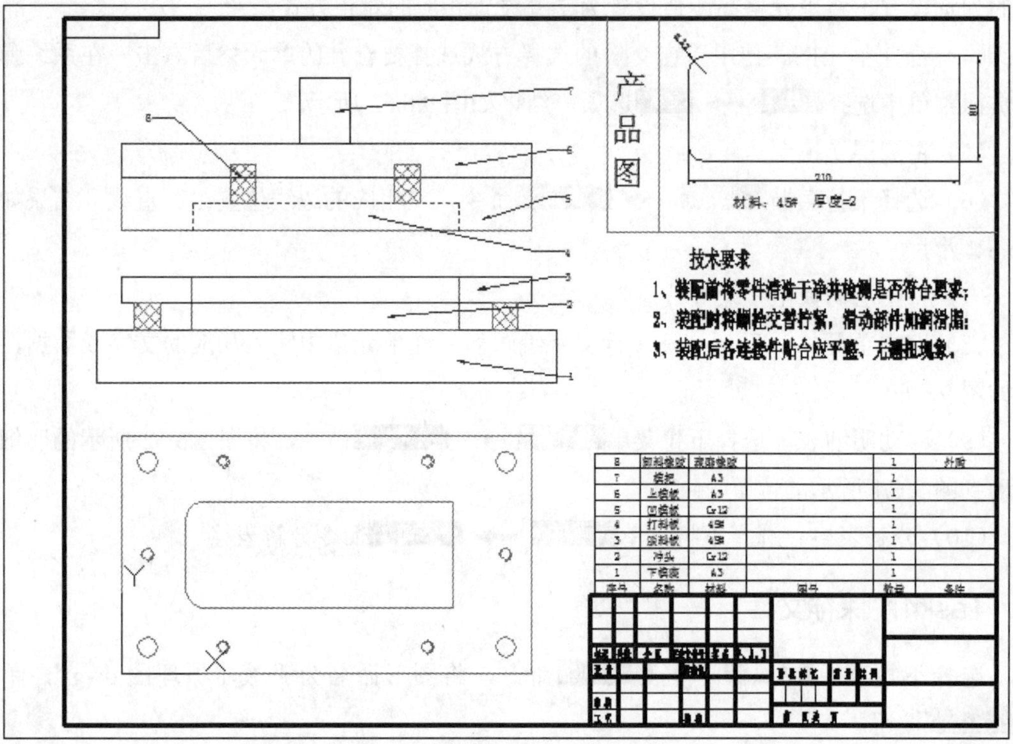

图 9.7.1　护板落料模具示意图

Task2. 绘制护板落料模具主视图

Step1. 绘制下模座，在“图层”工具栏中，选择“下模座”图层；选择下拉菜单 绘图(D) → 矩形(G) 命令，绘制长度值和宽度值分别为 360 和 40 的矩形，结果如图 9.7.2 所示。

Step2. 绘制冲头，在“图层”工具栏中，选择“冲头”图层；选择下拉菜单 绘图(D) → 矩形(G) 命令，捕捉到图 9.7.2 所示的点 A 后，将光标向点 A 左方缓慢移动，并在捕捉到极轴时输入数值-75.0，按下 Enter 键，此时已选取矩形的第一点；在命令行 指定另一个角点或 [面积(A) 尺寸(D) 旋转(R)]: 的提示下，输入字母 D 后，按 Enter 键；输入矩形的长度值与宽度值分别为 210 与 40；在屏幕上相应的位置单击以确定矩形的另一个角点，完成矩形的绘制，结果如图 9.7.3 所示。

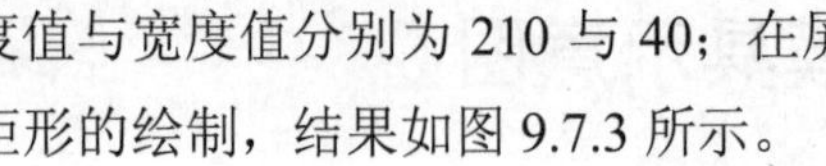

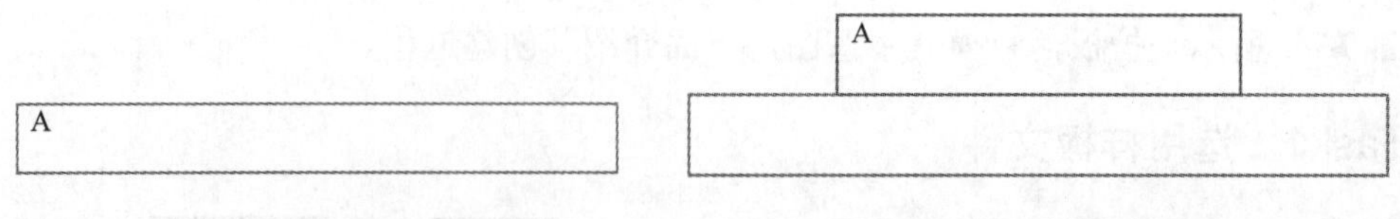

图 9.7.2　绘制下模座 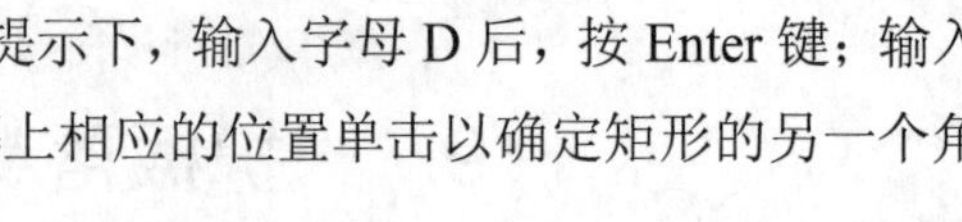　　　　图 9.7.3　绘制冲头

Step3. 绘制脱料板，在“图层”工具栏中，选择“脱料板”图层；选择下拉菜单

绘图(D) → 矩形(G)命令，捕捉到图 9.7.3 所示的点 A 后，将光标向点 A 左方缓慢移动，并在捕捉到极轴时输入数值 55.0，按下 Enter 键，此时已选取矩形的第一点；在命令行指定另一个角点或 [面积(A) 尺寸(D) 旋转(R)]:的提示下，输入字母 D 后，按 Enter 键；输入矩形的长度值与宽度值分别为 320 与 20；在屏幕上相应的位置单击以确定矩形的另一个角点，完成矩形的绘制，结果如图 9.7.4 所示。

Step4. 绘制卸料橡胶 1。在“图层”工具栏中，选择“卸料橡胶”图层；选择下拉菜单绘图(D) → 矩形(G)命令，捕捉到图 9.7.4 所示的点 A 后，将光标向点 A 左方缓慢移动，并在捕捉到极轴时输入数值-10.0，按下 Enter 键，此时已选取矩形的第一点；在命令行指定另一个角点或 [面积(A) 尺寸(D) 旋转(R)]:的提示下，输入字母 D 后，按 Enter 键；输入矩形的长度值与宽度值分别为 20 与 20；在屏幕上相应的位置单击以确定矩形的另一个角点，完成矩形的绘制，结果如图 9.7.5 所示。

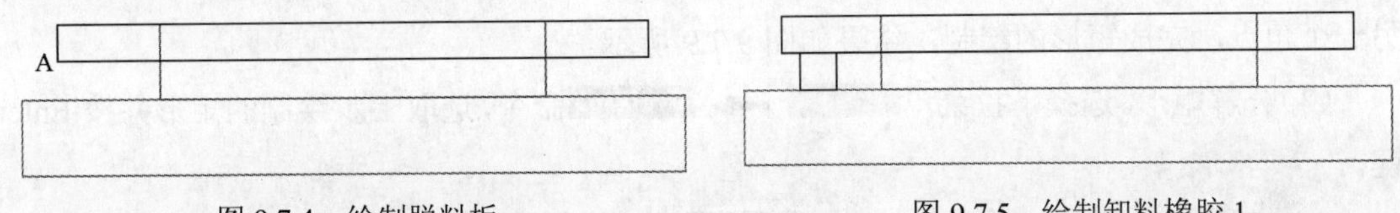

图 9.7.4　绘制脱料板　　　　图 9.7.5　绘制卸料橡胶 1

Step5. 绘制卸料橡胶 2。操作过程可参照上一步，结果如图 9.7.6 所示。

图 9.7.6　绘制卸料橡胶 2

Step6. 绘制凹模板。在“图层”工具栏中，选择“凹模板”图层；选择下拉菜单绘图(D) → 矩形(G)命令，捕捉到图 9.7.6 所示的点 A 后，将光标向点 A 上方缓慢移动，并在捕捉到极轴时输入数值 35.0，按下 Enter 键，此时已选取矩形的第一点；在命令行指定另一个角点或 [面积(A) 尺寸(D) 旋转(R)]:的提示下，输入字母 D 后，按 Enter 键；输入矩形的长度值与宽度值分别为 320 与 40；在屏幕上相应的位置单击以确定矩形的另一个角点，完成矩形的绘制，结果如图 9.7.7 所示。

Step7. 绘制上模座。在“图层”工具栏中，选择“上模座”图层；选择下拉菜单绘图(D) → 矩形(G)命令，捕捉到图 9.7.7 所示的点 A 后，按下 Enter 键，此时已选取矩形的第一点；在命令行指定另一个角点或 [面积(A) 尺寸(D) 旋转(R)]:的提示下，输入字母 D 后，按 Enter 键；输入矩形的长度值与宽度值分别为 320 与 25；在屏幕上相应的位置单击以确定矩形的另一个角点，完成矩形的绘制，结果如图 9.7.8 所示。

Step8. 绘制打料板。

（1）在“图层”工具栏中，选择“打料板”图层。

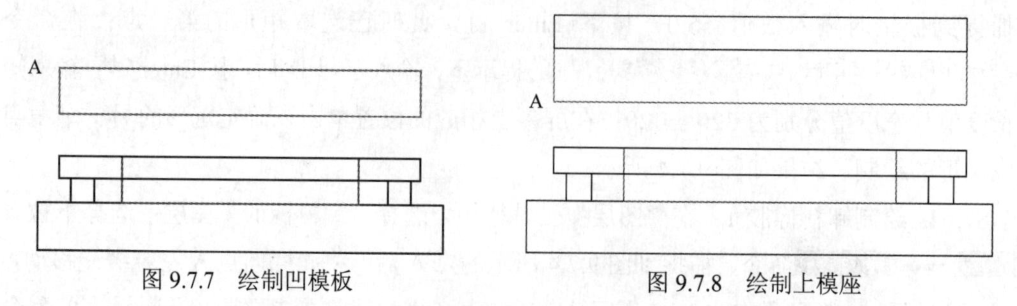

图 9.7.7　绘制凹模板　　　　图 9.7.8　绘制上模座

（2）选择下拉菜单 绘图(D) → 矩形(G) 命令，捕捉到图 9.7.8 所示的点 A 后，将光标向点 A 左方缓慢移动，并在捕捉到极轴时输入数值-56.0，按下 Enter 键，此时已选取矩形的第一点；在命令行 指定另一个角点或 [面积(A) 尺寸(D) 旋转(R)]: 的提示下，输入字母 D 后，按 Enter 键；输入矩形的长度值与宽度值分别为 208 与 20；在屏幕上相应的位置单击以确定矩形的另一个角点，完成矩形的绘制，结果如图 9.7.9 所示。

（3）分解矩形。选择下拉菜单 修改(M) → 分解(X) 命令，选取上步绘制的矩形并按 Enter 键。

（4）删除多余直线。选择下拉菜单 修改(M) → 删除(E) 命令，选取图 9.7.9 所示的直线 1 为要删除的直线并按 Enter 键，结果如图 9.7.10 所示。

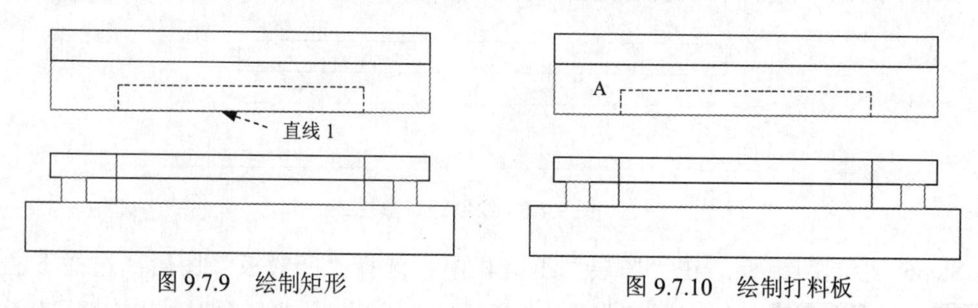

图 9.7.9　绘制矩形　　　　图 9.7.10　绘制打料板

Step9. 绘制卸料橡胶 3。在“图层”工具栏中，选择“卸料橡胶”图层；选择下拉菜单 绘图(D) → 矩形(G) 命令，捕捉到图 9.7.10 所示的点 A 后，将光标向点 A 左方缓慢移动，并在捕捉到极轴时输入数值-30.0，按下 Enter 键，此时已选取矩形的第一点；在命令行 指定另一个角点或 [面积(A) 尺寸(D) 旋转(R)]: 的提示下，输入字母 D 后，按 Enter 键；输入矩形的长度值与宽度值分别为 20 与 30；在屏幕上相应的位置单击以确定矩形的另一个角点，完成矩形的绘制，结果如图 9.7.11 所示。

Step10. 绘制卸料橡胶 4。具体操作可参照上一步，操作结果如图 9.7.12 所示。

Step11. 绘制模把。在“图层”工具栏中，选择“模把”图层；选择下拉菜单 绘图(D) → 矩形(G) 命令，捕捉到图 9.7.12 所示的点 A 后，将光标向点 A 左方缓慢移动，并在捕捉到极轴时输入数值-140.0，按下 Enter 键，此时已选取矩形的第一点；在命令行

指定另一个角点或 [面积(A) 尺寸(D) 旋转(R)]:的提示下，输入字母 D 后，按 Enter 键；输入矩形的长度值与宽度值分别为 40 与 50；在屏幕上相应的位置单击以确定矩形的另一个角点，完成矩形的绘制，结果如图 9.7.13 所示。

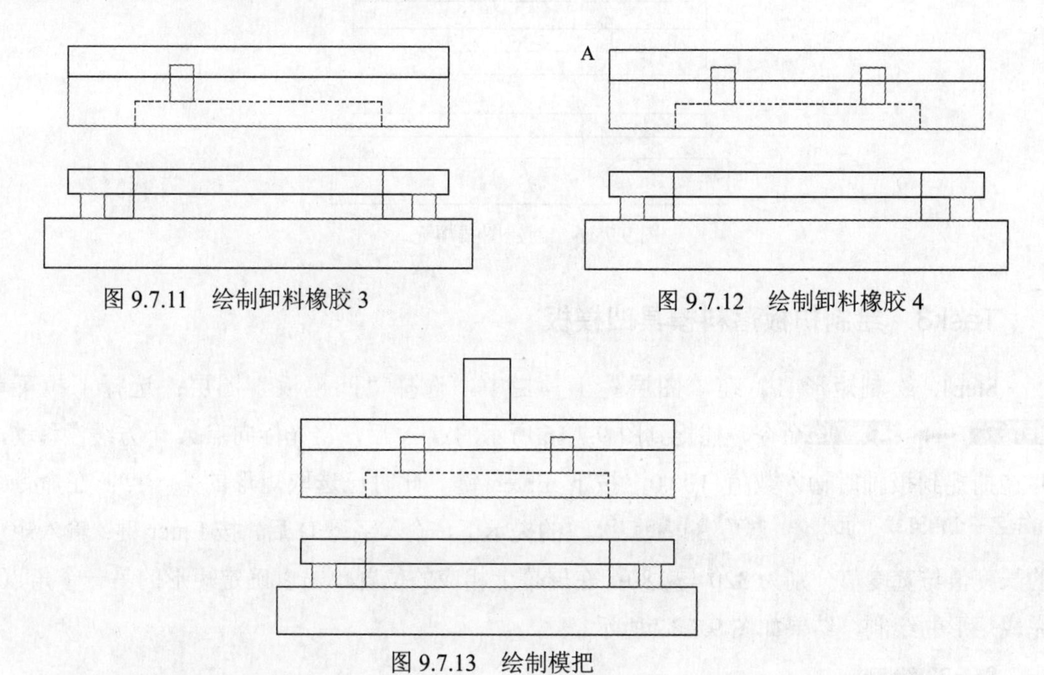

图 9.7.11　绘制卸料橡胶 3　　　图 9.7.12　绘制卸料橡胶 4

图 9.7.13　绘制模把

Step12. 创建图案填充。

（1）在“图层”工具栏中，选择“剖面线层”图层。

（2）选择下拉菜单 绘图(D) → 图案填充(H)... 命令，系统弹出“图案填充创建”选项卡。

（3）在“图案填充创建”选项卡内单击 选项 后的 按钮，系统弹出“图案填充和渐变色”对话框，单击 样例: 后的 按钮，在系统弹出的“填充图案选项板”对话框中选择图 9.7.14 所示的选项，单击 确定 按钮；在 比例(S): 后的文本框中输入填充图案的比例值 2.0；在“图案填充和渐变色”对话框 边界 区域中单击 添加:拾取点(K) 按钮，系统会切换到绘图区中，然后在命令行 拾取内部点或 [选择对象(S)/设置(T)]: 的提示下，选取图 9.7.15 所示的多个封闭区域。

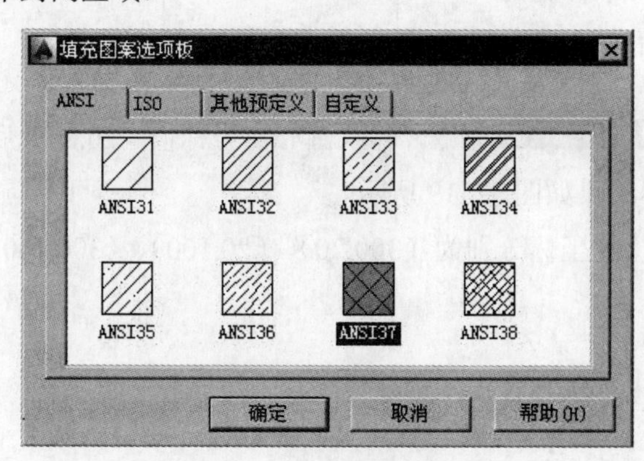

图 9.7.14　填充图案选项卡

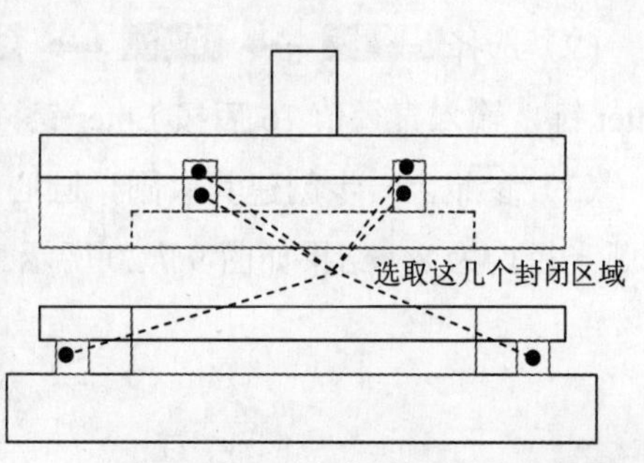

图 9.7.15　多个封闭区域

（4）按 Enter 键结束填充边界的选取，完成图案填充，结果如图 9.7.16 所示。

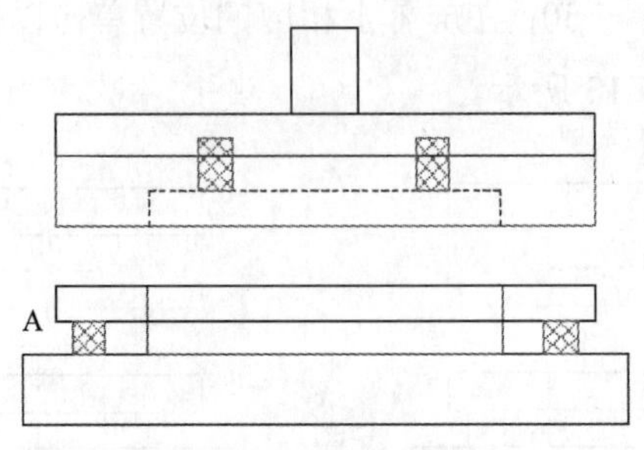

图 9.7.16　创建图案填充

Task3．绘制护板落料模具凹模板

Step1．绘制矩形 1。在“图层”工具栏中，选择“凹模板”图层；选择下拉菜单 绘图(D) → 矩形(G) 命令，捕捉到图 9.7.16 所示的点 A 后，将光标向点 A 下方缓慢移动，并在捕捉到极轴时输入数值 100.0，按下 Enter 键，此时已选取矩形的第一点；在命令行 指定另一个角点或 [面积(A) 尺寸(D) 旋转(R)]: 的提示下，输入字母 D 后，按 Enter 键；输入矩形的长度值与宽度值分别为 320 与 180；在屏幕上相应的位置单击以确定矩形的另一个角点，完成矩形的绘制，结果如图 9.7.17 所示。

Step2．绘制圆。

（1）定义用户坐标系（UCS）。在命令行中输入命令 UCS 后按 Enter 键，输入字母 N 后按 Enter 键，捕捉图 9.7.17 所示的交点 A 并单击，此时用户坐标系便移至指定位置，如图 9.7.18 所示。

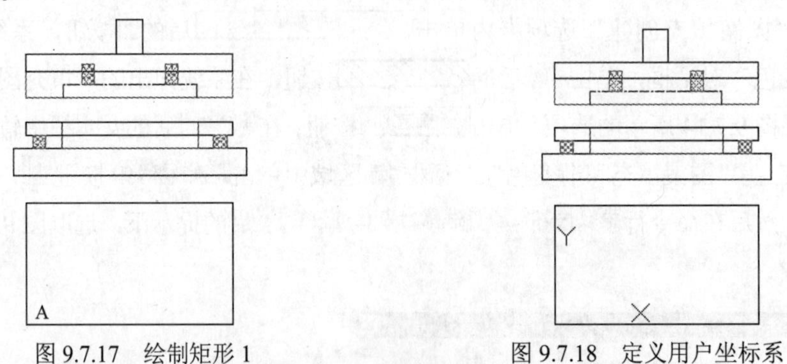

图 9.7.17　绘制矩形 1　　图 9.7.18　定义用户坐标系

（2）选择 绘图(D) → 圆(C) → 圆心、直径(D) 命令，输入圆心点坐标值（20,20）后按 Enter 键，输入直径值 16 后按 Enter 键，结果如图 9.7.19 所示。

（3）参照上一步创建其余圆，圆心位置坐标分别为（300,20）、（20,160）、（300,160），圆弧半径均为 8，结果如图 9.7.20 所示。

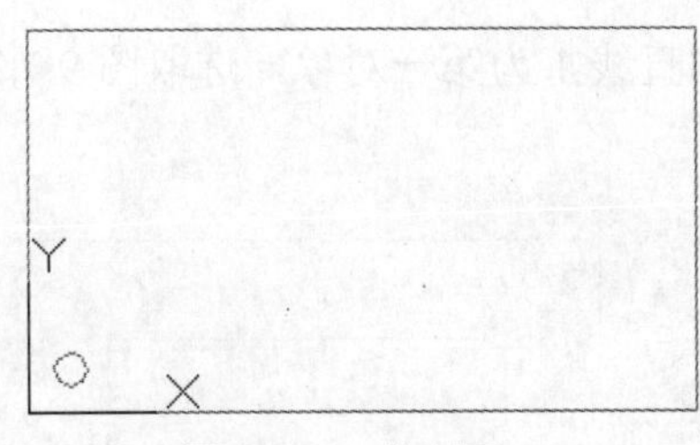
图 9.7.19　绘制圆 1

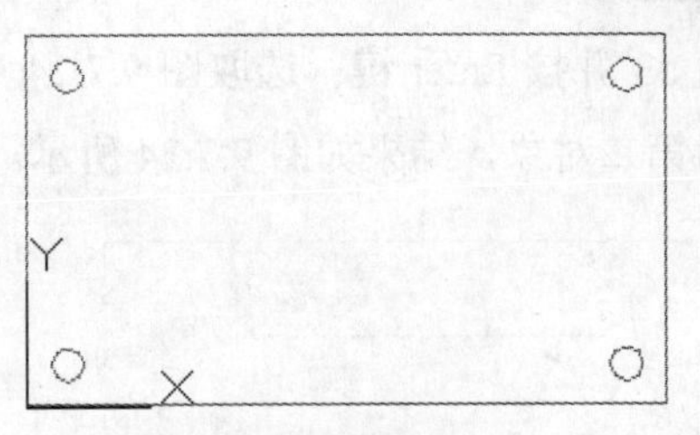
图 9.7.20　绘制其余圆

Step3. 绘制螺纹孔 1。

（1）选择 绘图(D) → 圆(C) → 圆心、直径(D) 命令，输入圆心点坐标值（80,20）后按 Enter 键，输入直径值 8 后按 Enter 键，结果如图 9.7.21 所示。

（2）选择下拉菜单 绘图(D) → 圆弧(A) → 圆心、起点、角度(E) 命令，选取上步创建的圆的圆心为圆心点，在系统 指定圆弧的起点: 的提示下输入 @5<270，在系统 指定圆弧的端点或 [角度(A) 弦长(L)]: _a 指定包含角: 的提示下输入 270 后按 Enter 键，结果如图 9.7.21 所示。

Step4. 绘制其余螺纹孔。具体操作可参照上一步，各螺纹孔的坐标分别为（240,20）、（20,90）、（300,90）、（80,160）、（240,160），结果如图 9.7.22 所示。

图 9.7.21　绘制螺纹孔

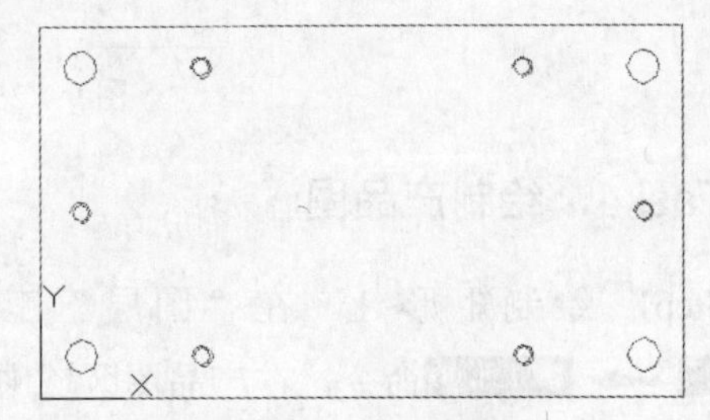
图 9.7.22　绘制其余螺纹孔

Step5. 绘制矩形 2。选择下拉菜单 绘图(D) → 矩形(G) 命令，在系统的提示下输入矩形的起点为（50,50），按下 Enter 键，此时已选取矩形的第一点；在命令行 指定另一个角点或 [面积(A) 尺寸(D) 旋转(R)]: 的提示下，输入字母 D 后，按 Enter 键；输入矩形的长度值与宽度值分别为 210 与 80；在屏幕上相应的位置单击以确定矩形的另一个角点，完成矩形的绘制，结果如图 9.7.23 所示。

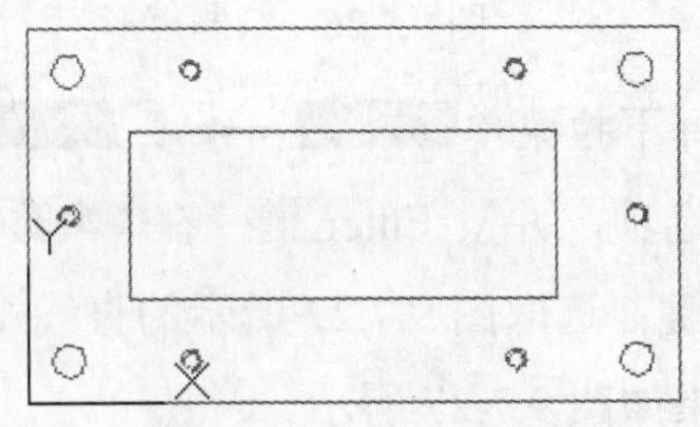
图 9.7.23　绘制矩形 2

Step6. 绘制圆角。选择下拉菜单 修改(M) → 圆角(F) 命令，在系统的提示下输入字母 R，即选择“半径（R）”选项，并按 Enter 键；在 指定圆角半径 <0.0000>: 的提示下，输入圆角半径值 13 并按 Enter 键；选取图 9.7.24 所示的直线 1 为第一对象，选取图 9.7.24 所示的直线 2 为第二对象，结果如图 9.7.24 所示。

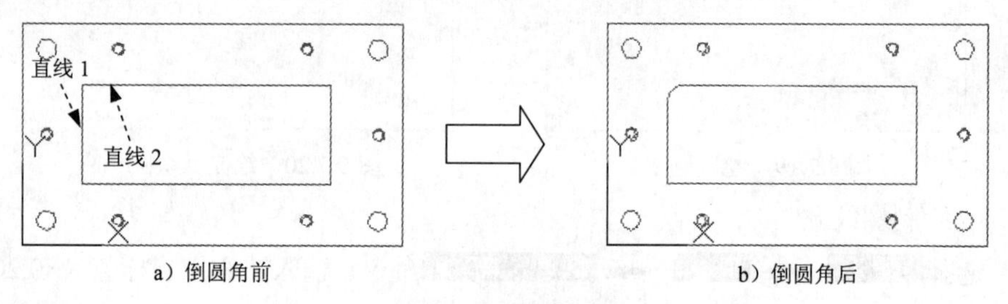

图 9.7.24　倒圆角 1

说明：确定当前模式为修剪模式。

Step7. 绘制圆角 2。具体操作可参照上一步，圆角半径值为 13，结果如图 9.7.25 所示。

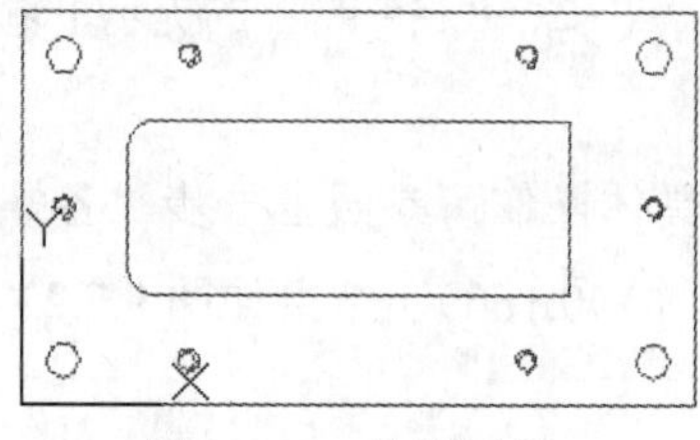

图 9.7.25　绘制圆角 2

Task4. 绘制产品图

Step1. 绘制矩形 1。在“图层”工具栏中，选择“0”图层；选择下拉菜单 绘图(D) → 矩形(G) 命令，在产品图区域中绘制长度为 210、宽度为 80 的矩形，结果如图 9.7.26 所示。

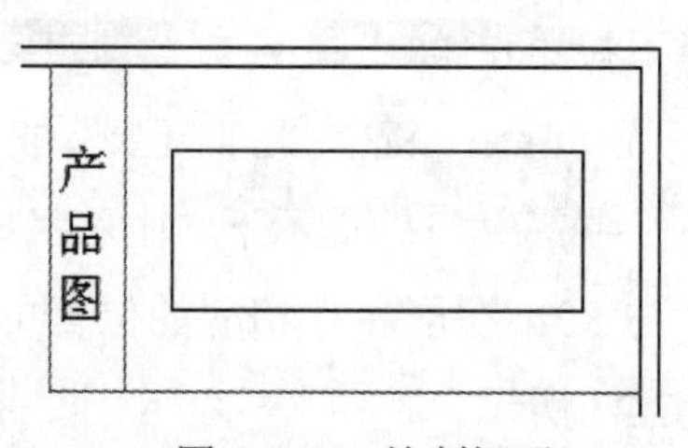

图 9.7.26　绘制矩形

Step2. 绘制圆角 1。选择下拉菜单 修改(M) → 圆角(F) 命令，在系统的提示下输入字母 R，即选择“半径（R）”选项，并按 Enter 键；在指定圆角半径 <0.0000>: 的提示下，输入圆角半径值 13 并按 Enter 键；选取图 9.7.27 所示的直线 1 为第一对象，选取图 9.7.27 所示的直线 2 为第二对象，结果如图 9.7.27 所示。

说明：确定当前模式为修剪模式。

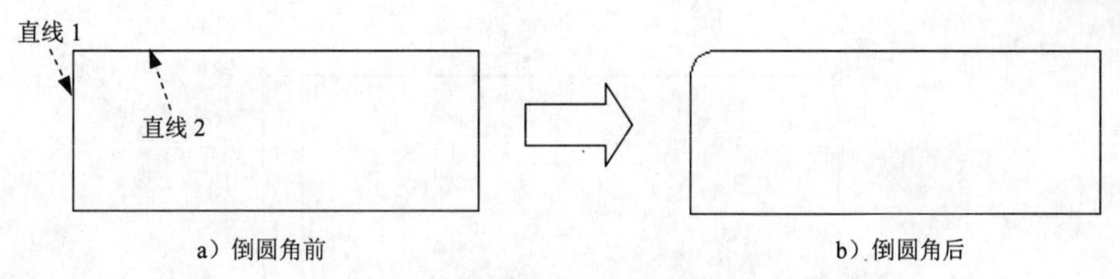

a）倒圆角前　　b）倒圆角后

图 9.7.27　倒圆角 1

Step3. 绘制圆角 2。具体操作可参照上一步，圆角半径值为 13，结果如图 9.7.28 所示。

Step4. 创建文字。

（1）选择下拉菜单 绘图(D) → 文字(X) → 多行文字(M)... 命令。

（2）在绘图区中的某一点单击，以确定矩形框的第一角点，在另一点单击以确定矩形框的对角点，系统以该矩形框作为多行文字边界。此时系统弹出“文字格式”工具栏和文字输入窗口。

（3）在字体下拉列表中选择字体“宋体”；在文字高度下拉列表中输入数值 8；在文字输入窗口中输入图 9.7.29 所示的文字后，在空白位置单击完成操作。

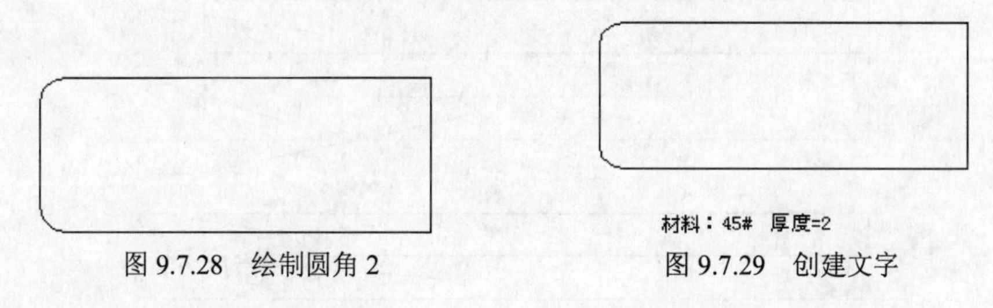

图 9.7.28　绘制圆角 2　　图 9.7.29　创建文字

Task5. 完成模具示意图

Step1. 设置标注样式。选择下拉菜单 格式(O) → 标注样式(D)... 命令；单击“标注样式管理器”对话框中的 修改(M)... 按钮，在“修改标注样式”对话框的 符号和箭头 选项卡 箭头大小(I): 文本框中输入箭头长度值 5，在 主单位 选项卡 精度(P): 下拉列表中选择 0，然后单击该对话框中的 确定 按钮，单击“标注样式管理器”对话框中的 关闭 按钮。

Step2. 切换图层。在“图层”工具栏中，选择“尺寸标注”图层。

Step3. 用 标注(N) → 线性(L) 命令创建线性标注，完成后的图形如图 9.7.30 所示。

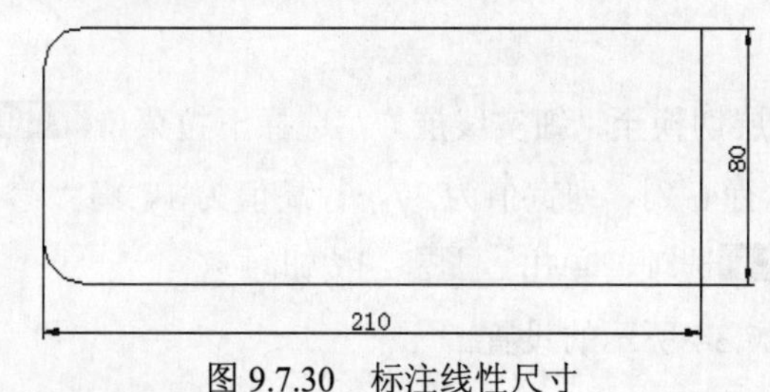

图 9.7.30　标注线性尺寸

Step4. 用 标注(N) → 半径(R) 命令创建半径标注，结果如图 9.7.31 所示。

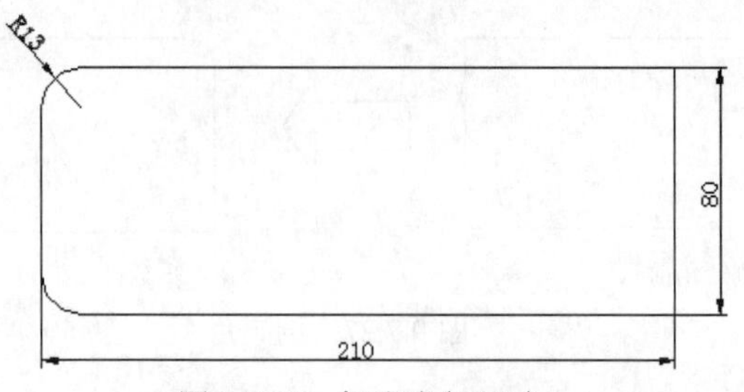

图 9.7.31　标注半径尺寸

Step5. 标注零件序号。在“图层”工具栏中，选择“零件序号标注”图层，使用 QLEADER 命令标注零件序号，结果如图 9.7.32 所示。

Step6. 创建技术要求。在“图层”工具栏中，选择“0”图层，选择下拉菜单 绘图(D) → 文字(X) → 多行文字(M)... 命令，创建图 9.7.33 所示的文字。

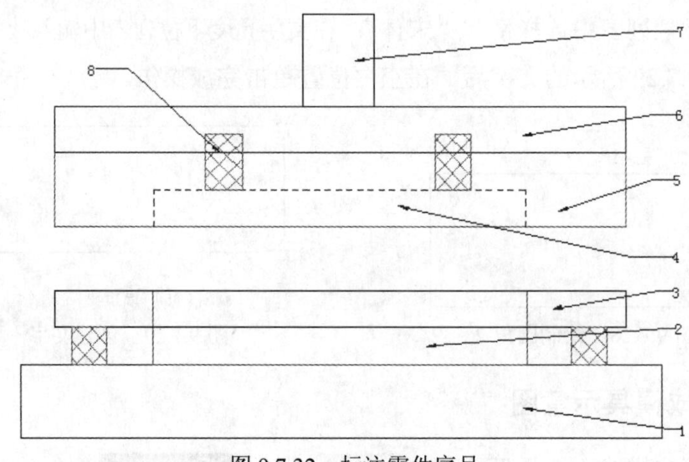

图 9.7.32　标注零件序号

技术要求

1、装配前将零件清洗干净并检测是否符合要求；

2、装配时将螺栓交替拧紧，滑动部件加润滑脂；

3、装配后各连接件贴合应平整、无翘扭现象。

图 9.7.33　创建技术要求

Step7. 创建明细表。

（1）插入表格。将图层切换至“细实线层”，选择下拉菜单 绘图(D) → 表格... 命令，设置数据行和列数值为 7 行 6 列，列宽值为 37，行高值为 1，将“第一行单元样式”和“第二行单元样式”设置为 数据 选项，单击 确定 按钮。

（2）对表格进行图 9.7.34 所示的设置。

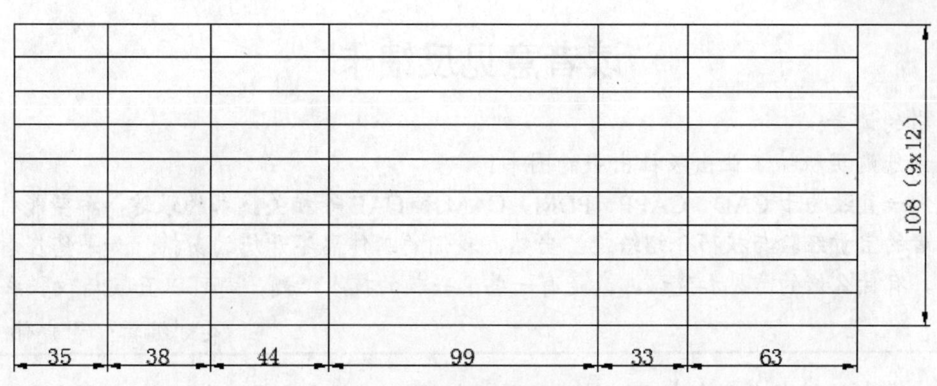

图 9.7.34　创建明细表

Step8. 填写明细表。

（1）选择下拉菜单 修改(M) → 移动(V) 命令，将明细表移动到与标题栏对齐的位置。

（2）填写图 9.7.35 所示的明细表。双击明细表中的单元格，打开多行文字编辑器，在单元格中输入相应的文字或数据。

（3）分解明细表。选择下拉菜单 修改(M) → 分解(X) 命令，选取明细表为分解对象。

8	卸料橡胶	聚酯橡胶		1	外购
7	模把	A3		1	
6	上模板	A3		1	
5	凹模板	Cr12		1	
4	打料板	45#		1	
3	脱料板	45#		1	
2	冲头	Cr12		1	
1	下模座	A3		1	
序号	名称	材料	图号	数量	备注

图 9.7.35　填写明细表

Task6. 保存模具示意图

选择下拉菜单 文件(F) → 保存(S) 命令，将图形命名为“护板落料模具示意图_ok.dwg”，单击 保存(S) 按钮。

读者意见反馈卡

尊敬的读者：

感谢您购买机械工业出版社出版的图书！

我们一直致力于CAD、CAPP、PDM、CAM和CAE等相关技术的跟踪，希望能将更多优秀作者的宝贵经验与技巧介绍给您。当然，我们的工作离不开您的支持。如果您在看完本书之后，有什么好的意见和建议，或是有一些感兴趣的技术话题，都可以直接与我联系。

策划编辑：管晓伟

注：本书的随书光盘中含有“读者意见反馈卡”的电子文档，您可将填写后的文件采用电子邮件的方式发给本书的策划编辑或主编。

E-mail: 詹友刚 zhanygjames@163.com；管晓伟 guancmp@163.com。

请认真填写本卡，并通过邮寄或E-mail传给我们，我们将奉送精美礼品或购书优惠卡。

书名：《AutoCAD机械零部件设计经典范例（2014版）》

1. 读者个人资料：

姓名：_________性别：___年龄：____职业：_________职务：________学历：______

专业：________单位名称：_____________________电话：____________手机：__________

邮寄地址___________________________邮编：_____________E-mail: _______________

2. 影响您购买本书的因素（可以选择多项）：

□内容　□作者　□价格

□朋友推荐　□出版社品牌　□书评广告

□工作单位（就读学校）指定　□内容提要、前言或目录　□封面封底

□购买了本书所属丛书中的其他图书　□其他____________

3. 您对本书的总体感觉：

□很好　□一般　□不好

4. 您认为本书的语言文字水平：

□很好　□一般　□不好

5. 您认为本书的版式编排：

□很好　□一般　□不好

6. 您认为AutoCAD哪些方面的内容是您所迫切需要的？

____

7. 其他哪些CAD/CAM/CAE方面的图书是您所需要的？

____

8. 您认为我们的图书在叙述方式、内容选择等方面还有哪些需要改进？

____

如若邮寄，请填好本卡后寄至：

北京市百万庄大街22号机械工业出版社汽车分社　管晓伟（收）

邮编：100037　　联系电话：（010）88379949　　传真：（010）68329090

如需本书或其他图书，可与机械工业出版社网站联系邮购：

http://www.golden-book.com　**咨询电话：**（010）88379639，88379641，88379643。